工程流体力学

王献孚 编

科学出版社

北京

内 容 简 介

本书按照教育部“卓越工程师教育培养计划”的要求编写，深入浅出地介绍流体力学在各领域中的应用，力求反映“高等教育面向21世纪教学改革计划”的成果，与国际发展趋势一致，突出重点、强化基础、联系实际、学以致用。全书共分9章，包括流体物性及量纲、流体静力学、流体运动学、流体动力学基本方程式、流体涡旋运动理论基础、势流理论基础、黏性流体动力学、液体喷射和雾化的理论基础、一维可压缩流动。每章末附有例题、讨论题及习题，同时给出参考答案。

本书可作为高等院校机械、气象、建筑、化工、水利、生物、核工程、环境工程、交通工程、车辆工程、航空航天、轮机工程、船舶与海洋工程、道路桥梁与渡河工程、工程力学、人工智能等专业的教材。本书可供中、长学时的“流体力学”课程选用，也可供相关工程技术人员参考。

图书在版编目（CIP）数据

工程流体力学/王献孚编.—北京：科学出版社，2021.6
ISBN 978-7-03-068975-7

Ⅰ.① 工…　Ⅱ.① 王…　Ⅲ.① 工程力学-流体力学-高等学校-教材
Ⅳ.① TB126

中国版本图书馆CIP数据核字（2021）第103184号

责任编辑：孙寓明/责任校对：高 嵘
责任印制：彭 超/封面设计：苏 波

科学出版社 出版
北京东黄城根北街16号
邮政编码：100717
http://www.sciencep.com
武汉中科兴业印务有限公司印刷
科学出版社发行　各地新华书店经销
*
开本：787×1092　1/16
2021年6月第 一 版　印张：23 1/2
2021年6月第一次印刷　字数：599 000
定价：78.00元
（如有印装质量问题，我社负责调换）

引　论

流体力学和空气动力学是研究流体平衡和其宏观运动规律的一门科学。具体地说，它主要研究流体通过各种形状的通道和绕过各种形状的物体的流动规律，以及求解流体与其接触的固体相互作用力。所谓流动规律，一般是指流体流动时流体压力 P、速度 q、密度 ρ 和温度 T 的变化规律。如给出这些流动规律，则流体与固体的相互作用力也不难确定。

在 20 世纪以前，流体力学作为力学的一个分支，还是一门学院式的学科，完全采用数学化和理想化的研究方法，因而得不到实际应用。而当时的水力学，则作为水利工程的一门基础课，基本上是一门经验式的学科，完全采用实验研究的方法，与流体力学互不相关。现代流体力学开始于普朗特 1904 年提出边界层理论的一篇论文，并随着电子计算机的发展，采用了理论、实验和计算相结合的研究方法，并与工程实际问题相结合，不仅使经典流体力学的理论得到了广泛的应用，而且使流体力学研究范围不断扩大和深入，形成更多更细的分支。除水动力学、气体动力学和黏性流体力学等早已形成的学科分类外，近期出现的学科新分支有：计算流体力学、流动测量和可视化实验流体力学、多相流流体力学、电磁流体力学、物理化学流体力学、叶轮机械流体力学、飞机空气动力学、船舶流体力学、燃烧空气动力学、润滑流体力学、多孔介质中渗流流体力学、环境流体力学、生物流体力学、微米和纳米尺度流体力学及非牛顿流体力学等。由此可见，流体力学的发展，已与工程实际发生了十分密切的关系，已成为航空、造舰、动力机械、水利、气象、环境、化工、采油、生物、核工程、海洋工程、机械工程、人工智能等各类专业的重要基础。

作为工程专业基础课的工程流体力学，虽然它是应用流体力学的原理和理论直接为改善工程设计服务的，但是学习本课程仍然必须从根本上掌握流体力学中的一些基本概念、基本理论和基本方法。只有这种不局限于应用的学习，才能培养出具有研究和革新的创造能力的工程技术人才。当然，作为工程流体力学，可以通过题材的选取和更多的实例使理论与实际更好地结合。

初次学习工程流体力学，将会遇到许多公式、定律和定理，这些公式、定律和定理常常以科学家名字命名，集合这一系列公式、定律和定理，在一定程度上构成了流体力学发展的里程碑。它们都有当时的科学原创性研究成果，值得我们深刻领会，好好学习。

前　　言

流体力学和空气动力学是工科院校的一门重要技术基础课，需要一本合适的教材。我曾为此做过多方面的探索，带着对教材应采用何种体系，教材内容如何取舍，以及学生可能接受的最深程度等问题翻阅过北京市图书馆、上海市图书馆、斯坦福大学图书馆等国内外众多图书馆馆藏的“流体力学”相关书籍，连同网上可以看到的一些图书资料，结合自身教学实践的体会，于 1987 年写出本教材的初稿。承蒙上海交通大学力学系流体力学教研室两位教授联名给我写了出版推荐信，本教材在我校（武汉水运工程学院，现为武汉理工大学）使用已近二十年，使用本教材学习“流体力学”课程的学生众多。使用本教材主讲“流体力学”课程的教师也有十余人，多数教师对本教材非常认可，认为它是一本起点高、观点新的教材，内容安排精炼并注重应用，深入浅出，物理概念清晰。现在，我重新做了较多修订，特别是本教材中的第 7 章、第 8 章、第 9 章的内容。本教材有以下 5 方面特色。

（1）本教材采用矢量运算建立流体力学基本方程体系，适合能源与动力工程相关专业的本科生使用。教材的起点有所提高，这对动力机械专业学生的学习也是非常有必要的。

（2）本教材共 9 章，每章附有例题、讨论题和习题，绝大多数习题都附有参考答案，可助初学者解决学习中遇到的困难。困难之一，如何使抽象问题变具体？本教材提供解决这类问题的许多案例。困难之二，如何使课程学习不枯燥乏味？在学习本教材时，读者可能会遇到许多有兴趣的疑难问题，如虹吸坐便器、屋顶虹吸排水与重力排水比较、盆池涡现象、龙卷风现象、球的空气动力学、Grag 悖论（湍流减阻的种种方法）、“肥皂动力船”的原理等，读者还可选择最感兴趣的问题思考和讨论，也许就可体会学习流体力学的乐趣。读者还可利用网上搜索引擎，输入关键词查询有关问题，这将大大提高学习的主动性。

（3）本教材以工程应用为目的，自始至终对量纲和量纲分析十分重视。根据应用的需要和教学学时的限制，理论流体力学的基础知识已被压缩到最低限度，但仍有一定的篇幅，如第 3 章的流体运动学、第 4 章的流体动力学基本方程式、第 5 章的流体涡旋运动理论基础、第 6 章的势流理论基础等，都是“流体力学”课程学习的重要基础；第 7 章的黏性流体动力学最重要，其中湍流问题也有适当的引述。而一些重要方程，如纳维-斯托克斯方程、伯努利方程等，都有较详细的推导，非常适合初学者学习。

（4）本教材第 8 章液体喷射和雾化的理论基础，对动力机械及工程专业学生的学习是很有必要的。若教学学时不允许，建议增设选修课继续学习。

（5）本教材第 9 章突出重点，只限于讨论一维可压缩流动的内容。这是实用性很强的一章，介绍气流等熵堵塞、管流摩擦堵塞、管流热堵塞，以及一维可压缩不定常流动中气波概念和气波反射处理等问题。第 9 章还设置了“斯特林发动机引射器设计”一节，供有兴趣的读者阅读。若“流体力学”课程的总学时受限，建议可增设第 9 章作为选修课来进行讲授。如剑桥大学或牛津大学机械系高年级学生就有一门“一元可压缩流动”的选修课，其教材内容也没有超出本教材第 9 章所写范围。

本教材的出版得到武汉理工大学交通学院和能源与动力工程学院的大力支持和帮助，在此深表感谢。还要感谢我的学生熊鳌魁教授的赞助和支持。我的学生赵小仨硕士参与了本教材的出版准备工作，为本教材出版付出了很多辛劳，在此深表感谢。我的儿子王界兵博士一直以来给予我关怀和悉心照顾，使我能够顺利完成此书的写作，在此一并感谢。

王献孚

2020 年 9 月

流体力学发展史上的杰出人物

阿基米德（Archimedes，公元前287—公元前212），古希腊著名哲学家、数学家、物理学家，相传国王请他鉴定皇冠是否纯金制作，他因此发明了阿基米德原理，形成流体静力学的基础。

达·芬奇（L. da Vinci，1452—1519），意大利画家、发明家和科学家，所创作的9幅写生画作：水波、水射流、水涡流等，至今仍对湍流研究者起着引领作用。

托里拆利（E. Torricelli，1608—1647），意大利物理学家和数学家，发明了气压计，并提出了水箱中孔口出流速度计算的托里拆利定律，是伯努利方程应用的先例。

帕斯卡（B. Pascal，1623—1662），法国数学家和物理学家，对机械计算器的制造和流体压力的研究做出了重要贡献，创建了帕斯卡定律。压力的国际单位被命名为帕斯卡（Pascal），简称为帕（Pa）。

牛顿（I. Newton，1643—1727），英国物理学家和数学家，经典力学大师，在流体力学中提出流体的黏性定律，符合这一定律的流体称为牛顿流体，水和空气都是牛顿流体。流体力学已被分为牛顿流体的流体力学和非牛顿流体的流体力学。

皮托（H. Pitot，1695—1777），法国数学家、水利工程师，研制的测量流体速度的皮托管，被广泛采用。

伯努利（J. Bernowlli，1700—1782），瑞士物理学家和数学家，创建流体动力学（hydrodynamics）中的伯努利方程和伯努利原理（能量守恒原理关系式），它们是流体动力学中一个最重要和最基本的方程。

欧拉（L. Euler，1707—1783），瑞士数学家和自然科学家，近代数学先驱之一，在流体力学中建立有欧拉方法和无黏性理想流体欧拉运动微分方程。

达朗贝尔（J. Le R. d'Alembert，1717—1783）法国物理学家、数学家、哲学家和天文学家，在流体力学中有“达朗贝尔佯谬”闻名，理论上证明物体在无界不可压缩无黏性流体中匀速直线运动时所受到流体的合力（阻力和升力）为零，其结论虽与实际不符被称为“悖论”，但在理论物理上它是严格成立的，对流体力学的发展起到了一定的促进作用。

拉格朗日（J. L. R. Lagrange，1736—1813），法国数学家和物理学家，近代数学先驱之一，在流体力学中建立有拉格朗日方法，实际应用虽少，但对非定常流动问题和离散质点运动问题有发展空间。

文丘里（G. B. Venturi，1746—1822），意大利物理学家，研制了测量流体在管内流量的文丘里管，并提出被命名为文丘里效应的流体流动的普通原理。

拉普拉斯（P. S. Laplace，1749—1827），法国数学家和天文学家。求解拉普拉斯方程是流体力学中势流理论的基础。拉普拉斯对气液交界面上表面张力的研究建立了杨-拉普拉斯公式，它是计算表面张力的一个基本公式。拉普拉斯首先指出空气中声速计算应是绝热过程，而不是牛顿最初指出的等温过程，因此拉普拉斯是公认的第一个推导出声速的科学家。

达西（H. Darcy，1803—1858），法国工程师，建立管道流动速度与压力差的计算公式，被称为达西定律和达西-韦斯巴哈公式。

弗劳德（W. Froude，1810—1879），英国造船工程师，建立船模阻力试验相似律，被命名为弗劳德数（*Fr*）。

斯托克斯（G. G. Stokes，1819—1903），英国数学家、力学家、物理学家，英国剑桥大学教授，英国皇家学会会长，研究黏性流体动力学，斯托克斯（1845）和纳维（Navier，1821）分别导出黏性流体力学基本偏微分方程，纳维在先，但斯托克斯更严格，被后人称为纳维-斯托克斯方程（简称 N-S 方程）。斯托克斯还解出球体在黏性流体中运动阻力的计算公式，称为斯托克斯黏滞公式。他在流体力学上建立有一个线积分与面积分相互转化的公式，称为斯托克斯公式，在流体力学中，这个公式具有速度环量和流体微团涡量强度相等的物理意义，被称为斯托克斯定理，是研究流体涡旋运动理论的一个重要定理。为纪念斯托克斯对黏性流体研究的功绩，工程上还定义“斯[托克斯]”（简写为 St）为运动黏度的单位。

亥姆霍兹（H. V. Helmholtz，1821—1894），德国物理学家和生理学家，他是多学科的科学家，在流体力学中有著名的亥姆霍兹定理及开尔文-亥姆霍兹不稳定性等。

汤姆孙（W. Thomson，1824—1907），被封为英国第一代开尔文男爵后，改名为 Lord Kelvin，英国物理学家，汤姆孙是热力学温标发明人，被称为热力学之父。在流体力学中也有不少开创，如流体速度环量守恒的汤姆逊定理，是理论流体力学的重要基础，被命名为开尔文-亥姆霍兹不稳定性。它的分析和结论是流体射流表面分裂的理论根据。

马赫（E.Mach，1838—1916），奥地利数学家、物理学家和哲学家，为纪念他对超声速气流中激波测量的贡献，在空气动力学中有马赫数（*Ma*）。

瑞利（L. Rayleigh，1842—1919），英国物理学家，1904 年诺贝尔物理学奖获得者。他对流体力学多有研究，如瑞利流（Rayleigh flow）、瑞利-贝纳尔对流（Rayleigh-Benard convection）、瑞利-泰勒不稳定性（Rayleigh-Taylor instability，R-T instability）等。

雷诺（O. Reynolds，1842—1912），英国科学家，著名的雷诺实验演示者。他发现流体相似律，并引入表征流动中流体惯性力和黏性力之比为一个无量纲数即雷诺数作为判别两种流态的标准；他还发现湍流切应力与层流黏性切应力的区别，故湍流切应力被命名为湍流应力或雷诺应力；引入雷诺应力后的纳维-斯托克斯方程，被称为雷诺方程。

茹科夫斯基（N. Y. Joukowsky，1847—1921），俄国航空之父，1906 年起发表了《论机翼附着涡》等论文，建立二维机翼升力公式，为飞机设计奠定基础。二维机翼升力与附着涡的关系式，被称为库塔-茹科夫斯基机翼升力公式。茹科夫斯基还对水锤现象做出理论分析，为解决自来水管中水锤的产生，从而导致管子破裂、爆破的可查问题建立了理论依据。

库塔（M. W. Kutta，1867—1944），德国数学家，1902 年首先提出机翼升力公式和机翼升力计算的库塔条件（Kutta condition），但没有在刊物上发表。在计算流体力学中，四阶龙格-库塔法（Runge-Kutta method）的计算稳定性好和计算精度高，被广泛使用。

普朗特（L.Prandtl，1875—1953），德国物理学家，哥廷根大学流体力学教授。1904 年提出边界层理论，开创现代流体力学的发展，被称为现代流体力学之父。1918～1919 年他又提出大展弦比机翼理论，对航空工业的发展做出重要贡献。普朗特对湍流研究也提出过一种工程计算模型（混合长理论）等。普朗特在哥廷根大学培养的博士研究生，如冯·卡门、布位休斯、施里希廷（H、Schlichting）、托明（W. Tollmien）、孟克（M. Munk）、阿克莱特（J.Ackerret）等都成为世界著名科学家。

莫迪（L. F. Moody，1880—1953），美国工程师和教授，1944 年作出著名的莫迪图，用于管内水流阻力的工程计算，被普遍采用。

冯·卡门（T. Von Karman，1881—1963），美籍匈牙利数学家、航空工程学家和空气动力学大师，20 世纪著名科学家之一，他师从普朗特，是卡门涡街发现者。特别的贡献有冯·卡门的边界层积分方程、弹性板大形变冯·卡门方程、跨声速流中卡门方程、近壁面湍流中卡门常数、普朗特-卡门的湍流分布律、卡门-钱学森可压缩性修正、湍流统计理论中卡门-霍华兹方程等。

柯立勃洛克（C. F. Colebrook，1883—1967），英国物理学家。在 20 世纪 30 年代众多的管流阻力计算公式中，柯立勃洛克-怀特（Colebrook-White）公式被认为是最完善的。但是该公式为隐式，计算太麻烦，莫迪图对该公式做出图解，使之应用更方便。

布拉休斯（P. R. H. Blasins，1883—1970），德国流体力学专家，普朗特第一个博士研究生，1908 年的博士论文作出平板层流边界层黏性阻力的精确数值解，在理论上证实普朗特所提出的边界层理论的实际意义和理论意义，促进了边界层理论的发展。布拉休斯所做出的贡献，成为近代流体力学发展史上的里程碑之一。

泰勒（G. I .Taylor，1886—1975），英国物理学家、数学家和流体力学大师，20 世纪著名科学家之一，他对流动不稳定性、湍流统计理论、液体射流分裂和雾化、蛇的游动、核爆炸、电磁流体力学等方面重大又最困难的一些工程问题，都做出深刻的研究，被认为是 20 世纪流体力学的引领人之一。

周培源（1902—1993），中国流体力学家和理论物理学家、教育学家和社会活动家，1945 年发表了有关湍流理论的论文，奠定了湍流模式理论的基础，形成“湍流模式理论”流派，被誉为现代湍流数值计算的奠基性工作。

柯尔莫哥洛夫（A. N. Kolmogorov，1903—1987），俄国数学家，1941 年发表了对湍流研究的论文，提出柯尔莫哥洛夫微尺度和积分尺度的概念，是近代湍流理论的起始。他在 1962 年发表的论文，又被认为是湍流间歇性问题近代研究的发源。

吴仲华（1917—1992），中国工程热物理学家，1952 年发表的论文建立了叶轮机械三元流理论，开创了优良叶轮机械设计计算的方法。

巴切勒（G. K. Batchelor，1920—2000），澳大利亚应用数学家和流体力学大师，英国剑桥大学应用数学和理论物理系教授，创建顶级英文期刊 *Journal of Fluid Mechanics*。1967 年所写教材 *Introduction of Fluid Dynamics* 被公认是现代流体力学的经典著作。

目　录

第 1 章　流体物性及量纲……1
1.1　流体的连续介质假设……1
1.2　流体的可压缩性和热膨胀性……3
1.3　流体黏性……5
1.4　液体的汽化和气化……8
1.5　液体的表面张力……10
例题……14
讨论题……17
习题……17
第 2 章　流体静力学……19
2.1　帕斯卡定律……19
2.2　重力场中静水压力基本方程式……20
2.3　流体压力的测量和计算……23
2.3.1　气压计……23
2.3.2　测压管……24
2.3.3　U 形测压管……24
2.4　作用于平壁面上静水压力的合力……25
2.5　作用于曲壁面上静水压力的合力……28
2.6　浮力和浮体稳定性……29
例题……31
讨论题……36
习题……37
第 3 章　流体运动学……40
3.1　描述流体运动的拉格朗日方法和欧拉方法……40
3.1.1　拉格朗日方法……40
3.1.2　欧拉方法……41
3.2　流体微团运动分析……43
3.2.1　流体微团的位移运动……43
3.2.2　流体微团旋转运动及旋转角速度……43
3.2.3　流体微团剪切角形变运动：剪切角形变率和流体黏性应力本构方程……45
3.2.4　流体微团运动膨胀率、流体线段伸缩形变运动……48
3.3　流体运动分类……49
3.3.1　不可压缩流体运动和可压缩流体运动……49
3.3.2　定常流动和非定常流动……49

3.3.3 三维空间流动、二维平面流动和一维管流或均流……50
3.3.4 实际流体的黏性流动和无黏性理想流体的流动……51
3.4 流体运动质量守恒的连续性方程……51
3.5 流体运动学边界条件……53
例题……54
讨论题……63
习题……65
第 4 章 流体动力学基本方程式……68
4.1 积分形式流体动量方程……68
4.1.1 直角坐标系形式流体动量方程……70
4.1.2 定常不可压缩流体动量方程……70
4.1.3 一维定常流动的流体动量方程……70
4.2 积分形式流体动量矩方程……71
4.3 微分形式流体动量方程……72
4.3.1 黏性系数 μ 为常数的流体……74
4.3.2 不可压缩和黏性系数为常数的流体……74
4.3.3 无黏性流体……75
4.3.4 静止流体平衡的微分方程……75
4.3.5 柱坐标中流体运动微分方程……76
4.3.6 相对动坐标系的流体运动微分方程……77
4.4 伯努利方程……78
4.4.1 伯努利方程的几何意义……79
4.4.2 伯努利方程的物理意义……80
4.4.3 准一维定常流伯努利方程……80
4.4.4 忽略重力作用的伯努利方程……81
4.5 伯努利方程的应用……82
4.5.1 小孔出流……82
4.5.2 毕托管（测速管）……83
4.5.3 文丘里流量计……84
4.5.4 虹吸坐便器……85
4.6 无量纲流体动力学基本方程、相似准则和量纲分析法……86
4.6.1 管流阻力水头损失计算的达西-韦斯巴哈公式……90
4.6.2 物体在流体中运动阻力计算的通用公式的推导……91
例题……92
讨论题……109
习题……112
第 5 章 流体涡旋运动理论基础……118
5.1 涡特性和涡流……118
5.2 斯托克斯定理……120
5.3 汤姆孙定理……122

5.3.1 理想流体中机翼升力产生 123
5.3.2 盆池涡现象解释 123
5.3.3 非正压流体产生的环流 124
5.4 亥姆霍兹涡定理 125
5.4.1 亥姆霍兹第一涡定理的证明 125
5.4.2 亥姆霍兹第二涡定理的证明 126
5.4.3 亥姆霍兹第三涡定理的证明 126
5.5 兰金涡 127
5.6 毕奥-萨伐尔定律 129
5.6.1 无穷长直线涡（或涡束）的诱导速度 129
5.6.2 半无穷长直线涡（或涡束）的诱导速度 130
5.6.3 对有限长度直线涡截段的诱导速度 131
5.6.4 涡环的自诱导速度和相互作用 131
例题 132
讨论题 137
习题 138
第 6 章 势流理论基础 141
6.1 速度势 141
6.2 二维不可压缩流动的流函数 144
6.3 二维平面势流基本解 145
6.3.1 均流 145
6.3.2 线源和线汇 146
6.3.3 偶极子 147
6.3.4 环流或线涡（点涡） 148
6.4 均流绕圆柱体以流动 • 达朗贝尔佯谬 149
6.5 均流绕旋转圆柱体流动势流解 • 马格努斯效应 152
6.6 机翼升力：库塔-茹科夫斯基定理 154
例题 157
讨论题 162
习题 163
第 7 章 黏性流体动力学 165
7.1 层流和湍流 165
7.1.1 雷诺实验 165
7.1.2 湍流主要特征 166
7.1.3 边界层中的层流和湍流 168
7.2 层流流动理论解 170
7.2.1 等直径圆管中定常层流 170
7.2.2 库埃特流 172
7.3 圆管内湍流场的时均速度分布 173
7.3.1 内层区 174

7.3.2 外层区……175
7.3.3 重叠区的对数律……175
7.3.4 壁面粗糙度效应……176
7.4 管流水头损失……177
7.4.1 沿程水头损失……177
7.4.2 局部水头损失……179
7.5 管道水力计算概述……182
7.5.1 管路总水头损失和耗能功率……182
7.5.2 管路直径的选择及水锤现象……183
7.5.3 通过管路的流量……185
7.6 管流减阻的湍流减阻效应……185
7.7 边界层理论……186
7.7.1 边界层方程……186
7.7.2 边界层动量积分方程……188
7.7.3 边界层排挤厚度……191
7.8 边界层分离……192
7.8.1 边界层分离概念……192
7.8.2 圆柱体绕流和冯•卡门涡街……194
7.8.3 球的空气动力学……196
7.8.4 机翼在大攻角时的失速……198
7.9 物体在流体中运动的阻力……199
7.9.1 流体摩擦阻力……200
7.9.2 潜没物体和钝体的阻力……200
7.10 Gray 悖论：物体在流体中的减阻……202
7.10.1 流线体减阻……202
7.10.2 柔顺物面减阻……203
7.10.3 物面分泌滑液或涂料减阻……203
7.10.4 物面微槽减阻……203
7.10.5 微气泡和气膜减阻……204
7.11 湍流理论概述……206
7.11.1 湍流特征……206
7.11.2 雷诺平均 N-S 方程求解法……207
7.11.3 柯尔莫哥洛夫湍流理论和湍流尺度……209
7.11.4 求解湍流问题的直接数值模拟方法……213
例题……214
讨论题……232
习题……232
第 8 章 液体喷射和雾化的理论基础……240
8.1 液体喷射和雾化引论……240
8.1.1 喷射图形或类型……240

8.1.2 喷射流量……241
8.1.3 喷射冲击力……241
8.1.4 喷射角和喷射覆盖范围……241
8.1.5 喷射流中液滴大小……242
8.2 雾化形成过程及其机理概述……245
8.2.1 滴落状态……246
8.2.2 瑞利状态……246
8.2.3 第一风诱导状态……246
8.2.4 第二风诱导状态……246
8.2.5 雾化状态……247
8.3 开尔文-亥姆霍兹不稳定性……248
8.4 瑞利-泰勒不稳定性……251
8.5 测定喷雾滴径分布的经验方法……257
8.5.1 罗辛-拉姆勒分布方程……258
8.5.2 拨山-栅泽分布方程……259
8.6 利用最大熵原理预测喷射流中滴径大小分布和速度分布……262
8.6.1 最大熵原理简述……262
8.6.2 利用最大熵原理预测液体喷射流中滴径大小分布和速度分布的概率……264
8.7 两种不同流体交界面上表面张力的几个公式……268
8.7.1 杨-拉普拉斯公式……268
8.7.2 两种不同流体交界面上沿切割线的表面张力的线积分转化为面积分后的一个公式……269
8.7.3 曲率的散度公式……270
8.8 两种不同流体交界面上流体边界条件……270
8.8.1 两种不同流体交界面上流体运动学边界条件……270
8.8.2 两种不同流体交界面上法向和切向的流体应力边界条件……271
例题……272
讨论题……275
习题……276
第 9 章 一维可压缩流动……278
9.1 气体流动热力学基本知识……278
9.1.1 气体状态方程……278
9.1.2 完全气体……279
9.1.3 热力学第一定律……279
9.1.4 热力学第二定律：熵方程……281
9.2 声速・马赫数……282
9.3 一维气流基本方程……284
9.3.1 连续性方程……284
9.3.2 动量方程……285
9.3.3 能量方程……285
9.3.4 等熵方程……285

9.4 一维定常等熵流动……286
9.5 正激波理论……290
9.5.1 激波的概念……290
9.5.2 正激波理论……291
9.6 缩放管中气体流动……295
9.7 范诺流……296
9.7.1 范诺流的概念……296
9.7.2 范诺关系式……297
9.7.3 摩擦（黏性）堵塞效应……300
9.8 瑞利流……301
9.8.1 瑞利流的概念……301
9.8.2 瑞利关系式……303
9.8.3 热的堵塞效应……304
9.9 一维非定常流等截面管道中压力波和特征线求解方法……304
9.9.1 特征线概念……305
9.9.2 特征线关系式……306
9.9.3 波的反射……307
9.9.4 特征线方法……309
9.10 斯特林发动机引射器设计……310
例题……314
讨论题……330
习题……330
参考文献……333
附录 1 单位和量纲……334
附录 2 常用矢量运算公式及标记法……336
附录 3 标准大气压力下水的物理性质表……339
附录 4 龙卷风分级（F_0～F_6）……340
附录 5 一维定常等熵流动气动函数表（γ=1.4）……341
附录 6 正激波气动函数表（γ=1.4）……346
附录 7 范诺流动函数表（γ=1.4）……349
附录 8 瑞利流动函数表（γ=1.4）……354

第 1 章　流体物性及量纲

流体物性包括流体的可压缩性和热膨胀性、流体的黏性、液体的汽化特性及液体的表面张力特性等。流体介质的连续性，虽不属于流体的真实物性，但它是建立流体力学理论的一个假设的基本属性，可以将它们放在一起讨论。

流体物性中的物理量都有量纲。量纲和量纲分析将在流体力学的研究和学习中贯穿始终。本章提出量纲和无量纲问题，需要特别重视并多加练习。

1.1　流体的连续介质假设

连续介质假设是将流体认为由连续分布的流体质点（particles）或称流体微团（microsphere）、流体单元（elements）所组成，每个流体质点包含大量流体分子，这些流体质点无论它们在宏观上是静止的还是运动的，都可以不计其中流体分子的运动。然而，流体微团内包含的大量流体分子，不仅是流体连续性假设成立的基础，而且是许多现象的解释结果。

流体分液体和气体，有代表性的流体是水和空气。对水来说，每 1 mm^3 水中的水分子有 3.3×10^{19} 个，每 1 μm^3 的水中仍有 3.3×10^{10} 个水分子，它们的相互作用产生的水压力 p、速度 q、密度 ρ 和温度 T，以统计平均值表示。如果将流体质点（微团）的大小想象为 1 μm^3 的体积，在其形心处（或任意点处）的基本物理量 p、q、ρ 和 T 定义为该流体质点（微团）的这些物理量的统计平均值。所有流体质点（微团）在其形心处（也可以取微团中其他有代表性的点）都相似地各自具有其基本物理量 p、q、ρ 和 T。流体连续介质假设是假定所有这些相邻的流体质点（微团）之间离散的物理量不是孤立的，它们在空间坐标（如 x、y、z）和时间 t 上是相互连续的。由于有了这个流体介质连续性假设，分析流体运动就可方便地使用连续函数的数学工具。

对于流体连续介质假设，在理论上是假定流体是由“无穷小”的流体元素（质点或微团）组成，其体积元素一方面应该足够小，使其中的物理量 p、q、ρ 和 T 的分布是均匀或连续的；另一方面其体积元素又应该足够大，使它能包含有大量流体分子，以符合连续介质假设的要求，如以上所取流体体积元素为 1 μm^3 是典型的个例。其实，这个体积元素通常已远小于实验测量一点位置的体积误差（测量一点位置可控制的体积误差一般是 0.1～1 mm^3）。

空气在常态（如 20 ℃和 1 个标准大气压）时，每 1 μm^3 体积内有 3×10^7 个空气分子，除非对纳米尺度内空气流动，或在高空上层稀薄气体层内流动，流体连续介质假设将不成立，则需要用统计力学方法研究气体动力学问题，这种情况已不属本书讨论范围。

根据流体连续介质假设，通常流体力学中所有物理量都可用坐标点（x,y,z）和时间 t 的连续函数表示，如流体压力分布写为 $p(x,y,z,t)$，速度分布写为 $\boldsymbol{q}(x,y,z,t)$，密度分布写为 $\rho(x,y,z,t)$，温度分布写为 $T(x,y,z,t)$等。流体压力 p 指单位面积上作用的流体法向力，即

$$p=\frac{\boldsymbol{F}}{\boldsymbol{A}}\quad 或 \quad p=\frac{\mathrm{d}\boldsymbol{F}_n}{\mathrm{d}\boldsymbol{A}}$$

式中：压力 p 是标量；$\boldsymbol{F}$ 为面积 A 上的法向力，法向力 $\boldsymbol{F}$ 或 $\mathrm{d}\boldsymbol{F}_n$ 是矢量，指向作用面积的内法线方向，即

$$\mathrm{d}\boldsymbol{F}=p\mathrm{d}A=-p\boldsymbol{n}\mathrm{d}A$$

式中：$\boldsymbol{n}$ 为面积元素 $\mathrm{d}A$ 的外法向单位矢量，其中负号表示压力总是沿内法线方向作用于面积元素上。

流体力学中物理量的基本量纲是质量 M、长度 L、时间 T 和温度量纲 Θ，其他物理量的量纲都由基本量纲推导出来，所以压力 p 的量纲为

$$[p]=\mathrm{ML^{-1}T^{-2}} \tag{1.1.1}$$

式中：$[p]$为 p 的量纲，它的单位为 $\mathrm{N/m^2}$，即牛顿每平方米，或称为帕斯卡（Pascal），一般简写为 Pa（帕）。

$$1\ \mathrm{N/m^2}=1\ \mathrm{kg/(m\cdot s^2)}=1\ \mathrm{Pa} \tag{1.1.2}$$

在国际单位（SI）中，质量单位为千克（kg），长度单位为米（m），时间单位为秒（s）。

通常，记 1 个标准大气压力为 1 atm。

$$1\ \mathrm{atm}=101\ 325\ \mathrm{N/m^2}=101\ 325\ \mathrm{Pa}\approx 101\ \mathrm{kPa} \tag{1.1.3}$$

流体速度 $\boldsymbol{q}(x,y,z,t)$是指流体在不同时间 t 通过直角坐标系上坐标点（x,y,z）处的速度 $\boldsymbol{q}(u,v,w)$，它是一个矢量，在坐标轴向速度分量分别为 u、v 和 w，流体速度矢量可写为

$$\boldsymbol{q}=u\boldsymbol{e}_1+v\boldsymbol{e}_2+w\boldsymbol{e}_3 \tag{1.1.4}$$

式中：$\boldsymbol{e}_1$、$\boldsymbol{e}_2$ 和 $\boldsymbol{e}_3$ 分别为坐标轴向单位矢量，式（1.1.4）对任何坐标系都成立。流体速度的量纲是 $\mathrm{LT^{-1}}$，单位为 m/s。

流体密度 ρ 指单位体积中流体的质量，即

$$\rho=\frac{M}{V} \quad 或 \quad \rho=\frac{\mathrm{d}M}{\mathrm{d}V}$$

式中：M（或 $\mathrm{d}M$）为体积 V（或 $\mathrm{d}V$）中流体质量。流体密度 ρ 是标量，它的量纲为 $\mathrm{ML^{-3}}$，单位为 $\mathrm{kg/m^3}$。

根据流体连续介质假设，流体密度也是连续分布的，在直角坐标系中可写为 $\rho(x,y,z,t)$。流体温度 T 的分布也一样，可写为 $T(x,y,z,t)$。温度也是标量，量纲记为 Θ，SI 单位为开尔文（Kelvin），一般简写为 K（开），与摄氏度（℃）换算关系为

$$\mathrm{K}=摄氏温度+273.15$$

其他一些常用物理量的量纲和单位见附录 1。

由于所有流体物理量（标量或矢量）都满足连续介质假设，则数学中的标量和矢量函数运算公式可被使用，其中一些常用的矢量运算公式及标记法见附录 2。为书写简洁，本书采用张量标记的一些约定，如并列约定、求和约定和逗号约定等。

并列约定：指坐标 x_i (i=1,2,3)表示 x_1、x_2、x_3（或 x、y、z 坐标）；速度分量写为 u_i (i=1,2,3) 表示 u_1、u_2、u_3（或 u_x、u_y、u_z，或 u、v、w）。

求和约定（爱因斯坦求和约定）：如 a_ib_i (i=1,2,3)表示为

$$a_ib_i\ (i=1,2,3)=a_1b_1+a_2b_2+a_3b_3 \tag{1.1.5}$$

又如 $a_i=x_{ij}\boldsymbol{n}_j$ (i=1,2,3; j=1,2,3)表示为

$$\begin{cases} a_1=x_{11}\boldsymbol{n}_1+x_{12}\boldsymbol{n}_2+x_{13}\boldsymbol{n}_3 \\ a_2=x_{21}\boldsymbol{n}_1+x_{22}\boldsymbol{n}_2+x_{23}\boldsymbol{n}_3 \\ a_3=x_{31}\boldsymbol{n}_1+x_{32}\boldsymbol{n}_2+x_{33}\boldsymbol{n}_3 \end{cases} \tag{1.1.6}$$

非求和约定：通常需另外说明，如 σ_{ii} (i=1,2,3;非求和)表示为

$$\sigma_{ii}\ (i=1,2,3;\text{非求和})=\sigma_{11},\sigma_{22},\sigma_{33} \tag{1.1.7}$$

σ_{ii} (i=1,2,3)求和约定，表示为

$$\sigma_{ii}\ (i=1,2,3)=\sigma_{11}+\sigma_{22}+\sigma_{33} \tag{1.1.8}$$

逗号约定：如 $u_{i,i}$ (i=1,2,3)，表示为

$$u_{i,i}=\frac{\partial u_i}{\partial x_i}=\frac{\partial u_1}{\partial x_1}+\frac{\partial u_2}{\partial x_2}+\frac{\partial u_3}{\partial x_3} \tag{1.1.9}$$

1.2 流体的可压缩性和热膨胀性

流体的可压缩性是指流体密度 ρ 在压力增大时因体积 V 被压缩而增大。流体的热膨胀性是指流体密度 ρ 在温度变化时是否因体积 V 的热胀冷缩而变化。流体的可压缩性和热膨胀性都是流体的重要属性。

流体的可压缩性常用体积弹性模量 E_v 表示，体积弹性模量的定义类似于固体力学中的杨氏模量，定义为

$$E_v=-V\frac{\partial p}{\partial V}=\rho\frac{\partial p}{\partial \rho} \tag{1.2.1}$$

式中：E_v 的量纲为 $ML^{-1}T^{-2}$，单位为 N/m^2。水的体积弹性模量 E_v 在 1 个标准大气压和 20 ℃时测得为 $E_v=2.2\times10^9$ N/m^2。因 $E_v\approx -V\dfrac{\Delta p}{\Delta V}=\rho\dfrac{\Delta p}{\Delta\rho}$，如压力变化 Δp =220 kPa（约两个标准大气压），则

$$\left|\frac{\Delta V}{V}\right|=\left|\frac{\Delta\rho}{\rho}\right|=\frac{\Delta p}{E_v}=\frac{2.2\times10^5}{2.2\times10^9}=10^{-4}$$

表示其体积变化（或密度变化）为 0.01%。由此可知，水流在一般的流动中因密度变化甚小，常可忽略其变化而认为它是不可压缩的。根据水的体积弹性模量，即使在水深 4 000 m 处水压约为 4×10^7 N/m^2，其密度变化约 1.8%，在工程上仍可近似地认为其变化可忽略不计。对其他液体的体积弹性模量 E_v 的参考值见表 1.1。

表 1.1 不同液体的体积弹性模量参考值

液体	E_v/[$\times10^9$(N/m^2)]	液体	E_v/[$\times10^9$(N/m^2)]
海水	2.15	甘油	4.35
润滑油 SEA 30 oil	1.50	酒精	1.06
汽油	1.07～1.49		

空气的体积弹性模量 E_v，在 1 个标准大气压和 20 ℃时测得 $E_v=1.406\times10^5$ N/m^2，它虽然比水的体积弹性模量小得多（即更容易被压缩），但在空气流动速度不大，如气流速度在 50 m/s 以下时，压力变化一般不超过 1.5 kPa，使 Δp =1.5 kPa，则式（1.2.1）写成差分形式为

$$\left|\frac{\Delta V}{V}\right|=\left|\frac{\Delta\rho}{\rho}\right|=\frac{\Delta p}{E_v}=\frac{1.5\times10^5}{1.406\times10^5}=1.1\times10^{-2}$$

其体积变化或密度变化一般小于 1%，在工程上常认为低速气流（即使气流速度达到 100 m/s）仍可近似地认为是不可压缩的。

流体的可压缩性与声速 c 有关，根据经验和物理概念，在流体介质中声速 c 主要与流体体积弹性模量 E_v 和流体密度 ρ 有关，即 $c=f(E_v, \rho)$。根据量纲分析，$[c]=LT^{-1}$，因 E_v 的量纲 $[E_v]=ML^{-1}T^{-2}$，ρ 的量纲 $[\rho]=ML^{-3}$，可知 $\sqrt{E_v/\rho}$ 的量纲为 $\left[\sqrt{E_v/\rho}\right]=LT^{-1}$，与 c 的量纲相同。故有经验关系式 $c=K\sqrt{E_v/\rho}$，其中 K 为比例常数，取 $K=1$ 常与实际相符。故计算流体介质中声速的公式为

$$c=\sqrt{\frac{E_v}{\rho}} \tag{1.2.2}$$

对于 20 ℃的水，$E_v=2.2\times10^9\ \text{N/m}^2$，$\rho=998.2\ \text{kg/m}^3$，所以

$$c=\sqrt{\frac{2.2\times10^9}{998.2}}\approx1\,485(\text{m/s})$$

水在不同温度时，声速测量值见表 1.2。

表 1.2　水在不同温度时声速测量值

T/℃	c/(m/s)	T/℃	c/(m/s)	T/℃	c/(m/s)
0	1 403	30	1 507	70	1 555
5	1 427	40	1 526	80	1 555
10	1 447	50	1 541	90	1 550
20	1 481	60	1 552	100	1 543

根据流体的体积弹性模量 E_v 的定义式（1.2.1），还可将式（1.2.2）改写为

$$c=\sqrt{\left(\frac{\partial p}{\partial \rho}\right)_s}\quad 或\quad c^2=\left(\frac{\partial p}{\partial \rho}\right)_s \tag{1.2.3}$$

式中：下标 s 代表绝热过程求解。该改写的声速计算公式更适用于对空气声速的计算。在空气里声速的传播过程中，压力 p 和密度 ρ 的变化关系为等熵过程，更与实际声速测量值相符。即 p/ρ^k=常数，其中，k 为热容比（即定压比热容/定容比热容），对于空气绝热指数 $k=1.4$，则

$$\left(\frac{\partial p}{\partial \rho}\right)_s=k\frac{p}{\rho} \tag{1.2.4}$$

故在空气中声速计算公式又可写为

$$c=\sqrt{kp/\rho} \tag{1.2.5}$$

利用空气的状态方程

$$p=\rho RT$$

式中：R 为气体常数，空气的 $R=286.9\ \text{J/(kg·K)}$，则空气中声速 c 的计算公式为

$$c=\sqrt{kRT} \tag{1.2.6}$$

在空气动力学中，常将气流速度 u 与声速 c 之比定义为马赫数 Ma：

$$Ma=\frac{u}{c} \tag{1.2.7}$$

马赫数 Ma 是一个无量纲数，在空气动力学中用它对流动分类：通常，$Ma<0.3$ 为亚声速

不可压缩流，常可忽略流体密度变化，与水动力学没有区别；若 $0.3 \leqslant Ma \leqslant 0.8$，则要考虑气体的可压缩性，为亚声速可压缩流，$0.8 < Ma < 1.2$ 为跨声速流动，$1.2 \leqslant Ma \leqslant 5$ 为超声速流。$Ma > 5$ 为超高声速流。本书第 9 章将讨论可压缩流体空气动力学问题。

以上所述不可压缩流体（无论是液体还是气体），其不可压缩并不意味着流体密度处处相当，而是指流体流动过程中因流动速度变化引起压力变化，从而产生的密度变化可忽略不计。对于流体不可压缩性的严格表述，将有进一步说明。

关于流体的热膨胀性，则以热膨胀系数 α_v 表示。热膨胀系数 α_v 的定义为

$$\alpha_v = \frac{1}{V}\left(\frac{\partial V}{\partial T}\right)_p \approx \frac{\partial V}{V \partial T} \tag{1.2.8a}$$

或

$$\alpha_v = -\frac{1}{\rho}\left(\frac{\partial \rho}{\partial T}\right)_p \approx -\frac{\partial \rho}{\rho \partial T} \tag{1.2.8b}$$

式中：下标 p 代表恒定压力下的偏导数。热膨胀系数的量纲为 $1/\Theta$，单位为 K^{-1}。

通常，流体随温度 T 升高其体积膨胀（或密度降低），但水的温度从 0 ℃升高到 4 ℃，体积反而缩小。水的体积在 4 ℃时最小，其密度在 4 ℃时最大，此为水的反常热膨胀性。不同温度时，水的热膨胀系数也不同，表 1.3 为水在不同温度时的热膨胀系数 α_v。

表 1.3　水在不同温度时的热膨胀系数

T/℃	α_v/ ($\times 10^{-3}$/K)	T/℃	α_v/ ($\times 10^{-3}$/K)
5	0.160	30	0.303
10	0.088	35	0.345
15	0.151	40	0.385
20	0.207	45	0.420
25	0.257	50	0.457

根据以上流体热膨胀系数 α_v 的定义，随温度变化 ΔT，液体密度从 ρ_0 变为 ρ 的计算公式为

$$\rho = \rho_0 (1 - \alpha_v \Delta T) \tag{1.2.9}$$

注：4 ℃时水的密度 ρ_0=1 000 kg/m^3。

气体的热膨胀系数 α_v 利用完全气体状态方程 $p=\rho RT$，近似地有

$$\alpha_v = -\frac{1}{\rho}\left(\frac{\partial \rho}{\partial T}\right)_p = \frac{1}{T} \tag{1.2.10}$$

式中：T 为气体的热力学温度。

1.3　流 体 黏 性

流动性和黏性是流体最重要的属性。流体的流动性是指在任意微小的切应力作用下流体就会流动的特性。如水和空气这样的流体，它们都不能承受静切应力，但流动后的流体，由于流体的黏性而使流体之间和流体与固壁物面之间产生黏性切应力。

流体黏性是流体物质固有的特性，它使流体在固壁物面上具有无滑移边界条件：如固壁

物面静止固定时，流体因黏性附着于固壁物面也总是静止固定的，壁面上的流体无滑移则切向速度为零。流体对固壁物面的法向速度当然也为零，但这不是因为其黏性而是因为流体不能穿越固壁物面。如固壁物面运动时，则流体也因黏性附着于固壁物面总是与该物面一起运动，物面上流体运动速度具有与物面相同的运动速度。最简单的例子是观察两块平行平板间流体流动，如图 1.1 所示，一块平板固定不动，另一块平板以速度 $\boldsymbol{u}$ 平行移动，两块平板之间的流体本来都是静止的，现由于一块平板以速度 $\boldsymbol{u}$ 平移，根据流体黏性无滑移边界条件，在该平板上所有流体都将以速度 $\boldsymbol{u}$ 与平板一起平移。这样在流层之间便存在速度差产生黏性切应力，就一层又一层地带动流体都流动起来，直到另一块平板上的流体，又由于黏性无滑移壁面条件速度保持为零，于是在两平板之间的流体就形成如图 1.1 所示的速度分布。对于两块非常接近的平板之间的流体，其速度分布曲线近似为线性分布，速度梯度 $\mathrm{d}u/\mathrm{d}y$ 近似为常数。

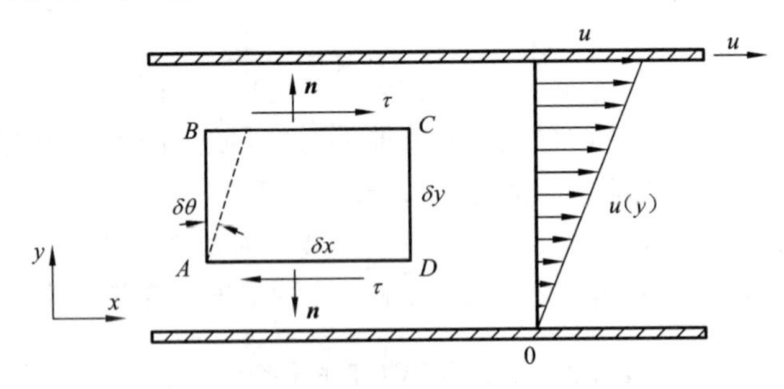

图 1.1　两块平板之间流体运动

由此可见，由于流体黏性，流体在流动时出现速度梯度，从而使流体之间存在黏性切应力。如图 1.1 所示的一维流动，在流体中取以流体微团 $ABCD$ 做分析，其中 BC 面相对于 AD 面有相对运动速度 δu 时，这两层流体之间就存在速度梯度 $\delta u/\delta y$。注意到流体速度梯度 $\delta u/\delta y$ 与流体微团形变率 $\delta\theta/\delta t$（δt 时间内微团形状边角的变化 $\delta\theta$ 称为形变率）之间的关系为

$$\frac{\delta u}{\delta y}=\frac{\delta u\delta t}{\delta y\delta t}=\frac{\tan(\delta\theta)}{\delta t} \tag{1.3.1}$$

取极限后，得

$$\frac{\delta u}{\delta y}=\frac{\delta\theta}{\delta t}\quad 或\quad \frac{\mathrm{d}u}{\mathrm{d}y}=\frac{\mathrm{d}\theta}{\mathrm{d}t} \tag{1.3.2}$$

对于水、空气和油这样的易流动的流体，流层之间的黏性切应力 τ，与流体速度梯度 $\mathrm{d}u/\mathrm{d}y$ 或形变率 $\delta\theta/\delta t$ 成比例，$\tau\propto \mathrm{d}u/\mathrm{d}y(=\mathrm{d}\theta/\mathrm{d}t)$，故有

$$\tau=\mu\frac{\mathrm{d}u}{\mathrm{d}y}=\mu\frac{\mathrm{d}\theta}{\mathrm{d}t} \tag{1.3.3}$$

式中：μ 为 τ 与 $\mathrm{d}u/\mathrm{d}y$ 的比例常数，与流体黏性大小有关，称为黏性系数（或动力黏性系数，简称为黏度）。式（1.3.3）即为牛顿内摩擦定律，它是黏性流体一维流动本构定律（constitution law），是与实际相符的经验关系式。通常符合牛顿内摩擦定律的流体属于牛顿流体，不符合牛顿内摩擦定律的流体如泥浆等，都属于非牛顿流体。非牛顿流体已有专门的课程讨论，本教材不涉及这类问题。

根据牛顿内摩擦定律式（1.3.3），通过量纲分析可知，黏性系数μ的量纲为

$$[\mu]=[\tau]\Big/\left[\frac{\mathrm{d}u}{\mathrm{d}y}\right]=\mathrm{ML^{-1}T^{-1}} \tag{1.3.4}$$

黏性系数 μ 的单位为 kg/(m·s)、N·s/m^2 或 Pa·s，这个单位比较大，故习惯上还使用 CGS 单位制（一种国际通用的单位制式），黏度单位泊（poise，P）和厘泊（centipoise，cP），1 P=100 cP=1 g/(cm·s)，

$$1\ \text{Pa·s}=1\ \text{N·s/m}^2=1\ \text{kg/(m·s)}=1\,000\ \text{cP}=10\ \text{P} \tag{1.3.5}$$

将流体动力黏性系数 μ 除以流体密度 ρ 的物理意义仍表示流体黏度的一种特性，并以希腊字母 ν 表示，令

$$\nu=\mu / \rho \tag{1.3.6}$$

ν 的量纲为

$$[\nu]=\frac{[\mu]}{[\rho]}=\frac{\text{ML}^{-1}\text{T}^{-1}}{\text{ML}^{-3}}=\text{L}^2\text{T}^{-1} \tag{1.3.7}$$

称为运动黏性系数（因具有运动学量纲而命名），它的单位为 m^2/s。同理，因 ν 的单位太大，习惯上还使用 CGS 单位制，运动黏性系数的单位斯托克斯（Stokes，St）和厘斯托克斯（centistokes，cSt）

$$1\ \text{St}=100\ \text{cSt},\ 1\ \text{St}=1\ \text{cm}^2/\text{s}=10^{-4}\ \text{m}^2/\text{s},\ 1\ \text{cSt}=10^{-6}\ \text{m}^2/\text{s} \tag{1.3.8}$$

流体的黏度已有多种方法可以测定，不同流体各有不同的黏度，表 1.4 为常温下几种流体的黏度。

表 1.4　常温（20 ℃）下几种流体的黏度

流体类型	ρ /(kg/m^3)	μ /[kg/(m/s)]	ν/ (m^2/s)
水	998	1.0×10^{-3}	1.01×10^{-6}
空气	1.2	1.8×10^{-5}	1.51×10^{-5}
汽油	680	2.9×10^{-4}	4.22×10^{-7}
氢气（H_2）	0.084	8.8×10^{-6}	1.05×10^{-4}
润滑油（SEA 30 oil）	891	0.29	3.25×10^{-4}
甘油	1 264	1.5	1.18×10^{-3}
酒精	789	1.2×10^{-3}	1.52×10^{-6}
水银	13 580	1.5×10^{-3}	1.16×10^{-7}

对于同一种流体，其黏度与温度的关系最大，温度升高，对液体来说其黏度将降低，这是由液体分子结构所固有的属性[温度升高使液体分子间凝聚力（黏滞力）降低]所导致的。而对于气体，温度升高气体的黏度也增大，这是由气体分子运动因温度升高而加剧所导致的。对于气体和水这两类流体，在不同温度时黏性系数有近似经验公式可以计算：如水在不同温度 T（热力学温度）的动力黏性系数 μ （Pa·s）为

$$\mu=A\times10^{B/(T-C)} \tag{1.3.9}$$

式中：$A=2.414\times10^{-5}$ Pa·s；$B=247.8$ K；$C=140$ K。

不同温度 T 时气体黏度的经验公式（Sutherland 公式）为

$$\mu=\mu_0\frac{T_0+C}{T+C}\left(\frac{T}{T_0}\right)^{\frac{3}{2}} \tag{1.3.10}$$

式中：μ_0 为参考温度 T_0（K）时的黏度（Pa·s）；C 为常数。不同气体常数见表 1.5。

表 1.5　不同气体 Sutherland 公式中的常数值

气体类型	C/ K	T_0 / K	μ_0 / ($\times 10^{-6}$ Pa·s)
空气	120	291.15	18.27
氧气	127	292.25	20.18
氮气	111	300.55	17.81
二氧化碳	240	293.15	14.8
氢气	72	293.85	8.76

还有两个问题可以讨论：①黏性切应力方向是怎么确定的？②流体在流动中黏性相对重要性如何表示？如图 1.1 所示的流体微团 $ABCD$ 来说，为确定 BC 面上流体黏性切应力 τ 的方向，对 BC 面作外法线 $\boldsymbol{n}$（单位矢量）为 y 轴正向，BC 面上黏性切应力就可定义为 x 轴正向，因为黏性切应力 $\tau=\mu\dfrac{\mathrm{d}u}{\mathrm{d}\boldsymbol{n}}$ 是由外法向邻近处流体速度梯度产生的，如速度梯度 $\dfrac{\mathrm{d}u}{\mathrm{d}n}=\dfrac{\mathrm{d}u}{\mathrm{d}y}$ 为正，切应力 τ 为 x 轴正向。同样，对 AD 面作外法线 $\boldsymbol{n}$ 为 y 轴负向，则 AD 面上黏性切应力 τ 就可以定义为 x 轴负向。所以要表示清楚一个切应力方向，首先要表示清楚切应力作用在哪个面，然后又要表示清楚这个切应力的方向。对照图 1.1，通常将 BC 和 AD 面上切应力写为 τ_{yx}，第一个下标 y 表示这个切应力作用面的外法线方向为 y 轴向（可正可负），第二个下标 x 表示切应力作用的方向为 x 轴向（可正可负）。此外，图 1.1 的上下平板对流体接触面处的黏性切应力和流体对上下平板黏性作用力的各自方向也要搞清楚。

流体在流动中，黏性的相对重要性如何表示？所谓相对重要性是指流体流动时流体惯性力与黏性力的比，这个比值越小表示黏性力的影响越大，反之亦然。设流体密度为 ρ，流动的特征速度为 u，流动的特征尺度为 L，则流体流动的惯性力比例于 ρu^2L^2（量纲为力）；流体流动的黏性力则比例于 $\mu\dfrac{u}{L}L^2=\mu uL$（量纲为力）。令流体惯性力与黏性力之比以雷诺数 Re 表示，即

$$Re=\frac{\rho u^2L^2}{\mu uL}=\rho\frac{uL}{\mu}=\frac{uL}{\nu}\tag{1.3.11}$$

Re 是一个无量纲数，它表示流体在流动中黏性效应的相对重要作用，它是两种流体是否黏性相似的一个相似准则，以后将会不断遇到 Re 的出现和应用。在这里只指出如果流体流动的 Re 不断增大，表示流动中黏性效应不断减小，它的极限是 $Re\to\infty$，则就成为无黏性的流体流动。无黏性流体力学即理想流体动力学，其在流体力学发展史上有重要贡献，许多研究成果仍有实际意义。

1.4　液体的汽化和气化

现仅以水为代表讨论液体的汽化和气化的特性。我们知道，不同温度的纯净水有不同的汽化压力，如 100 ℃的水是在 1 个标准大气压时汽化的，而在常温（20 ℃）条件下，当水体（静态或动态）在压力低于 2.3 kPa 时也会汽化，即 20 ℃的水汽化压力约为 2.3 kPa。不同温度的水的汽化压力可在附录 3 中查到。当水流中水的局部压力降低到对应水温的汽化压力时，该处水体就会汽化，出现含汽空泡（vaporous cavitation），简称为空泡或空化泡。空泡在水流

中出现和溃灭，特别是其溃灭过程，根据理论和试验研究，溃灭的空泡可对物面产生极大冲击压力，对物面产生剥蚀振动和噪声等多种破坏作用。在水体中高速运动的物体如船舶螺旋桨、水泵和水力透平的叶轮都会产生被空泡剥蚀的问题。因此，在工程上对空泡现象的研究和应用都有重要意义。

水中形成空泡的过程，实际上是一个更为复杂的现象。空泡初生也不是仅仅像前面所说的那样正好发生在局部水压等于汽化压力的时候。空泡生成偏离这种理想的模式是由于真实液体效应引起的。许多研究已表明：水中空泡初生与水的品质（水中气核大小分布和数量，以及水的张力强度）有关。水中微气泡和水中夹杂的固态微粒物都是产生空泡的气核，在自然界的河水和海水中，微气泡是气核的主要成分，在实际海洋中这些气核大小一般为 5～200 μm，在实验室的水洞中经过除气后的气核大小一般为 5～20 μm，其数量大约在 20 个/cm^{3}以上。水中微气泡或在浸湿的物面缝隙的微气泡，在水流中压力低于某一临界值（与水的汽化压力无关）时，这些微气泡的体积会突然增大形成含气型空泡。含气型空泡在水中出现和溃灭过程，与含汽型空泡相同，产生相同的危害。

为便于对空泡特性进行表达，通常只以汽化泡为典型加以描述。设水流速度为 u，环境压力为 p_∞，水的密度为 ρ，水温为 T 时，汽化压力为 p_{v}，在这样的水流中表示发生空泡的特征，可引入一个无量纲空泡数 K：它的分子为压力差 $p_\infty - p_{\mathrm{v}}$，分母为水流的动压 $\frac{1}{2}\rho u^2$（量纲 $\mathrm{ML^{-1}T^{-2}}$，为压力的量纲，称为动压），令

$$K=\frac{p_\infty - p_{\mathrm{v}}}{\frac{1}{2}\rho u^2} \tag{1.4.1}$$

若将式（1.4.1）中 p_{v} 改为气泡内气体压力 p_{c}，则由广义的空泡数定义式为

$$K=\frac{p_\infty - p_{\mathrm{c}}}{\frac{1}{2}\rho u^2} \tag{1.4.2}$$

习惯上，人们仍认为在物面上（或在水流中）最小压力 $p_{\min}$ 等于汽化压力 p_{v} 时，则该处的水体将发生空泡。这样就有空泡初生时空泡数 K_{i} 的表达式为

$$K_{\mathrm{i}}=\left(\frac{p_\infty - p_{\mathrm{v}}}{\frac{1}{2}\rho u^2}\right)_{p_{\min}=p_{\mathrm{v}}} \tag{1.4.3}$$

根据空泡数 K 的定义式，空泡数 K 的大小与物体运动速度（或水流速度）u 及环境压力 p_∞ 有关，在一定的环境压力 p_∞ 条件下，物体运动速度 u 越大，可获得的空泡数 K 越少；在一定的物体运动速度 u 的条件下，随环境压力 p_∞ 的减小，空泡数也随之减少。做空泡试验研究的空泡水洞设备的设计，为获得更小的空泡数，可根据以上理论进行调整。

（1）增大水流速度，可使空泡数 K 不断减少，当 $K \leqslant K_{\mathrm{i}}$ 时，试验的物体便有空泡发生。

（2）降低试验段处环境压力 p_∞ 也可使空泡数 K 不断减少，可获得与增大水流速度 u 减少空泡数一样的结果。在空泡水洞试验中常用这种方法降低空泡数。同样，当降低的空泡数 $K \leqslant K_{\mathrm{i}}$ 时，试验的物体便有空泡发生。

根据空泡初生时空泡数 K_{i} 的定义式（1.4.3），物面上空泡初生时空泡数 K_{i} 越小，表示该物体的抗空化性能越高，及该物体空泡初生时（$p_{\min}=p_{\mathrm{v}}$）可在更高水流速度 u 或更低环境压

力 p_{∞} 中才发生空泡。

此外，当物体在水流中空泡数 $K \leqslant K_{\mathrm{i}}$ 时，空泡便会产生，而随空泡数 K 的不断降低，空泡的发展会呈现以下几种不同形态。

（1）空泡初生游移气泡形态：当空泡数 K 等于或稍小于初生空泡数 K_{i} 时，发生单个分散的空泡，随水流向下游移，这种空泡形态称为游移空泡形态。这些游移空泡可在物面处溃灭，对物面产生剥蚀、振动和噪声。

（2）局部空泡形态：当空泡数 $K \ll K_{\mathrm{i}}$ 时，在物面最小压力点的附近就会发生贴附于物面上的局部层状空泡现象。试验观察表明，这种层状空泡区的后端很不稳定，它的破碎和分裂在其下泄的后方会形成大量空化气泡聚集的云状空泡现象。众多云状空泡与物面相互作用而溃灭，可对物面产生更强烈的剥蚀作用。因为这种空泡形态出现在物面局部地方，故层状面和云状空泡形态，也称为局部空泡形态，并称局部空泡的区域为空穴区（cavity）。

（3）超空泡形态：当空泡数 $K \lll K_{\mathrm{i}}$ 时，物面上局部空泡会进一步覆盖整个物面，并可延伸到物体后面，其空穴尺度可远远超过物体尺度，这就是所谓的超空泡形态，它是一种完全发展的空泡流。通常，空泡数 $K<0.1$ 时才可能产生自然汽化超空泡流动。由于超空泡可使物体在水中运动阻力大大降低，它们在空化技术的应用中有重大意义。

液体中空泡现象，除以上三种形态外，还有涡空泡和振动引起空泡的形态，如柴油机气缸套中冷却水，因振动引起空泡而剥蚀气缸套。柴油机中燃油喷射过程产生的空泡，对燃油的雾化有重要作用，在第 8 章将作进一步阐述。

1.5 液体的表面张力

表面张力是液体的一个重要属性，以水和空气交界面为例，其交界面就像一张弹性膜片，具有少量抵抗外力的能力。如图 1.2 所示，将液体切出一片来看，表面单位张力 σ（定义单位长度上的力，其量纲为 MT^{-2}，单位为 N/m）作用在膜片边界线上将膜片张开。表面张力是由交界面上液体分子受内部液体分子的内聚力产生。内聚力是同一种流体分子间的吸引力。表面张力可使细小的钢针、回形针或薄刀片等比水重的物体浮在水面上、以钢针为例，如图 1.3 所示，长为 L 的钢针，在水面上钢针的横截面使水面变形，水面作用于钢针的表面张力 $F_{\sigma}=\sigma L$ 与水面相切，θ 为水面与钢针截面的接触角，则表面张力 F_{σ} 的垂向分量可支持钢针的重量 W，即

$$2\sigma L\cos\theta = W$$

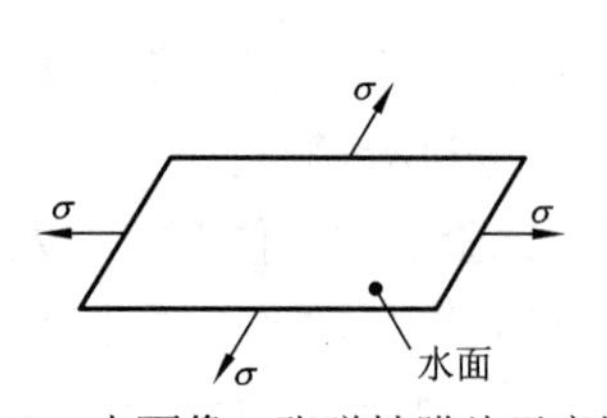

图 1.2 水面像一张弹性膜片示意图

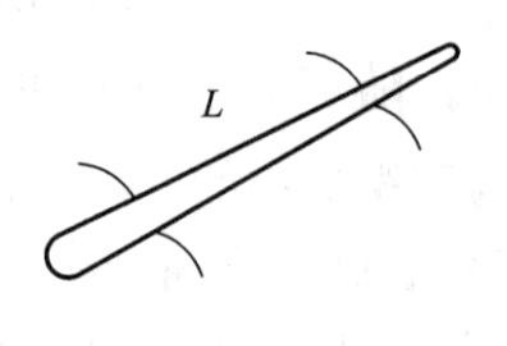

（a）长为 L 的钢针

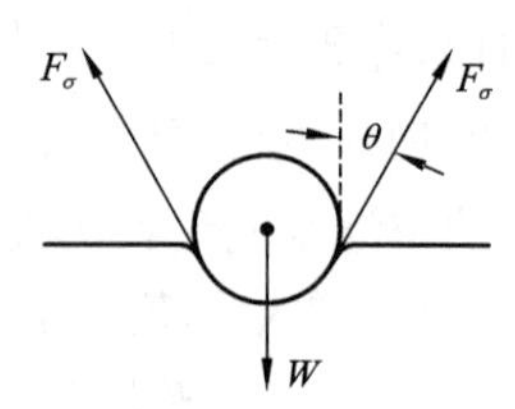

（b）浮在水面上的钢针

图 1.3 钢针浮在水面上受力示意图

某些昆虫（如水蝇类）和某些爬行动物（如蜥蜴等），它们可在水面上停留、行走或奔跑，都是由于表面张力的作用。雨滴和露珠呈球形、射流雾化、波浪的破碎、亲水性和疏水

性材料研制及毛细管现象等都与液体表面张力有关。

对表面张力的确定需要知道它的大小（单位长度上的力）和作用力方向（或接触角 θ）。对表面张力来说，不同液体的气液交界面有不同的 σ 值，它们只能用实验测定。常温时常见液体与空气交界面表面单位张力 σ' 见表 1.6。

表 1.6　常温时常见液体与空气交界面的表面单位张力

液体类型	σ'/ (N/m)	液体类型	σ'/ (N/m)
水	0.072	甘油	0.063
盐水	0.075	润滑油	0.023～0.035
肥皂水	0.020～0.030	水银	0.484
酒精	0.022		

σ' 与温度有关，随温度升高而降低，如在不同水温下，水-空气交界面上的 σ' 值可查附录 3。

σ' 作用力方向常需要通过接触角 θ 确定。所谓接触角 θ 是指气、液、固三相交界点处的气液交界面与固液交界面之间的夹角。表面张力 $F_\sigma=\sigma L$（L 为液、气、固三相接触线长度）的方向与固壁物面之间的夹角为接触角 θ。图 1.4 为亲水性物面和疏水性物面上水滴的接触角。对亲水性物面[图 1.4（a）]，接触角 $\theta<90°$，在定性上可以从三相交界点 O 处平壁面（现为水平方向）水平方向力的平衡（通过受力分析）确定，固壁面对 O 点处液体附着力 F_a，因物面亲水性而大于水滴内部液体分子对 O 点处液体的内聚力 F_c，所以在亲水性物面上水滴形成的接触角 θ 必小于 90°，使气液交界曲面产生的表面张力 F_σ 在水平方向分量上可获得力的平衡，即 $F_a=F_c+F_\sigma\cos\theta$。同理，疏水性物面[图 1.4（b）]接触角 $\theta>90°$ 时，才能使气液交界曲面产生的表面张力 F_σ 在平壁面上仍可符合 $F_a=F_c+F_\sigma\cos\theta$ 的平衡方程式（接触角 θ 可规定为沿物面液体内聚力 F_c 方向与表面张力 F_σ 方向之间的夹角）。

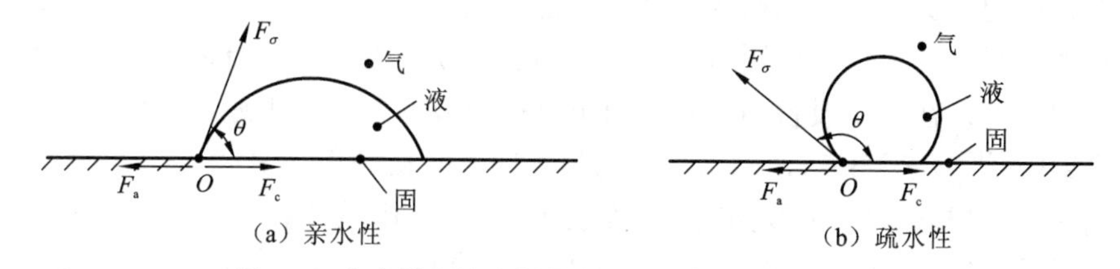

图 1.4　亲水性和疏水性物面上水滴的接触角示意图

不同的三相（气、液、固）物质，交界点处接触角 θ 需要通过实验测量确定，表 1.7 为几种三相物质交界处接触角 θ 的测量值。

表 1.7　几种三相物质交界处接触角 θ 测量值

气体类型	液体类型	固体类型	θ/（°）
空气	水	玻璃	29
空气	酒精	玻璃	0
空气	水	银	90
空气	水	石蜡	107
空气	水银	玻璃	140
空气	蒸馏水	钢	48～49
空气	蒸馏水	镍	38～47
空气	蒸馏水	铜	45～90

表面张力还有两个重要属性，一是毛细管作用，二是可使气液交界曲面内外压力引起变化的作用。如图 1.5（a）所示，一根直立玻璃管插入水中或水银中，水面与玻璃管内壁的接触角 θ=0°～30°，如玻璃管内半径 R>0.5 cm，表面张力使玻璃管内外液面高度变化可忽略不计。对于 R<0.5 cm 的毛细管，管内液面因表面张力 $2\pi R\sigma$ 有向上的垂向分力 $2\pi R\sigma\cos\theta$，可将毛细管内液体升高高度设为 h，使高度为 h 的这一段液体的重量 $\rho g\pi R^2h$ 与表面张力垂向分力 $2\pi R\sigma\cos\theta$ 相等，即

$$2\pi R\sigma\cos\theta=\rho g\pi R^2h \tag{1.5.1}$$

故毛细管内液面升高高度 h 为

$$h=\frac{2\sigma\cos\theta}{\rho gR} \tag{1.5.2}$$

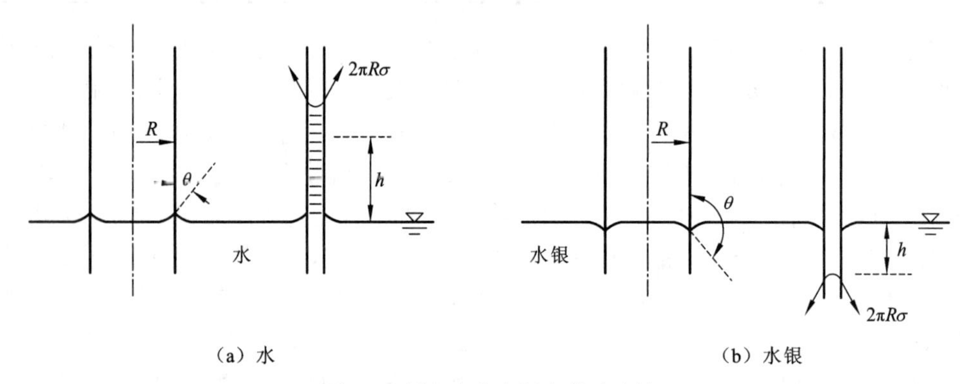

（a）水　　（b）水银

图 1.5　插入水和水银中的玻璃管

若 θ=0°，则有最大可能毛细管内液面升力值，并随管径减小而增大。对于很细小的毛细管，其毛细管作用是惊人的，如植物依靠毛细管输送水分。据记录最高的树木高达 112.6 m，它也是依靠表面张力的毛细管作用将水从根部输送到顶枝上的。在流体力学实验室中，为避免测量压力的误差，在测量设备中不宜使用小直径的玻璃管。这里还要指出：对一根直立玻璃管插入水银中[图 1.5（b）]，因水银液面与玻璃管的接触角 θ=130°，式（1.5.2）毛细管内液面升高公式仍成立，因 $\cos\theta$ 为负值，h 表示管内液面降低的值。

对于一些气液交界的曲面，由于表面张力作用，曲面内流体压力增大（大于曲面外流体压力）。肥皂泡是一个典型的例子，可说明这种表面张力效应。肥皂泡为何保持球形？答案是它的内部压力必大于外部气压，才能像气球一样鼓起来。肥皂泡内气压 p_i 高于肥皂泡外气压 p_o，它们与肥皂泡的表面张力有何关系？将球形肥皂泡在中间切开作脱离体受力分析，如图 1.6 所示，设球泡半径为 R，肥皂泡薄膜（液体）厚度极小，但内外两层气液交界线长为 $2\pi R$，表面张力 $2\times(2\pi R)\sigma$ 的作用使肥皂泡内气压 p_i 必大于肥皂泡外气压 p_o（对于通常的肥皂泡，其中 p_i 和 p_o 均为常数）。如图 1.6（b）所示的球坐标(R,φ,θ)和直角坐标(x,y,z)，其中 R 为肥皂泡球半径，φ 为经度（0～2π），θ 为纬度（0～π/2）。肥皂泡在 x-y 水平面上投影面积 πR^2，作用在薄膜上的表面张力 $2\times(2\pi R)\sigma$ 的方向为 z 轴负向。

取肥皂泡球面上任一微元面积 $dA=R^2\sin\theta d\theta d\varphi$，分析内外压力差 $\Delta p=p_i-p_o$，Δp 的方向为球面径矢量方向，它在 x 轴向和 y 轴向上的分量因为球对称在合成时相抵消，只有 z 轴向压差分量为 $\Delta p dA\cos\theta=\Delta pR^2\sin\theta\cos\theta d\theta d\varphi$，其中 $R^2\sin\theta\cos\theta d\theta d\varphi$ 为球面微元面积 dA 在 x-y 平面上投影面积，故合成后的总压力差为

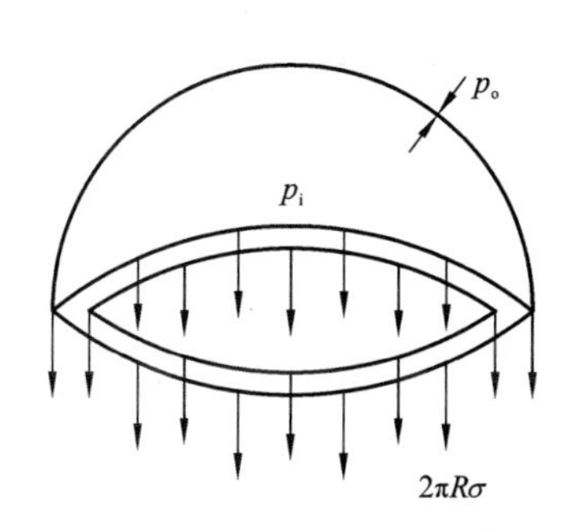

(a) 肥皂泡内气压与肥皂泡表面张力关系示意图

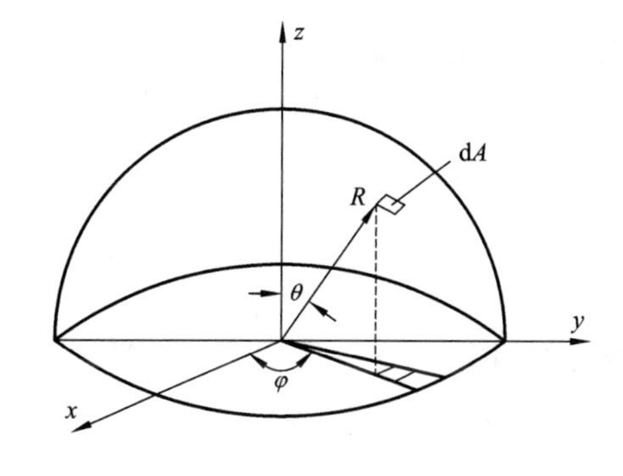

(b) 对肥皂泡取球坐标和直角坐标系示意图

图 1.6 球形肥皂泡中间切开受力分析示意图

$$\int_0^{2\pi}\int_0^{\frac{\pi}{2}} \Delta p R^2 \sin\theta\cos\theta \mathrm{d}\theta \mathrm{d}\varphi = \Delta p \pi R^2 \tag{1.5.3}$$

半球肥皂泡脱离体的力平衡方程为

$$\Delta p \pi R^2 = 2\times(2\pi R)\sigma \tag{1.5.4}$$

故

$$\Delta p = \frac{4\sigma}{R} \tag{1.5.5}$$

这就是表面张力使球形肥皂泡内产生压力差的关系式，由此可知，R 越小，肥皂泡内压力增加越大。

同理，在水中气泡，内外压力差 Δp 也与表面张力有关，但与肥皂泡的情况略有不同。气泡的表面为气体，在水中气液交界面只在气泡外层处有表面张力 $2\pi R\sigma$（指将气泡中间切向受力分析时），不同于肥皂泡在气泡内层不是气液交界面，就不存在表面张力。对半个水中气泡脱离体，力的平衡方程为

$$\Delta p \pi R^2 = 2\pi R\sigma \tag{1.5.6}$$

故

$$\Delta p = \frac{2\sigma}{R} \tag{1.5.7}$$

与式（1.5.5）比较，它们的区别应特别注意。

在具有气液交界面的流动问题中，表面张力是否一定要考虑？表面张力的相对重要性如何表示？所谓相对重要性是指流动中惯性力与表面张力比值，比值越小，表示表面张力影响相对越大，反之亦然。设流体密度为 ρ，流体的特征速度为 u，流动的特征尺度为 L，则流体惯性力比例为 ρu^2L^2，而流体表面张力比例为 σL。令流体惯性力与表面张力的比值以 We（Weber number，韦伯数）表示，即

$$We = \frac{\rho u^2 L^2}{\sigma L} = \frac{\rho u^2 L}{\sigma} \tag{1.5.8}$$

We 是一个无量纲数，它表示流体在流动问题中表面张力重要性的程度。通常在大尺度（特征尺度大）物体的流动问题中，如船舶与海洋工程流动问题，因 We 大，表面张力效应可忽略不计，只有在一些专项研究中需要引入表面张力：液体射流雾化、波浪破碎、水中气泡运动、疏水性减阻材料研制等。

表面张力对液体雾化的形成和发展有密切关系，在气液交界面上表面张力还有几个重要

的公式，如 Young-Laplace 公式、曲率散度公式及气液交界面流体边界条件的表达公式等，都与进一步研究液体射流雾化等问题有关，在第 8 章会进一步讨论。

例　题

例 1.1　标准大气压下水温 4 ℃时，水的密度 $\rho_{水}$=1 000 kg/m^3，试求水的重度 $\gamma_{水}$；水银的比重 S_{Hg}=13.6，试求水银的密度 ρ_{Hg}。

解：流体的重度（specific weight）指流体单位体积的重量，与其密度 ρ 的关系为 $\gamma=\rho g$。液体的比重（specific gravity）是指流体的密度 $\rho_{液}$ 与标准大气压下 4 ℃的水密度 $\rho_{水,4℃}$ 的比值，即

$$S_{液}=\rho_{液}/\rho_{水,4℃}$$

水的重度为

$$\gamma_{水}=\rho_{水}g=1\,000\times9.81=9.81\ (\text{kN/m}^3)$$

水银的密度为

$$P_{Hg}=S_{Hg}\rho_{水}=13.6\times1\,000=13\,600\ (\text{kg/m}^3)$$

例 1.2　如图 1.7 所示，海洋水深 8 km 处水压为 p_2=81.8 kPa，假定海表面海水重度 γ_1=10.05 kN/m^3，海水平均体积弹性模量 E_v=2.34×10^9 N/m^3，试求：

（1）海表面和水深 8 km 处海水比容（specific volume）变化；

（2）水深 8 km 处海水的比容和重度。

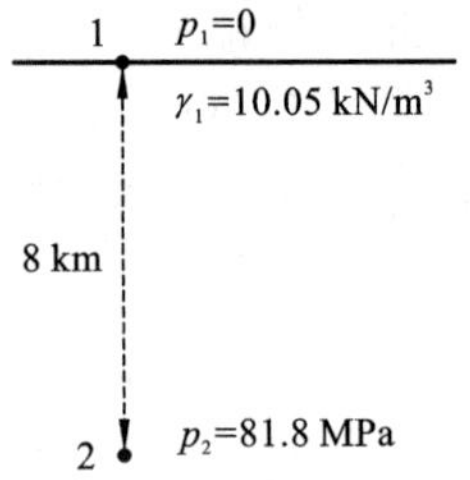

1　$p_1=0$

γ_1=10.05 kN/m^3

8 km

2　p_2=81.8 MPa

图 1.7

解：（1）液体比容常以符号 v 表示，比容 v 的定义是密度 ρ 的倒数，即

$$v=\frac{1}{\rho}$$

在水面 1 处的比容 v_1 为

$$v_1=\frac{1}{\rho_1}=\frac{g}{\rho_1 g}=\frac{g}{\gamma_1}=\frac{9.81}{10\,050}\approx0.000\,976\ (\text{m}^3/\text{kg})$$

因 $\rho v=1$，故有 $\rho/\mathrm{d}\rho=-v/\mathrm{d}v$。

将液体的体积弹性模量的定义式（1.2.1）改写为以下近似的差分形式：

$$E_v=\rho\frac{\Delta p}{\Delta\rho}=-\frac{v}{\Delta v}\Delta p$$

故

$$\Delta v=v_2-v_1=-\frac{v_1(p_2-p_1)}{E_v}=-\frac{0.000\,976\times(81.8\times10^6-0)}{2.34\times10^9}$$

$$=-34.1\times10^{-6}\ (\text{m}^3/\text{kg})$$

（2）水深 8 km 处海水比容 v_2 为

$$v_2=v_1+\Delta v=0.000\,976-34.1\times10^{-6}=0.000\,941\,9\ (\text{m}^3/\text{kg})$$

水深 8 km 处海水重度 γ_2 为

$$\gamma_2=\rho_2 g=g/v_2=9.81/0.000\,941\,9=10\,415\ (\text{N/m}^3)$$

例 1.3　有一活塞 A 的质量为 2.5 kg，它在自重作用下沿圆柱套筒下滑，有关尺寸如图 1.8 所示。假定活塞与套筒间隙有滑油，油的动力黏性系数为 7×10^{-3} N·s/m^2，活塞下滑时其中心线与套筒中心线一致（没有偏心），忽略活塞上下空气压力作用，试求活塞下滑最终获得等速运动的速度 v。

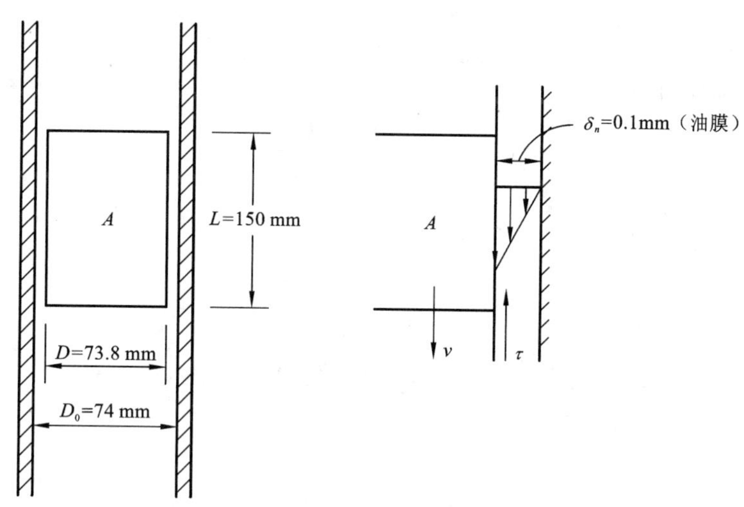

图 1.8

解：假定油膜内速度分布为线性分布，因油膜间隙很小 $\delta_n=(74-73.8)/2=0.1$ (mm)，油膜内速度梯度 $\mathrm{d}u/\mathrm{d}n$ 近似地可认为

$$\frac{\mathrm{d}u}{\mathrm{d}n}=\frac{v-0}{0.0001}=10\,000v\ (\mathrm{s}^{-1})$$

由牛顿黏性切应力公式求活塞壁面上黏性切应力为

$$\tau=\mu\frac{\mathrm{d}u}{\mathrm{d}n}=7\times10^{-3}\times10\,000=70v\ (\mathrm{Pa})$$

因活塞自重 W 与黏性力平衡时，活塞获得最终运动速度 v，故

$$W=\tau\cdot\pi DL$$

即

$$2.5\times9.81=70v\times\pi\times0.0738\times0.150$$

$$v=10.08\ (\mathrm{m/s})$$

例 1.4　图 1.9 为一锥形轴承，它以角速度 ω 旋转，其中轴承油膜厚度为 Y，假定油的动力黏性系数以 μ 表示，其他尺度都如图所示。试求：

（1）忽略作用于轴承上下表面流体黏性力，只计该锥形轴承旋转克服油膜间隙中黏性力所需转矩 T 的计算表达式。

（2）相应于（1）的结果，写出滑油中热产生率。

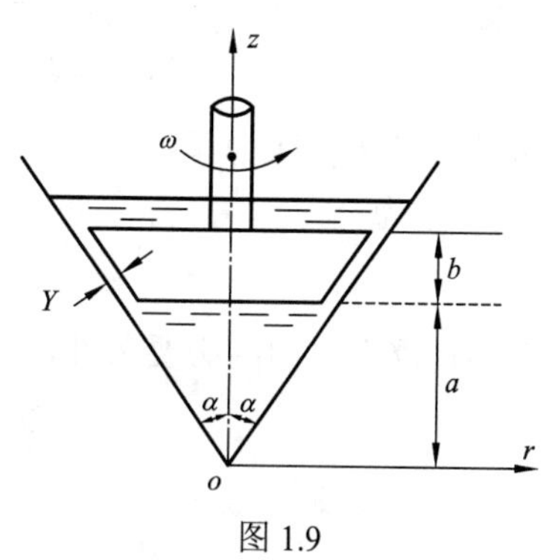

图 1.9

解：（1）对图示坐标系(r,z)，间隙内油膜最大旋转线速度 $u=\omega r$。r 为油膜旋转半径（方向与坐标系 r 一致故未标）对小间隙 Y，其中速度梯度为

$$\frac{\mathrm{d}u}{\mathrm{d}Y}=\frac{u}{Y}=\frac{\omega r}{Y}$$

油膜内黏性切应力为

$$\tau = \mu \frac{\mathrm{d}u}{\mathrm{d}Y} = \mu\omega r / Y$$

油膜接触微元面积为

$$\mathrm{d}A = 2\pi r \mathrm{d}s = \frac{2\pi r \mathrm{d}z}{\cos\alpha} \quad \text{（d}s\text{ 为沿斜面微元长度）}$$

油膜内微元黏性力为

$$\mathrm{d}F = \tau \mathrm{d}A = \frac{\mu\omega r}{Y}\left(\frac{2\pi r \mathrm{d}z}{\cos\alpha}\right)$$

因 $\mathrm{d}T = r\mathrm{d}F = \dfrac{2\pi\mu\omega}{Y\cos\alpha} r^3 \mathrm{d}z$，$r = z\tan\alpha$，故

$$\mathrm{d}T = \frac{2\pi\mu\omega\tan^3\alpha}{Y\cos\alpha} z^3 \mathrm{d}z$$

$$T = \frac{2\pi\mu\omega\tan^3\alpha}{Y\cos\alpha}\int_a^{a+b} z^3 \mathrm{d}z = \frac{2\pi\mu\omega\tan^3\alpha}{4Y\cos\alpha}[(a+b)^4 - a^4]$$

（2）热产生率为

$$Q = T\omega$$

$$Q = T\omega = \frac{2\pi\mu\omega^2\tan^3\alpha}{4Y\cos\alpha}[(a+b)^4 - a^4]$$

例 1.5 试分析金属细针能浮在水面上的原理和条件：设针的半径为 R，长度为 L，密度为 ρ，$L \gg R$。不计针在水中浮力，试写出浮在水面上的针的最大直径计算式。

解：水面是气液交界面，它具有表面张力似弹性薄膜，如图 1.10 所示。将金属细针缓慢地放在水面上，当表面张力等于针的重量时，针就能浮在水面上。图中 F 为表面张力，W 为针的自重。

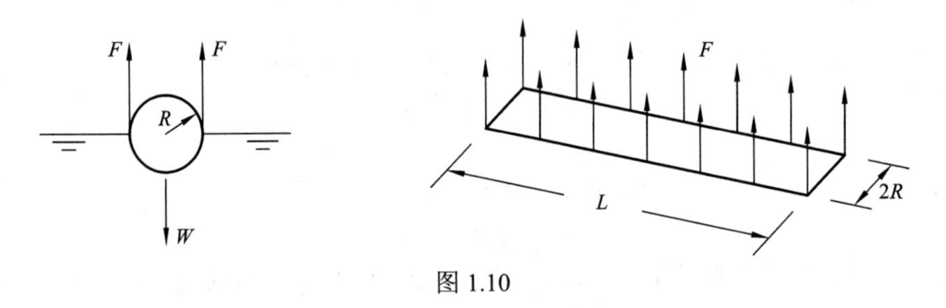

图 1.10

作用在针上的表面张力 F 最大可能为

$$F = \sigma(L + L + 2R + 2R) = 2\sigma(L + 2R)$$

式中：σ 为水的表面张力系数。

针的自重为

$$W = \rho g(\pi R^2 L)$$

使 $W=F$ 为针浮在水面的必要条件，即

$$2\sigma(L + 2R) = \rho g(\pi R^2 L)$$

因 $L \gg R$，故近似为

$$2\sigma L = \rho g(\pi R^2 L)$$

故针的最大直径为

$$R=\sqrt{\frac{2\sigma}{\pi\rho g}} \quad 或 \quad D=\sqrt{\frac{8\sigma}{\pi\rho g}}$$

讨 论 题

1.1 流体介质连续性假设的概念和意义何在？

1.2 在流体力学中将流体分为不可压缩流体流动和可压缩流体流动的意义何在？

1.3 试证明：

（1）雷诺数 $Re(Re=\frac{\rho uL}{\mu}或\frac{uL}{\nu})$，空泡数 $K(K=\frac{p_\infty - p_V}{\frac{1}{2}\rho u^2})$，韦伯数 $We(We=\frac{\rho u^2 L}{\sigma})$，它们都是无量纲数。

（2）$\rho u^2 L^2$ 为具有力的量纲。

1.4 如图 1.11 所示，当电动机带动一个水平向圆盘在空气中转动时，在这个圆盘的上方，有一个与之平行但互不接触的圆盘也转动了起来，这是为什么？调整电动机转速，下圆盘的转速越大，则被带动的上圆盘也转得越快，这是为什么？如调整上、下圆盘之间的距离，两者的间距越大，被带动上圆盘旋转得越慢，反之亦然，这是为什么？但无论如何，由下圆盘带动的上圆盘转速总比下圆盘转动得慢，这是为什么？

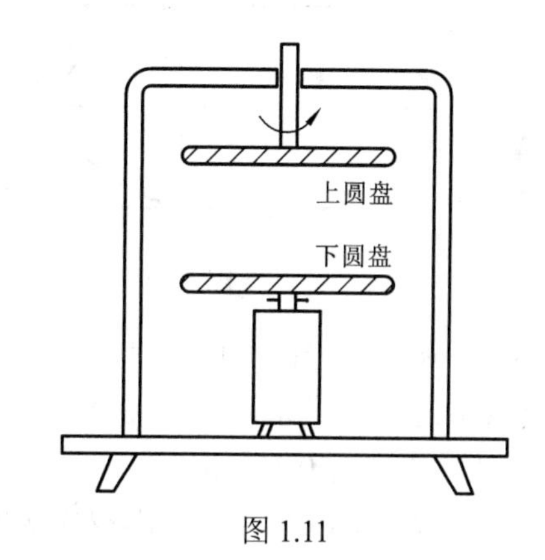

图 1.11

1.5 气液交界面上表面张力，在物理概念上为什么又可理解为单位面积上具有能量？

1.6 根据空气-水-玻璃三相物质交界面的接触角的测量值 θ=30°，和空气-水银-玻璃三相物质交界面的接触角的测量值 θ=140°，将一根毛细玻璃管分别插入水和水银容器中，试用放大图做出管内水面和水银液面的示意图。

习 题

1.1 有一水箱在水温 10℃和 1 个标准大气压时盛水 85 L，当水被加热到 70 ℃时，求水的体积变化百分数（不同水温时水的密度可查附录 3）。

（参考答案：$\Delta V/V$=2.24%）

1.2 初始状态为 5 ℃和 1 个标准大气压下的水，在恒定大气压条件下将水加热到 65 ℃，试根据水的平均热膨胀系数（见表 1.3），试求水的最终密度。

（参考答案：979.3 kg/m^3）

1.3 一块平板面积为 200 mm×750 mm，在一个大平台上它们之间填有厚度 t=0.6 mm 的油膜，油的动力黏性系数为μ=0.85 N·s/m²，试求平板以速度v=1.2 m/s平移时阻力F的大小。

（参考答案：255 N）

1.4 如图1.12所示，两块驻定平行板之间水流速度分布为

$$u = u_{\mathrm{m}}\left(1-\frac{y^2}{b^2}\right)$$

如u_{m}=2 m/s，b=2 cm，水的黏性系数μ=1CP，试作出黏性切应力分布图，并求出作用于平板上黏性切应力的大小和方向。

（参考答案：0.2 N/m²，沿x轴正向）

1.5 图1.13为一轴承剖面示意图，转轴半径R，油膜厚度Δh均匀分布（$\Delta h \ll R$），$\dot{n}$为转轴每分钟的转速（rad/min），轴承长L，忽略轴承两端的端效应，对各种润滑油通过测定转轴的扭矩T，可测得其中滑油的黏性系数μ，试推导出确定μ的计算式。

（参考答案：$\mu = \dfrac{T\Delta h}{4\pi^2 R^3 \dot{n} L}$，N·s/m²）

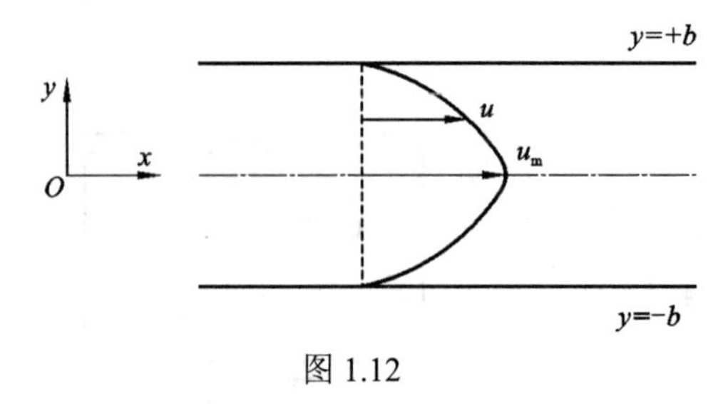

图1.12

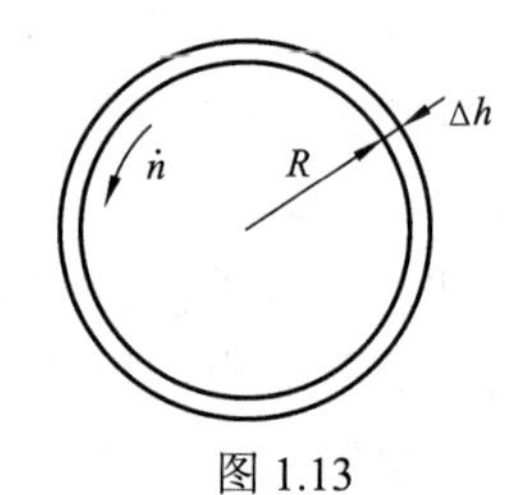

图1.13

1.6 水银-空气-玻璃交界面上接触角θ=130°，表面张力系数σ=0.48 N/m，水银密度ρ=13 600 kg/m³，试求内半径R=1 mm的毛细玻璃管内可能的毛细升高值h。

（参考答案：−0.46 cm）

1.7 如图1.14所示，考虑液体薄膜$ABCD$，由一铁丝框架围住，设框架边长BC=l可左右移动，当框架一侧BC向右移动距离为Δx时，框架内液体膜片一端BC被拉伸到达新的位置EF，试求框架内液体薄膜表面单位张力σ与拉伸液膜移动做功W之间的关系式，并加以讨论。

（参考答案：$\sigma = \dfrac{W}{2l\Delta x}$）

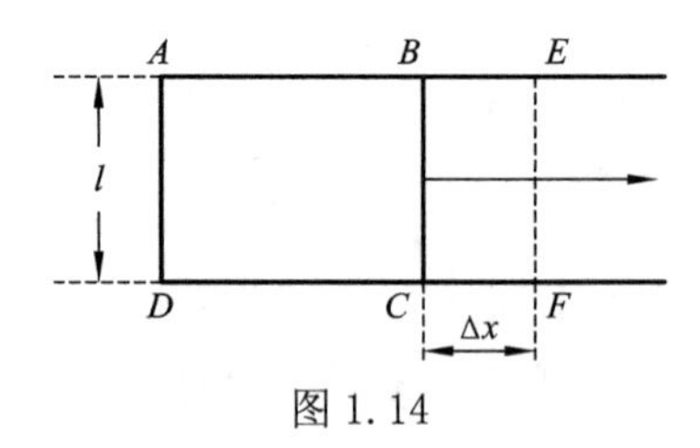

图1.14

第 2 章　流体静力学

流体静力学研究流体静止和相对静止时，流体中压力分布规律及流体与固体相互作用力等有关问题，也是学习后面章节的基础。

众所周知，作用于流体上的力分为表面力（与接触面积有关的力）和体积力或质量力（与体积或质量有关的力）。在流体静力学中，表面力只有流体压力，没有流体切应力；体积力除重力外，还可以有惯性力和电磁力等。本书受学时限制，只考虑流体在重力场中静力学问题。

物理学中帕斯卡定律是通过实验概括了流体静压力的特性，在流体力学中将通过理论建立水静力学基本方程，对帕斯卡定律可获得更深入的理解。还有流体压力的测量，静水压力对固体壁面作用的合力计算，以及物体在水中浮力和浮体稳定性概念等，将是本章学习的重点。

2.1　帕斯卡定律

帕斯卡通过实验验证获得的水静力学帕斯卡定律有两个重要结论：

（1）静流体中任一点处的流体压力来自各个方向并相等；

（2）静流体中任一点处的流体压力的增减，在不破坏静平衡条件下，可传递到其他任何点处。

这是帕斯卡定律的一个重要结论，它是水压机、液压千斤顶、汽车升降平台等多种设备的基本原理。对这一原理的深入理解，将在 2.2 节中推导出水静力学基本方程后再进一步阐述。现在先对帕斯卡定律第一条结论做如下分析和证明。

为证明静流体中任一点处的流体压力来自各个方向并相等，在图 2.1 所示的静流体中通过任一点 O 取一个三角形截面的微元柱体作静力平衡分析。所取的微元柱体三角形截面的高为 Δz，底边长为 Δx，斜边长为 Δs，斜边与 x 轴夹角为 θ（θ 角任意，坐标系如图 2.1 所示），微元三角形柱体的厚度（垂直于纸面）为一个单位长度。将这样一个微元三角形柱体从静流体中取出作脱离体受力分析时，周围流体对该微元三角形柱体表面作用的平均压力分别假定为 p_x、p_z和 p_n（图 2.1）。因为压力是单位面积上的作用力，其方向为内法线指向作用面，故作用于该微元三角形柱体上的表面力有 $p_x\Delta z$（x 轴向），$p_z\Delta x$（z 轴向）及 $p_n\Delta s$（内法线向，垂

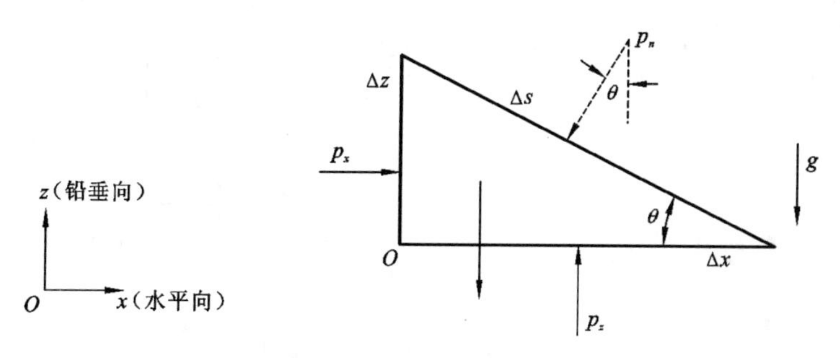

图 2.1　静流体中微元三角形柱体受力分析示意图

直与斜面）。将 $p_n\Delta s$ 分解为 x 轴向和 z 轴向的分力，分别为 $-p_n\Delta s\sin\theta=-p_n\Delta z$（$x$ 轴负向）和 $-p_n\Delta s\cos\theta=-p_n\Delta x$（$z$ 轴负向）。

在重力场中该微元三角形柱体的体积为 $-\frac{1}{2}\rho g\Delta x\Delta z$（其中 ρ 为流体密度，负号表示力的方向为 z 轴负向），对该微元三角形柱体的静力平衡方程求 $\sum F_x=0$ 和 $\sum F_z=0$。

由 $\sum F_x=0$，得

$$p_x\Delta z-p_n\Delta z=0$$

故

$$p_x=p_n \tag{2.1.1}$$

由 $\sum F_z=0$，得

$$p_z\Delta x-p_n\Delta x-\frac{1}{2}\rho g\Delta x\Delta z=0$$

故

$$p_z=p_n+\frac{1}{2}\rho g\Delta z \tag{2.1.2}$$

取极限 $\Delta x\to0$，$\Delta z\to0$，则由式（2.1.1)和式（2.1.2)得出

$$p_z=p_x=p_n \tag{2.1.3}$$

因为所取的微元三角形柱体的 θ 是任意的，所以已证明静流体中任一点 O 处来自各方向的流体压力都相等，这就是流体力学对帕斯卡定律证明的一部分。

2.2 重力场中静水压力基本方程式

当流体的体积力只计重力作用时，静水压力 p 的变化规律，就是重力场中水静力学基本方程。为获得水静力学基本方程式，首先需要确定流体位置的坐标系，通常取直角坐标系 xyz，将坐标原点放在自由水表面上，z 轴铅垂向上，x 轴和 y 轴在水平面上，如图 2.2 所示（坐标系亦可任取）。对此坐标系，在流体内以任一点(x,y,z)为中心取一微元六面体 dx、dy、dz 作静力平

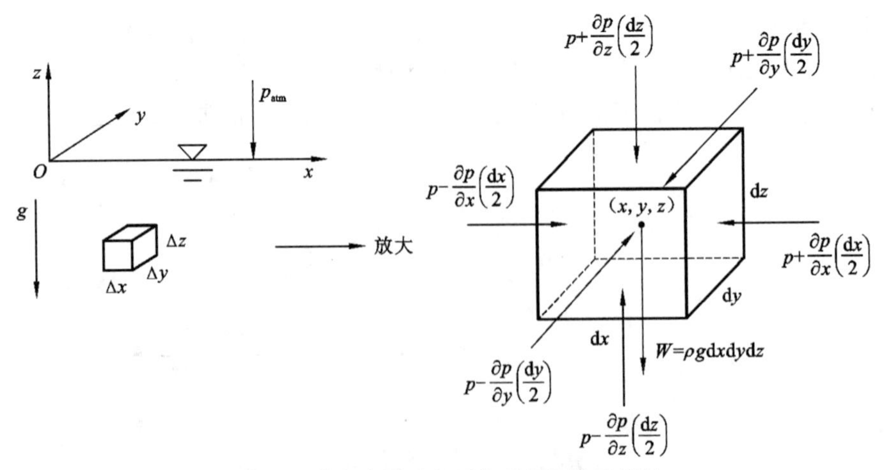

图 2.2 静水中微元六面体受力分析示意图

衡分析。设微元六面体中心（形心）处流体压力为$p(x,y,z)$，利用连续函数泰勒级数展开式忽略高阶小项后，便有该微元体六个面上面心处流体压力的表达式。因重力在z轴负向，该微元体在x轴向和y轴向均无体积力。

对该微元体作静力平衡分析时，在x轴向和y轴向只需考虑表面压力的合力平衡，故

$$\frac{\partial p}{\partial x}=0 \quad 和 \quad \frac{\partial p}{\partial y}=0 \tag{2.2.1}$$

表明静水压力$p(x,y,z)$与坐标x、y无关。而在z轴对该微元体写出静力平衡关系$\sum F_z=0$，因微元体有重力$W=\rho g\,\mathrm{d}x\,\mathrm{d}y\,\mathrm{d}z$作用，力的平衡方程为

$$\left(p-\frac{1}{2}\frac{\partial p}{\partial z}\mathrm{d}z\right)\mathrm{d}x\mathrm{d}y-\left(p+\frac{1}{2}\frac{\partial p}{\partial z}\mathrm{d}z\right)\mathrm{d}x\mathrm{d}y-\rho g\mathrm{d}x\mathrm{d}y\mathrm{d}z=0 \tag{2.2.2}$$

所以

$$\frac{\partial p}{\partial z}=-\rho g \tag{2.2.3}$$

将式（2.2.1）和式（2.2.3）结合得

$$\frac{\mathrm{d}p}{\mathrm{d}z}=-\rho g \tag{2.2.4}$$

这就是重力场中静水压力基本微分方程式。对不可压缩流体和密度ρ均匀分布的水体，ρ是常数。对水体中任意两个点$z=z_1$，$p=p_1(z_1)$和$z=z_2$，$p=p_2(z_2)$，可求得以上微分方程的积分为

$$\int_{p_1}^{p_2}\mathrm{d}p=-\rho g\int_{z_1}^{z_2}\mathrm{d}z$$

故

$$p_2-p_1=-\rho g\left(z_2-z_1\right)$$

或

$$z_1+\frac{p_1}{\rho g}=z_2+\frac{p_2}{\rho g} \tag{2.2.5a}$$

或

$$z+\frac{p}{\rho g}=K \tag{2.2.5b}$$

式中：K为常数。

式（2.2.5）即为重力场中静水压力基本方程式（对坐标系原点位置任取时亦成立），它具有重要意义。

（1）可用来证明帕斯卡定律，即静流体中任一点处流体压力的增减可传递到其他任何点处，为什么？如图2.3所示，连通容器内的静态液体，容器左侧液面上有一活塞，在未施压载之前，容器内任意三点1、2、3处的流体静水压力记为p_1、p_2、p_3，以及它们各自的铅垂向位置坐标为z_1、z_2、z_3，它们之间应满足静水压力基本方程，即

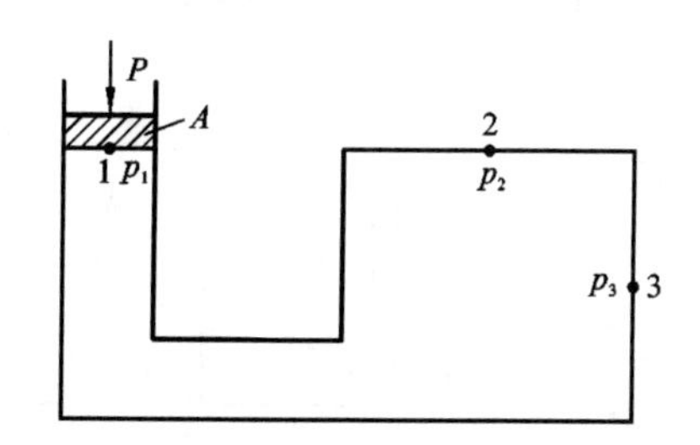

图2.3　连通容器内静水压力之间的关系

$$z_1+\frac{p_1}{\rho g}=z_2+\frac{p_2}{\rho g}=z_3+\frac{p_3}{\rho g} \tag{2.2.6}$$

现在通过活塞对点 1 处增加压力，使 p_1 增加为

$$p_1'=p_1+\frac{P}{A}$$

式中：P 为施加于活塞上的力；A 为活塞与液体接触的面积。

当连通器内液体因不可压缩性仍保持为静态的条件时，由于必须满足静水压力基本方程，这时 1、2、3 点处的压力变为 p_1'、p_2'、p_3'，它们应满足的方程为

$$z_1+\frac{p_1'}{\rho g}=z_2+\frac{p_2'}{\rho g}=z_3+\frac{p_3'}{\rho g} \tag{2.2.7}$$

如 $p_1'=p_1+\dfrac{P}{A}$，则 p_2' 和 p_3' 必须同时增加到 $p_2'=p_2+\dfrac{P}{A}$ 和 $p_3'=p_3+\dfrac{P}{A}$，即点 1 处压力的增减，必须传送到其他点（如点 2 和点 3）处的压力也增减同样的值，这就是帕斯卡定律的流体力学证明。

（2）导出静水压力计算公式。静水压力基本方程式（2.2.5b）利用给定的某一位置（令 z=0）上的压力 p_0（如水的自由表面上为大气压 $p_0=p_{atm}$）或其他任意给定水平面上（仍令 z=0）的压力为 p_0，则可求的静水压力基本方程中的常数 K 的值，即 $K=\dfrac{p_0}{\rho g}$。故在给定压力 p_0 处的水面(z=0)以下的任意水深处 $z=-h$ 的静水压力 p 就有计算公式为

$$p=p_0+\rho gh \tag{2.2.8}$$

这就是静水压力通用的计算公式，它由两项组成，第一项为自由表面上的压力或任意水平液面上的压力，如在自由表面 $p_0=p_{atm}$，第二项则为水的重力产生的压力。

压力 p 的单位为 N/m^2(或 Pa)，1 个标准大气压为 101 325 N/m^2(或 Pa)，有时也用标准大气压为单位表示压力大小，如水深 100 m 处水压就近似有 10 个标准大气压。对于密度 ρ 为常数的液体，压力还可用液柱高度表示，将压力 p 除以 ρg，即为与压力 p 相应的液柱高度 $h\left(\dfrac{p}{\rho g}=h\right)$，如 1 个标准大气压等于 10^5 N/m^2 时，则 $10^5/(1\,000\times9.81)\approx10$ m，故 1 个标准大气压近似 10 m 水柱高度的压力。

（3）帕斯卡悖论。帕斯卡曾指出：如图 2.4 所示的四个容器，它们底面积都为 A，容器内水深相等都是 H，则容器底面所受到的水压合力都相等，合力的大小为 ρghA。当时，就有人认为这不可理解，四个容器内水的重量各不相同，为什么容器底面所受水压都相同呢？这个问题因此被称为帕斯卡悖论。容器（a）的底面所受水压合力等于 ρghA；容器（b）的底面

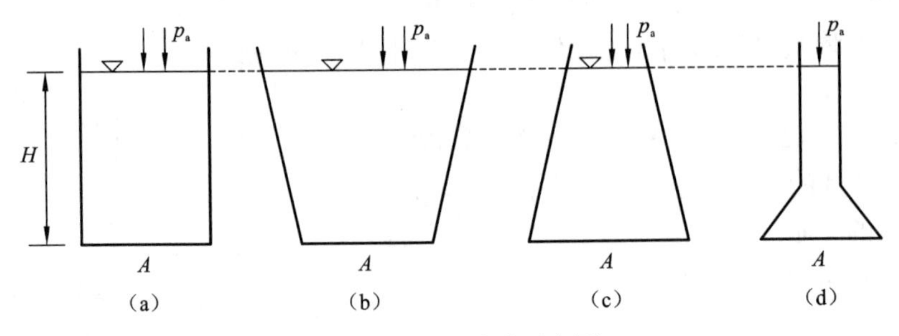

图 2.4　帕斯卡悖论示意图

所受水压合力等于 ρghA，这是由于部分水重力是由侧面承受的，通过侧面固体结构物受力作用于底面，称重时容器（b）大于容器（a），但底面所受水压的合力是相等的。而容器（c）的底面所受水压合力也等于 ρghA，这是由于侧壁面有向上的水压合力作用于容器，使它在称重时小于 ρghA 的重量，而底面所受水压合力仍为 ρghA。容器（d）底面所受水压合力也等于 ρghA，解释相同。

2.3 流体压力的测量和计算

曾被广泛应用测量气体和液体的压力计是波登压力计，当流体压力为当地 1 个标准大气压时，波登压力计的读数为零。波登压力计所测得的压力值是指比当地标准大气压高的压力值。细观上定义这个压力为表压力，记为 p_{gage} 或 $p(\text{gage})$，将表压力加当地标准大气压称为绝对压力，记为 p_{abs} 或 $p(\text{abs})$，表压力与绝对压力的关系为

$$p_{abs}=p_{gage}+p_{atm} \tag{2.3.1}$$

式中：p_{atm} 为当地标准大气压。当流体的绝对压力 $p_{abs}<p_{atm}$ 时，对小于当地标准大气压的压力数值，习惯上又定义为真空压力。真空压力并不是没有压力，而是指比当地标准大气压低的那部分压力，记为 p_{vac} 或 $p(\text{vac})$。真空压力 p_{vac} 与绝对压力 p_{abs} 和当地标准大气压 p_{atm} 的关系为

$$p_{vac}=p_{atm}-p_{abs}=-p_{gage} \tag{2.3.2}$$

流体压力的测量和计算，不仅要注意使用正确的单位，同时要确定它是绝对压力还是表压力或真空压力。这三种压力的关系如图 2.5 所示。

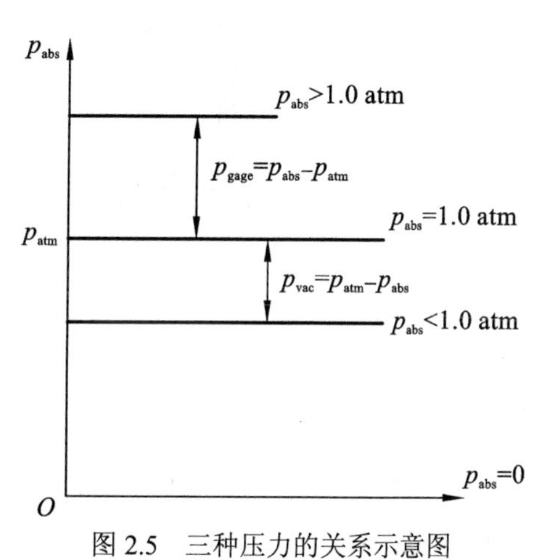

图 2.5 三种压力的关系示意图

流体压力测量的传统方法有气压计、测压管及 U 形测压管。

2.3.1 气压计

测量大气压力最原始的方法是意大利科学家托里拆利研究出来的，他用一根长 1 m 且一端封闭的玻璃管，灌入水银后用手指顶住另一端管口，倒置于水银容器内，如图 2.6 所示，这时管内产生真空（常温下水银的汽化压力很小，$p_V\approx 0$，接近于完全真空）管内水银柱在当地标准大气压 p_{atm} 作用下，水银柱升高 h，测得 h=760 mm，由此便可测得当地标准大气压 p_{atm} 为

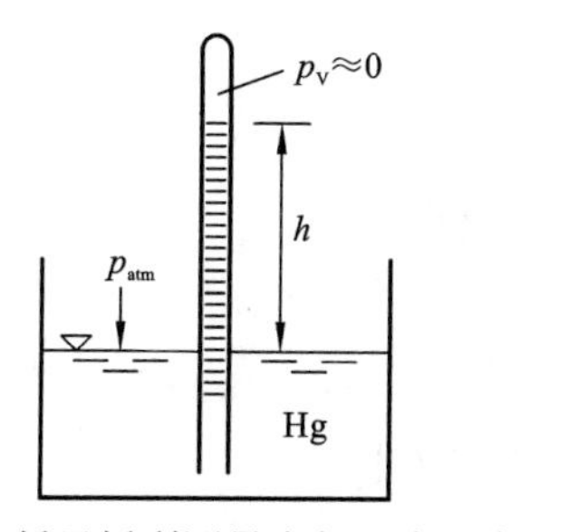

图 2.6 托里拆利测量大气压力示意图

$$p_{atm}=p_V+\rho_{Hg}gh \tag{2.3.3}$$

因 $p_V\approx 0$，ρ_{Hg}=13 600 kg/m^3，g=9.81 m/s^2，当 h=760 mm=0.76 m 时，p_{atm} 为

$$p_{atm}=13\,600\times 9.81\times 0.76=101\,400\ \text{Pa}\approx 101\ \text{kPa}$$

2.3.2 测压管

测量液体压力的测压计是最简单的测压管，在测量点处开一个小孔，如图 2.7 所示，接上一根垂向放置的玻璃管，玻璃管的另一端与大气相通，当测点 B 处压力大于大气压，则玻璃管内将有液体进入，当其液面升高到一定的高度 h 不变后，读取测点 B 到测压管内液面之间的高度 h 值，便可求得 B 点处压力 p_B 为

$$p_B=p_{\text{atm}}+\rho gh \quad (\text{abs}) \tag{2.3.4a}$$

或

$$p_B=\rho gh \quad (\text{gage}) \tag{2.3.4b}$$

式中：ρ 为所测压力的液体密度。如所测压力比较小，为提高测读数 h 的精确度，可将测压管倾斜放置，倾斜角 θ 可调（图 2.7），则可使同样的压力 p_B 在倾斜测压管内液面上升的斜向距离 l 增大。$l=h/\sin\theta$，如 $\theta=30°$，$l=2h$，测读 l 值可减小相对误差。

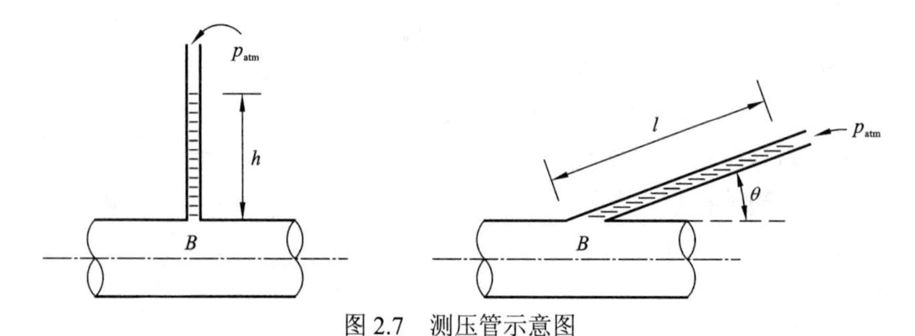

图 2.7 测压管示意图

2.3.3 U形测压管

将测压管做成 U 形，则可测负压（指表压为负）或真空压力（指小于大气压的压力），并方便测量两点的压差值。

如图 2.8 所示为测量 B 点处压力为负压时 U 形测压管装置。U 形管内水银液体密度为 ρ_{Hg}，所测压力的流体密度为 ρ（$\rho<\rho_{\text{Hg}}$），用这种 U 形测压管测量 B 点处压力时，可通过读数 H 和 h 值，根据静水压力基本方程式，有如下关系式：

$$p_{\text{atm}}-\rho_{\text{Hg}}gh-\rho gh=p_B \tag{2.3.5a}$$

或

$$p_B-\rho gh+\rho_{\text{Hg}}gh=p_{\text{atm}} \tag{2.3.5b}$$

故

$$p_B=p_{\text{atm}}-\rho g\left(\frac{\rho_{\text{Hg}}}{\rho}h-H\right) \quad (\text{abs}) \tag{2.3.6a}$$

或

$$p_B=-\rho g\left(\frac{\rho_{\text{Hg}}}{\rho}h-H\right) \quad (\text{gage}) \tag{2.3.6b}$$

利用 U 形测压管测量两点压差很方便，如图 2.9 所示垂向放置的 U 形测压管可测得 a、b 两点处不同流体种类（a 处流体密度 ρ_1 和 b 处流体密度 ρ_2）或同一种流体（$\rho_1=\rho_2$）的压力差

（ρ_a-ρ_b）。设 U 形测压管内液体密度为 $\rho_{\rm m}$（所选用的液体应与所测的流体互不混合），测量压差时，读取 U 形测压管中液面高差值 h_1 和 h_2，便可根据静水压力计算公式求解，因 ρ_1=ρ_2，ρ_1=ρ_a+$\rho_1 g(h_1+h_2)$，p_2=p_b+$\rho_2 gh_2$+$\rho_{\rm m} gh_1$，所以

$$p_a-p_b=gh_1(\rho_{\rm m}-\rho_1)+gh_2(\rho_2-\rho_1) \tag{2.3.7}$$

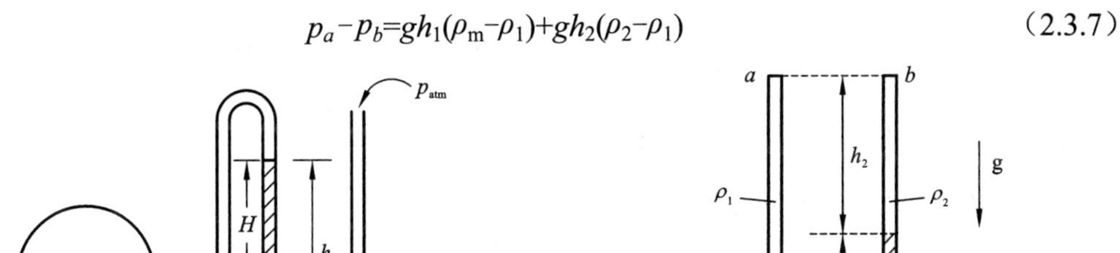

图 2.8　U 形测压管示意图

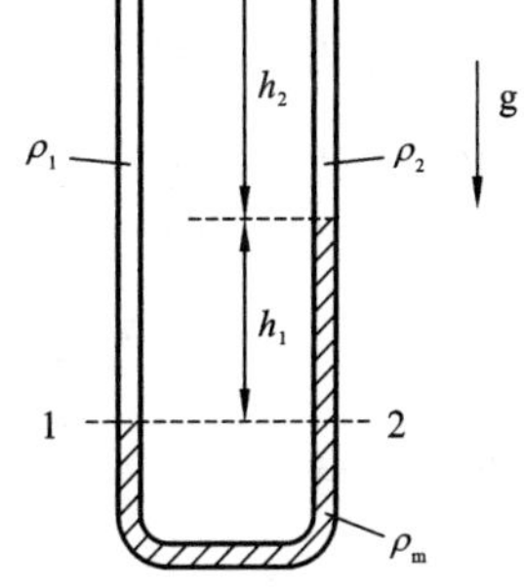

图 2.9　U 形测压管测压装置示意图

如 ρ_1=ρ_2=ρ，则 p_a-p_b=$gh(\rho_{\rm m}-\rho)$。也可以从 a 点到 b 点通过静态流体压力之间的关系直接列式求解，可获得相同结果，如有

$$p_a+\rho_1 g(h_2+h_1)-\rho_{\rm m} gh_1-\rho_2 gh_2=p_b \tag{2.3.8}$$

由式（2.3.8）也可解得式（2.3.7）。

实际工程中对流体压力和压差测量有许多更为复杂的设计，但计算方法不变，阅读本章的算例，就会有更好的理解。

对于流体压力的现代测量技术，压力传感器已被普遍应用。压力传感器是将所测压力转变为电子信号，它不仅可同时测得多点的流体压力，还可以记录迅速变化的压力，“流体力学实验技术”课程有进一步介绍。

2.4　作用于平壁面上静水压力的合力

先考虑一个挡水用直立矩形平壁面，如图 2.10 所示，设水深 H，平壁面宽度 B（与纸面正交向），求静水压力对该矩形平壁面作用的合力。

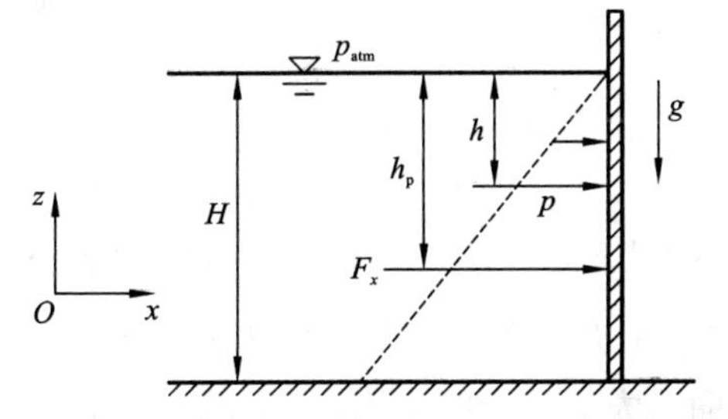

图 2.10　直立矩形平壁面上的静水压力分析示意图

作用于壁面上的压力合力，通常不计水面上大气压力 $p_{\rm atm}$（壁面两侧都受相同大气压力作用，它们可相互抵消）。因为任意水深 h 处静水压力 p=ρgh，方向与壁面正交，指向 x 轴向，大小与水深 h 呈线性分布。如在水深 h 处取一微元壁面积 dA=Bdh，作用于该微元壁面上的

静水压力为

$$dF_x = p dA = \rho g h (B dh) \tag{2.4.1}$$

则通过积分即可求得作用于整个矩形平壁面上的总合力 F_x 为

$$F_x = \int_0^H \rho g B h dh = \frac{1}{2}\rho g B H^2 = \left(\frac{1}{2}\rho g H\right)(BH) \tag{2.4.2}$$

以上合力 F_x 可看为二项乘积，一项是 $\frac{1}{2}\rho g H$，为矩形平壁面形心处压力；另一项为 BH，为矩形平壁面的面积。这个结论普遍成立，见后证明。

至于合力 F_x 的作用点位置，则需要根据力矩定理确定，设合力 F_x 作用在水深 h_{p} 处，因

$$F_x \cdot h_{\mathrm{p}} = \int dF_x \cdot h = \int_0^H \rho g B h^2 dh = \rho g B\left(\frac{1}{3}H^2\right) \tag{2.4.3}$$

将已求得的 F_x 由式（2.4.2）代入，则

$$h_p = \frac{2}{3}H \tag{2.4.4}$$

表示压力中心在水面下 $\frac{2}{3}H$ 处，即在压力分布图（三角形压力分布曲线）的形心位置。

再求 V 形船体侧平面上每单位船长静水压力的合力 F_n，如图 2.11 所示，也可求得类似的结果，即水下侧面（每单位船长）合力 $F_n = \frac{1}{2}\rho g L^2 \sin\theta$，合力方向与侧面正交，内法线指向侧面，合力作用线位置通过压力分布曲线（图中三角形）的形心位置。

对于沉没在水中其他形状平壁面上静水压力合力的计算，如图 2.12 所示，有一平壁面 BE 沉没在水下，它与水面有一倾斜角 θ，平壁面形状任意。为看清楚这个平壁面受静水压力作用的情况，可以在延伸的倾斜平壁面上取一辅助直角坐标系(x,y)，y 轴与平壁面 BE 连线平行，坐标原点 O 取在水平面上，x 轴也在自由表面上。这样，在这个辅助坐标系中沉没在水中的平壁面形状就是它的正视图。

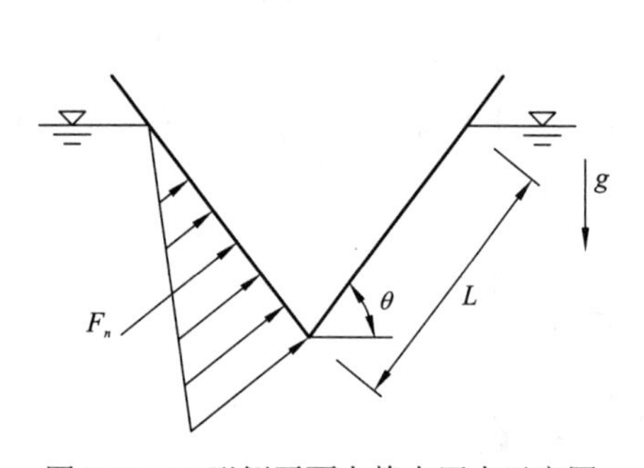

图 2.11　V 形侧平面上静水压力示意图

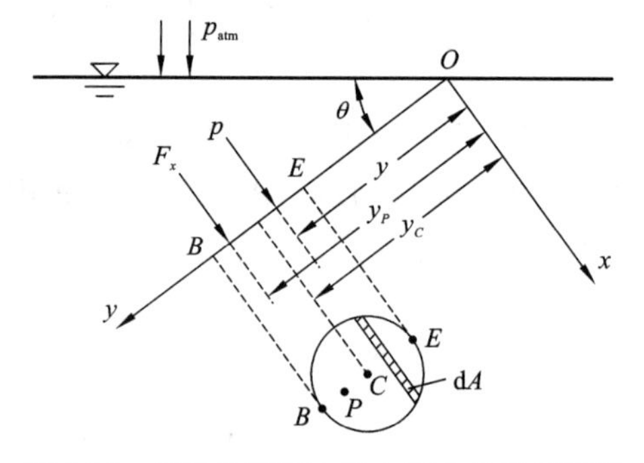

图 2.12　任意平壁面上静水压力分析示意图

作用在任意平壁面上静水压力的合力 F_x（方向为内法线指向平壁面，即 x 轴向，以下对合力 F_x 的大小不计自由表面上大气压力的作用），可通过对平壁面的面积 A 中任一 y 处的微元面积 dA（图 2.12）上的静水压力 dF_x 的积分求得，因

$$dF_x = p dA = \rho g y \sin\theta dA$$

所以

$$F_x = \rho g \sin\theta \int_A y dA \tag{2.4.5}$$

其中积分式为平壁面的面积对 x 轴的一次矩，根据数学和力学中面矩定理，它应等于总面积 A 乘以总面积形心 C 处到 x 轴的距离 y_C，所以可以将式（2.4.5)直接改写为

$$F_x = \rho g \sin\theta y_C A = \rho g h_C A \tag{2.4.6}$$

式中：$h_C = y_C \sin\theta$ 为平壁面的面积形心 C 点处水深。这个公式不仅适用于圆形平壁面，对其他任意平壁面形状都一样适用。

而静水压力的合力作用点，即压力中心的位置(x_p,y_p)，则与平壁面的面积形状有关，对于矩形、圆形、椭圆形、半圆形等常用壁面形状，利用它们的对称性可知 x_p=x_C；计算主要是确定 y_p。为此，仍需通过对辅助坐标轴 x 取力矩的方法求解：对总微元面积 dA 的力矩 dM 为

$$\mathrm{d}M = \rho g y \sin\theta \mathrm{d}A \cdot y \tag{2.4.7}$$

故合力矩 M 为

$$M = \int_A \rho g \sin\theta y^2 \mathrm{d}A = \rho g \sin\theta \int_A y^2 \mathrm{d}A \tag{2.4.8}$$

式中积分式为平壁面的面积对 x 轴的二次矩，即面积惯性矩 I_x；利用面积惯性矩移轴公式，它与通过面积形心 C 点平行于 x 轴的面积惯性矩 $I_{x,C}$ 的关系为

$$I_x = I_{x,C} + Ay_C^2 \tag{2.4.9}$$

则式（2.4.8）又可写为

$$M = \rho g \sin\theta I_x = \rho g \sin\theta \left(I_{x,C} + Ay_C^2 \right)$$

因总力矩 M 也等于合力 F_x 取力矩，即

$$M = F_x y_p = \rho g \sin\theta \left(I_{x,C} + Ay_C^2 \right) \tag{2.4.10}$$

将式（2.4.6）代入式（2.4.10），则解得

$$y_p = \frac{I_{x,C} + Ay_C^2}{Ay_C} = y_C + \frac{I_{x,C}}{Ay_C} \tag{2.4.11a}$$

或

$$y_p - y_C = \frac{I_{x,C}}{Ay_C} \tag{2.4.11b}$$

一些平壁面的形心位置 C 及面积 A 和面积惯性矩 $I_{x,C}$ 的计算公式，可在有关手册中找到。表 2.1 是几种平壁面外形的形心位置 C、面积 A 和面积惯性矩 $I_{x,C}$ 的计算公式供参考。

表 2.1 几种平壁面外形的形心位置 C、面积 A 和面积惯性矩 $I_{x,C}$ 的计算公式

图形及形心位置 C	面积公式	面积惯性矩公式
y, x, C, b/2, b/2, a/2, a/2	$A=ab$	$I_{x,C} = \frac{1}{12}ab^3$
y, x, R, C	$A=\pi R^2$	$I_{x,C} = \frac{1}{4}\pi R^4$

续表

图形及形心位置 C	面积公式	面积惯性矩公式
	$A=\pi ab$	$I_{x,C}=\frac{1}{4}\pi ab^3$
	$A=\frac{1}{2}ab$	$I_{x,C}=\frac{1}{36}ab^3$
	$A=\frac{1}{2}\pi R^2$	$I_{x,C}=0.109\,757R^4$
	$A=\frac{1}{4}\pi R^2$	$I_{x,C}=0.05488R^4$

2.5 作用于曲壁面上静水压力的合力

求解曲壁面上静水压力的合力方法，最好是将合力分解为水平向和铅垂向分别求解。图 2.13 为一容器底部有一段柱形曲面 BC，求解容器内液体对该曲面作用的静水压力的合力 $\boldsymbol{F}$。合力 $\boldsymbol{F}$ 的积分是显然为

$$\boldsymbol{F}=-\int_A p\boldsymbol{n}\mathrm{d}A \tag{2.5.1}$$

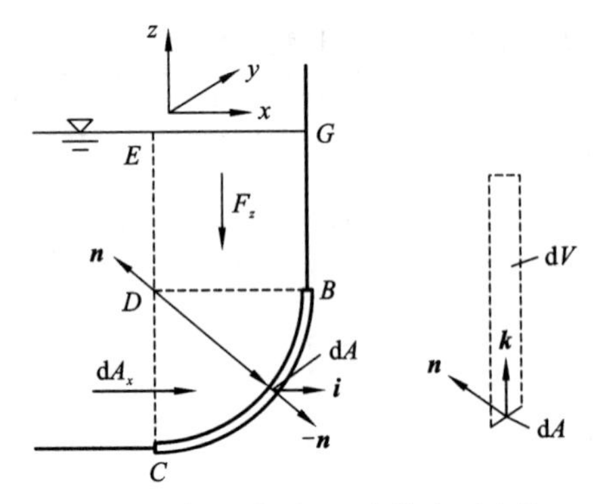

图 2.13 柱形曲面 BC 上静水压力的合力分析示意图

式中：p 为曲面的面积 A 上所有微元面积 $\mathrm{d}A$ 上静水压力 $p=\rho gh$（不计液面大气压力作用，h 为微元面积 $\mathrm{d}A$ 处水深），$\boldsymbol{n}$ 为任一微元面积 $\mathrm{d}A$ 上液体的外法向单位矢量。因压力 p 是内法线指向曲面 $\mathrm{d}A$，式中负号表示压力的方向。

先对柱形曲面合力 $\boldsymbol{F}$ 的水平分力计算：在 x 轴向上的分量 F_x（以下引入坐标轴 x、y、z 的轴向单位矢量 $\boldsymbol{i}$，$\boldsymbol{j}$，$\boldsymbol{k}$），则

$$F_x=\boldsymbol{F}\cdot\boldsymbol{i}=-\int_A p\boldsymbol{n}\boldsymbol{i}\mathrm{d}A \tag{2.5.2}$$

由图 2.13 可知，$-\boldsymbol{n}\cdot\boldsymbol{i}\mathrm{d}A=\mathrm{d}A_x$，令 $\mathrm{d}A_x$ 和 A_x 分别为 $\mathrm{d}A$ 和 A 在垂直于 x 轴向平面上的投影面积，故可将式（2.5.2）写为

$$F_x=\int_{A_x}p\mathrm{d}A_x \tag{2.5.3}$$

表明作用于曲壁面上静水压力合力的水平分量 F_x 等于该曲面的面积 A 在垂直于 x 轴的平面上的投影面积 A_x 上的静水压力合力，即只需通过这个投影平壁面面积 A_x 求解静水压力的合力，就是曲壁面 A 上静水压力合力的水平分量 F_x，如果该曲壁面（图中 BC）在 y 轴向还有投影面积 A_y，则合力 $\boldsymbol{F}$ 在水平向的另一分量 F_y 也可用同样方法求解，即

$$F_y=\int_{A_y}p\mathrm{d}A_y \tag{2.5.4}$$

柱形曲面上的合力 $\boldsymbol{F}$ 在 z 轴向（垂向）分量 F_z 有

$$F_z=\boldsymbol{F}\cdot\boldsymbol{k}=-\int_A p\boldsymbol{n}\boldsymbol{k}\mathrm{d}A=-\rho g\int_A h\boldsymbol{n}\cdot\boldsymbol{k}\mathrm{d}A \tag{2.5.5}$$

由图 2.13 可知，$h\boldsymbol{n}\cdot\boldsymbol{k}\mathrm{d}A=\mathrm{d}V$，其中 $\mathrm{d}V$ 为微元曲面 $\mathrm{d}A$ 垂向压力体的微元体积，将它代入式(2.5.5)后积分得

$$F_z=-\rho g\int_V \mathrm{d}V=-\rho gV \tag{2.5.6}$$

式中：V 为柱形曲面 BC 以上压力体（图中 $BCDEGB$）的体积，负号表示垂向力 F_z 是向下作用于曲面。

这样只要求出该压力体的体积 V 的重量，便可由式（2.5.6）确定作用于曲面 BC 上合力垂向分量的大小。对合力垂向分量作用线的位置，也可通过求出压力体的形心来确定。因此，通过力的分解，合力水平分量可以由曲面的投影平壁面按平壁面上静水压力求合力的计算方法确定；其合力垂向分量则可以计算曲面以上压力体的体积，求其重量和重心位置。

有一点需要特别注意：如图 2.14 所示，水在曲面之外的情况，与图 2.13 相比，如水深相同，图 2.13 是水在曲面之内，图 2.14 是水在曲面之外。因重力场中静水压力大小只与水深有关，所以两者的受力大小（无论是水平向合力分量还是垂直向的合力分量）都是相等的，可用同样方法确定。不同的是力的方向，图 2.13 中曲面 BC 上受到的水平向合力方向为 x 轴正向，铅垂向的合力方向为 z 轴负向。而图 2.14 中曲面 BC 上受到的水平向合力方向为 x 轴负向，垂向合力分量则为 z 轴正向。图 2.14 中 BC 曲面以上垂向合力分量及其大小仍等于 BC 曲面以上压力体 $BCDEGB$（称为虚构压力体）的重量，但方向与虚构压力体的重量方向相反，解题时在物理概念上应特别加以注意。

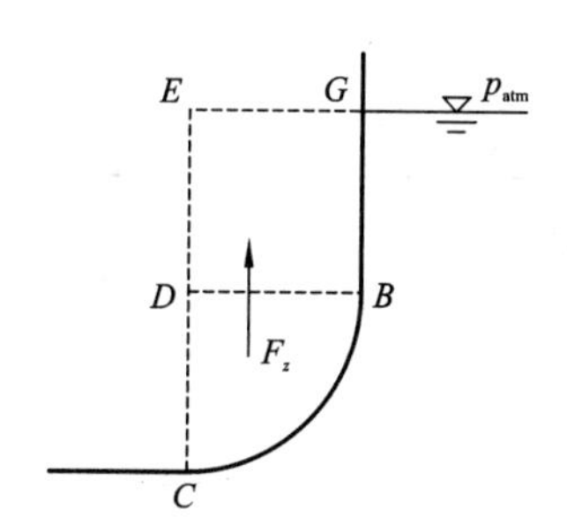

图 2.14　虚构压力体 $BCDEGB$ 示意图

2.6　浮力和浮体稳定性

物体在流体中的浮力，有著名的阿基米德原理：浮力方向与重力方向相反，浮力的大小等于被物体所排开的同体积流体的重量。阿基米德原理有重要的实际意义。为加深对阿基米德原理的理解，做如下证明。

将一个长方体水平放置在水中，如图 2.15 所示。设长方体水平方向的面积为 A，水深方向的高度为 H，上、下表面面积 A 离水面的水深分别为 h_1 和 h_2，水的密度为 ρ。静水压力作用于该长方体上表面的合力为 $\rho g h_1 A$（方向向下，不计大气压力），静水压力作用于该长方体下表面的合力为 $\rho g h_2 A$（方向向上，不计大气压力），故流体对该物体在铅垂方向的净作用力为 $\rho g h_2 A-\rho g h_1 A=\rho g H A$，方向向上，称为浮力（如果计大气压力作用，作用在上、下表面的力可相互抵消，产生浮力的结果不变），这一结果就是阿基米德原理的结论。为说明阿基米德原理对任意外形的物体同样成立，如图 2.16 所示，将任意水中物体在垂向分割为截面面积为 dA 的无穷多微元柱体，每一个微元柱体相当于图 2.15 中的长方体。由静水压力产生的浮力 dF_{B} 为

$$\mathrm{d}F_{\mathrm{B}}=\rho g h_2 \mathrm{d}A-\rho g h_1 \mathrm{d}A=\rho g\left(h_2-h_1\right)\mathrm{d}A=\rho g \mathrm{d}V \tag{2.6.1}$$

式中：dV 为微元柱体的体积。

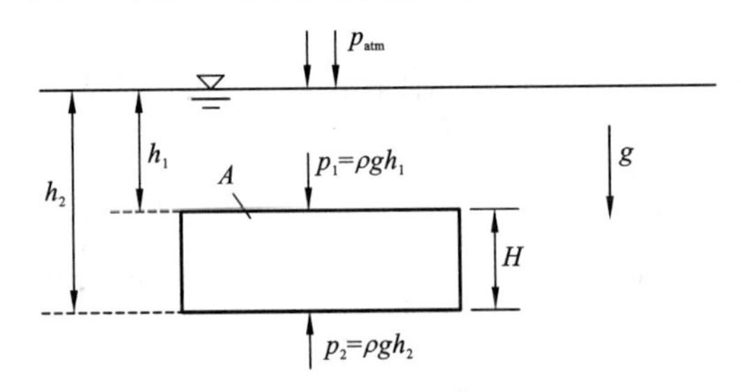

图 2.15　沉没在水中的长方体

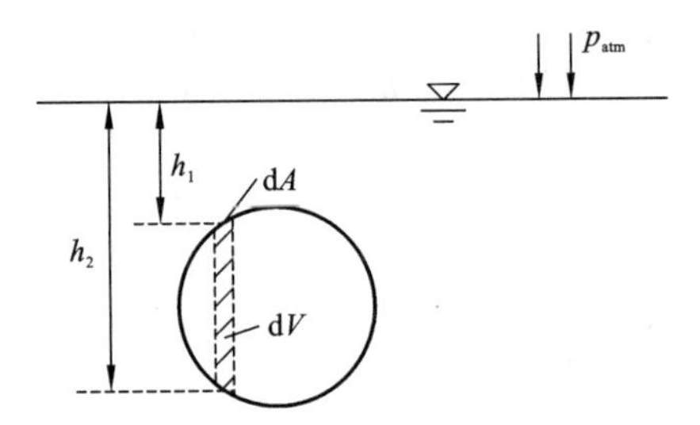

图 2.16　阿基米德原理证明（一）

对式（2.6.1）积分可得任意物体的总浮力 F_{B} 为

$$F_{\mathrm{B}}=\int_V \rho g \mathrm{d}V=\rho g\int_V \mathrm{d}V=\rho g \mathrm{d}V \tag{2.6.2}$$

式中：V 为任意物体在水中全部体积。阿基米德原理得以证明。

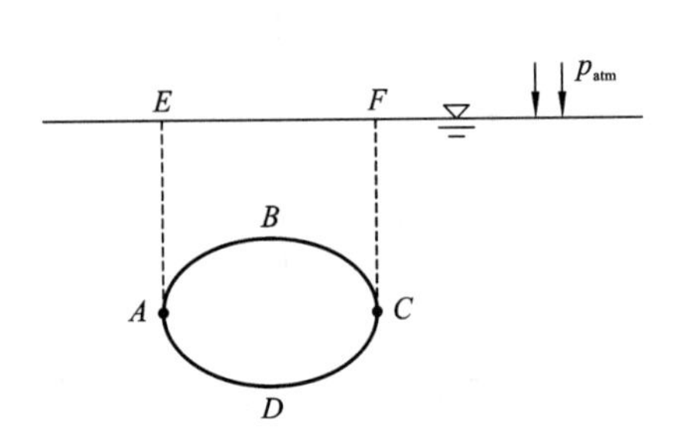

图 2.17　阿基米德原理证明（二）

证明阿基米德原理，还可以将任意物体的表面当做一个封闭曲面，它在水中的受力分析如图2.17所示。将封闭曲面分为两部分：上半部分曲面 ABC 和下半部分曲面 ADC。曲面 ABC 上流体静水压力在水平方向合力为 0（曲面 AB 和曲面 BC 的水平方向合力大小相等、方向相反，相互抵消），而在铅垂方向的合力为曲面 ABC 以上的压力体 $ABCFE$ 所包含的水体积重量，方向向下。而曲面 ADC 上静水压力的水平方向合力也为 0；在铅垂方向的合力为曲面 ADC 以上的虚构压力体 $ADCFEA$ 所包含的水体积重量，方向向上。将以上两个曲面合在一起（即为沉没的物体表面）的合力，便是该物体曲面 $ABCD$ 所包含的流体体积（即被该物体排开的流体体积）的质量，方向向上，称为浮力。因浮力作用线通过压力体的形心，称为浮心。阿基米德原理又得以证明。

需要特别注意，浮力产生的原因是什么？它是作用于物面上下的流体压力差产生的结果，并不是仅仅因为物体排开同体积的水体而有浮力的。另外，在流体中的任意物体，其封闭曲面上如受到相等的压力（如大气压力）作用，其合力必为 0。如在以上求解任意物体浮力的方法中，在静水压力部分都加上一个大气压 p_{atm}，其结果并不改变，也说明等压力对封闭曲面的作用合力为 0。在理论上还可以这样写出：压力 p 作用于任意封闭曲面面积 A 上的

合力 $\boldsymbol{F}$ 为

$$\boldsymbol{F}=-\int_A p\boldsymbol{n}\mathrm{d}A \tag{2.6.3}$$

式中：$\boldsymbol{n}$ 曲面 A 对流体是外法向单位矢量，利用数学上格林公式，以上面积分可转化为体积分，则

$$\boldsymbol{F}=-\int_V \nabla p\mathrm{d}V \tag{2.6.4}$$

式中：V 为曲面所包含的总体积。当 p 为常数时，$\nabla p=0$，所以 $\boldsymbol{F}=0$。这个结果在流体动力学中也是常需要利用的。

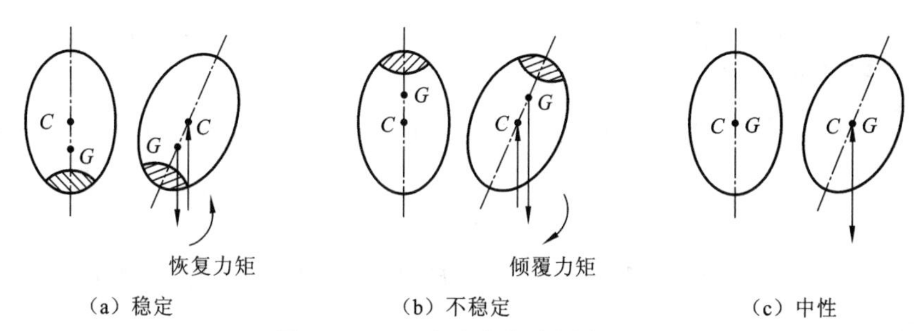

图 2.18　沉没在水中物体的稳定性

与浮力有关的物体在水中的稳定性，是一个重要概念。对完全沉没在水中的物体，由于物体的浮心 C 和重心 G 的位置是不变的，如图 2.18（a）所示。若沉没物体的浮心在重心之上，则该物体受扰动倾斜后，浮力和重力能产生恢复力矩，使物体恢复到原状态，称该物体在水中是稳定的。如图 2.18（b）所示，若沉没物体的浮心在重心之下，则物体受扰动后浮力和重力产生的倾覆力矩，将加大物体的倾覆，不能再恢复到原先物体状态，则称该物体在水中是不稳定的，再如图 2.18（c）所示，若沉没物体的浮心和物体重心重合，则物体受扰动后，浮力和重力既不构成倾覆力矩，也不产生恢复力矩，扰动后物体在新位置仍可保持静态平衡，称该物体的稳定性是中性的。所以，若某潜艇的重心不在浮心之下，则受扰动时该潜艇就会滚动艇体，在倾覆力矩作用下使艇体的浮心转到重心之上，使重心位于浮心之下，则稳定的静平衡才会实现。

对浮体来说，其稳定性要求与潜体又有不同。因为浮体在倾斜时，其浮心位置可以改变，所以浮体的重心在浮心之上时，仍有可能是稳定的。如图 2.19（a）所示浮在水面上的船体，其重心 G 在浮心 C 之上，当它受外力扰动向一侧横倾时[图 2.19（b）]，其重心 G 位置不变，而浮心的位置可向倾斜一侧横移，使浮力和重力产生恢复力矩，仍可能保持船舶稳定性。这一点对船舶设计非常重要，才有可能建造数十层高的豪华游轮在海洋中航行。但船体重心高于浮心仍有一定限制，详细论述可参考“船舶原理”课程。

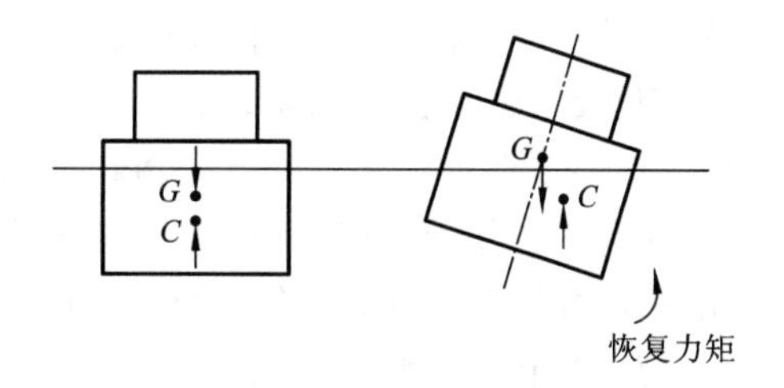

图 2.19　浮体稳定性示意图

例　　题

例 2.1　图 2.20 为一侧微压力计，可用来精确地测量 A 和 B 两处的气体压力差。压力计

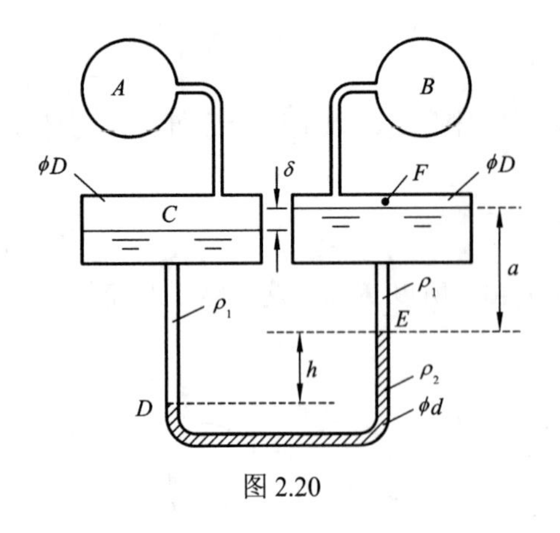

图 2.20

中有两种液体，密度分别为 ρ_1 和 ρ_2，储液容器直径为 D，U 形管直径为 d，试写出确定 A 和 B 两点压力差的计算公式，并说明该测微压力计的原理。

解：忽略气体的重量压力，有

$$p_A = p_C,\quad p_B = p_F$$

根据压力计中液体静压计算公式

$$p_E = p_B + \rho_1 g a$$

$$p_D = p_E + \rho_2 g h$$

$$p_A = p_D - \rho_1 g\left(h + a - \delta\right)$$

故

$$p_A = p_B + \rho_1 g a + \rho_2 g h - \rho_1 g\left(h + a - \delta\right)$$

或

$$p_A - p_B = \rho_2 g h - \rho_1 g\left(h - \delta\right)$$

因为 $p_A = p_B$ 时，$h=0$，$\delta=0$，对不可压缩流体，U 形管内和两个大容器内的液面变化有如下几何关系：

$$\frac{1}{4}\pi D^2 \delta = \frac{1}{4}\pi d^2 h$$

所以

$$\delta = \frac{d^2}{D^2} h$$

因此，根据测得的 h，便可确定 A 和 B 两点处压力差计算公式为

$$p_A - p_B = \left(\rho_2 - \rho_1\right) g h + \rho_1 g h d^2 / D^2$$

实际上，设计此种压力计时，常使 $D>>d$，则 d^2/D^2 很小，可足够精确地将计算公式近似简化为

$$p_A - p_B = \left(\rho_2 - \rho_1\right) g h$$

此种压力计的敏感性，还可以通过选择两种液体密度 ρ_1 和 ρ_2，使它们比较接近，则很小的压力差又可获得较大的测量值 h。

例 2.2 如图 2.21 所示，有一挡水墙，一侧深 1 m，泥浆深 3 m。假如泥浆密度 ρ_s=2 200 kg/m^3，它与牛顿流体一样有压力作用于挡水墙上，试求水和泥浆作用于每 1 m 长的挡水墙上的压力合力的大小和位置。

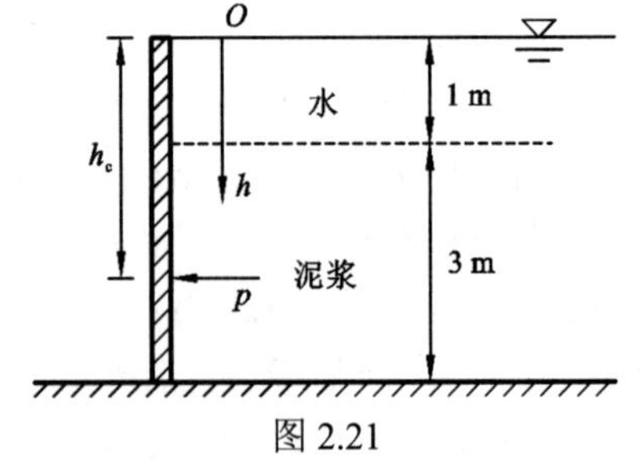

图 2.21

解：作用于挡水墙上压力的合力，可以通过对压力进行积分求得。将水面取为积分限的原点，如图 2.21 所示。令水的密度 ρ_w=1 000 kg/m^3，总作用力 P 的大小为

$$P = \rho_w g \int_0^1 h \mathrm{d}h + \rho_w g \int_1^4 \mathrm{d}h + \rho_s g \int_1^4 (h-1) \mathrm{d}h$$

$$= 1\,000 \times 9.81 \times \frac{1}{2} + 1\,000 \times 9.81 \times 3 + 2\,200 \times 9.81 \times \left(\frac{15}{2} - 3\right)$$

$$= 131\,454\ (\mathrm{N})$$

对挡水墙顶端取力矩平衡的方法，可求得合力 P 作用点离顶端垂向距离 h_c，因

$$P\cdot h_c=\rho_w g\int_0^1 h^2\mathrm{d}h+\rho_w g\int_1^4 h\mathrm{d}h+\rho_s g\int_1^4 h(h-1)\mathrm{d}h$$

故

$$h_c=\frac{1}{131\,454}\left[1\,000\times9.81\times\frac{1}{3}+1\,000\times9.81\times\frac{15}{2}+2\,200\times9.81\times\left(\frac{63}{3}-\frac{15}{2}\right)\right]\approx2.8\,(\mathrm{m})$$

例 2.3 有一容器，如图 2.22 所示，其立壁所受水压由三根横梁支持，为使这三根横梁上的载荷相等，试求这三根横梁应布置在何处。已知容器水位 H=3 m，立壁宽度 B=1 m。

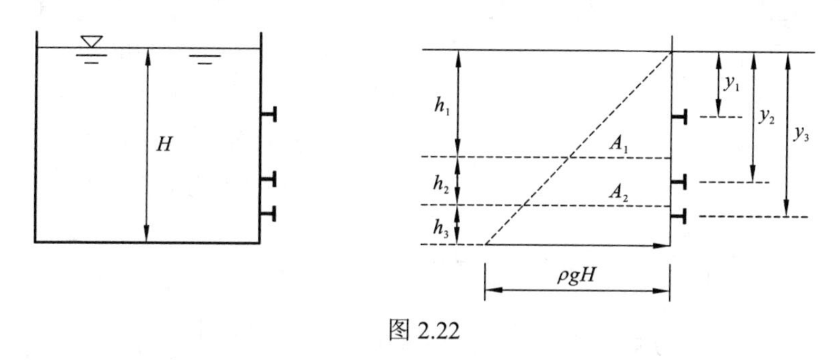

图 2.22

解：壁面受到水的总压力 P 可用式（2.4.1）计算

$$P=\rho gh_c A=\frac{1}{2}\rho gBH^2=\frac{1}{2}\times1\,000\times9.81\times1\times3^2=44\,145\,(\mathrm{N})$$

每根横梁上的平均载荷 P_1 为

$$P_1=P/3=14\,715\,(\mathrm{N})$$

如用压力图表示，使三根横梁载荷相等的条件，应作出三个相等的压力图面积，即

$$A_1=A_2=A_3=\frac{1}{3}\left(\frac{1}{2}\rho gBH^2\right)$$

设 h_1 为三角形面积 A_1 的高度，h_b=h_1+h_2 为三角形面积 A_1+A_2 的高度，因

$$P_1=\frac{1}{2}\rho gBh_1^2$$

故

$$h_1=\sqrt{\frac{2P_1}{\rho gB}}=\sqrt{\frac{2\times14\,715}{1\,000\times9.81\times1}}=1.73\,(\mathrm{m})$$

又因 $2P_1=\frac{1}{2}\rho gBh_0^2$，所以 $h_0=\sqrt{\frac{4P_1}{\rho gB}}=\sqrt{\frac{4\times14\,715}{1\,000\times9.81\times1}}=2.45\ \mathrm{m}$，则

$$h_2=h_0-h_1=2.45-1.73=0.72\,(\mathrm{m})$$

$$h_3=H-h_0=3.0-2.45=0.55\,(\mathrm{m})$$

再根据力矩定理，求出每块压力图面积的形心位置 y_1、y_2 和 y_3，它们便是三根横梁所应布置的位置：

$$y_1=\frac{2}{3}h_1=\frac{2}{3}\times1.73\approx1.15\,(\mathrm{m})$$

$$y_2 = h_1 + \frac{1}{P_1}\int_{h_1}^{h_0} \rho g h^2 B \mathrm{d}h = 1.73 + \frac{1\,000\times 9.81}{14\,715}\int_{1.73}^{2.45} h^2 \mathrm{d}h = 2.11\,(\mathrm{m})$$

$$y_3 = h_0 + \frac{1}{P_1}\int_{h_0}^{H} \rho g h^2 B \mathrm{d}h = 2.45 + \frac{1\,000\times 9.81}{14\,715}\int_{2.45}^{3.0} h^2 \mathrm{d}h = 2.73\,(\mathrm{m})$$

例 2.4 如图 2.23 所示的储水容器，其壁面上有三个半球形的盖，已知半球直径 d=0.5 m，容器和水深尺寸为 h=1.5 m，H=2.5 m，试求作用在每个盖上水的总压力。

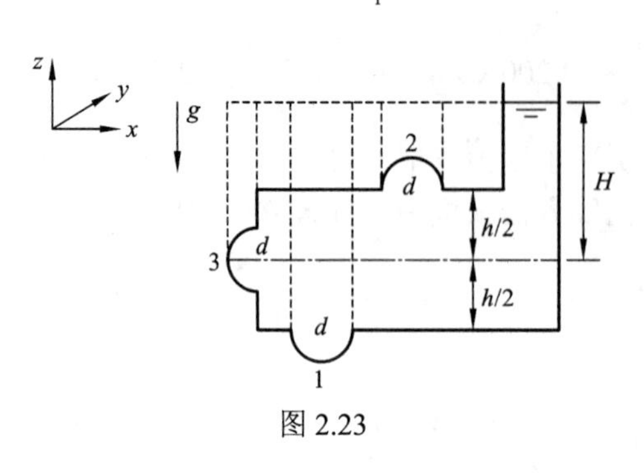

图 2.23

解：底盖 1：因作用在盖子左半部和右半部上的水平向（x 轴向和 y 轴向）总压力大小相等，方向相反，故总的水平压力合力为 0。底盖上总压力等于总垂向分压力 P_{z1}（方向向下），其大小由压力体的水重量确定：

$$P_{z1} = \rho g\left[\frac{\pi d^2}{4}\left(H + \frac{h}{2}\right) + \frac{1}{12}\pi d^3\right]$$

$$= 1\,000\times 9.81\times\left[\frac{\pi\times 0.5^2}{4}\times(2.5+0.75) + \frac{\pi\times 0.5^3}{12}\right] \approx 6\,581.2\,(\mathrm{N})$$

顶盖 2：其水平向总压力也为 0，总压力只有铅垂向分量 P_{z2}（方向向上），其大小由虚构压力体的重量确定，即

$$P_{z2} = \rho g\left[\frac{\pi d^2}{4}\left(H - \frac{h}{2}\right) - \frac{1}{12}\pi d^3\right]$$

$$= 1\,000\times 9.81\times\left[\frac{\pi\times 0.5^2}{4}\times(2.5-0.75) - \frac{\pi\times 0.5^3}{12}\right] \approx 3\,048.2\,(\mathrm{N})$$

侧盖 3：其水平向总压力在 y 轴向也为 0，x 轴向总压力 P_{x3} 为

$$P_{x3} = -\rho g H_c A = -\rho g H\left(\frac{\pi d^2}{4}\right) = -1\,000\times 9.81\times 2.5\times\frac{\pi}{4}\times 0.5^2 \approx -4\,813\,(\mathrm{N})$$

式中：负号表示水平总压力的方向为 x 轴的负向。其垂向总压力为盖的上半部与下半部的压力体之差的水重，即半球体水重 P_{z3} 为

$$P_{z3} = -\rho g\frac{\pi d^3}{12} = -1\,000\times 9.81\times\frac{\pi}{12}\times 0.5^3 \approx -320.9\,(\mathrm{N})$$

式中：负号表示垂向总压力的方向为 z 轴的负向。侧盖 3 上的总压力大小为

$$P_3 = \sqrt{P_{x3}^2 + P_{z3}^2} = \sqrt{4\,813^2 + 320.9^2} \approx 4\,823.7\,(\mathrm{N})$$

P_3 的合力作用线与负 z 轴方向的夹角 θ 为

$$\theta = \tan^{-1}\frac{P_{x3}}{P_{z3}} = \tan^{-1}\frac{4\,813}{320.9} \approx 86^\circ$$

因球面上静水压力方向均通过球心，总压力 P_3 也一定通过球心处，故侧盖 3 上的合力作用线的位置已确定。

例 2.5 有一木制圆球，直径为 0.4 m，木质的重度 γ=8 350 N/m^3，将它放在水箱底部的圆孔上，如图 2.24 所示，圆孔的孔径为 0.2 m。当水深为 0.7 m 时，求圆球与孔板之间的作

用力。如果容器内水位上升或下降，该圆球是否可能浮起？

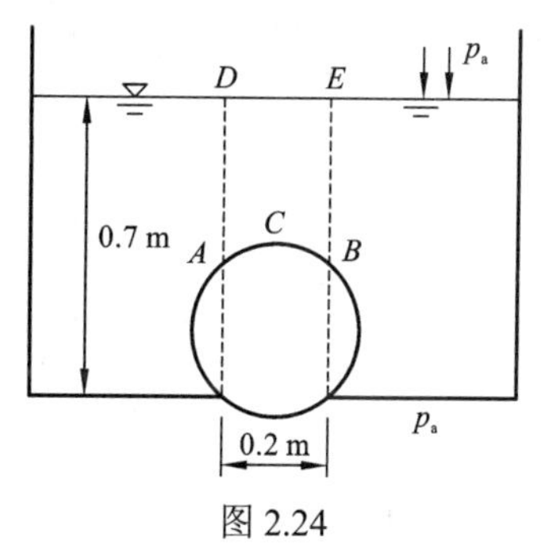

图 2.24

解：圆球体积为

$$V=\frac{\pi}{6}\times0.4^3\approx0.0335\,(\text{m}^3)$$

圆球自重为

$$W=0.0335\times8350\approx280\,(\text{N})\text{（向下）}$$

从孔口向上划出以圆柱体（图中虚线），水中圆球在圆柱体表面以外部分才受到水的浮力 F_B 作用，该部分的体积从几何学可算出为 0.021 8 m^3，则有

$$F_B=0.0218\times1000\times9.81\approx214\,(\text{N})\text{（向上）}$$

圆球上表面 ACB 部分受水压作用，它的大小为 $ACBEDA$ 这块体积的水重，从几何学算出该体积为 0.009 8 m^3，故 ACB 面上受力：

$$F_{ACB}=0.0098\times1000\times9.81\approx96\,(\text{N})\text{（向下）}$$

球体与孔板之间作用力 F 为

$$F=280+96-214=162\,(\text{N})\text{（向下）}$$

水箱内外均受大气压力作用，相互抵消可忽略不计。

如增加容器内水位，圆球自重和浮力都不变，只增加 F_{ACB} 向下的作用力不能使圆球浮起。若降低水位直至 AB 水平面处，此时 $F_{ACB}=0$，而 $F=280-214=66$ N（向下），仍有向下的力作用于圆球和孔板之间。如再继续下降水位，其中浮力 F_B 将不断减小，故该木制圆球始终不会浮起。

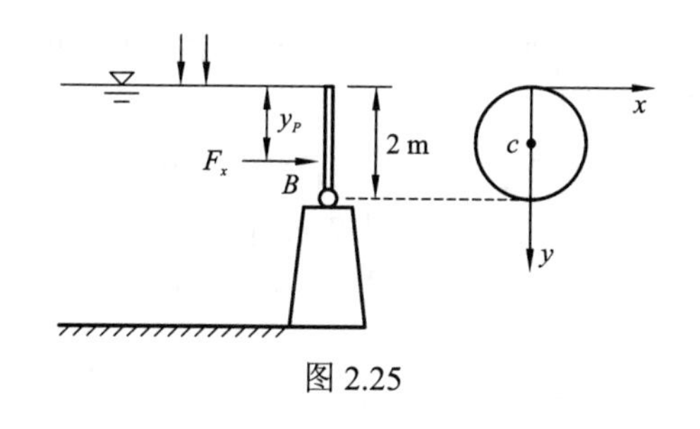

图 2.25

例 2.6 有一直径为 2 m 的圆形闸门沉没在水中，如图 2.25 所示，试求静水压力作用于该闸门铰链 B 上的力矩。

解：取辅助坐标系(x,y)，作用于闸门上 x 轴向力 F_x，利用式（2.4.6)可求得

$$F_x=\rho g h_c A=1000\times9.81\times1\times\pi\times1^2=30803\,(\text{N})$$

压力中心位置 y_p，利用式（2.4.11)可求得

$$y_p=y_c+\frac{I_{x,c}}{Ay_c}=1+\frac{\frac{1}{4}\pi R^4}{\pi R^2\times1}=1+\frac{1}{4}=\frac{5}{4}\,(\text{m})$$

静水压力的合力对铰链 B 的力矩 M_B 为

$$M_B=F_x\left(2-y_p\right)=30803\times\left(2-\frac{5}{4}\right)=23102\,(\text{N}\cdot\text{m})$$

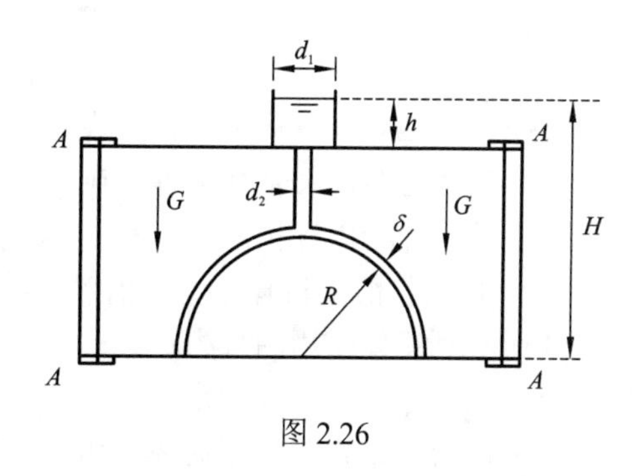

图 2.26

例 2.7 如图 2.26 所示，在砂模内用溶化的生铁铸造母线长度 L=40 cm 的圆柱形轴承顶盖。设铁水的重度 γ=73 500 N/m^3，砂模内全部砂重 G=1 960 N，轴承顶盖半径 R=25 cm，铁水注入口直径 d_1=10 cm，液面高度 h=8 cm，联通管直径 d_2=2 cm，高 H=54.2 cm，轴承盖厚度 δ=1.2 cm，试求该砂模在铸造时作用在螺栓 A–A 上的力。

解：假定 V_1 为以注入口铁水液面为界的虚构压力体容积减去圆柱形铸模表面压下的容积

$$V_1 = 2(R+\delta)HL - \frac{\pi}{2}(R+\delta)^2 L$$
$$= 2\times(0.25+0.012)\times 0.542\times 0.4 - \frac{\pi}{2}\times(0.25+0.012)^2\times 0.4$$
$$\approx 0.113\,6 - 0.043\,1$$
$$= 0.070\,5\ (\mathrm{m}^3)$$

V_1 减去注入口与连通管中铁水重及砂模中的全部砂重，即为该砂模上螺栓 A-A 上所受的净力 F。因注入口和联通管内液体容积 V_2 为

$$V_2 = \frac{\pi}{4}\left[d_1^2 h + d_2^2(H-R-\delta-h)\right] = \frac{\pi}{4}\left(0.1^2\times 0.08 + 0.02^2\times 0.2\right) = 0.000\,691\ (\mathrm{m}^3)$$

故螺栓 A-A 上受力 F 为

$$F = \gamma V_1 - \gamma V_2 - G = 73\,500\times(0.070\,5 - 0.000\,691) - 1\,960 = 3\,171\ (\mathrm{N})$$

如已知螺栓数目，则可求出每个螺栓上的受力。

讨 论 题

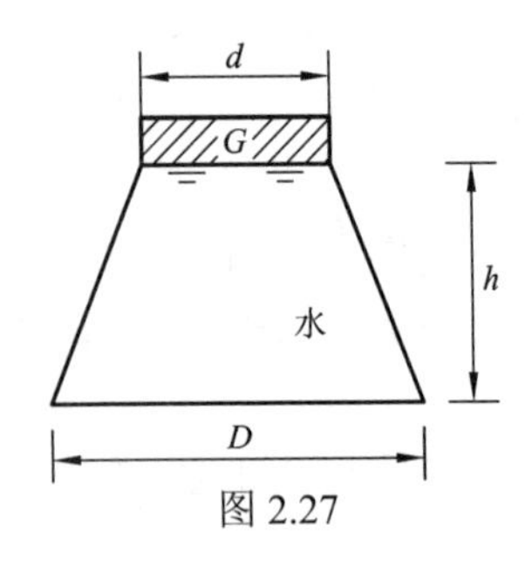

图 2.27

2.1 如图 2.27 所示，有一圆锥形容器，上端直径为 d，下端直径为 D，容器内充满水，水深 h，水面上有一重量为 G 的活塞。试求容器地面上所受到的流体总压力，并讨论它是否与活塞重量和容器内水的重量直接有关。

2.2 如图 2.28 所示，有 4 种形状的水门，它们的面积都相等，试讨论：

（1）这 4 种水门所受到的流体静水总压力是否相等，为什么？

（2）哪个水门所受到流体静水总压力最大？哪个最小？

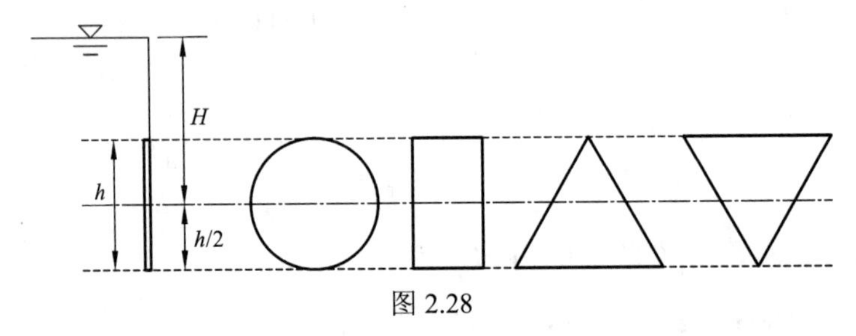

图 2.28

2.3 图 2.29 为一“永动机”设计方案，设计者根据阿基米德原理预测此结构能使浮筒对转轴产生一力矩，永远迫使圆筒旋转（该圆筒的转轴固定在容器壁面上），试指出这一设计的荒谬之处，并给以评论。

2.4 假设在静止流体中有一潜没的物体，该物体表面所受的流体静压处处相等，试讨论该物体所受到流体作用的合力：

（1）它的净合力怎样确定？

（2）净合力是否与周围流体静压大小有关?

（3）净合力是否与该物体的形状有关?

2.5 图 2.30 为气体腔室，由于高压气体作用，在球形腔室 A–A 处需用 20 个直径为 2 cm 的螺栓固紧，试求在圆管段 B–B 处则需要几个同样直径的螺栓固紧？（已知球形腔室直径 D=50 cm，圆管直径 d=25 cm）

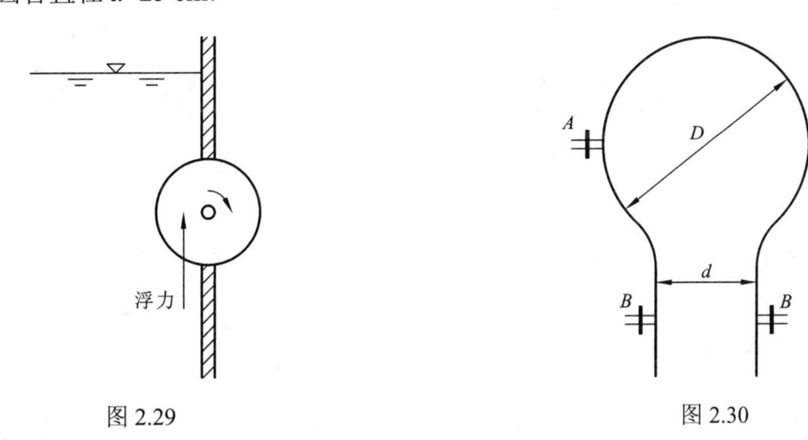

图 2.29　　　　图 2.30

2.6 图 2.31 为一新型压力计示意图，它是一个浮在液体中倒立的杯罩，罩内腔室中引入被测的气体压力 p，通过杯罩外水位到杯罩顶端距离 a，便可测得杯罩内压力 p 或压力差 $\Delta p=p-p_a$。这种新型压力计比 U 形管测压差更敏感，即读数 a 值的变化更大，试分析讨论其原理，假定杯罩平均直径为 D，杯罩厚度为 t，液体密度为 ρ。

（参考答案：$\Delta p=\rho g\dfrac{4t}{D}\Delta a$，$\Delta a=a-a_0$，$a_0$ 为 $p=p_a$ 时读数）

2.7 如图 2.32 所示的天平，调整砝码后使天平保持平衡状态，然后将左端悬挂的球体（重物）沉没到水中（仍悬挂在水中），试讨论该天平受力的变化，天平将向哪边倾斜？

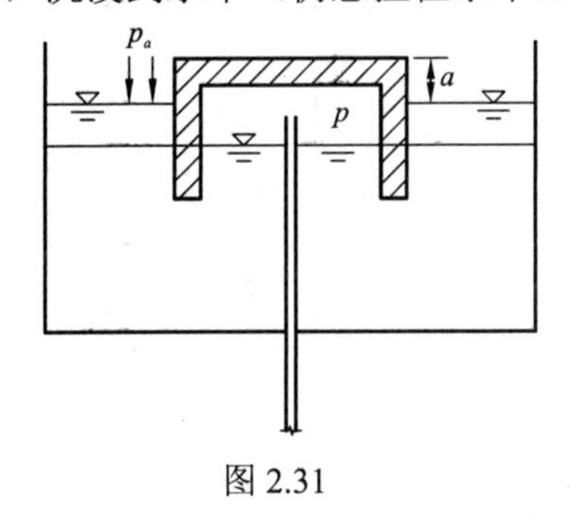

图 2.31

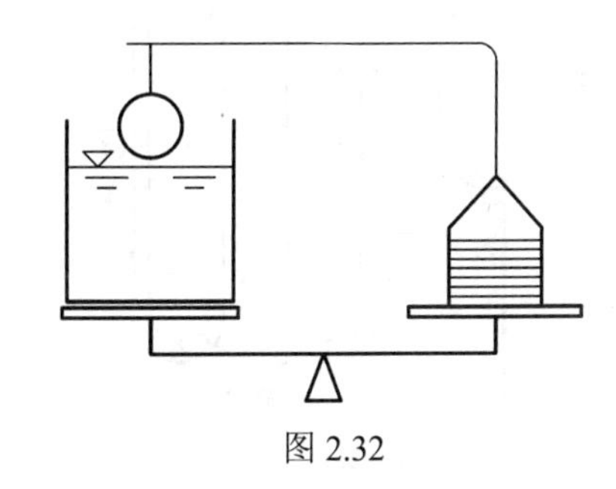

图 2.32

习　　题

2.1 图 2.33 为一倾斜式测微压力计，压力计内液体为酒精，其密度 ρ=800 kg/m^3，当测压管倾斜角 θ=30° 时，测管液面上升 l=500 mm，求所测的气体压力 p 的大小。）

（参考答案：1 961.4 N/m^2，相对压力）

2.2 图 2.34 为一测量水流中微小静压差的两液式测微压力计，倒置的 U 形管上部充满油，密度 $\rho_{油}$=920 kg/m^3。当倒置 U 形管内的液面高差 Δh=125 mm 时，试求测点 1、2 处压力差 $\Delta p=p_1-p_2$，并将压力差以水柱高表示。

（参考答案：98.07 N/m^2，10 mm 水柱）

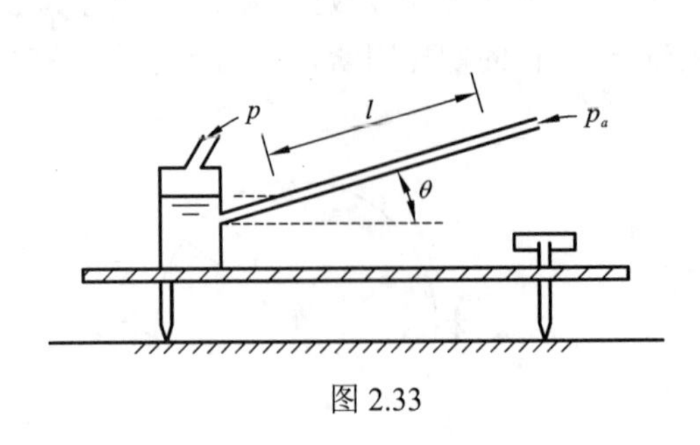

图 2.33

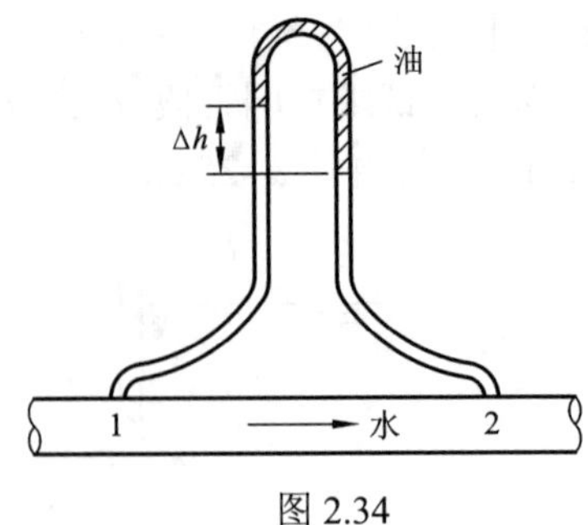

图 2.34

2.3 试根据如图 2.35 所示的多管式压力计读数，计算求出容器中水面上气体的相对压力。图中所示的液面标高（如∇2.5 等）均为从地面算起的高度，数字为高度值。已知水银的密度为 13 600 kg/m^3，水的密度为 1 000 kg/m^3。

（参考答案：2.38×10^5 Pa）

2.4 如图 2.36 所示，在油库中有一方形出油孔（100 mm×100 mm），通过一个 45° 倾斜角的油门启闭，油门上端为铰链，下端有一垂向拉索，当油液面深度 H=4 m 时，试求在油压作用下将油门打开所需的拉力 P，假定油的密度为 900 kg/m^3。

（参考答案：355 N）

2.5 试求作用在图 2.37 中圆柱上静水总压力（水平向分力和垂向分力），圆柱长为 3 m，直径为 2 m。

（参考答案：44.15 kN 向右，69.35 kN 向上）

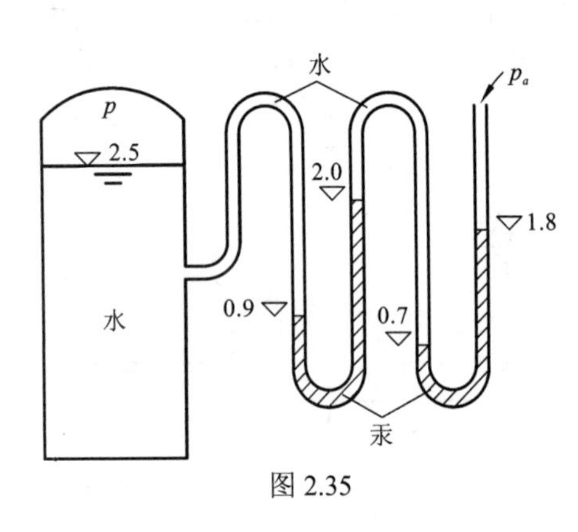

图 2.35

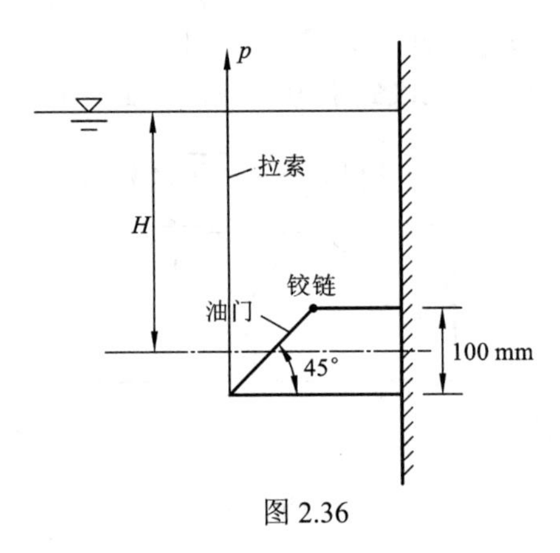

图 2.36

2.6 试求作用在图2.38 中圆柱上的静水总压力(水平向分力和垂向分力)，圆柱长为 3 m，直径为 2 m。

（参考答案：14.17 kN 向右，98.8 kN 向上）

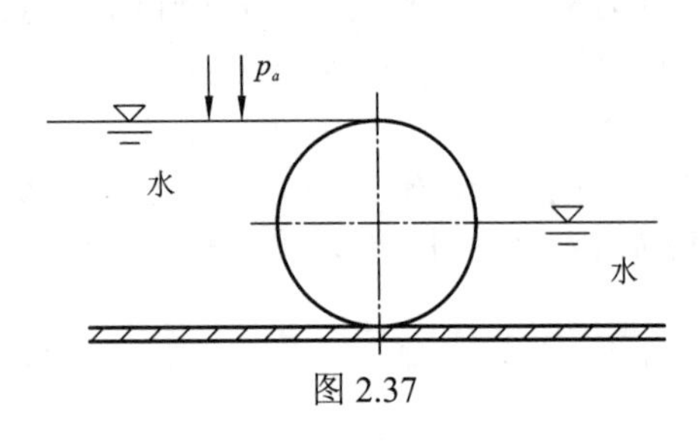

图 2.37

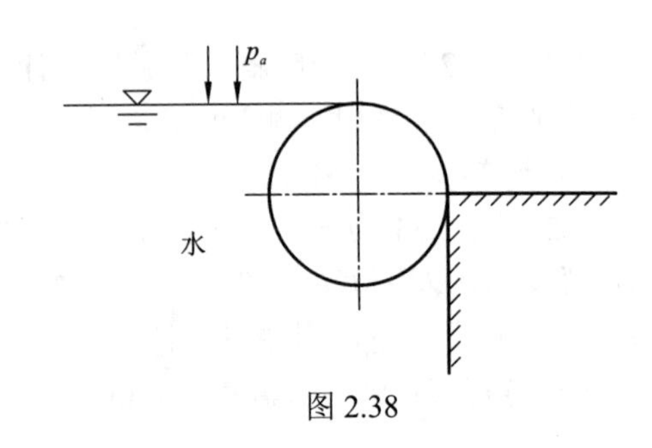

图 2.38

2.7 如图 2.39 所示，水泵吸水管上有一圆球式吸水阀，其直径 D=150 mm，安置于一个直径 d=100 mm 的阀座上，圆球的密度 ρ_s=8 500 kg/m^3，求在吸水管的自由液面上需要有多少真空度方能将球阀升起，已知 H_1=3 m，H_2=2 m。

（参考答案：4.69m）

2.8 有一立方钢块 1 m×1 m×1 m 浮在水银容器中，如图 2.40 所示，使该立方块底面和侧面与容器壁面的间隙均为 5 mm，试求该容器内的水银质量。已知钢的密度 ρ_i=7 600 kg/m^3，水银的密度 ρ_h=13 600 kg/m^3。

（参考答案：220 kg）

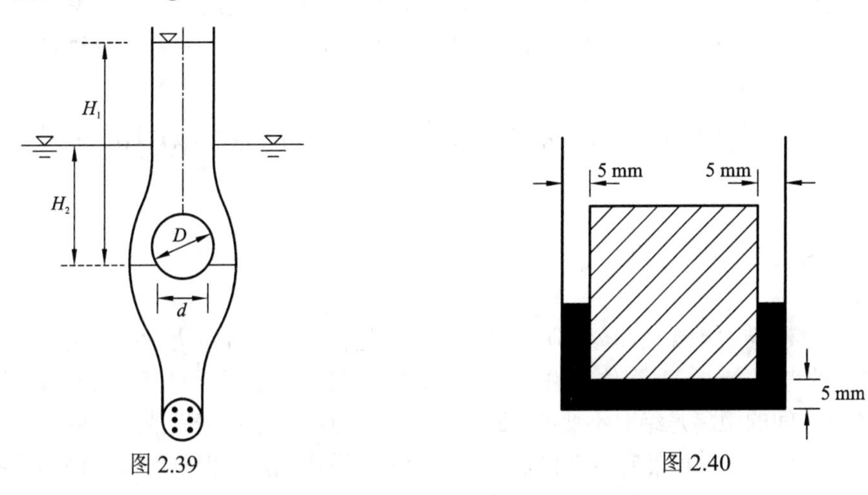

图 2.39　　图 2.40

2.9 有一乳液比重计，其尺寸如图 2.41 所示，它的总重量为 W，试求乳液密度 ρ 与该比重计的读数 h 之间的关系式，并导出该比重计的敏感度（即 Δh 与 Δp 之间的函数关系），假定比重计浮杆截面面积为 a，其底部截面面积为 A。

（参考答案：$\rho=\dfrac{W}{g\left(AL+ha\right)}$，$\dfrac{\Delta h}{\Delta p}=-\dfrac{W}{ag\rho^2}$）

2.10 如图 2.42 所示，容器内充满密度为 ρ 的液体，液面深度为 h，容器底部有一排液孔，由一半径为 R 和自重为 G 的半球形罩盖封住排水口，给出 h、ρ、R、G、g 值，试写出在水中提起这个罩盖所需力 F_p 的表达式。

（参考答案：$F_p=\rho gh\pi R^2-\dfrac{1}{2}\left(\dfrac{3}{4}\pi R^3\right)\rho g$）

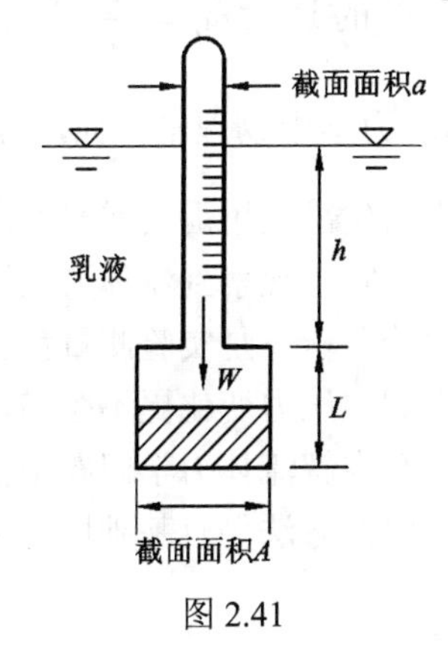

图 2.41

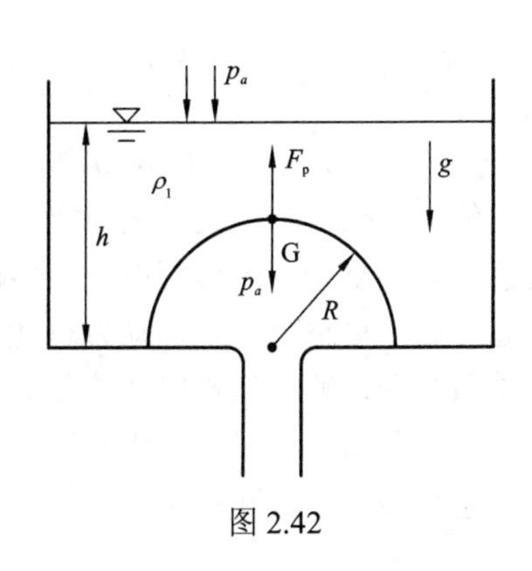

图 2.42

第 3 章　流体运动学

流体运动学是学习流体动力学的基础，内容包括描述流体运动的两种方法、流体微团运动分析、流动分类，质量守恒连续性方程的建立，以及流体运动学边界条件等问题。

流体运动学是研究和描述流体运动在空间和时间变化的一般规律，不考虑产生运动的力和力矩的作用。本章将讨论因流体运动引起变形并产生黏性力的本构方程的建立。

3.1　描述流体运动的拉格朗日方法和欧拉方法

3.1.1　拉格朗日方法

拉格朗日方法描述（观察和分析）流体运动，就是物理学和理论力学中所用的对质点和质点系（系统）的考察方法。对刚体来说，其大小及形状是固定的，不因其静止或者运动而改变，即质点系各点之间的距离是绝对不变的，故可用一个质点或几个代表性的质点的运动去分析刚体运动。而对流体来说，虽然它也是由连续分布的质点系所组成，但与刚体不同的是各组成流体的质点系在运动过程中，它们的相对位置会发生复杂的变化，这样就需要对许多（或每一个）质点求解它们的运动轨迹方程。如在直角坐标系(x,y,z)中需给出流体质点迹线方程为

$$\begin{cases} x = x(a,b,c,t) \\ y = y(a,b,c,t) \\ z = z(a,b,c,t) \end{cases} \quad \text{或} \quad x_i = x_i(a,b,c,t),\ i = 1,2,3 \tag{3.1.1}$$

式中：a、b、c 为流体中的一个质点，常用它们的初始时刻位置坐标区分各个质点，a、b、c 三个参数（即初始坐标值）代表流体中的一个质点。不同的 a、b、c 代表不同的流体质点，便有不同的质点迹线方程。如对第一特定流体质点的迹线方程也可写为

$$x_i = x_i(t),\quad i = 1,2,3 \tag{3.1.2}$$

根据拉格朗日方法给出的质点迹线方程，流体质点的速度 $u_i = \dfrac{\partial x_i}{\partial t}$ 和加速度 $a_i = \dfrac{\partial u_i}{\partial t} = \dfrac{\partial^2 x_i}{\partial t^2}$ 便容易确定。然后，再求解其他流体运动学和动力学中物理量，如流体压力 $p=p(a,b,c,t)$，流体密度 $\rho=\rho(a,b,c,t)$等。这种拉格朗日方法并不陌生，利用烟气或气泡之类示踪物或色线（streakline，通过在固定点处连续注入着色液体）可实验观察到流体质点迹线和流态的色线。但复杂的流体中有无穷多流体质点，则无论是理论分析还是实验测量都会出现许多问题。如定量记录迹线运动方程就非易事，跟随流体质点测定压力变化更不容易。拉格朗日方法虽易于理解，但难以在流体力学中广泛应用。因此，在求解流体力学问题中拉格朗日方法尚少被采用，被采用的则是欧拉方法的求解。不过拉格朗日方法仍有基础性意义，一些基本概念仍需被引入和利用。

3.1.2 欧拉方法

欧拉方法描述（观察和分析）流体运动，是在空间固定点 x_i (i=1,2,3)或空间固定区域任意控制体（control volume，CV）考察流体通过时其流动性（如速度、压力、密度和其他物理量）随时间的变化。用欧拉方法研究流体运动，首先需要求解或给出速度场 $\boldsymbol{v}(x,y,z,t)$

$$\boldsymbol{v}(x,y,z,t)=\boldsymbol{v}(u,v,w) \quad 或 \quad u_i=u_i(x,y,z,t), \quad i=1,2,3 \tag{3.1.3}$$

式中：u_i 为流体质点速度分量，坐标 x、y、z 和时间 t 都是欧拉变量（可以与 t 无关），不像拉格朗日方法中的变量必须与时间 t 有关。根据欧拉方法给出在一定时刻 t 的速度场 $\boldsymbol{v}(u,v,w)$，便可作出流线图来表示流动的图像。

流线（streamline）的定义是流场中任一瞬时的一条线，在这条线上任一点处切线与该点处流体质点速度方向一致。所以，流线图是可以表示流体流动方向的示意图。除特殊的一些奇点外，流线是不会相交的。根据以上对流线的定义，流线上任一微元段在直角坐标系中 $\mathrm{d}\boldsymbol{s}=\mathrm{d}x_i+\mathrm{d}y_i+\mathrm{d}z\boldsymbol{h}$ 与该微元段上流体质点速度矢量 $\boldsymbol{v}=u\boldsymbol{i}+v\boldsymbol{j}+w\boldsymbol{k}$ 方向一致，故流线方程的矢量关系为

$$\boldsymbol{v}\times \mathrm{d}\boldsymbol{s}=0 \tag{3.1.4}$$

以上两个矢量的叉乘，即

$$\begin{vmatrix} \boldsymbol{i} & \boldsymbol{j} & \boldsymbol{k} \\ u & v & w \\ \mathrm{d}x & \mathrm{d}y & \mathrm{d}z \end{vmatrix}=0$$

得流线方程为

$$\frac{\mathrm{d}x}{u}=\frac{\mathrm{d}y}{v}=\frac{\mathrm{d}z}{w} \tag{3.1.5}$$

如给出某一类二维平面流动的速度场 $\boldsymbol{v}=x\boldsymbol{i}-y\boldsymbol{j}$，即速度分量$(u,v)$为 $u=x$ 和 $v=-y$，由式（3.1.5）可知，流线微分方程为

$$\frac{\mathrm{d}x}{x}=-\frac{\mathrm{d}y}{y} \tag{3.1.6}$$

对式（3.1.6）积分得

$$\ln x=-\ln y+C \quad 或 \quad \ln(xy)=C$$

式中：C 为积分常数。所以流线方程为一组双曲线，$xy=C$。如图 3.1 所示，它们在第一象限和第二象限中的流线图形相当于 y 轴向上有来流而在 x 轴上有一平板挡住时的流动。在坐标原点 O 处，因 u=0 和 v=0 为驻点（stagnation point），常称此种流动为驻点流动(stagnation point flow)。

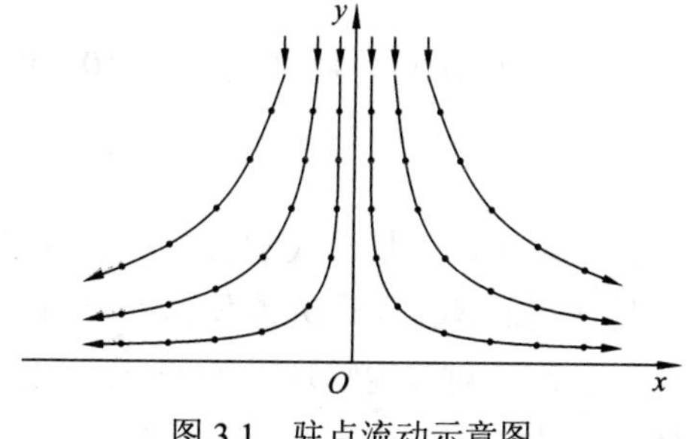

图 3.1 驻点流动示意图

欧拉方法给出速度场，但流体质点的迹线方程也可以求得。如对以上驻点流场作运算，因给出的速度分量(u,v)就是流体质点速度，故有 $u=\frac{\mathrm{d}x}{\mathrm{d}t}=x$ 和 $v=\frac{\mathrm{d}y}{\mathrm{d}t}=-y$，积分后可得迹线方程为 $\ln x=t+C_1$ 和 $\ln y=-t+C_2$，其中 C_1 和 C_2 为任意积分常数。将上两式中 t 消去，迹线方程可组合为

$$xy = C \tag{3.1.7}$$

它与流线方程重合，这是所给出的速度场与时间无关时应有的一般结果。

至于欧拉方法如何给出或求解速度场，这不是流体运动学单独能够完成的任务，它必须联合流体动力学方程才能解决，待学习后面几章后就能进一步理解。

利用欧拉方法一个最重要的概念是如何表达流体质点的加速度，即拉格朗日加速度或称流体物理量（以速度为例）的物质导数 $\boldsymbol{a}_{\mathrm{p}}=\dfrac{\mathrm{d}\boldsymbol{v}_{\mathrm{p}}}{\mathrm{d}t}$，其中下标 p 表示质点或物质。如 $\boldsymbol{v}_{\mathrm{p}}=\boldsymbol{v}_{\mathrm{p}}\left(x_{\mathrm{p}}(t),y_{\mathrm{p}}(t),z_{p}(t)\right)$ 为流体质点速度，区别于 $\boldsymbol{v}(x,y,z,t)$ 是固定点 (x,y,z) 处流体通过时的速度。在 t 时刻，若流体质点在 (x,y,z) 位置，经 $\mathrm{d}t$ 时间后，即在 $t+\mathrm{d}t$ 时，该流体质点到达 $\left(x+\mathrm{d}x_{\mathrm{p}},y+\mathrm{d}y_{\mathrm{p}},z+\mathrm{d}z_{\mathrm{p}}\right)$ 位置，用欧拉方法表示的速度则从 $\boldsymbol{v}(x,y,z,t)$ 变为 $\boldsymbol{v}\left(x+\mathrm{d}x_{\mathrm{p}},y+\mathrm{d}y_{\mathrm{p}},z+\mathrm{d}z_{\mathrm{p}},t+\mathrm{d}t\right)$，速度变化 $\mathrm{d}\boldsymbol{v}_{\mathrm{p}}$ 为

$$\mathrm{d}\boldsymbol{v}_{\mathrm{p}}=\boldsymbol{v}\left(x+\mathrm{d}x_{\mathrm{p}},y+\mathrm{d}y_{\mathrm{p}},z+\mathrm{d}z_{\mathrm{p}},t+\mathrm{d}t\right)-\boldsymbol{v}(x,y,z,t) \tag{3.1.8}$$

根据全微分原理或数学中链式法则可将式（3.1.8）写出为

$$\mathrm{d}\boldsymbol{v}_{\mathrm{p}}=\frac{\partial\boldsymbol{v}}{\partial t}\mathrm{d}t+\frac{\partial\boldsymbol{v}}{\partial x}\mathrm{d}x_{\mathrm{p}}+\frac{\partial\boldsymbol{v}}{\partial y}\mathrm{d}y_{\mathrm{p}}+\frac{\partial\boldsymbol{v}}{\partial z}\mathrm{d}z_{\mathrm{p}} \tag{3.1.9}$$

所以流体质点拉格朗日加速度用欧拉方法写出为

$$\boldsymbol{a}_{\mathrm{p}}=\frac{\mathrm{d}\boldsymbol{v}_{\mathrm{p}}}{\mathrm{d}t}=\frac{\partial\boldsymbol{v}}{\partial t}+\frac{\partial\boldsymbol{v}}{\partial x}\frac{\mathrm{d}x_{\mathrm{p}}}{\mathrm{d}t}+\frac{\partial\boldsymbol{v}}{\partial y}\frac{\mathrm{d}y_{p}}{\mathrm{d}t}+\frac{\partial\boldsymbol{v}}{\partial z}\frac{\mathrm{d}z_{p}}{\mathrm{d}t}=\frac{\partial\boldsymbol{v}}{\partial t}+u\frac{\partial\boldsymbol{v}}{\partial x}+v\frac{\partial\boldsymbol{v}}{\partial y}+w\frac{\partial\boldsymbol{v}}{\partial z} \tag{3.1.10}$$

由此可见，拉格朗日加速度的组成分为两部分，式（3.1.10)中 $\dfrac{\partial\boldsymbol{v}_{\mathrm{p}}}{\partial t}$ 为局部加速度，或称为欧拉加速度，它是由当地速度随时间变化产生的加速度；$\dfrac{\partial\boldsymbol{v}}{\partial x}\dfrac{\mathrm{d}x_{\mathrm{p}}}{\mathrm{d}t}$、$\dfrac{\partial\boldsymbol{v}}{\partial y}\dfrac{\mathrm{d}y_{p}}{\mathrm{d}t}$、$\dfrac{\partial\boldsymbol{v}}{\partial z}\dfrac{\mathrm{d}z_{p}}{\mathrm{d}t}$ 为迁移（convected）加速度或对流（advective）加速度，它是由流体质点在迁移过程中当地速度因位置不同产生的加速度。

这里速度矢量 $\boldsymbol{v}$ 在直角坐标系中 $\boldsymbol{v}=u\boldsymbol{i}+v\boldsymbol{j}+w\boldsymbol{k}$，利用矢量符号 $\nabla=\boldsymbol{i}\dfrac{\partial}{\partial x}+\boldsymbol{j}\dfrac{\partial}{\partial y}+\boldsymbol{k}\dfrac{\partial}{\partial z}$，所以

$$\boldsymbol{v}\cdot\nabla=u\frac{\partial}{\partial x}+v\frac{\partial}{\partial y}+w\frac{\partial}{\partial Z} \tag{3.1.11}$$

利用式（3.1.11）可将式（3.1.10）的拉格朗日加速度改写成矢量形式：

$$\boldsymbol{a}_{\mathrm{p}}=\frac{\mathrm{d}\boldsymbol{v}_{\mathrm{p}}}{\mathrm{d}t}=\frac{\partial\boldsymbol{v}}{\partial t}+(\boldsymbol{v}\cdot\nabla)\boldsymbol{v} \tag{3.1.12}$$

在数学上，矢量形式的公式对各种坐标系是统一的，便有许多方便之处，要学会使用。以上是应用欧拉方法研究流体运动时所获得的流体质点加速度的物质导数表达式（3.1.10）或式（3.1.12)。对其他物理量 $f(x,y,z,t)$（如压力 $p(x,y,z,t)$、密度为 $\rho(x,y,z,t)$等）的物质导数也类似地可写为

$$\frac{\mathrm{D}f}{\mathrm{D}t}=\frac{\partial f}{\partial t}+u\frac{\partial f}{\partial x}+v\frac{\partial f}{\partial y}+w\frac{\partial f}{\partial z}=\frac{\partial f}{\partial t}+(\boldsymbol{v}\cdot\nabla)f \tag{3.1.13}$$

式中：用 $\dfrac{\mathrm{D}}{\mathrm{D}t}$ 代替 $\dfrac{\mathrm{d}}{\mathrm{d}t}$，代表物质导数。

3.2 流体微团运动分析

了解流体微团运动形态对学习和研究流体力学问题有重要意义。本节作为欧拉方法研究流体运动的应用，对流体微团运动做了初步分析。

流体微团有 4 种不同运动形式：位移运动、旋转运动、剪切角形变运动和线伸缩形变运动。可取微团中任一切片作分析，常取微团为任意六面体，则典型的切片为一矩形。如图 3.2 所示，纯粹的位移运动是指流体微团以相同速度做不变形的位移运动，它只能在没有速度梯度的流场中出现[图 3.2（a）]；纯粹的旋转运动是指流体微团只有绕其自身某一方向的轴作旋转运动，并且该轴的位置不发生位移运动[图 3.2（b）]；纯粹的剪切角形变运动是指流体微团出现角形变速度，其切片形状发生相对角位移的一种运动，该运动既不同于纯粹的位移运动，也不是旋转运动[图 3.2（c）]；纯粹的线伸缩形变运动是指流体微团因产生线性形变速度出现收缩或膨胀，使流体微团发生相对线位移的一种运动[图 3.2（d）]。实际流体微团运动往往是这 4 种基本运动的组合，通过分析和分解就能说明它们的产生主要是由流体微团各点的速度可以连续变化引起的。

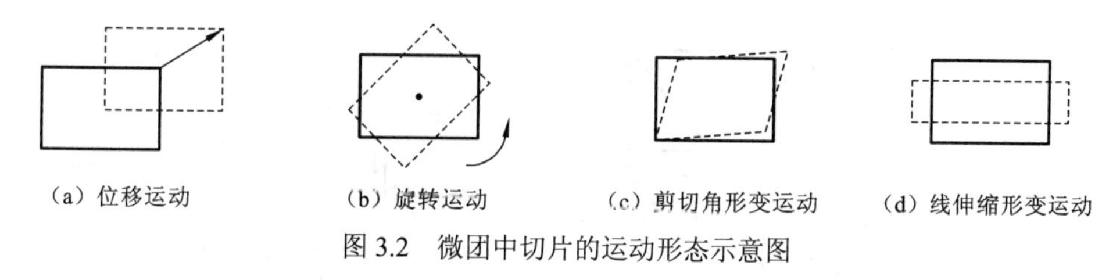

图 3.2 微团中切片的运动形态示意图

3.2.1 流体微团的位移运动

为了方便分析，以下将流体微团都取为一个微元长方六面体，在直角坐标系中微元长方六面体边长分别为 Δx、Δy 和 Δz，如图 3.3 所示。设微团形心 O 点流体平均速度为 $\boldsymbol{v}(u,v,w)$，则该微团的 6 个边界面的面心点的流体平均速度，可以用 O 点的泰勒级数展开来表示，其中有 4 个面已在图中示出。由此可知，若流场中不存在速度梯度，整个微团将以速度 $\boldsymbol{v}(u,v,w)$ 作纯粹位移运动。而在有速度梯度的流场中，除纯粹的位移运动外，其中速度梯度将使流体微团产生其他各种运动。

3.2.2 流体微团旋转运动及旋转角速度

设流体微团有旋转运动，其旋转角速度以 $\boldsymbol{\omega}$ 表示，将它在直角坐标系中分解：$\boldsymbol{\omega}=\omega_x\boldsymbol{i}+\omega_y\boldsymbol{j}+\omega_z\boldsymbol{k}$，其中$(\omega_x, \omega_y, \omega_z)$为微团旋转角速度分量，如图 3.4（a）所示，它们与流场的速度梯度有什么关系？下面以 ω_x 为例作分析。

取通过流体微团形心 O 的切片 $\Delta y\Delta z$，见图 3.4（b），除纯粹的位移速度和产生旋转角速度分量 ω_x 无关的速度分量（如平行于旋转轴的速度分量和与旋转轴相交的速度分量）后，切片 O_1 处（微团表面）z 轴向速度为 $\dfrac{\partial\omega}{\partial y}\left(\dfrac{\Delta y}{2}\right)$，它使切片产生旋转角速度 ω_{x1}：

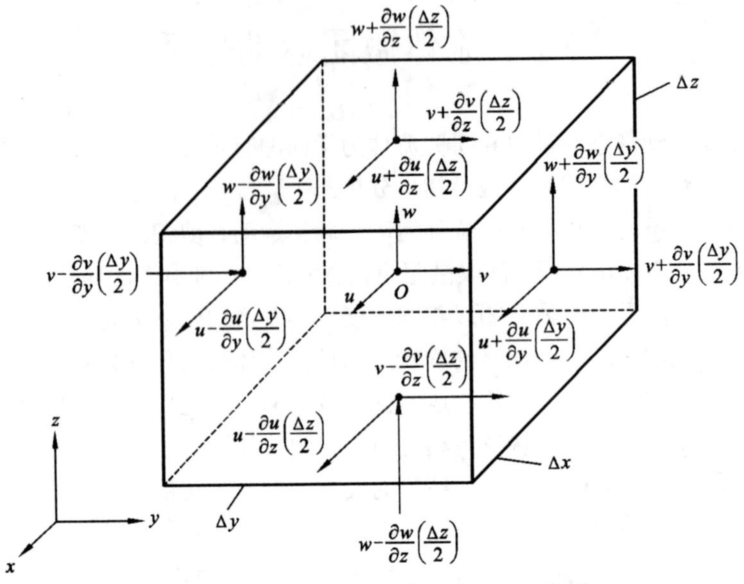

图 3.3　长方六面体微团的速度分布示意图

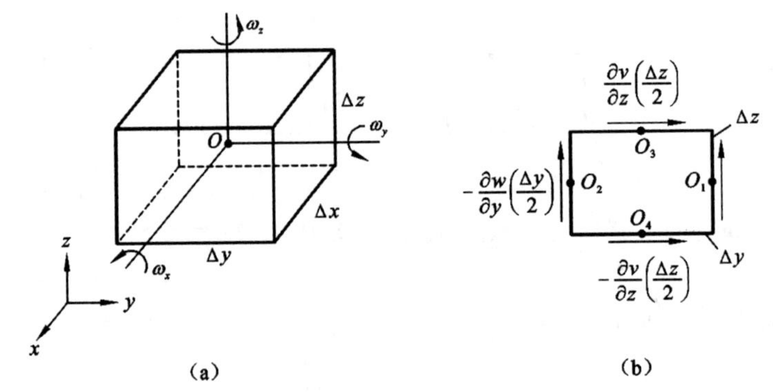

图 3.4　流体微团和切片旋转运动分析示意图

$$\omega_{x1}=\frac{\frac{\partial w}{\partial y}\left(\frac{\Delta y}{2}\right)}{\frac{\Delta y}{2}}=\frac{\partial w}{\partial y}\tag{3.2.1}$$

ω_{x1} 的旋转方向为逆时针方向，规定为正。

在切片 O_2 处 z 轴向线速度 $-\frac{\partial w}{\partial y}\left(\frac{\Delta y}{2}\right)$，它使切片产生旋转角速度 ω_{x2}：

$$\omega_{x2}=-\frac{-\frac{\partial w}{\partial y}\left(\frac{\Delta y}{2}\right)}{\frac{\Delta y}{2}}=\frac{\partial w}{\partial y}\tag{3.2.2}$$

ω_{x2} 的旋转方向为顺时针方向，规定为负，故式（3.2.2）中为负号。

此外，以上切片在 O_3 处 y 轴向速度 $\frac{\partial v}{\partial z}\left(\frac{\Delta z}{2}\right)$，它使切片产生旋转角速度 ω_{x3}：

$$\omega_{x3}=-\frac{\dfrac{\partial v}{\partial z}\left(\dfrac{\Delta z}{2}\right)}{\dfrac{\Delta z}{2}}=-\frac{\partial v}{\partial z} \tag{3.2.3}$$

ω_{x3} 的旋转方向为顺时针方向，故式（3.2.3）中为负号。

在切片 O_4 处 y 轴向速度 $-\dfrac{\partial v}{\partial z}\left(\dfrac{\Delta z}{2}\right)$，它使切片产生旋转角速度 ω_{x4}：

$$\omega_{x4}=\frac{-\dfrac{\partial v}{\partial z}\left(\dfrac{\Delta z}{2}\right)}{\dfrac{\Delta z}{2}}=-\frac{\partial v}{\partial z} \tag{3.2.4}$$

ω_{x4} 的旋转方向为逆时针方向。

根据式（3.2.1）～式（3.2.4），整个切片（或微团）对通过其形心 O 的旋转角度分量 ω_x，可以认为由以上 4 个面的旋转角速度相加取平均值确定，即

$$\omega_x=\frac{1}{4}\left(\omega_{x1}+\omega_{x2}+\omega_{x3}+\omega_{x4}\right)=\frac{1}{4}\left(\frac{\partial w}{\partial y}+\frac{\partial w}{\partial y}-\frac{\partial v}{\partial z}-\frac{\partial v}{\partial z}\right)=\frac{1}{2}\left(\frac{\partial w}{\partial y}-\frac{\partial v}{\partial z}\right) \tag{3.2.5}$$

类似地可求得流体微团绕自身形心 y 轴和 z 轴向旋转角速度分量为

$$\omega_y=\frac{1}{2}\left(\frac{\partial u}{\partial z}-\frac{\partial w}{\partial x}\right) \tag{3.2.6}$$

$$\omega_z=\frac{1}{2}\left(\frac{\partial v}{\partial x}-\frac{\partial u}{\partial y}\right) \tag{3.2.7}$$

式（3.2.5）～式（3.2.7）为流体微团旋转运动时角速度大小的计算公式。根据角速度 ω 的表达式，若流场中 ω 处处为 0，则表示该流场为无旋流动，反之为有旋流动。对流体中无旋流动和有旋流动。

注意到流场中速度矢量 $\boldsymbol{v}=u\boldsymbol{i}+v\boldsymbol{j}+w\boldsymbol{k}$ 的旋度 $\Omega=\nabla\times\boldsymbol{v}$ 的数学表达式为

$$\Omega=\nabla\times\boldsymbol{v}=\boldsymbol{i}\left(\frac{\partial w}{\partial y}-\frac{\partial v}{\partial z}\right)+\boldsymbol{j}\left(\frac{\partial u}{\partial z}-\frac{\partial w}{\partial x}\right)+\boldsymbol{k}\left(\frac{\partial v}{\partial x}-\frac{\partial u}{\partial y}\right) \tag{3.2.8}$$

式（3.2.8）与式（3.2.5）～式（3.2.7）比较可知，旋度 Ω 是旋转角速度 ω 的 2 倍，相应的旋度分量也为微团旋转角速度分量的 2 倍。

3.2.3 流体微团剪切角形变运动：剪切角形变率和流体黏性应力本构方程

流体微团剪切角形变是指流体切片 4 个面之间夹角的角形变率，如图 3.4(b)中切片 $\Delta y\Delta z$ 的 4 个面上速度之间的关系，将上下两层 y 轴向流体速度都加 $\dfrac{\partial v}{\partial z}\left(\dfrac{\Delta z}{2}\right)$，则下层速度为 0，上层速度为 $\dfrac{\partial v}{\partial z}\Delta z$。同样，将左右两层 z 轴向流体速度都加 $\dfrac{\partial w}{\partial y}\left(\dfrac{\Delta y}{2}\right)$，则在左侧面上速度为 0，右侧面上速度为 $\dfrac{\partial w}{\partial y}\Delta y$，它们将不会改变切片中夹角的角形变率。图 3.5（b）所示切片的 4

个面上速度分布相互关系引起切片中夹角形变率，等同于图 3.4（b）所示同一切片 $\Delta y\Delta z$ 中 4 个面上速度分布相互关系引起该切片的角形变率。

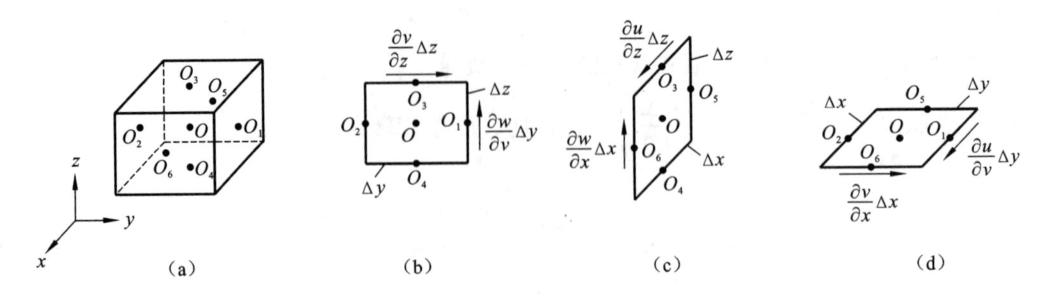

图 3.5　流体微团和切片剪切角形变运动分析示意图

对切片 $\Delta y\Delta z$[图 3.5（b）]，如 $\frac{\partial w}{\partial y}=0$，则上下两层流体的角形变率为 $\frac{\partial v}{\partial z}$（即牛顿内摩擦定律上下两层流体之间的角形变率），而在 $\frac{\partial w}{\partial y}\neq 0$ 时，由于 $\frac{\partial w}{\partial y}$ 可使流体微团（切片上下面）发生旋转角形变而改变两层之间纯粹角形变率，故需要除去切片旋转影响才是两层之间的纯粹角形变率，因

$$\frac{\partial v}{\partial z}=\frac{1}{2}\left(\frac{\partial v}{\partial z}+\frac{\partial w}{\partial y}\right)+\frac{1}{2}\left(\frac{\partial v}{\partial z}-\frac{\partial w}{\partial y}\right) \tag{3.2.9}$$

等式右端 $\frac{1}{2}\left(\frac{\partial v}{\partial z}-\frac{\partial w}{\partial y}\right)$ 为微团旋转角速度分量 ω_x，将它除去，则等式右端 $\frac{1}{2}\left(\frac{\partial v}{\partial z}+\frac{\partial w}{\partial y}\right)$ 可认为是切片上层（含 O_3）对下层（含 O_4）流体纯粹角形变率，将它视为 ε_{zy}，其中下标 z 表示切片的面与 z 轴正交（指含 O_3 的面），下标 y 表示还有 y 轴向速度，共同引起的角形变率为

$$\varepsilon_{zy}=\frac{1}{2}\left(\frac{\partial v}{\partial z}+\frac{\partial w}{\partial y}\right) \tag{3.2.10}$$

同理，因

$$\frac{\partial w}{\partial y}=\frac{1}{2}\left(\frac{\partial w}{\partial y}+\frac{\partial v}{\partial z}\right)+\frac{1}{2}\left(\frac{\partial w}{\partial y}-\frac{\partial v}{\partial z}\right) \tag{3.2.11}$$

该等式除去 $\frac{1}{2}\left(\frac{\partial w}{\partial y}-\frac{\partial v}{\partial z}\right)$ 微团旋转角速度分量 ω_x，则等式右端 $\frac{1}{2}\left(\frac{\partial w}{\partial y}+\frac{\partial v}{\partial z}\right)$ 为该微团右侧层面[图 3.5（c）中含 O_1]对左侧层面（含 O_2）有剪切流动时纯粹的角形变率，并记为 ε_{yz}：

$$\varepsilon_{yz}=\frac{1}{2}\left(\frac{\partial w}{\partial y}+\frac{\partial v}{\partial z}\right) \tag{3.2.12}$$

比较式（3.2.12）和式（3.2.10）可知，流体微团角形变率具有对称性。

类似地，对切片 $\Delta x\Delta z$[图 3.5（c）]，上层（含 O_3）相对于下层（含 O_4），以及前面一层（含 O_6）相对于后面一层（含 O_5）的剪切速度分布（修改后的分布）已在图 3.5 中示出。因 x 轴向速度使上下两层流体之间共同产生纯粹角形变率 ε_{zx} 为

$$\varepsilon_{zx}=\frac{1}{2}\left(\frac{\partial u}{\partial z}+\frac{\partial w}{\partial x}\right) \tag{3.2.13}$$

对前后两层流体之间，因 z 轴向速度使两层之间共同产生纯粹角形变率 ε_{xz} 为

$$\varepsilon_{xz}=\frac{1}{2}\left(\frac{\partial w}{\partial x}+\frac{\partial u}{\partial z}\right) \tag{3.2.14}$$

比较式（3.2.14）和式（3.2.13）可知，同样具有对称性。

再对切片 $\Delta x\Delta y$[图 3.5（d）]做类似分析，右侧面一层（含 O_1）相对于左侧面一层（含 O_2），和前面一层（含 O_6）相对于后面一层（含 O_5）的剪切速度分布，都已在图中示出。因 x 轴向速度分量 u 在 y 轴向有梯度 $\dfrac{\partial u}{\partial y}$，$y$ 轴向速度分量 v 在 x 轴向有梯度 $\dfrac{\partial v}{\partial x}$，使左右两层流体之间产生纯粹角形变率 ε_{yx} 为

$$\varepsilon_{yx}=\frac{1}{2}\left(\frac{\partial u}{\partial y}+\frac{\partial v}{\partial x}\right) \tag{3.2.15}$$

同样具有对称性，对前面一层（含 O_6）相对于后面一层（含 O_5），因 y 轴向速度分量 v 在 x 轴向有梯度 $\dfrac{\partial v}{\partial x}$，使前后两层流体之间产生纯粹角形变率 ε_{xy} 为

$$\varepsilon_{xy}=\frac{1}{2}\left(\frac{\partial v}{\partial x}+\frac{\partial u}{\partial y}\right) \tag{3.2.16}$$

讨论流体角形变速率主要是因为它与黏性切应力有关，所以比较重要。第 1 章中牛顿内摩擦定律是指一维流场 $u(y)$中，由于 x 轴向速度分量 u 在 y 轴向有梯度 $\dfrac{\partial u}{\partial y}$（即角形变率），流体角形变率 $\dfrac{\Delta u}{\Delta y}$ 与黏性内摩擦切应力有线性关系，它是牛顿流体在一维流场中黏性应力的本构方程。要推广建立三维流场中黏性应力本构方程，就需要推导出以上三维流场中角形变率计算公式。将两层流体之间的角形变率乘以 2μ（μ 为流体黏性系数）便是这两层流体之间的黏性切应力。为什么乘以 2μ，因为这样才能退化为牛顿内摩擦定律，并能够在多维流动实践中得到检验。因此，普通形式黏性切应力本构方程可依次写为

$$\begin{cases}\tau_{zy}=2\mu\varepsilon_{zy}=\mu\left(\dfrac{\partial v}{\partial z}+\dfrac{\partial w}{\partial y}\right)\\ \tau_{yz}=2\mu\varepsilon_{yz}=\mu\left(\dfrac{\partial w}{\partial y}+\dfrac{\partial v}{\partial z}\right)\\ \tau_{zx}=2\mu\varepsilon_{zx}=\mu\left(\dfrac{\partial u}{\partial z}+\dfrac{\partial w}{\partial x}\right)\\ \tau_{xz}=2\mu\varepsilon_{xz}=\mu\left(\dfrac{\partial w}{\partial x}+\dfrac{\partial u}{\partial z}\right)\\ \tau_{yx}=2\mu\varepsilon_{yx}=\mu\left(\dfrac{\partial u}{\partial y}+\dfrac{\partial v}{\partial x}\right)\\ \tau_{xy}=2\mu\varepsilon_{xy}=\mu\left(\dfrac{\partial v}{\partial x}+\dfrac{\partial u}{\partial y}\right)\end{cases} \tag{3.2.17}$$

式中：黏性切应力 τ 有两个下标，第一个下标符号表示切应力作用的面与这个符号的坐标轴方向正交，第二个下标符号表示切应力作用的方向。

3.2.4 流体微团运动膨胀率、流体线段伸缩形变运动

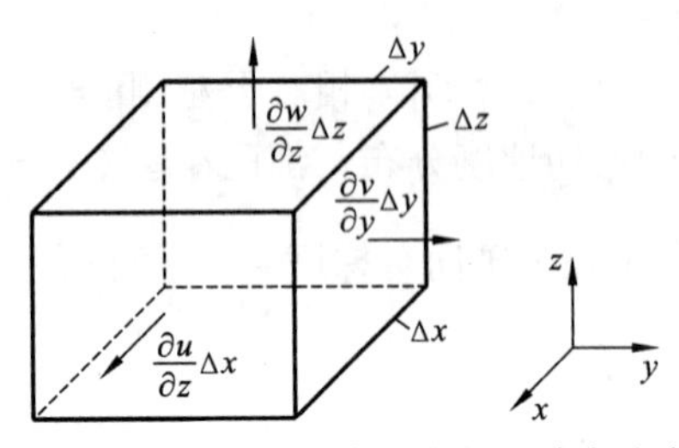

图 3.6 流体微团 6 个面上相对法向速度

如图 3.3 所示，流体微团 6 个面上的法向速度将使流体微团产生伸缩膨胀形变。为了分析微团中流体相对形变运动，将三对相互平行的法向速度分布改写为相对速度分布，见图 3.6，即在 x 轴向前面一层流体相对于后面一层流体的相对法向速度为 $\frac{\partial u}{\partial x}\Delta x$，在 y 轴右侧一层流体相对于左侧一层流体的相对法向速度为 $\frac{\partial v}{\partial y}\Delta y$，以及在 z 轴向上面一层流体相对于下面一层流体的相对法向速度为 $\frac{\partial w}{\partial z}\Delta z$，它们使流体微团体积发生膨胀。若与 x 轴正交的前后两个表面 $\Delta y\Delta z$ 上相对法向速度 $\frac{\partial u}{\partial x}\Delta x$，将使该微团在 x 轴向每单位时间膨胀的体积为 $\frac{\partial u}{\partial x}\Delta x\left(\Delta y\Delta z\right)$，故 $\frac{\partial u}{\partial x}$ 在物理意义上就是微团每单位体积在 x 轴向的膨胀率。同理，$\frac{\partial v}{\partial y}$ 和 $\frac{\partial w}{\partial z}$ 在物理意义上分别为该微团每单位体积在 y 轴向和 z 轴向的体积膨胀率。将它们相加，即 $\frac{\partial u}{\partial x}+\frac{\partial v}{\partial y}+\frac{\partial w}{\partial z}$，则为该微团每单位体积总的膨胀率。定义膨胀率的量纲为 T^{-1}，指流体微团每单位时间（s）体积膨胀大小的百分数。

注意到流体速度矢量 $\boldsymbol{v} = u\boldsymbol{i} + v\boldsymbol{j} + w\boldsymbol{k}$ 的散度 $\nabla \cdot \boldsymbol{v}$ 为

$$\nabla \cdot \boldsymbol{v} = \frac{\partial u}{\partial x} + \frac{\partial v}{\partial y} + \frac{\partial w}{\partial z} \tag{3.2.18}$$

故流体微团的每单位体积的膨胀率正是速度矢量散度的物理意义。

又因 $\frac{\partial u}{\partial x} = \frac{\frac{\partial u}{\partial x}\Delta x}{\Delta x}$，在物理意义上表示流体微团在 x 轴向线位移的伸缩率（每单位长度在单位时间内发生伸缩形变位移量），在黏性流体中也将产生正应力 $2\mu\frac{\partial u}{\partial x}$。同理，$\frac{\partial v}{\partial y}$ 和 $\frac{\partial w}{\partial z}$ 分别为流体在 y 轴和 z 轴向线位移的伸缩率，分别产生黏性正应力 $2\mu\frac{\partial v}{\partial y}$ 和 $2\mu\frac{\partial w}{\partial z}$。

包括压力在内，流体黏性正应力的三个方程为

$$\tau_{xx} = -p + 2\mu\frac{\partial u}{\partial x},\quad \tau_{yy} = -p + 2\mu\frac{\partial v}{\partial y},\quad \tau_{zz} = -p + 2\mu\frac{\partial w}{\partial z} \tag{3.2.19}$$

式中：压力 p 为内法线指向，故取负号。式（3.2.19）与黏性切应力方程式（3.2.17）一起构成流体黏性应力本构方程。黏性流体动力学中将介绍其具体应用。

3.3　流体运动分类

对各种不同类型的实际流动问题，根据某些共同特性可将它们进行分类，将同一类问题放在一起加以研究，有利于深入研究和学习。如根据流体的可压缩性和不可压缩性将流体运动分为可压缩流体运动和不可压缩流体运动；根据流动是定常性（即与时间无关）或非定常性（即与时间有关），可分为定常流动和非定常流动；根据流体运动在空间的变化，又可分为三维（3D）空间流动、二维（2D）平面流动和一维（1D）管流或均流；根据流动中的问题必须考虑流体黏性影响和忽略不计黏性影响，又可分为黏性流动和无黏性理想流动运动；还可根据流动中流体微团是有旋的或无旋的，而分为无旋运动和有旋运动等。流体运动分类还有很多，以后还会涉及一些。在学习本节时，必须明白所讨论的内容、所推导的公式和所建立的定理适用条件是什么类型的流动。

3.3.1　不可压缩流体运动和可压缩流体运动

严格定义不可压缩流体运动是指流体密度 $\rho(x,y,z,t)$在流动过程中保持不变的一种流体运动，即密度ρ 的物质导数 $\dfrac{\mathrm{D}\rho}{\mathrm{D}t}=0$ 是不可压缩流体运动的严格定义。

如流体密度ρ 在空间和时间都不变，即 $\rho(x,y,z,t)$=常数，符合 $\dfrac{\mathrm{D}\rho}{\mathrm{D}t}=0$ 的条件，显然是不可压缩流体运动。实际中液体流动，液体密度在空间和时间上变化一般很小，即使是气体在低速流动范围（$Ma<0.3$）其密度变化也较小，可近似地认为 $\rho(x,y,z,t)$=常数，可将它们近似地当作不可压缩流体运动。

这里需要注意的是流体密度ρ 不变，即 $\rho(x,y,z,t)$=常数，并不是不可压缩流体定义的条件。如在不同盐度的海水中密度 $\rho(x,y,z,t)\neq$常数，但只要满足 $\dfrac{\mathrm{D}\rho}{\mathrm{D}t}=0$，仍属不可压缩流体运动。

通常，水动力学中的问题大多属于不可压缩流体运动，而空气动力学中高速气体流动的问题大多数属于可压缩流体运动。

3.3.2　定常流动和非定常流动

定常流动是指流体运动时其流动参数速度 $\boldsymbol{v}(x,y,z,t)$和压力 $p(x,y,z,t)$等都不随时间变化的流动，定常流动的条件为

$$\frac{\partial \boldsymbol{v}}{\partial t}=0 \quad 及 \quad \frac{\partial p}{\partial t}=0 \quad 等 \tag{3.3.1}$$

不符合定常流动条件式（3.3.1）的流动为非定常流动。对于定常流动，因流场中流体流动速度不随时间而变，则流动中流线方程与迹线方程重合，流线、迹线和色线都将合而为一。因为是定常流动，流线上每一点处流体速度不随时间而变，故任一时刻的流线还是同一条流线，流线方程不随时间改变。流线上某一点处的流体质点随时间运动的轨迹也将沿着这条流线，故定常流动中流体的迹线方程与流线方程相重合。又由于在不同时刻通过流线上某一点处的流体质点，它的迹线轨迹在定常流动中仍是在这条流线上，在流场中通过某一点处的色

线也就是这条流线。

对于非定常流动，其流线、迹线和色线则各不相同，研究非定常流动问题显然比定常流动问题更为复杂。定常流动和非定常流动都广泛存在于实际问题中，本节将有所涉及和讨论。

3.3.3 三维空间流动、二维平面流动和一维管流或均流

按流动空间维数分类，可将流动分为三维空间流动、二维平面流动和一维管流或均流。在直角坐标系中三维空间流动问题求解的流体速度和压力的变量为 $\boldsymbol{v}(x,y,z,t)$和 $p(x,y,z,t)$；二维平面流动问题求解的流体速度和压力的变量为 $\boldsymbol{v}(x,y,t)$和 $p(x,y,t)$；一维管流问题求解的流体速度和压力的变量则为 $\boldsymbol{v}(x,t)$和 $p(x,t)$。其中，三维空间流动是最普遍的，也是最复杂、求解最困难的。二维平面流动是一种在一个坐标方向没有流动，相当于流体绕过一根无穷长的柱体的流动。沿柱体长度方向没有流动，在柱体的每一个横截面上流动都相同，因此可以取其中一个截面上的流动（即二维平面流动）代表绕无穷长柱体的流动。将二维平面流动乘以 1 个单位厚度，亦代表相应的三维空间流动。二维平面流动与三维空间流动比较，因为少了一个变量，有更多数学工具可被应用，在经典理论流体力学中已有充分发展。虽然在实际中没有绕无穷长柱体这一类纯二维平面流动问题，但当柱体两端如有端板限制时，仍可近似地认为绕该柱体流动为二维平面流动。对于足够长的柱体绕流问题（如机翼绕流、船体横向运动绕流等），即使柱体两端没有端板，作为初步研究或近似分析，先求解其二维平面流动也是有实际意义的。特别是对某些复杂的三维空间流动问题，有时还可通过相互正交的两个平面上的二维平面流动问题迭代求解，获得准三维空间流动问题的解。还有一种特殊的二维平面是轴对称流动，它在柱坐标(r,θ,z)中其流动有对称轴 z，如收缩型圆管和扩散型圆管内流动，它们的管轴中心线是对称轴，管内流动周向（θ 方向）速度为 0 或 $\dfrac{\partial \boldsymbol{v}}{\partial \theta}=0$，整个空间流动变量如速度 $\boldsymbol{v}(r,z,t)$和压力 $p(r,z,t)$常和 θ 无关，其流场求解只需要通过对称轴线的任一子午面上(r,z)求解。对这种二维平面流动，实际上是三维空间流动，其他如枪弹、鱼雷、潜艇外形流体的绕流问题，也都可按二维轴对称流动做初步计算。

一维管流是指流动特性（如速度、压力等）只在一个坐标方向有变化的流动，如 $\boldsymbol{v}(x,t)$、$p(x,t)$或 $\boldsymbol{v}(y,t)$、$p(y,t)$或 $\boldsymbol{v}(s,t)$、$p(s,t)$，它们是一维非定常管流或在流线与流管 s 上一维非定常流。若与时间 t 又无关，则为一维定常流动。如图 3.7（a）所示，为两无穷宽的平行平板之间的流动，求解的变量为 $\boldsymbol{v}(y,t)$和 $p(y,t)$，它们可以是一维定常或非定常流动。图 3.7(b)则为变截面的管流，求解的变量是横截面上的平均速度 $v(x,t)$和平均压力 $p(x,t)$，也是一种一维定常或非定常流动。图 3.7（c）为流体沿流线和流管 s 的一维流动，这里的流管是指在流场中通过任一微小封闭曲线的流线组成的流管，求解变量是截面平均速度 $v(s,t)$和平均压力 $p(s,t)$，它们也可以是定常或非定常的一维流动。一维流动显然要比二维和三维流动简单得多，并有实际意义和理论意义，也有广泛应用。还有一种称为均匀流，它在流动场中任一点处的速度大小和速度方向都相同，即 $\boldsymbol{v}(x_i)$=常数，(i=1,2,⋯)。均匀流是一种一维定常流，它是流体力学理论上需要设置的一种流场。例如，船舶在静水中等速度航行时，将坐标取在船上，则相当于船舶静止，而船的前方有均匀来流（与船舶前进方向相反）向船体流来，即相对运动产生的均匀流，存在于船舶的远前方和远后方。

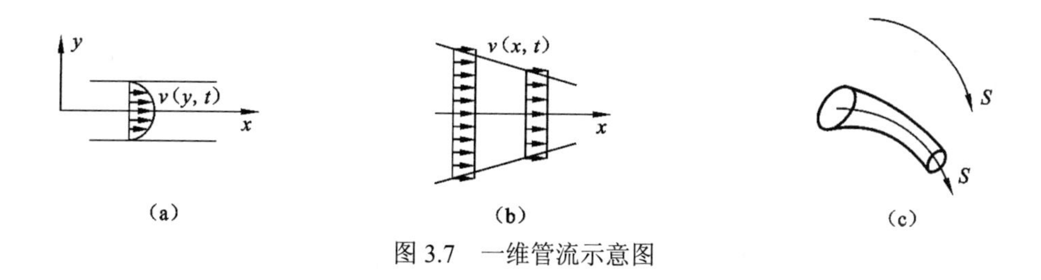

图 3.7　一维管流示意图

3.3.4　实际流体的黏性流动和无黏性理想流体的流动

虽然实际流体都有黏性，但由于黏性流动十分复杂，黏性流动的许多问题至今尚无法完全解决，另外确定有一些局部的问题流体黏性影响很小，常可忽略不计，因此就有不计黏性的理想流体流动的分类。无黏性理想流体的流动可分为无旋流动和有旋流动，它们在经典流体力学中已有充分发展，有许多研究成果仍具有重要的理论意义和实际意义，本书会选择一些内容介绍。黏性流体流动的实际意义更为重要，虽然其核心问题（湍流问题）还没完全解决，但是在本书中会介绍和讨论一些内容。

3.4　流体运动质量守恒的连续性方程

用欧拉方法研究流体运动，是在空间固定点或空间固定控制体（control volume，CV）内考察流体运动的，而在流体运动学中，质量守恒定律仅对流体系统才是普遍成立的。例如，任一系统的流体质量 $M_{\text{sys}}=\int_{\tau}\rho\mathrm{d}\tau$（ τ 为该系统的流体体积）在运动过程中质量守恒，即

$$\frac{\mathrm{D}M_{\text{sys}}}{\mathrm{D}t}=0 \tag{3.4.1}$$

该系统流体质量的物质导数为 0 是流体质量守恒定律的表述。流体系统质量守恒的这一普遍定律在控制体内用欧拉方法考察流体运动时又应如何表达呢？

如图 3.8 所示，实线为流场中固定不动的控制体，虚线为控制体内的流体系统在运动时经历 Δt 时间离开控制体后的位置。由此可见，控制体由两部分组成：$\mathrm{CV}=\mathrm{CV}_1+\mathrm{CV}_2$，$t$ 时刻流体系统的质量 M_{sys} 为 $\mathrm{CV}_1+\mathrm{CV}_2$ 的流体质量，$t+\Delta t$ 时刻该流体系统的质量为 $\mathrm{CV}_2+\mathrm{CV}_3$ 的流体质量，因

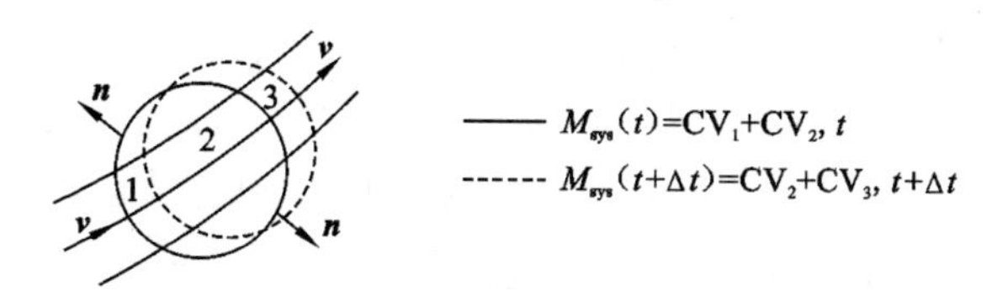

图 3.8　控制体和控制体内流体系统的运动示意图

$$
\begin{aligned}
\frac{\mathrm{D}M_{\mathrm{sys}}}{\mathrm{D}t}&=\lim_{\Delta t\to 0}\frac{M\left(\mathrm{CV}_2+\mathrm{CV}_3,\ t+\Delta t\right)-M\left(\mathrm{CV}_1+\mathrm{CV}_2,\ t\right)}{\Delta t}\\
&=\lim_{\Delta t\to 0}\frac{M\left(\mathrm{CV}_1+\mathrm{CV}_2,\ t+\Delta t\right)-M\left(\mathrm{CV}_1+\mathrm{CV}_2,\ t\right)}{\Delta t}+\lim_{\Delta t\to 0}\frac{M\left(\mathrm{CV}_3,\ t+\Delta t\right)-M\left(\mathrm{CV}_1,\ t+\Delta t\right)}{\Delta t}\\
&=\frac{\partial}{\partial t}\int_{\mathrm{CV}}\rho\mathrm{dt}+\int_A\rho\boldsymbol{v}\boldsymbol{n}\mathrm{d}A
\end{aligned}
\tag{3.4.2}
$$

式中：A 为控制体 CV 的边界面积；$\boldsymbol{n}$ 为该边界面的外法线向单位矢量；$\boldsymbol{v}$ 为该边界面在流场中的速度矢量。

根据流体系统质量守恒定律 $\frac{\mathrm{D}M_{\mathrm{sys}}}{\mathrm{D}t}=0$，必有下列等式成立：

$$
\frac{\partial}{\partial t}\int_\tau\rho\mathrm{d}\tau+\int_A\rho\boldsymbol{v}\boldsymbol{n}\mathrm{d}A=0 \tag{3.4.3}
$$

式（3.4.3)左端第一项 $\frac{\partial}{\partial t}\int_\tau\rho\mathrm{d}\tau$ 为控制体内流体质量当地（或局部）变化率，等式左端第二项 $\int_A\rho\boldsymbol{v}\boldsymbol{n}\mathrm{d}A$ 为通过该控制体边界面的流体质量流量。如图 3.9 所示，从控制体 CV 边界面流出的质量流量为正（$\boldsymbol{v}$ 与 $\boldsymbol{n}$ 同向），而从控制体 CV 边界面流入的质量流量为负（$\boldsymbol{v}$ 与 $\boldsymbol{n}$ 反向）。若 $\int_A\rho\boldsymbol{v}\boldsymbol{n}\mathrm{d}A>0$，表示从控制体 CV 的质量大于流入该控制体的质量流量，则控制体内流体质量（通过密度降低）必有相应地减少，以满足流动中流体质量守恒定律，故式（3.4.3）为流体运动所必须满足的积分形式的连续性方程式。

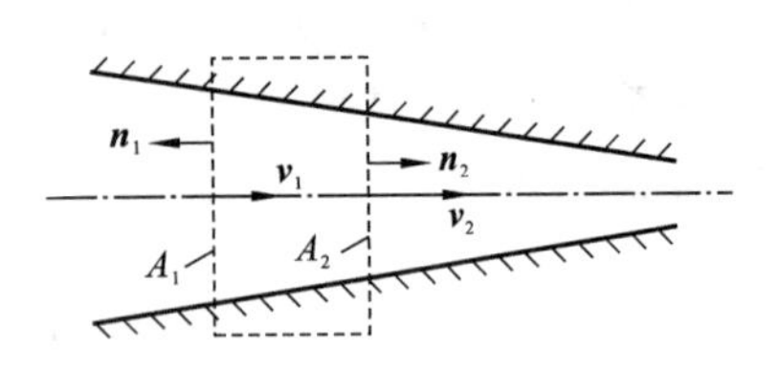

图 3.9　一维定常管流中取控制体

对于一维定常管流，如图 3.9 所示，取任意两个与平均速度正交的截面，截面面积 A_1 和 A_2 上的平均速度分别为 v_1 和 v_2，再取控制体（如图 3.9 中虚线所示），则积分形式的流体连续性方程式（3.4.3）可简化为

$$
\int_A\rho\boldsymbol{v}\boldsymbol{n}\mathrm{d}A=0 \tag{3.4.4}
$$

即

$$
\rho_1v_1A_1=\rho_2v_2A_2 \tag{3.4.5}
$$

对于流体密度不变的不可压缩流体，则有

$$
v_1A_1=v_2A_2=Q \tag{3.4.6}
$$

这个代数形式的流体连续性方程式（3.4.6）表明：不可压缩流体一维定常管流或流管内的流动，其流速与管流截面面积成反比。注意，流管中截面面积均指与平均速度正交的截面面积。流管中截面面积缩小，则该截面上的流体平均速度必增大；流管中截面面积扩大，则平均速度必减小。因为平均速度乘以截面面积等于恒定值 Q，Q 的量纲为 $\mathrm{L}^3\mathrm{T}^{-1}$ 是体积流量，单位为 m^3/s。故不可压缩流体一维定常管流的连续性方程式，也可以说是管流内流体的体积流量不变的一个方程式，其条件是流动是连续（无空化），则流体运动满足质量守恒定律就有这一结果。

再注意到以上积分形式流体连续性方程式（3.4.3），其中对控制体表面的积分项 $\int_A\rho\boldsymbol{v}\boldsymbol{n}\mathrm{d}A$，利用数学上的散度定理（即高斯定理，详见附录 1），可将它化为控制体内流体的体积分，即

$$\int_A \rho \boldsymbol{v}\boldsymbol{n}\mathrm{d}A = \int_\tau \nabla\cdot(\rho\boldsymbol{v})\mathrm{d}\tau \tag{3.4.7}$$

则积分形式的流体连续性方程式（3.4.3）可改写为

$$\int_\tau \left[\frac{\partial\rho}{\partial t}+\nabla\cdot(\rho\boldsymbol{v})\right]\mathrm{d}\tau=0 \tag{3.4.8}$$

由此可得出微分形式的流体连续性方程为

$$\frac{\partial\rho}{\partial t}+\nabla\cdot(\rho\boldsymbol{v})=0 \tag{3.4.9}$$

因矢量形式的方程对各种坐标系都适用，将便于广泛应用。如在直角坐标系(x,y,z)中，$\boldsymbol{v}=u\boldsymbol{i}+v\boldsymbol{j}+w\boldsymbol{k}$，由于

$$\nabla\cdot(\rho\boldsymbol{v})=\frac{\partial(\rho u)}{\partial x}+\frac{\partial(\rho v)}{\partial y}+\frac{\partial(\rho w)}{\partial z} \tag{3.4.10}$$

及

$$\frac{\partial\rho}{\partial t}+u\frac{\partial\rho}{\partial x}+v\frac{\partial\rho}{\partial y}+w\frac{\partial\rho}{\partial z}=\frac{\mathrm{D}\rho}{\mathrm{D}t} \tag{3.4.11}$$

故式（3.4.9）可改写为

$$\frac{\mathrm{D}\rho}{\mathrm{D}t}+\rho\left(\frac{\partial u}{\partial x}+\frac{\partial v}{\partial y}+\frac{\partial w}{\partial z}\right)=0 \tag{3.4.12}$$

或

$$\frac{\mathrm{D}\rho}{\mathrm{D}t}+\rho\nabla\cdot\boldsymbol{v}=0 \tag{3.4.13}$$

对于不可压缩流体$\frac{\mathrm{D}\rho}{\mathrm{D}t}=0$，其微分形式的流体连续性方程为

$$\frac{\partial u}{\partial x}+\frac{\partial v}{\partial y}+\frac{\partial w}{\partial z}=0 \tag{3.4.14}$$

或

$$\nabla\cdot\boldsymbol{v}=0 \tag{3.4.15}$$

微分形式的流体连续性方程是流体力学中的一个基本方程，它与流体动力学基本方程一起构成求解流体力学问题的基本方程组，具有重要的理论意义。

3.5　流体运动学边界条件

求解流体力学基本方程需要给出边界条件。边界条件包括运动学边界条件和动力学边界条件，首先讨论流体运动学边界条件。

通常，流体运动的边界主要是固壁物面边界和自由表面边界。有一些特殊的物面边界，如可渗透的物面之类，本节不做讨论。

黏性流体在固壁物面上无滑移的边界条件，是流体运动学的边界条件，这个条件被普遍承认是合理的假设。如物面上任一点处固壁运动速度为 $\boldsymbol{u}$，则黏性流体因黏附于物面，需满足在物面上无滑移的边界条件，在该点处流体速度 $\boldsymbol{v}=\boldsymbol{u}$。若 $\boldsymbol{u}=0$，则 $\boldsymbol{v}$ 也应为 0（流体沿物面的切向速度和法向速度都为 0）；若 $\boldsymbol{u}\neq 0$，则 $\boldsymbol{v}$ 也等于 $\boldsymbol{u}$（流体沿物面的切向速度和法向速度

都与物面在该点的速度 $\boldsymbol{u}$ 相同)，

对于无黏性理想流体，在固壁物面上流体运动学的边界条件是，沿固壁物面切向，无黏性理想流体可滑移（滑移速度不确定），因此边界条件无法给定，而沿固壁物面法向，无黏性理想流体因不能穿透固壁物面，对于静止不动的固壁物面，流体运动学边界条件是固壁物面上流体法向速度为 0，即 $\boldsymbol{v}\cdot\boldsymbol{n}=0$，这是固壁静物面上无黏性理想流体运动学边界条件的表达式（式中 $\boldsymbol{n}$ 为固壁物面边界的法向单位矢量)。而对于运动的固壁面，流体运动的法向速度应等于固壁物面上任意一点处固壁的法向运动速度，即 $\boldsymbol{v}\cdot\boldsymbol{n}=\boldsymbol{u}\cdot\boldsymbol{n}$，这是运动固壁物面上无黏性理想流体运动学边界条件的表达式。

根据以上无黏性理想流体在静止固壁物面上的运动学边界条件，可以设想固壁物面为一条流线。反之，在无黏性理想流体的运动中，流场中任意一条流线是否也可设想为一固壁物面？这一概念也应成立。

对于互相不混合的油水边界和气液边界，在边界面上流体的法向速度为 0（否则便会相互混合)，所以在边界面波动时，波面上的流体质点只能在波面上位移滑动（除非波面破碎)，它们永远不会离开边界面，这是一个有重要意义的概念。第 8 章将进一步讨论由这一概念建立射流波面流体运动学边界条件的数学表达式。

例　　题

例 3.1　某二维流场，所有流体质点均如刚体般以等角速度 ω 旋转，试将该流场以欧拉方法表达，并求出流线方程、迹线方程及质点加速度。

解： 以欧拉方法表达流场，需给出速度场 $\boldsymbol{v}(x,y,z)$，或 $\boldsymbol{v}=u\boldsymbol{i}+v\boldsymbol{j}$。如图 3.10 所示，以极坐标$(r,\theta)$和直角坐标系$(x,y)$表示速度场为

$$\begin{cases} u=-r\omega\sin\theta=-\omega y \\ v=r\omega\cos\theta=\omega x \end{cases}$$

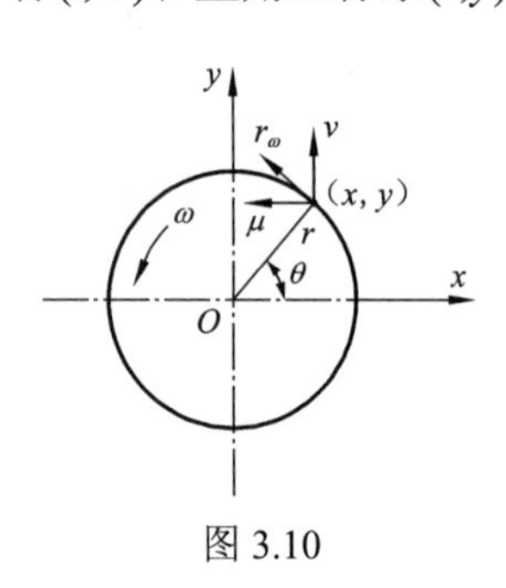

图 3.10

代入流线方程式（3.1.5)，则有

$$\frac{\mathrm{d}x}{-\omega y}=\frac{\mathrm{d}y}{\omega x}$$

积分后便可求得流线方程式为 $x^2+y^2=$常数，即为一组圆周线。

对迹线方程，因

$$\begin{cases} u=\dfrac{\mathrm{d}x}{\mathrm{d}t}=-\omega y \\ v=\dfrac{\mathrm{d}y}{\mathrm{d}t}=\omega x \end{cases}$$

求解微分方程：

$$\begin{cases} \dfrac{\mathrm{d}^2x}{\mathrm{d}t^2}=-\omega\dfrac{\mathrm{d}y}{\mathrm{d}t}=-\omega^2x \\ \dfrac{\mathrm{d}^2y}{\mathrm{d}t^2}=\omega\dfrac{\mathrm{d}x}{\mathrm{d}t}=-\omega^2y \end{cases}$$

解得迹线方程为

$$\begin{cases} x = C_1 \cos \omega t - C_2 \sin \omega t \\ y = C_2 \cos \omega t - C_1 \sin \omega t \end{cases}$$

式中：积分常数 C_1 和 C_2 可由迹线在某一（或初始）时刻给出的坐标值确定。迹线方程中的时间 t 为参变量，若将 t 消去，即得迹线的轨迹方程为

$$x^2 + y^2 = C_1^2 + C_2^2$$

对迹线的轨迹方程，还可以从迹线微分方程中直接消去 t 后求得，如本例题中有

$$\frac{\mathrm{d}x}{\mathrm{d}t} \bigg/ \frac{\mathrm{d}y}{\mathrm{d}t} = -\frac{\omega y}{\omega x}$$

得

$$x\mathrm{d}x + y\mathrm{d}y = 0$$

积分后即得迹线方程为

$$x^2 + y^2 = 常数$$

迹线亦为圆周线，迹线与流线重合。

将速度场代入式（3.1.10），求质点加速度为

$$\begin{cases} a_x = \dfrac{\mathrm{d}u}{\mathrm{d}t} = \dfrac{\partial u}{\partial t} + u\dfrac{\partial u}{\partial x} + v\dfrac{\partial u}{\partial y} = -\omega^2 x \\ a_y = \dfrac{\mathrm{d}v}{\mathrm{d}t} = \dfrac{\partial v}{\partial t} + u\dfrac{\partial v}{\partial x} + v\dfrac{\partial u}{\partial y} = -\omega^2 y \end{cases}$$

例 3.2 给出以下速度场

$$\begin{cases} u = 1 - y \\ v = t \end{cases}$$

试求 t=1 时通过(0,0)点的流线方程，以及 t=0 时位于(0,0)点处的流体质点的迹线方程。

解：t=1 时，流线微分方程为

$$\frac{\mathrm{d}x}{1-y} = \frac{\mathrm{d}y}{1}$$

积分后得

$$x = y - \frac{1}{2}y^2 + C$$

通过(0,0)点的流线，将 x=0，y=0 代入，求得积分常数 C=0，则流线方程为

$$y^2 - 2y + 2x = 0$$

迹线微分方程为

$$\begin{cases} u = \dfrac{\mathrm{d}x}{\mathrm{d}t} = 1 - y \\ v = \dfrac{\mathrm{d}y}{\mathrm{d}t} = t \end{cases}$$

积分后得

$$y = \frac{1}{2}t^2 + C_1$$

由

$$\mathrm{d}x=(1-y)\mathrm{d}t=\left(1-\frac{1}{2}t^2-C_1\right)\mathrm{d}t$$

积分后得

$$x=t-\frac{1}{6}t^3-C_1t+C_2$$

求 t=0 位于(0,0)点处质点的迹线，代入可求积分常数 C_1=0 和 C_2=0，故迹线方程为

$$\begin{cases} x=t\left(1-\frac{1}{6}t^2\right) \\ y=\frac{1}{2}t^2 \end{cases}$$

式中：t 为参数。消去 t，迹线方程为

$$x^2=2y\left(1-\frac{y}{3}\right)^2$$

例 3.3 图 3.11 为一横向(x 轴向)振动喷头示意图，喷头在 y=0 处振动速度为 $u=u_0\sin\omega t$，水流在纵向（y 轴向）的喷射速度 $v=v_0$，其中 u_0、v_0 和 ω 为常数，由此可给出速度场为

$$\boldsymbol{v}=u_0\sin\left[\omega\left(t-\frac{y}{v_0}\right)\right]\boldsymbol{i}+v_0\boldsymbol{j}$$

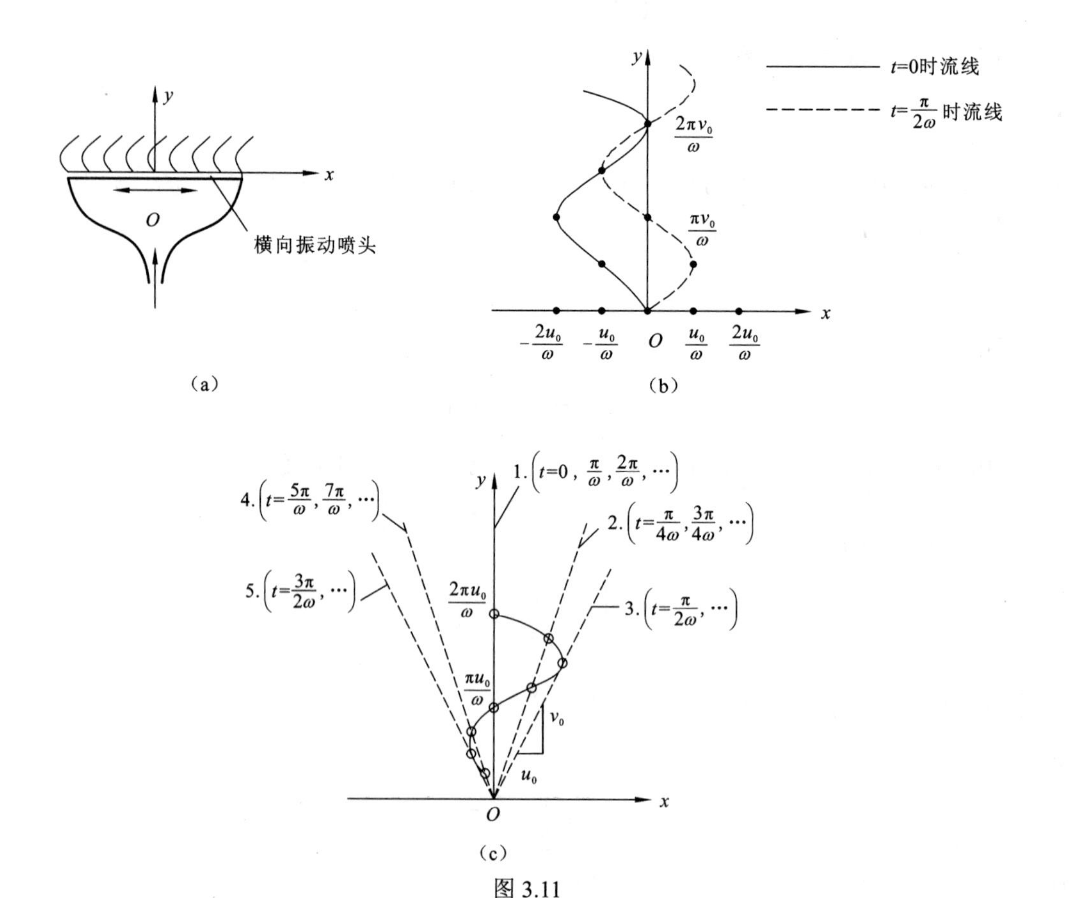

图 3.11

试求：

（1）在时间 t=0 和 $t=\dfrac{\pi}{2\omega}$ 时的流线方程；

（2）在时间 t=0 和 $t=\dfrac{\pi}{2\omega}$ 时通过坐标原点 O 的流体迹线方程；

（3）通过坐标原点的流体色线的轨迹。

解：（1）根据给出的速度场：

$$u=u_0\sin\left[\omega\left(t-\frac{y}{v_0}\right)\right],\quad v=v_0$$

则有流线微分方程为

$$\frac{\mathrm{d}y}{\mathrm{d}x}=\frac{v}{u}=\frac{v_0}{u_0\sin\left[\omega\left(t-\dfrac{y}{v_0}\right)\right]}$$

对给定的时间 t 积分为

$$u_0\int\sin\left[\omega\left(t-\frac{y}{v_0}\right)\right]\mathrm{d}y=v_0\int\mathrm{d}x$$

得

$$u_0\frac{v_0}{\omega}\cos\left[\omega\left(t-\frac{y}{v_0}\right)\right]=v_0x+C \tag{1}$$

式中：C 为积分常数。

t=0 时，通过坐标原点(x=0, y=0)有 $C=u_0v_0/\omega$，则流线方程为

$$x=\frac{u_0}{\omega}\left[\cos\left(\frac{\omega y}{v_0}\right)-1\right] \tag{2}$$

$t=\dfrac{\pi}{2\omega}$ 时，通过坐标原点(x=0, y=0)有 C=0，则流线方程为

$$x=\frac{u_0}{\omega}\cos\left[\omega\left(\frac{\pi}{2\omega}-\frac{y}{v_0}\right)\right]=\frac{u_0}{\omega}\cos\left(\frac{\pi}{2}-\frac{\omega y}{v_0}\right) \tag{3}$$

或

$$x=\frac{u_0}{\omega}\sin\left(\frac{\omega y}{v_0}\right) \tag{4}$$

这两条流线分别如图 3.11（b）中的实线和虚线所示，它们不相同，因为这是非定常流动，流线随时间变化而变化。

（2）流体迹线是流体质点随时间的运动轨迹，有 $u=\dfrac{\mathrm{d}x}{\mathrm{d}t}$ 和 $v=\dfrac{\mathrm{d}y}{\mathrm{d}t}$。根据给出的速度场 (u,v)，可得迹线微分方程为

$$\begin{cases}\dfrac{\mathrm{d}x}{\mathrm{d}t}=u_0\sin\left[\omega\left(t-\dfrac{y}{v_0}\right)\right]\\[2ex]\dfrac{\mathrm{d}y}{\mathrm{d}t}=v_0\end{cases} \tag{5}$$

对 y 积分可得

$$y = v_0 t + C_1 \tag{6}$$

式中：C_1 为积分常数。

将式（6）代入式（5）后对 x 积分，由

$$\frac{\mathrm{d}x}{\mathrm{d}t} = u_0 \sin\left[\omega\left(t - \frac{v_0 t + C_1}{v_0}\right)\right] = -u_0 \sin\left(\frac{C_1\omega}{v_0}\right)$$

积分得

$$x = -\left[u_0 \sin\left(\frac{C_1\omega}{v_0}\right)\right]t + C_2 \tag{7}$$

式中：C_2为积分常数。

t=0 时，通过坐标原点(x=0, y=0)的流体质点，由式（6）和式（7）可解得 C_1=C_2=0，则迹线方程为

$$\begin{cases} x = 0 \\ y = v_0 t \end{cases} \tag{8}$$

$t = \dfrac{\pi}{2\omega}$ 时，通过坐标原点(x=0, y=0)的流体质点，由式（6）和式（7）可解得 $C_1 = C_2 = -\dfrac{\pi v_0}{2\omega}$，则迹线方程为

$$\begin{cases} x = u_0\left(t - \dfrac{\pi}{2\omega}\right) \\ y = v_0\left(t - \dfrac{\pi}{2\omega}\right) \end{cases} \tag{9}$$

式中：t 为参变量。消去 t，迹线方程又可表示为

$$y = \frac{v_0}{u_0}x \tag{10}$$

图 3.11（c）中射线 1 和射线 3 分别为 t=0 和 $t = \dfrac{\pi}{2\omega}$ 时通过坐标原点(x=0, y=0)的迹线轨迹，它们是不同斜率的直线。

（3）求解流体通过坐标原点的色线，需要确定不同时间 t 通过坐标原点的流体质点在特定的观察时刻 T 所到达的位置(x_P, y_P)，这些位置（坐标点）连接的线即为色线。因此求解色线需要先求出更多的不同时间通过坐标原点的迹线。例如，对观察色线的时刻 T 取 $T = \dfrac{2\pi}{\omega}$（为本例题振动喷头的周期，也可任意取值），已求得 t=0 和 $t = \dfrac{\pi}{2\omega}$ 时通过坐标原点的迹线，同样的方法还可作出其他不同时间如 $t = 0, \dfrac{\pi}{4\omega}, \dfrac{\pi}{2\omega}, \dfrac{3\pi}{4\omega}, \dfrac{\pi}{\omega}, \dfrac{5\pi}{4\omega}, \dfrac{3\pi}{2\omega}, \dfrac{7\pi}{4\omega}, \dfrac{2\pi}{\omega}$（或更多）时通过坐标原点的迹线。如 $t = 0, \dfrac{\pi}{\omega}, \dfrac{2\pi}{\omega}$ 时，可求得迹线方程为式（8），如图 3.11（c）中射线 1；$t = \dfrac{\pi}{4\omega}, \dfrac{3\pi}{4\omega}$ 时可求得迹线方程为 $y = \sqrt{2}\left(\dfrac{v_0}{u_0}\right)x$，如图 3.11（c）中的射线 2；$t = \dfrac{5\pi}{4\omega}, \dfrac{7\pi}{4\omega}$ 时，可求得迹线

方程为 $y=-\sqrt{2}\left(\dfrac{v_0}{u_0}\right)x$，如图 3.11（c）中射线 4；$t=\dfrac{3\pi}{2\omega}$ 时，可求得迹线方程为 $y=-\left(\dfrac{v_0}{u_0}\right)x$，如图 3.11（c）中射线 5。则在观察时间 $T=\dfrac{2\pi}{\omega}$ 时，对 $t=0,\dfrac{\pi}{4\omega},\dfrac{\pi}{2\omega},\dfrac{3\pi}{4\omega},\dfrac{\pi}{\omega},\dfrac{5\pi}{4\omega},\dfrac{3\pi}{2\omega},\dfrac{7\pi}{4\omega},\dfrac{2\pi}{\omega}$ 各带色的流体质点到达的位置坐标(x_P, y_P)可在图中点出。这样就有图 3.11（c）中连接的色线，其中(x_P, y_P)的表达式为

$$y_P=v_0\left(T-t\right) \tag{11}$$

x_P 由相应的迹线方程的斜率确定，或在射线（迹线）图上直接图解确定。

例 3.4 如图 3.12 所示的直角坐标系(x,y,z)，给出速度场 $\boldsymbol{q}(u,v,w)$

$$\begin{cases} u=ky \\ v=0 \\ w=0 \end{cases}$$

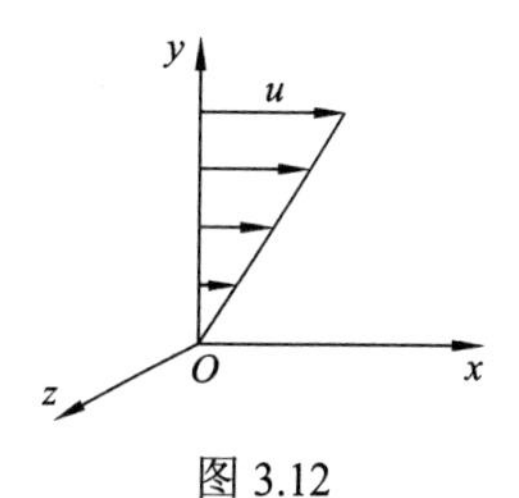

图 3.12

式中：k 为常数。试求流场中流体微团旋转角速度、流体微团切片流层之间角形变率及流层之间黏性切应力。

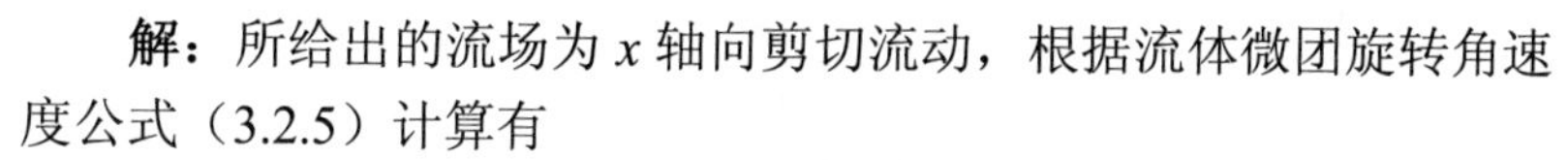

解：所给出的流场为 x 轴向剪切流动，根据流体微团旋转角速度公式（3.2.5）计算有

$$\begin{cases} \omega_x=\dfrac{1}{2}\left(\dfrac{\partial w}{\partial y}-\dfrac{\partial v}{\partial z}\right)=0 \\ \omega_y=\dfrac{1}{2}\left(\dfrac{\partial u}{\partial z}-\dfrac{\partial w}{\partial x}\right)=0 \\ \omega_z=\dfrac{1}{2}\left(\dfrac{\partial v}{\partial x}-\dfrac{\partial u}{\partial y}\right)=-\dfrac{1}{2}k \end{cases}$$

表明该流场中每个流体微团在运动中同时存在有自身的旋转角速度，其旋转轴为 z 轴向，角速度大小处处相等，均为 $-\dfrac{1}{2}k$，如 k 为正常数，负号表示角速度为顺时针转向。

应用流体微团切片角形变率式（3.2.8）、式（3.2.10）～式（3.2.14），则角形变率可分别求得

$$\begin{cases} \varepsilon_{zy}=\varepsilon_{yz}=0 \\ \varepsilon_{zx}=\varepsilon_{xz}=0 \\ \varepsilon_{yx}=\varepsilon_{xy}=\dfrac{1}{2}\dfrac{\partial u}{\partial y}=\dfrac{1}{2}k \end{cases}$$

相应的黏性切应力由式（3.2.15）可知：

$$\begin{cases} \tau_{zy}=\tau_{yz}=0 \\ \tau_{zx}=\tau_{xz}=0 \\ \tau_{yx}=\tau_{xy}=\mu\dfrac{\partial u}{\partial y}=k\mu \end{cases}$$

注意到一维剪切流动中牛顿黏性切应力公式（1.3.3），即 $\tau=\mu\dfrac{\mathrm{d}u}{\mathrm{d}y}$ 是多维流体黏性切应力一般表达式退化为相同的结果。

例 3.5 试分析像刚体一样以角速度 Ω 绕 z 轴旋转的流体，求出其中流体微团自旋角速度和流体微团切片流层之间的角形变率。

解： 为确定流体微团自旋转角速度和流体微团切片流层之间的角形变率，在本例题中最好将计算公式写为柱坐标形式。流体微团自旋转角速度 $\boldsymbol{\omega}$ 的柱坐标一般表达式可以从速度矢量求旋度的公式中直接写出，因 $\boldsymbol{\omega}=\dfrac{1}{2}\nabla\times\boldsymbol{v}$，见附录 2 中柱坐标$(r, \varphi, z)$的速度矢量 $\boldsymbol{v}(v_r, v_\varphi, v_z)$ 的旋度公式为

$$\nabla\times\boldsymbol{v}=\left(\frac{1}{r}\frac{\partial v_z}{\partial\varphi}-\frac{\partial v_\varphi}{\partial z}\right)\boldsymbol{e}_r+\left(\frac{\partial v_r}{\partial z}-\frac{\partial v_z}{\partial r}\right)\boldsymbol{e}_\varphi+\left(\frac{\partial v_\varphi}{\partial r}+\frac{v_\varphi}{r}-\frac{1}{r}\frac{\partial v_\varphi}{\partial\varphi}\right)\boldsymbol{e}_z$$

所以流体微团自旋转角速度 $\boldsymbol{\omega}(\omega_r, \omega_\varphi, \omega_z)$的柱坐标的计算公式为

$$\begin{cases}\omega_r=\dfrac{1}{2}\left(\dfrac{1}{r}\dfrac{\partial v_z}{\partial\varphi}-\dfrac{\partial v_\varphi}{\partial z}\right)\\ \omega_\varphi=\dfrac{1}{2}\left(\dfrac{\partial v_r}{\partial z}-\dfrac{\partial v_z}{\partial r}\right)\\ \omega_z=\dfrac{1}{2}\left(\dfrac{\partial v_\varphi}{\partial r}+\dfrac{v_\varphi}{r}-\dfrac{1}{r}\dfrac{\partial v_\varphi}{\partial\varphi}\right)\end{cases}\tag{1}$$

按本例题所给出的流体速度场 $\boldsymbol{v}(v_r,v_\varphi,v_z)$为

$$\begin{cases}v_r=0\\ v_\varphi=r\Omega\\ v_z=0\end{cases}\tag{2}$$

可求得

$$\begin{cases}\omega_r=0\\ \omega_\varphi=0\\ \omega_z=\dfrac{1}{2}(\Omega+\Omega-0)=\Omega\end{cases}\tag{3}$$

表明像刚体一样以角速度 Ω 绕 z 轴旋转的流体，所有流体微团在做圆周运动的同时，流体微团自身又以角速度 Ω 绕 z 轴做自转运动。

流体微团切片流层之间角形变率的柱坐标的计算公式，在此不做推导，直接写出为

$$\begin{cases}\varepsilon_{r\varphi}=\varepsilon_{\varphi r}=\dfrac{1}{2}\left[r\dfrac{\partial}{\partial r}\left(\dfrac{v_\varphi}{r}\right)+\dfrac{1}{r}\dfrac{\partial v_r}{\partial\varphi}\right]\\ \varepsilon_{\varphi z}=\varepsilon_{z\varphi}=\dfrac{1}{2}\left(\dfrac{1}{r}\dfrac{\partial v_z}{\partial\varphi}+\dfrac{\partial v_\varphi}{\partial z}\right)\\ \varepsilon_{rz}=\varepsilon_{zr}=\dfrac{1}{2}\left(\dfrac{\partial v_r}{\partial z}+\dfrac{\partial v_z}{\partial r}\right)\end{cases}\tag{4}$$

将式（2）代入式（4）得

$$\begin{cases}\varepsilon_{r\varphi}=\varepsilon_{\varphi r}=0\\ \varepsilon_{\varphi z}=\varepsilon_{z\varphi}=0\\ \varepsilon_{rz}=\varepsilon_{zr}=0\end{cases}$$

表明流体微团切片各流层之间的角形变率都为 0，不存在黏性切应力，实际上它是一种无黏性理想流体或相对静止的流体。

例 3.6 试分析另一种所有流体微团均做圆周运动的流场，其周向速度 $v_\varphi=\dfrac{k}{r}$（k 为常数，r 为径向坐标变量），求其中流体微团自旋转角速度和流体微团切片流层之间的角形变率。

解： 按本例题所给出的速度场，柱坐标形式的速度分量为

$$\begin{cases}v_r=0\\ v_\varphi=\dfrac{k}{r}\\ v_z=0\end{cases}\tag{1}$$

将式（1）代入例 3.5 式（1），即可求得流体微团自旋转角速度 $\boldsymbol{\omega}(\omega_r,\omega_\varphi,\omega_z)$为

$$\begin{cases}\omega_r=0\\ \omega_\varphi=0\\ \omega_z=\dfrac{1}{2}\left(-\dfrac{k}{r^2}+\dfrac{k}{r^2}\right)=0\end{cases}\tag{2}$$

表明流体微团的运动形态为无旋运动。

将式（1）代入例 3.5 式（4），即可求得流体微团各切片流层之间的角形变率为

$$\begin{cases}\varepsilon_{r\varphi}=\varepsilon_{\varphi r}=\dfrac{1}{2}\left[r\dfrac{\partial}{\partial r}\left(\dfrac{k}{r^2}\right)+\dfrac{1}{r}\dfrac{\partial}{\partial\varphi}\left(\dfrac{k}{r}\right)\right]=-\dfrac{k}{r^2}\\ \varepsilon_{\varphi z}=\varepsilon_{z\varphi}=0\\ \varepsilon_{rz}=\varepsilon_{zr}=0\end{cases}\tag{3}$$

表明流体微团切片流层之间存在角形变率 $\varepsilon_{r\varphi}$ 或黏性切应力 $\tau_{r\varphi}$，即与径向（r 向）正交的面相互之间在周向（φ 向）存在黏性切应力 $\tau_{r\varphi}$。这是一种有黏性力存在的无旋流动。

例 3.7 如给定某定常流动在流线 S 上的速度分布 $\boldsymbol{v}(S)=v(S)\boldsymbol{S}$，其中 $v(S)$为流线上速度分布的大小，$\boldsymbol{S}$ 为代表流线方向的单位矢量（与流线相切），试导出在该流线上流体质点运动的切向加速度和法向加速度表达式。

解： 对于定常流动，流线与迹线重合，流线上速度分布与时间无关，所求的切向加速度和法向加速度均指流体质点位移引起速度大小变化和方向变化，不存在局部加速度。如图 3.13 所示，设位于流线 S 上 A 点处的流体质点速度为 $v(S)$，流线在 A 点处的曲率半径为 R。经 $\mathrm{d}t$ 时间后，该流体质点将沿着流线位移距离 $\mathrm{d}S=v(S)\mathrm{d}t$ 到达 B 点。因 B 点处的速度大小和方向都与 A 点不同，速度大小为

$$v(S+\mathrm{d}S)=v(S)+\mathrm{d}v(S)$$

其中

$$\mathrm{d}v(S)=\frac{\mathrm{d}v(S)}{\mathrm{d}S}\mathrm{d}S=\frac{\mathrm{d}v(S)}{\mathrm{d}S}v(S)\mathrm{d}t\tag{1}$$

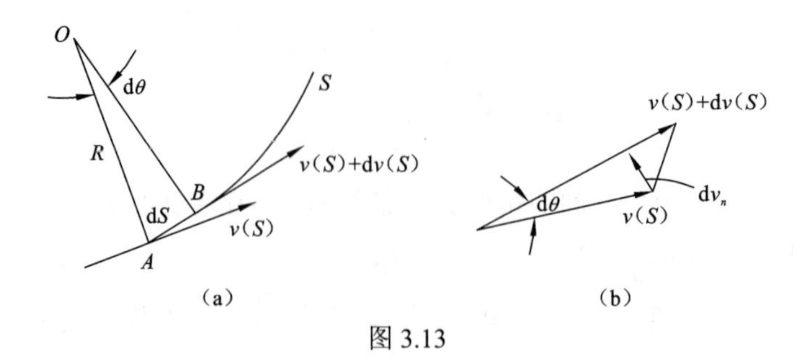

图 3.13

故有质点切向加速度$\frac{\mathrm{d}v(S)}{\mathrm{d}t}$的计算公式为

$$\frac{\mathrm{d}v(S)}{\mathrm{d}t}=v(S)\frac{\mathrm{d}v(S)}{\mathrm{d}S} \tag{2}$$

因 B 点处流速方向相对于 A 点处流速方向而言，有一方向改变产生的法向分速度$\mathrm{d}v_n$，$\frac{\mathrm{d}v_n}{\mathrm{d}S}$为法向分速度沿流线 S 向的变化率，故

$$\mathrm{d}v_n=\frac{\mathrm{d}v_n}{\mathrm{d}S}\mathrm{d}S=\frac{\mathrm{d}v_n}{\mathrm{d}S}v(S)\mathrm{d}t \tag{3}$$

所以流体质点的法向加速度$\frac{\mathrm{d}v_n}{\mathrm{d}t}$为

$$\frac{\mathrm{d}v_n}{\mathrm{d}t}=v(S)\frac{\mathrm{d}v_n}{\mathrm{d}S} \tag{4}$$

由流体质点从 A 点移动到 B 点的速度三角形和位移三角形的相似性（图 3.13）可知：

$$\frac{\mathrm{d}v_n}{\mathrm{d}S}=\frac{v(S)}{R} \tag{5}$$

将式（5）代入式（4），即得法向加速度为

$$\frac{\mathrm{d}v_n}{\mathrm{d}t}=\frac{v^2(S)}{R} \tag{6}$$

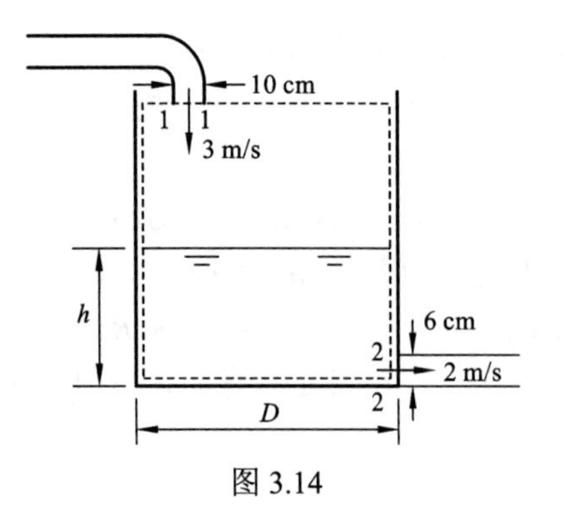

图 3.14

例 3.8 图 3.14 为一储水筒，其内径为 D=5 m，有一进水管和一出水管，内径分别为 10 cm、6 cm。当进水管的水流速度为 3 m/s 和出水管的水流速度为 2 m/s 时，求储水筒内水位 h 上升的速率（即$\frac{\mathrm{d}h}{\mathrm{d}t}$）。

解： 可根据积分形式的流体连续性方程式（3.4.3）求解，取图中的虚线为控制体。设进水边界面为 1-1，外法向单位矢量 $\boldsymbol{n}_1$ 与进水速度 v_1 方向相反；设出水边界面 2-2，其外法向单位矢量 $\boldsymbol{n}_2$ 与出水速度 v_2 方向相同。故该控制体表面水的质量流量变化为

$$\begin{aligned}\int_A\rho(\boldsymbol{v}\cdot\boldsymbol{n})\mathrm{d}A&=(\rho vA)_2-(\rho vA)_1\\&=1\,000\times2\times\frac{\pi}{4}\times0.06^2-1\,000\times3\times\frac{\pi}{4}\times0.1^2=-5.7\pi\end{aligned}$$

控制体 τ 内水位 h 上升产生的水质量的变化率为

$$\frac{\partial}{\partial t}\int_{\tau}\rho \mathrm{d}t=\frac{\partial}{\partial t}\left(\rho\frac{\pi D^2}{4}h\right)=1\,000\times\frac{\pi}{4}\times 5^2\times\frac{\mathrm{d}h}{\mathrm{d}t}=6\,250\pi\frac{\mathrm{d}h}{\mathrm{d}t}$$

根据积分形式连续性方程有

$$6\,250\pi\frac{\mathrm{d}h}{\mathrm{d}t}-5.7\pi=0$$

故

$$\frac{\mathrm{d}h}{\mathrm{d}t}=9.12\times 10^{-4}$$

例 3.9 根据流体在流动中的质量守恒原理，导出可压缩流体准一维非定常流动的连续性方程。

解： 准一维流动通常指流动截面面积 A 沿管道稍稍有变化的管流，如图 3.15 所示，假定管截面上速度分布均匀，并忽略因面积变化存在的横向流动速度，这种被简化的一维流动即为准一维流动。

本例题可利用积分形式的流体连续性方程式(3.4.3)导出。取宽度为 $\mathrm{d}x$ 的微元控制体(如图 3.15 中虚线所示)，考虑控制体内流体质量变化率为

$$\frac{\partial}{\partial t}\int_{\tau}\rho \mathrm{d}\tau=\frac{\partial\rho}{\partial t}A\mathrm{d}x$$

通过控制体表面的质量流量变化为

$$\int_{A}\rho\boldsymbol{v}\boldsymbol{n}\mathrm{d}A=\frac{\partial}{\partial x}(\rho uA)\mathrm{d}x$$

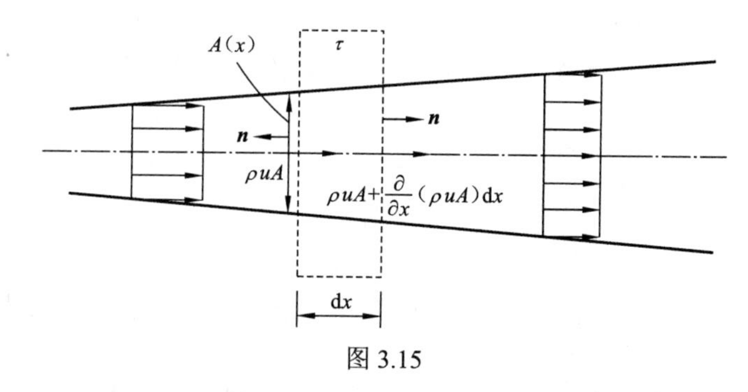

图 3.15

故有

$$\frac{\partial\rho}{\partial t}A\mathrm{d}x+\frac{\partial}{\partial x}(\rho uA)\mathrm{d}x=0$$

$$A\frac{\partial\rho}{\partial t}+\frac{\partial}{\partial x}(\rho uA)=0$$

即为可压缩流体一维非定常流动的连续性方程。

讨 论 题

3.1 试根据流线的定义讨论流线的一些特性。

（1）定常流动中流线形状不随时间而变。

（2）定常流动中流线与迹线的轨迹重合。

（3）流场中流线（无论是定常流动还是非定常流动）一般不相交也不能转折，为什么（除奇点和驻点处外）？

3.2 试根据物质导数概念讨论下列问题。

（1）速度场 $u(x,y,z,t)$ 的物质导数 $\frac{\mathrm{D}u}{\mathrm{D}t}$ 和对时间的偏导数 $\frac{\partial u}{\partial t}$ 有何物理概念上的区别？

（2）如流体密度场 $\rho(x,y,z,t)$ 的物质导数 $\frac{\mathrm{D}\rho}{\mathrm{D}t}=0$，说明该流场中的密度是什么性质？

（3）如何理解物质导数（或随体导数）是随流体质点一起运动求得的导数？

3.3 流体的色线与迹线有何区别？如何才能确定色线（可参考例 3.3 的题解）？

3.4 试讨论流体质点做圆周运动时的角速度与流体质点自身旋转角速度之间的差别，并以两种圆周运动加以说明，一种是流体像刚体一样旋转的圆周运动，另一种是流体的周向运动速度与半径成反比的圆周运动。

3.5 将牛顿力学中伽利略坐标变换应用于研究流体运动，如图 3.16 所示两种坐标系 S 和 S'，S 为固定坐标系，S'为运动坐标系（如 S'相对于 S 以 x 轴向等速度 u 运动），两种坐标系(x,y,z,t)和(x',y',z',t')的关系可表示为

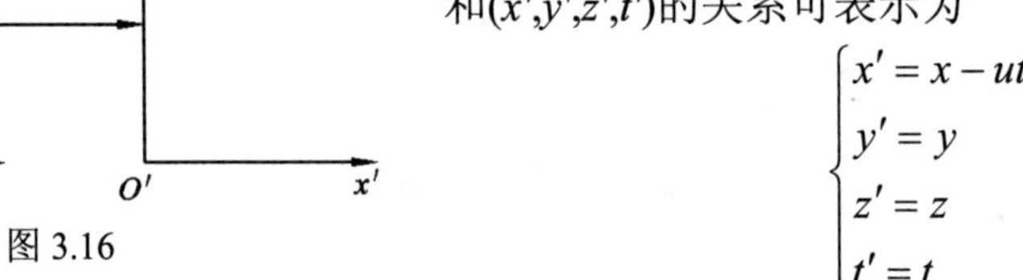

图 3.16

$$\begin{cases} x' = x - ut \\ y' = y \\ z' = z \\ t' = t \end{cases}$$

试写出流场中任一点处速度场（对 S 坐标系为 $\boldsymbol{q}(v_x,v_y,v_z)$，对 S'坐标系 $\boldsymbol{q}'(v_x',v_y',v_z')$）之间的相互关系为

$$\begin{cases} v_x' = v_x - u \\ v_y' = v_y \\ v_z' = v_z \end{cases}$$

为什么？并证明在流场中任一点处对着两种坐标系取流体质点的物质导数它们是相等的。说明惯性坐标系中物体（包括流体）受力相同。

3.6 试例举一些非定常流动可以转换为定常流动的例子，并说明如何转换。例如，研究船体在静水中做等速直线运动时，取地面静止的坐标系研究其流场。它是定常流动还是非定常流动？如果观察的坐标系取在船上与船体一起做等速直线运动，对这个惯性动坐标系观察船体附近流场，它是定常流动还是非定常流动？这两种坐标系所研究得到的流场相互之间有何关系？如何相互转换？

3.7 如有一给水管流，它由直管段、弯管段、渐缩管段和渐扩管段组成（图 3.17），设管流的流量恒定时，试分析平均管流速度在各管段中的运动性质：

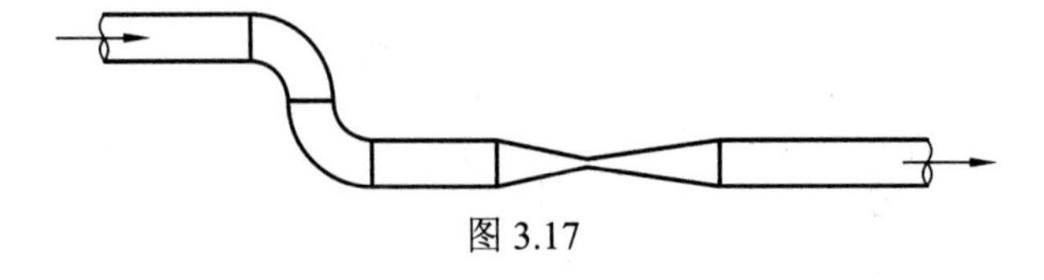

图 3.17

（1）是定常流动还是非定常流动？

（2）流体质点有没有加速度？为什么？

3.8 在应用积分形式的流体连续性方程式（3.4.3）分析流体的流动问题时，对所取控制体讨论下列问题。

（1）是否可以任意取？

（2）控制体内除有流体通过外，还有气体空间或固体结构物存在，是否可以？

（3）对不可压缩流体，控制体内的流体质量变化率 $\dfrac{\partial}{\partial t}\int_\tau \rho \mathrm{d}t$ 是否一定为 0？为什么？

（4）什么条件下可以认为 $\dfrac{\partial}{\partial t}\int_\tau \rho \mathrm{d}t = \int_\tau \dfrac{\partial \rho}{\partial t}\mathrm{d}\tau$ ？

（5）通过控制边界面上质量流量变化的计算公式中 $\int_A \rho \boldsymbol{vn}\mathrm{d}A$，其中单位法向矢量 $\boldsymbol{n}$ 是怎样规定的？计算时应注意什么问题?

3.9 在重力场或其他力场中的黏性流体运动和无黏性流体运动，是否都可以应用流体连续性方程式（3.4.3）和方程式（3.4.9）？为什么？

习　　题

3.1 给出如下速度场 $\boldsymbol{q}(x,y,z,t)\equiv\boldsymbol{q}(u,v,w)$

$$\begin{cases} u = ax + bt \\ v = -ay + bt \\ w = 0 \end{cases}$$

式中：a、b 为常数，试求：

（1）t=0 时的流线方程；

（2）t=0 时通过 $\left(-\dfrac{b}{a^2},-\dfrac{b}{a^2},0\right)$ 点处的迹线方程；

（3）流体微团加速度的分布；

（4）流体微团旋转角速度分布；

（5）流体微团切片角形变率和线位移伸缩率。

（参考答案：（1）xy=常数；（2）$x+y=-2ba^{-2}$；（3）$\dfrac{\mathrm{d}u}{\mathrm{d}t}=b+ax^2+abt$，$\dfrac{\mathrm{d}v}{\mathrm{d}t}=b+a^2y-abt$；（4）$\omega_z=0$；（5）$\varepsilon_{yx}=0$，$\varepsilon_{xx}=a$，$\varepsilon_{yy}=-a$）

3.2 给出不可压缩流体柱坐标(r,θ,z)形式的速度场 $\boldsymbol{q}(v_r,v_\theta,v_z)$为

$$\begin{cases} v_r = \dfrac{A}{r} \\ v_\theta = \dfrac{A}{r} \quad (r>0) \\ v_z = 0 \end{cases}$$

式中：A 为常数。首先验证这是一种可能的流动，然后求出其流线方程。

（参考答案：$r = c\mathrm{e}^\theta$）

3.3 给出速度矢量 $\boldsymbol{q}(u,v,w)$为

$$\boldsymbol{q}=\left(6+2xy+t^2\right)\boldsymbol{i}-\left(xy^2+10t\right)\boldsymbol{j}+25\boldsymbol{k}\ (\mathrm{m/s})$$

试求 t=1 s 时在坐标点(x=3，y=0，z=2)处的流体质点的加速度。

（参考答案：$\dfrac{\mathrm{d}\boldsymbol{q}}{\mathrm{d}t}=-58\boldsymbol{i}-10\boldsymbol{j}\ (\mathrm{m/s^2})$）

3.4 给出无黏不可压缩流体以均匀来流速度 v_0 绕半径为 a 的圆柱体流动的速度场 $\boldsymbol{q}(r,\theta)\equiv\boldsymbol{q}(v_r,v_\theta)$为

$$\boldsymbol{q}(r,\theta)=-\left(v_0\cos\theta-\frac{a^2v_0}{r^2}\cos\theta\right)\boldsymbol{e}_r+\left(v_0\sin\theta+\frac{a^2v_0}{r^2}\sin\theta\right)\boldsymbol{e}_\theta$$

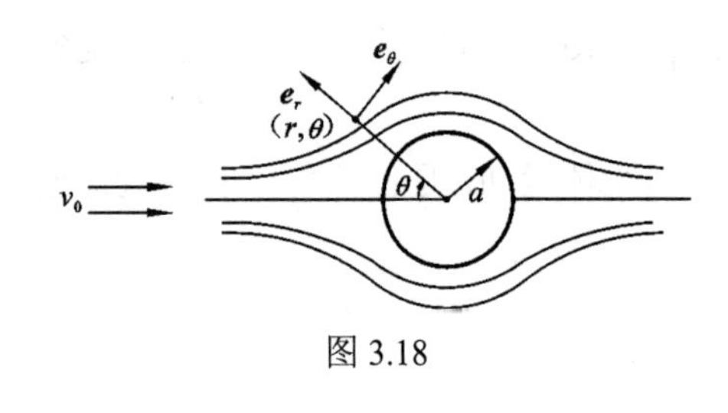

图 3.18

式中：(r,θ)为柱坐标；$\boldsymbol{e}_r$ 和 $\boldsymbol{e}_\theta$ 分别为径向和周向单位矢量，如图 3.18 所示；v_0 为来流速度（为常数）。试求圆柱边界面上任一点(a,θ)处的流体质点加速度的表达式。

（参考答案：$\dfrac{\mathrm{d}v_\theta}{\mathrm{d}t}=2v_0^2\sin\theta\cos\theta$，$\dfrac{\mathrm{d}v_r}{\mathrm{d}t}=-\dfrac{4v_0^2\sin^2\theta}{a}$）

3.5 有一在风中的圆球体，迎风向前半部分表面上的流体切向速度 v_θ 分布与以下公式接近：

$$v_\theta=\frac{3}{2}v_0\sin\theta$$

式中：v_0 为来流风速，是常数；θ 为风向与球面上一点处半径之间的夹角，如图 3.19 所示。如圆球直径为 1 m，风速 v_0=15 m/s，试求在球表面 θ=60° 一点处流体质点速度和加速度。

（参考答案：v_θ=19.5 m/s，$\dfrac{\mathrm{d}v_\theta}{\mathrm{d}t}=438\ \mathrm{m/s^2}$，$\dfrac{\mathrm{d}v_r}{\mathrm{d}t}=760\ \mathrm{m/s^2}$）

3.6 给出流体迹线轨迹方程为 xy=25，在任何时刻 t，流体质点坐标已知为 $x=5t^2$，试求该流场中流体质点的 x 轴向和 y 轴向的速度和加速度计算式。

（参考答案：$10t$，$-10t^{-3}$；10，$30t^{-4}$）

3.7 气体在管道中以 10 m/s 的速度流动，在流动方向上气体温度增加的梯度为 0.1 ℃/m，如气流中每个流体质点的温度增加率为 1 ℃/s，试求在管壁上测得气体温度的变化率，并问该气流中温度场是否为定常流动。

（参考答案：0；是）

3.8 在速度为 v 的均流中（x 轴向），有一平板以速度 v（y 轴向）向上运动，它们都相对于地面固定坐标系而言，现在如将另一坐标系(x',y')置于等速度运动的平板上，如图 3.20

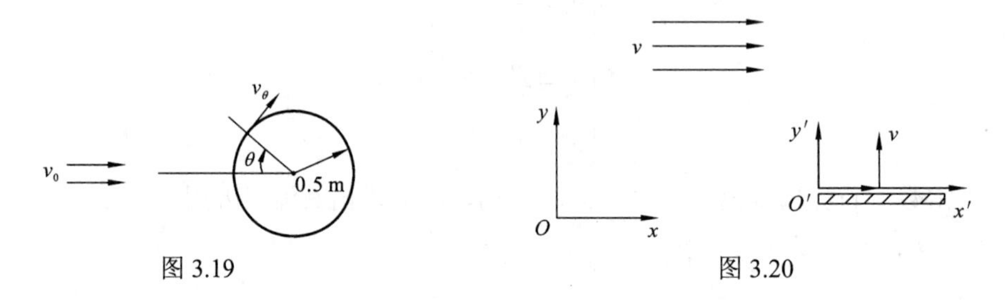

图 3.19　　图 3.20

所示，试求相对于动坐标系平板的来流速度的大小和方向。

（参考答案：$\sqrt{2}v$；45°）

3.9 给出下列非定常流动速度场$\boldsymbol{q}(x,y,z,t)\equiv\boldsymbol{q}(u,v,w)$

$$\boldsymbol{q}=3(x-2t)(y-3t)^2\boldsymbol{i}+(6+z+4t)\boldsymbol{j}+25\boldsymbol{k}\ (\text{m/s})$$

试求一个相对于坐标系 $Oxyz$ 以恒定速度 $\boldsymbol{v}$ 运动的坐标系 $O'x'y'z'$，使以上流场对坐标系 $O'x'y'z'$ 来说其流动是定常的，写出该流场对坐标系 $Ox'y'z'$的速度场 $\boldsymbol{q}(x',y',z')$的表达式，以及坐标系 $O'x'y'z'$相对于坐标系 $Oxyz$ 的位移速度 $\boldsymbol{v}$。

（参考答案：$\boldsymbol{q}'=3x'y'^2\boldsymbol{i}+(6+z')\boldsymbol{j}+25\boldsymbol{k}\ (\text{m/s})$，$\boldsymbol{v}=2\boldsymbol{i}+3\boldsymbol{j}-4\boldsymbol{k}\ (\text{m/s})$）

3.10 如图 3.21 所示，在直径为 D 的管道左端有一活塞以速度 u 运动，管内液体从管道右端流出，假定从管道右端流出的液体流速分布呈圆锥形，最大速度为 V，试求满足连续流动条件的液体从管侧排放口流出的体积流量。

（参考答案：$\frac{1}{4}\pi D\left(u-\frac{V}{3}\right)$）

3.11 图 3.22 为一引射式水泵示意图，进水流量为 1 m³/s，水的密度为 1 000 kg/m³，被引射的油密度为 900 kg/m³，如引射后油水混合物的密度为 950 kg/m³，试求被引射的油流量。

（参考答案：1m³/s）

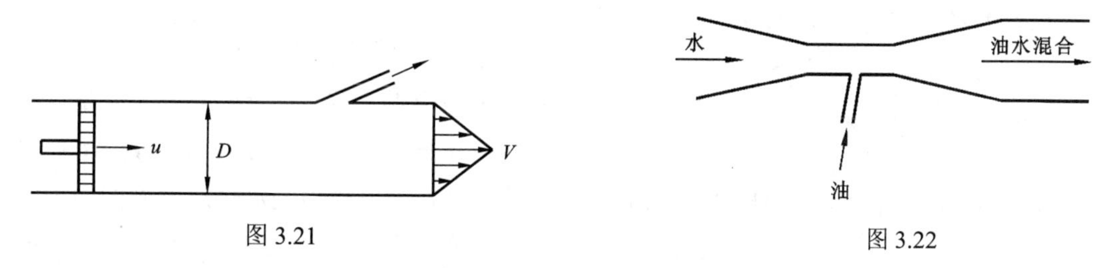

图 3.21　　图 3.22

3.12 如图 3.23 所示，圆筒的内径为 1 m，圆筒中活塞的外径为 0.9 m，当活塞以 0.1 m/s 的速度垂直向下运动时，试求圆筒内的油从活塞与圆筒之间缝隙中流出的平均速度。

（参考答案：0.426 m/s）

3.13 如图 3.24 所示，有两块直径为 1 m 相互平行的圆平板，其中充满油，下圆板固定不动，当上圆板以速度 $v(t)$向下压挤时，不计油密度的变化，试求两板间隙为任一 h 时油从圆板端部流出的速度。

（参考答案：$v(t)/(4h)$）

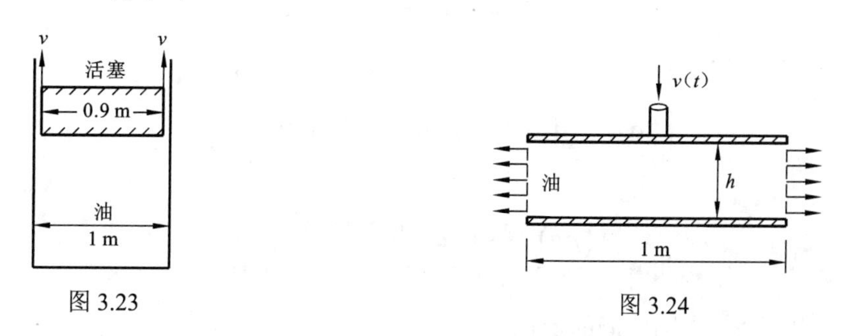

图 3.23　　图 3.24

第4章　流体动力学基本方程式

流体动力学诸方程常是研究流动问题的基本出发点。本章将导出积分形式流体动量方程、积分形式流体动量矩方程、微分形式流体动量方程、无黏性流体伯努利方程等，应用这些方程可直接解决流体与固体相互作用力问题，以及流体运动时流动参数（压力、速度矢量等）之间的相互关系。掌握这些方程的应用具有十分重要的意义。

4.1　积分形式流体动量方程

建立流体动力学方程的基本根据是牛顿第二定律（或动量守恒定律）。牛顿第二定律指出：质点系的动量随时间的变化率等于作用于该质点系的净力。将牛顿第二定律应用于任一控制体内的流体，如图4.1所示，可得

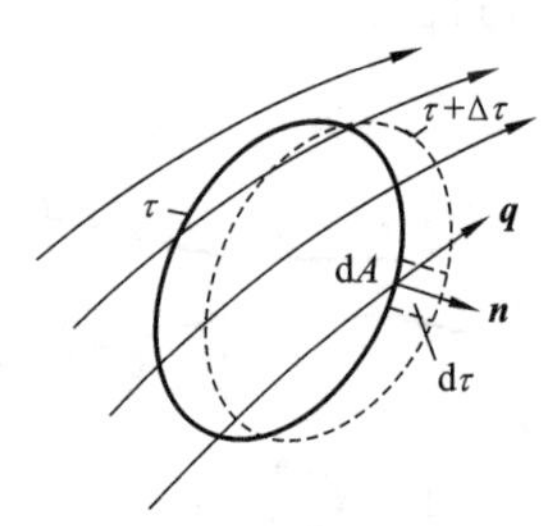

图4.1　流体通过控制体τ时动量变化示意图

$$\boldsymbol{F}=\frac{\mathrm{d}}{\mathrm{d}t}\int_{\tau}\rho\boldsymbol{q}\mathrm{d}\tau \qquad (4.1.1)$$

式中：$\boldsymbol{F}$ 为作用于控制体上的合外力矢量。控制体内流体在时刻 t 时的动量 $\int_{\tau}(\rho\boldsymbol{q})_t\,\mathrm{d}\tau$，经过 Δt 时间后，控制体内的流体运动到图中虚线所示的位置，其动量变为 $\int_{\tau+\Delta\tau}(\rho\boldsymbol{q})_{t+\Delta t}\,\mathrm{d}\tau$，故控制体内流体的动量随时间的变化率为

$$\begin{aligned}\frac{\mathrm{d}}{\mathrm{d}t}\int_{\tau}\rho\boldsymbol{q}\mathrm{d}\tau&=\lim_{\Delta t\to 0}\frac{\int_{\tau+\Delta\tau}(\rho\boldsymbol{q})_{t+\Delta t}\,\mathrm{d}\tau-\int_{\tau}(\rho\boldsymbol{q})_t\,\mathrm{d}\tau}{\Delta t}\\&=\lim_{\Delta t\to 0}\frac{\int_{\tau}\left[(\rho\boldsymbol{q})_{t+\Delta t}-(\rho\boldsymbol{q})_t\right]\mathrm{d}\tau}{\Delta t}+\lim_{\Delta t\to 0}\frac{1}{\Delta t}\int_{\tau}(\rho\boldsymbol{q})_{t+\Delta t}\,\mathrm{d}\tau\end{aligned} \qquad (4.1.2)$$

对很小的时间增量，有如下级数展开后的近似表达式：

$$(\rho\boldsymbol{q})_{t+\Delta t}=(\rho\boldsymbol{q})_t+\frac{\partial}{\partial t}(\rho\boldsymbol{q})_t\,\Delta t$$

或

$$\int_{\tau}(\rho\boldsymbol{q})_{t+\Delta t}\,\mathrm{d}\tau=\int_{\tau}(\rho\boldsymbol{q})_t\,\mathrm{d}\tau+\frac{\partial}{\partial t}\left(\int_{\tau}(\rho\boldsymbol{q})_t\,\mathrm{d}\tau\right)\Delta t$$

故有

$$\lim_{\Delta t\to 0}\frac{\int_{\tau}\left[(\rho\boldsymbol{q})_{t+\Delta t}-(\rho\boldsymbol{q})_t\right]\mathrm{d}\tau}{\Delta t}=\frac{\partial}{\partial t}\int_{\tau}\rho\boldsymbol{q}\mathrm{d}\tau \qquad (4.1.3)$$

相当于控制体内流体动量随时间的变化率。

对于式（4.1.2）中右端第二项，其中体积增量由图 4.1 可知：

$$\mathrm{d}\tau = \mathrm{d}A(\boldsymbol{q}\cdot\boldsymbol{n})\Delta t$$

故有

$$\lim_{\Delta t\to 0}\frac{1}{\Delta t}\int_{\Delta t}(\rho\boldsymbol{q})_{t+\Delta t}\mathrm{d}\tau = \int_{A}\rho\boldsymbol{q}(\boldsymbol{q}\cdot\boldsymbol{n})\mathrm{d}A \tag{4.1.4}$$

相当于通过控制体表面积 A 的流体动量随时间的变化率。将式（4.1.3）和式（4.1.4）代入式（4.1.2）中，再代入式（4.1.1）中，得

$$\boldsymbol{F} = \frac{\partial}{\partial t}\int_{\tau}\rho\boldsymbol{q}\mathrm{d}\tau + \int_{A}\rho\boldsymbol{q}(\boldsymbol{q}\cdot\boldsymbol{n})\mathrm{d}A \tag{4.1.5}$$

即为积分形式的流体动量方程，或为对控制体的流体动量方程。式（4.1.5）表明在控制体 τ 内的流体动量的时间变化率，加上通过控制体表面积 A 的流体动量的时间变化率，等于作用于该控制体上的合外力 $\boldsymbol{F}$。合外力 $\boldsymbol{F}$ 通常包括：

（1）表面压力，它与控制体表面呈正交方向；

（2）表面黏性力，它与控制体表面相切；

（3）质量力，如重力、惯性力及流体附加质量力等。

如果控制体内有固体边界，如图 4.2 所示虚线为控制体边界，设流体对固壁面有作用合力 $\boldsymbol{R}$，则 $\boldsymbol{F}$ 中应包括固壁的反作用力$-\boldsymbol{R}$，$-\boldsymbol{R}$ 表示固壁边界作用于控制体内流体上的力，它对流体通过控制体时动量的时间变化率同其他外力一样在起作用，不能忽略。为了清楚起见，应用动量方程所取控制体可以不像图 4.2 中虚线那样的取法，而只是将所要研究部分流体取出（如图 4.3 所示虚线），使其中固壁面边界成为控制体表面的一部分，则固壁对流体作用力（即流体对固壁作用的反作用力）便明显揭示出来。

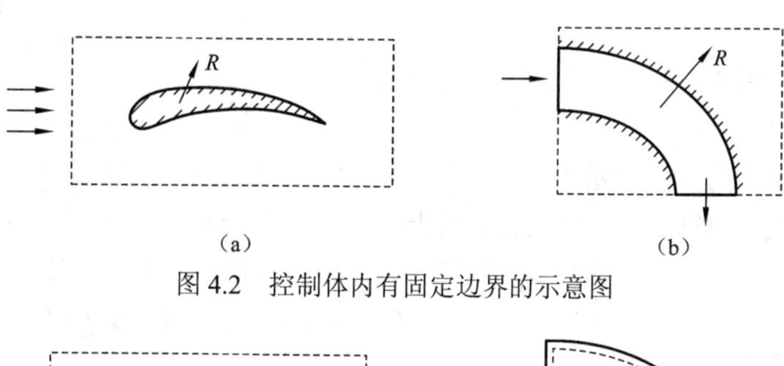

图 4.2　控制体内有固定边界的示意图

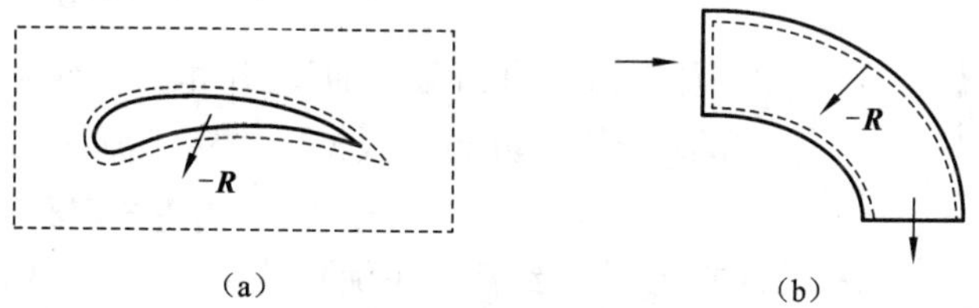

图 4.3　控制体内有固体边界时控制体的另一种取法

上述积分形式流体动量方程式（4.1.5）可普遍地适用于定常流或非定常流；不可压缩流体或可压缩流体；一维流动、二维流动或三维流动；以及均质流体或非均质流体等，故也可称为普遍形式的流体动量方程。对于一些常用的特殊情况，流体动量方程可进一步简化。

4.1.1 直角坐标系形式流体动量方程

将矢量形式的流体动量方程式（4.1.5）在坐标轴三个方向上分解，则分别为

$$\begin{cases} F_x = \dfrac{\partial}{\partial t}\int_\tau \rho u \mathrm{d}\tau + \int_A \rho u (\boldsymbol{q}\cdot\boldsymbol{n})\mathrm{d}A \\ F_y = \dfrac{\partial}{\partial t}\int_\tau \rho v \mathrm{d}\tau + \int_A \rho v (\boldsymbol{q}\cdot\boldsymbol{n})\mathrm{d}A \\ F_z = \dfrac{\partial}{\partial t}\int_\tau \rho w \mathrm{d}\tau + \int_A \rho w (\boldsymbol{q}\cdot\boldsymbol{n})\mathrm{d}A \end{cases} \tag{4.1.6}$$

式中：F_x、F_y、F_z分别为作用于控制体上的合外力矢量 $\boldsymbol{F}$ 在 x、y、z 轴向上的分量；u、v、w 分别为控制体内流体速度矢量 $\boldsymbol{q}$ 在 x、y、z 轴向上的分量，式中右端第一项分别为控制体内 x、y、z 轴向上的流体动量的时间变化率；式中右端第二项分别为通过控制体表面积 A 的流体在 x、y、z 轴向上的时间变化率。直角坐标形式的流体动量方程常在实际问题中应用。

4.1.2 定常不可压缩流体动量方程

对于定常流动，控制体内流体动量不随时间而变，故流体动量方程式可简化为

$$\boldsymbol{F} = \int_A \rho \boldsymbol{q}(\boldsymbol{q}\cdot\boldsymbol{n})\mathrm{d}A \tag{4.1.7}$$

对定常不可压缩的均质流体，ρ 为常数，则流体动量方程为

$$\boldsymbol{F} = \rho\int_A \boldsymbol{q}(\boldsymbol{q}\cdot\boldsymbol{n})\mathrm{d}A \tag{4.1.8}$$

4.1.3 一维定常流动的流体动量方程

如图 4.4 所示，对一维定常流动，在只有一个进口截面和一个出口截面的情况下，取控制体为图中的虚线，如包括进口处的控制面与进口处流速 $\boldsymbol{q}_1$ 正交，和出口处控制面与出口处流速 $\boldsymbol{q}_2$ 正交的条件下，则流体动量方程式（4.1.5）可简化为

$$\boldsymbol{F} = \int_{A_2} \rho \boldsymbol{q}_2 q_2 \mathrm{d}A - \int_{A_1} \rho \boldsymbol{q}_1 q_1 \mathrm{d}A \tag{4.1.9}$$

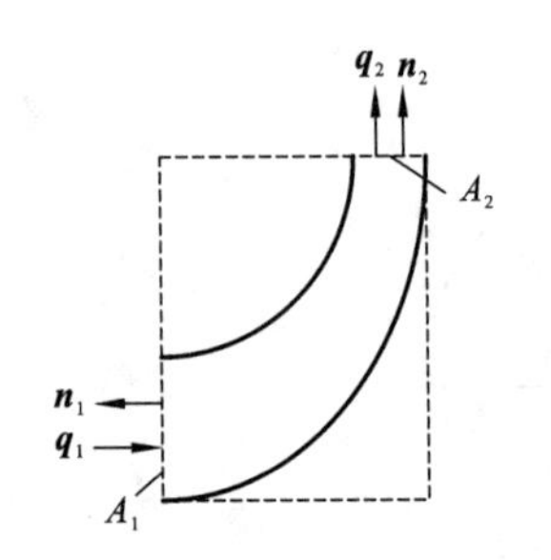

图 4.4 一维定常流动示意图

如在流道进口截面面积 A_1 和出口截面面积 A_2 上速度矢量 $\boldsymbol{q}_1$ 和 $\boldsymbol{q}_2$ 为均匀分布，根据一维定常流动连续性方程可知：

$$\rho q_1 A_1 = \rho q_2 A_2 = \rho Q \tag{4.1.10}$$

式中：Q 为一维流动中流体流量，则式（4.1.9）可进一步简化为

$$F = \rho Q(q_2 - q_1) \tag{4.1.11}$$

这种形式的一维定常流动的流体动量方程式表明：通过流道中进口和出口两截面处单位时间流体动量变化，等于作用在控制体上的合外力 $\boldsymbol{F}$。

应用流体动量方程式求解实际问题，应特别注意动量方向和作用力的方向，详见本章例题。

4.2 积分形式流体动量矩方程

类似于对控制体中流体的动量方程的推导，将质点系的动量方程式（4.1.1）对设定的坐标轴取力矩，如图 4.5 所示，即有质点系动量矩 $\boldsymbol{M}$ 方程为

$$\boldsymbol{M}=\boldsymbol{r}\times\frac{\mathrm{d}}{\mathrm{d}t}\int_{\tau}\rho\boldsymbol{q}\mathrm{d}\tau \tag{4.2.1}$$

式中：$\boldsymbol{M}$ 为作用于控制体 τ 上合外力对坐标轴的力矩；$\boldsymbol{r}$ 为控制体内流体位置的径矢量。

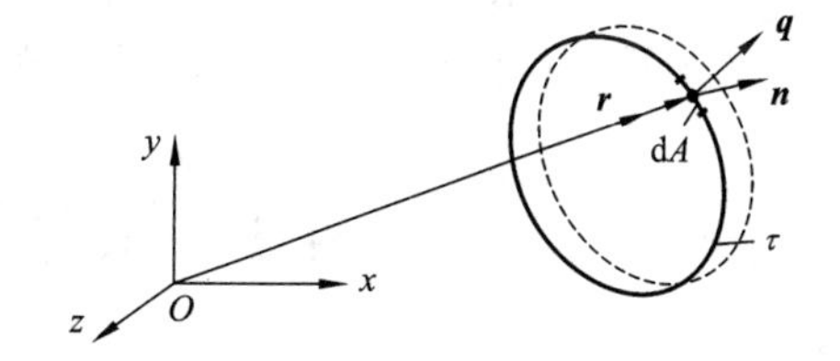

图 4.5 控制体内流体动量对坐标轴取力矩

考虑到

$$\boldsymbol{r}\times\frac{\mathrm{d}}{\mathrm{d}t}\int_{\tau}\rho\boldsymbol{q}\mathrm{d}\tau=\frac{\mathrm{d}}{\mathrm{d}t}\int_{\tau}(\boldsymbol{r}\times\boldsymbol{q})\rho\mathrm{d}\tau-\frac{\mathrm{d}\boldsymbol{r}}{\mathrm{d}t}\times\int_{\tau}\rho\boldsymbol{q}\mathrm{d}\tau \tag{4.2.2}$$

因 $\frac{\mathrm{d}\boldsymbol{r}}{\mathrm{d}t}=\boldsymbol{q}$，$\frac{\mathrm{d}\boldsymbol{r}}{\mathrm{d}t}\times\int_{\tau}\rho\boldsymbol{q}\mathrm{d}\tau=0$，故质点系动量矩阵方程式（4.2.1）可写为

$$\boldsymbol{M}=\frac{\mathrm{d}}{\mathrm{d}t}\int_{\tau}(\boldsymbol{r}\times\boldsymbol{q})\rho\mathrm{d}\tau \tag{4.2.3}$$

将它再写成控制体的形式，即（作用在控制体上的合力矩）=（控制体内流体动量矩的时间变化率）+（通过控制体表面积的流体动量矩的时间变化率），类似于积分形式流体动量方程式（4.1.5），便可写出积分形式流体动量矩方程为

$$\boldsymbol{M}=\frac{\partial}{\partial t}\int_{\tau}(\boldsymbol{r}\times\boldsymbol{q})\rho\mathrm{d}\tau+\int_{A}(\boldsymbol{r}\times\boldsymbol{q})\rho(\boldsymbol{q}\cdot\boldsymbol{n})\mathrm{d}A \tag{4.2.4}$$

式中：$\boldsymbol{M}$ 和$(\boldsymbol{r}\times\boldsymbol{q})$的矢量方向通常按右手定则确定。将式（4.2.4）写为直角坐标形式：

$$\begin{cases}M_x=\dfrac{\partial}{\partial t}\displaystyle\int_{\tau}(\boldsymbol{r}\times\boldsymbol{q})_x\rho\mathrm{d}\tau+\int_{A}(\boldsymbol{r}\times\boldsymbol{q})_x\rho(\boldsymbol{q}\times\boldsymbol{n})\mathrm{d}A\\ M_y=\dfrac{\partial}{\partial t}\displaystyle\int_{\tau}(\boldsymbol{r}\times\boldsymbol{q})_y\rho\mathrm{d}\tau+\int_{A}(\boldsymbol{r}\times\boldsymbol{q})_y\rho(\boldsymbol{q}\times\boldsymbol{n})\mathrm{d}A\\ M_z=\dfrac{\partial}{\partial t}\displaystyle\int_{\tau}(\boldsymbol{r}\times\boldsymbol{q})_z\rho\mathrm{d}\tau+\int_{A}(\boldsymbol{r}\times\boldsymbol{q})_z\rho(\boldsymbol{q}\times\boldsymbol{n})\mathrm{d}A\end{cases} \tag{4.2.5}$$

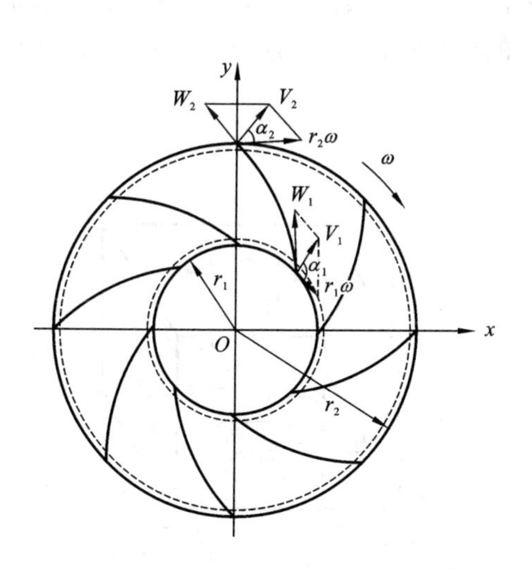

图 4.6 离心水泵叶道中流动的示意图

流体动量矩方程主要用于转动叶轮中的流动问题，如水泵、涡轮、风扇、鼓风机、离心压气机等动力机械叶轮中的流动。图 4.6 为一离心水泵（离心压气机）叶道中的流动示意图，流体从半径 r_1 处进入，到半径 r_2 处流出，其绝对速度分别以 v_1 和 v_2 表示。当叶轮旋转角速度 ω 为恒定时（定常流）；取图中虚线所示的控制体，应用流体动量矩方程可写出叶轮作用于流体的力矩 M_z，它与进入和流出叶轮的流体动量矩的关系可表示为

$$M_z = \int_{A_2} r_2 v_2 \cos\alpha_2 \rho \mathrm{d}Q - \int_{A_1} r_1 v_1 \cos\alpha_1 \rho \mathrm{d}Q \tag{4.2.6}$$

式中：A_1 和 A_2 分别为进流和出流的截面面积，以及

$$\left(\boldsymbol{r}_2 \times \boldsymbol{q}_2\right)_z = r_2 v_2 \cos\alpha_2, \quad \left(\boldsymbol{r}_1 \times \boldsymbol{q}_1\right)_z = r_1 v_1 \cos\alpha_1, \quad \left(\boldsymbol{q} \cdot \boldsymbol{n}\right)\mathrm{d}A = \mathrm{d}Q \tag{4.2.7}$$

假定进口和出口截面上 $r_1 v_1 \cos\alpha_1$ 和 $r_2 v_2 \cos\alpha_2$ 是常量，引入定常流动连续性方程（进流和出流的质量流量 Q 相等），则式（4.2.6）还可进一步简化为

$$M_z = \rho Q\left(r_2 v_2 \cos\alpha_2 - r_1 v_1 \cos\alpha_1\right) \tag{4.2.8}$$

这就是在叶轮机械中著名的欧拉涡轮方程。方程中的 M_z 对水泵和压气机来说，流体获得能量，M_z 为正值；而对涡轮来说，流体做功输出能量，M_z 为负值。

4.3 微分形式流体动量方程

微分形式流体动量方程有几种方法可以导出，直接应用牛顿第二定律进行推导比较直观。将牛顿第二定律（即质量×加速度=合外力）应用于单位体积的流体微团，则有

$$\rho \frac{\mathrm{d}\boldsymbol{q}}{\mathrm{d}t} = \boldsymbol{F} \tag{4.3.1}$$

式中：流体微团加速度 $\frac{\mathrm{d}\boldsymbol{q}}{\mathrm{d}t}$ 的欧拉表达式已由式（3.1.10）或式（3.1.12）给出；作用于流体微团上单位体积的合外力 $\boldsymbol{F}$，包括体积力 $\boldsymbol{B}$ 和表面力两部分。为便于对作用力 $\boldsymbol{F}$ 的分析和表达，取流体微团为一平行六面体，如图 4.7 所示。假定单位体积力 $\boldsymbol{B}$ 的三个分量为 ρX、ρY、ρZ，其中 X、Y、Z 分别为 x、y、z 三个坐标轴方向的单位质量力。该平行六面体六个面上的表面应力 τ_{ij}（i,j=1,2,3；$i=j$ 时为正应力，$i \neq j$ 时为切应力），其中相邻的两个平行表面上的应力差别可用泰勒级数展开式表示，舍去高阶小项，它们之间的关系在图 4.7 中示出。为了清楚起见，对六面体 z 轴向前后两面（即 BC 面和 AD 面）的表面应力分布相互关系，在图 4.7（b）中表示。

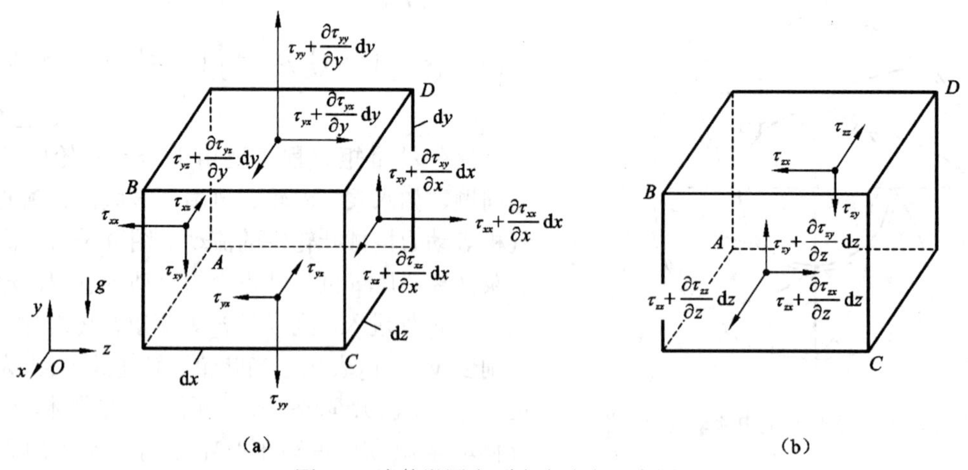

图 4.7　流体微团表面应力分布示意图

表面力在 x 轴向上的合力为

$$\frac{\partial \tau_{xx}}{\partial x}\mathrm{d}x\mathrm{d}y\mathrm{d}z+\frac{\partial \tau_{yx}}{\partial y}\mathrm{d}y\mathrm{d}x\mathrm{d}z+\frac{\partial \tau_{zx}}{\partial z}\mathrm{d}z\mathrm{d}x\mathrm{d}y=\left(\frac{\partial \tau_{xx}}{\partial x}+\frac{\partial \tau_{yx}}{\partial y}+\frac{\partial \tau_{zx}}{\partial z}\right)\mathrm{d}x\mathrm{d}y\mathrm{d}z$$

表面力在 y 轴向和 z 轴向上的合力分别为

$$\left(\frac{\partial \tau_{xy}}{\partial x}+\frac{\partial \tau_{yy}}{\partial y}+\frac{\partial \tau_{zy}}{\partial z}\right)\mathrm{d}x\mathrm{d}y\mathrm{d}z$$

$$\left(\frac{\partial \tau_{xz}}{\partial x}+\frac{\partial \tau_{yz}}{\partial y}+\frac{\partial \tau_{zz}}{\partial z}\right)\mathrm{d}x\mathrm{d}y\mathrm{d}z$$

则由式（4.3.1）可写出直角坐标系形式的单位体积流体微团动力学方程为

$$\begin{cases}\rho\dfrac{\mathrm{d}u}{\mathrm{d}t}=\rho X+\left(\dfrac{\partial \tau_{xx}}{\partial x}+\dfrac{\partial \tau_{yx}}{\partial y}+\dfrac{\partial \tau_{zx}}{\partial z}\right)\\ \rho\dfrac{\mathrm{d}v}{\mathrm{d}t}=\rho Y+\left(\dfrac{\partial \tau_{xy}}{\partial x}+\dfrac{\partial \tau_{yy}}{\partial y}+\dfrac{\partial \tau_{zy}}{\partial z}\right)\\ \rho\dfrac{\mathrm{d}w}{\mathrm{d}t}=\rho Z+\left(\dfrac{\partial \tau_{xz}}{\partial x}+\dfrac{\partial \tau_{yz}}{\partial y}+\dfrac{\partial \tau_{zz}}{\partial z}\right)\end{cases} \tag{4.3.2}$$

这就是以应力表示的普遍形式的流体微团的动力学微分方程，它在推导各种特殊形式的动力学方程时，将起到基础作用。

微元六面体上流体黏性引起的表面切应力 $\tau_{ij}(i\neq j;i,j=1,2,3)$，由本构方程式（3.2.15）确定。对于正应力 $\tau_{ij}(i=j)$，一般情况下 $\tau_{xx}\neq\tau_{yy}\neq\tau_{zz}$，其本构方程式（3.2.17）在不可压缩流体中是正确的，而在可压缩流体中还需计及流体的体积膨胀率 $\nabla\times\boldsymbol{q}=\dfrac{\partial u}{\partial x}+\dfrac{\partial v}{\partial y}+\dfrac{\partial w}{\partial z}$ 的影响，认为应将式（3.2.17）修改为

$$\begin{cases}\tau_{xx}=-p+2\mu\dfrac{\partial u}{\partial x}+\lambda(\nabla\cdot\boldsymbol{q})\\ \tau_{yy}=-p+2\mu\dfrac{\partial v}{\partial x}+\lambda(\nabla\cdot\boldsymbol{q})\\ \tau_{zz}=-p+2\mu\dfrac{\partial w}{\partial x}+\lambda(\nabla\cdot\boldsymbol{q})\end{cases} \tag{4.3.3}$$

式中：λ 为体积黏性系数，斯托克斯假定有

$$\lambda=-\frac{2}{3}\mu \tag{4.3.4}$$

这个假定至今尚有争议，然而在实际流动问题中，由于 $\dfrac{\partial u}{\partial x}$、$\dfrac{\partial v}{\partial y}$、$\dfrac{\partial w}{\partial z}$ 的值常常不是很大，这种争议性讨论仅有学术上的意义。对于式（4.3.3）的详细论证，可待进一步学习和研究。

这样，将以上本构方程式（4.3.3）、式（4.3.4）和式（3.2.15）代入式（4.3.2），便可得到黏性流体的纳维-斯托克斯（Navier-Stokes）方程（简称 N-S 方程）的普遍形式为

$$
\begin{cases}
\rho\dfrac{\mathrm{d}u}{\mathrm{d}t}=\rho\left[\dfrac{\partial u}{\partial t}+(\nabla\cdot\boldsymbol{q})u\right]=\rho X-\dfrac{\partial p}{\partial x}+\dfrac{\partial}{\partial x}\left[\mu\left(2\dfrac{\partial u}{\partial x}-\dfrac{2}{3}(\nabla\cdot\boldsymbol{q})\right)\right] \\
\qquad+\dfrac{\partial}{\partial y}\left[\mu\left(\dfrac{\partial u}{\partial y}+\dfrac{\partial v}{\partial x}\right)\right]+\dfrac{\partial}{\partial z}\left[\mu\left(\dfrac{\partial w}{\partial x}+\dfrac{\partial u}{\partial z}\right)\right] \\
\rho\dfrac{\mathrm{d}v}{\mathrm{d}t}=\rho\left[\dfrac{\partial v}{\partial t}+(\nabla\cdot\boldsymbol{q})v\right]=\rho Y-\dfrac{\partial p}{\partial y}+\dfrac{\partial}{\partial y}\left[\mu\left(2\dfrac{\partial v}{\partial y}-\dfrac{2}{3}(\nabla\cdot\boldsymbol{q})\right)\right] \\
\qquad+\dfrac{\partial}{\partial z}\left[\mu\left(\dfrac{\partial v}{\partial z}+\dfrac{\partial w}{\partial y}\right)\right]+\dfrac{\partial}{\partial x}\left[\mu\left(\dfrac{\partial u}{\partial y}+\dfrac{\partial v}{\partial x}\right)\right] \\
\rho\dfrac{\mathrm{d}w}{\mathrm{d}t}=\rho\left[\dfrac{\partial w}{\partial t}+(\nabla\cdot\boldsymbol{q})w\right]=\rho Z-\dfrac{\partial p}{\partial z}+\dfrac{\partial}{\partial z}\left[\mu\left(2\dfrac{\partial w}{\partial z}-\dfrac{2}{3}(\nabla\cdot\boldsymbol{q})\right)\right] \\
\qquad+\dfrac{\partial}{\partial x}\left[\mu\left(\dfrac{\partial w}{\partial x}+\dfrac{\partial u}{\partial z}\right)\right]+\dfrac{\partial}{\partial y}\left[\mu\left(\dfrac{\partial v}{\partial z}+\dfrac{\partial w}{\partial y}\right)\right]
\end{cases}
\tag{4.3.5}
$$

对于常用的一些特殊情况，普遍形式的流体动力学微分方程还可进一步简化。

4.3.1 黏性系数μ为常数的流体

式（4.3.5）右端第三项可以整理和合并后，如第一式为

$$
\begin{aligned}
&2\mu\frac{\partial^2 u}{\partial x^2}-\frac{2}{3}\mu\frac{\partial}{\partial x}(\nabla\cdot\boldsymbol{q})+\mu\frac{\partial^2 u}{\partial y^2}+\mu\frac{\partial^2 v}{\partial x\partial y}+\mu\frac{\partial^2 w}{\partial x\partial z}+\mu\frac{\partial^2 u}{\partial z^2} \\
&=\mu\left(\frac{\partial^2 u}{\partial x^2}+\frac{\partial^2 u}{\partial y^2}+\frac{\partial^2 u}{\partial z^2}\right)-\frac{2}{3}\mu\frac{\partial}{\partial x}(\nabla\cdot\boldsymbol{q})+\mu\frac{\partial}{\partial x}\left(\frac{\partial u}{\partial x}+\frac{\partial v}{\partial y}+\frac{\partial w}{\partial z}\right) \\
&=\mu\nabla^2 u+\frac{1}{3}\mu\frac{\partial}{\partial x}(\nabla\cdot\boldsymbol{q})
\end{aligned}
\tag{4.3.6}
$$

其他两式也做类似处理，则N-S方程可写为

$$
\begin{cases}
\rho\left[\dfrac{\partial u}{\partial t}+(\nabla\cdot\boldsymbol{q})u\right]=\rho X-\dfrac{\partial p}{\partial x}+\mu\nabla^2 u+\dfrac{1}{3}\mu\dfrac{\partial}{\partial x}(\nabla\cdot\boldsymbol{q}) \\
\rho\left[\dfrac{\partial v}{\partial t}+(\nabla\cdot\boldsymbol{q})v\right]=\rho Y-\dfrac{\partial p}{\partial y}+\mu\nabla^2 v+\dfrac{1}{3}\mu\dfrac{\partial}{\partial y}(\nabla\cdot\boldsymbol{q}) \\
\rho\left[\dfrac{\partial w}{\partial t}+(\nabla\cdot\boldsymbol{q})w\right]=\rho Z-\dfrac{\partial p}{\partial z}+\mu\nabla^2 w+\dfrac{1}{3}\mu\dfrac{\partial}{\partial z}(\nabla\cdot\boldsymbol{q})
\end{cases}
\tag{4.3.7}
$$

或写为矢量形式为

$$
\rho\left[\frac{\partial \boldsymbol{q}}{\partial t}+(\nabla\cdot\boldsymbol{q})\boldsymbol{q}\right]=\boldsymbol{B}-\nabla p+\mu\nabla^2\boldsymbol{q}+\frac{1}{3}\mu\nabla(\nabla\cdot\boldsymbol{q})
\tag{4.3.8}
$$

4.3.2 不可压缩和黏性系数为常数的流体

对于不可压缩流体，根据微分形式流体连续性方程式（3.4.13）可知$\nabla\cdot\boldsymbol{q}=0$，故N-S方程可进一步将式（4.3.7）和式（4.3.8）简化为

$$\begin{cases}\dfrac{\partial u}{\partial t}+u\dfrac{\partial u}{\partial x}+v\dfrac{\partial u}{\partial y}+w\dfrac{\partial u}{\partial z}=X-\dfrac{1}{\rho}\dfrac{\partial p}{\partial x}+\nu\left(\dfrac{\partial^2 u}{\partial x^2}+\dfrac{\partial^2 u}{\partial y^2}+\dfrac{\partial^2 u}{\partial z^2}\right)\\ \dfrac{\partial v}{\partial t}+u\dfrac{\partial v}{\partial x}+v\dfrac{\partial v}{\partial y}+w\dfrac{\partial v}{\partial z}=Y-\dfrac{1}{\rho}\dfrac{\partial p}{\partial y}+\nu\left(\dfrac{\partial^2 v}{\partial x^2}+\dfrac{\partial^2 v}{\partial y^2}+\dfrac{\partial^2 v}{\partial z^2}\right)\\ \dfrac{\partial w}{\partial t}+u\dfrac{\partial w}{\partial x}+v\dfrac{\partial w}{\partial y}+w\dfrac{\partial w}{\partial z}=Z-\dfrac{1}{\rho}\dfrac{\partial p}{\partial z}+\nu\left(\dfrac{\partial^2 w}{\partial x^2}+\dfrac{\partial^2 w}{\partial y^2}+\dfrac{\partial^2 w}{\partial z^2}\right)\end{cases} \tag{4.3.9}$$

或

$$\frac{\partial \boldsymbol{q}}{\partial t}+(\nabla\cdot\boldsymbol{q})=\frac{1}{\rho}\boldsymbol{B}-\frac{1}{\rho}\nabla p+\nu\nabla^2\boldsymbol{q} \tag{4.3.10}$$

4.3.3 无黏性流体

忽略黏性项，为无黏性流体运动微分方程，得

$$\begin{cases}\dfrac{\partial u}{\partial t}+u\dfrac{\partial u}{\partial x}+v\dfrac{\partial u}{\partial y}+w\dfrac{\partial u}{\partial z}=X-\dfrac{1}{\rho}\dfrac{\partial p}{x}\\ \dfrac{\partial v}{\partial t}+u\dfrac{\partial v}{\partial x}+v\dfrac{\partial v}{\partial y}+w\dfrac{\partial v}{\partial z}=Y-\dfrac{1}{\rho}\dfrac{\partial p}{y}\\ \dfrac{\partial w}{\partial t}+u\dfrac{\partial w}{\partial x}+v\dfrac{\partial w}{\partial y}+w\dfrac{\partial w}{\partial z}=Z-\dfrac{1}{\rho}\dfrac{\partial p}{z}\end{cases} \tag{4.3.11}$$

这个方程称为欧拉运动微分方程，可写为矢量形式为

$$\frac{\mathrm{d}\boldsymbol{q}}{\mathrm{d}t}=\frac{1}{\rho}\boldsymbol{B}-\frac{1}{\rho}\nabla p \tag{4.3.12}$$

或

$$\frac{\partial \boldsymbol{q}}{\partial t}+(\nabla\cdot\boldsymbol{q})\boldsymbol{q}=\frac{1}{\rho}\boldsymbol{B}-\frac{1}{\rho}\nabla p \tag{4.3.13}$$

将式（4.3.13）做矢量场的变换，由矢量恒等式：

$$(\nabla\cdot\boldsymbol{q})\boldsymbol{q}=\frac{1}{2}\nabla q^2-\boldsymbol{q}\times(\nabla\times\boldsymbol{q}) \tag{4.3.14}$$

则可将式（4.3.13）改写为

$$\frac{\partial \boldsymbol{q}}{\partial t}+\nabla\frac{q^2}{2}-\boldsymbol{q}\times(\nabla\times\boldsymbol{q})=\frac{1}{\rho}\boldsymbol{B}-\frac{1}{\rho}\nabla p \tag{4.3.15}$$

这个方程称为兰姆–葛罗米柯方程，它在研究无旋流动（$\nabla\times\boldsymbol{q}=0$）时特别有用。对无黏性、无旋流体，欧拉运动微分方程为

$$\frac{\partial \boldsymbol{q}}{\partial t}+\nabla\frac{q^2}{2}=\frac{1}{\rho}\boldsymbol{B}-\frac{1}{\rho}\nabla p \tag{4.3.16}$$

4.3.4 静止流体平衡的微分方程

对于相对静止流体，欧拉运动微分方程便退化为流体静平衡的微分方程：

$$
\begin{cases}
X-\dfrac{1}{\rho}\dfrac{\partial p}{\partial x}=0 \\
Y-\dfrac{1}{\rho}\dfrac{\partial p}{\partial y}=0 \\
Z-\dfrac{1}{\rho}\dfrac{\partial p}{\partial z}=0
\end{cases}
\tag{4.3.17}
$$

4.3.5 柱坐标中流体运动微分方程

仅考虑无黏性流体情况，由于矢量形式方程与坐标系的选择无关，应用式（4.3.12）将速度矢量 $\boldsymbol{q}$ 投影到柱坐标(r,θ,z)，如图 4.8 所示。

$$\boldsymbol{q}=v_r\boldsymbol{e}_r+v_\theta\boldsymbol{e}_\theta+v_z\boldsymbol{e}_z \tag{4.3.18}$$

这里柱坐标中速度分量 v_r、v_θ 和 v_z 是指 $v_r=\dfrac{\mathrm{d}r}{\mathrm{d}t}$，$v_\theta=\dfrac{\mathrm{d}\theta}{\mathrm{d}t}$ 和 $v_z=\dfrac{\mathrm{d}z}{\mathrm{d}t}$，故

$$\frac{\mathrm{d}\boldsymbol{q}}{\mathrm{d}t}=\frac{\mathrm{d}v_r}{\mathrm{d}t}\boldsymbol{e}_r+v_r\frac{\mathrm{d}\boldsymbol{e}_r}{\mathrm{d}t}+\frac{\mathrm{d}v_\theta}{\mathrm{d}t}\boldsymbol{e}_\theta+v_\theta\frac{\mathrm{d}\boldsymbol{e}_\theta}{\mathrm{d}t}+\frac{\mathrm{d}v_z}{\mathrm{d}t}\boldsymbol{e}_z+v_z\frac{\mathrm{d}\boldsymbol{e}_z}{\mathrm{d}t} \tag{4.3.19}$$

其中单位矢量 $\boldsymbol{e}_z$ 方向始终不变，$\dfrac{\mathrm{d}\boldsymbol{e}_z}{\mathrm{d}t}=0$，但单位矢量 $\boldsymbol{e}_r$ 和 $\boldsymbol{e}_\theta$ 是变量，$\dfrac{\mathrm{d}\boldsymbol{e}_r}{\mathrm{d}t}\neq 0$，$\dfrac{\mathrm{d}\boldsymbol{e}_\theta}{\mathrm{d}t}\neq 0$，考虑在单位圆周上 t 时刻的单位矢量 $\boldsymbol{e}_r$ 和 $\boldsymbol{e}_\theta$，往 Δt 时间后因流体位移 $\Delta\theta$ 角，单位矢量变为 $\boldsymbol{e}_r'$ 和 $\boldsymbol{e}_\theta'$（如图 4.8 所示），由此可见：

$$\frac{\mathrm{d}\boldsymbol{e}_r}{\mathrm{d}t}=\lim_{\Delta t\to 0}\frac{\Delta\boldsymbol{e}_r}{\Delta t}=\frac{\mathrm{d}\theta}{\mathrm{d}t}\boldsymbol{e}_\theta=\frac{v_\theta}{r}\boldsymbol{e}_\theta \tag{4.3.20}$$

$$\frac{\mathrm{d}\boldsymbol{e}_\theta}{\mathrm{d}t}=\lim_{\Delta t\to 0}\frac{\Delta\boldsymbol{e}_\theta}{\Delta t}=-\frac{\mathrm{d}\theta}{\mathrm{d}t}\boldsymbol{e}_r=-\frac{v_\theta}{r}\boldsymbol{e}_r \tag{4.3.21}$$

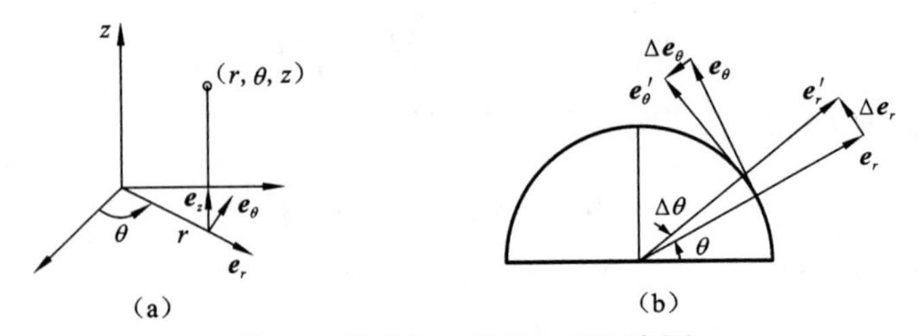

图 4.8　柱坐标中单位矢量示意图

将式（4.3.20）和式（4.3.21）代入式（4.3.19），有

$$
\begin{aligned}
\frac{\mathrm{d}\boldsymbol{q}}{\mathrm{d}t}&=\frac{\mathrm{d}v_r}{\mathrm{d}t}\boldsymbol{e}_r+v_r\frac{v_\theta}{r}\boldsymbol{e}_\theta+\frac{\mathrm{d}v_\theta}{\mathrm{d}t}\boldsymbol{e}_\theta-\frac{v_\theta^2}{r}\boldsymbol{e}_r+\frac{\mathrm{d}v_z}{\mathrm{d}t}\boldsymbol{e}_z \\
&=\left(\frac{\mathrm{d}v_r}{\mathrm{d}t}-\frac{v_\theta^2}{r}\right)\boldsymbol{e}_r+\left(\frac{v_rv_\theta}{r}+\frac{\mathrm{d}v_\theta}{\mathrm{d}t}\right)\boldsymbol{e}_\theta+\frac{\mathrm{d}v_z}{\mathrm{d}t}\boldsymbol{e}_z
\end{aligned}
\tag{4.3.22}
$$

在柱坐标中 ∇p 为

$$\nabla p=\frac{\partial p}{\partial r}\boldsymbol{e}_r+\frac{1}{r}\frac{\partial p}{\partial\theta}\boldsymbol{e}_\theta+\frac{\partial p}{\partial z}\boldsymbol{e}_z \tag{4.3.23}$$

在柱坐标中单位体积力 $\boldsymbol{B}$ 假定为

$$\boldsymbol{B}=B_r\boldsymbol{e}_r+B_\theta\boldsymbol{e}_\theta+B_z\boldsymbol{e}_z \tag{4.3.24}$$

将式（4.3.22）～式（4.3.24）代入式（4.3.12）并分解后，即得柱坐标形式无黏性流体运动微分方程为

$$\begin{cases}\dfrac{\mathrm{d}v_r}{\mathrm{d}t}-\dfrac{v_\theta^2}{r}=\dfrac{1}{\rho}B_r-\dfrac{1}{\rho}\dfrac{\partial p}{\partial r}\\ \dfrac{\mathrm{d}v_\theta}{\mathrm{d}t}+\dfrac{v_\theta v_r}{r}=\dfrac{1}{\rho}B_\theta-\dfrac{1}{\rho}\dfrac{\partial p}{\partial\theta}\\ \dfrac{\mathrm{d}v_z}{\mathrm{d}t}=\dfrac{1}{\rho}B_z-\dfrac{1}{\rho}\dfrac{\partial p}{\partial z}\end{cases} \tag{4.3.25}$$

方程式（4.3.25）左端项的物理意义仍表示流体微团加速度。其中径向加速度分量由两项组成：一项是径向速度分量 v_r 的变化率 $\dfrac{\mathrm{d}v_r}{\mathrm{d}t}$，另一项 $-\dfrac{v_\theta^2}{r}$ 是流体微团圆周运动时产生的向心加速度，指向与 $\boldsymbol{r}$ 相反，故有一负号。周向加速度分量也由两项组成：一项为周向速度分量 v_θ 的变化率 $\dfrac{\mathrm{d}v_\theta}{\mathrm{d}t}$，另一项是由于径向分速度 v_r 因有周向运动不断改变其方向产生的加速度，其大小为 $\dfrac{v_r v_\theta}{r}$。轴向加速度与直角坐标系中相同。

4.3.6 相对动坐标系的流体运动微分方程

假设运动坐标系是绕柱坐标中 z 轴以等角速度 $\boldsymbol{\omega}$ 旋转，导出这种相对于等角速度 ω 旋转坐标系的运动微分方程，对研究叶轮机械流动有重要意义。

仅考虑无黏性流体运动情况：设流体相对运动速度 $\boldsymbol{w}(w_r,w_\theta,w_z)$，它们与绝对速度 $\boldsymbol{q}(v_r,v_\theta,v_z)$ 之间关系为

$$\begin{cases}v_r=w_r\\ v_\theta=w_\theta+\omega r\\ v_z=w_z\end{cases} \tag{4.3.26}$$

将式（4.3.26）代入柱坐标形式运动微分方程式（4.3.25）中，便可获得相对于旋转坐标系无黏性流体运动的微分方程：

$$\begin{cases}\dfrac{\mathrm{d}w_r}{\mathrm{d}t}-\dfrac{(w_\theta+\omega r)^2}{r}=\dfrac{1}{\rho}B_r-\dfrac{1}{\rho}\dfrac{\partial p}{\partial r}\\ \dfrac{\mathrm{d}}{\mathrm{d}t}(w_\theta+\omega r)+\dfrac{w_r(w_\theta+\omega r)}{r}=\dfrac{1}{\rho}B_\theta-\dfrac{1}{\rho}\dfrac{1}{r}\dfrac{\partial p}{\partial\theta}\\ \dfrac{\mathrm{d}w_z}{\mathrm{d}t}=\dfrac{1}{\rho}B_z-\dfrac{1}{\rho}\dfrac{\partial p}{\partial z}\end{cases} \tag{4.3.27}$$

或

$$
\begin{cases}
\rho\left(\dfrac{\mathrm{d}w_r}{\mathrm{d}t}-\dfrac{w_\theta^2}{r}-2\omega w_\theta-\omega^2 r\right)=B_r-\dfrac{\partial p}{\partial r}\\
\rho\left(\dfrac{\mathrm{d}w_\theta}{\mathrm{d}t}-\dfrac{w_r w_\theta}{r}+2\omega w_r\right)=B_\theta-\dfrac{1}{r}\dfrac{\partial p}{\partial \theta}\\
\rho\dfrac{\mathrm{d}w_z}{\mathrm{d}t}=B_z-\dfrac{\partial p}{\partial z}
\end{cases}
\tag{4.3.28}
$$

与式（4.3.25）相比较，其中附加的加速度项即为旋转坐标系中的哥氏加速度 $2\boldsymbol{\omega}\times\boldsymbol{w}$ 和向心加速度$-\omega^2\boldsymbol{r}$。哥氏加速度 $2\boldsymbol{\omega}\times\boldsymbol{w}$ 的两个分量就是径向的$-2\omega w_\theta$和周向的 $2\omega w_r$。

4.4 伯努利方程

已导出的欧拉方程和 N-S 方程是研究流体运动的最基本方程，它们的求解需给出一定的边界条件（运动学边界条件和动力学边界条件，对非定常流动还必须给出初始条件）。

对于不可压缩流体，待求的流动变量仅为压力分布 p 和速度分布 $\boldsymbol{q}(u,v,w)$，应用欧拉方程或 N-S 方程及流体连续性微分方程，所组成的方程组在原则上可获得其解。但由于方程的非线性的性质，它们的普遍形式的解析解至今尚不能获得，只有一些特例可以求得它们的解析解。在这里，只对欧拉方程在流线上的一个解析解作详细论述，这个解式的伯努利方程，它在流体力学中具有重要作用。

对沿流线这一特定情况，对欧拉方程式（4.3.11）或方程式（4.3.13）直接进行积分。取图 4.7 的直角坐标系，假定是不可压缩流体，并在重力场中，令

$$X=0\,,\quad Y=-g\,,\quad Z=0$$

或

$$\boldsymbol{B}=\rho g \tag{4.4.1}$$

对式（4.3.13）各项乘以流线 S 上的位移矢量 $\mathrm{d}\boldsymbol{S}$ 后进行积分，即

$$\int_S\frac{\partial \boldsymbol{q}}{\partial t}\mathrm{d}\boldsymbol{S}+\int_S(\boldsymbol{q}\cdot\nabla)q\mathrm{d}\boldsymbol{S}=\int_S\boldsymbol{g}\mathrm{d}\boldsymbol{S}-\frac{1}{\rho}\int_S\nabla p\mathrm{d}\boldsymbol{S} \tag{4.4.2}$$

写成直角坐标形式为

$$
\begin{aligned}
(\boldsymbol{q}\cdot\nabla)\boldsymbol{q}\mathrm{d}\boldsymbol{S}&=(u\boldsymbol{i}+v\boldsymbol{j}+w\boldsymbol{k})\left(\boldsymbol{i}\frac{\partial}{\partial x}+\boldsymbol{j}\frac{\partial}{\partial y}+\boldsymbol{k}\frac{\partial}{\partial z}\right)\boldsymbol{q}(\mathrm{d}x\boldsymbol{i}+\mathrm{d}y\boldsymbol{j}+\mathrm{d}z\boldsymbol{k})\\
&=\left(u\frac{\partial \boldsymbol{q}}{\partial x}+v\frac{\partial \boldsymbol{q}}{\partial y}+w\frac{\partial \boldsymbol{q}}{\partial z}\right)(\mathrm{d}x\boldsymbol{i}+\mathrm{d}y\boldsymbol{j}+\mathrm{d}z\boldsymbol{k})\\
&=\left(u\frac{\partial u}{\partial x}+v\frac{\partial u}{\partial y}+w\frac{\partial u}{\partial z}\right)\mathrm{d}x+\left(u\frac{\partial v}{\partial x}+v\frac{\partial v}{\partial y}+w\frac{\partial v}{\partial z}\right)\mathrm{d}y+\left(u\frac{\partial w}{\partial x}+v\frac{\partial w}{\partial y}+w\frac{\partial w}{\partial z}\right)\mathrm{d}z
\end{aligned}
$$

因 $\mathrm{d}\boldsymbol{S}(\mathrm{d}x, \mathrm{d}y, \mathrm{d}z)$在流线上，满足流线方程：

$$\frac{\mathrm{d}x}{u}=\frac{\mathrm{d}y}{v}=\frac{\mathrm{d}z}{w}$$

则有

$$v\mathrm{d}x=u\mathrm{d}y\,,\quad w\mathrm{d}x=u\mathrm{d}z\,,\quad w\mathrm{d}y=v\mathrm{d}z$$

故$(\boldsymbol{q}\cdot\nabla)\boldsymbol{q}\mathrm{d}\boldsymbol{S}$ 的直角坐标形式又可改写为

$$
\begin{aligned}
(\boldsymbol{q}\cdot\nabla)\boldsymbol{q}\mathrm{d}\boldsymbol{S} &= \left(u\frac{\partial u}{\partial x}\mathrm{d}x+u\frac{\partial u}{\partial y}\mathrm{d}y+u\frac{\partial u}{\partial z}\mathrm{d}z\right)+\left(v\frac{\partial v}{\partial x}\mathrm{d}x+v\frac{\partial v}{\partial y}\mathrm{d}y+v\frac{\partial v}{\partial z}\mathrm{d}z\right)\\
&\quad+\left(w\frac{\partial w}{\partial x}\mathrm{d}x+w\frac{\partial w}{\partial y}\mathrm{d}y+w\frac{\partial w}{\partial z}\mathrm{d}z\right)\\
&= u\mathrm{d}u+v\mathrm{d}v+w\mathrm{d}w\\
&= \mathrm{d}\left(\frac{u^2+v^2+w^2}{2}\right)=\mathrm{d}\left(\frac{q^2}{2}\right)
\end{aligned}
\tag{4.4.3}
$$

以及

$$
\begin{aligned}
\nabla p\cdot\mathrm{d}\boldsymbol{S} &= \left(\frac{\partial p}{\partial x}\boldsymbol{i}+\frac{\partial p}{\partial y}\boldsymbol{j}+\frac{\partial p}{\partial z}\boldsymbol{k}\right)(\mathrm{d}x\boldsymbol{i}+\mathrm{d}y\boldsymbol{j}+\mathrm{d}z\boldsymbol{k})\\
&= \frac{\partial p}{\partial x}\mathrm{d}x+\frac{\partial p}{\partial y}\mathrm{d}y+\frac{\partial p}{\partial z}\mathrm{d}z=\mathrm{d}p
\end{aligned}
\tag{4.4.4}
$$

$$
\boldsymbol{g}\mathrm{d}\boldsymbol{S}=(-g\boldsymbol{j})(\mathrm{d}x\boldsymbol{i}+\mathrm{d}y\boldsymbol{j}+\mathrm{d}z\boldsymbol{k})=-g\mathrm{d}y \tag{4.4.5}
$$

将式（4.4.3）～式（4.4.5）代入式（4.4.2）沿流线积分，得

$$
\int_s\frac{\partial\boldsymbol{q}}{\partial t}\mathrm{d}\boldsymbol{S}+\frac{\boldsymbol{q}^2}{2}+\frac{p}{\rho}+gy=C(t) \tag{4.4.6}
$$

以上积分是在给定时刻 t 沿流线积分出来的，故积分常数 $C(t)$是时间的函数，在不同时间或不同流线上，常数 $C(t)$是不相同的。

对于定常流动，$\frac{\partial\boldsymbol{q}}{\partial t}=0$，则式（4.4.6）可简化为

$$
\frac{q^2}{2}+\frac{p}{\rho}+gy=\text{常数} \tag{4.4.7}
$$

这就是在流体力学中极为重要的沿流线流动的伯努利方程。在水动力学中，伯努利方程常写为

$$
y+\frac{p}{\rho g}+\frac{v^2}{2g}=\text{常数}
$$

或

$$
y_1+\frac{p_1}{\gamma}+\frac{v^2}{2g}=y_2+\frac{p_2}{\gamma}+\frac{v_2^2}{2g} \tag{4.4.8}
$$

式中：重度 $\gamma=\rho g$，速度 v 即为式（4.4.7）中的 q。以下对这个方程做一些讨论。

4.4.1 伯努利方程的几何意义

由于伯努利方程各项 y、$\frac{p}{\gamma}$、$\frac{v^2}{2g}$ 均为长度的量纲，通常称 y 为位置水头高，或简称为位头。称 $\frac{p}{\gamma}$ 为压力水头高，或简称为压头，有时也称为静压头，虽然这里的压力 p 是指流动中相应于速度 v 处的压力，但这个压力往往是通过测压管的静压高度测得，故可称为静压。称 $\frac{v^2}{2g}$ 为速度水头高，或简称为速头，有时也称为动压水头。对任一基准面而言，伯努利方

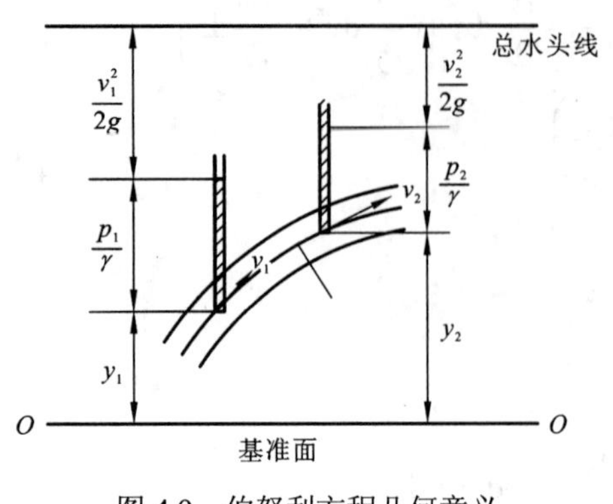

图 4.9　伯努利方程几何意义

程即表示在流线上各处的位置水头、压力水头和速度水头三者之和，即总水头保持不变，其几何形象如图 4.9 所示，总水头线为一水平线。

4.4.2　伯努利方程的物理意义

从物理意义上看伯努利方程式（4.4.7）中的每一项，它们都具有能量的意义，如 $gy=\frac{Mgy}{M}$，令 M 为流体的质量，故 gy 可理解为单位质量流体的位能；如 $\frac{1}{2}v^2$ 可以认为是单位质量的流体动能，即 $\frac{1}{2}\frac{Mv^2}{M}=\frac{1}{2}v^2$；对 $\frac{p}{\rho}$ 考虑压力为 p 的流体作用于一活塞面积 dA 上，如图 4.10 所示，使活塞移动距离 l 后，有质量等于 $\rho l\mathrm{d}A$ 的流体做功为 $p\mathrm{d}A\cdot l$，表明流体压力具有潜在的做功能力，其单位质量流体的压力能为

$$\frac{p\mathrm{d}A\cdot l}{\rho l\mathrm{d}A}=\frac{p}{\rho}$$

故 $\frac{p}{\rho}$ 可以认为是流体单位质量的压力能。

由此可见，伯努利方程又表明是流体单位质量的位能、动能和压力能三者之和沿流线保持恒等，即总的机械能量保持不变，故伯努利方程有时也称为不可压缩流体的能量方程。

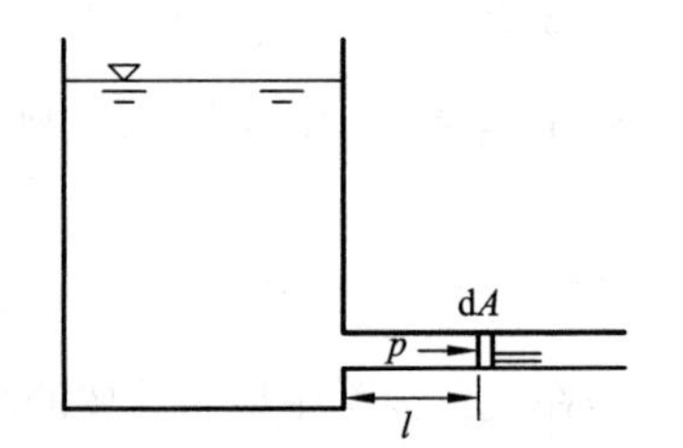

图 4.10　伯努利方程压力项物理意义

对于实际流体，根据其物理意义推测，由于流体流动中必有黏性引起的能量损失，故可将它推演出实际流体中沿流线的伯努利方程为

$$y_1+\frac{p_1}{\gamma}+\frac{v_1^2}{2g}=y_2+\frac{p_2}{\gamma}+\frac{v_2^2}{2g}+h_\mathrm{f} \tag{4.4.9}$$

式中：h_f 为 1、2 两点之间水头损失高度，或称为流体能量损失高度。这个方程也表明实际流体总水头线高度将沿流线的流动方向下降，总水头线不再保持为水平线。

4.4.3　准一维定常流伯努利方程

将流线上伯努利方程推广应用于一维管流中，只要所取 1、2 两截面上通过的流线几乎平行和几乎为直线，即所谓渐变流截面，则在这样的截面上流体只受重力作用，故压力分布与静水压力分布相同：$y+\frac{p}{\rho g}=$ 常数［见式（2.2.5）］。在这样的截面上取任一点处的 $y+\frac{p}{\rho g}$ 值均可代表该截面上的平均值。用截面面积 A 上平均速度 v 表示单位时间通过的流体动能

$\dfrac{v^2}{2g}(\rho g v A)$，与实际截面面积上因速度 u 分布不均匀所具有的动能 $\rho g\int_A \dfrac{u^2}{2g}u\mathrm{d}A$，两者不完全相等，令

$$\alpha\frac{v^2}{2g}(\rho g v A)=\rho g\int_A \frac{u^3}{2g}u\mathrm{d}A \tag{4.4.10}$$

式中：α 为动能修正系数，有

$$\alpha=\frac{1}{A}\int_A\left(\frac{u}{v}\right)^3\mathrm{d}A \tag{4.4.11}$$

通常将准一维流动的伯努利方程写为

$$y_1+\frac{p_1}{\gamma}+\alpha_1\frac{v_1^2}{2g}=y_2+\frac{p_2}{\gamma}+\alpha_2\frac{v_2^2}{2g}+h_\mathrm{f} \tag{4.4.12}$$

在实际中，大多数情况 α 的值为 1.01～1.10 变化，在工程计算中一般不予考虑，即令 α=1.0，而式（4.4.12）中 h_f 为 1、2 两截面之间水头损失，对它的确定将在第 7 章中继续讨论。

4.4.4 忽略重力作用的伯努利方程

对于空气的低速流动问题，由于重力的影响很小，常忽略不计，则伯努利方程式（4.4.7）可简化为

$$p+\frac{1}{2}\rho q^2=\text{常数} \tag{4.4.13}$$

由此可见，流动中（如沿流线）速度 $\boldsymbol{q}$ 增大则压力 p 将减小；反之，速度减小则压力增大。速度为 0 的点（称为驻点）上压力最大，记为 p_0，常称为驻点压力或总压，则式（4.4.13）又可写为

$$p+\frac{1}{2}\rho q^2=p_0 \tag{4.4.14}$$

该式表明空气动力学中总压力 p_0 等于静压力 p 与动压力 $\dfrac{1}{2}\rho q^2$ 之和。

在水动力学问题中，重力作用是必须考虑的，但将压力 p 分解为两部分，一部分为流体重量产生的压力 p_H，另一部分是由流体运动产生的水动压力 p_D，令

$$p=p_\mathrm{H}+p_\mathrm{D} \tag{4.4.15}$$

则水动力学中伯努利方程式（4.4.8）可写为

$$\frac{p_\mathrm{D}}{\gamma}+\frac{v^2}{2g}+y+\frac{p_\mathrm{H}}{\gamma}=\text{常数} \tag{4.4.16}$$

如果流动中的流体不存在自由液面波动，其中静水压力部分 $y+\dfrac{p_\mathrm{H}}{\gamma}$ 为恒定常数，故有

$$p_\mathrm{D}+\frac{1}{2}\rho v^2=\text{常数} \tag{4.4.17}$$

这是一个重要的结果，它说明在某些水动力学问题中可以先忽略重力作用，按伯努利方程式（4.4.17）计算出水动压力 p_D 分布后，再加上当地的静水压力 p_H，就是所要求的流体压力 p，这样做往往是一种更方便的方法。

4.5 伯努利方程的应用

伯努利方程的应用十分广泛，以下选择几个重要方面的应用加以讨论。

4.5.1 小孔出流

小孔出流是指孔口出流速度在孔口截面上可以认为均匀分布的一种孔口出流。如图 4.11 所示，当水箱内水位 h 为常数时，求小孔的出流速度和流量。

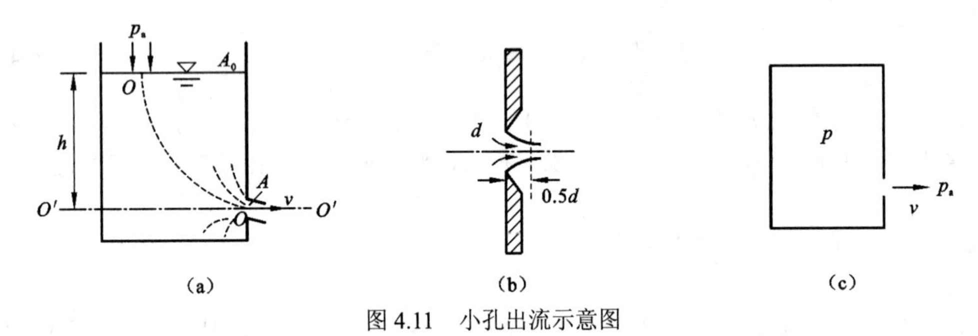

图 4.11 小孔出流示意图

取任一流线 OO 分析，令 $O'O'$为基准线，列伯努利方程，水箱中水面上压力和孔口出流处外界压力均为 p_a（大气压），则有

$$h+\frac{p_a}{\gamma}+\frac{v_0^2}{2g}=0+\frac{p_a}{\gamma}+\frac{v_i^2}{2g}$$

式中：v_0 为水箱内水面下降的平均速度；v_i 为小孔出流的理想流速。

由流体连续性方程可知：

$$v_0A_0=v_iA$$

式中：A_0 和 A 分别为水箱容器水面面积和小孔截面面积，当 $A_0 \gg A$ 时，$v_0 \approx 0$，所以小孔出流的理想流速 v_i 的计算公式为

$$v_i=\sqrt{2gh} \tag{4.5.1}$$

实际流速 v 应写为

$$v=c_v\sqrt{2gh} \tag{4.5.2}$$

式中：c_v 为考虑小孔出流中流体黏性影响的修正系数，通常称为速度系数，根据实验测定，c_v 一般为 0.96～0.996，很接近于 1，故计算小孔出流的速度时，应用无黏性流体伯努利方程能获得接近实际的结果。

孔口的理想流量 Q_i 为

$$Q_i=v_iA=A\sqrt{2gh} \tag{4.5.3}$$

与实际出流量 Q 相差悬殊，这是由孔口出流的收缩现象引起的，如图 4.11（b）所示。向孔口出流处汇集的所有流线，因惯性不可能突然都变为相同的方向，而是要在孔口外大约二分之一孔径处才能形成一收缩截面，在收缩截面处所有流线才相互平行。设小孔出流收缩截面面积为 A_e，它与孔口截面面积 A 的比值称为收缩系数 C_e，即

$$C_e = \frac{A_e}{A} \tag{4.5.4}$$

根据实验测定，对于薄壁圆形小孔，C_e的值大约为 0.64。孔口实际出流量 Q，必须按 A_e 面积计算其流量才算正确的。这是因为在收缩截面处的水流才是相互平行的，除收缩截面以外，其他各处的水流速度在同一截面上的速度方向互不一致，所以

$$Q = vA_e = C_e C_v A\sqrt{2gh} = C_d A\sqrt{2gh} \tag{4.5.5}$$

式中：C_d 为流量系数，有

$$C_d = C_e C_v \tag{4.5.6}$$

对于薄壁孔口，C_d 的实验值大约为 0.6。

对于大孔口出流，孔口截面上的水位 h 将是变数，虽可用积分求解，但由于它们仍需要修正系数，在实用上还是用小孔口出流的公式（4.5.5）计算不同孔口形状的流量系数 C_d 的值，已有许多实验资料，可查阅《水力学手册》，C_d 大约为 0.6～0.9。

再考虑容器中气体通过孔口出流的情况，若出流速度不大，也可用不可压缩流体伯努利方程计算其出流速度。设容器中气体压力为 p，密度为 ρ，孔口外围大气压 p_a，如图 4.11（c）所示，应用忽略重力作用的伯努利方程式（4.4.13），有

$$p = p_a + \frac{1}{2}\rho v^2 \tag{4.5.7}$$

故有

$$v = \sqrt{\frac{2(p - p_a)}{\rho}}$$

4.5.2 毕托管（测速管）

毕托管是一种测量流速的常用设备，最初是由法国工程师毕托（Pitot）提出的，后被命名为毕托管。

一个直角的小弯管，如图 4.12 所示，就是一种最简单的毕托管。管的开端 O 与流速相迎，起初迎面而来的流体从管口开端进入管内，管内流体压力升高到一定值后，流体在管端即停滞，管端流速为 0，内外压力保持平衡。管端 O 点的流体压力为 p_0，称为滞止压力或总压，与管内静压相等。流线 1、O 两点的伯努利方程为

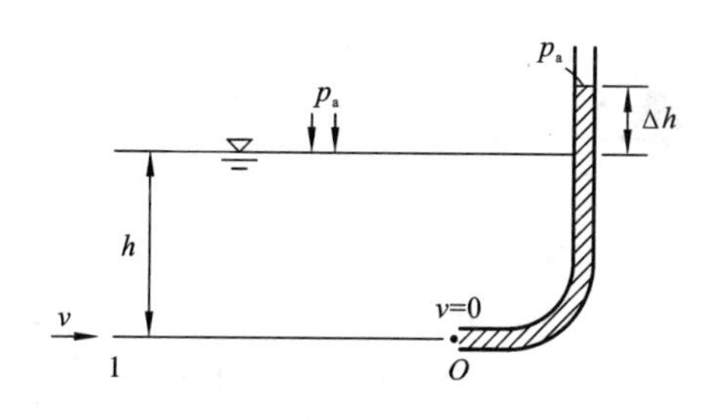

图 4.12 毕托管原理示意图

$$\frac{p_1}{\gamma} + \frac{v^2}{2g} = \frac{p_0}{\gamma}$$

式中：v 为 1 点处水流速度，所以

$$v = \sqrt{2g \cdot \frac{p_0 - p_1}{\gamma}} \tag{4.5.8}$$

若来流的流线近似为一组平行的直线（图 4.12 中 1-O 是其中一条流线），则来流中沿铅垂方向上的压力分布为静水压力分布，即 $p_1 = p_a + \gamma h$，则有 $p_0 - p_1 = \gamma\Delta h$，代入式（4.5.8）得

$$v = \sqrt{2g\Delta h} \tag{4.5.9}$$

由此可见，测得图 4.12 种的 Δh 值，便可算得来流速度的大小。在实用上，因水流自由表面常有波动等原因，要测得正确的 Δh 值是很困难的，故有其他改进型毕托管发明。

图 4.13（a）为普朗特设计的毕托管，其中迎流端 O 处测出的压力即为流体总压 p_0，为了使管侧壁面的几个测孔测得的压力等于通过 O 点的流线上游速度为迎流 v 时的静压 p_1，侧壁面上的测孔位置应合理地选择。通常，管端头部对流动的干扰使侧壁上的流速增大，而垂直于来流的杆柄对流动的阻滞，使侧壁面上的流速减小，故存在一个合适的测孔位置，在该处测得的静压 p_1，相当于迎流速度 v 处的静压。这样仍可用式（4.5.8）计算速度值。

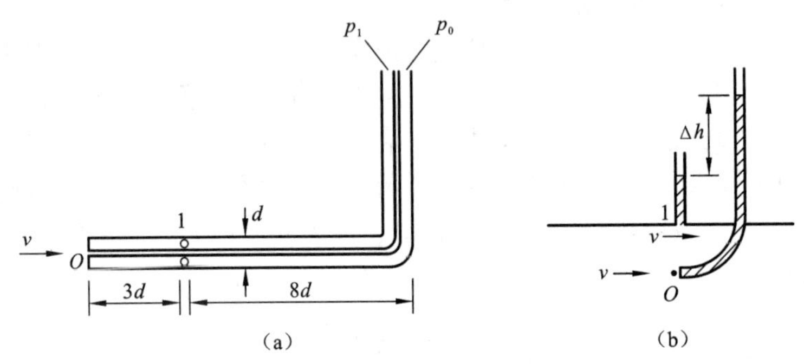

图 4.13　其他改进型毕托管示意图

普朗特毕托管常用于气流和河流中测流速。普朗特毕托管也可用于管流中测流速。管中流速有时还可用图 4.13（b）所示的简单装置测量。管流中某点总压 p_0 由伸入管中的毕托管测量，该点处的静压力 p_1 由管壁面上测孔测量，虽管壁面测孔与毕托管测点不在同一流线上，但在直管段的条件下，同一垂向截面上的压力与静水压力分布相同，故由 1 点测得的压力 p_1，相当于 O 点位置处流线上游速度 v 时的静压。这样仍可用式（4.5.8）或式（4.5.9）计算所测点的速度。

4.5.3　文丘里流量计

文丘里流量计是一种测量管道中流体流量的仪器。如图 4.14 所示，它是由一段收缩管和一段扩散管组成。收缩半角取 15°～20°，扩散半角取 5°～7°。对于不可压缩流体的管流，当流体进入收缩段后，流速增加从而引起压力下降。通过对收缩管段前截面 1 和最小收缩截面 2（喉部）测出压力的变化，应用伯努利方程便可算出管道内流体的平均流速和通过的流体流量。

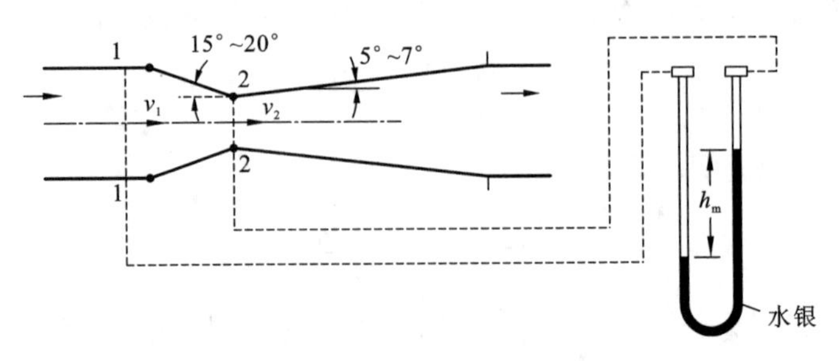

图 4.14　文丘里流量计示意图

假定文丘里流量计水平放置，按定常一维流动对截面1和截面2列出无黏性流体伯努利方程：

$$\frac{p_1}{\gamma}+\frac{v_1^2}{2g}=\frac{p_2}{\gamma}+\frac{v_2^2}{2g}$$

由一维流动的流体连续性方程可知：

$$A_1v_1=A_2v_2$$

式中：A_1 和 A_2 分别为截面 1 和截面 2 的流道截面面积，由以上两式可解得

$$v_1=\frac{1}{\sqrt{\left(\frac{A_1}{A_2}\right)^2-1}}\sqrt{2g\left(\frac{p_1}{\gamma}-\frac{p_2}{\gamma}\right)} \tag{4.5.10}$$

若用水银比压计测压差（图 4.14），设水银的重度为 γ_{Hg}，故有

$$\frac{p_1}{\gamma}-\frac{p_2}{\gamma}=\frac{\gamma_{\mathrm{Hg}}h_{\mathrm{m}}-\gamma h_{\mathrm{m}}}{\gamma}=h_{\mathrm{m}}\left(\frac{\gamma_{\mathrm{Hg}}}{\gamma}-1\right)$$

便有管道中理想流量 Q_{i} 的计算公式为

$$Q_{\mathrm{i}}=A_1v_1=\frac{A_1}{\sqrt{\left(\frac{A_1}{A_2}\right)^2-1}}\sqrt{2gh_{\mathrm{m}}\left(\frac{\gamma_{\mathrm{Hg}}}{\gamma}-1\right)} \tag{4.5.11}$$

考虑黏性影响，实际流量 Q 应乘以一修正系数 C_{d}（称为流量系数），令

$$Q=C_{\mathrm{d}}Q_{\mathrm{i}} \tag{4.5.12}$$

由于文丘里流量计内壁加工都很光滑，实验测定的 C_{d} 值接近于 1，一般 C_{d} 值大约为 0.98。

文丘里流量计测量的原理是根据管流截面面积收缩和放大引起流体压力和速度变化的效应，通过伯努利方程计算求得的这种效应被泛称为文丘里效应。

工程上测量管道中液体或气体的流量常用孔板流量计，如图 4.15 所示，其设计原理类同于文丘里流量计，计算公式也一样。孔板流量计的流量系数比文丘里流量计小得多，一般取 C_{d} 为 0.6～0.8。标准型孔板流量计的结构尺寸和流量系数都可以从机械工程手册中查到。图 4.15 中孔 1、孔 2 分别为孔板前后测压孔。

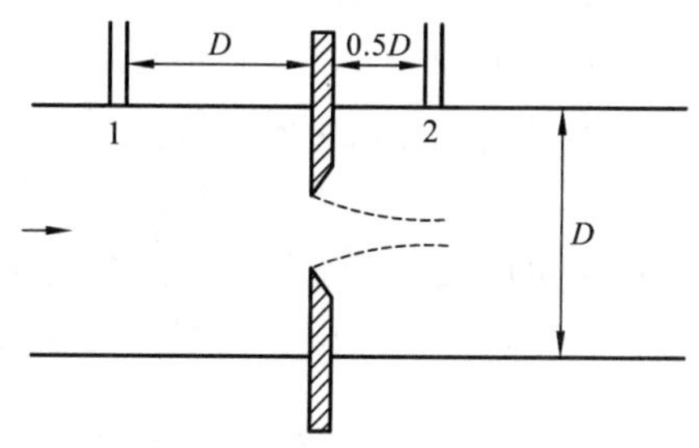

图 4.15　孔板流量计示意图

4.5.4　虹吸坐便器

众所周知，典型的虹吸管是一种反向的 U 形管，利用它可使容器液面下的液体在大气压力作用下向上越过一定高度再向低处流出。虹吸管有很多巧妙的应用，有一些已成为在技术上和知识产权上的专利产品，其中虹吸坐便器便是一种有特别意义的产品之一。

图 4.16 为虹吸坐便器示意图，使用时水箱中的水从池盆位置 1 高度处一排若干小孔流出（小孔位置可不同高度），有的坐便器同时在位置 2 高度处设计一排若干小孔喷出水流（喷孔位置高度可不同）。从各小孔喷射出的水流流量在任何瞬时都可用小孔出流的公式计算出来。

这些小孔出流一边冲刷池盆壁面，同时使池盆内水位上升，直到池盆内水位越过内部虹吸管顶端时，虹吸管内的空气被排除。虹吸管则在池盆水面上大气压力作用下将池盆内粪便和水一起吸入到虹吸管内，并将它们从下水道排出。粪便排放完成后，虹吸管靠池盆一侧仍会有一定量的水留在池盆内，可起到阻止下水道中臭气进入室内的作用。

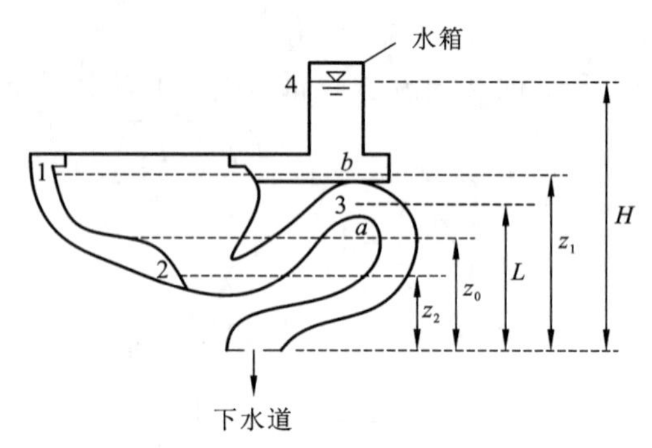

图 4.16　虹吸坐便器示意图

判断虹吸坐便器产品性能的优劣的最重要指标是在确保能将池盆内的粪便冲洗干净的前提下，用水量尽可能的少。目前，国外好的坐便器产品每次冲洗用水量只需 3～5 L，国内产品一般需要 7～8 L，差距主要是与冲水过程中流体力学设计有关。如其中虹吸管的高度、虹吸管的弯道尺度、水箱内的水位高度、喷射出水口的位置高度和数量等都会影响坐便器的冲洗性能，需要做系统的理论分析、数值计算和实验研究。

4.6　无量纲流体动力学基本方程、相似准则和量纲分析法

N-S 方程是流体动力学的基本方程，它是一个有量纲的方程，但也可以将它写为无量纲形式的 N-S 方程。无量纲形式 N-S 方程与流动尺度大小无关，利用模型试验研究实型的流动时，使无量纲方程和边界条件完全相同，所需满足的条件是做模型试验应遵守的相似准则。另外，利用无量纲形式的流体动力学基本方程做数据计算，也有利于数值运算和验算。

以不可压缩等密度和黏性系数为常数的 N-S 方程式（4.3.9）为例，取重力方向（y 轴向）的方程作分析，先写出有量纲的 N-S 方程为

$$\frac{\partial v}{\partial t}+u\frac{\partial v}{\partial x}+v\frac{\partial v}{\partial y}+w\frac{\partial v}{\partial z}=-g-\frac{1}{\rho}\frac{\partial p}{\partial y}+\frac{\mu}{\rho}\left(\frac{\partial^2 v}{\partial x^2}+\frac{\partial^2 v}{\partial y^2}+\frac{\partial^2 v}{\partial z^2}\right) \tag{4.6.1}$$

式中：ρ、g、μ 为常数。

对其他物理量选择如下无量纲量（上标*表示无量纲量），令

$$\begin{cases} x^*=\dfrac{x}{L},y^*=\dfrac{y}{L},z^*=\dfrac{z}{L} \\ u^*=\dfrac{u}{v_0},v^*=\dfrac{v}{v_0},w^*=\dfrac{w}{v_0} \\ t^*=\dfrac{t}{t_0} \\ p^*=\dfrac{p}{p_0} \end{cases} \tag{4.6.2}$$

式中：L 为特征尺度；v_0 为特征速度；t_0 为特征时间；p_0 为特征压力；它们都是在同一流场中具有代表性的一些特定的参考尺度。

将式（4.6.2）代入式（4.6.1）则有

$$\frac{v_0}{t_0}\frac{\partial v^*}{\partial t^*}+\frac{v_0^2}{L}\left(u^*\frac{\partial v^*}{\partial x^*}+v^*\frac{\partial v^*}{\partial y^*}+w^*\frac{\partial v^*}{\partial z^*}\right)=-g-\frac{p_0}{\rho L}\frac{\partial p^*}{\partial y^*}+\frac{\mu v_0}{\rho L^2}\left(\frac{\partial^2 v^*}{\partial x^{*2}}+\frac{\partial^2 v^*}{\partial y^{*2}}+\frac{\partial^2 v^*}{\partial z^{*2}}\right) \tag{4.6.3}$$

如果选择其中迁移加速度项的有量纲系数 $\frac{v_0^2}{L}$ 统除式（4.6.3），使得无量纲方程为

$$\begin{aligned}&\frac{L}{v_0 t}\frac{\partial v^*}{\partial t^*}+u^*\frac{\partial v^*}{\partial x^*}+v^*\frac{\partial v^*}{\partial y^*}+w^*\frac{\partial v^*}{\partial z^*}\\&=-\frac{gL}{v_0^2}-\frac{p_0}{\rho v_0^2}\frac{\partial p^*}{\partial y^*}+\frac{\mu}{\rho v_0 L}\left(\frac{\partial^2 v^*}{\partial x^{*2}}+\frac{\partial^2 v^*}{\partial y^{*2}}+\frac{\partial^2 v^*}{\partial z^{*2}}\right)\end{aligned} \tag{4.6.4}$$

以上所述，这种所谓通常的选择有一定任意性，但反映了前人的共同认识。例如，对于 $\frac{v_0^2}{L}$，在物理意义上表示单位质量惯性力的量度，它在各种流动问题中总是起作用的。

式（4.6.4）中一些无量纲组合数，按习惯的定义有

$$Fr=\frac{v_0}{\sqrt{gL}} \tag{4.6.5}$$

式中：Fr 为弗劳德数，在物理上有 $\sqrt{惯性力/重力}$ 的含义。

$$Re=\frac{\rho v_0 L}{\mu}=\frac{v_0 L}{\nu} \tag{4.6.6}$$

式中：Re 为雷诺数，在物理上有惯性力/黏性力的含义。

$$Sr=\frac{v_0 t_0}{L} \tag{4.6.7}$$

式中：Sr 为斯特劳哈尔（Strouhal）数。

$$Eu=\frac{p_0}{\rho v_0^2} \tag{4.6.8}$$

式中：Eu 为欧拉数。

则无量纲 N-S 方程式（4.6.4）可写为

$$\begin{aligned}&\frac{1}{Sr}\frac{\partial v^*}{\partial t^*}+u^*\frac{\partial v^*}{\partial x^*}+v^*\frac{\partial v^*}{\partial y^*}+w\frac{\partial v^*}{\partial z^*}\\&=-\frac{1}{Fr^2}-Eu\frac{\partial p^*}{\partial y^*}+\frac{1}{Re}\left(\frac{\partial^2 v^*}{\partial x^{*2}}+\frac{\partial^2 v^*}{\partial y^{*2}}+\frac{\partial^2 v^*}{\partial z^{*2}}\right)\end{aligned} \tag{4.6.9}$$

对不可压缩流体连续性方程式（3.4.13）无量纲化后为

$$\frac{\partial u^*}{\partial x^*}+\frac{\partial v^*}{\partial y^*}+\frac{\partial w^*}{\partial z^*}=0 \tag{4.6.10}$$

这样，在模型试验中，为获得流动相似，要求运动微分方程完全相同，相似的要求必须满足 Sr、Eu、Fr、Re 这四个无量纲数都相等，即

$$
\begin{cases}
(Sr)_{\mathrm{m}} = (Sr)_{\mathrm{p}} \\
(Eu)_{\mathrm{m}} = (Eu)_{\mathrm{p}} \\
(Fr)_{\mathrm{m}} = (Fr)_{\mathrm{p}} \\
(Re)_{\mathrm{m}} = (Re)_{\mathrm{p}}
\end{cases}
\tag{4.6.11}
$$

式中：下标 m 和 p 分别表示模型和原型的流动。它们就是在一般情况下重力场中不可压缩流体模型试验中四个相似准则。

对于定常流动，Sr 便不存在。除非流动中发生空泡（汽化现象），流体压力 p_0 的绝对值对流动中的速度场是没有影响的，速度变化只决定于压力的变化，与压力的绝对值无关。因此 Eu 总可以自动满足，Eu 并不是一个决定性相似准则，只要其他相似准则满足，Eu 必然自动满足。这样 Eu 这个相似准则只有在有空泡现象发生的流动中才需要考虑。为了明确起见，可将 Eu 改写为

$$
Eu = \frac{p_0}{\rho v_0^2} = \frac{p_\infty - p_{\mathrm{v}}}{\frac{1}{2}\rho v_0^2} = k \tag{4.6.12}
$$

式中：p_{v} 为汽化压力；p_∞ 为前方处流体压力；k 为空泡数（或空化数）。

对于 Fr，在具有自由表面的水流和具有动边界的自由射流中，这个重力相似准则的要求是重要的。而在没有自由表面的内流问题中，重力影响仅仅以静水压力的形式反映出来，并在数学处理上可合并到压力项中，则 Fr 相似要求也就不必考虑。

Re 是黏性力相似的一个重要相似准则数。而由无量纲 N-S 方程式（4.6.9）可见，随着 Re 增大，使黏性项对流动的影响变小，故当 Re 大到一定量后，黏性影响也可忽略不计。由于实型流动中 Re 往往很大，而模型试验常常不能获得相同的 Re，但只要达到一定所谓的“自模拟雷诺数”后，模型试验中的 Re 虽然不等于原型中的 Re，但仍可获得足够精度的黏性相似的要求，这一自然现象将十分有利于进行模型试验。至于“自模拟雷诺数”是多大，对各种试验对象需通过试验测定。

以上已分别讨论了不可压缩流体中的四个相似准则数，通常在模型试验中要同时满足其中的 Re 和 Fr 这两个相似准则一般是不可能实现的。例如，Re 相等的要求：

$$
\left(\frac{v_0 L}{\nu}\right)_{\mathrm{m}} = \left(\frac{v_0 L}{\nu}\right)_{\mathrm{p}} \tag{4.6.13a}
$$

或

$$
(v_0)_{\mathrm{m}} = \frac{L_\rho}{L_{\mathrm{m}}}\frac{\nu_{\mathrm{m}}}{\nu_{\mathrm{p}}}(v_0)_{\mathrm{p}} \tag{4.6.13b}
$$

Fr 相等的要求：

$$
\left(\frac{v_{\mathrm{p}}}{\sqrt{gL}}\right)_{\mathrm{m}} = \left(\frac{v_0}{\sqrt{gL}}\right)_{\mathrm{p}} \tag{4.6.14a}
$$

或

$$
(v_0)_{\mathrm{m}} = \frac{L_{\mathrm{m}}}{L_{\mathrm{p}}}(v_0)_{\mathrm{p}} \tag{4.6.14b}
$$

比较式（4.6.13）和式（4.6.14）可知，同时满足它们的要求，实际上是不可能的。实际

模型试验，因此，只能抓住其中起主要作用的相似准则去安排试验。如在空气动力学风洞试验中，黏性相似准则最重要，应该按 Re 或“自模拟雷诺数”的要求安排模型试验。在水动力学水槽试验中，重力相似最重要，应按 Fr 相等的要求安排模型试验。当然，对于空泡流试验还应考虑空泡数相等，对螺旋桨的试验还要考虑非定常流动相似准则，使 Sr 相等安排试验。

对于可压缩流动问题，以及其他特殊的流动问题，它们的相似准则均可类似导出，在这里不一一讨论。其中量纲分析法是导出相似准则的另一种方法。

量纲分析法是通过分析所研究的问题中有关物理量的量纲，利用物理方程的量纲齐次性原理，即物理方程中每一项的量纲是必须相等的，从而可推导出有关物理量之间应该具有的合理关系，用以指导试验和整理试验结果。对复杂流动问题的研究，特别是在尚不能确定主导其流动的基本方程时，模型试验中关于相似准则的探讨，引用量纲分析法能起到引导性的重要作用。

在量纲分析中，还可以对研究的问题有关物理量中选取三个相互独立的物理量作为基本量，如在单向流体的流动问题中选取特征长度 L、特征速度 v 和流体密度 ρ 作为基本量，则其他物理量的量纲又可表示为（通过代数核算可验证）

重力加速度：

$$[g]=L^{-1}v^2 \tag{4.6.15a}$$

或

$$g=\Pi_g L^{-1}v^2, \quad \Pi_g=\frac{gL}{v^2} \tag{4.6.15b}$$

压力或压力差：

$$[\Delta p]=\rho v^2 \tag{4.6.16a}$$

或

$$\Delta p=\Pi_p \rho v^2, \quad \Pi_p=\frac{\Delta p}{\rho v^2} \tag{4.6.16b}$$

黏性系数：

$$[\mu]=\rho vL \tag{4.6.17a}$$

或

$$\mu=\Pi_\mu \rho vL, \quad \Pi_\mu=\frac{\mu}{\rho vL} \tag{4.6.17b}$$

表面张力：

$$[\sigma]=\rho v^2 L \tag{4.6.18a}$$

或

$$\sigma=\Pi_\sigma \rho v^2 L, \quad \Pi_\sigma=\frac{\sigma}{\rho v^2 L} \tag{4.6.18b}$$

物面粗糙度：

$$[\kappa_s]=L \tag{4.6.19a}$$

或

$$\kappa_s=\Pi_\kappa L, \quad \Pi_\kappa=\frac{\kappa_s}{L} \tag{4.6.19b}$$

力（阻力、升力等）

$$[F]=\rho v^2 L^2 \tag{4.6.20a}$$

$$F=\Pi_F \rho v^2 L^2, \quad \Pi_F=\frac{F}{\rho v^2 L^2} \tag{4.6.20b}$$

式中：Π_g、Π_p、Π_μ、Π_σ、Π_κ、Π_F 分别表示以上这些物理量以 L、v 和 ρ 为基本量时的无量纲数值。如有关物理量存在待定的函数关系，即

$$f(F,\rho,v,L,g,\Delta p,\mu,\sigma,\kappa_s,\cdots)=0 \tag{4.6.21}$$

则这些无量纲也必然有同样的函数关系成立，即

$$f\left(\Pi_F,\Pi_g,\Pi_p,\Pi_\mu,\Pi_\sigma,\Pi_\kappa,\cdots\right)=0 \tag{4.6.22}$$

这就是所谓白金汉（Buckingham）Π 定理。

白金汉 Π 定理指出，p 个带有量纲的物理量之间的关系式，选择其中 m 个（一般为 3 个）物理量作为基本量，则可变为（$p-m$）个无量纲 Π_i 之间同样的关系式。

因为无量纲关系式与流动具体尺度无关，故可用来指导模型试验和整理试验结果。若其中的基本量选择合理，所得出的无量纲关系就包含了流动的相似准则，如前面的 Π_g 相当于 Fr，Π_μ 相当于 Re 等。

量纲分析法就是白金汉 Π 定理的应用，掌握其方法是容易的，但关键问题有两个，一个是确定对该问题有关的物理量，如引入无关的物理量，或漏掉了有关的重要物理量，都将导致量纲分析结果与实际不符。另一个是合理选择基本量，选取不同的基本量（原则上只要是相互独立，并可由它们导出，其他物理量都可选取作为基本量），将导出不同的无量纲关系式。所谓选取合理基本量，能使导出的无量纲包含最简明的相似准则。应用量纲分析法的这两个关键问题的解决都要以经验和理论指导为基础。目前，先限于掌握量纲分析本身的处理方法。

4.6.1 管流阻力水头损失计算的达西-韦斯巴哈公式

根据经验已知圆杆中水流阻力引起的压力降 Δp 与管径 d、管内平均流速 v、流体密度 ρ、流体黏性系数 μ、管长 L 及管壁粗糙度 κ_s 有关。利用量纲分析法研究它们之间的关系有

$$f\left(\Delta p,d,v,\rho,\mu,L,\kappa_s\right)=0 \tag{4.6.23}$$

取 ρ、v、d 为基本量（管流直径对阻力的影响更具有代表性，故取基本量为 d 而不是 L），则由式（4.6.16）、式（4.6.17）和式（4.6.19）可知：

$$\Pi_p=\frac{\Delta p}{\rho v^2}, \quad \Pi_\mu=\frac{\mu}{\rho v d}, \quad \Pi_L=\frac{L}{d}, \quad \Pi_\kappa=\frac{\kappa_s}{d} \tag{4.6.24}$$

根据白金汉 Π 定理，有如下无量纲关系成立：

$$f\left(\Pi_p,\Pi_\mu,\Pi_L,\Pi_\kappa\right)=0 \tag{4.6.25a}$$

或

$$f\left(\frac{\Delta p}{\rho v^2},\frac{\mu}{\rho v d},\frac{L}{d},\frac{\kappa_s}{d}\right)=0 \tag{4.6.25b}$$

另一种无量纲形式为

$$f\left(\frac{\Delta p}{\frac{1}{2}\rho v^2}, Re, \frac{L}{d}, \frac{\kappa_s}{d}\right)=0 \tag{4.6.25c}$$

式中：$Re=\dfrac{\rho vd}{\mu}$ 为管流雷诺数。

将式（4.6.26）写为显性形式，并考虑管流中压力降 Δp 与管长 L 呈线性变化的关系，则有

$$\frac{\Delta p}{\frac{1}{2}\rho v^2}=\lambda\left(Re, \frac{\kappa_s}{d}\right)\frac{L}{d} \tag{4.6.26a}$$

或

$$\Delta p=\lambda\left(Re, \frac{\kappa_s}{d}\right)\frac{L}{d}\frac{1}{2}\rho v^2 \tag{4.6.26b}$$

通常在管流计算中写为水头损失 h_f 的形式：

$$h_f=\frac{\Delta p}{\gamma}=\lambda\left(Re, \frac{\kappa_s}{d}\right)\frac{L}{d}\frac{v^2}{2g} \tag{4.6.27}$$

式中：$\lambda\left(Re, \dfrac{\kappa_s}{d}\right)$ 为管流沿程阻力系数。

以上由量纲分析法推出的管流水头损失计算关系式，常被称为达西-韦斯巴哈公式，它对管流阻力问题的实验研究有指导性作用。在实验中找出管流沿程阻力系数 λ 与管流雷诺数 Re 及管壁相对粗糙度 $\dfrac{\kappa_s}{d}$ 之间的关系。因为是无量纲关系式，可推广应用于不同尺度而且相似的管流中，故用式（4.6.27）安排实验和整理实验结果，便可统一对管流水头损失作出计算。同时可知，其中雷诺数 Re 和相对粗糙度 $\dfrac{\kappa_s}{d}$ 即为由量纲分析法推导出的管流损失问题的相似准则数。

4.6.2 物体在流体中运动阻力计算的通用公式的推导

结合本示例，应用量纲分析法可归纳为如下主要步骤。

（1）根据经验确定与阻力 R 有关的物理量，如物体运动速度 v、物体的特征尺度 L、流量密度 ρ、流体黏性系数 μ、重力加速度 g（无自由液面影响的问题可不考虑）。如还有其他影响因素还可加入。

（2）写出物理量之间的函数关系式：

$$f(R, v, L, \rho, \mu, \mathrm{g})=0$$

（3）选取基本量，此类问题通常取 ρ、v、L 为基本量。

（4）对有关物理量写出无量纲数：

$$\Pi_R=\frac{R}{\rho v^2 L^2}，\ \Pi_\mu=\frac{\mu}{\rho vL}，\ \Pi_g=\frac{gL}{v^2}$$

（5）由白金汉 Π 定理写出无量纲关系式：

$$f\left(\frac{R}{\rho v^2 L^2},\frac{\mu}{\rho vL},\frac{gL}{v^2}\right)=0$$

令 $Re=\dfrac{\rho vL}{\mu}$（物体尺度雷诺数），$Fr=\dfrac{v}{\sqrt{gL}}$（物体尺度弗劳德数），写为习惯上的显示形式为

$$\frac{R}{\frac{1}{2}\rho v^2 L^2}=C_{\mathrm{D}}(Re,Fr)$$

（6）物体阻力 R 的通用公式：

$$R=C_{\mathrm{D}}(Re,Fr)\frac{1}{2}\rho v^2 L^2 \tag{4.6.28}$$

式中：C_{D} 为阻力系数，它是 Re 和 Fr 的函数，需通过实验确定；L^2 常用特征面积 A 表示更方便。故常将物体阻力 R 的通用公式写为

$$R=C_{\mathrm{D}}(Re,Fr)\frac{1}{2}\rho v^2 A \tag{4.6.29}$$

对不同形状的物体，A 应取不同的特征面积，如平板形物体求表面摩擦阻力，A 取平面投影面积；如球体形物体求运动阻力，A 取物体运动方向的投影面积（横截面面积）更具有特征性。阻力系数 C_{D} 值，通常在指定 A 值后按式（4.6.30）求出，故 A 的定义及 1/2 的乘数都不会影响阻力 R 的计算。

例　　题

例 4.1　不可压缩定常流动通过如图 4.17 所示的弯管时，按准一维流动的方法计算，试求作用于截面 A_1 和截面 A_2 之间的弯管上的力 $\boldsymbol{R}$ 的表达式。图 4.17 中截面 A_1 的外法向单位矢量 $\boldsymbol{n}_1$ 为 x 轴负向，截面 A_2 的外法向单位矢量 $\boldsymbol{n}_2$ 与 x 轴的夹角为 θ，其中 v_1 和 v_2 分别为截面 A_1 和截面 A_2 处的平均速度矢量，p_1 和 p_2 分别为截面 A_1 和截面 A_2 上的流体压力。

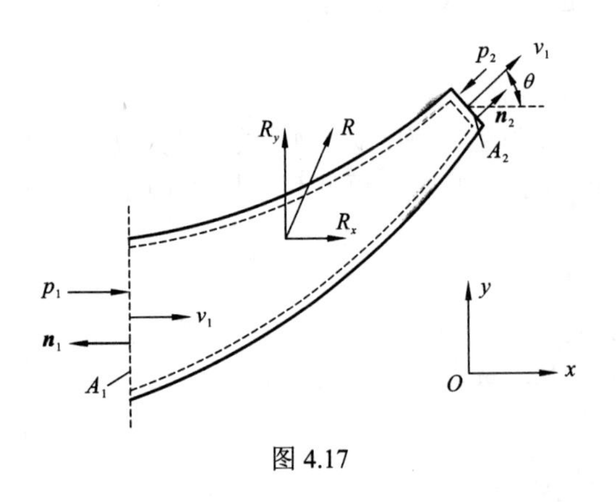

图 4.17

解：对定常不可压缩均质流体，取图 4.17 中虚线所示的控制体，应用积分形式动量方程式（4.1.8），写为直角坐标分量形式：

$$\begin{cases}F_x=\rho\int_A u(\boldsymbol{q}\cdot\boldsymbol{n})\mathrm{d}A\\ F_y=\rho\int_A v(\boldsymbol{q}\cdot\boldsymbol{n})\mathrm{d}A\end{cases}$$

式中：(u,v)为速度矢量 $\boldsymbol{q}(u,v)$的分量。分析作用在控制体上的合外力 $\boldsymbol{F}(F_x,F_y)$，有截面 1 和截面 2 上的流体表面压力 p_1A_1 和 p_2A_2（A_1 和 A_2 分别为截面 1 和截面 2 的面积），以及弯管对流体的反作用力$-\boldsymbol{R}(-R_x,-R_y)$，因

$$\begin{cases}F_x=p_1A_1-p_2A_2\cos\theta-R_x\\ F_y=-p_2A_2\sin\theta-R_y\end{cases}$$

考虑动量变化率只发生在截面 A_1 和截面 A_2 上，有

$$\begin{cases}\rho\int_A u(\boldsymbol{q}\cdot\boldsymbol{n})\mathrm{d}A=-\rho v_1(A_1v_1)+\rho v_2\cos\theta(A_2v_2)=\rho(A_2v_2^2\cos\theta-A_1v_1^2)\\ \rho\int_A u(\boldsymbol{q}\cdot\boldsymbol{n})\mathrm{d}A=0+\rho v_2\sin\theta(A_2v_2)=\rho A_2v_2^2\sin\theta\end{cases}$$

根据一维流动连续性方程，管内体积流量相等，令 $A_1v_1=A_2v_2=Q$，则

$$\begin{cases}\rho\int_A u(\boldsymbol{q}\cdot\boldsymbol{n})\mathrm{d}A=\rho Q(v_2\cos\theta-v_1)\\ \rho\int_A v(\boldsymbol{q}\cdot\boldsymbol{n})\mathrm{d}A=\rho Qv_2\sin\theta\end{cases}$$

将它们代入动量方程，得

$$\begin{cases}R_x=p_1A_1-p_2A_2\cos\theta+\rho Q\left(v_1-v_2\cos\theta\right)\\ R_y=-p_2A_2\sin\theta-\rho Qv_2\sin\theta\end{cases}$$

应注意：在应用以上公式计算弯管中流体作用力时，若取管内压力 p_1 和 p_2 为绝对压力，则求得的 $\boldsymbol{R}(R_x, R_y)$为包括弯管外壁大气压力作用在内的合力。如除去大气压力对弯管的作用力，仅确定流体通过弯管（包括流体重量）时的作用力，则只要在计算中将压力 p_1 和 p_2 扣除一个大气压力，即用 p_1 和 p_2 的表压值代入计算就可以了。这是因为在截面 A_1 和截面 A_2 上扣除一个大气压力后，与管壁控制面上作用的外界大气压力一起，对控制体的合力为 0。

例 4.2 自由射流冲击固定叶片或动叶片的作用力。自由射流是指那些脱离固壁边界影响的流动，如在水中或空气中射出水注流，以及在空气中喷出的气流等都属于自由射流。对于水柱射流若不计重力影响，射流与环境大气接触面上的压力处处相等，均等于环境大气压力。根据无黏性流体伯努利方程，则自由射流表面上的速度大小都应相等。试求

（1）二维射流对斜平板的冲击力 $\boldsymbol{R}$（图 4.18）。

（2）二维射流在动叶片上的作用力（图 4.19）。

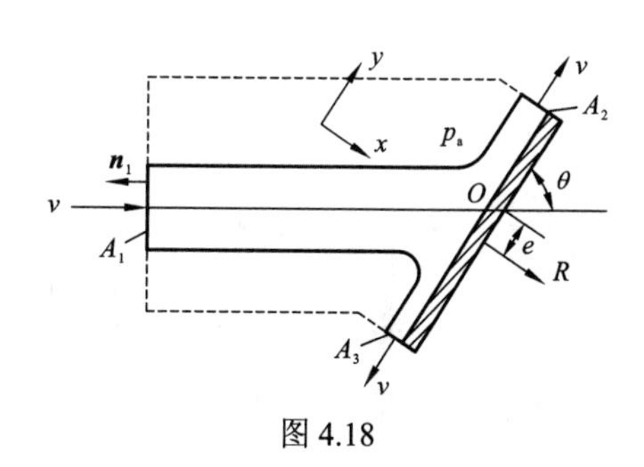

图 4.18

解：（1）二维射流是一种简化的射流模型，只考虑射流在两个方向上的作用。不计黏性摩擦力，射流对平板作用力 $\boldsymbol{R}$ 与板面正交。射流周围为相等的压力 p_a，在不计重力影响条件下，射流进口截面 A_1 上的速度及两个出口截面 A_2 和截面 A_3 上的速度都为 v。对定常不可压缩均质流体的射流，应用动量方程式（4.1.8）求解射流对斜平板作用力 $\boldsymbol{R}$。取图 4.18 中虚线所示的控制体，将动量方程式（4.1.8）分解到特定的直角坐标平面 x-y 上，x 轴与平板正交，令

$$\begin{cases}F_x=\int_A\rho u\left(\boldsymbol{q}\cdot\boldsymbol{n}\right)\mathrm{d}A\\ F_y=\int_A\rho v\left(\boldsymbol{q}\cdot\boldsymbol{n}\right)\mathrm{d}A\end{cases}$$

因控制体表面压力都为静压 p_a，其合力为 0，不计黏性摩擦力，故 $F_y=0$，$F_x=-R$，F_x 为作用于控制体上的力，即为平板的反作用力，故 R 前有负号。

动量变化率仅在射流进口及两个出口截面上发生，在平板固壁边界及自由流线上均无动量通量发生，故

$$\int_A\rho u\left(\boldsymbol{q}\cdot\boldsymbol{n}\right)\mathrm{d}A=\rho v\sin\theta\left(-v\right)A_1=-\rho A_1v^2\sin\theta$$

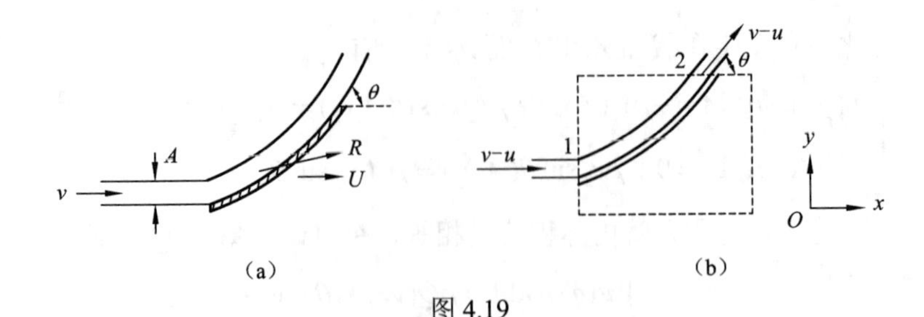

图 4.19

$$\int_A \rho v(\boldsymbol{q}\cdot\boldsymbol{n})\mathrm{d}A = \rho v(v)A_2 + \rho(-v)vA_3 + \rho v\cos\theta(-v) + A_1$$
$$= \rho A_2 v^2 - \rho A_3 v^2 - \rho A_1 v^2\cos\theta$$

将它们代入动量方程，有

$$-R = -\rho A_1 v^2 \sin\theta$$

故

$$R = \rho A_1 v^2 \sin\theta = \rho Q_1 v \sin\theta$$
$$0 = \rho A_2 v^2 - \rho A_3 v^2 - \rho A_1 v^2 \cos\theta$$

所以有

$$A_1\cos\theta = A_2 - A_3$$

有流体连续性方程可知：

$$vA_1 = vA_2 + vA_3$$

即

$$A_1 = A_2 + A_3$$

解得

$$\frac{A_2}{A_3} = \frac{1+\cos\theta}{1-\cos\theta}$$

或

$$A_2 = \frac{1+\cos\theta}{2}A_1,\quad A_3 = \frac{1-\cos\theta}{2}A_1$$

相应的流量分配为

$$Q_2 = \frac{1+\cos\theta}{2}Q_1,\qquad Q_3 = \frac{1-\cos\theta}{2}Q_1$$

为确定作用力 $\boldsymbol{R}$ 的位置，可利用动量矩方程求得。图 4.8 中 O 点为自由射流轴线与平板的交点，由式（4.2.3）对 O 点列动量矩方程，有

$$-R\cdot e = -\rho A_2 v^2 \frac{A_2}{2} + \rho A_3 v^2 \frac{A_3}{2}$$

式中：e 为作用力 $\boldsymbol{R}$ 与 O 点的距离，由于是二维射流，故截面面积 A_2 和 A_3 都代表射流的宽度。将求得的 R 计算公式代入，有

$$e = \frac{A_1}{2}\cot\theta$$

（2）设二维射流绝对速度为 v（恒定值），射流截面面积为 A，射流冲击叶片后，使叶片以等速度 $\boldsymbol{u}$ 在射流进入方向做直线运动。取恒定速度 $\boldsymbol{u}$ 沿 x 轴向移动的动坐标，并取图 4.19 中虚线所示的控制体，相对于动叶片的流动仍为定常流动。进入控制体表面 1 处相对流速为

$(v-u)$，由于是自由射流，出口 2 处的相对速度也为$(v-u)$，根据流体连续性方程，进流和出流截面面积 $A_1=A_2=A$。应用 x 和 y 轴向的分量形式动量方程式（4.1.8），因 $F_x=-R_x$，且

$$\begin{aligned}\int_A \rho u(\boldsymbol{q}\cdot\boldsymbol{n})\mathrm{d}A &= \rho(v-u)[-(v-u)]A+\rho(v-u)\cos\theta(v-u)A \\ &= -\rho(v-u)^2 A(1-\cos\theta)\end{aligned}$$

故

$$R_x = \rho(v-u)^2 A(1-\cos\theta)$$

又因 $F_y=-R_y$，且

$$\int_A \rho v(\boldsymbol{q}\cdot\boldsymbol{n})\mathrm{d}A = 0+\rho(v-u)\sin\theta(v-u)A$$

故

$$R_y = -\rho(v-u)^2 A\sin\theta$$

例 4.3 有密度为 ρ 的不可压缩均质流体，沿宽度为 b 的水平向平板做定常流动，在平板前端进流速度为匀速 v_0，在平板尾端出流速度分布如图 4.20 所示，从平板表面处速度为 0。按线性变化距离平板大于或等于 h 处速度又变为匀速 v_0。试求沿平板方向流体作用于平板上的力。

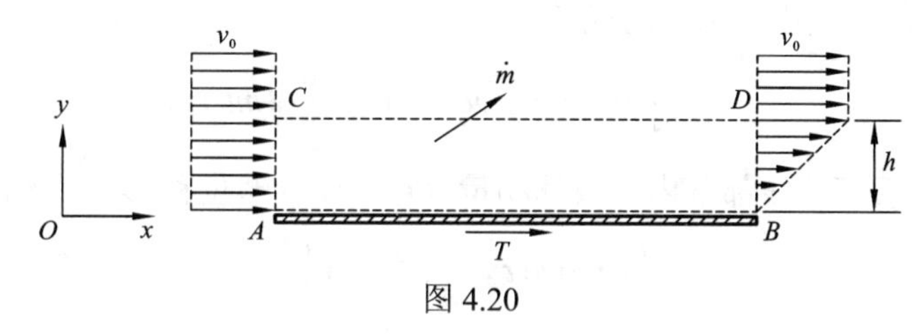

图 4.20

解：取高度为 h 的控制体（图 4.20 种虚线所包括的流体），应用定常不可压缩均质流体动量方程式（4.1.8）求解。设 T 为流体对平板的作用力（x 轴向），因控制体表面边界上流体压力均相等（不计重力影响），压力的合力为 0。

由于控制体表面 AC 边界上的进流速度与 BD 边界上的出流速度不相同，AB 边界为固壁条件（无流体进入或流出），根据定常不可压缩流体连续性方程可知，在 CD 边界上必有流出的质量流量 $\dot{m}$ ，即

$$\dot{m} = \rho v_0 hb - \int_0^h \rho v_0 \frac{y}{h} b\mathrm{d}y = \frac{1}{2}\rho v_0 hb$$

通过 CD 边界流出的流体，在 x 轴向的流速均为 v_0，由 x 轴向动量方程：

$$F_x = \int_A \rho u(\boldsymbol{q}\cdot\boldsymbol{n})\mathrm{d}A$$

因 $F_x=-T$ ，及

$$\begin{aligned}\int_A \rho u(\boldsymbol{q}\cdot\boldsymbol{n})\mathrm{d}A &= \rho v_0(-v_0)hb + \int_0^h \rho v_0\frac{y}{h}\left(v_0\frac{y}{h}\right)b\mathrm{d}y + \dot{m}v_0 \\ &= -\rho v_0^2 bh + \frac{1}{3}\rho v_0^2 bh + \frac{1}{2}\rho v_0^2 bh = -\frac{1}{6}\rho v_0^2 bh\end{aligned}$$

故

$$T = \frac{1}{6}\rho v_0^2 bh$$

例 4.4 图 4.21 为一液体喷射系统的示意图，液压缸内液体密度为 800 kg/m^3，缸径 D_e=2.5 cm，喷嘴直径 d_e=0.5 cm，通过缸内活塞移动，使液体从喷嘴流出的速度 v_e=100 m/s（保持恒定），试求作用在活塞上的力 p。

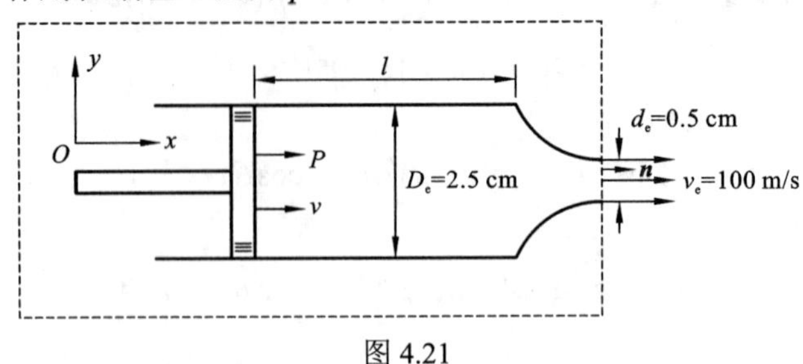

图 4.21

解： 取控制体如图 4.21 中虚线所示，在控制体内液体在活塞推力 p 的作用下，使喷嘴出流获得动量，并考虑在液压缸内有液体动量变化，故需应用 x 轴向非定常流的流体动量方程式（4.1.6）求解活塞对液体的推力 p，因 $F_x=p$，故

$$p=\frac{\partial}{\partial t}\int_\tau \rho u \mathrm{d}\tau+\int_A \rho u(\boldsymbol{q}\cdot\boldsymbol{n})\mathrm{d}A$$

液压缸内液体的动量由两部分组成：

$$\int_\tau \rho u \mathrm{d}\tau=\rho v L\left(\frac{1}{4}\pi D_e^{\,2}\right)+(mu)_e$$

式中：$(mu)_e$ 为缸内喷嘴曲线部分内的液体动量，它不受活塞位移影响，不随时间改变，所以

$$\frac{\partial}{\partial t}\int_\tau \rho u \mathrm{d}\tau=\frac{1}{4}\pi D_e^{\,2}\rho v\frac{\partial l}{\partial t}$$

缸内活塞的位移速度 v 使 l 随时间减小，$\dfrac{\partial l}{\partial t}=-v$（负号表示 v 的正向 l 值变小），故

$$\frac{\partial}{\partial t}\int_\tau \rho u \mathrm{d}\tau=-\frac{1}{4}\pi D_e^{\,2}\rho v^2$$

控制体内液体在 x 轴向的动量变化率为

$$\int_A \rho u(\boldsymbol{q}\cdot\boldsymbol{n})\mathrm{d}A=\rho v_e(v_e)\left(\frac{1}{4}\pi d_e^{\,2}\right)=\frac{1}{4}\pi d_e^{\,2}\rho v_e^{\,2}$$

故

$$p=-\frac{1}{4}\pi D_e^{\,2}\rho v^2+\frac{1}{4}\pi d_e^{\,2}\rho v_e^{\,2}=\frac{1}{4}\pi d_e^{\,2}\rho v_e^{\,2}\left(1-\frac{d_e^{\,2}}{D_e^{\,2}}\right)$$

$$=\frac{\pi}{4}\left(0.5\times10^{-2}\right)\times800\times100^2\times\left(1-\frac{0.5^2}{2.5^2}\right)=150.8\ (\mathrm{N})$$

例 4.5 将流体动量方程和伯努利方程应用于螺旋桨或风车，可获得哪些有意义的结果？

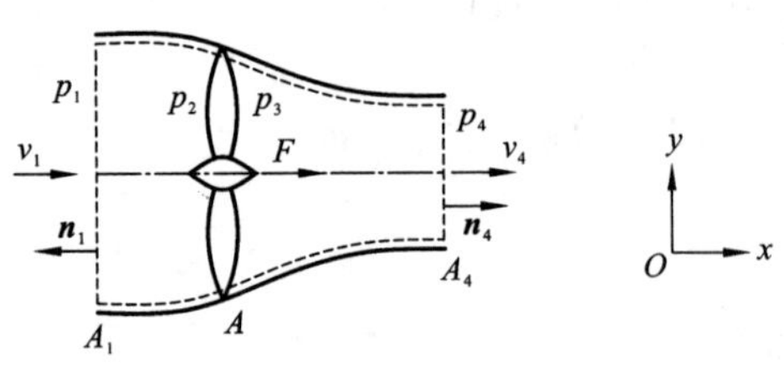

图 4.22

解： 图 4.22 为理想化螺旋桨滑流示意图，所取坐标为随船等速度直线运动的动坐标系，来流 v_1 为船速，由于螺旋桨的作用，使螺旋桨的远后方滑流速度变为 v_4（$v_4>v_1$），

故螺旋桨的滑流是一收缩流管。设螺旋桨叶面处滑流速度为 v，桨叶前后压力分别以 p_2 和 p_3 表示，使 $p_3>p_2$ 螺旋桨才能产生推进力。螺旋桨在敞水中工作，桨叶远前方和远后方压力 p_1 和 p_4 可假定相等。桨叶对水的推力 $F=(p_3-p_2)A$（A 为桨叶盘面积），可应用流体动量方程和伯努利方程求解。

取图 4.22 中虚线所示的控制体，写出流动方向（x 轴向）定常不可压缩均质流体的动量方程，便有螺旋桨推力 F 与动量变化的关系式为

$$F=(p_3-p_2)A=\int_A \rho u(\boldsymbol{q}\cdot\boldsymbol{n})\mathrm{d}A$$

$$=\rho Q(v_4-v_1)=\rho Av(v_4-v_1)$$

式中：$Q=Av$ 为螺旋桨滑流中通过的体积流量。故有

$$p_3-p_2=\rho v(v_4-v_1)$$

再在桨叶前后分别应用伯努利方程：

$$p_1+\frac{1}{2}\rho v_1^2=p_2+\frac{1}{2}\rho v^2$$

$$p_3+\frac{1}{2}\rho v^2=p_4+\frac{1}{2}\rho v_4^2$$

因 $p_1=p_4$，故又有

$$p_3-p_2=\frac{1}{2}\rho\left(v_4^2-v_1^2\right)$$

便可得出：

$$v=\frac{1}{2}(v_1+v_4)$$

表明桨叶处水流速度 v 在数值上正好等于桨叶远前方和远后方流速的平均值。

考虑螺旋桨的做功率 P_0，即

$$P_0=Fv_1=\rho Qv_1(v_4-v_1)$$

由螺旋桨的输入功率在理论上至少应使滑流速度从 v_1 提高到 v_4 所需的动能 P_i 为

$$P_i=\frac{\rho Q}{2}\left(v_4^2-v_1^2\right)=\rho Q\left(v_4-v_1\right)\frac{v_4+v_1}{2}=\rho Qv\left(v_4-v_1\right)$$

故螺旋桨理想效率 η_{i} 为

$$\eta_{\mathrm{i}}=\frac{P_0}{P_{\mathrm{i}}}=\frac{v_1}{v}$$

因 $v>v_1$，所以在理想状态下螺旋桨的效率也不可能是 100%。

风车与螺旋桨不同，风车是利用风的来流速度 v_1 所具有的动能对车叶做功，风能被车叶利用后，使通过车叶风的滑流速度逐渐减小，其滑流呈扩张形的流管，如图 4.23 所示，不同于螺旋桨的滑流为收缩形流管。同时，车叶前后压力 p_2 和 p_3 也与螺旋桨相反。对风车来说，$p_3<p_2$，应用同样的方法仍可求得车叶面处滑流速度 $v=\frac{1}{2}\left(v_1+v_4\right)$。

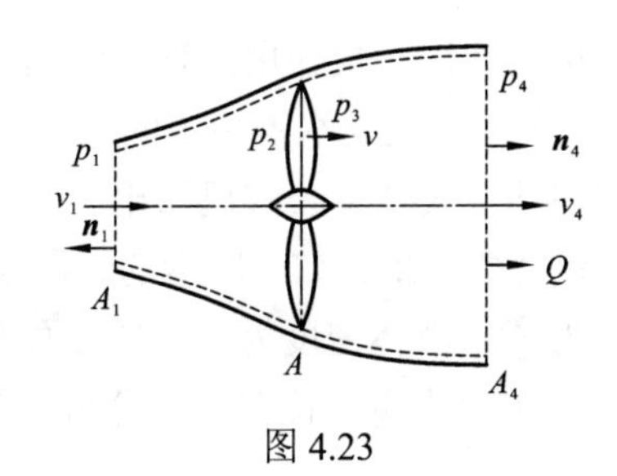

图 4.23

在理想情况下，风车最大有效功率 P_0 为

$$P_0=\frac{\rho Q}{2}\left(v_1^2-v_4^2\right)=\frac{1}{2}\rho Av\left(v_1^2-v_4^2\right)$$

风车可利用的输入功率 $P_{0i}=\frac{1}{2}\rho Qv_1^2=\frac{1}{2}\rho Av_1^3$，习惯上定义风车效率 $\eta=\frac{P_0}{P_{0i}}$，所以

$$\eta=\frac{P_0}{P_{0i}}=\frac{v\left(v_1^2-v_4^2\right)}{v_1^3}=\frac{\left(v_1+v_4\right)\left(v_1^2-v_4^2\right)}{2v_1^3}=\frac{1}{2}\left(1+\frac{v_4}{v_1}\right)\left(1-\frac{v_4^2}{v_1^2}\right)$$

效率 η 的大小与 $\frac{v_4}{v_1}$ 有关，求它的极值条件可得 $\frac{v_4}{v_1}=\frac{1}{3}$。故相应的风车最大效率为 $\frac{16}{27}\approx 59.3\%$。实际风车最大效率一般不会超过 50%。

例 4.6 有一草地喷水器工作原理如图 4.24 所示，当喷水流量为 Q 时，试求喷水时作用于该设备上绕 MM 轴（即 y 轴）旋转的扭矩计算表达式。

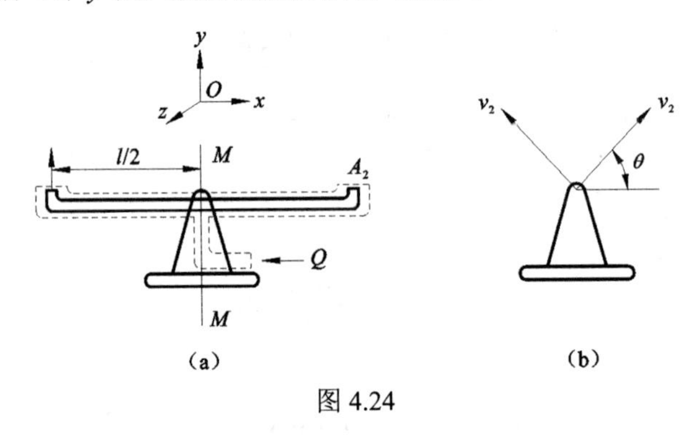

图 4.24

解： 图 4.24（a）为喷水器的正视图，图 4.24（b）为喷水器的侧视图。喷水流速 v_2 与水平地面夹角为 θ。为求解喷水引起的对 y 轴的旋转力矩，取控制体如图 4.24 中虚线所示，作用于控制体内对流体的力矩 M_y，可应用定常流动量矩方程式（4.2.5）计算：

$$M_y=\int_A(\boldsymbol{r}\times\boldsymbol{q})_y\,\rho(\boldsymbol{q}\cdot\boldsymbol{n})\mathrm{d}A$$

根据流体连续性方程，喷流速度 $v_2=\frac{Q}{2A_2}$（A_2 为喷水口截面积），每个喷口（共 2 个喷口）质量流量为 $\frac{\rho Q}{2}$，所以

$$M_y=2\left(\frac{l}{2}v_2\cos\theta\right)\left(\frac{1}{2}\rho Q\right)=\frac{\rho lQ^2\cos\theta}{4A_2}$$

式中：M_y 为喷水器作用于喷流液体上的力对 y 轴的转矩。

根据作用和反作用原理，该喷水器所受到的扭矩大小也为 M_y。由于进水处流体动量对 y 轴无力臂，以及喷水器中水的重力平行于 y 轴，扭矩 M_y 完全是由两个喷头喷水时动量矩变化率产生的，其计算公式已写出。

例 4.7 如图 4.25 所示的管段以恒定的角速度 ω 绕 x 轴正向旋转，管中有液体通过，其流量为 Q，液体密度为 ρ，管截面面积为 A_0，图中坐标系 $Oxyz$ 为固定坐标系，其中管段在 xy 平面上仅为瞬时位置，试分析该管段旋转时流体的流动产生的力矩计算公式。

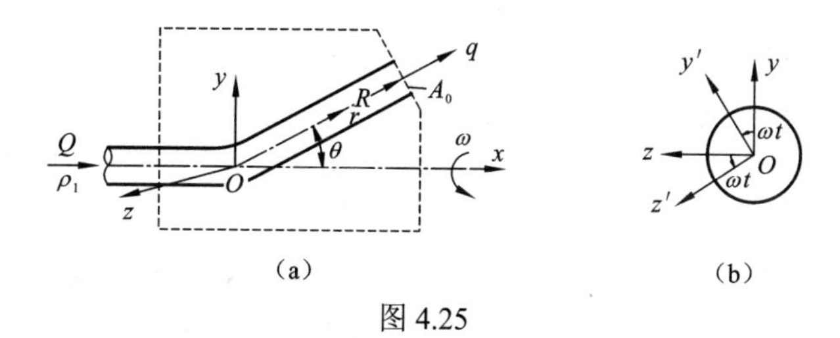

图 4.25

解：取图中虚线所示的控制体（其厚底大于管段截面面积的直径）作流体动量矩分析，当管段在 xy 平面的瞬时，出水口处水流绝对速度 $\boldsymbol{q}$ 可表示为

$$\boldsymbol{q}=\boldsymbol{e}_R\frac{Q}{A_0}+\boldsymbol{e}_z R\omega\sin\theta$$

式中：$\boldsymbol{e}_R$ 和 $\boldsymbol{e}_z$ 分别为 R 和 z 轴向的单位矢量。在管段出口截面处平均径矢量 $\boldsymbol{r}$ 为

$$\boldsymbol{r}=\boldsymbol{e}_R\cdot R=(\boldsymbol{e}_x\cos\theta+\boldsymbol{e}_y\sin\theta)R$$

式中：$\boldsymbol{e}_x$ 和 $\boldsymbol{e}_y$ 分别为固定坐标系 x 轴向和 y 轴向的单位矢量。应用非定常流的流体动量矩方程式（4.2.4）求解该管段作用于流体中的力矩 M 为

$$M=\frac{\partial}{\partial t}\int_\tau(\boldsymbol{r}\times\boldsymbol{q})\rho\mathrm{d}\tau+\int_A(\boldsymbol{r}\times\boldsymbol{q})\rho(\boldsymbol{q}\cdot\boldsymbol{n})\mathrm{d}A$$

由于

$$\begin{aligned}\boldsymbol{r}\times\boldsymbol{q}&=R\left(\boldsymbol{e}_x\cos\theta+\boldsymbol{e}_y\sin\theta\right)\times\left[\left(\boldsymbol{e}_x\cos\theta+\boldsymbol{e}_y\sin\theta\right)\frac{Q}{A_0}+\boldsymbol{e}_z R\omega\sin\theta\right]\\&=R^2\omega\sin\theta\left(-\boldsymbol{e}_y\cos\theta+\boldsymbol{e}_x\sin\theta\right)\end{aligned}$$

则有

$$\int_A(\boldsymbol{r}\times\boldsymbol{q})\rho(\boldsymbol{q}\cdot\boldsymbol{n})\mathrm{d}A=\rho QR^2\omega\sin\theta(-\boldsymbol{e}_y\cos\theta+\boldsymbol{e}_x\sin\theta)$$

考虑该特定时刻控制体内流体动量矩：

$$\int_\tau(\boldsymbol{r}\times\boldsymbol{q})\rho\mathrm{d}\tau=\omega\sin\theta(-\boldsymbol{e}_y\cos\theta+\boldsymbol{e}_y\sin\theta)\int_\tau\rho r^2\mathrm{d}\tau$$

因管段做旋转运动，对固定坐标系所列出的以上动量矩将随时间而变，与时间 t 的关系可通过建立动坐标系 $Oxy'z'$，管段内流体动量矩可写为

$$\int_\tau(\boldsymbol{r}\times\boldsymbol{q})\rho\mathrm{d}\tau=\omega\sin\theta(-\boldsymbol{e}_{y'}\cos\theta+\boldsymbol{e}_x\sin\theta)\int_\tau\rho r^2\mathrm{d}\tau$$

式中动坐标系中单位矢量 $\boldsymbol{e}_{y'}$ 与固定坐标中单位矢量 $\boldsymbol{e}_y$ 和 $\boldsymbol{e}_z$ 之间的关系为

$$\boldsymbol{e}_{y'}=\boldsymbol{e}_y\cos\omega t+\boldsymbol{e}_z\sin\omega t$$

故可获得任何时刻 t 在固定控制体内的流体动量矩为

$$\int_\tau(\boldsymbol{r}\times\boldsymbol{q})\rho\mathrm{d}\tau=\omega\sin\theta(-\boldsymbol{e}_y\cos\theta\cos\omega t-\boldsymbol{e}_z\cos\theta\sin\omega t+\boldsymbol{e}_x\sin\theta)\int_\tau\rho r^2\mathrm{d}\tau$$

这样，对任何时刻 t（如 t=0 时）控制体内流体动量矩的时间变化率为

$$\begin{aligned}\frac{\partial}{\partial t}\int_\tau\left(\boldsymbol{r}\times\boldsymbol{q}\right)\rho\mathrm{d}\tau\bigg|_{t=0}&=\omega^2\sin\theta\left(\boldsymbol{e}_y\cos\theta\sin\omega t-\boldsymbol{e}_z\cos\theta\cos\omega t\right)\Big|_{t=0}\int_\tau\rho r^2\mathrm{d}\tau\\&=-\boldsymbol{e}_z\omega^2\sin\theta\cos\theta\int_\tau\rho r^2\mathrm{d}\tau\end{aligned}$$

因此，有

$$\boldsymbol{M}=\rho QR^2\omega\sin^2\theta\boldsymbol{e}_x-\rho QR^2\omega\cos\theta\sin\theta\boldsymbol{e}_y-\omega^2\sin\theta\cos\theta\int_\tau\rho r^2\mathrm{d}\tau\cdot\boldsymbol{e}_z$$

M 的反向即为流体对管段产生的力矩。

例 4.8 喷水船的推进力和推进效率分析：设喷水船等速前进，速度为 v，船后喷水的流量为 Q，相对于船舶的喷射速度为 u，试写出喷水泵从船首进水时（图 4.26）的船舶推进力和推进效率。

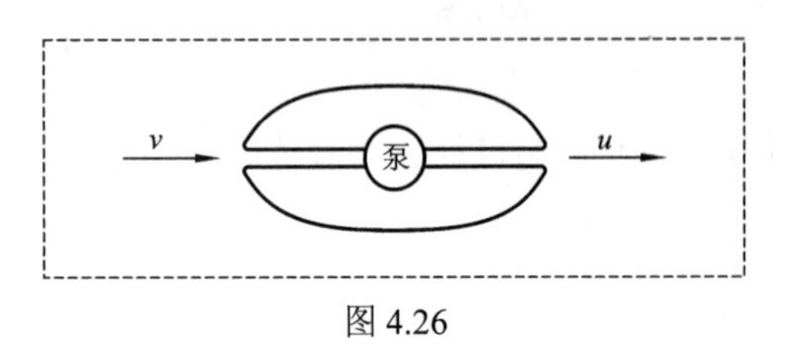

图 4.26

解：对随船速 v 一起运动的动坐标系中，取控制体如图 4.26 中虚线所示，应用定常流动动量方程写出推进力 F 为

$$F=\int_A \rho \boldsymbol{q}(\boldsymbol{q}\cdot\boldsymbol{n})\mathrm{d}A=\rho Q(u-v)$$

推进力做功率为

$$P=Fv=\rho Q(u-v)v$$

由于船首直接进水，具有速度为 v 的流体动能被利用，喷水泵所需提供的功率 P_0 为

$$P_0=\frac{1}{2}\rho Q\left(u^2-v^2\right)$$

喷水船的理想效率 η 为

$$\eta=\frac{P}{P_0}=\frac{\rho Q(u-v)v}{\dfrac{1}{2}\rho Q\left(u^2-v^2\right)}=\frac{2v}{u+v}$$

例 4.9 试求图 4.27 所示虹吸管顶点处压力的真空值及虹吸管中的水流量。已知虹吸管内径 d=150 mm，H_1=3.3 m，H_2=1.5 m，y_1=6.8 m，水流在容器进口处水头损失 h_j=0.6 m 水柱，不计虹吸管内流动沿程水头损失。

解：虹吸管的出流速度 v，可通过断面 0−0 和断面 2−2 的总流（一维流）伯努利方程求得。取断面 0′−0′为基准面，则有

$$H_1+\frac{p_a}{\gamma}+0=0+\frac{p_a+\gamma H_2}{\gamma}+\frac{v^2}{2g}+h_j$$

断面 0−0 处在容器很大的情况可忽略其水面下降速度，出流断面 2−2 处的流体压力由环境压力确定（即为 $p_a+\gamma H_2$，为出流边界条件）。将已知数据代入，则有

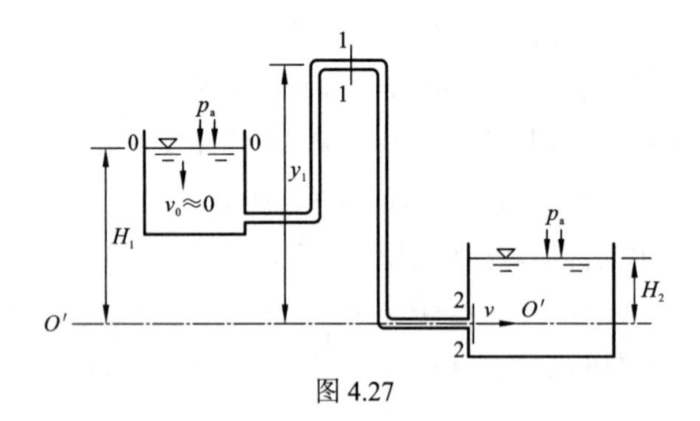

图 4.27

$$\frac{v^2}{2g}=H_1-H_2-h_j=3.3-1.5-0.6=1.2\ (\mathrm{m})$$

$$v=\sqrt{2\times 9.81\times 1.2}=4.85\ (\mathrm{m/s})$$

虹吸管内水流量 Q 为

$$Q=\frac{1}{4}\pi d^2 v=\frac{1}{4}\times 3.1416\times 0.15^2\times 4.85\approx 0.086\ (\mathrm{m^3/s})=86\ (\mathrm{L/s})$$

为求得虹吸管顶点的压力真空度，断面 0-0 和断面 1-1 的伯努利方程为

$$H_1+\frac{p_a}{\gamma}+0=y_1+\frac{p_1}{\gamma}+\frac{v^2}{2g}+h_j$$

故真空度为

$$\frac{p_a-p_1}{\gamma}=y_1-H_1+\frac{v^2}{2g}+h_j=6.8-3.3+1.2+0.6=5.3\ (\text{m 水柱})$$

虹吸管定点出现一定的真空度，正是虹吸管能把水箱中的水抽吸到高处的原理，但虹吸管的另一端必须放置于比水箱中水位要低的地方，才能产生管中流速并克服水流阻力。显然，在应用虹吸管时，最初应使管中充满液体才能流动。

例 4.10 图 4.28 为一轴流风机的吸入管，测得风机叶轮前压力 p_2，试求通风量。已知吸入管直径 d=0.3 m，测压管水位上升 h=0.25 m，假定空气密度 ρ_a=1.25 kg/m³，水的密度 ρ=1 000 kg/m³。

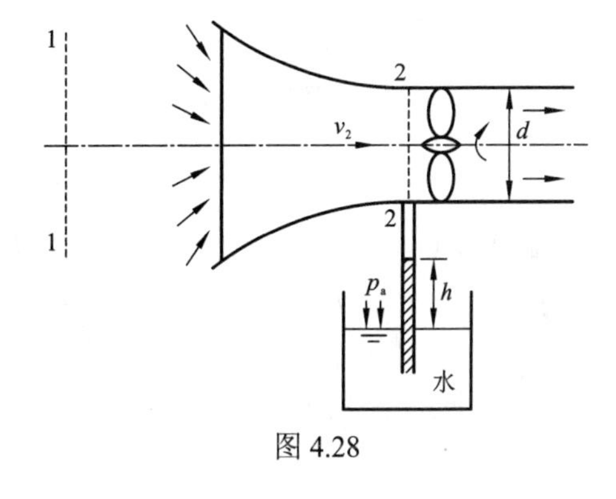

图 4.28

解： 轴流风机吸气管前方断面 1-1 处流速 v_1 与吸气管内流速 v_2 相比是很小的，可忽略不计，令 $v_1\approx 0$，$p_1=p_a$（环境大气压力）。取其中一条流线 1-2 列伯努利方程，在低速气流中空气可作为不可压缩流体处理，故有

$$p_1+\frac{1}{2}\rho_a v_1^2=p_2+\frac{1}{2}\rho_a v_2^2$$

因 v_1=0，p_1=p_a，所以

$$v_2=\sqrt{2\frac{p_a-p_2}{\rho_a}}$$

已知 $p_a-p_2=\rho g h=1000\times 9.81\times 0.25=2452.5\ (\mathrm{N/m^2})$

故

$$v_2=\sqrt{2\times\frac{2452.5}{1.25}}=62.6\ (\mathrm{m/s})$$

通风量 Q 为

$$Q=\frac{1}{4}\pi d^2 v_2=\frac{1}{4}\times 3.1416\times 0.3^2\times 62.6=4.42\ (\mathrm{m^3/s})$$

例 4.11 图 4.29 为一离心水泵，其吸水管接口离水面高度 H_S=5.5 m，不计水流阻力，试比较三种情况下在吸水管接口处的水流压力。

（1）吸水管内径 d=100 mm，抽水量 Q=20 m³/h；

（2）吸水管内径 d=100 mm，抽水量 Q=40 m³/h；

（3）吸水管内径 d=50 mm，抽水量

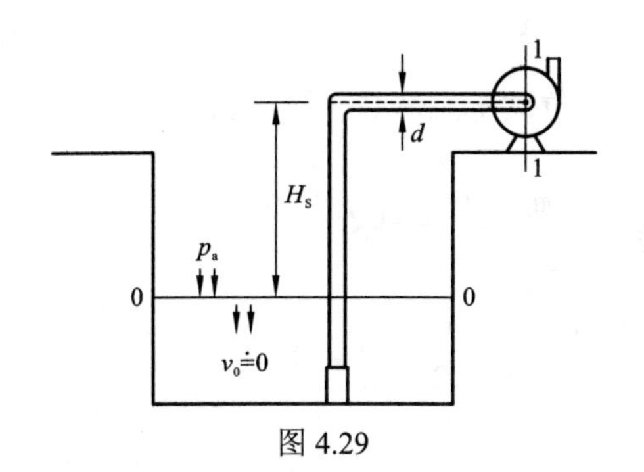

图 4.29

Q=20 m^3/h。

解：（1）吸水管中水流速度 v 为

$$v=\frac{Q}{A}=\frac{20\times 4}{3\,600\times 3.141\,6\times 0.1^2}\approx 0.707\ (\mathrm{m/s})$$

取吸水池液面 0-0 为基准面，列出断面 0-0 和断面 1-1（吸水管接口）的定常流动伯努利方程，通常水池面积很大，断面 0-0 的下降速度 $v_0\approx 0$，故有

$$\frac{p_a}{\gamma}=H_S+\frac{p_1}{\gamma}+\frac{v^2}{2g}$$

式中：γ 为水的重度。

已知 $\frac{p_a}{\gamma}=10.33\ \mathrm{m}$，所以

$$\frac{p_1}{\gamma}=10.33-5.5-\frac{0.707^2}{2\times 9.81}\approx 4.8\ (\mathrm{m}\text{水柱})\ \text{（绝对压力下）}$$

（2）吸水管内水流速度 v 为

$$v=\frac{Q}{A}=\frac{40\times 4}{3\,600\times 3.141\,6\times 0.1^2}\approx 1.415\ (\mathrm{m/s})$$

断面 0-0 与断面 1-1 之间的定常流动伯努利方程为

$$\frac{p_1}{\gamma}=10.33-5.5-\frac{1.415^2}{2\times 9.81}\approx 4.73\ (\mathrm{m}\text{水柱})\ \text{（绝对压力下）}$$

（3）吸水管内水流速度 v 为

$$v=\frac{Q}{A}=\frac{20\times 4}{3\,600\times 3.141\,6\times 0.05^2}=2.830\ (\mathrm{m/s})$$

断面 0-0 与断面 1-1 之间的定常流动伯努利方程为

$$\frac{p_1}{\gamma}=10.33-5.5-\frac{2.830^2}{2\times 9.81}\approx 4.42\ (\mathrm{m}\text{水柱})\ \text{（绝对压力下）}$$

通过以上三种情况比较可见，当水泵流量增加和吸水管管径减小时，吸水管吸入口处压力将下降。实际上，考虑管内水流阻力产生的水头损失，吸水管吸入口处的压力还将进一步降低。当水泵吸入口处压力降低到液体汽化压力时，则会发生（出现）气蚀现象，破坏液体的连续流动，并使液体与水泵叶片产生冲击和剥蚀，同时大大降低水泵效率，故在工程中应加以防止此种现象的发生。

例 4.12 图 4.30 为一离心水泵装置示意图。已知吸水管内径为 12 cm，出水管内径为 8 cm，当水泵抽水量为 60 L/s 时，在吸水管端处真空表压力为 0.255×10^5 Pa（表压），在出水管上压力表指出表压力为 1.96×10^5 Pa，两压力表的位置高度差为 1 m，试求此时水泵的做功率。

解：从流体的机械能量考虑，水泵吸水管端的单位质量流体的能量为 $gy_1+\frac{p_1}{\rho}+\frac{1}{2}v_1^2$，在水泵出水管端单位质量流体的能量为 $gy_2+\frac{p_2}{\rho}+\frac{1}{2}v_2^2$，两者之差 H 为

$$H=\left(gy_2+\frac{p_2}{\rho}+\frac{v_2^2}{2}\right)-\left(gy_1+\frac{p_1}{\rho}+\frac{v_1^2}{2}\right)$$

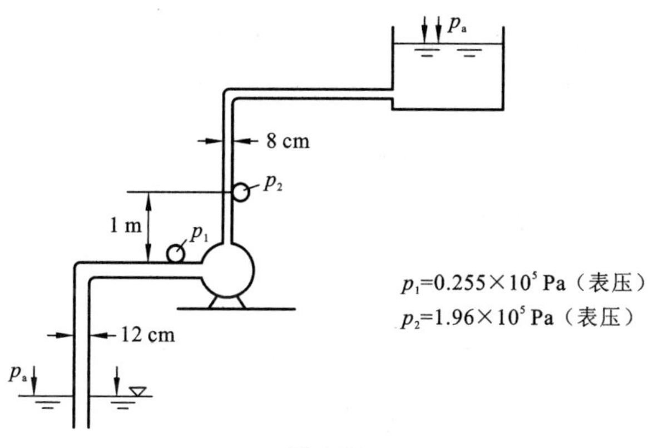

图 4.30

H 为水泵所提供给水流的单位质量流量的能量。设水泵的抽水质量流量为 ρQ（Q 为体积流量），故水泵必要的功率可用 ρQH 计算。

已知水的密度 ρ=1 000 kg/m^3，Q=60 L/s=0.06 m^3/s,

$$v_1=\frac{Q}{A_1}=\frac{0.06}{\frac{1}{4}\pi\times 0.12^2}=5.3\,(\mathrm{m/s}),\quad v_2=\frac{Q}{A_2}=\frac{0.06}{\frac{1}{4}\pi\times 0.08^2}=12.0\,(\mathrm{m/s}),$$

$$p_1=-0.255\times 10^5\,(\mathrm{Pa}),\quad p_2=1.96\times 10^5\,(\mathrm{Pa}),\quad y_2-y_1=1\,(\mathrm{m})$$

故水泵功率 P 为

$$P=\rho QH=\rho Q\left[g\left(y_2-y_1\right)+\frac{p_2-p_1}{\rho}+\frac{v_2^2-v_1^2}{2}\right]$$

$$=1\,000\times 0.06\left[9.81\times 1+\frac{1.96+0.255}{1\,000}\times 10^5+\frac{12.0^2-5.3^2}{2}\right]$$

$$\approx 17.36\,(\mathrm{kW})$$

例 4.13 如图 4.31（a）所示的分支管流，两个具有不同液面高度的容器，其出流管汇合后通过一公共管道流出，有关尺寸已在图中标出，如忽略水流阻力，试求流出的流量。

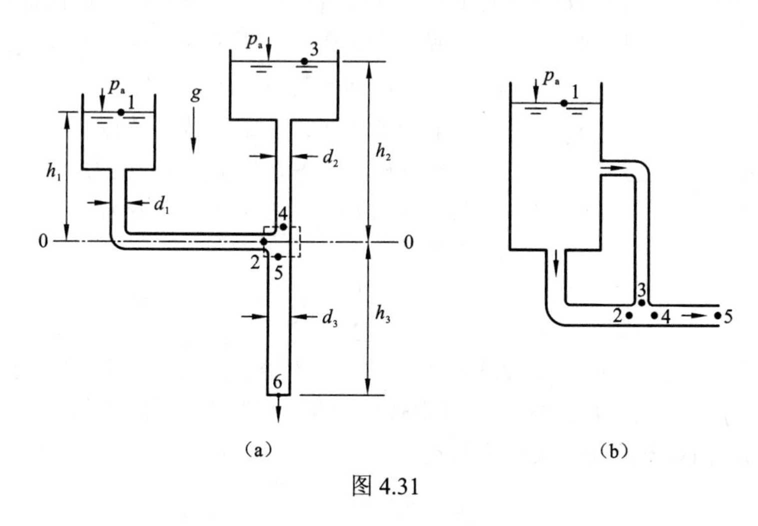

图 4.31

解： 在分支管结合处做等压模型的假定，即令 p_2=p_3=p_4，则本题可应用不可压缩定常流动伯努利方程求得近似解。

任取断面 0-0 为基准面，对点 1 和点 2 列伯努利方程。点 1 在容器的液面上，液面下降速度 $v_1 \approx 0$，点 2 在分支管前，该处的流速假定为 v_2，则有

$$p_a + \rho g h_1 = p_2 + \frac{1}{2}\rho v_2^2 \tag{1}$$

对点 3 和点 4 列出伯努利方程，类似地有

$$p_a + \rho g h_2 = p_4 + \frac{1}{2}\rho v_4^2 \tag{2}$$

再对点 5 和点 6 列出伯努利方程，点 6 在管流出口边界 $p_6=p_a$，故有

$$p_5 + \frac{1}{2}\rho v_5^2 = p_a - \rho g h_3 + \frac{1}{2}\rho v_6^2$$

根据流体连续性方程，点 5 和点 6 在同一管径的管道上，故 $v_5=v_6$，所以有

$$p_5 = p_a - \rho g h_3$$

由此可见 p_5 小于大气压力 p_a。利用等压模型假设，令 $p_5=p_4=p_2$，将它们代入式（1）和式（2），解得

$$v_2 = \sqrt{2g\left(h_1 + h_3\right)}$$

$$v_4 = \sqrt{2g\left(h_2 + h_3\right)}$$

再对图中虚线包围分支管接头的控制体应用连续性方程，便可求得该分支管的出流量 Q 为

$$Q = \frac{\pi}{4}\left[d_1^2\sqrt{2g\left(h_1 + h_3\right)} + d_2^2\sqrt{2g\left(h_2 + h_3\right)}\right]$$

值得注意的一个问题是当分支管进流来自同一容器，如图 4.31（b）所示，这时因伯努利方程中常数都相同，则对其中任何两点均可列伯努利方程，例如对点 1 和点 4、点 1 和点 5、点 2 和点 5、点 3 和点 5 等都可列伯努利方程求解。

例 4.14 烟囱中烟气流动是由冷热空气的对流产生的，也可以说是烟囱外的冷空气对烟囱内热气产生的浮力而导致烟气流动的。试推导烟囱通风原理。

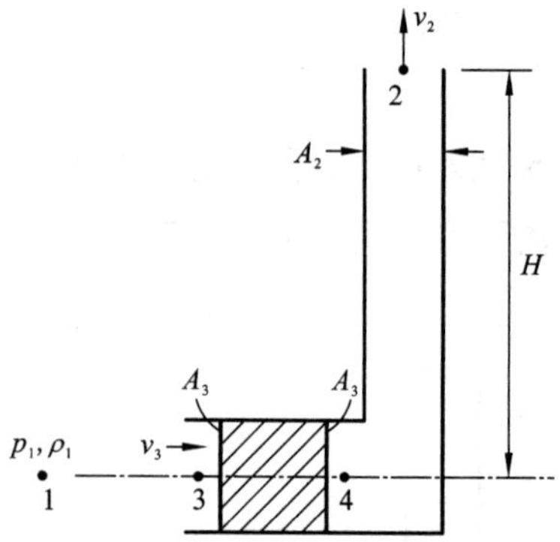

解： 对如图 4.32 所示的烟囱内的烟气流动做简要分析，可将烟囱内气流分为三个区域做近似计算。

图 4.32

第一个区域：冷空气从炉外点 1 进入炉内点 3，空气密度可假定不变，即 $\rho_1=\rho_3$，压力从 $p_1=p_a$（地面大气压力）变为 p_3，速度从 $v_1 \approx 0$ 变为 v_3，由伯努利方程可建立关系式为

$$p_a = p_3 + \frac{1}{2}\rho_1 v_3^2$$

第二个区域：炉内燃烧区前后点 3 和点 4，通过燃烧加热后烟气在点 4 处压力仍可近似假定不变，即 $p_4=p_3$，烟气密度因加热后将由较大变化，但整个烟囱内的烟气密度可近似认为相同，即 $\rho_4 \approx \rho_2$，由烟气流动连续性方程有

$$\rho_1 v_3 A_3 = \rho_2 v_4 A_4$$

式中：A_3 和 A_4 分别为点 3 和点 4 处烟气流动的横截面面积。

第三个区域：烟囱上下点 2 和点 4 之间，在点 2 处烟气出流外边界压力 p_2，可以由烟囱

外界环境静压力确定，即

$$p_2 = p_{\mathrm{a}} - \rho_1 gH$$

不计流动阻力，对烟囱内点 4 和点 2 列伯努利方程，有

$$p_3 + \frac{1}{2}\rho_2 v_4^2 = p_2 \frac{1}{2}\rho_2 v_2^2 + \rho_2 gH$$

式中烟气流动平均速度 v_2 和 v_4 由流体连续性方程需满足以下关系：

$$\rho_2 v_4 A_3 = \rho_2 v_2 A_2$$

解得

$$v_2 = \sqrt{\frac{2\left(\dfrac{\rho_1}{\rho_2} - 1\right) gH}{1 - \left(\dfrac{A_2}{A_3}\right)^2 \left(1 - \dfrac{\rho_2}{\rho_1}\right)}}$$

如 $A_2 \ll A_3$，则近似地有

$$v_2 = \sqrt{2gH\left(\frac{\rho_1}{\rho_2} - 1\right)}$$

这些结果是在一些简化假定下获得的，但它对了解烟囱内流动的烟气设计仍有意义，如表明烟囱内自然对流的通风量与烟囱高度 H 的平方根成比例增大；估算通风量尚需给出烟气的密度 ρ_2 等。

例 4.15 图 4.33 为一最简单的引射器，它由一个喷射管 A 和一段引射流混合管段 B 组成，喷射管和混合管段都放在静止流体中。假定喷出流体与周围被引射的流体性质相同（一般也可以不相同，被引射的流体为另一种不同性质的流体），从喷口喷出的流体因黏性效应带动四周流体一起进入混合管后流出。如已知喷射流的质量流量为 $\dot{m}$，喷管出口截面面积为 A_1 和混合管出口截面面积为 A_2，试求该引射器引射后流出的质量流量 $\dot{m}_2$。

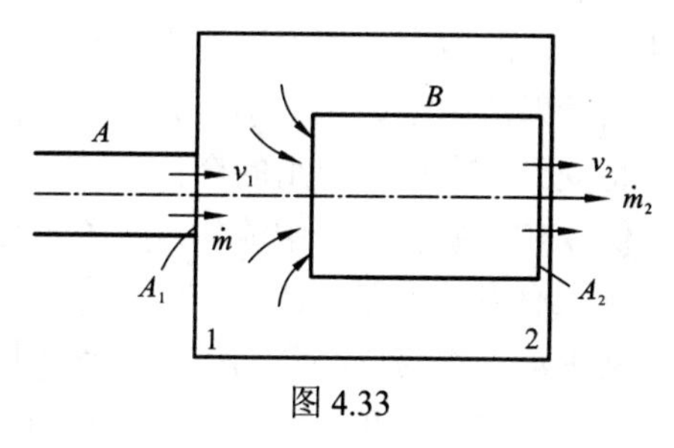

图 4.33

解：取图中虚线所示控制体，列定常流动的动量方程求解。控制体边界上的流体压力几乎相等（不计重力影响），故表面压力的合力为 0，由动量方程，有：

$$\int_A \rho \boldsymbol{q}(\boldsymbol{q} \cdot \boldsymbol{n})\mathrm{d}A = \dot{m}_2 v_2 - \dot{m} v_1 = 0$$

故

$$\dot{m}_2 = \frac{v_1}{v_2}\dot{m}$$

因

$$\frac{\dot{m}_2}{\dot{m}} = \frac{\rho_2 v_2 A_2}{\rho_1 v_1 A_1}$$

对引射和被引射的流体为同一种流体的情况，$\rho_2 = \rho_1$，则由以上两式可解得

$$\dot{m}_2 = \sqrt{\frac{A_2}{A_1}}\dot{m}$$

也就是说引射管引射所得的流体质量流量 $\dot{m}_2$ 将随引射器面积比的平方根增大。

例 4.16 科恩达（Coanda）效应：通常水或空气射流在遇弯曲凸缘的物面时，如图 4.34 所示的圆柱体物面，柱体将使射流沿物面偏转一定的角度，形成一段贴附在物面上弯曲的射流，这种现象就是著名的科恩达效应。试应用流体动力学基本方程分析其流动原理。

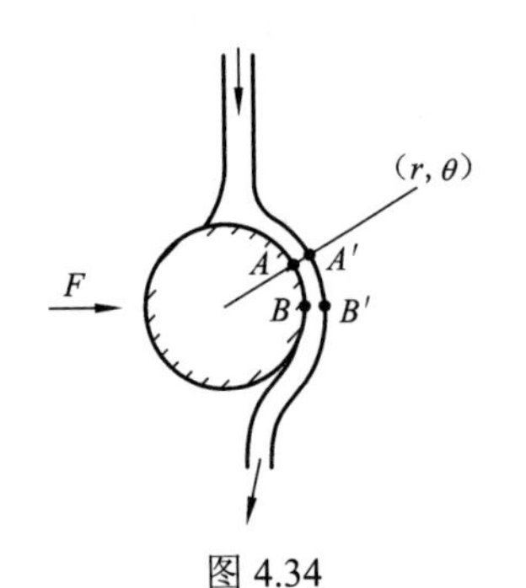

图 4.34

解： 考察弯曲流线法向的压力变化，可应用柱坐标形式的无黏性流体运动微分方程式（4.3.25）进行分析，径向方程为

$$\frac{\mathrm{d}v_r}{\mathrm{d}t}-\frac{v_\theta^2}{r}=\frac{1}{\rho}B_r-\frac{1}{\rho}\frac{\partial p}{\partial r}$$

不计体积力，令 $B_r=0$，沿圆柱体表面上的流线有 $v_r=0$，故有

$$\frac{\partial p}{\partial r}=\frac{\rho v_\theta^2}{r}$$

表明沿圆柱面的流线有径向压力梯度存在，在物理概念上此压力梯度的出现是由流体质点做曲线运动时产生的向心加速引起的。通过对一个流体微团列出力的平衡方程，同样可获得以上关系。这个关系式在以后分析流体的圆周运动中也会应用到。

由于压力梯度 $\frac{\partial p}{\partial r}$ 恒为正（$\frac{\rho v_\theta^2}{r}$ 恒为正），故在图中沿径向 A'点压力必大于 A 点压力，B'点压力大于 B 点压力。图 4.34 中射流外边界 $A'B'$为大气压力，则圆柱表面上压力必将小于大气压，正是由于这个压力差的作用，使流体能贴附于壁面而不马上离开，这就是科恩达效应中的附壁现象原理。

由于射流附壁处压力小于大气压力，故对整个圆柱将受到一个向右作用的合力 F。

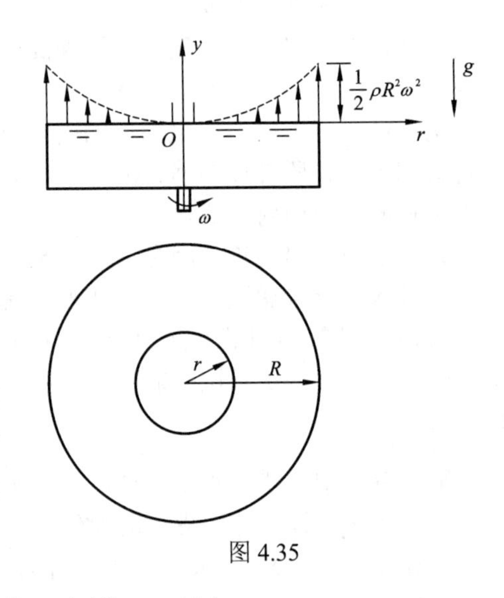

图 4.35

例 4.17 旋转容器中流体，如图 4.35 所示，流体充满在有盖的容器内，当容器以等角速度 ω 旋转时，其中流线都为同心圆周线，试求作用于容器盖上的流体压力的分布；对于没有盖板的旋转圆筒，则容器旋转后液面将发生怎样的变化？

解： 考虑在容器内同一水平面上压力的径向变化，由例 4.16 已知：

$$\frac{\mathrm{d}p}{\mathrm{d}r}=\rho\frac{v_0^2}{r}=\rho r\omega^2$$

积分可求得压力在径向的分布：

$$\int_{p_0}^{p}\mathrm{d}p=\rho\omega^2\int_0^r r\mathrm{d}r$$

故

$$p=p_0+\frac{1}{2}\rho r^2\omega^2$$

式中：p_0 为盖板中心 O 点处压力，因容器旋转引起的压力增量为 $\frac{1}{2}\rho r^2\omega^2$，相对于 O 点处压

力增值随半径 r 的变化为图中虚线所示的二次抛物线。

对于没有盖板的旋转容器，液面上的压力均为大气压力，由容器旋转产生的压力增值使液面抬高，在半径 r 处液面将比最低点 O 处升高为

$$\frac{1}{2}\frac{\rho r^2\omega^2}{\rho g}=\frac{r^2\omega^2}{2g}$$

例 4.18 图 4.36 是一截面面积相同的 U 形管，两端开口，管中装有液体，静止时水面位置离基准面高度为 h，管内液柱的周长为 L。试求 U 形管内液体在重力作用下的振动周期。

解： 为求解液体在 U 形管内的振动周期，需要给出它的运动微分方程，可利用非定常流动伯努利方程式（4.4.6）加以分析，沿流线有以下关系式成立：

$$\int_L \frac{\partial \boldsymbol{q}}{\partial t}\mathrm{d}\boldsymbol{S}+\frac{q^2}{2}+\frac{p}{\rho}+gy=C(t)$$

或

$$\frac{\boldsymbol{q}_1^2}{2}+\frac{p_1}{\rho}+gy_1=\frac{\boldsymbol{q}_2^2}{2}+\frac{p_2}{\rho}+gy_2+\int_{S_1}^{S_2}\frac{\partial \boldsymbol{q}}{\partial t}\mathrm{d}\boldsymbol{S}$$

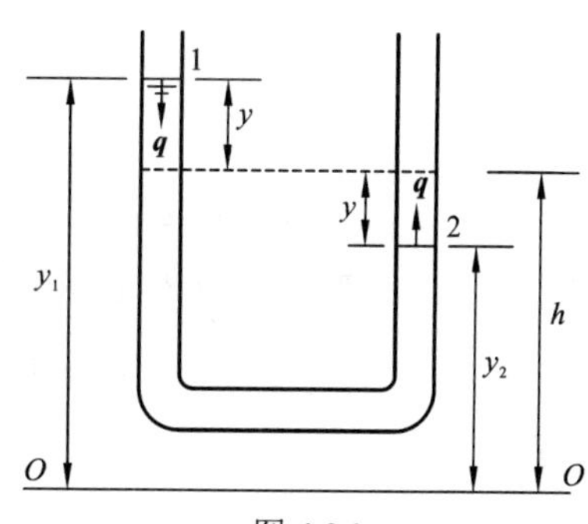

图 4.36

图中示出任一时刻 U 形管内两个液面的瞬时位置，由于管截面面积相同，故在任一时刻各截面上速度大小相等，$\boldsymbol{q}$ 与 $\boldsymbol{S}$ 的方向一致，取 U 形管的左液面为点 1，右液面为点 2，p_1=p_2=p_a（大气压力），$q_1^2=q_2^2$，$y_1-y_2=2y$，代入伯努利方程得

$$2gy=\int_{S_1}^{S_2}\frac{\partial q}{\partial t}\mathrm{d}S=\frac{\mathrm{d}q}{\mathrm{d}t}\int_{S_1}^{S_2}\mathrm{d}S=\frac{\mathrm{d}q}{\mathrm{d}t}L$$

由图 4.36 可知，$q=-\dfrac{\mathrm{d}y}{\mathrm{d}t}$ 负号表示速度的正负与 y 变化的正负是相反的，故 U 形管内液面振动的运动微分方程为

$$\frac{\mathrm{d}^2y}{\mathrm{d}t^2}=-\frac{2g}{L}y$$

这是一个简谐振动微分方程。引入初始条件 t=0 时，y=0，解得

$$y=A\sin\sqrt{\frac{2g}{L}}t$$

式中：A 为 U 形管内液面的最大振幅。

易知振动周期 T 为

$$T=\frac{2\pi}{\sqrt{\dfrac{2g}{L}}}=2\pi\sqrt{\frac{L}{2g}}$$

以上求得的结果未考虑流体运动黏性效应。

例 4.19 风扇特性量纲分析：如给出风扇功率 P 与排风量 Q、风扇直径 d、转速 n（每分钟转数）及流体密度 ρ 等因素有关，试用量纲分析法导出它们之间的关系。

解： 如已知存在下列函数关系：

$$f(P,Q,d,\rho,n)=0$$

取其中 ρ、n、d 为基本量，则有下列无量纲方程成立：

$$f\left(\Pi_P,\Pi_Q\right)=0$$

其中：$\Pi_p=\dfrac{p}{\rho^{x_1}n^{y_1}d^{z_1}}$，$\Pi_Q=\dfrac{Q}{\rho^{x_2}n^{y_2}d^{z_2}}$。

功率 P 的量纲$[P]=\mathrm{ML^2T^{-3}}$，由量纲关系：

$$\mathrm{ML^2T^{-3}}=\left(\mathrm{ML^{-3}}\right)^{x_1}\left(\mathrm{T^{-1}}\right)^{y_1}\left(\mathrm{L}\right)^{z_1}=\mathrm{M}^{x_1}\mathrm{L}^{-3x_1+z_1}\mathrm{T}^{-y_1}$$

故有

$$\begin{cases}x_1=1\\-3x_1+z_1=2\\-y_1=-3\end{cases}$$

解得 $x_1=1$，$y_1=3$，$z_1=5$。

同理，由排风量 Q 的量纲$[Q]=\mathrm{L^3T^{-1}}$，则有

$$\mathrm{L^3T^{-1}}=\left(\mathrm{ML^{-3}}\right)^{x_2}\left(\mathrm{T^{-1}}\right)^{y_2}\left(\mathrm{L}\right)^{z_2}=\mathrm{M}^{x_2}\mathrm{L}^{-3x_2+z_2}\mathrm{T}^{-y_2}$$

故有

$$\begin{cases}x_2=0\\-3x_2+z_2=3\\-y_2=-1\end{cases}$$

解得 $x_2=0$，$y_2=1$，$z_2=3$。

故有无量纲关系为

$$f\left(\frac{P}{\rho n^3d^5},\frac{Q}{nd^3}\right)=0$$

或

$$\frac{P}{\rho n^3d^5}=\phi\left(\frac{Q}{nd^3}\right)$$

或

$$P=\phi\left(\frac{Q}{nd^3}\right)\cdot\rho n^3d^5$$

其中函数$\phi\left(\dfrac{Q}{nd^3}\right)$由试验确定。

例 4.20 滑动轴承量纲分析：如给出滑动轴承摩擦力 F 与轴的转速 n（每分钟转数）、轴载荷 W、轴径 d 及滑油黏性系数 μ 等因素有关，试用量纲分析法推出它们之间的关系。

解：如已知下列函数关系：

$$f\left(F,n,W,d,\mu\right)=0$$

取其中 n、W、d 为基本量做量纲分析，则由下列无量纲方程成立：

$$f\left(\Pi_F,\Pi_\mu\right)=0$$

其中：$\Pi_F=\dfrac{F}{n^{x_1}W^{y_1}d^{z_1}}$，$\Pi_\mu=\dfrac{\mu}{n^{x_2}W^{y_2}d^{z_2}}$。

F 的量纲为$[F]=\mathrm{MLT^{-2}}$，n 的量纲为$[n]=\mathrm{T^{-1}}$，W 的量纲为$[W]=\mathrm{MLT^{-2}}$，d 的量纲为$[d]=\mathrm{L}$，由量纲关系有

$$\mathrm{MLT}^{-2}=\left(\mathrm{T}^{-1}\right)^{x_1}\left(\mathrm{MLT}^{-2}\right)^{y_1}\left(\mathrm{L}\right)^{z_1}=\mathrm{M}^{y_1}\mathrm{L}^{y_1+z_1}\mathrm{T}^{-x_1-2y_1}$$

故有

$$\begin{cases}y_1=1\\ y_1+z_1=1\\ -x_1-2y_1=-2\end{cases}$$

解得 $x_1=0, y_1=1, z_1=0$ 。

又因黏性系数 μ 的量纲 $[\mu]=\mathrm{ML}^{-1}\mathrm{T}^{-1}$ ，有量纲关系：

$$\mathrm{ML}^{-1}\mathrm{T}^{-1}=\mathrm{M}^{y_2}\mathrm{L}^{y_2+z_2}\mathrm{T}^{-x_2-2y_2}$$

故有

$$\begin{cases}y_2=1\\ y_2+z_2=-1\\ -x_2-2y_2=-1\end{cases}$$

解得 $x_2=-1, y_2=1, z_2=-2$ 。故有无量纲关系为

$$f\left(\frac{F}{W},\frac{\mu nd^2}{W}\right)=0$$

或

$$\frac{F}{W}=\phi\left(\frac{\mu nd^2}{W}\right)$$

或

$$F=\phi\left(\frac{\mu nd^2}{W}\right)W$$

这是研究滑动轴承的一个有用的方程式，其中函数 $\phi\left(\frac{\mu nd^2}{W}\right)$ 由试验确定。

讨　论　题

4.1　水流通过如图 4.37 所示的等截面面积的管道，若不计流动中的黏性效应，试分别讨论各管道受水流作用的合力方向。

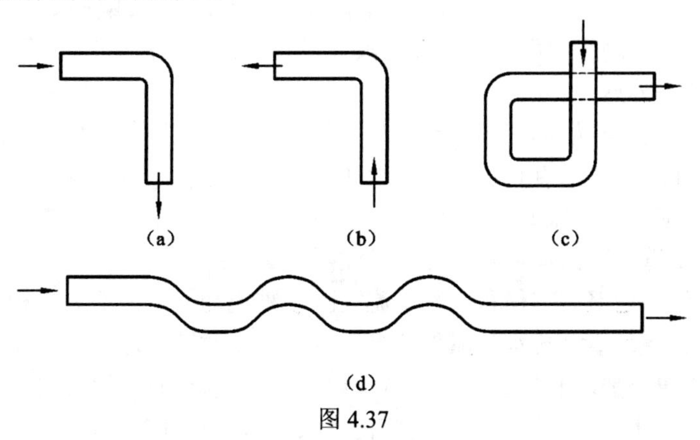

图 4.37

4.2 应用积分形式动量方程，首先选取控制体，作用在控制体上的力应该注意其方向，分析控制体内动量变化率和分析通过控制体表面的动量变化率，都应注意面面俱到，不能漏掉。试再对例 4.1～例 4.4 的问题加以总结分析讨论。

4.3 使用伯努利方程说明流体能否从低压区向高压区流动，为什么？并举例说明。

4.4 图 4.38 为一表演设备，当一端用口吹气，气流从另一端流出时，为什么在喉部的测压管能将容器中的液体吸上一定的高度 h？

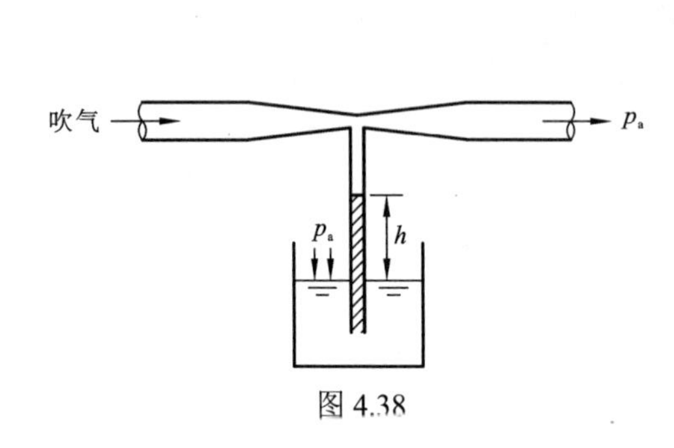

图 4.38

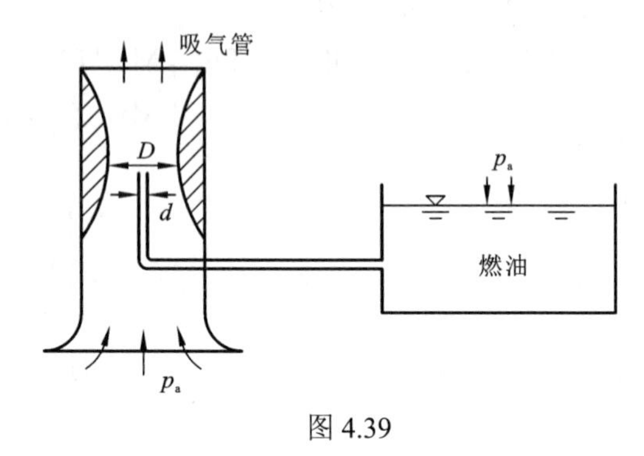

图 4.39

4.5 图 4.39 为一汽化器示意图，试讨论：

（1）当汽化器通过吸气管吸入空气的同时，燃油为什么也将被一起吸入？

（2）如已知汽化器喉部直径 D、吸油管内径 d（$d \ll D$），设燃油的密度为 ρ_L、空气的密度为 ρ_a，能否求得吸气量与吸油量的比值？

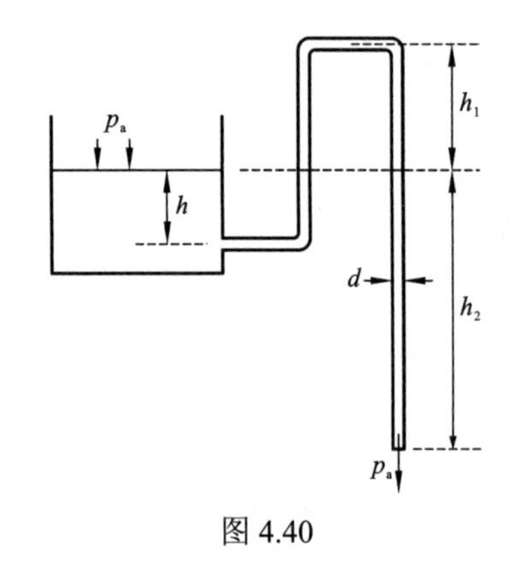

图 4.40

4.6 图 4.40 为一等直径的虹吸管装置，试讨论：

（1）是否有出流？为什么？

（2）垂直的一段出流管中流速是否相等？为什么？

（3）虹吸管最高点处的压力及管内流量怎样计算？

（4）增大 h_2 的值能否增加流量？为什么？

4.7 试对不可压缩定常流伯努利方程应用的注意事项做综合讨论：

（1）基准面为什么可以任意选取？

（2）选流线上两点列伯努利方程，所选两点为什么不能在急变流断面上，而应在缓变流的断面上？

（3）管道出口流入大气中或静水中，出口处流体边界压力等于周围流体的静压，而从周围静止流体进入管道中的流动，在管道入口处的流体压力为什么不等于周围静压？

（4）试以讨论题 4.6 为例，说明合理选取伯努利方程两点的位置对解题可能更方便。

（5）如在点 1、点 2 两点间水流有能量加入（如通过水泵时），能否直接对这两点应用伯努利方程？如欲应用，应做如何处理？

（6）如遇分支管，列出伯努利方程时应注意什么？

（7）应用流线上伯努利方程和一维总流（准一维流动）上伯努利方程有何区别？

4.8 图 4.41 为屋顶重力排水和屋顶虹吸排水原理示意图。屋顶虹吸排水有更高排水量，排出后连接的水平管不要求有梯度，可节省建筑空间，建材消耗减少，自净能力增强，是建筑行业的一项专利技术。试从原理上讨论为何虹吸排水具有许多优点。

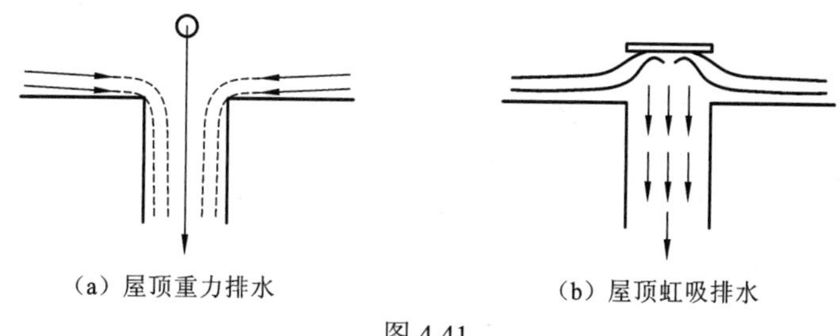
(a) 屋顶重力排水　　(b) 屋顶虹吸排水

图 4.41

4.9 相似准则应用的讨论：相似准则是模型试验的理论基础，根据相似准则制作模型，安排试验和整理试验结果，其中一些主要问题应有清楚的认识。

（1）试验的模型除必须几何相似外，安排试验的相似准则如何能确定？

如已知问题的基本方程应充分利用，用基本方程推导出相似准则是比较可靠的，对简单的问题可直接应用量纲分析法确定，如 4.6 节中的两个示例；对复杂的问题或尚无基本方程遵循的问题，只能应用量纲分析法为引导，探讨其相似准则（需有经验）。

（2）如何在相似条件下进行模型试验？

相似条件是由模型与原型的形状和初始、边界条件的相似，以及模型和原型的运动相似，动力相似为特征。

假设模型的特征尺度 L_m 和原型的特征尺度 L_p 之比称为模型的缩尺比 λ，则有

$$\frac{L_\mathrm{m}}{L_\mathrm{p}}=\lambda$$

几何相似要求模型与原型对应的尺度都有相同的缩尺比。

重力相似要求模型中的流动与原型中的流动的 Fr 相等，即

$$\frac{v_\mathrm{m}}{\sqrt{gL_\mathrm{m}}}=\frac{v_\mathrm{p}}{\sqrt{gL_\mathrm{p}}}$$

如黏性力相似又要求模型与原型中的 Re 相等，即

$$\frac{\rho v_\mathrm{m}L_\mathrm{m}}{\mu_\mathrm{m}}=\frac{\rho v_\mathrm{p}L_\mathrm{p}}{\mu_\mathrm{p}}$$

通常，要同时满足重力相似和黏性力相似是难以实现的，怎么办？实际问题中只能选取其中主要的相似准则安排模型试验，如船舶在水中的阻力，包括黏性阻力和兴波阻力。黏性阻力的模型试验要求满足雷诺数相似准则，而兴波阻力的模型试验要求满足弗劳德数相似准则，由于它们不能同时实现，只能分别加以考虑。

很多情况下，由于模型试验受到设备尺度的限制，其缩尺比只能取得很小，使得雷诺数相似准则常常不能严格地满足。幸而大自然赠与了“自模”规律，应充分加以利用。“自模雷诺数”的概念应清楚。

（3）试验结果如何换算？

试验结果要用相似准则数和其他无量纲数表示出来，做成图表或回归成试验公式。试验结果只能推广应用于相似问题中，换算是在相同的无量纲数和相同的相似准则数下进行。例如，模型试验求出阻力系数 $C_\mathrm{D}(Re)$ 与相似原型中的 $C_\mathrm{D}(Re)$ 应是相同的，故阻力换算公式为

$$\frac{R_\mathrm{m}}{\frac{1}{2}\rho v_\mathrm{m}^2A_\mathrm{m}}=\frac{R_\mathrm{p}}{\frac{1}{2}\rho v_\mathrm{p}^2A_\mathrm{p}}$$

或

$$R_{\mathrm{p}} = C_{\mathrm{D}}\left(Re\right)\cdot\frac{1}{2}\rho_{\mathrm{p}}v_{\mathrm{p}}^{2}A_{\mathrm{p}}$$

式中：下标 p 均指换算到原型中的物理量。

习　　题

4.1　图 4.42 为一喷流装置，进水口水流压力为 10^5 Pa（表面压力），水管内径为 30 cm，进水口水流方向为 x 轴负向。出流喷管内径为 15 cm，水流喷入大气中，方向为 x 轴向。当喷流量 Q=2 $\mathrm{m^3/s}$ 时，试求在进水口处法兰盘 A-A 上所受到的水平力大小。

（参考答案：2.9×10^5 N）

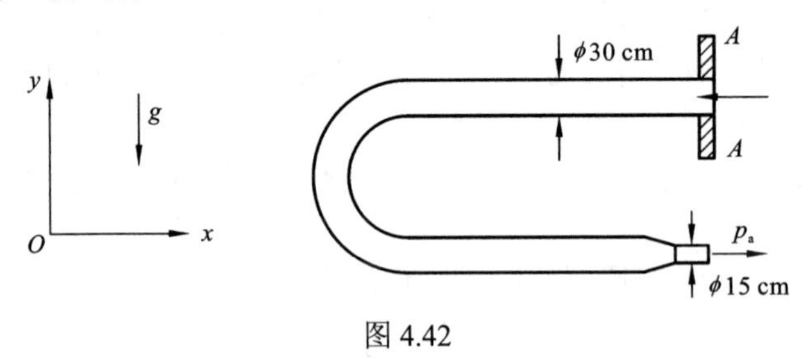

图 4.42

4.2　有一直径为 D、长度为 L 的圆柱体，置于定常不可压缩流体速度为 v_0 的均流中，如测得该圆柱体远前、远后方处速度分布如图 4.43 所示，而压力分布均相同，试求作用于该圆柱体上流体的作用力。

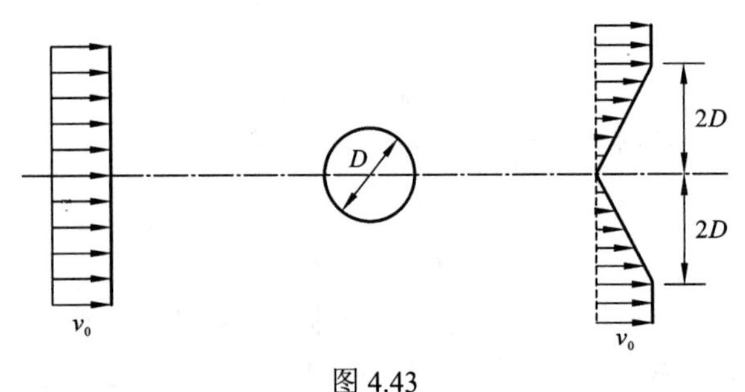

图 4.43

（参考答案：$\dfrac{2}{3}\rho v_0^2 DL$）

4.3　图 4.44 为一直径为 D、长度为 L 的圆柱，横置于矩形截面管道中。矩形截面管道的高度为 $4D$，宽度为 L。假定圆柱前方来流为不可压缩流体速度为 v_0 的均流，圆柱体下游的流线变成平行后呈图 4.44 所示的速度分布，如测得上游和下游的压力分别为 p_1 和 p_2，假定不计流体通过管道壁面黏性切应力，试求作用在圆柱上的流体作用力计算公式？

（参考答案：$4(p_1-p_2)DL-\dfrac{4}{3}\rho v_0^2 DL$）

4.4　图 4.45 为一引射泵的示意图，高速水流从截面面积为 A_j 的喷管中射出，其速度为 v_j，使被引射的水获得具有速度为 v_1 的流动。两者混合均匀后在截面面积为 A_{p} 的混合管中获得匀速分布 v_2 的流动。忽略流动中的黏性效应，试应用动量定理证明截面 1 和截面 2 上流体

的压力差为 $p_2-p_1=\rho\left(\dfrac{A_j}{A_p}\right)\left(1-\dfrac{A_j}{A_p}\right)(v_1-v_j)^2$。

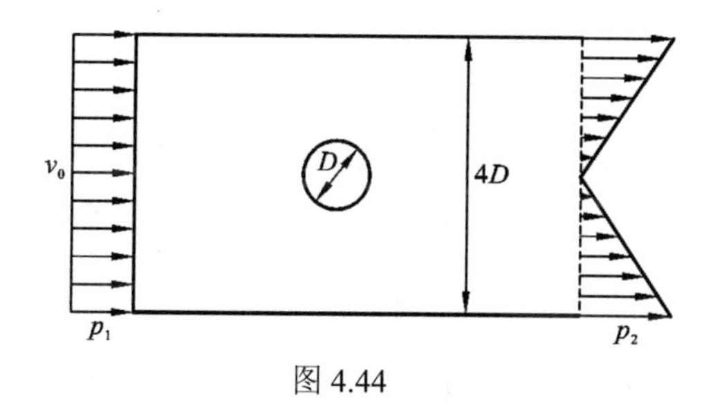

图 4.44

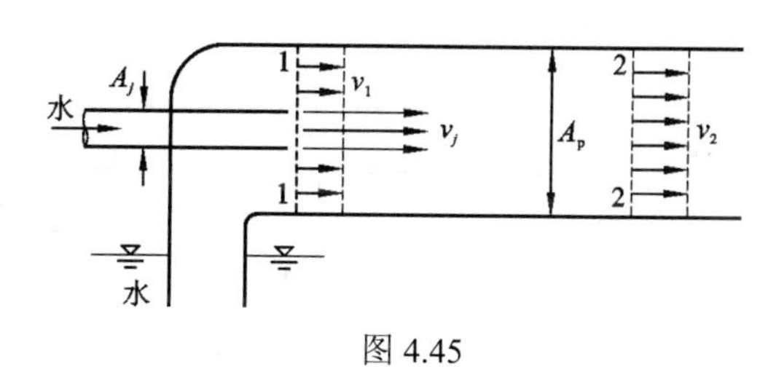

图 4.45

4.5 图 4.46 为某一引射器工作的示意图，如给出喷射流液体的密度为 ρ_a，喷射流速度为 v_j，被引射的流体为另一种液体，其密度为 ρ_b。起初被引射的液体获得的平均速度为 $\dfrac{1}{3}v_j$。两种液体混合后，在混合管中的平均速度为 v_2。设混合管截面面积为 A_2，喷射管截面面积为 $\dfrac{1}{3}A_2$。假定流动为定常不可压缩流动，不计壁面黏性阻力，截面 1 和截面 2 两截面上的压力分布均匀，如 $\rho_b=3\rho_a$，试求截面 1 和截面 2 上压力差 p_1-p_2 的计算式。

（参考答案：$p_1-p_2=\rho_a v_j\left(v_2-\dfrac{5}{9}v_j\right)$）

4.6 图 4.47 为一进流管示意图，进流管半径为 R，假定进口 1-1 处的进流速度分布为匀速 v_0，进入管内后由于管壁黏性效应使管内流速分布发生变化，在截面 2-2 处发展成为抛物线分布：

$$u=v_m\left(1-\frac{r^2}{R^2}\right)$$

式中：v_m 为管轴中心速度。

如测得截面 1-1 和截面 2-2 处的压力分别为 p_1 和 p_2，流体的密度为 ρ，试求流动中流体阻力的计算公式。

（参考答案：$\left(p_2-p_1+\dfrac{1}{3}\rho v_0^2\right)\pi R^2$）

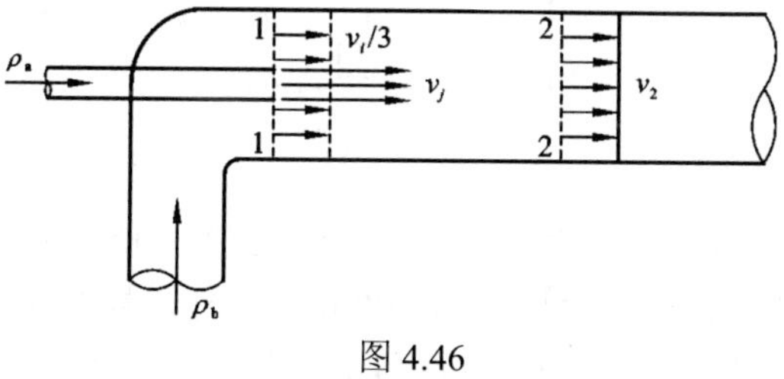

图 4.46

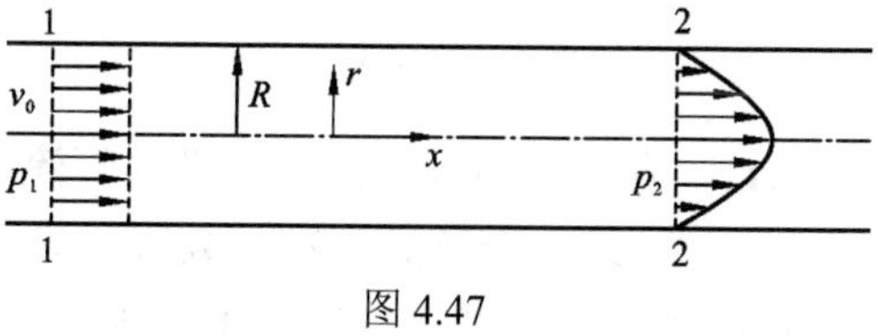

图 4.47

4.7 图 4.48 为一侧边开孔的管流，管径为 10 cm，在管截面 1-1 处，流速为 5 m/s，通过侧孔时有 1/3 水量从点 3 处垂直向上喷出。假定整个管流为定常流动，忽略黏性力，试求水流通过侧孔前后截面 1-1 和截面 2-2 两处压力差。

（参考答案：$\dfrac{5}{9}\rho v_1^2$）

4.8 有一喷水船如图4.49所示。已知射流喷出的水流相对速度u=7.5 m/s，船速v=4.5 m/s，喷水泵供水量Q=750 L/s，试求该喷水船的推进力和该喷水推进器的效率。

（参考答案：2 249 N，75%）

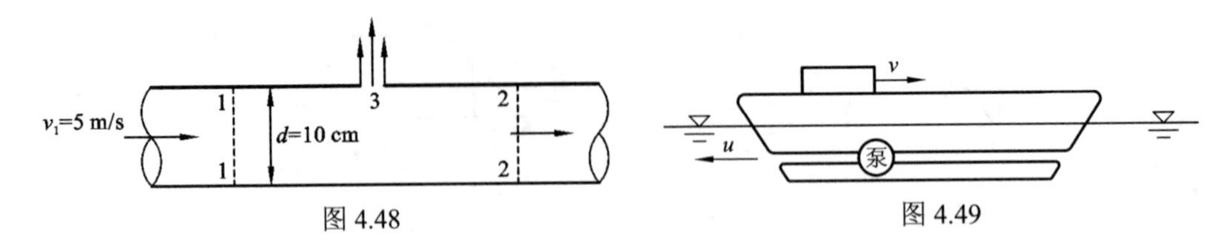

图 4.48　　　　图 4.49

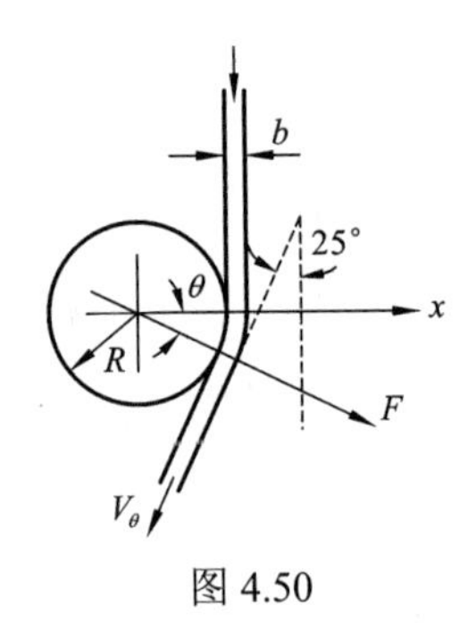

图 4.50

4.9 如图 4.50 所示，水射流与圆柱表面接触时，由于科恩达效应使射流贴附壁面转过一个角度射出，水射流通过单位圆柱长度的流量为 5 L/s，射流速度为 5 m/s 不变，通过圆柱表面后转折角为 25°，试求作用于圆柱上的力的大小和方向。

（参考答案：b=1 mm；射流贴附壁面部分表面压力 $p=\rho v_0^2\ln\left(1+\dfrac{b}{R}\right)$；$F=p\cdot 2\pi R\dfrac{25}{360}$，合力方向为圆柱体中心指向与$x$轴夹角$\theta$=12.5°）

4.10 有一虹吸管内流动如图 4.51 所示，不计管流水头损失，试求该虹吸管流出口点 5 处的水流速度v_5及管流内点 2、点 3 和点 4 处的流体压力p_2、p_3和p_4。

（参考答案：v_5=3.13 m/s，p_2=9.5×10^4 Pa，p_3=9.02×10^4 Pa，p_4=9.5×10^4 Pa）

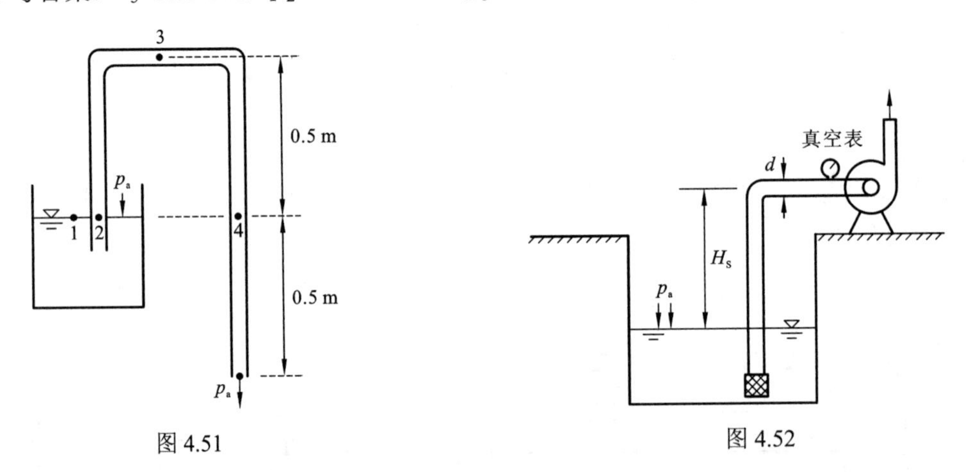

图 4.51　　　　图 4.52

4.11 有一离心水泵工作时吸水管流示意图如图 4.52 所示，其吸水管内径d=150 mm，水泵抽水量Q=60 m^3/h，装在水泵吸水管端的真空表指出负压值为 300 mm 汞柱，若不计水流黏性阻力损失，试计算确定水池内液面到水泵吸水管端的吸水高度H_S。

（参考答案：4.03 m）

4.12 如图 4.53 所示，容器内有水和油互不混合，水的密度ρ_w=1 000 kg/m^3，油的密度ρ_0=790 kg/m^3，试求小孔出流速度v。

（参考答案：小孔出水时，v=8.38 m/s；小孔出油时，v=6.26 m/s）

4.13 如图 4.54 所示，有两个水箱A和B，其中有圆孔C连通，圆孔C的面积为 100 cm^2，

水箱 A 和 B 内水位 H_1=5 m 和 H_2=2 m，以及圆孔中心位置 H_3=1 m。水箱 A 和水箱 B 的表面积均为 5 m^2。试求因圆孔 C 的泄流使水箱 A 和水箱 B 内的水面高度相等时所需的流动时间。

（参考答案：326 s）

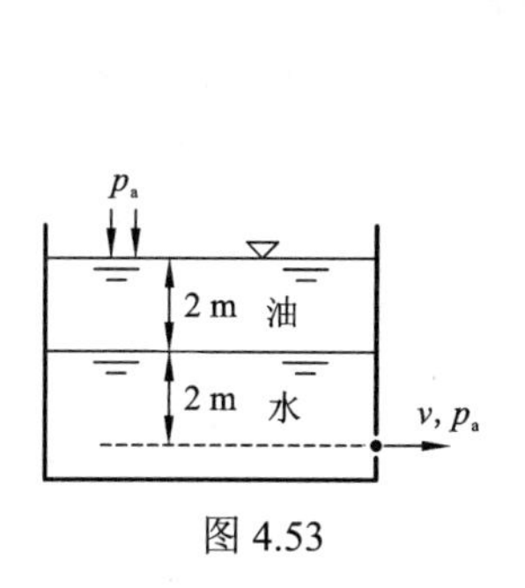

图 4.53

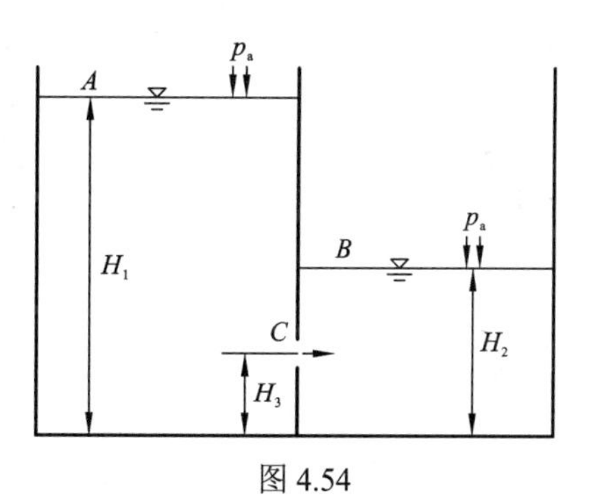

图 4.54

4.14 图 4.55 为一引射装置的示意图，喷管出口截面面积 A_e=1 m^2，进入引射管的水流量 Q=2 m^3/s，被引射的药水的细管截面面积 a=0.5 cm^2。若不计流动损失，不计细管壁厚对喷管内流动的影响。假定药水和水的密度相同，试求喷管喉部面积 A 应多大才能获得抽取药水的流量 q=200 cm^3/s。

（参考答案：0.385 m^2）

4.15 图 4.56 为一排水量 Q=30 L/s 的泵水系统示意图，已知水泵的效率为 80%，管路系统工作时流动损失水头为 $10\dfrac{v^2}{2g}$，v 为管内流速。已知管流内径 d=15 cm，泵水的高度 H=16 m，试计算确定该水泵所需轴功率。

（参考答案：6.43 kW）

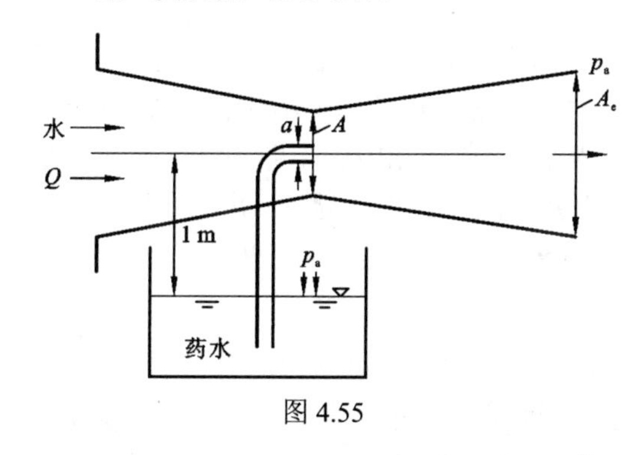

图 4.55

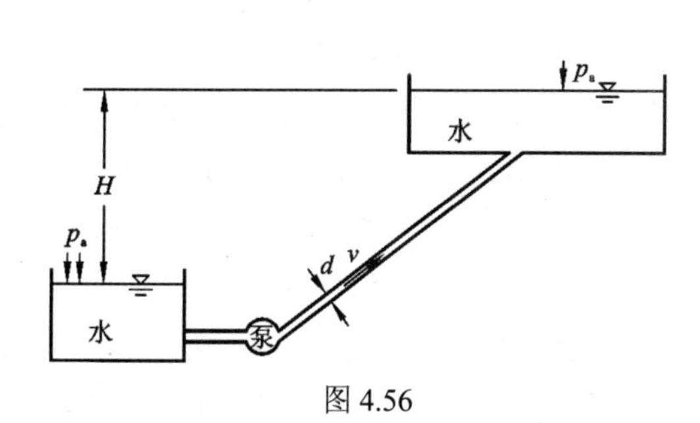

图 4.56

4.16 如图 4.56 所示的水泵工作系统，已知水泵工作时输送水的质量流量 $\dot{m}$ =0.921 kg/s，供水和收集水的两个容器都非常大，水泵工作时两容器内水位变化可忽略不计。如已知水泵工作时水泵的水头损失 h_p=3 m 水柱，以及全部管流的水头损失合计为 h_w=9.7 m，如 H=20 m，试求需提供该水泵工作的功率、水泵的效率和该水泵系统的效率。

（参考答案：295.4 W，87%，67%）

4.17 如图 4.56 所示的水泵工作系统，若已知水泵的有效功率为 7.35 kW，H=20 m，d=15 cm，管流水头损失合计为 $8\dfrac{v^2}{2g}$ 水柱，单位 m。试求水泵抽水量和水泵的压头。

（参考答案：37.46 kg/s，38.09 m 水柱）

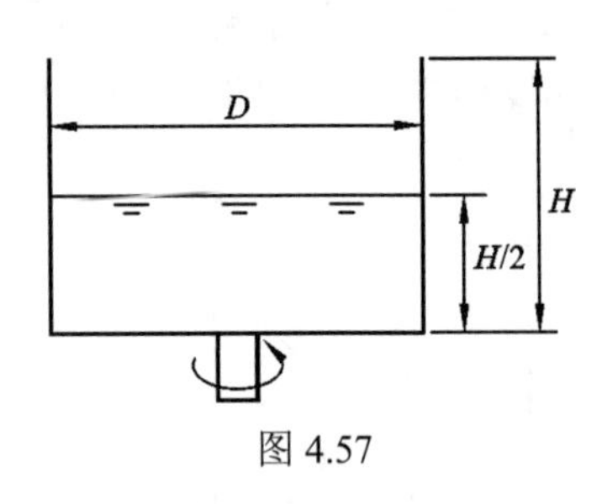

图 4.57

4.18 图 4.57 为一旋转圆筒容器，筒高 H=1.2 m，圆筒内径 D=0.8 m，筒内盛水量在圆筒未旋转时为筒高的一半，试求旋转圆筒的转速多大时筒内液体开始向外溢出。

（参考答案：115.5 r/min）

4.19 给出喷油雾化油滴直径 d 的影响因素有：液体的密度 ρ、液体黏性系数 μ、液体表面张力 σ、液体喷射速度 u、液体喷射管口直径 D 等。试用量纲分析法确定它们之间的关系。

（参考答案：$f\left(\dfrac{d}{D},\dfrac{\mu}{\rho uD},\dfrac{\sigma}{\rho Du^2}\right)=0$ 或 $\dfrac{d}{D}=\phi\left(Re,We\right)$）

4.20 为研究流体通过圆柱体的流动在圆柱后方发放涡街的频率 f，如图 4.58 所示，可观察到流动中所发放的涡形成的频率 f 与流体密度 ρ、流速 v、圆柱直径 d 和流体黏性系数 μ 等因素有关，试求：

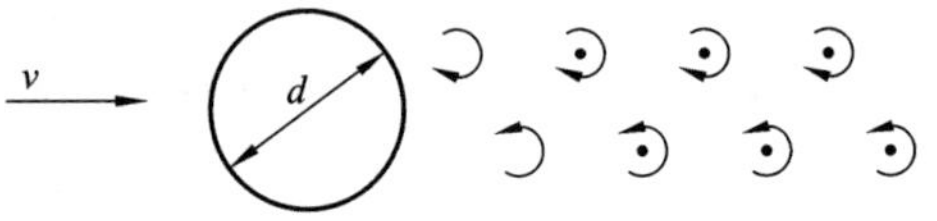

图 4.58

（1）用量纲分析法推导它们之间的函数关系；

（2）如在同一种流体中做试验，假定两个圆柱体直径比 $\dfrac{d_1}{d_2}=2$，则流动相似要求速度比 $\dfrac{v_1}{v_2}$ 及发放涡街频率比 $\dfrac{f_1}{f_2}$ 各应有何种关系。

（参考答案：$\dfrac{fd}{v}=\phi\left(\dfrac{\rho vd}{\mu}\right)$，$\dfrac{v_1}{v_2}=\dfrac{1}{2}$，$\dfrac{f_1}{f_2}=\dfrac{1}{4}$）

4.21 液体以一大容器中排放如图 4.59 所示，其出流量可通过出流管长度控制，由于随着出流速度 v_0 的增大，容器中的液面呈漏斗下凹并增大，当漏斗形液面与出流管端接触时（见图中虚线），出流量将达到最大，以后因出流管内进入空气而减少出流量。现欲用模型试验确定其最大排放速度。设模型与原型的缩尺比为 λ（模型特征尺度和原型特征尺度之比称为缩尺比），如在模型试验中测得最大出流速度为$(v_0)_{\mathrm{m}}$，试求原型中最大出流速度。

（参考答案：$\sqrt{\lambda}\left(v_0\right)_{\mathrm{m}}$）

4.22 为了研究如图 4.60 所示的管流活门的流动特性，已知原型活门的直径 D=2.5 m，水流量为 Q=8 m^3/s。当活门转角 α=30° 时，需通过试验测定活门的局部损失压头、水流对活门的作用力 P 和水流对活门转轴的力矩 $\boldsymbol{M}$。试验在缩小的模型 D_{m}=0.25 m，用空气流做模型试验，假定活门转角 α=30° 和空气流量 Q_{m}=1.5 m^3/s 时，原型和模型两种流动已达到自模区。设空气密度 ρ_{m}=1.25 kg/m^3，水的密度 ρ=1 000 kg/m^3，试根据模型试验所测得的下列数据，求原型中的相应值。

（1）模型活门气流中压力头损失测得 $\dfrac{\Delta p_{\mathrm{m}}}{\gamma_{\mathrm{m}}}=275\ \mathrm{mm}$水柱；

（2）模型在气流中对活门的作用力 $P_{\mathrm{m}}=137.3\ \mathrm{N}$；

（3）模型在气流中对活门转轴的力矩 $\boldsymbol{M}_{\mathrm{m}}=2.94\ \mathrm{N\cdot m}$。

（参考答案：0.55 m 水柱，27 450 N，5 886 N·m）

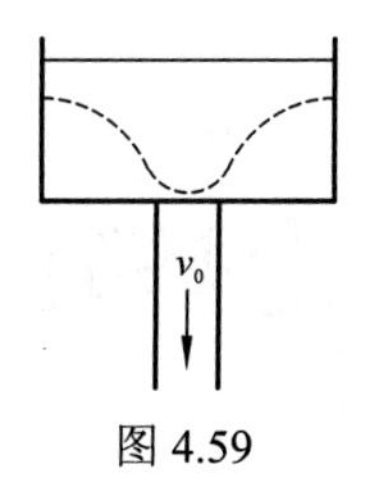

图 4.59

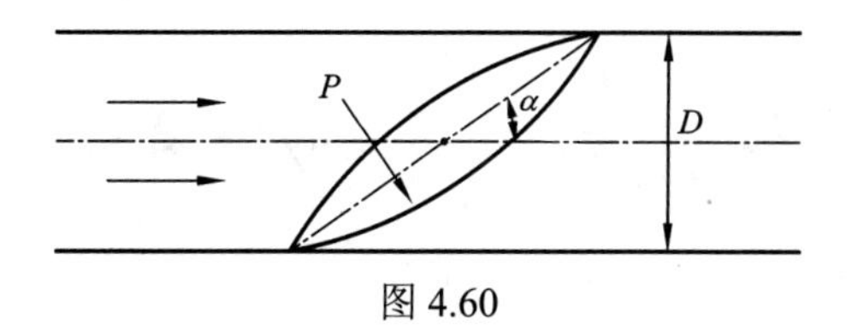

图 4.60

第 5 章　流体涡旋运动理论基础

流体涡旋运动广泛存在于流动问题中，流体涡旋运动的现象，不仅有可见的，还有许多是不易显示的。对于可见的流体涡旋运动，如河流中桥墩后水流的涡旋、盆池和水槽中下泄水流中盆池涡、飞机翼展两端卷起的翼梢涡、大气中龙卷风、口中喷出烟气卷的涡环和涡流等都是一些可见的涡旋现象。而难以可视化的涡旋运动则更为广泛，所有实际流体的流动都是由大量看不见的涡结构所组成，涡结构是流体的物质结构，是一系列旋转的流体微团结构。涡动力学已成为一门精深的学科分支，它与湍流研究也有密切关系。对于理想无黏性流体研究，涡旋也有重要作用，它是拉普拉斯方程的一个基本解。

流体涡旋运动作为一种自然现象，如大气中的龙卷风、河流中的强涡流、宇宙中的涡旋星系等都有待更深刻的认识。

流体涡旋运动特性作为人类可利用的工具，在工程上加以利用则是永恒的研究课题。例如，早期就有涡管制冷的发明（压缩空气通过涡旋运动可分离为热气流和冷气流的形成），旋风除尘专利设备的提出，以及近期的驻涡燃烧室（trapped vortex combustor）的研究等，都有重要的理论意义和实际意义。

本章讨论流体涡旋运动的一些基本定理和公式，它们是进一步学习流体力学和有关专业课程的必要基础。

5.1　涡特性和涡流

凡在流场中流体微团自身具有旋转角速度运动的都称为有涡运动或涡流运动。判别的方法，如在直角坐标系中流场速度分布写为 $\boldsymbol{v}=u\boldsymbol{i}+v\boldsymbol{j}+w\boldsymbol{k}$ ，其中流体微团旋转角速度矢量 $\boldsymbol{\omega}=\omega_x\boldsymbol{i}+\omega_y\boldsymbol{j}+\omega_z\boldsymbol{k}$ ，由式（3.2.5）已知：

$$\omega_x=\frac{1}{2}\left(\frac{\partial w}{\partial y}-\frac{\partial v}{\partial z}\right),\quad \omega_y=\frac{1}{2}\left(\frac{\partial u}{\partial z}-\frac{\partial w}{\partial x}\right),\quad \omega_z=\frac{1}{2}\left(\frac{\partial v}{\partial x}-\frac{\partial u}{\partial y}\right) \tag{5.1.1}$$

注意到流场中速度矢量 $\boldsymbol{v}$ 的旋度公式（3.2.6）在直角坐标系中为

$$\boldsymbol{\Omega}=\nabla\times\boldsymbol{v}=\boldsymbol{i}\left(\frac{\partial w}{\partial y}-\frac{\partial v}{\partial z}\right)+\boldsymbol{j}\left(\frac{\partial u}{\partial z}-\frac{\partial w}{\partial x}\right)+\boldsymbol{k}\left(\frac{\partial v}{\partial x}-\frac{\partial u}{\partial y}\right) \tag{5.1.2}$$

旋度 $\boldsymbol{\Omega}$ 又称为涡量 $\boldsymbol{\Omega}$，它是一个矢量，其方向与流体微团旋转角速度矢量 $\boldsymbol{\omega}$ 的方向相同，而其大小为旋转角速度的两倍。根据旋度 $\boldsymbol{\Omega}$ 的矢量关系式，在柱坐标(r,θ,z)中，速度矢量 $\boldsymbol{v}=v_r\boldsymbol{e}_r+v_\theta\boldsymbol{e}_\theta+v_z\boldsymbol{e}_z$ 的旋度 $\boldsymbol{\Omega}$ 为

$$\boldsymbol{\Omega}=\nabla\times\boldsymbol{v}=\boldsymbol{e}_r\left\{\frac{1}{r}\left[\frac{\partial v_z}{\partial\theta}-\frac{\partial(rv_\theta)}{\partial z}\right]\right\}+\boldsymbol{e}_\theta\left(\frac{\partial v_r}{\partial z}-\frac{\partial v_z}{\partial r}\right)+\boldsymbol{e}_z\left[\frac{1}{r}\frac{\partial(rv_\theta)}{\partial r}-\frac{\partial v_r}{\partial\theta}\right] \tag{5.1.3}$$

在柱坐标中流体微团旋转角速度 $\boldsymbol{\omega}=\omega_r\boldsymbol{e}_r+\omega_\theta\boldsymbol{e}_\theta+\omega_z\boldsymbol{e}_z$ ，则有

$$\omega_r=\frac{1}{2}\left\{\frac{1}{r}\left[\frac{\partial v_z}{\partial\theta}-\frac{\partial(rv_\theta)}{\partial z}\right]\right\},\quad \omega_\theta=\frac{1}{2}\left(\frac{\partial v_r}{\partial z}-\frac{\partial v_z}{\partial r}\right),\quad \omega_z=\frac{1}{2}\left[\frac{1}{r}\frac{\partial(rv_\theta)}{\partial r}-\frac{\partial v_r}{\partial\theta}\right] \tag{5.1.4}$$

在涡流中，可定义涡线为：在任一瞬时，涡线的切线与该时刻涡线上流体微团的旋度矢量 $\boldsymbol{\Omega}$ 或流体微团旋转角速度矢量 $\boldsymbol{\omega}$ 方向一致，与流线的定义相一致[见式（3.14）]，故涡线 $\boldsymbol{S}$ 的微分方程矢量关系式为

$$\boldsymbol{\Omega}\times \mathrm{d}\boldsymbol{S}=0 \tag{5.1.5a}$$

或

$$\boldsymbol{\omega}\times \mathrm{d}\boldsymbol{S}=0 \tag{5.1.5b}$$

在直角坐标系中，对以上涡线微分方程做运算有

$$\frac{\mathrm{d}x}{\Omega_x}=\frac{\mathrm{d}y}{\Omega_y}=\frac{\mathrm{d}z}{\Omega_z} \tag{5.1.6a}$$

或

$$\frac{\mathrm{d}x}{\omega_x}=\frac{\mathrm{d}y}{\omega_y}=\frac{\mathrm{d}z}{\omega_z} \tag{5.1.6b}$$

根据涡线定义，它与流线类似，除特殊的一些奇点以外，涡线也不会相交，通过流场中一个点只能作出一条涡线；通过流场中任一微小封闭曲线的一束涡线组成的涡管，它的性质也与流管相同。

流体的旋度矢量或涡量矢量 $\boldsymbol{\Omega}$ 还有一个重要特性，根据其定义对式（5.1.2）做散度运算：

$$\nabla\cdot\boldsymbol{\Omega}=\nabla\cdot\left(\nabla\times\boldsymbol{v}\right)=0 \tag{5.1.7}$$

速度矢量 $\boldsymbol{v}$ 的旋度的散度必等于 0。若不熟悉这一运算，可对式（5.1.2）在直角坐标系中做散度运算以验证，有

$$\begin{aligned}\nabla\cdot\boldsymbol{\Omega}&=\nabla\cdot\left[\left(\frac{\partial w}{\partial y}-\frac{\partial v}{\partial z}\right)\boldsymbol{i}+\left(\frac{\partial u}{\partial z}-\frac{\partial w}{\partial x}\right)\boldsymbol{j}+\left(\frac{\partial v}{\partial x}-\frac{\partial u}{\partial y}\right)\boldsymbol{k}\right]\\&=\frac{\partial}{\partial x}\left(\frac{\partial w}{\partial y}-\frac{\partial v}{\partial z}\right)+\frac{\partial}{\partial y}\left(\frac{\partial u}{\partial z}-\frac{\partial w}{\partial x}\right)+\frac{\partial}{\partial z}\left(\frac{\partial v}{\partial x}-\frac{\partial u}{\partial y}\right)\\&=0\end{aligned}$$

在涡流中，流体的涡量或旋度矢量 $\boldsymbol{\Omega}$ 的散度等于 0，式（5.1.7）在直角坐标系中可写为

$$\frac{\partial\Omega_x}{\partial x}+\frac{\partial\Omega_y}{\partial y}+\frac{\partial\Omega_z}{\partial z}=0 \tag{5.1.8}$$

这是流体旋度的一个运动学基本方程式，它可同黏性流体中旋度（或涡量）的动力学方程一起，联立求解流场中的旋度分布。式（5.1.8）也类似于不可压缩流体连续性方程式（3.4.13），具有同样重要意义。

最简单的涡流是圆柱形涡。圆柱形涡由两部分组成：像刚体般旋转的涡核部分和在涡核外被涡核诱导产生的环流部分。例如，像刚体一样绕 z 轴做圆周旋转的流体，设流体的旋转角度为 $\boldsymbol{\omega}_0$，在柱坐标中流体做圆周运动的速度为 $v_\theta=r\omega_0$，$v_r=0$，$v_z=0$，则可计算流体微团旋转角度 $\boldsymbol{\omega}$，由式（5.1.4）可得

$$\omega_r=0,\quad \omega_\theta=0,\quad \omega_z=\omega_0 \tag{5.1.9}$$

故知其中流体微团也具有绕 z 轴旋转角度 $\boldsymbol{\omega}=\omega_0\boldsymbol{e}_z$，表明像刚体一样旋转的流体是有旋的涡流。它是圆柱形涡流的涡核，涡核中流体质点速度与半径成正比，它的出现常由于外界的和内在的强制作用引起，故这部分涡流又叫强制涡。而在涡核外的环流部分，其中流体绕 z 轴旋转的线速度 v_μ 与半径 r 成反比做圆周运动，如 $v_r=0$，$v_\theta=\dfrac{K}{r}$（K 为常数），$v_z=0$，则可

计算流体微团旋转角速度 $\boldsymbol{\omega}$，由式（5.1.4）得

$$\omega_r = 0, \quad \omega_\theta = 0, \quad \omega_z = 0 \tag{5.1.10}$$

表明其中流体微团的旋转角速度矢量 $\boldsymbol{\omega}=0$，除 $r=0$ 点外，该流场是无旋的涡流。它的出现常由诱导作用等原因自然地形成，故这部分圆柱形涡流又称为自由涡或势涡。

在自然界中热带气旋（台风、龙卷风）可作为圆柱形涡流例子，其气旋直径达 150～800 km，在气旋范围内最大风力可达到台风程度（300 m/s 以上），但往往存在一个直径 15～30 km 中心区域（台风眼），在那里却相当平静。故对台风和龙卷风常可以近似当做圆柱形涡进行分析。

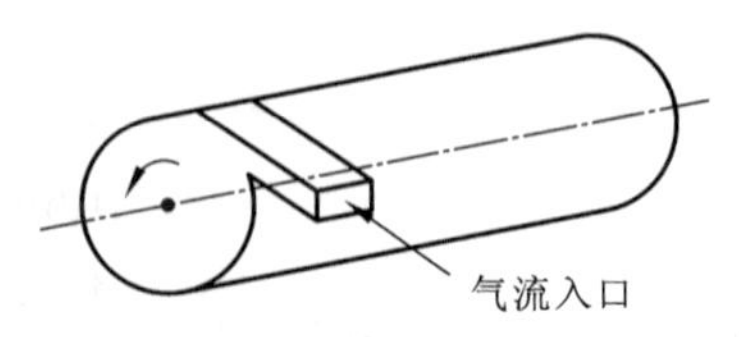

图 5.1　圆筒内旋转气流产生示意图

在工业上常利用的旋转气流设备，如图 5.1 所示，切向进入圆筒内的气流，自由地在圆柱体内绕圆柱体轴线做圆形旋转运动，实际测试表明其速度随半径的减小而增大，近似地为自由涡中的环流。并在环流的核心区（轴心附近），也会形成像刚体一样旋转的涡核区。实测已证实了此现象，故气旋设备中的流场分析，常可近似地当做圆柱形涡流进行研究。

对不可压缩和黏性系数为常数的流体，写出柱坐标形式的 N-S 方程，即利用式（4.3.10）可证明圆柱形涡流（无论是自由涡部分，还是强制涡流部分），其黏性项 $\nu\nabla^2\boldsymbol{q}=0$（可作为讨论题或习题选做）。这就是说，圆柱形涡流都可用理想无黏性流体欧拉方程求解其中的压力分布，详见 5.5 节的讨论。

5.2　斯托克斯定理

斯托克斯定理是数学上线积分与面积分相互转换的一个公式，如有一矢量函数 $\boldsymbol{f}$，沿任意封闭曲线 C 的线积分 $\int_C \boldsymbol{f}\mathrm{d}\boldsymbol{l}$，这里 $\mathrm{d}\boldsymbol{l}$ 是曲线 C 上微元段切向矢量。这个线积分与该封闭曲线 C 所包的面积 A（见图 5.2）上的面积分 $\int_A (\nabla\times\boldsymbol{f})\mathrm{d}\boldsymbol{A} = \int_A (\nabla\times\boldsymbol{f})\cdot\boldsymbol{n}\mathrm{d}A$ 之间的关系，斯托克斯定理给出：

$$\int_C \boldsymbol{f}\mathrm{d}\boldsymbol{l} = \int_A (\nabla\times\boldsymbol{f})\mathrm{d}\boldsymbol{A} = \int_A (\nabla\times\boldsymbol{f})\cdot\boldsymbol{n}\mathrm{d}A \tag{5.2.1}$$

这里 $\mathrm{d}A$ 是面积 A 上任一微元面积，$\boldsymbol{n}$ 为该微元面积 $\mathrm{d}A$ 的法向单位矢量。沿着曲线 C 行走，面积 A 在行人的左侧取 $\boldsymbol{n}$ 为外法线方向，如面积 A 在行人的右侧取 $\boldsymbol{n}$ 为内法线方向。

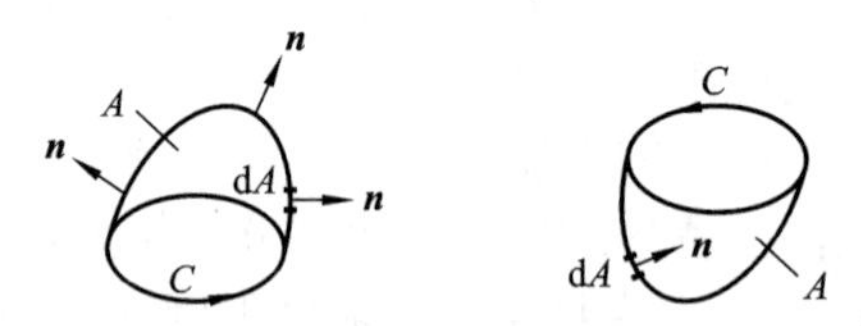

图 5.2　封闭曲线 C 和所包面积 A 的示意图

这个斯托克斯定理表达式在流体力学中具有重要的物理意义：令 $\boldsymbol{f}=\boldsymbol{v}$，$\boldsymbol{v}$ 为流场中的速度矢量，因 $\nabla\times\boldsymbol{v}=\boldsymbol{\Omega}=2\boldsymbol{\omega}$，其中 $\boldsymbol{\Omega}$ 为流体旋度矢量，$\boldsymbol{\omega}$ 为流体微团旋转角速度矢量，则可将斯托克斯定理公式（5.2.1）写为

$$\int_C \boldsymbol{v}\mathrm{d}\boldsymbol{l} = \int_A \boldsymbol{\Omega}\cdot\boldsymbol{n}\mathrm{d}A = 2\int_A \boldsymbol{\omega}\cdot\boldsymbol{n}\mathrm{d}A \tag{5.2.2}$$

式中：$\int_C \boldsymbol{v}\mathrm{d}\boldsymbol{l}$ 在流体力学中定义为速度环量 $\varGamma$，它是沿封闭曲线 C 上流体速度矢量 $\boldsymbol{v}$ 与沿曲线 C 的切线矢量 $\mathrm{d}\boldsymbol{l}$ 点乘的积分，如图 5.3 所示，即

$$\Gamma = \int_C \boldsymbol{v}\mathrm{d}\boldsymbol{l} = \int_C |v|\cos\alpha \mathrm{d}l \qquad (5.2.3)$$

速度环量是一个标量，它的量纲和单位为[m²/s]，但它有正负之分，对观察者为逆时针方向求速度环量$\Gamma>0$。反之，对观察者为顺时针方向求速度环量时，$\Gamma<0$。

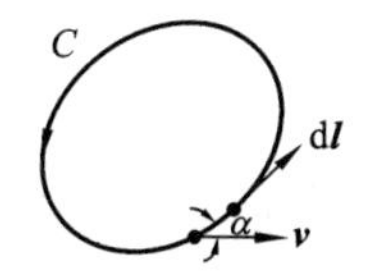

图 5.3　封闭曲线 C 上速度环量

式（5.2.2）中 $\int_A \boldsymbol{v}\mathrm{d}\boldsymbol{l}\cdot\boldsymbol{n}\mathrm{d}A$ 称为旋度通量，类似于速度通量 $\int_A \boldsymbol{v}\cdot\boldsymbol{n}\mathrm{d}A$ 称为流量，故 $\int_A \boldsymbol{\Omega}\cdot\boldsymbol{n}\mathrm{d}A$ 又称为涡量强度。而面积分 $\int_A \boldsymbol{\omega}\cdot\boldsymbol{n}\mathrm{d}A$ 为涡旋角速度 $\boldsymbol{\omega}$ 的通量，也称为通过面积 A 的涡旋强度（注意涡量强度则为涡旋强度的 2 倍），其中 $\boldsymbol{n}$ 为面积 A 上的单位法向矢量，其指向与强度 $\boldsymbol{\Omega}$ 指向一致。

斯托克斯定理应用于像刚体一样旋转的圆柱形涡流中，设流体做旋转圆周运动的角速度为 ω_0，旋转轴为垂直向上的 z 轴，在柱坐标(r,θ,z)中流体运动速度 $\boldsymbol{v}=v_r\boldsymbol{e}_r+v_\theta\boldsymbol{e}_\theta+v_z\boldsymbol{e}_z$ 为 $v_r=0$，$v_\theta=r\omega_0$，$v_z=0$，所以 $\boldsymbol{v}=r\omega_0\boldsymbol{e}_\theta$，如图 5.4 所示，对任一半径 r 的圆周线 C 上计算速度环量为

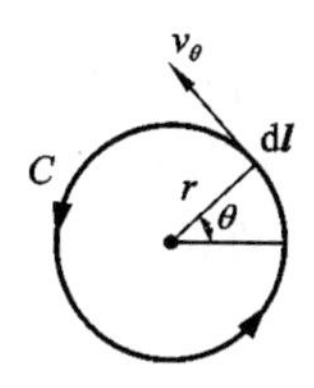

图 5.4　对圆周线 C 计算速度环量

$$\Gamma = \int_C \boldsymbol{v}\mathrm{d}\boldsymbol{l} = \int_0^{2\pi}(r\omega_0\boldsymbol{e}_\theta)(r\mathrm{d}\theta\cdot\boldsymbol{e}_\theta) = 2\pi r^2\omega_0 \qquad (5.2.4)$$

对于像刚体一样旋转的涡流，流体质点旋转角速度 $\boldsymbol{\omega}$，由式（5.1.9）知，$\boldsymbol{\omega}=\omega_0\boldsymbol{e}_z$，利用式（5.2.2）计算涡量强度 $\int_A \boldsymbol{\Omega}\cdot\boldsymbol{n}\mathrm{d}A$ 或涡旋强度的两倍，即 $2\int_A \boldsymbol{\omega}\cdot\boldsymbol{n}\mathrm{d}A$，因 ω_0 为常数，$\boldsymbol{n}=\boldsymbol{e}_z$，圆周线 C 所包平面面积 $\int_A \mathrm{d}A=\pi r^2$，则有

$$\int_A \boldsymbol{\Omega}\cdot\boldsymbol{n}\mathrm{d}A = 2\int_A \boldsymbol{\omega}\cdot\boldsymbol{n}\mathrm{d}A = 2\omega_0\pi r^2 \qquad (5.2.5)$$

比较式（5.2.4）和式（5.2.5），两式相等，此即斯托克斯定理应得到的结果，故验证了斯托克斯定理的成立。

再对斯托克斯定理应用于流体绕 z 轴旋转的周向线速度 v_θ 与半径 r 成反比的自由涡流中，在柱坐标系中流体运动周向速度 $v_\theta=\dfrac{K}{r}$（K 为常数），流体的径向速度 $v_r=0$ 和轴向速度 $v_z=0$，速度矢量 $\boldsymbol{v}=\dfrac{K}{r}\boldsymbol{e}_\theta$，仍如图 5.4 所示，对任一半径 r 的圆周线 C 计算速度环量为

$$\Gamma = \int_C \boldsymbol{v}\mathrm{d}\boldsymbol{l} = \int_0^{2\pi}\left(\frac{K}{r}\boldsymbol{e}_\theta\right)(r\mathrm{d}\theta\cdot\boldsymbol{e}_\theta) = 2\pi K \text{（常数）} \qquad (5.2.6)$$

速度环量 Γ（即涡量强度）与半径无关，这种流动在式（5.1.10）中已计算表明在其流场中除 $r\to0$ 处外，流体微团旋转角速度 $\boldsymbol{\omega}=0$（或旋度 $\boldsymbol{\Omega}\to0$）。而在 $r\to0$ 处为奇点，$v_\theta\to\infty$，$\boldsymbol{\omega}\to\infty$（或旋度 $\boldsymbol{\Omega}\to\infty$）。根据斯托克斯定理，有

$$\Gamma = \int_A \boldsymbol{\Omega}\mathrm{d}A = \lim_{\substack{r\to0\\ \Omega\to\infty}}\left(\boldsymbol{\Omega}\cdot\pi r^2\right) = 2\pi K \text{ (常数)} \qquad (5.2.7)$$

表示这种无旋涡流在 $r\to0$ 处存在一条集中的涡线（其涡量强度为 Γ），由该涡线在任一半径 r 处诱导的速度场是无旋的，其诱导速度场为

$$v_\theta = \frac{\Gamma}{2\pi r} \qquad (5.2.8)$$

5.3 汤姆孙定理

汤姆孙定理又称开尔文环量定理，这个定理在流体力学中具有重要意义。威廉·汤姆孙（William Thomson，又称开尔文伯爵）的论文对满足以下三个条件的流体做出一项证明。

（1）为无黏性理想流体；

（2）为正压流体或密度为常数的流体，正压流体是指流体密度 ρ 仅为流体压力 p 的函数，即 $\rho=\rho(p)$；

（3）作用于流体的体积力或单位质量力是有势力的流体，如在重力场中流体的单位质量为 $-g\boldsymbol{k}$（$\boldsymbol{k}$ 为垂向坐标 z 轴向的单位矢量），它是有势力，其势力函数 $B=-gz$（力势函数的定义，梯度为单位质量力，即 $\nabla B=-g\boldsymbol{k}$）。

在满足以上三条件的流体运动的流场中，计算绕任一封闭的物质轴线 $C(t)$的速度环量 $\Gamma(t)=\int_{C(t)}\boldsymbol{v}(\boldsymbol{r},t)\mathrm{d}\boldsymbol{r}$，如图 5.5 所示，其中 $\boldsymbol{v}(\boldsymbol{r},t)$ 为物质周线 $C(t)$上流体质点速度矢量，$\boldsymbol{r}$ 为物质周线上任一点处的位置矢量，$\mathrm{d}\boldsymbol{r}$ 为物质周线上微元段的切向矢量。则速度环量 $\Gamma(t)$它在运动过程中是守恒的，即

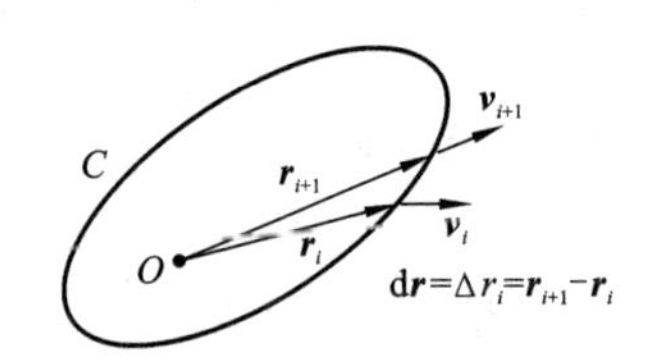

图 5.5　物质周线 $C(t)$上速度环量示意图

$$\frac{\mathrm{D}\Gamma(t)}{\mathrm{D}t}=0 \tag{5.3.1}$$

这就是汤姆孙定理，或称为开尔文环量守恒定理，其中所指的封闭物质周线（简称为流体周线），它不是固定的封闭曲线，而是由流体质点组成的物质周线，随流体质点的运动其物质周线也随之运动。

汤姆孙定理证明如下，根据速度环量定义，令

$$\Gamma(t)=\int_{C(t)}\boldsymbol{v}(\boldsymbol{r},t)\mathrm{d}\boldsymbol{r} \tag{5.3.2}$$

对式（5.3.2）两端取物质导数，如图 5.5 所示，对式中积分做离散表达，即

$$\begin{aligned}\frac{\mathrm{D}\Gamma(t)}{\mathrm{D}t}&=\frac{\mathrm{D}}{\mathrm{D}t}\int_{C(t)}\boldsymbol{v}(\boldsymbol{r},t)\mathrm{d}\boldsymbol{r}=\frac{\mathrm{D}}{\mathrm{D}t}\sum_{i=1}^{n}\boldsymbol{v}_i\left(\boldsymbol{r}_{i+1}-\boldsymbol{r}_i\right)=\frac{\mathrm{D}}{\mathrm{D}t}\sum_{i=1}^{n}\boldsymbol{v}_i\cdot\Delta\boldsymbol{r}_i\\&=\sum_{i=1}^{n}\frac{\mathrm{D}\boldsymbol{v}_i}{\mathrm{D}t}\Delta\boldsymbol{r}_i+\sum_{i=1}^{n}\boldsymbol{v}_i\cdot\Delta\boldsymbol{v}_i=\int_{C(t)}\frac{\mathrm{D}\boldsymbol{v}}{\mathrm{D}t}\mathrm{d}\boldsymbol{r}+\int_{C(t)}\mathrm{d}\left(\frac{v^2}{2}\right)=\int_{C(t)}\frac{\mathrm{D}\boldsymbol{v}}{\mathrm{D}t}\mathrm{d}\boldsymbol{r}\end{aligned} \tag{5.3.3}$$

对式(5.3.3)右端线积分，利用数学上的斯托克斯定理化为面积分，然后对流体加速度 $\frac{\mathrm{D}\boldsymbol{v}}{\mathrm{D}t}$，对满足汤姆孙定理具有三个条件的流体，可利用欧拉运动微分方程，即 $\frac{\mathrm{D}\boldsymbol{v}}{\mathrm{D}t}=-\frac{1}{\rho}\nabla p+\nabla B$，则式（5.3.3）中 $\int_{C(t)}\frac{\mathrm{D}\boldsymbol{v}}{\mathrm{D}t}\mathrm{d}\boldsymbol{r}$ 可写为

$$\begin{aligned}\int_{C(t)}\frac{\mathrm{D}\boldsymbol{v}}{\mathrm{D}t}\mathrm{d}\boldsymbol{r}&=\int_A\left(\nabla\times\frac{\mathrm{D}\boldsymbol{v}}{\mathrm{D}t}\right)\boldsymbol{n}\mathrm{d}A=\int_A\left[\nabla\times\left(-\frac{1}{\rho}\nabla p+\nabla B\right)\right]\cdot\boldsymbol{n}\mathrm{d}A\\&=\int_A\frac{1}{\rho^2}(\nabla\rho\times\nabla p)\boldsymbol{n}\mathrm{d}A=0\end{aligned} \tag{5.3.4}$$

对正压流体，$\nabla\rho\times\nabla p=0$，故有等式（5.3.4），将式（5.3.4）代入式（5.3.3），则汤姆

孙定理得到证明。由此可知，汤姆孙定理的成立是有三个条件的：①为无黏性理想流体；②为正压或密度为常数的流体；③流体的质量力为有力势的流体。这三个条件其中如有一个条件不满足，汤姆孙定理就不成立，即物质周线的速度环量不守恒，则流场中必有环流和涡旋不断产生。汤姆孙定理的正反两方面都可以说明很多问题，以下介绍几个典型案例。

5.3.1 理想流体中机翼升力产生

飞机在低速飞行时机翼或翼剖面产生升力，通常可用不可压缩无黏性理想流体在重力场中的流动做理论分析，理论计算的结果与试验相符。如图 5.6 所示，设翼剖面前缘是光滑的，后缘具有一定的尖角，对包含翼剖面的物质周线 $C(t)$的速度环量 Γ，在翼剖面静止时 $\Gamma_{t=0}=0$。翼剖面起动后到 $t=t_1$ 时，根据汤姆孙定理 $\Gamma(t)$仍等于 0，即 $\Gamma_{t=t_1}=0$。但在 $t=t_1$ 时，翼剖面绕流，因翼背上流速大于翼面（下表面）上流速，绕过翼背和翼面的气流可在后缘处汇合（当翼剖面攻角不大时常是这样，这是实验观察的结论），因此便有图 5.6 中绕翼剖面的速度环量$-\Gamma$ 产生（负号表示环量方向），从而说明翼剖面有升力产生。那么，此升力（或速度环量）是什么原因产生的？如在 $t=0$ 时翼剖面是无升力的，则机翼起动后翼背上的气流和翼面上的气流汇合点应在尾缘点上方（图 5.6 中虚线为机翼起动后相对于翼剖面的流线，O 为气流汇合点），这是翼剖面起动瞬时尚未获得升力时出现的流型。但这种使翼剖面下表面上的流体绕过翼剖面尖尾缘后流到翼背上 O 点处，与翼背上气流相汇合的流型实际中不能实现。实际气流往往绕不过尾缘而发生回流，产生如图 5.6 所示的“启动涡”现象。对于这种实际现象，在机翼理论分析时，可在机翼起动时（无升力状态）在尾缘处加一个起动涡加以反映。设起动涡的速度环量（即涡量强度）为 Γ，这个起动涡随机翼起动后被留在机翼后面。起动涡使翼剖面上、下表面的气流汇合点后移，从而使翼剖面产生一个附着涡而获得机翼升力。附着涡的速度环量$-\Gamma$，其大小与起动涡相同，而方向相反。物质周线 C 上速度环量因存在起动涡而仍保持为 0，不违背汤姆孙定理。

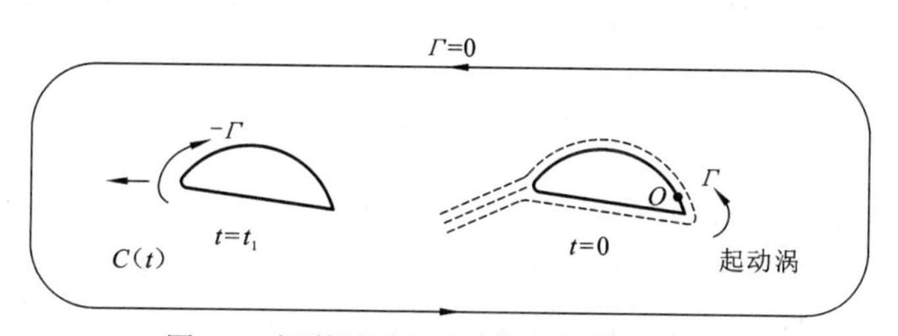

图 5.6 机翼剖面启动后升力产生的示意图

5.3.2 盆池涡现象解释

盆池涡（bathtub vortex）现象是日常生活中常见的一种涡现象，从盆池孔口下泄的水为何总出现有旋转的涡流？排除初始干扰和容器不对称等因素的影响，是何种原因使下泄的水流呈现旋转流态？假设水是不可压缩流体、正压流体，根据汤姆孙定理又可排除因非正压流体可产生环流的一个原因；假定下泄水流具有黏性，但黏性摩擦力方向总是与水流方向相反，黏性效应不产生与下泄水流横向正交的作用力，不会使下泄的水流产生旋转的环流。因此，理论分析的唯一可能是下泄水流在体积力具有非力势的力场作用下产生旋转的环流。如考虑地

球自转角速度 $\boldsymbol{\Omega}$，图 5.7 为北半球纬度为 φ 的某处有下泄水流速度 $\boldsymbol{v}$，当地面坐标(x, y, z)取 x 轴向东，y 轴向北，z 轴铅垂向上。下泄水流在初始时期主要出现盆池内径向流速 $\boldsymbol{v}$[见图 5.7(b)]和孔口上下附近局部的垂向水流速度，它们都不会使盆池内的水流产生周向旋转的环流。但由于盆池内水的径向流速 $\boldsymbol{v}$ 在地球旋转坐标系中，将产生哥氏惯性加速度 $-2\boldsymbol{\Omega}\times\boldsymbol{v}$ 作用于盆池内所有水质点上，其作用力的方向与下泄水流速度 $\boldsymbol{v}$ 方向正交，它可使下泄水流在北半球产生逆时针方向在盆池中涡流。而在南半球则产生顺时针方向的盆池涡流。

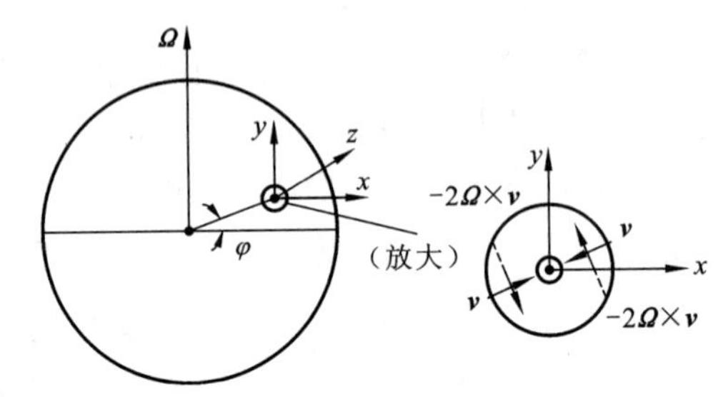

图 5.7 北半球纬度 φ 盆池下泄水流 v 产生周向环流的示意图

个著名的试验曾发表在 *Nature*（1962）上，证实了哥氏惯性力是产生盆池涡的主要原因。试验由麻省理工学院夏皮罗（Shapiro）教授做出：试验地在北半球纬度为 42° 处，试验的盆池直径为 1.8 m，盛水 1.1 m^3，盆池水深 12.24 cm，静止 24 h 后缓慢开启排水孔，排水孔径为 0.952 5 cm，排水前后室内气温保持稳定不变。观察总排水时间为 20 min，在开启排水 12～15 min 后观察到水面缓慢旋转（为逆时针方向）。重复多次试验，得出以上结果，并测得放水时中心处涡流旋转角速度为 0.3 rad/s（比地球自转角速度 $\boldsymbol{\Omega}=0.728\times10^{-4}$ rad/s 大数万倍）。后来又有其他人做过相同试验，都证实了这一结果，并且在南半球做的试验还证实了在南半球的盆池涡确实是顺时针方向。

然而必须注意到现实中的盆池涡，由于其尺度有限（一般较小），且各种初始扰动和边界不对称等因素会远远大于哥氏惯性力作用，因此它们的旋转方向不一定总是哥氏惯性力方向。

5.3.3 非正压流体产生的环流

在大气和海洋中，由于各种原因如温度差异、海水盐度差异等原因，流体中等压面和等密度面可能互不重合或互不平行。如图 5.8 所示，等压面中压力梯度 ∇p 的方向与等压面正交，其指向为压力增加的方向。等密度面中密度梯度 $\nabla\rho$ 的方向与等密度面正交，其指向为密度增大的方向。当流体中 ∇p 和 $\nabla\rho$ 互不重合或互不平行时，则 $\nabla\rho\times\nabla p\neq0$。根据以上证明汤

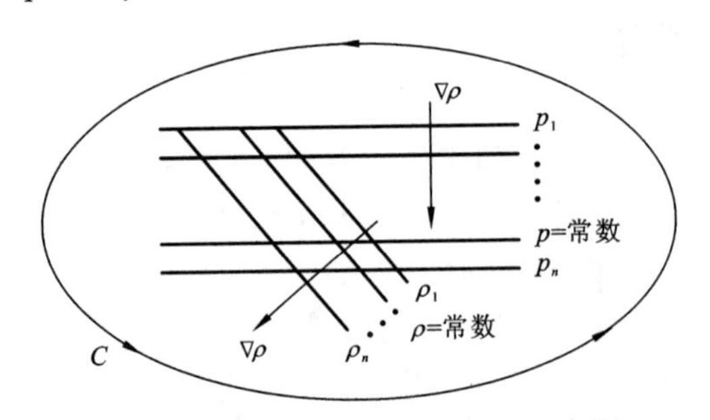

图 5.8 非正压流体产生环流的示意图

姆孙定理推导出的公式（5.3.3）和公式（5.3.4）可知 $\frac{\mathrm{D}\Gamma}{\mathrm{D}t}\neq 0$，故对流体周线 C 必将有环流产生。

实际海洋和大气中的环流更为复杂。它们是在黏性、非力势的力场（如地球自转的哥氏惯性力是一种无力势的力场），以及非正压流体三种因素共同作用下产生的，并受地形分布影响而产生大尺度和小尺度及各种复杂的环流。

5.4　亥姆霍兹涡定理

亥姆霍兹（Helmholtz）于 1858 年发表的亥姆霍兹的三个涡定理，对涡和涡管在无黏性流体中的运动特征作了全面总结，具有重要的理论和实际意义。

亥姆霍兹第一涡定理：涡管的涡量强度（即速度环量）沿涡管长度保持不变。

亥姆霍兹第二涡定理：涡线和涡管随流体运动。它们不能终止于流体中，所有涡线和涡管在流体中必自称封闭的涡环，或伸展到无穷远处，或起始和终止于边界面（固壁边界面或自由表面边界面）。

亥姆霍兹第三涡定理：涡管强度不随时间而改变。流体中初始为无旋流动，则始终保持为无旋流动。

亥姆霍兹发表以上三个涡定理后 11 年，汤姆孙（开尔文伯爵）于 1869 年发表了汤姆孙定理（开尔文环量定理）。利用汤姆孙定理，对亥姆霍兹第二涡定理和第三涡定理更易于证明。

5.4.1　亥姆霍兹第一涡定理的证明

任意取涡管中一个截段，如图 5.9 所示，其中 A_1 和 A_2 分别为涡管截段的两个截面面积，A_3 为涡管截段的表面积，该涡管截段的总表面积为 $A=A_1+A_2+A_3$，它们所包的体积为 τ。涡管截段的表面积 A_3 上都是涡线，涡线与旋度矢量 $\boldsymbol{\Omega}$ 相切。涡管内的涡线（或旋度矢量）则穿过截面面积 A_1 和 A_2，因旋度矢量的定义为 $\boldsymbol{\Omega}=\nabla\times\boldsymbol{v}$，故有恒等式 $\nabla\cdot\boldsymbol{\Omega}=0$［见式（5.1.7）］，对以上所取涡管截段便有以下等式成立：

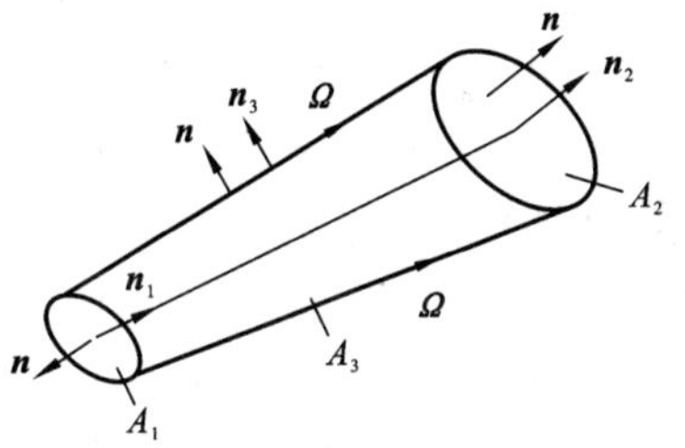

图 5.9　涡管一个截段

$$\int_{\tau}\nabla\cdot\boldsymbol{\Omega}\mathrm{d}\tau=0 \tag{5.4.1}$$

利用高斯定理将式（5.4.1）体积分化为面积分，有

$$\int_{\tau}\nabla\cdot\boldsymbol{\Omega}\mathrm{d}\tau=\int_{A}\boldsymbol{\Omega}\cdot\boldsymbol{n}\mathrm{d}A=0 \tag{5.4.2}$$

式中：$\boldsymbol{n}$ 为面积 A 的单位外法向矢量，因 $A=A_1+A_2+A_3$，在涡管截段表面积 A_3 上 $\boldsymbol{n}$ 与旋度矢量正交，$(\boldsymbol{\Omega}\cdot\boldsymbol{n})_{A_3}=0$，所以式（5.4.2）中面积积分为

$$\int_{A_1}\boldsymbol{\Omega}\cdot\boldsymbol{n}\mathrm{d}A+\int_{A_2}\boldsymbol{\Omega}\cdot\boldsymbol{n}\mathrm{d}A=0 \tag{5.4.3}$$

式中：$\boldsymbol{n}$ 为对应截面上外法向单位矢量。注意到斯托克斯定理中对涡管强度定义，式中单位

法向矢量应为图 5.9 中 $\boldsymbol{n}_1$ 和 $\boldsymbol{n}_2$（它们的指向与 $\boldsymbol{\Omega}$ 指向一致），故可将式（5.4.3）改写为

$$-\int_{A_1}\boldsymbol{\Omega}\cdot\boldsymbol{n}_1\mathrm{d}A+\int_{A_2}\boldsymbol{\Omega}\cdot\boldsymbol{n}_2\mathrm{d}A=0 \tag{5.4.4a}$$

或

$$\int_{A_1}\boldsymbol{\Omega}\cdot\boldsymbol{n}_1\mathrm{d}A=\int_{A_2}\boldsymbol{\Omega}\cdot\boldsymbol{n}_2\mathrm{d}A \tag{5.4.4b}$$

式（5.4.4b）即表明沿涡管的涡量强度相等，沿涡管长度的涡量强度保持不变。再根据斯托克斯定理，速度环量和涡量强度相等的关系，亥姆霍兹第一涡定理也可以说沿涡管长度速度环量保持不变。

从以上对亥姆霍兹第一涡定理的证明可见，并没有使用涡管在无黏性流体中运动的限制，对任一瞬时的涡管，亥姆霍兹第一涡定理都是成立的。

5.4.2 亥姆霍兹第二涡定理的证明

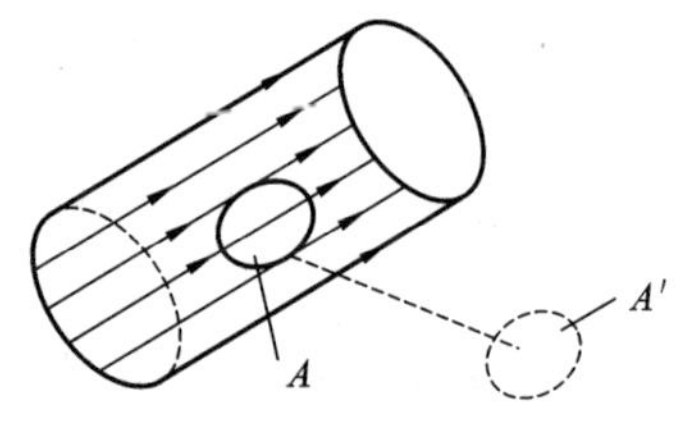

图 5.10 涡管随流体运动示意图

为证明涡线和涡管随流体运动，可考察在任一涡管表面上取任意封闭曲线所组成的面积 A，如图 5.10 所示，因面积 A 在涡管表面上，故通过面积 A 的涡量强度为 0。如该涡管在理想流体中运动，经过时间 t 后，在表面积 A 上所有流体质点形成新的面积 A'，因运动流体符合汤姆孙定理成立的三个条件，则在 A' 面上的涡量强度仍应保持为 0，即 A' 仍在新位置处涡管表面上，此即表明涡管是随流体运动的。对无限细的涡管就是涡线，所以涡线与涡管一样都随流体运动。

根据亥姆霍兹第一涡定理和第二涡定理，对有限尺度的涡管来说，它们在流体中运动要保持涡量强度守恒，它们不能终止于流体内部，而只能在流体内自成闭合的涡环，或伸展到流体中无穷远处，或起始与终止于边界面上（固壁边界或自由表面边界）。这是亥姆霍兹涡定理的推论，自亥姆霍兹提出涡定理后，一些经典的流体力学著作和近代的一些教材大多引述了以上所述推论。然而，近年来也见到一些质疑，认为上述推论对有限尺度的涡管来说可以是成立的，但对涡线和涡管（通常定义的涡管都是指截面面积微小的一组涡束而言），其截面趋于 0，则涡旋角速度可等于无穷大，使涡量强度保持恒定值，因此认为：对涡线和通常意义上的涡管来说，它们是可以终止于流体内部的。

5.4.3 亥姆霍兹第三涡定理的证明

利用汤姆孙定理可说明涡管在运动过程中其涡量强度不随时间改变（当然，其中运动的流体需要满足汤姆孙定理成立的条件）。实际流体中由于黏性耗散和扩散，涡管在运动过程中涡量强度逐渐衰减，涡管的界限也会因扩散变得模糊不清。同样的道理，理想流体中初始为无旋流动，根据汤姆孙定理可知，它们在运动过程中将始终保持为无旋运动，故汤姆孙定理实际上代替了亥姆霍兹第三涡定理。

5.5 兰 金 涡

兰金（Rankine）涡是一种圆柱形涡流的模型，其核心区（半径 $r \leqslant R$，R 为涡流核心区半径）内的流体像刚体一样的旋转，旋转的周向切线速度与半径 r 成正比，如旋转角速度为 ω_0，以柱坐标表示涡核心区的周向速度 $v_\theta=\omega_0 r$ ($r \leqslant R$)，而在涡核心区外的流体也做圆周旋转运动，但其旋转的周向切线速度与半径 r 成反比，它们在涡核心区边界($r=R$)处有共同的周向速度 $v_\theta=\omega_0 R$，故涡核心区外流体旋转的周向速度 v_θ 可写为 $v_\theta=\dfrac{\omega_0 R^2}{r}$ ($r \geqslant R$)，无论是在涡核区之内还是之外，流体的径向速度 v_r 和轴向速度 v_z 都为 0，故兰金涡模型的速度场为

$$\begin{cases} v_r = 0 \\ v_\theta = \omega_0 r, \quad r \leqslant R \\ v_\theta = \omega_0 R, \quad r \geqslant R \\ v_z = 0 \end{cases} \tag{5.5.1}$$

相应的速度矢量为

$$\boldsymbol{v} = v_r \boldsymbol{e}_r + v_\theta \boldsymbol{e}_\theta + v_z \boldsymbol{e}_z = v_\theta \boldsymbol{e}_\theta \tag{5.5.2}$$

对兰金涡速度场取旋度可知：

$$\nabla \times \boldsymbol{v} = \frac{1}{r}\frac{\partial (r v_\theta)}{\partial r}\boldsymbol{e}_z = \left(\frac{v_\theta}{r} + \frac{\partial v_\theta}{\partial r}\right)\boldsymbol{e}_z = \boldsymbol{e}_z \begin{cases} 2\omega_0, & 0 \leqslant r \leqslant R \\ 0, & r \geqslant R \end{cases} \tag{5.5.3}$$

式（5.5.3）表明兰金涡的涡核心区为有旋涡流区，而兰金涡的涡核心区外为无旋环流区。实际上，这个结论已在式（5.1.9）和式（5.1.10）中证明。因此，兰金涡的涡核心区通常被称为强制涡流区，涡核心区外的无旋环流区被称为自由环流区，它们在涡核心区外边界交界处有共同的周向速度，而旋度则在交界处有间断发生。

典型的龙卷风可近似地用兰金涡模型描述。设涡核半径 R=50 m，在该半径处风速为 50 m/s，试讨论其风速和压力半径 r 的关系。根据以上数据，涡核心区中流体旋转角速度为

$$\omega_0 = \left(\frac{v_\theta}{r}\right)_{r=R} = \frac{50\,(\text{m/s})}{50\,(\text{m})} = 1\,(\text{rad/s})$$

在涡核心区中流体微团旋转角速度为

$$\omega = \omega_0 = 1\,(\text{rad/s})$$

涡核外自由环流区中流体周向速度由式（5.5.1）可知 $v_\theta = \dfrac{\omega_0 R^2}{r}$，在离涡核中心（$r$=0）的距离 $r \to \infty$ 处 $v_\theta \to 0$，假设那里的空气压力已恢复到平常的一个大气压 p_{atm}，令 p_{atm}=0（表压），空气密度 ρ 为恒定值，ρ=1.2 kg/m^3（低速气流可认为不可压缩，忽略其密度变化）。因兰金涡模型中自由环流区内的流体是无旋运动，其中速度和压力之间的关系可用定常流伯努利方程确定（见第 4 章讨论题 4-9 及第 6 章），即

$$p + \frac{1}{2}\rho v_\theta^2 + gy = 常数 \tag{5.5.4}$$

作为比较，取同一水平面上（相同 y 值）离涡核中心不同距离处压力 p 和速度 v_θ 之间的关系可用以下方程式确定：

$$p + \frac{1}{2}\rho v_\theta^2 = 常数 \tag{5.5.5}$$

在离涡核 $r\to\infty$ 处，因 $v_\theta=0$，$p=p_{atm}=0$（表压），则式（5.5.5）中常数为 0，在涡核外的流体压力 p（表压）的计算公式为

$$p=-\frac{1}{2}\rho v_\theta^2\text{（表压）}\tag{5.5.6}$$

在涡核边界 $r=R$ 处，$v_\theta=\omega_0 R$，故 $(p)_{r=R}=-\dfrac{1}{2}\rho\omega_0^2R^2$。对上述龙卷风 $R=50$ m，$\omega_0=1$ rad/s，在涡核边界 $r=R$ 处，流体压力 $p=-\dfrac{1}{2}\times1^2\times50^2=-1\,500\ \text{N/m}^2$（表压），表示该处的空气压力比当地的大气压低 1 500 N/m^2，其他各地（指自由涡流区范围内）速度和压力都可如此确定。

对涡核心区，在 5.1 节中已指出，当流体像刚体一样旋转时，其中流体黏性切应力都为 0。故流体速度和压力之间的关系可用无黏性流体欧拉运动微分方程确定。对柱坐标(r,θ,z)，取 z 轴铅垂向上为正，涡核心区中流体速度 $\boldsymbol{v}=v_r\boldsymbol{e}_r+v_\theta\boldsymbol{e}_\theta+v_z\boldsymbol{e}_z$，其中 $v_r=0$，$v_z=0$，$v_\theta=\omega_0 r$，则根据柱坐标形式无黏性流体运动微分方程式（4.3.25）可写为

$$\begin{cases}\dfrac{1}{\rho}\dfrac{\partial p}{\partial r}=\omega_0^2 r\\[2mm]\dfrac{1}{\rho}\dfrac{\partial p}{\partial \theta}=0\\[2mm]\dfrac{1}{\rho}\dfrac{\partial p}{\partial z}=-g\end{cases}\tag{5.5.7}$$

则在涡核心区，有

$$\mathrm{d}p=\frac{\partial p}{\partial r}\mathrm{d}r+\frac{\partial p}{\partial \theta}\mathrm{d}\theta+\frac{\partial p}{\partial z}\mathrm{d}z=\rho\omega_0^2 r\mathrm{d}r-\rho g\mathrm{d}z\tag{5.5.8}$$

积分后得

$$p=\frac{1}{2}\rho\omega_0^2r^2-\rho gz+C\tag{5.5.9}$$

式中：C 为积分常数。

作为比较，对涡核内外都取同一水平面上（相同 z 值），则计算涡核心区内压力的公式为

$$p=\frac{1}{2}\rho\omega_0^2r^2+C'\tag{5.5.10}$$

式中：C'为积分常数，可通过联立式（5.5.6）求解。$r=R$ 处，$p=-\dfrac{1}{2}\rho\omega_0^2R^2$，故

$$C'=-\rho\omega_0^2R^2\tag{5.5.11}$$

将式（5.5.11）代入式（5.5.10），得

$$p=-\rho\omega_0^2R^2\left[1-\frac{1}{2}\left(\frac{r}{R}\right)^2\right]\text{（表压）}\tag{5.5.12}$$

由此可知，$r=0$ 涡核中心处压力最小，$p_{\min}=-\rho\omega_0^2R^2$（表压）。

对以上典型龙卷风的数值，$R=50$ m，$\omega_0=1$ rad/s，则 $p_{\min}=-3\,000\ \text{N/m}^2$（表压），表示其压力比当地大气压低 3000 N/m^2。在涡核心区其他各地压力可如式（5.5.12）确定。

龙卷风对建筑物的危害主要通过其负压将房顶掀起卷跑。大的龙卷风可将大树拦腰折断，也可将汽车吹离地面。龙卷风的分级及危害程度见附录 4。

5.6 毕奥-萨伐尔定律

毕奥-萨伐尔定律（Biot-Savart law，简称 B-S 定律）源自电磁学和电动力学中的一个重要公式，1820 年，两位法国科学家毕奥和萨伐尔从实验中获得电流强度 I 与电流产生的磁场强度 H 之间的关系，之后数学家拉普拉斯协助将它们写为毕奥-萨伐尔定律：

$$\boldsymbol{H}=\int\frac{I}{4\pi}\frac{\mathrm{d}\boldsymbol{l}\times\boldsymbol{r}}{|\boldsymbol{r}|^3} \tag{5.6.1}$$

如图 5.11 所示，导线通过电流 I，其中任意微元段 d$\boldsymbol{l}$（矢量表示电流通过导线的方向）对空间任一点 P（d$\boldsymbol{l}$ 到点 P 的径矢量为 $\boldsymbol{r}$）产生的磁场强度 d$\boldsymbol{H}$（磁场强度的方向由式（5.6.1）中 d$\boldsymbol{l}$×$\boldsymbol{r}$ 的方向确定），通过积分可得整根导线通过电流强度为 I 时对点 P 产生的总磁场强度 $\boldsymbol{H}$ 为式（5.6.1）。

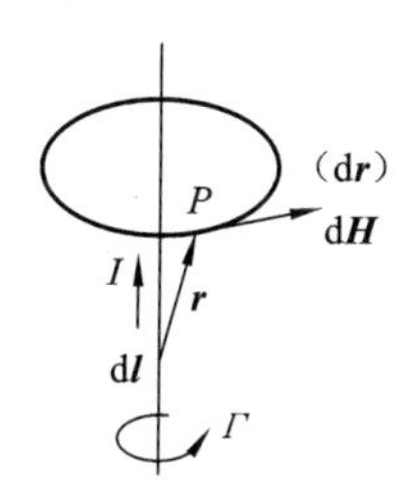

图 5.11 电流强度（速度环量）和磁场强度（诱导速度）的关系

后来，人们又发现 B-S 定律还可应用于不可压缩流体力学中涡线（涡管）的涡量强度 $\varGamma$ 与产生的诱导速度 $\boldsymbol{v}$ 之间有类同的关系式成立，即

$$\boldsymbol{v}=\int\frac{\varGamma}{4\pi}\frac{\mathrm{d}\boldsymbol{l}\times\boldsymbol{r}}{|\boldsymbol{r}|^3} \tag{5.6.2}$$

式（5.6.2）即为流体力学和空气动力学中的 B-S 定律，并有严格证明。如涡量场 $\boldsymbol{\Omega}$ 与它产生的诱导速度 $\boldsymbol{v}$ 之间的关系式为 $\nabla\times\boldsymbol{v}=\boldsymbol{\Omega}$，对不可压缩流体速度场又满足 $\nabla\cdot\boldsymbol{v}=0$，对以上两个偏微分方程，在数学上可解得 $\boldsymbol{v}=f(\boldsymbol{\Omega})$ 的关系为

$$\boldsymbol{v}(\boldsymbol{r}_P)=\frac{1}{4\pi}\int_\tau\frac{\boldsymbol{\Omega}(\boldsymbol{r}_s)\times(\boldsymbol{r}_P-\boldsymbol{r}_s)}{|\boldsymbol{r}_P-\boldsymbol{r}_s|^3}\mathrm{d}\tau \tag{5.6.3}$$

式中：$\boldsymbol{r}_P$ 为计算点 P 的位置矢量；$\boldsymbol{r}_s$ 为旋度场中 $\boldsymbol{\Omega}$ 位置矢量；τ 为旋度场的体积。如旋度集中于涡线（涡管），令涡管截面面积为 dA，则 $\boldsymbol{\Omega}\mathrm{d}\tau=\Omega\mathrm{d}A\cdot\mathrm{d}\boldsymbol{l}=\varGamma\mathrm{d}\boldsymbol{l}$，其中速度环量 $\varGamma=\Omega\mathrm{d}A$ 为涡量强度，则式（5.6.3）便可改写为式（5.6.2），其中 $\boldsymbol{r}$ 为涡线上 d$\boldsymbol{l}$ 微元段到计算诱导速度点的径矢量。从以上 B-S 定律推导可知，它是一个纯运动学方程，与流程是否有黏性没有关系，但流场必须是不可压缩的，并在 $\boldsymbol{\Omega}$=0 区域则应是无旋的。以下只着重于 B-S 定律的实际应用。

5.6.1 无穷长直线涡（或涡束）的诱导速度

如图 5.12 所示，求无穷长涡线（涡量强度或速度环量为 $\varGamma$）对任一点 P 的诱导速度。根据 B-S 定律，涡线上任一微元段 d$\boldsymbol{l}$ 对点 P 处的诱导速度 d$\boldsymbol{v}$ 为

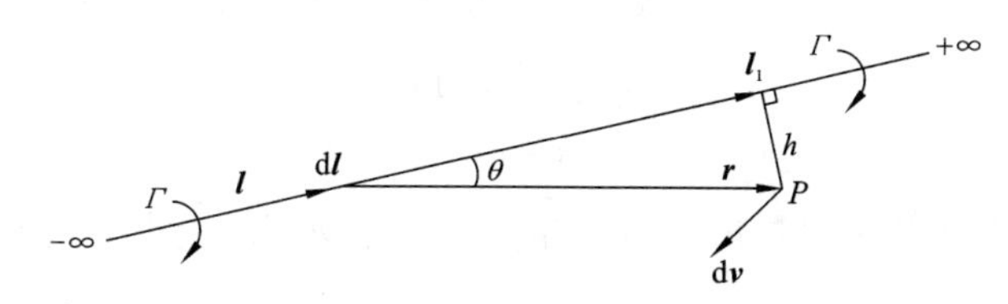

图 5.12 无穷长涡线对任一点 P 的诱导速度计算示意图

$$\mathrm{d}\boldsymbol{v}=\frac{\Gamma}{4\pi}\frac{\mathrm{d}\boldsymbol{l}\times\boldsymbol{r}}{|\boldsymbol{r}|^3} \tag{5.6.4}$$

式中：$\boldsymbol{r}$ 为 d$\boldsymbol{l}$ 到点 P 的径矢量。通过积分可求得无穷长涡线对点 P 的诱导速度 $\boldsymbol{v}$ 为

$$\boldsymbol{v}=\frac{\Gamma}{4\pi}\int_{-\infty}^{+\infty}\frac{\mathrm{d}\boldsymbol{l}\times\boldsymbol{r}}{|\boldsymbol{r}|^3} \tag{5.6.5}$$

$\boldsymbol{v}$ 的方向由速度环量 Γ 的右手定则确定，或由 d$\boldsymbol{l}\times\boldsymbol{r}$ 的方向确定（即垂直于 d$\boldsymbol{l}$ 和 $\boldsymbol{r}$ 的平面，指向按右手定则确定），诱导速度的大小 $v=|\boldsymbol{v}|$可由式（5.6.5）写为

$$v=\frac{\Gamma}{4\pi}\int_{-\infty}^{+\infty}\frac{\sin\theta\mathrm{d}\boldsymbol{l}}{r^2} \tag{5.6.6}$$

式中：θ 为涡线上微元段 d$\boldsymbol{l}$ 与径矢量 $\boldsymbol{r}$ 之间的夹角（图 5.12），令点 P 到无穷长直线涡的垂向距离为 h，因

$$r=\frac{h}{\sin\theta}，\quad l_1-l=\frac{h}{\tan\theta}$$

故

$$\mathrm{d}l=-h\mathrm{d}(\cot\theta)=h\csc^2\theta\mathrm{d}\theta=\frac{h\mathrm{d}\theta}{\sin^2\theta}$$

代入式（5.6.6），当微元段 d$\boldsymbol{l}$ 取在$-\infty$处，相应地 θ=0，而当微元段 d$\boldsymbol{l}$ 取在$+\infty$远处，则相应地 $\theta=\pi$。故式（5.6.6）的计算结果可写为

$$v=\frac{\Gamma}{4\pi}\int_{-\infty}^{+\infty}\frac{\sin\theta\mathrm{d}l}{r^2}=\frac{\Gamma}{4\pi h}\int_0^{\pi}\sin\theta\mathrm{d}\theta=\frac{\Gamma}{2\pi h} \tag{5.6.7}$$

这是需要记住的一个重要结果。

5.6.2 半无穷长直线涡（或涡束）的诱导速度

如直线涡的一端有任一固定的起始点 O，如图 5.13 所示，而直线涡的另一端延伸到无穷远处，称为半无穷长直线涡，设其涡量强度或速度环量仍以 Γ 表示，它对任一点 P 的诱导速度，可类似于无穷长直线涡的诱导速度用 B-S 定律求得。取该涡线上任一微元段 d$\boldsymbol{l}$ 对点 P 的诱导速度 d$\boldsymbol{v}$ 仍为式（5.6.4），其中 $\boldsymbol{r}$ 为 d$\boldsymbol{l}$ 处到点 P 的径矢量，通过积分求半无穷长涡线对点 P 的诱导速度 $\boldsymbol{v}$ 为

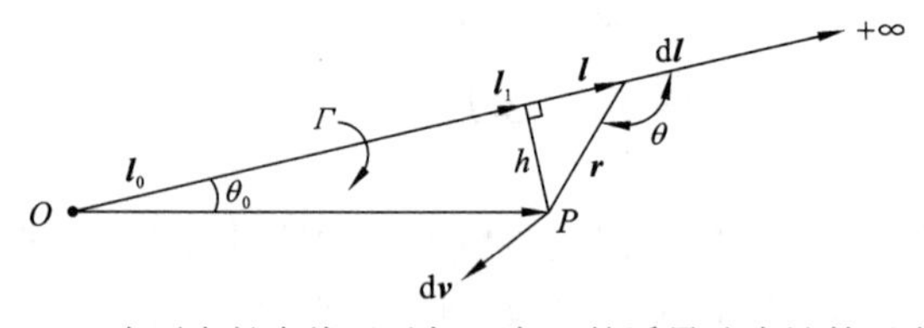

图 5.13　半无穷长直线涡对任一点 P 的诱导速度计算示意图

$$\boldsymbol{v}=\frac{\Gamma}{4\pi}\int_{l_0}^{+\infty}\frac{\mathrm{d}\boldsymbol{l}\times\boldsymbol{r}}{|\boldsymbol{r}|^3} \tag{5.6.8}$$

$\boldsymbol{v}$ 的方向与确定无穷长涡线诱导速度的方向相同，诱导速度的大小 $v=|\boldsymbol{v}|$，也可将式（5.6.8）写为

$$v=\frac{\Gamma}{4\pi}\int_{l_0}^{+\infty}\frac{\sin\theta \mathrm{d}l}{r^2} \tag{5.6.9}$$

式中：θ 为涡线上任一微元段 $\mathrm{d}\boldsymbol{l}$ 与径矢量 $\boldsymbol{r}$ 之间的夹角。令点 P 到半无穷长直线涡的垂向距离为 h，如图 5.13 所示，可知：

$$r=\frac{h}{\sin\theta},\quad l-l_1=\frac{h}{\tan(\pi-\theta)}=-\frac{h}{\tan\theta}$$

故

$$\mathrm{d}l=-h\mathrm{d}(\cot\theta)=h\csc^2\theta\mathrm{d}\theta=\frac{h\mathrm{d}\theta}{\sin^2\theta}$$

将它们代入式（5.6.9），当微元段 $\mathrm{d}\boldsymbol{l}$ 取在一端 l_0 处，相应的 θ 假定为 θ_0，而当微元段 $\mathrm{d}\boldsymbol{l}$ 取在另一端无穷远处时，相应地 $\theta=\pi$，故对式（5.6.9）的计算结果为

$$v=\frac{\Gamma}{4\pi h}\int_{\theta_0}^{\pi}\sin\theta\mathrm{d}\theta=\frac{\Gamma}{4\pi h}\left(1+\cos\theta_0\right) \tag{5.6.10}$$

如 $\theta_0=\dfrac{\pi}{2}$ 时，半无穷长直线涡的诱导速度为 $v=\dfrac{\Gamma}{4\pi h}$，与式（5.6.7）比较，此时半无穷长直线涡对点 P 的诱导速度恰为无穷长直线涡对点 P 诱导速度的 $\dfrac{1}{2}$。

5.6.3 对有限长度直线涡截段的诱导速度

图 5.14 为有限长度直线涡的截段 AB，它对任一点 P 的诱导速度 v_P，利用 B-S 定律按类同方法求解，只要将式（5.6.9）改写为

$$v_P=\frac{\Gamma}{4\pi h}\int_{\theta_1}^{\theta_2}\sin\theta\mathrm{d}\theta=\frac{\Gamma}{4\pi h}\left(\cos\theta_1-\cos\theta_2\right) \tag{5.6.11}$$

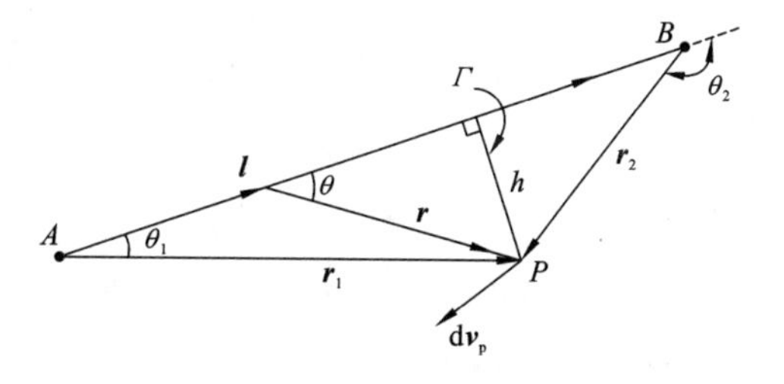

图 5.14　有限长度直线 AB 涡对点 P 的诱导速度计算示意图

5.6.4 涡环的自诱导速度和相互作用

涡环是一种环形的涡，涡环现象众所周知，在流体中发生脉冲射流时都可以观察到涡环。如吸烟喷气时空中就可以观察到涡环；一些动物如乌贼通过脉冲水射流产生涡环可获得更大推进力，有些鱼利用尾鳍的脉冲摆动也可产生涡环以加强推进和控制其运动等。通常涡环产生后，它具有自诱导前进速度，如图 5.15 所示。

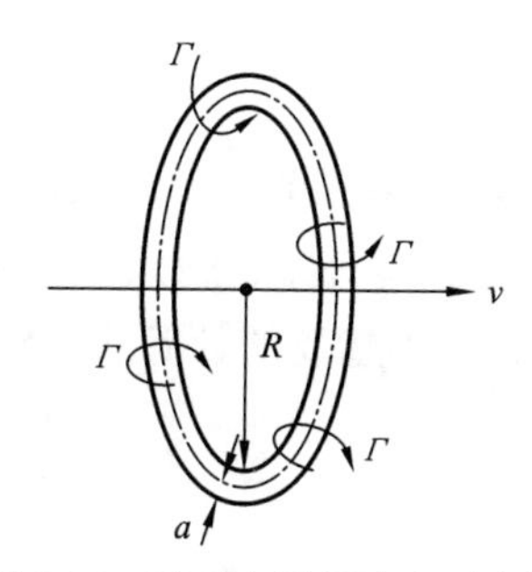

图 5.15　涡环自诱导速度示意图

设涡环平均外半径为 R，涡环的内半径为 a，根据 B-S 定律式（5.6.2）或式（5.6.3），当 $\frac{a}{R}$ 为一定小量时（称薄涡环），可导出涡环的自诱导前进速度 v 为

$$v=\frac{\Gamma}{4\pi h}\left(\ln\frac{8R}{a}-\frac{1}{2}\right) \tag{5.6.12}$$

由此可见，对一定的 $\frac{a}{R}$，涡环的 R 越小，涡环的自诱导速度越大，反之亦然。

涡环之间相互作用是一个有趣的现象，也可以用 B-S 定律做出定性的分析，如有两个大小相等一前一后的涡环，如图 5.16（a）所示，前涡环的诱导速度使后涡环的外半径 R_2 缩小，后涡环的诱导速度则使前涡环的外半径 R_1 增大，从而改变前后涡环的自诱导速度。后涡环因 R_2 减小而增大自诱导速度 v_2，而前涡环因 R_1 增大而减小自诱导前进速度 v_1。当前面的涡环大于后面的涡环后，前涡环的诱导速度不仅使后涡环继续缩小其外半径 R_2，并使后涡环的自诱导前进速度继续增大。而后涡环的诱导速度使前涡环外半径继续增大，并继续降低前涡环自诱导前进速度，直到后涡环穿越前涡环，其过程如图 5.16（b）所示。

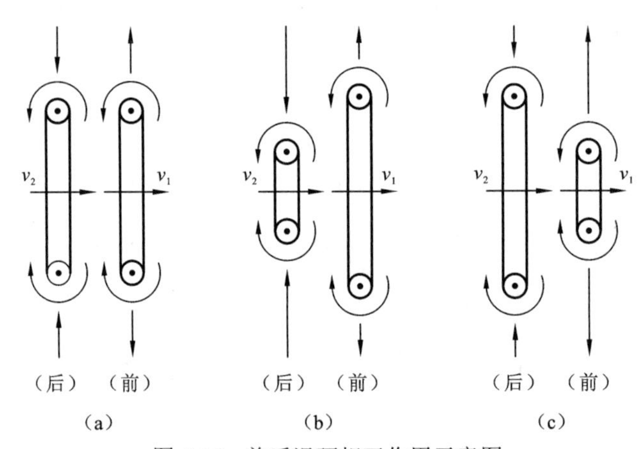

图 5.16　前后涡环相互作用示意图

当后涡环穿越前涡环后，起初前面涡环外半径 R_1 便小于后面涡环的外半径 R_2，如图 5.16（c）所示。此时，前涡环又由于其诱导速度使后涡环外半径 R_2 缩小，并加大后涡环的自诱导前进速度，而后涡环的诱导速度则使前涡环的外半径 R_1 增大，并降低前涡环的自诱导前进速度，直到前后两涡环大小相同，则以上过程将重复进行。

例　　题

例 5.1　某一剪切流的速度场为 $u=Cy$，$v=0$，$w=0$，其中 C 为常数，(u,v,w)为直角坐标系(x,y,z)中的速度分量，试求涡量场。

解：由涡量场的计算式（5.1.2）：

$$\begin{cases}\Omega_x = \dfrac{\partial w}{\partial y} - \dfrac{\partial v}{\partial z} = 0 \\ \Omega_y = \dfrac{\partial u}{\partial z} - \dfrac{\partial w}{\partial x} = 0 \\ \Omega_z = \dfrac{\partial v}{\partial x} - \dfrac{\partial u}{\partial y} = -C\end{cases}$$

故知涡线是平行于 z 轴的直线，涡量的数值恒为常数 $-C$。

例 5.2 如有两无穷长直线涡 A 和涡 B，如图 5.17 所示，直线涡垂直于纸面，即点涡。它们的涡量强度分别以 Γ_A 和 Γ_B 表示，点 A 和点 B 间的距离为 L，试讨论两直线涡相互诱导作用的结果如何。

解：根据涡的独立作用原理，假定一个涡对另一个涡的作用，似同另一个涡不存在时一样。这样，点 A 处的涡对点 B 处涡的诱导速度 $\boldsymbol{q}_B$ 为

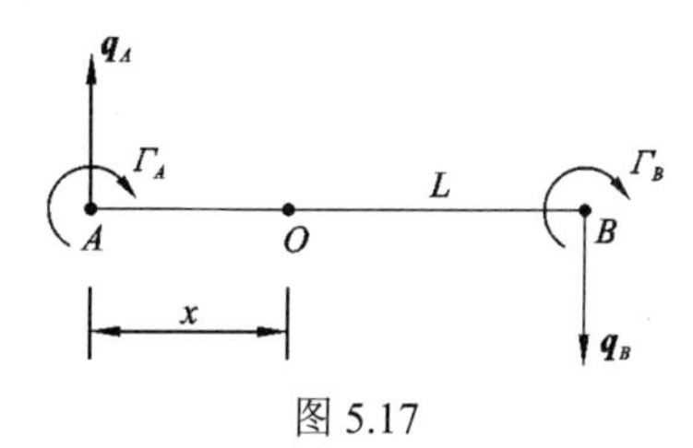

图 5.17

$$\left|\boldsymbol{q}_B\right| = \frac{\Gamma_A}{2\pi L}$$

$\Gamma_A<0$ 时，$\boldsymbol{q}_B$ 方向向下（图示方向），点 B 处的涡对点 A 处涡的诱导速度 $\boldsymbol{q}_A$ 为

$$\left|\boldsymbol{q}_A\right| = \frac{\Gamma_B}{2\pi L}$$

$\Gamma_B<0$ 时，$\boldsymbol{q}_A$ 方向向上（图示方向）。$\boldsymbol{q}_A$ 和 $\boldsymbol{q}_B$ 方向相反，点 A 和点 B 两直线涡将发生相对旋转运动，其旋转中心点 O（速度为 0）离点 A 距离 x 可如下求出：使点 O 处诱导速度为 0，有

$$\frac{\Gamma_B}{2\pi(L-x)} - \frac{\Gamma_A}{2\pi x} = 0$$

解得

$$x = \frac{\Gamma_A}{\Gamma_A + \Gamma_B} L$$

讨论以下两种情况。

（1）$\Gamma_A=\Gamma_B$ 时，$x=\dfrac{L}{2}$，表示两个相等强度和相同方向旋转的直线涡，相互作用的结果将产生绕中心点 $\left(x=\dfrac{L}{2}\right)$ 做旋转运动，其运动速度为 $\dfrac{\Gamma}{2\pi L}$。

（2）当 $|\Gamma_A|=|\Gamma_B|$，但方向相反时，则 $x=\infty$，表示两个相等强度但方向相反旋转的直线涡，相互作用后将以运动速度 $\dfrac{\Gamma}{2\pi L}$ 向同一方向做直线平移运动。

例 5.3 如图 5.18 所示，初始瞬时在 x-y 平面 4 个坐标点 $A(1,0)$、$B(0,1)$、$C(-1,0)$ 和 $D(0,-1)$ 上，分别有环量为 Γ_0 的点涡（点涡为无穷长的直线涡，其涡线垂直于 x-y 平面），试求这 4 个直线涡相互作用后的运动轨迹。

解：由于对称性，只需计算其中一个点的运动。如 B、C、D 三个点涡对点 A 产生的诱导速度分别为

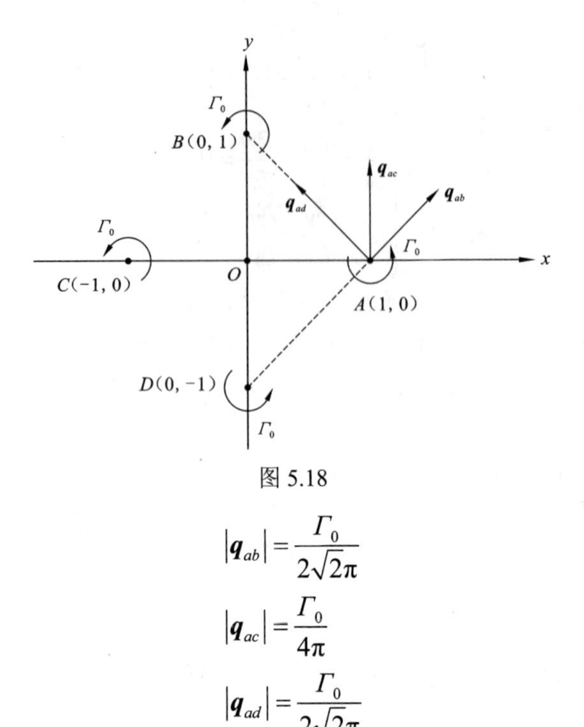

图 5.18

$$|\boldsymbol{q}_{ab}| = \frac{\Gamma_0}{2\sqrt{2}\pi}$$

$$|\boldsymbol{q}_{ac}| = \frac{\Gamma_0}{4\pi}$$

$$|\boldsymbol{q}_{ad}| = \frac{\Gamma_0}{2\sqrt{2}\pi}$$

故在点 A 处合速度(u_A,v_A)为

$$u_A = 0$$

$$v_A = \frac{\Gamma_0}{4\pi} + 2\cdot\frac{\Gamma_0}{2\sqrt{2}\pi}\cdot\frac{1}{\sqrt{2}} = \frac{3\Gamma_0}{4\pi}$$

类似地，也可算出 B、C、D 三点处合速度(u_B,v_B)、(u_C,v_C)、(u_D,v_D)分别为

$$u_B = -\frac{3\Gamma_0}{4\pi}，\quad v_B = 0$$

$$u_C = 0，\quad v_C = -\frac{3\Gamma_0}{4\pi}$$

$$u_D = \frac{3\Gamma_0}{4\pi}，\quad v_D = 0$$

故相互作用的结果是这 4 个点涡将围绕坐标原点 O 做圆周运动，因旋转半径为 1，所以转动角速度也为 $\frac{3\Gamma_0}{4\pi}$。

例 5.4 如图 5.19 所示，在 x-y 平面上有一马蹄形涡（或称 Π 形涡），两端向右延伸到无穷远处，试分别计算点 P 和点 O 处的诱导速度。

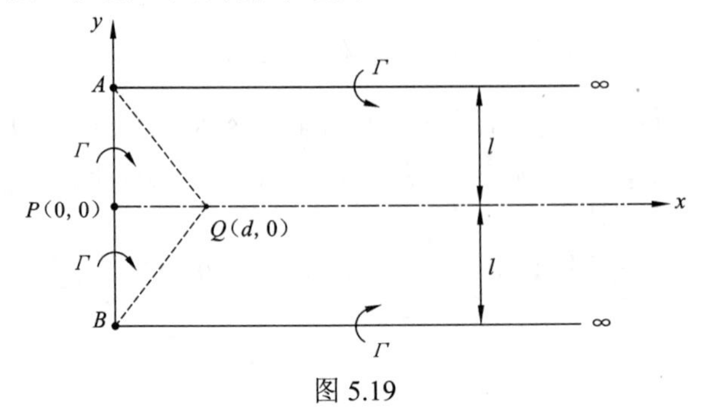

图 5.19

解：因所给马蹄形涡在 x-y 平面上，对该平面上点 P 和点 O 的诱导速度只有 z 方向速度分量。首先考虑对点 P 诱导速度 w_P，由于对称性，

$$w_P = w_{A\infty} + w_{B\infty} = 2w_{A\infty} = 2 \cdot \frac{\Gamma}{4\pi L} = \frac{\Gamma}{2\pi l}$$

对点 Q 诱导速度 w_Q，半无穷长直线涡 $A\infty$和 $B\infty$对点 Q 对称，故

$$w_Q = w_{AB} + w_{A\infty} + w_{B\infty} = w_{AB} + 2w_{A\infty}$$

利用直线涡诱导速度计算式（5.6.11），对 w_{AB} 有

$$\cos\theta_1 = \frac{l}{\sqrt{l^2+d^2}}, \quad \cos\theta_2 = -\frac{l}{\sqrt{l^2+d^2}}, \quad h = d$$

故

$$w_{AB} = \frac{\Gamma}{4\pi h}(\cos\theta_1 - \cos\theta_2) = \frac{\Gamma}{4\pi d}\frac{2l}{\sqrt{l^2+d^2}} = \frac{\Gamma}{2\pi d}\frac{l}{\sqrt{l^2+d^2}}$$

对 $w_{A\infty}$，利用半无穷长直线涡诱导速度计算公式（5.6.10），式中 $\cos\theta_0 = \dfrac{d}{\sqrt{l^2+d^2}}$，$h=l$，故

$$w_{A\infty} = \frac{\Gamma}{4\pi h}(1+\cos\theta_0) = \frac{\Gamma}{4\pi l}\left(1+\frac{d}{\sqrt{l^2+d^2}}\right)$$

因此

$$w_Q = \frac{\Gamma}{2\pi d}\frac{l}{\sqrt{l^2+d^2}} + \frac{\Gamma}{2\pi l}\left(1+\frac{d}{\sqrt{l^2+d^2}}\right)$$

例 5.5 有一矩形截面（宽×高为 1.6 m×2.4 m）水管弯道，如图 5.20 所示。弯道外半径 r_o=8.8 m，内半径 r_i=7.2 m，弯道平均半径 r_m=8 m，海水密度 ρ=1 025 kg/m^3，通过某等高截面时测得弯管外侧和内侧管壁压力差为 56 N/m^2，假定弯道内水流为自由涡流，试求通过弯道的水流量。

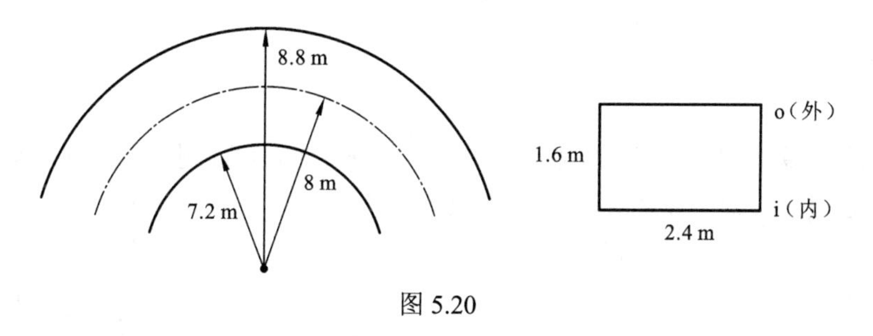

图 5.20

解：对圆弧形自由涡流中水流速度分布与半径 r 成反比，即 $v = \dfrac{C}{r}$，C 为待定常数，压力分布可按伯努利方程确定，即

$$\frac{p_o}{\rho g} + \frac{v_o^2}{2g} + z_o = \frac{p_i}{\rho g} + \frac{v_i^2}{2g} + z_i$$

式中：下标 o 表示弯管外侧面上的流动参数；下标 i 表示弯管内侧面上的流动参数，在等高

处 z_o=z_i，已知 p_o−p_i=56 N/m^2，因 $v_o=\dfrac{C}{r_o}$、$v_i=\dfrac{C}{r_i}$，已知 r_o=8.8 m、r_i=7.2 m，故

$$\frac{p_o-p_i}{\rho g}=\frac{C^2}{2g}\left(\frac{1}{r_i^2}-\frac{1}{r_o^2}\right)$$

故

$$\frac{56}{1\,025}=\frac{C^2}{2}\left(\frac{1}{7.2^2}-\frac{1}{8.8^2}\right)=0.003\,2C^2$$

得

$$C=\sqrt{\frac{56}{1\,025\times 0.003\,2}}=4.132\ (\mathrm{m^3/s})$$

弯道截面平均速度（r_m=8 m 处）$v_m=\dfrac{C}{r_m}=0.517\ \mathrm{m/s}$，故可求得通过海水体积流量 Q 为

$$Q=v_mA=0.517\times 1.6\times 2.4=1.984\ (\mathrm{m^3/s})$$

例 5.6 试利用兰金涡模型求解盆池涡所形成的水面曲线：如图 5.21 所示，假定有一圆筒形盆池，其内半径为 R_1，圆筒中心处有一泄水孔半径为 R_0，保持圆筒内水位 H 不变的条件下，盆池内水下泄时所出现的盆池涡近似地认为其中心区（$r \leqslant R_0$）为兰金涡中强制涡流区，在其外（$R_0 \leqslant r \leqslant R_1$）为兰金涡中自由涡流区。如给出该盆池涡强制涡流区的旋转角速度 ω_0，试导出该盆池涡水面落差 δ 和 δ_0 的关系（见图中点 1、点 2、点 3 水面位置差）。如令 $\omega_0=2\pi(1+z)$，$R_0=0.1\,\mathrm{m}$，$R_1=1\,\mathrm{m}$，试求该盆池涡水面落差 δ 和 δ_0 的值。

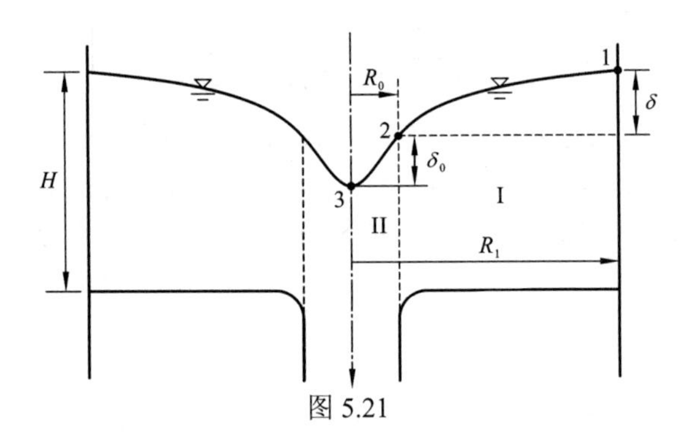

图 5.21

解：根据兰金涡模型，对图中自由涡流区 I（$R_0 \leqslant r \leqslant R_1$）和强制涡流区 II（$r \leqslant R_0$），它们在柱坐标中切向速度 v_θ，流体微团旋转角速度 $\omega(r)$，不同半径 r 处速度环量 $\Gamma(r)$ 及旋度 Ω 为

	强制涡流区（$r \leqslant R_0$）	自由涡流区（$R_0 \leqslant r \leqslant R_1$）
切向速度：	$v_\theta=\omega_0 r$	$v_\theta=\dfrac{\Gamma}{2\pi r}=\dfrac{\omega_0 R_0^2}{r}$
角速度：	$\omega(r)=\omega_0$	$\omega(r)=\dfrac{v_\theta}{r}=\omega_0\left(\dfrac{R_0}{r}\right)^2$
速度环量：	$\Gamma(r)=2\pi r^2\omega_0$	$\Gamma(r)=2\pi\omega_0 R_0^2$（常数）
旋度：	$\boldsymbol{\Omega}=2\omega_0\boldsymbol{e}_z$	$\boldsymbol{\Omega}=0$（无旋流区）

为确定无旋涡流区 I 中水面点 1 和点 2 的落差 δ，对点 1 和点 2 两点列出不可压缩流体无旋定常流动伯努利方程：

$$\frac{p_1}{\rho}+\frac{1}{2}(v_\theta)_1^2+gz_1=\frac{p_2}{\rho}+\frac{1}{2}(v_\theta)_2^2+gz_2$$

因 $p_1=p_2=p_{\text{atm}}$， $r_1=R_1$， $r_2=R_0$， $(v_\theta)_1=\dfrac{\omega_0 R_0^2}{r_1}$， $(v_\theta)_2=\dfrac{\omega_0 R_0^2}{R_0}$， $z_1-z_2=\delta$，则有

$$\frac{1}{2}\omega_0^2\frac{R_0^4}{R_1^2}+g\delta=\frac{1}{2}\omega_0^2\frac{R_0^4}{R_0^2}$$

故

$$\delta=\frac{1}{2g}\omega_0^2R_0^2\left(1-\frac{R_0^2}{R_1^2}\right)$$

对涡核区中的点 2 和点 3，利用式（5.5.7）可知：

$$p_2=\frac{1}{2}\rho\omega_0^2R_0^2-\rho g z_2+C$$

及

$$p_3=-\rho g z_3+C$$

因 $p_2=p_3=p_{\text{atm}}$， $z_1-z_3=\delta_0$，解得

$$\delta_0=\frac{1}{2g}\omega_0^2R_0^2$$

如 $\omega_0=2\pi$， $R_0=0.1\,\text{m}$， $R_1=1\,\text{m}$，代入已求得的 δ 和 δ_0，则有

$$\delta=\frac{1}{2g}\omega_0^2R_0^2\left(1-\frac{R_0^2}{R_1^2}\right)=\frac{1}{2\times9.8}\times(2\pi)^2\times(0.1)^2\left[1-\left(\frac{0.1}{1}\right)^2\right]=0.02\ (\text{m})=20\ (\text{mm})$$

和

$$\delta_0=\frac{1}{2g}\omega_0^2R_0^2=\frac{1}{2\times9.8}\times(2\pi)^2\times(0.1)^2=20\ (\text{mm})$$

讨 论 题

5.1 什么是圆柱形自由涡流？什么是圆柱形强制涡流？试用柱坐标写出它们的速度分布 $\boldsymbol{q}(v_r,v_\theta,v_z)=v_r\boldsymbol{e}_r+v_\theta\boldsymbol{e}_\theta+v_z\boldsymbol{e}_z$。利用柱坐标中 N-S 方程式（4.3.10），试证明以上两种圆柱形涡流中，在 N-S 方程中的黏性力项 $\nu\nabla^2\boldsymbol{q}$ 都为 0。也就是说这两种涡流都可以利用理想无黏性流体欧拉方程求解其中的压力分布。

提示： N-S 方程中黏性力项 $\boldsymbol{T}(T_r,T_\theta,T_z)=\nu\nabla^2\boldsymbol{q}$，其中分力项为

$$T_r=\nu\left(\nabla^2v_r-\frac{v_r}{r^2}-\frac{2}{r}\frac{\partial v_\theta}{\partial\theta}\right)=\nu\left[\frac{1}{r}\frac{\partial}{\partial r}\left(r\frac{\partial v_r}{\partial r}\right)+\frac{1}{r^2}\frac{\partial^2v_r}{\partial\theta^2}+\frac{\partial^2v_r}{\partial z^2}-\frac{v_r}{r^2}-\frac{2}{r^2}\frac{\partial v_\theta}{\partial\theta}\right]$$

$$T_\theta=\nu\left(\nabla^2v_\theta+\frac{2}{r^2}\frac{\partial v_r}{\partial\theta}-\frac{v_\theta}{r^2}\right)=\nu\left[\frac{1}{r}\frac{\partial}{\partial r}\left(r\frac{\partial v_\theta}{\partial r}\right)+\frac{1}{r^2}\frac{\partial^2v_\theta}{\partial\theta^2}+\frac{\partial^2v_\theta}{\partial z^2}+\frac{2}{r^2}\frac{\partial v_r}{\partial\theta}-\frac{v_\theta}{r^2}\right]$$

$$T_z=\nu\nabla^2v_z=\nu\left[\frac{1}{r}\frac{\partial}{\partial r}\left(r\frac{\partial v_z}{\partial r}\right)+\frac{1}{r^2}\frac{\partial^2v_z}{\partial\theta^2}+\frac{\partial^2v_z}{\partial z^2}\right]$$

5.2 试从物理概念上说明飞机的机翼产生升力时，绕机翼剖面的周线必有速度环量存在。此速度环量是怎么产生的？试应用开尔文环量守恒定理做理论分析。

5.3 关于盆池涡的旋转方向，试验结果如何？理论分析是什么原因引起的？

5.4 试应用斯托克斯定理先在直角坐标系流场 $\boldsymbol{q}(u,v,w)$ 中推导出流体微团的涡量 $\boldsymbol{\Omega}$ 计算式（5.1.2），如在 x-y 平面上去微团中微元面积 $\Delta x\Delta y$，计算其周线上的速度环量，然后应用斯托克斯定理直接写出 $\boldsymbol{\Omega}_z=\dfrac{\partial v}{\partial x}-\dfrac{\partial u}{\partial y}$；如在 x-z 平面上取微元面积 $\Delta x\Delta z$，计算其周线上的速度环量，应用斯托克斯定理后又可直接写出 $\boldsymbol{\Omega}_y=\dfrac{\partial u}{\partial z}-\dfrac{\partial w}{\partial x}$；如在 y-z 平面上取微元面积 $\Delta y\Delta z$，计算其周线上的速度环量，然后应用斯托克斯定理又可写出 $\boldsymbol{\Omega}_x=\dfrac{\partial w}{\partial y}-\dfrac{\partial v}{\partial z}$。同样，试在柱坐标$(r,\theta,z)$流场 $\boldsymbol{q}(v_r,v_\theta,v_z)$ 中导出涡量 $\boldsymbol{\Omega}$ 的计算式（5.1.3）。

习　　题

5.1 有速度场 $\boldsymbol{q}(u,v,w)$：

$$\begin{cases}u=-ky\\ v=kx\\ w=\sqrt{f(z)-2k^2(x^2+y^2)}\end{cases}$$

式中：k 为常数；$f(z)$为 z 的任意函数。试证明该流场中涡矢量与速度矢量具有相同方向，并求涡矢量与速度矢量的关系。

（参考答案：$\boldsymbol{\Omega}=\dfrac{2k}{\sqrt{f(z)-2k^2(x^2+y^2)}}\boldsymbol{q}$）

5.2 有速度场 $\boldsymbol{q}(u,v,w)$：

$$u=k\sqrt{y^2+z^2}\text{，}\quad v=0\text{，}\quad w=0$$

其中 k 为常数，试求涡量场中涡线方程和涡量绝对值。

（参考答案：涡线是 $y^2+z^2=$常数 和 $x=$常数 的圆；涡量$|\boldsymbol{\Omega}|=k$ 各处相等）

5.3 试证明涡量场的散度必为 0，即 $\nabla\cdot\boldsymbol{\Omega}=0$。

5.4 给出柱坐标系(r,θ,z)的速度场 $\boldsymbol{q}(v_r,v_\theta,v_z)$：

$$v_r=0\text{，}\quad v_\theta=ar\text{，}\quad v_z=0$$

其中 a 为常数。试求涡量场。

（参考答案：$\Omega_r=0$，$\Omega_\theta=0$，$\Omega_z=2a$）

5.5 如图 5.22 所示的涡管，已知 $\int_{A_1}\boldsymbol{\Omega}_1\boldsymbol{n}_1\mathrm{d}A=3$，$\int_{A_2}\boldsymbol{\Omega}_2\boldsymbol{n}_2\mathrm{d}A=1$，试求 $\int_{A_3}\boldsymbol{\Omega}_3\boldsymbol{n}_3\mathrm{d}A$，其中 $\boldsymbol{n}_1$、$\boldsymbol{n}_2$、$\boldsymbol{n}_3$ 分别为涡管截面面积 A_1、A_2、A_3 的外法向单位矢量。

（参考答案：−4）

5.6 如图 5.23 所示的柱坐标系(r, θ, z)，试证明在 z 轴向的兰金涡模型速度场$\boldsymbol{q}\left(v_r, v_\theta, v_z\right)$可写为

$$\boldsymbol{q}=v_r\boldsymbol{e}_r+v_\theta\boldsymbol{e}_\theta+v_z\boldsymbol{e}_z=\begin{cases}v_r=0\\ v_\theta=v_R\dfrac{r}{R}, & 0\leqslant r<R\\ v_\theta=v_R\dfrac{R}{r}, & r\geqslant R\\ v_z=0\end{cases}$$

其中 v_R 为兰金涡的最大周向速度。求该兰金涡的涡量场 $\boldsymbol{\Omega}$。

（参考答案：$\boldsymbol{\Omega}=\boldsymbol{e}_z\begin{cases}2\dfrac{v_R}{R}, & 0\leqslant r<R\\ 0, & r\geqslant R\end{cases}$）

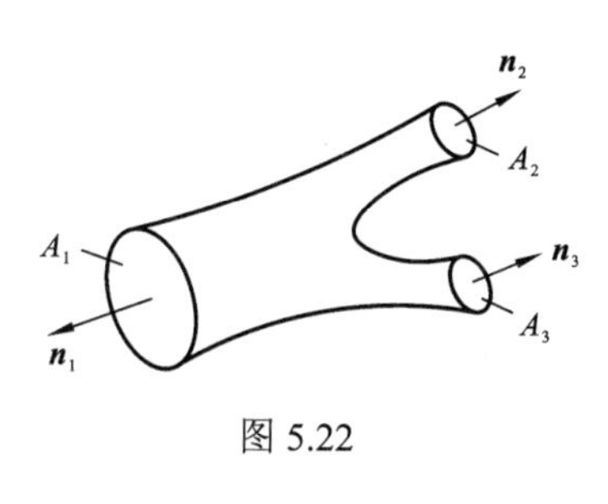

图 5.22

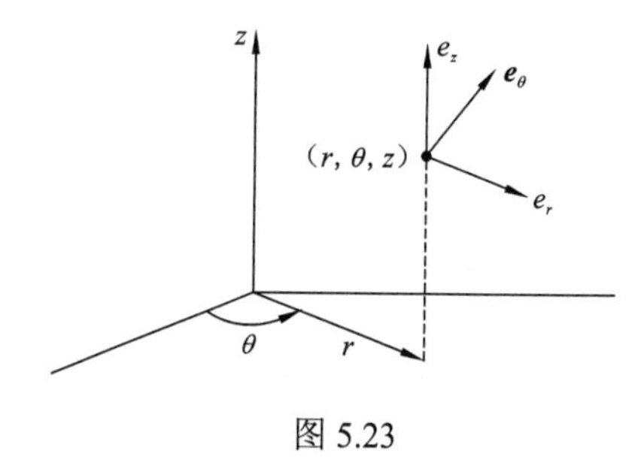

图 5.23

5.7 如给出速度场$\boldsymbol{q}(u,v,w)=\boldsymbol{q}(ay,0,0)$，其中 a 为常数。试求绕坐标原点半径 r=1 的周线的速度环量，并以斯托克斯定理加以验证。

（参考答案：$\Gamma=\oint\boldsymbol{q}\mathrm{d}\boldsymbol{s}=\int_A\nabla\times\boldsymbol{q}\mathrm{d}\boldsymbol{A}$，$\oint\boldsymbol{q}\mathrm{d}\boldsymbol{s}=-a\pi$，$\int_A\nabla\times\boldsymbol{q}\mathrm{d}\boldsymbol{A}=-a\pi$）

5.8 在 x-y 平面上有二维速度场$\boldsymbol{q}(u,v)$：

$$u=3x+y，\quad v=2x-3y$$

试证明绕某圆方程$(x-1)^2+(y-6)^2=4$的速度环量为 4π。

5.9 内半径为 R 的圆筒内盛有液体，当圆筒以角速度 ω 绕其垂向轴线旋转时，假定壁面与液体之间无滑移(相对速度为 0)，试求以筒壁为边界的水平面 A 上的涡通量 $\int_A(\boldsymbol{\Omega}\cdot\boldsymbol{n})\mathrm{d}A$。若圆筒停止旋转，但筒内液体还没有完全停止运动时，再求涡通量 $\int_A(\boldsymbol{\Omega}\cdot\boldsymbol{n})\mathrm{d}A$。

（参考答案：$2\pi\omega R^2$，0）

5.10 试证明半径为 R 和强度为 Γ 的涡环，它对中心点处的诱导速度为 $\dfrac{\Gamma}{2R}$。

5.11 如图 5.24 所示，有一半径为 a 和强度为 Γ 的涡环，试求它对中心轴线上的诱导速度分布。

（参考答案：$\dfrac{\Gamma}{2}\dfrac{a^2}{\left(a^2+z^2\right)^{\frac{3}{2}}}\boldsymbol{k}$）

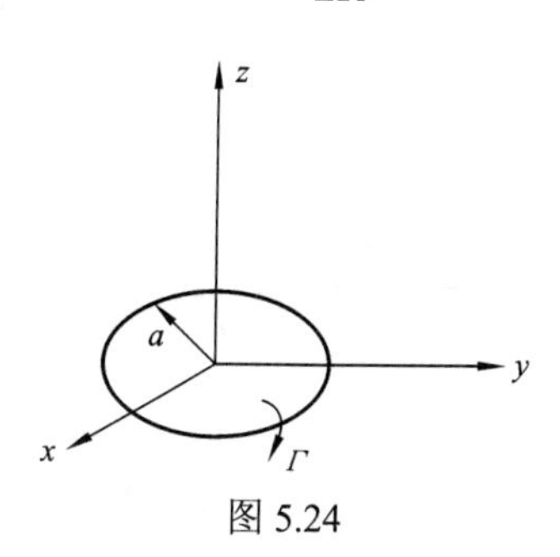

图 5.24

5.12 有三条无穷长直线涡，均垂直于直面，其环量大小都为 10 m²/s，环量方向相同，分别位于边长为 $\sqrt{3}$ 的等边三角形的定点，试求这三条直线涡相互诱导作用后的

运动。

（参考答案：以等边三角形的形心为中心做圆周运动，运动速度为 $\dfrac{5}{\pi}$ m/s ）

5.13 有三条无穷长直线涡，均垂直与纸面，其环量大小都为 10 m^2/s，环量方向相同，分别位于边长为 $\sqrt{3}$ 的等边三角形的顶点，试求这三条直线涡相互诱导作用后的运动。

（参考答案：以等边三角形的形心为中心做圆周运动，运动速度为 $5/\pi$ m/s）

第 6 章　势流理论基础

势流理论主要研究物体在无黏性流体中运动时流场的理论解，或无黏性流体绕物体外部的无旋流动有关理论问题，如机翼绕流，水波理论，物体在流体中做非定常运动的一些问题，它们都可近似地用势流理论求解。势流理论虽不能求得物体的黏性阻力，但对求解黏性阻力仍会起一定作用。

势流理论是经典流体力学的核心，是流体力学的基础，它有丰富的内容。注意本教材仅限于讨论不可压缩流体的势流理论中最初步的知识。

6.1　速　度　势

所谓势流，即无旋流。流体质点（或微团）做无旋运动 $\boldsymbol{\omega}=0$ 的条件，由旋转角速度分量表达式（5.1.1）可知

$$\begin{cases} \omega_x = \dfrac{1}{2}\left(\dfrac{\partial w}{\partial y} - \dfrac{\partial v}{\partial z}\right) = 0 \\ \omega_y = \dfrac{1}{2}\left(\dfrac{\partial u}{\partial z} - \dfrac{\partial w}{\partial x}\right) = 0 \\ \omega_z = \dfrac{1}{2}\left(\dfrac{\partial v}{\partial x} - \dfrac{\partial u}{\partial y}\right) = 0 \end{cases} \tag{6.1.1}$$

或

$$\frac{\partial v}{\partial x} = \frac{\partial u}{\partial y}, \quad \frac{\partial w}{\partial y} = \frac{\partial v}{\partial z}, \quad \frac{\partial u}{\partial z} = \frac{\partial w}{\partial x} \tag{6.1.2}$$

满足无旋流动条件式（6.1.2），可以证明在数学上必存在函数 $\phi(x,y,z,t)$，函数中有时间变量 t，表示在不定常流动中也存在这样的函数，定义为

$$\frac{\partial \phi}{\partial x} = u, \quad \frac{\partial \phi}{\partial y} = v, \quad \frac{\partial \phi}{\partial z} = w \tag{6.1.3}$$

即存在函数 $\phi(x,y,z,t)$ 时，其流场必为无旋的。将式（6.1.3）代入式（6.1.2）有恒等式成立：

$$\frac{\partial}{\partial x}\left(\frac{\partial \phi}{\partial y}\right) = \frac{\partial}{\partial y}\left(\frac{\partial \phi}{\partial x}\right)$$

$$\frac{\partial}{\partial y}\left(\frac{\partial \phi}{\partial z}\right) = \frac{\partial}{\partial z}\left(\frac{\partial \phi}{\partial y}\right)$$

$$\frac{\partial}{\partial z}\left(\frac{\partial \phi}{\partial x}\right) = \frac{\partial}{\partial x}\left(\frac{\partial \phi}{\partial z}\right)$$

这就证明无旋流场中必有存在由式（6.1.3）定义的函数 $\phi(x,y,z,t)$，这个函数称为速度势。

速度势函数 $\phi(x,y,z,t)$ 简称为速度势，它代表一种无旋流场。如给出速度势函数 $\phi(x,y,z,t)$，则流场的速度分布便可确定，其压力分布也可以求出。故势流问题可归结为求解速度势函数 $\phi(x,y,z,t)$。有关速度势的性质和意义有以下几方面。

（1）速度势在任一方向的偏导数等于速度在该方向上的分速度。将式（6.1.3）写为矢量形式，有

$$\nabla\phi=\boldsymbol{q} \tag{6.1.4}$$

故 $\dfrac{\partial\phi}{\partial s}=q_s$，$q_s$ 为 s 方向上的分速度。由此可知，在势流理论中引入速度势函数，可减少求解速度场中的速度分量 (u,v,w) 为未知函数的数量，有利于求解势流中的速度场。

从速度势函数与速度之间的关系式（6.1.3）可见，速度势函数不是唯一的，相差一个常数仍然是该流场的速度势，故势流的流场中可在任一点处对速度势指定一个特定的值（通常取无穷远处的速度势的值为 0），其他点上的速度势按此作比较加以确定。

（2）等势面必与速度矢量正交。对于等速度势面（以下简称为等势面），即 $\phi(x,y,z,t)=$常数，故在任一瞬时有

$$\mathrm{d}\phi=\frac{\partial\phi}{\partial x}\mathrm{d}x+\frac{\partial\phi}{\partial y}\mathrm{d}y+\frac{\partial\phi}{\partial z}\mathrm{d}z=u\mathrm{d}x+v\mathrm{d}y+w\mathrm{d}z=\boldsymbol{q}\mathrm{d}\boldsymbol{s}=0$$

式中：$\mathrm{d}\boldsymbol{s}$ 为等势面上微元长度矢量。这就表明流场中瞬时速度矢量 $\boldsymbol{q}$（或流线）必与等势面正交。

（3）对不可压缩流体，速度势满足拉普拉斯方程。由不可压缩流体连续性方程式（3.4.13）：

$$\frac{\partial u}{\partial x}+\frac{\partial v}{\partial y}+\frac{\partial w}{\partial z}=0 \tag{6.1.5a}$$

或

$$\nabla\cdot\boldsymbol{q}=0 \tag{6.1.5b}$$

将式（6.1.3）代入式（6.1.5），得

$$\frac{\partial^2\phi}{\partial x^2}+\frac{\partial^2\phi}{\partial y^2}+\frac{\partial^2\phi}{\partial z}=0 \tag{6.1.6a}$$

或

$$\nabla^2\phi=0 \tag{6.1.6b}$$

即为速度势的拉普拉斯方程。

势流理论基本问题是求解速度势函数 $\phi(x,y,z,t)$，速度势函数满足拉普拉斯方程 $\nabla^2\phi=0$，因此势流理论可归结为在给定边界条件和初始条件（对不定常流）下求解拉普拉斯方程。

速度势的边界条件：对绕流问题，物体固定不动，来流速度为 v_∞，由于流动与物面相切，故流体在物面上是不能穿透的，其法向速度必为 0，则边界条件如下。

在物面上：

$$\frac{\partial\phi}{\partial n}=0 \tag{6.1.7a}$$

在无穷远处：

$$\nabla\phi=\boldsymbol{v}_\infty \tag{6.1.7b}$$

对物体在静止流体中运动的势流问题，故物面上法向扰动速度$\dfrac{\partial\phi}{\partial n}$，因物面不能被流体穿透而应等于物体运动速度在该处的法向速度分量 v_n。在无穷远处，扰动速度将被减为 0，则边界条件如下。

在物面上：

$$\frac{\partial\phi}{\partial n}=v_n \tag{6.1.8a}$$

在无穷远处：

$$\nabla\phi=0 \tag{6.1.8b}$$

在数学上已有证明，拉普拉斯方程在给出上述边界条件时，它的解是存在且唯一的，这称为适定问题。适定问题要求正确和完善的提出边界条件和初始条件，不正确的边界条件和初始条件过多或不够的边界条件和初始条件都会导致没有解和多个解的错误，必须注意。

（4）速度势的间断性。试在势流中对任一封闭曲线计算瞬时的速度环量Γ，按定义式（5.2.3）可写为

$$\Gamma=\int \boldsymbol{v}\mathrm{d}\boldsymbol{l}=\int(u\mathrm{d}x+v\mathrm{d}y+w\mathrm{d}z)=\int\left(\frac{\partial\phi}{\partial x}\mathrm{d}x+\frac{\partial\phi}{\partial y}\mathrm{d}y+\frac{\partial\phi}{\partial z}\mathrm{d}z\right)=\int\mathrm{d}\phi \tag{6.1.9}$$

由此可见，若 $\Gamma\neq0$，式（6.1.9）表明速度势绕封闭曲线一周回到原处时，速度势会出现增值 Γ，此即速度势的间断值。

根据斯托克斯定理，式（5.2.2），速度环量与涡量强度的关系，无旋流场有$\nabla\times\boldsymbol{v}=0$；对有旋流场，通常 $\Gamma\neq0$。但在无旋流场中并不排斥在封闭曲线 l 所包围的面积内部分有旋涡存在，即其中可以有些有旋点或有旋区（除此之外则为无旋区），这时 $\Gamma\neq0$，并出现速度势的间断性。

（5）存在速度势时，可求得整个流场成立的伯努利积分公式。对无黏性无旋流场，利用欧拉运动微分方程式（4.3.16），存在速度势ϕ时，因$\nabla\phi=\boldsymbol{q}$，如在有势力场中，又有力势函数$U(x,y,z)$，单位体积力 $\boldsymbol{B}$ 与力势函数关系为

$$\boldsymbol{B}=\rho\nabla U \tag{6.1.10}$$

如在重力场中，已知 $\boldsymbol{B}$ 的三个分量$(0,0,-\rho g)$（指直角坐标系中重力方向设定为 z 轴的负方向），则存在力势函数 $U=-gz$，式（4.3.16）便可写为

$$\frac{\partial}{\partial t}(\nabla\phi)+\nabla\frac{q^2}{2}=\nabla U-\frac{1}{\rho}\nabla p \tag{6.1.11}$$

或

$$\nabla\left(\frac{\partial\phi}{\partial t}+\frac{q^2}{2}-U+\frac{p}{\rho}\right)=0 \tag{6.1.12}$$

积分后得

$$\frac{\partial\phi}{\partial t}+\frac{q^2}{2}-U+\frac{p}{\rho}=f(t) \tag{6.1.13}$$

式中：$f(t)$为时间 t 的任意积分常数，对任一给定时刻，式（6.1.13）表明$\dfrac{\partial\phi}{\partial t}+\dfrac{q^2}{2}-U+\dfrac{p}{\rho}$在整个流场中恒相同。式（6.1.13）称为不定常无旋流的伯努利方程。为区别前述只在流线或流管上成立的伯努利方程，常将式（6.1.13）称为伯努利-拉格朗日积分方程。

对定常无旋流动和在重力场中（$U=-gz$），则有全场的伯努利-拉格朗日积分方程：

$$\frac{q^2}{2}+gz+\frac{p}{\rho}=常数 \tag{6.1.14}$$

在形式上与式（4.4.7）完全相同，但适用范围已有明显区别。

6.2 二维不可压缩流动的流函数

二维(2D)流动即平面流动，其流场仅与两个坐标有关，如二维速度场$\boldsymbol{q}(x,y,t)$或$\boldsymbol{q}(u,v,t)$，其中另一个坐标轴 z 方向速度 w=0（或近似等于 0，可忽略不计时），流场中流动参数对 z 轴向的偏导数为 0，即$\dfrac{\partial}{\partial t}(\cdot)=0$。对不可压缩二维流动，无论是势流还是黏性流，都应满足微分形式流体连续性方程式（3.4.13），即

$$\frac{\partial u}{\partial x}+\frac{\partial v}{\partial y}=0 \tag{6.2.1}$$

这个方程对不可压缩流体的定常流动或非定常流动也都成立。考察这个方程，在数学上不难发现或验证存在一个函数$\psi(x,y,t)$（非定常流动）或$\psi(x,y)$（定常流动）统一以函数 ψ 表示，必有

$$\begin{cases}\dfrac{\partial\psi}{\partial x}=-v\\[2mm]\dfrac{\partial\psi}{\partial y}=u\end{cases} \tag{6.2.2}$$

将式（6.2.2）代入式（6.2.1），即可验证这个函数 ψ 必然满足连续性方程：

$$\frac{\partial}{\partial x}\left(\frac{\partial\psi}{\partial y}\right)+\frac{\partial}{\partial y}\left(-\frac{\partial\psi}{\partial x}\right)=0 \tag{6.2.3}$$

也就是说，满足流体连续性方程式（6.2.1）的流动，必存在由式（6.2.2）定义的流函数Ψ，这个函数称为二维不可压缩流动的流函数。

流函数有如下性质，使得它在实用中也具有重要意义。

（1）给出流函数$\psi(x,y,t)$，则由式（6.2.2）可确定流场中的速度分布为$u(x,y,t)$和$v(x,y,t)$，故引入流函数可使流动问题的研究减少一个未知变量。

（2）在给定时刻流函数为常数的曲线（ψ=常数）是一流线，因

$$\mathrm{d}\psi=\frac{\partial\psi}{\partial x}\mathrm{d}x+\frac{\partial\psi}{\partial y}\mathrm{d}y=-v\mathrm{d}x+u\mathrm{d}y=0 \tag{6.2.4}$$

则二维流动中的流线方程为

$$\frac{\mathrm{d}x}{u}=\frac{\mathrm{d}y}{v} \tag{6.2.5}$$

故 ψ=常数或 $\mathrm{d}\psi=0$，表示一流线，不同常数的流函数值为不同的流线。

流函数的值和速度势的值一样，都不是唯一的，相差一个常数仍是该流场的流函数和速度势，不影响流场的速度场。所以流函数的值也可对任一条流线指定一个特定的值（如流场中有固壁物面时，通常取物面上流函数为 0，即零流线为物面流线，或驻点流线），其他流线上的流函数值以此作比较确定。注意，在二维势流中任一流函数为常数的流线，还都可指定

为一物面。

（3）流函数的差值与体积流量之间的关系。因为流函数 ψ=常数，是一条流线，不同的 ψ 值为不同的流线。考虑邻近两条流线的流函数差值，一条通过点(x, y)，另一条通过点 $(x+\mathrm{d}x, y+\mathrm{d}y)$，其流函数差值 $\mathrm{d}\psi$ 为

$$\mathrm{d}\psi=\frac{\partial\psi}{\partial x}\mathrm{d}x+\frac{\partial\psi}{\partial y}\mathrm{d}y=-v\mathrm{d}x+u\mathrm{d}y \tag{6.2.6}$$

如图 6.1 所示，通过相邻两条流线之间流体的体积流量 $\mathrm{d}Q$（单位厚度为 $\mathrm{d}Q=u\mathrm{d}y-v\mathrm{d}x$，其中 (u,v) 为点 (x,y) 处的速度分量），则与式（6.2.6）比较可知，邻近两点流函数差值就是通过这两点的流线之间的流量。流量的方向与速度矢量 $\boldsymbol{q}(u,v)$ 方向相同，速度矢量逆时针转动 90° 的指向为流函数大值的所在点，如计算出流场中的流函数值。流函数大值和小值之间的流动速度方向便可按以上规则确定。

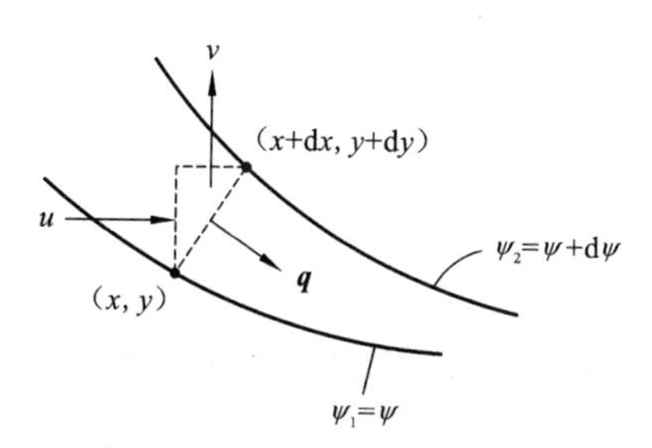

图 6.1　邻近两条流线示意图

（4）在二维势流中，流函数也满足拉普拉斯方程。根据二维势流无旋的条件式（6.1.1）：

$$\omega_z=\frac{1}{2}\left(\frac{\partial v}{\partial x}-\frac{\partial u}{\partial y}\right)=0$$

将式（6.2.2）代入，有

$$\frac{\partial}{\partial x}\left(-\frac{\partial\psi}{\partial x}\right)-\frac{\partial}{\partial y}\left(\frac{\partial\psi}{\partial y}\right)=0$$

或

$$\frac{\partial^2\psi}{\partial x^2}+\frac{\partial^2\psi}{\partial y^2}=0 \tag{6.2.7}$$

故在不可压缩流动二维势流中，流函数也满足拉普拉斯方程。在二维势流问题求解中，应用流函数求解法有时比应用速度势求解更方便；对于三维势流问题，则常用速度势方法求解。

6.3　二维平面势流基本解

6.3.1　均流

均流是一种理想化的势流，在风洞试验段和循环水槽试验段有近似的均流。如物体在无界的静止流体中做等速直线运动时，研究物体与流体的相互作用力，常根据相对性原理，通过伽利略变换，将参考坐标系取在运动物体上（对于惯性坐标系，物体与流体相互作用力不变），则研究的问题便转化为物体对参考坐标系是不动的，在物体远前方的流体以物体原等速运动的负向速度流过来向物体绕过时，求流体与物体的相互作用力是相同的。这时，在物体远前方的流体就是一种理论上的均流。如均流在 x 轴向，速度为 U，对于二维均流，如图 6.2 所示，速度场 $\boldsymbol{q}(u, v)$,$u=U$,$v=0$，则可求得相应的速度势函数 $\phi(x, y)$ 和流函数 $\psi(x, y)$，因

图 6.2　二维均流示意图

$$\begin{cases} u = U = \dfrac{\partial \phi}{\partial x} = \dfrac{\partial \psi}{\partial y} \\ v = V = \dfrac{\partial \phi}{\partial y} = -\dfrac{\partial \psi}{\partial x} \end{cases} \tag{6.3.1}$$

对式（6.3.1）积分，忽略积分常数，得

$$\phi = Ux,\quad \psi = Uy \tag{6.3.2}$$

即 x 轴向均流的速度势和流函数的基本解。如二维均流的速度场为 $\boldsymbol{q}(U,V)$，即 $u=U$，$v=V$，因

$$\begin{cases} u = U = \dfrac{\partial \phi}{\partial x} = \dfrac{\partial \psi}{\partial y} \\ v = V = \dfrac{\partial \phi}{\partial y} = -\dfrac{\partial \psi}{\partial x} \end{cases} \tag{6.3.3}$$

对式（6.3.3）积分，忽略积分常数，即得斜向二维均流速度势和流函数基本解为

$$\phi = Ux + Vy,\quad \psi = Uy - Vx \tag{6.3.4}$$

类似地可写出三维均流速度势（略）。

6.3.2　线源和线汇

二维线源和线汇是一种理想化势流。线源或线汇是指垂直于平面通过某一点的一条无穷长直线上有源源不断的流体从这条线向平行于平面的方向流出来或吸进去。流出来的为线源，被吸进去的为线汇。设单位长度的线源或线汇流出或吸入的流体体积流量为 Q（对线源令 $Q>0$，对线汇令 $Q<0$），如线源或线汇在平面坐标原点，如图 6.3（a）所示，取极坐标(r,θ)和直角坐标(x,y)，则在任一点(r,θ)处的流体速度场 $\boldsymbol{q} = v_r \boldsymbol{e}_r + v_\theta \boldsymbol{e}_\theta$，其中 $v_r = \dfrac{Q}{2\pi r}$，$v_\theta = 0$，利用式（5.1.3）可证明其旋度为 0 是无旋势流，因

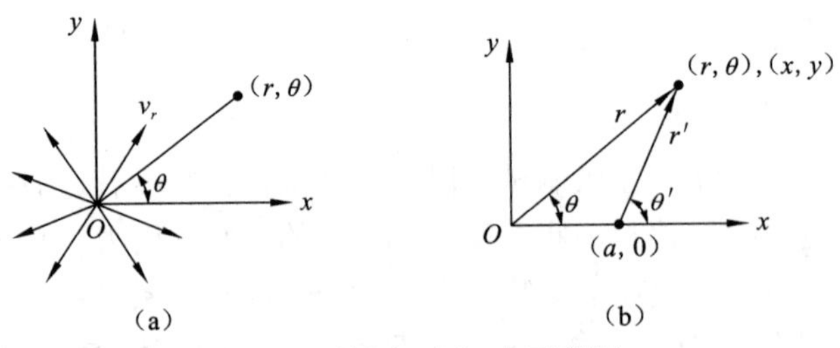

图 6.3　线源（汇）点示意图

$$\begin{cases} v_r = \dfrac{Q}{2\pi r} = \dfrac{\partial \phi}{\partial r} = \dfrac{1}{r}\dfrac{\partial \psi}{\partial \theta} \\ v_\theta = 0 = \dfrac{1}{r}\dfrac{\partial \phi}{\partial \theta} = -\dfrac{\partial \psi}{\partial r} \end{cases} \tag{6.3.5}$$

对式（6.3.5）积分，忽略积分常数后，得线源或线汇的速度势函数和流函数为

$$\phi=\frac{Q}{2\pi}\ln r, \quad \psi=\frac{Q}{2\pi}\theta \tag{6.3.6}$$

式中：r 为离线源或线汇点的径向距离，故 $r=0$ 在线源或线汇点处为奇点，需排除在外或另行处理。

在直角坐标系中，$r=\sqrt{x^2+y^2}$，$\theta=\tan^{-1}\frac{y}{x}$。如线源（汇）不在坐标原点，而在点$(x=a, y=0)$处，如图 6.3（b）所示，则相应的速度势函数和流函数改写为

$$\begin{cases}\phi=\dfrac{Q}{2\pi}\ln r'=\dfrac{Q}{2\pi}\ln\left[(x-a)^2+y^2\right]^{\frac{1}{2}}\\ \phi=\dfrac{Q}{2\pi}\theta'=\dfrac{Q}{2\pi}\tan^{-1}\left(\dfrac{y}{x-a}\right)\end{cases} \tag{6.3.7}$$

根据线源（汇）的概念，可以推演到空间三维点源（汇）（略）。二维流动中线源和线汇，以及三维流动中点源和点汇都是势流理论中最重要的基本解之一，它们具有重要的理论意义和实际意义。例如，能否想象到任何物体在流体中的运动时，在物体前部将流体排开像似源流的作用，而在物体后部因物体向前运动便留下空隙就有流体从四面八方进来填充，又相当于似有汇流存在，故物体在理想流体中运动，或理想流体绕固定物体的流动，其中物体本身是否可以用源汇分布代替等理论的发展。

6.3.3 偶极子

二维偶极子和三维偶极子都是理想化的势流。由线源和线汇叠加形成的偶极子在数学物理上称为二维偶极子；由空间点源和点汇叠加形成的偶极子在数学物理上称为三维偶极子。它们在流体力学中有重要意义。以下仅介绍二维偶极子的势流解。

对二维偶极子，考虑一个在坐标原点的线源（流量为 Q）和一个在 x 轴线上无限接近它的线汇（流量为$-Q$，与线源间距为 $\mathrm{d}s\to 0$）的叠加，如图 6.4 所示，线源在极坐标(r,θ)（或直角坐标(x,y)）中流函数由式（6.3.6）可知$\psi_1=\frac{Q}{2\pi}\theta$，线汇的流函数为$\psi_2=-\frac{Q}{2\pi}(\theta+\mathrm{d}\theta)$，它们叠加后的流函数$\psi(r,\theta)$为

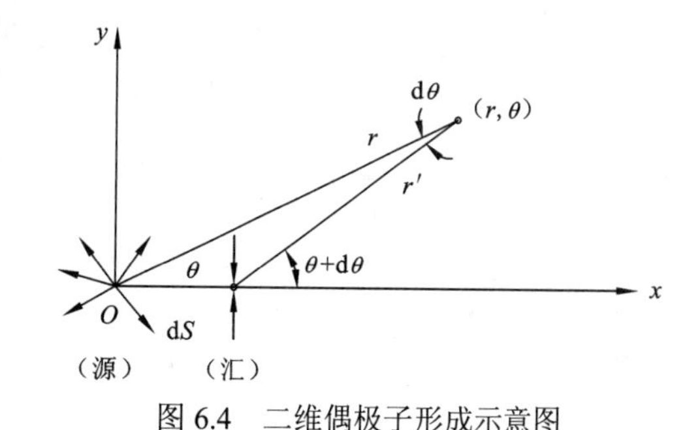

图 6.4　二维偶极子形成示意图

$$\psi=\psi_1+\psi_2=\frac{Q}{2\pi}\theta-\frac{Q}{2\pi}(\theta+\mathrm{d}\theta)=-\frac{Q}{2\pi}\mathrm{d}\theta \tag{6.3.8}$$

根据正弦定理，$\dfrac{\sin(\mathrm{d}\theta)}{\mathrm{d}s}=\dfrac{\sin\theta}{r_1}$，当 $\mathrm{d}s\to 0$，因 $\sin(\mathrm{d}\theta)\to\mathrm{d}\theta$ 和 $r_1\to r$，则有 $\mathrm{d}\theta=\dfrac{\sin\theta}{r}\mathrm{d}s$，代入式（6.3.8）有

$$\psi(\theta)=-\frac{Q\mathrm{d}s}{2\pi}\frac{\sin\theta}{r} \tag{6.3.9}$$

令 $M=\dfrac{Q\mathrm{d}s}{2\pi}$，当 $\mathrm{d}s\to 0$，使 $Q\to\infty$，M 为一有限值，则式（6.3.9）写为

$$\psi(r,\theta)=-M\frac{\sin\theta}{r} \tag{6.3.10a}$$

或

$$\psi(x,y)=-M\frac{y}{x^2+y^2} \tag{6.3.10b}$$

即极坐标形式或直角坐标形式的二维偶极子流函数表达式，其中 M 为偶极强度。偶极方向定义为线源到线汇的方向，则以上二维偶极子的偶轴为 x 轴正向。

根据二维偶极子流函数表达式（6.3.10），可求得流线方程（$\psi=C$，C 为常数，取 C 值不同则流线不同），即

$$x^2+y^2+\frac{M}{C}y=0 \tag{6.3.11}$$

为一组与 Ox 轴相切于坐标原点的圆周线，如图 6.5 所示，每个圆（流线）与 y 轴交点为(0,0)和$\left(0,-\dfrac{M}{C}\right)$。

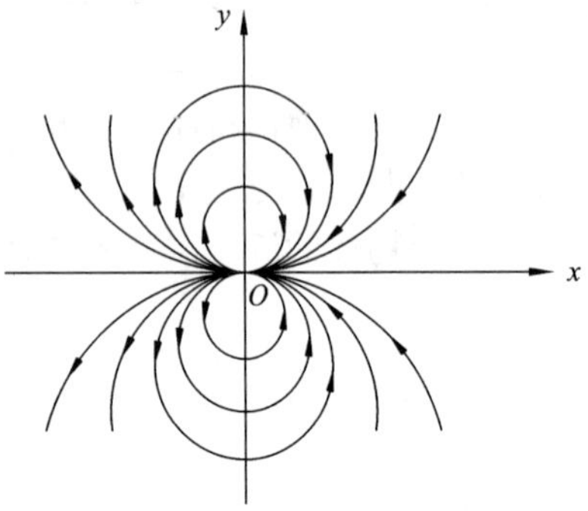

图 6.5　二维偶极子流线示意图

利用速度势函数和流函数关系式（6.3.3）（直角坐标系）或式（6.3.5）（柱坐标），通过积分可得二维偶极子速度势为

$$\phi(r,\theta)=\frac{M}{r}\cos\theta \tag{6.3.12a}$$

或

$$\phi(x,y)=\frac{Mx}{x^2+y^2} \tag{6.3.12b}$$

通过式（6.2.2）和式（6.1.3）可求得二维偶极子速度场为

$$\begin{cases} u(x,y)=\dfrac{\partial\psi}{\partial y}=M\dfrac{y^2-x^2}{\left(x^2+y^2\right)^2} \\ v(x,y)=-\dfrac{\partial\psi}{\partial x}=-2M\dfrac{x^2}{\left(x^2+y^2\right)^2} \end{cases} \tag{6.3.13}$$

由此可知，在 r=0 处（即二维偶极子所在点处）为奇性，计算时需排除在外或另行处理。

6.3.4　环流或线涡（点涡）

环流（指自由涡流部分）或线涡（无穷长直线涡所诱导的平面流动）也是一种理想化的势流基本解。环流的定义是所有流体微团做同心圆周运动，其线速度与半径 r 成反比，相同的 r 其周向速度为常数，在极坐标(r,θ)中，其速度场 $\boldsymbol{q}\left(v_r,v_\theta\right)$ 的定义为

$$v_r=0,\quad v_\theta=\frac{K}{r} \tag{6.3.14}$$

式中：K 为常数。因 r=0 处为奇点，故环流相当于在 r=0 处的点涡所诱导的速度场。前已证

明这种环流（自由涡流）的速度场是无旋流场，故存在速度势函数 ϕ，通过 $v_r=\dfrac{\partial\phi}{\partial r}=0$ 和 $v_\theta=\dfrac{1}{r}\dfrac{\partial\phi}{\partial\theta}=\dfrac{K}{r}$ 的定义式，积分后可得速度势函数 $\phi=K\theta$，再引入速度环量 Γ 的概念，计算环流中任一同心圆周线上速度环量 $\Gamma=2\pi rv_\theta$，将式（6.3.14）代入，故有 $\Gamma=2\pi K$，所以 $K=\dfrac{\Gamma}{2\pi}$，环流或线涡的速度势函数基本解可写为

$$\phi=K\theta=\frac{\Gamma}{2\pi}\theta \tag{6.3.15}$$

相应的流函数可求解得

$$\psi=-\frac{\Gamma}{2\pi}\ln r \tag{6.3.16}$$

显然，环流中心处 r=0，即线涡定义点处也为奇性点，对势流解也应排除在外。

如环流中心点或线涡点不在坐标原点，而在直角坐标中的任一点(a,b)处，如图 6.6 所示，则环流的速度势函数和流函数表达式可改写为

$$\begin{cases}\phi=\dfrac{\Gamma}{2\pi}\theta_1=\dfrac{\Gamma}{2\pi}\tan^{-1}\left(\dfrac{y-b}{x-a}\right)\\[2ex] \psi=-\dfrac{\Gamma}{2\pi}\ln r_1=-\dfrac{\Gamma}{2\pi}\ln\sqrt{(x-a)^2+(y-b)^2}\end{cases} \tag{6.3.17}$$

在这里需要注意的一个问题是，对二维线涡或具有涡核的环流，由于该流场不再是数学物理上单连通区（单连通区是指区域中取任意封闭曲线都可收缩到一点而不与区域边界相连接），流场中速度势将不是单值的。如绕线涡一周的速度环量 $\Gamma=\int v_\theta r\mathrm{d}\theta=\int\dfrac{\mathrm{d}\phi}{\mathrm{d}\theta}\mathrm{d}\theta=\int\mathrm{d}\phi$，因 $\Gamma\neq 0$，绕封闭曲线一周的速度势函数将有间断性。为消除速度势间断性的出现，可通过做任一割离线（切割线），如图 6.7 所示，将流动区域 D 化为单连通区（不通过切割线的区域为单连通区），在单连通区内速度势则是唯一的。

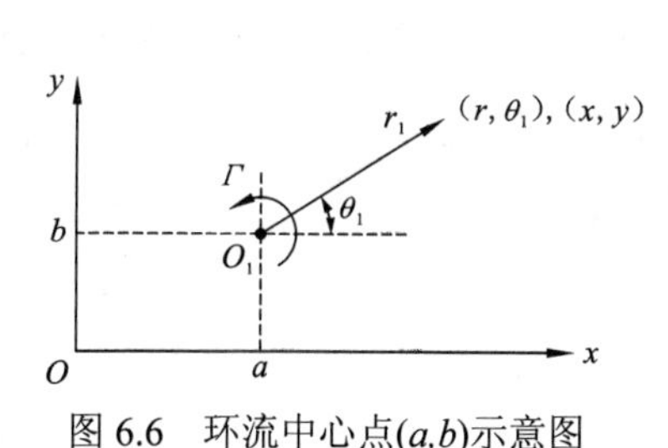

图 6.6　环流中心点(a,b)示意图

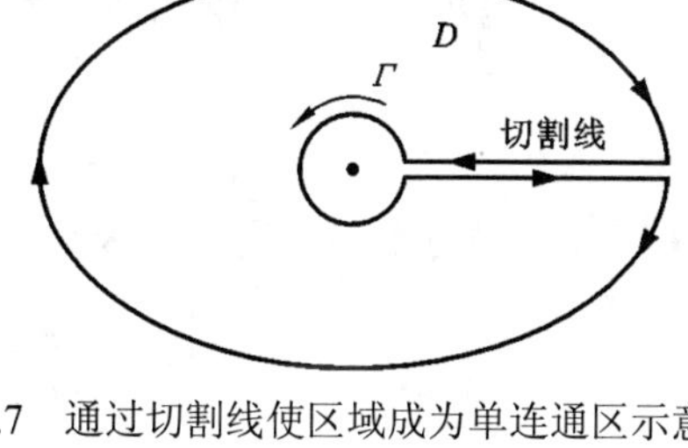

图 6.7　通过切割线使区域成为单连通区示意图

6.4　均流绕圆柱体流动·达朗贝尔佯谬

均流绕圆柱体流动的势流解，可通过势流叠加法求得。如 x 轴向速度为 U 的均流，和偶轴为 x 轴向位于坐标原点的二维偶极子，将这两种势流基本解叠加，利用式（6.3.2）和式（6.3.10），有叠加后的流函数 ψ 为

$$\psi = Uy\left(1-\frac{M/U}{x^2+y^2}\right) = Ur\sin\theta\left(1-\frac{M/U}{r^2}\right) \tag{6.4.1}$$

分析其流线（ψ=常数），其中的零流线（ψ=0）为

$$y\left(1-\frac{M/U}{x^2+y^2}\right)=0 \tag{6.4.2a}$$

或

$$y=0\text{，}\quad x^2+y^2=\frac{M}{U} \tag{6.4.2b}$$

令 $\frac{M}{U}=a^2$，也就是零流线仍是圆心位于坐标原点半径为 a 的一个圆，以及与此圆周线相连接的 x 轴线。故只要取 $\sqrt{x^2+y^2}=r\geqslant a$ 区域，并注意到 $r=\infty$处偶极子的影响已消失，则所考虑的上述叠加的流动即为均流绕半径为 a 的二维圆柱体的流动。对式（6.4.1）中的流函数 ψ 取不同值，可作出不同流线，如图 6.8 所示，不计 $r<a$ 区域，在 $r\geqslant a$ 区域，即为均流绕圆柱体（半径为 a）的流线图。其流函数表达式（6.4.1）可改写为

$$\psi = Uy\left(1-\frac{a^2}{x^2+y^2}\right) = Ur\sin\theta\left(1-\frac{a^2}{r^2}\right),\quad r\geqslant a \tag{6.4.3}$$

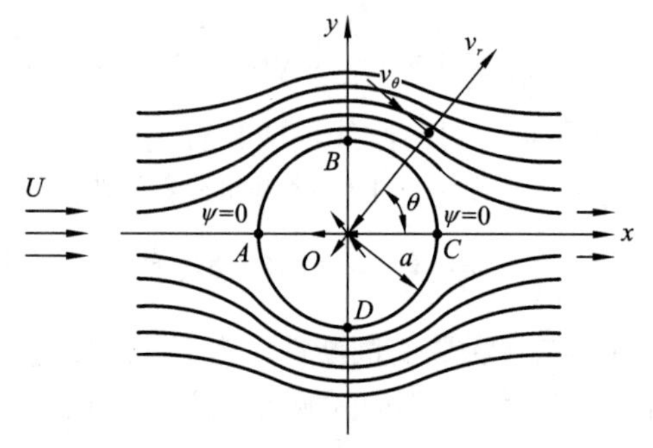

图 6.8　均流绕圆柱体（半径为 a）的流线示意图

类似地，可写出均流和二维偶极子叠加后成为绕圆柱（半径为 a）的速度势 ϕ 的表达式为

$$\phi = Ux\left(1+\frac{a^2}{x^2+y^2}\right) = Ur\cos\theta\left(1+\frac{a^2}{r^2}\right),\quad r\geqslant a \tag{6.4.4}$$

则流场速度分布便可求得（利用流函数或速度势）

$$\begin{cases} v_r = \dfrac{\partial\phi}{\partial r} = U\cos\theta\left(1-\dfrac{a^2}{r^2}\right) \\ v_\theta = \dfrac{1}{r}\dfrac{\partial\phi}{\partial\theta} = -U\sin\theta\left(1+\dfrac{a^2}{r^2}\right) \end{cases} \tag{6.4.5}$$

圆柱体表面上（$r=a$）的速度分布为

$$\begin{cases} v_r = 0 \\ v_\theta = -2U\sin\theta \end{cases} \tag{6.4.6}$$

式中：v_θ 为负，表示其方向与坐标 θ 角方向相反（图 6.8）。

在图 6.8 中，有 A、C 两点：

$$\theta_A = \pi, \quad \theta_C = 0, \quad (v_r)_A = (v_\theta)_C = 0 \tag{6.4.7}$$

称为驻点或分流点。

对 B、D 两点：

$$\theta_B = \frac{\pi}{2}, \quad \theta_D = \frac{3\pi}{2}, \quad (v_r)_B = (v_r)_D = 0, \quad (v_\theta)_B = -2U, \quad (v_\theta)_D = 2U \tag{6.4.8}$$

故在圆柱与 y 轴的交点上速度达到最大值，并等于来流速度 U 的 2 倍。

对于圆柱表面上的压力分布，如不计重力影响项，设无穷远处流体压力以 p_∞表示，则根据定常流动伯努利方程有

$$p + \frac{1}{2}\rho v_\theta^2 = p_\infty + \frac{1}{2}\rho U^2$$

将式（6.4.6）代入，可得圆柱体表面压力分布为

$$p - p_\infty = \frac{1}{2}\rho U^2 \left(1 - 4\sin^2\theta\right) \tag{6.4.9}$$

通常物面上的压力分布以无量纲压力系数 C_p 表示为

$$C_\text{p} = \frac{p - p_\infty}{\dfrac{1}{2}\rho U^2} \tag{6.4.10}$$

当 C_p 为负时，表示 $p < p_\infty$，将式（6.4.9）代入式（6.4.10），有圆柱表面压力系数的分布表达式为

$$C_\text{p} = 1 - 4\sin^2\theta \tag{6.4.11}$$

由此可知，在前后驻点 A、C 处，因速度最小（为 0），压力最大（C_p=1），在点 B、点 D 处速度最大，压力最小（C_p=−3），压力分布曲线如图 6.9 所示，分析式（6.4.11）可知，其压力分布既对称于 x 轴，也对称于 y 轴，故作用于该圆柱上的压力合力 $\boldsymbol{R}$ 必为 0：

$$\boldsymbol{R} = 0 \tag{6.4.12}$$

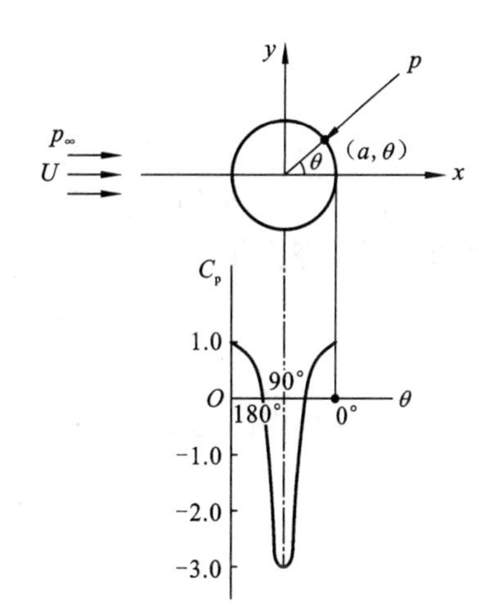

图 6.9　均流绕圆柱体流动的压力分布示意图

这个结论在理论上可推广到均流绕任一物体（包括三维体）的势流解中。然而，这一理论结果与实验有严重不符，被称为达朗贝尔佯谬（D'Alembert paradox）。在实际流体中，无论 Re 多大，流体中的物体均受阻力，实验测得的压力分布曲线与势流解有很大区别。纵然如此，达朗贝尔佯谬在理论上仍然很有意义。分析达朗贝尔佯谬成立的条件可归纳为以下 5 点。

（1）在无黏性流体中；

（2）物体周围的流场是无界的；

（3）物体周围的流场中没有源、汇、涡流等奇点存在；

（4）物体在静止流体中做等速直线运动；

（5）流动在物面上没有分离。

如果上述条件都成立，那么任何物体确实不会受到流体施加于物体上的任何作用力。但

是，其中任一条件不具备，物体就会遭受流体对它的作用力（如阻力、升力等）。因此，达朗贝尔佯谬在分析流体与物体的相互作用力时具有理论上的指导意义。

6.5 均流绕旋转圆柱体流动势流解·马格努斯效应

已知均流与偶极子的叠加，其中有一流线为圆周线，故可得到均流绕圆柱体的流动。如再在偶极子处叠加一个点涡（或相当于使圆柱旋转所诱导的环流），因为它不影响其中圆周的流线形状，并且也不会改变无穷远处流动条件（坐标原点处点涡在无穷远处的扰动为零），所以就可得到均流绕圆柱体有环量的流动。

假如加入的点涡环量 Γ 为顺时针方向，引入环流或点涡的流函数式（6.3.16）与式（6.4.3）叠加得

$$\psi = Ur\sin\theta\left(1-\frac{a^2}{r^2}\right)+\frac{\Gamma}{2\pi}\ln r, \quad r \geqslant a \tag{6.5.1}$$

根据 $\psi=$常数，可做出其流线图如图 6.10 所示，其中圆柱表面半径 $r=a$ 的流线方程为 $\psi=\dfrac{\Gamma}{2\pi}\ln a$。

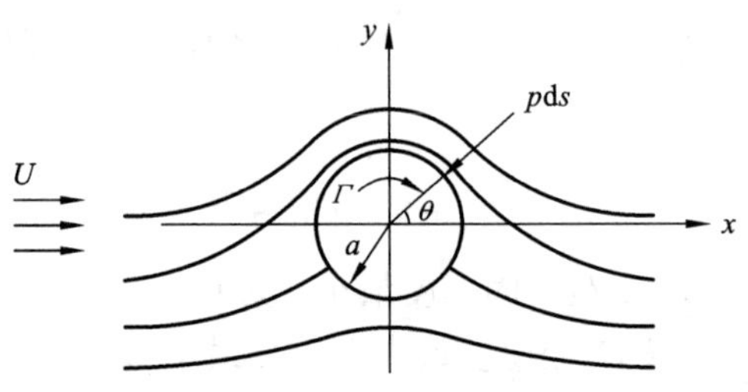

图 6.10　均流绕旋转圆柱体流线示意图

相似地引入环流或点涡速度势式（6.3.15）与式（6.4.4）叠加，可得均流绕旋转圆柱体流动的速度势 ϕ 为

$$\phi = Ur\cos\theta\left(1+\frac{a^2}{r^2}\right)-\frac{\Gamma}{2\pi}\theta, \quad r \geqslant a \tag{6.5.2}$$

计算流场中的速度分布：

$$\begin{cases} v_r = \dfrac{\partial\phi}{\partial r} = U\cos\left(1-\dfrac{a^2}{r^2}\right) \\ v_\theta = \dfrac{1}{r}\dfrac{\partial\phi}{\partial\theta} = -U\sin\theta\left(1+\dfrac{a^2}{r^2}\right)-\dfrac{\Gamma}{2\pi r} \end{cases} \tag{6.5.3}$$

在圆柱表面（$r=a$）上速度分布为

$$\begin{cases} v_r = 0 \\ v_\theta = -2U\sin\theta-\dfrac{\Gamma}{2\pi a} \end{cases} \tag{6.5.4}$$

使圆柱表面上 $v_\theta = 0$，得驻点位置为

$$\sin\theta_s = -\frac{\Gamma}{4\pi Ua} \tag{6.5.5}$$

式中：θ_s 为驻点的极角，负号表示驻点在第三象限、第四象限。对一定的 a 和 U，随着 $\varGamma$ 增大，驻点位置向下移动，直到 $\varGamma = 4\pi Ua$ 时，两个驻点合而为一，驻点的直角坐标为$(0,-a)$，其中流动图形如图 6.11（a）所示。

若继续增大 $\varGamma$，当 $\varGamma > 4\pi Ua$ 时，因 θ_s 无解，表示在圆柱表面已没有驻点，驻点在圆柱体外，其流动图形如图 6.11（b）所示。

设无穷远处均流的流体压力为 p_∞，根据势流伯努利方程求物面上的压力分布。在旋转圆柱体物面上压力 p 有以下关系式成立：

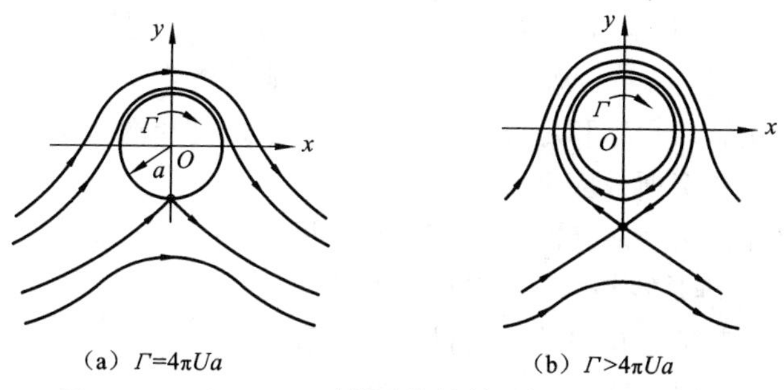

（a）$\varGamma=4\pi Ua$　　（b）$\varGamma>4\pi Ua$

图 6.11　$\varGamma \geqslant 4\pi Ua$ 时均流绕旋转圆柱体流线示意图

$$p + \frac{1}{2}\rho v_\theta^2 = p_\infty + \frac{1}{2}\rho U^2 = C \tag{6.5.6}$$

将式（6.5.4）代入，有

$$p - p_\infty = \frac{1}{2}\rho U^2\left[1 - \left(2\sin\theta + \frac{\varGamma}{2\pi Ua}\right)^2\right] \tag{6.5.7}$$

压力系数 C_p 为

$$C_\mathrm{p} = \frac{p - p_\infty}{\dfrac{1}{2}\rho U^2} = 1 - \left(2\sin\theta + \frac{\varGamma}{2\pi Ua}\right)^2 \tag{6.5.8}$$

分析式（6.5.7）或式（6.5.8），由 $\sin\theta$ 的性质可知，圆柱体物面上的压力分布对称于 y 轴，但不对称于 x 轴，故作用于圆柱体上在 x 轴向的合力（即阻力）必为 0，而存在 y 轴向的合力（即升力）。为计算作用在圆柱体上的力，在柱面上取一微元线段 $\mathrm{d}s$，对单位场的圆柱体，在微元线段上作用力 $p\mathrm{d}s = pa\mathrm{d}\theta$（图 6.10），将该微元力投影到 y 轴上积分后即为升力 L。

$$\begin{aligned}
L &= \int_0^{2\pi} -p\sin\theta a\mathrm{d}\theta = \int_0^{2\pi} -\left[C - \frac{1}{2}\rho\left(2U\sin\theta + \frac{\varGamma}{2\pi a}\right)^2\right]\sin^2\theta \cdot a\mathrm{d}\theta \\
&= -Ca\int_0^{2\pi}\sin\theta\mathrm{d}\theta + 2\rho a U^2\int_0^{2\pi}\sin^3\theta\mathrm{d}\theta \\
&\quad + \frac{\rho U\varGamma}{\pi}\int_0^{2\pi}\sin^2\theta\mathrm{d}\theta + \frac{\rho\varGamma^2}{8\pi^2 a}\int_0^{2\pi}\sin\theta\mathrm{d}\theta
\end{aligned} \tag{6.5.9}$$

因

$$\int_0^{2\pi}\sin\theta\mathrm{d}\theta = 0\text{，}\quad \int_0^{2\pi}\sin^3\theta\mathrm{d}\theta = 0\text{，}\quad \int_0^{2\pi}\sin^2\theta\mathrm{d}\theta = \pi$$

则式（6.5.9）可求得

$$L = \rho U\varGamma \tag{6.5.10}$$

这个结果就是空气动力学中著名的库塔-茹科夫斯基定理，并可推广到任意外形（如机翼剖面）的柱体无分离的势流中，它是流体力学势流理论的一个基本定理。这个定理指出，有环量（指速度环量）的流动绕过柱体时，作用在单位长柱体上的力（升力），其大小等于流体密度 ρ、来流速度 U 和速度环量 Γ 三者的乘积，其方向垂直于来流速度矢量 $\boldsymbol{U}$，其指向可将 $\boldsymbol{U}$ 的指向由环量相反方向旋转 90° 后的指向确定，如图 6.12 所示。

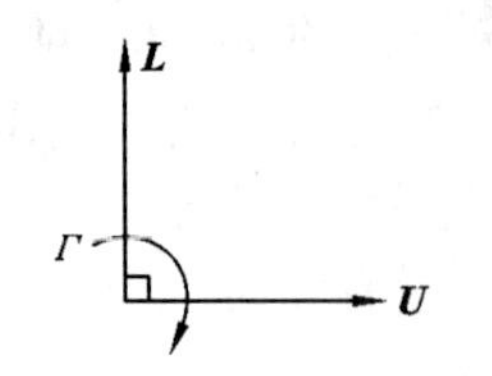

图 6.12　升力指向与来流速度矢量及环流方向关系

均流绕圆柱体有环量的流动，相当于旋转圆柱在均流中的运动，它所产生的升力现象，早在有理论分析之先，已有人在试验中发现并指出。如马格努斯是其中之一，此种现象常被称为马格努斯效应。旋转乒乓球和足球的奇特运动；子弹离开枪筒受到横向风影响产生的偏离弹道现象，都可用马格努斯效应来说明。

马格努斯效应产生的力（旋转圆柱或旋转圆球运动方向正交的升力），其原理是容易解释清楚的。对旋转圆柱体来说，前面已利用势流理论将这个力推导出计算公式，可理论上计算确定。但对球体产生的马格努斯力，它的原理虽然是一样的，但计算球体的马格努斯力还没有简单的理论公式，通常需要做试验求解。如令球体的马格努斯力为 F_m（图 6.13），令

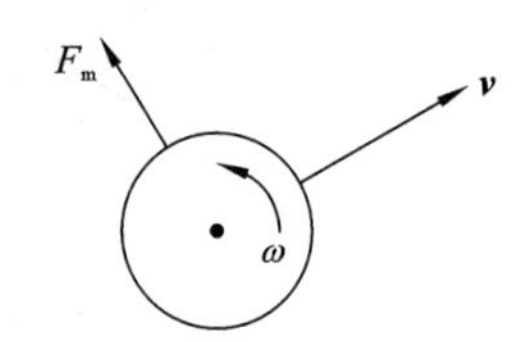

图 6.13　旋转球体直线运动时马格努斯力的示意图

$$F_m = C_L \cdot \frac{1}{2}\rho v^2 A \tag{6.5.11}$$

式中：C_L 为球的升力系数；ρ 为流体密度；v 为球体直线运动速度；A 为球体在运动方向上的投影面积。

设球体旋转角速度为 ω，球半径为 R，引入球体无量纲数 $S=\dfrac{R\omega}{v}$ 和马格努斯力系数 $C_m=\dfrac{C_L}{S}$，则可将式（6.5.11）改写为

$$F_m = C_m \cdot \frac{1}{2}\rho A R\omega v \tag{6.5.12}$$

式中：C_m 需由试验确定，已有的一些试验资料表明，对于 S=0.1~0.3 的球体旋转运动，认为取 $C_m \approx 1$（或 $C_L=S$），其误差可在 20%以内。

普朗特对旋转圆柱体在均流中产生的马格努斯力也做过试验，认为其最大升力系数 $C_{Lmax}<4\pi$。也就是说，旋转圆柱体产生的升力并不能随旋转角速度的提高一直会增大。

6.6　机翼升力：库塔-茹科夫斯基定理

对机翼剖面，如图 6.14 所示，有几个名词先熟悉一下：翼剖面前缘和后缘；前缘到后缘之间距离为弦长；机翼剖面厚度，以及厚度中点连线称为中弧线（或拱度线）等。机翼的设置，通常主要要求它是产生升力，要求它在流体中具有较小阻力和更大的升力。翼剖面的前缘通常是光顺圆滑的，而翼剖面后缘必须是较为尖锐的。翼剖面厚度则根据强度要求尽可能较薄，以减小阻力。对这样一个较薄的翼型剖面，以下仅用一种不很严格的方法，对机翼升

力的库塔-茹科夫斯基定理进行推导。

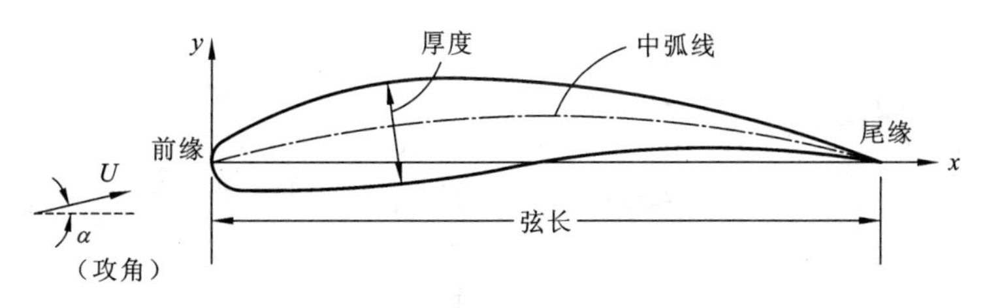

图 6.14　机翼剖面示意图

如图 6.15 所示，均流 U（x 轴向）绕机翼剖面流过时，设翼背（翼剖面上表面）上流体速度以 u_t 表示，翼面（翼剖面下表面）上流体速度以 u_d 表示，相应的压力分布分别以 p_t 和 p_d 表示。根据不可压缩流体定常势流的伯努利方程（忽略重力效应）有

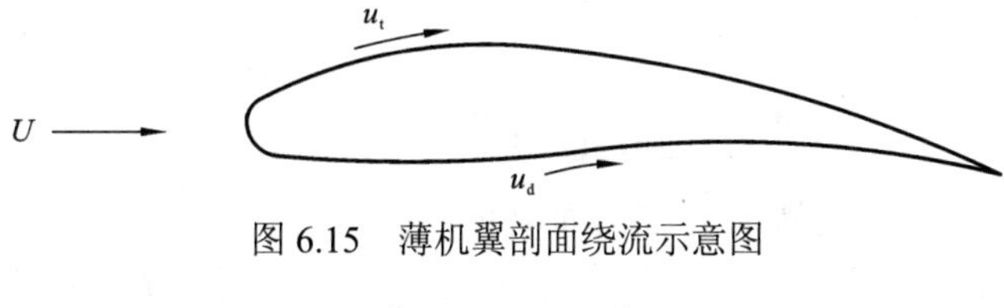

图 6.15　薄机翼剖面绕流示意图

$$p_t+\frac{1}{2}\rho u_t^2=p_d+\frac{1}{2}\rho u_d^2$$

故

$$p_d-p_t=\frac{1}{2}\rho\left(u_t^2-u_d^2\right)=\frac{1}{2}\rho\left(u_t+u_d\right)\left(u_t-u_d\right) \tag{6.6.1}$$

近似地可以认为$\frac{1}{2}\left(u_t+u_d\right)\approx U$，式（6.6.1）可改写为

$$p_d-p_t=\rho U\left(u_t-u_d\right) \tag{6.6.2}$$

对薄机翼，翼剖面的升力 L 为翼面上压力 p_d 和翼背上压力 p_t 的差值积分获得的，即

$$L=\int_0^C\left(p_d-p_t\right)\mathrm{d}x=\rho U\int_0^C\left(u_t-u_d\right)\mathrm{d}x \tag{6.6.3}$$

式中：C 为弦长。

根据绕机翼剖面速度环量的定义，式（6.6.3）中的积分式即为绕机翼剖面的速度环量 Γ。通常，$u_t>u_d$，对图示机翼剖面绕流，速度环量为顺时针方向应为负值，因此便获得机翼升力库塔-茹科夫斯基定理为

$$L=-\rho U\Gamma \tag{6.6.4}$$

这是机翼剖面（单位展长）升力表达式，升力方向与均流方向正交，其指向由速度环量 Γ 的正负确定，如 Γ 为负（顺时针方向），则 L 为正（y 轴向）。可将式（6.6.4）中右端的负号去掉，先求出升力 L 的大小，而其指向则由均流方向按速度环量方向逆时针转动 90° 的方向确定。

根据库塔-茹科夫斯基定理，机翼升力是由速度环量存在产生的，而速度环量的产生在 5.3 节已做过讨论：翼剖面速度环量的产生是由均流绕翼剖面上下的流动在后缘点汇合的条件才形成的，所以机翼剖面绕流其流动在后缘点汇合的条件很重要，这个条件通常称为库塔条件，更一般的机翼理论也是根据这个库塔条件确定升力的。

关于均流绕机翼剖面速度环量 Γ 的计算和确定，最简单的方法是用升力线求解。如求二

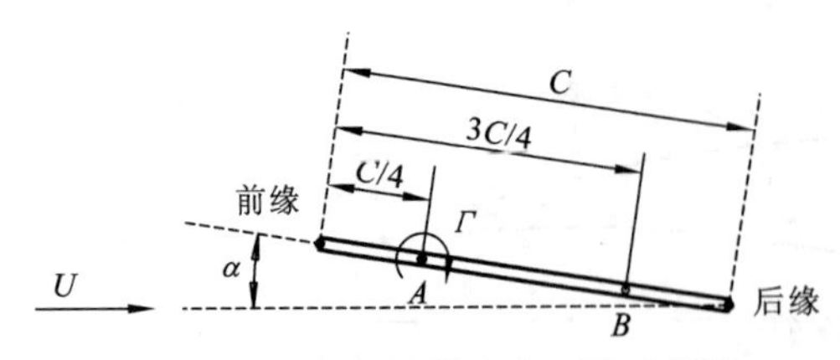

图 6.16 求解平板翼速度环量示意图

维平板的升力：设 x 轴向均流速度 U 绕二维平板攻角为 α（均流与平板之间的夹角）的流动，如图 6.16 所示，平板翼的弦长为 C，平板翼产生的速度环量 Γ，以线涡（升力线）Γ 代替。根据理论和数值计算经验，翼剖面上升力作用点（压力中心）在大约离前缘 $C/4$ 的弦长处。根据绕翼面和翼背上下表面流动在后缘点汇合的库塔条件，满足物面上流体运动学边界条件的控制点，取在离平板前缘 $3C/4$ 弦长处，则可对升力的计算获得与试验相符的良好结果。为此，对平板翼（图 6.16）将线涡（升力线环量为 Γ）放在 A 点处（离前缘 $C/4$ 处），以及使均流绕平板翼物面上的运动学边界条件（物面上法向速度为 0）在 B 点（离前缘 $3C/4$ 处）满足。点 A 处附着涡（线涡）对点 B 的诱导速度在平板法向的速度 u_n 为

$$u_n = -\frac{\Gamma}{2\pi\left(3C/4 - C/4\right)} = -\frac{\Gamma}{\pi C} \tag{6.6.5}$$

式中：负号因图中速度环量为顺时针方向而取负。

再加来流（x 轴向均流速度 U）在平板点 B 处的法向速度分量为 $U\sin\alpha$，两者合成后使满足物面运动学边界条件，有

$$U\sin\alpha - \frac{\Gamma}{\pi C} = 0 \tag{6.6.6}$$

从而便求得平板翼速度环量 Γ 为

$$\Gamma = \pi C U \sin\alpha \tag{6.6.7}$$

对小攻角 α，还可将式（6.6.7）近似地写为

$$\Gamma = \pi C U \alpha \tag{6.6.8}$$

对于翼剖面升力 L，常引入升力系数 C_{L} 的通用表达式为

$$L = C_{\mathrm{L}} \cdot \frac{1}{2}\rho U^2 C = \rho U \Gamma \tag{6.6.9}$$

便有 C_{L} 与 Γ 之间的关系为

$$C_{\mathrm{L}} = \frac{2\Gamma}{UC} \tag{6.6.10}$$

将式（6.6.7）代入式（6.6.10）得平板翼的升力系数 C_{L} 为

$$C_{\mathrm{L}} = 2\pi\sin\alpha \tag{6.6.11}$$

对小攻角 α，又近似地有

$$C_{\mathrm{L}} = 2\pi\alpha \tag{6.6.12}$$

则平板翼的升力系数的斜率为 $\frac{\mathrm{d}C_{\mathrm{L}}}{\mathrm{d}\alpha} = 2\pi$，根据试验表明，攻角 $\alpha<8^\circ$ 的平板升力系数与计算值 $C_{\mathrm{L}} = 2\pi\alpha$ 相符良好。如图 6.17 所示，升力系数 C_{L} 与攻角 α 之间的关系曲线称为升力曲线，平板翼的升力曲线在攻角 $\alpha<8^\circ$ 时为一直线，它对一般的薄翼也适用。

对于平板的升力，还有一个需要提到的问题：根据以上势流理论分析求得的升力 L 或升力系数 $C_{\mathrm{L}} = 2\pi\alpha$ 的结果，其阻力为 0（符合达朗贝尔佯谬的条件），然而，再对平板上下表面的压力差求和，其合力 P 应与平板表面正交（图 6.18），将合力 P 分解到来流的正交方向的分力为升力 L，但存在来流方向的阻力 D，而不可压缩定常势流理论中阻力应为 0，出现

这个矛盾的问题。这是由于还没有计及来流绕平板尖锐前缘（是一奇点）存在无限大绕流速度的效应，即使平板前缘无限薄，仍能产生前缘吸力 T（图 6.18）。平板前缘吸力 T 在来流方向的分力可抵消阻力 D，使势流理论具有合理结果。

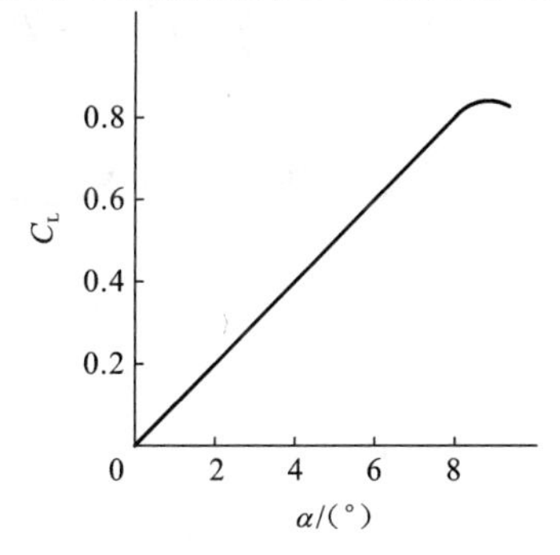

图 6.17　平板翼升力系数曲线

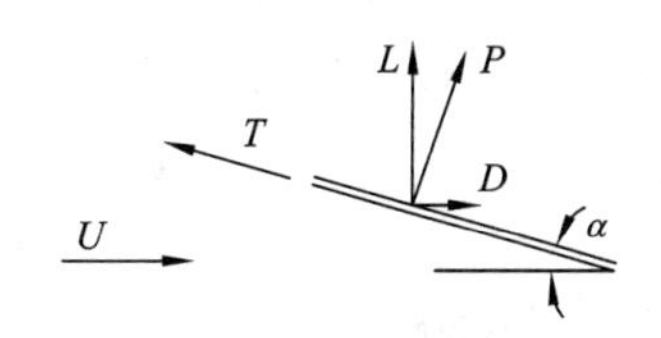

图 6.18 平板上下表面流体压力合力 P 和前缘吸力 T 的示意图

例　　题

例 6.1　已知速度势函数 $\phi(x,y)=a\left(x^2-y^2\right)$，$a>0$，试求流函数 $\psi(x,y)$。

解：根据速度势函数和流函数的关系，有

$$\frac{\partial\psi}{\partial y}=\frac{\partial\phi}{\partial x}=2ax$$

固定 x 下积分，得

$$\psi(x,y)=2axy+C(x)$$

式中：$C(x)$为 x 的积分函数。

又因

$$\frac{\partial\psi}{\partial x}=2ay+\frac{\mathrm{d}C}{\mathrm{d}x}=-\frac{\partial\phi}{\partial y}=2ay$$

故

$$\frac{\mathrm{d}C}{\mathrm{d}x}=0,\quad C(x)=\text{常数}$$

故求得流函数为

$$\psi(x,y)=2axy+\text{常数}$$

或写为

$$\psi=2axy$$

例 6.2　已知极坐标(r,θ)表示的速度势函数 $\phi(r,\theta)=r^{\frac{1}{2}}\cos\frac{\theta}{2}$，试求其流动图形。

解：根据速度势函数 $\phi(r,\theta)$，可求得速度场 $\boldsymbol{q}(v_r,v_\theta)$ 分布为

$$v_r=\frac{\partial\phi}{\partial r}=\frac{1}{2}r^{-\frac{1}{2}}\cos\frac{\theta}{2}$$

$$v_\theta=\frac{1}{r}\frac{\partial\phi}{\partial\theta}=-\frac{1}{2}r^{\frac{1}{2}}\sin\frac{\theta}{2}$$

由此可见，当$\theta=0$时，无论r为任何值$v_\theta=0$和$v_r=\frac{1}{2}r^{-\frac{1}{2}}$。而当$\theta=2\pi$时，则$v_\theta=0$和$v_r=-\frac{1}{2}r^{-\frac{1}{2}}$。故从坐标原点沿$x$轴引申到无穷远的直线必是一流线。又因$\theta=0$和$\theta=2\pi$流线上速度方向相反，故是一种绕过$x$轴线的流动。

注意到$0\leqslant\theta\leqslant\pi$，$v_r>0$，和$\pi<\theta<2\pi$，$v_r<0$，表明其流动是从下半平面绕过$x$轴流向上半平面的一种流动。

利用速度势函数和流函数关系式（6.3.5）求流函数，因

$$\frac{\partial\psi}{\partial r}=-\frac{1}{r}\frac{\partial\phi}{\partial\theta}=-\frac{1}{r}\left(-\frac{1}{2}r^{\frac{1}{2}}\sin\frac{\theta}{2}\right)=\frac{1}{2}r^{-\frac{1}{2}}\sin\frac{\theta}{2}$$

在固定θ时积分，得

$$\psi(r,\theta)=r^{\frac{1}{2}}\sin\frac{\theta}{2}+C(\theta)$$

便有

$$\frac{\partial\psi}{\partial\theta}=\frac{1}{2}r^{\frac{1}{2}}\cos\frac{\theta}{2}+\frac{\mathrm{d}C}{\mathrm{d}\theta}=r\frac{\partial\phi}{\partial r}=\frac{1}{2}r^{\frac{1}{2}}\cos\frac{\theta}{2}$$

故

$$\frac{\mathrm{d}C}{\mathrm{d}\theta}=0,\quad C(\theta)=\text{常数}$$

则求得流函数为

$$\psi(r,\theta)=r^{\frac{1}{2}}\sin\frac{\theta}{2}$$

ψ=常数为一流线，由此可精确地做出流线图形，如图6.19所示。

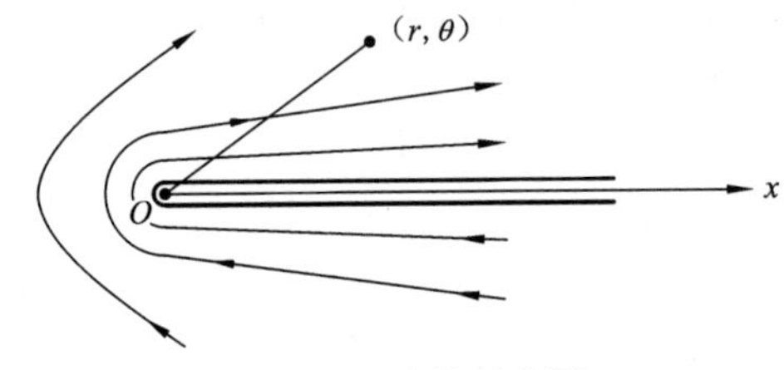

图 6.19　流线示意图

例 6.3　给出速度场$\boldsymbol{q}(x,y,z)=\boldsymbol{q}(u,v,w)=6\boldsymbol{i}+8\boldsymbol{j}-10\boldsymbol{k}$，试证明该流场是无旋势流场，并求其速度势函数$\phi(x,y,z)$。

解：无旋流场条件为

$$\nabla\times\boldsymbol{q}=0\quad\text{或}\quad\frac{\partial w}{\partial y}-\frac{\partial v}{\partial z}=0,\quad\frac{\partial u}{\partial z}-\frac{\partial w}{\partial x}=0,\quad\frac{\partial v}{\partial x}-\frac{\partial u}{\partial y}=0$$

已知$u=6$，$v=8$，$w=-10$，满足以上无旋流条件，故为势流场；存在速度势函数$\phi(x,y,z)$：

$$\frac{\partial\phi}{\partial x}=u=6,\quad\frac{\partial\phi}{\partial y}=v=8,\quad\frac{\partial\phi}{\partial z}=w=-10$$

因

$$\mathrm{d}\phi=\frac{\partial\phi}{\partial x}\mathrm{d}x+\frac{\partial\phi}{\partial y}\mathrm{d}y+\frac{\partial\phi}{\partial z}\mathrm{d}z=6\mathrm{d}x+8\mathrm{d}y-10\mathrm{d}z$$

积分后得到速度势函数：

$$\phi(x,y,z)=6x+8y-10z$$

例 6.4　如已知二维自由涡在极坐标(r,θ)中的速度分布为$\boldsymbol{q}(r,\theta)=\boldsymbol{q}(v_r,v_\theta)$，其径向速度

$v_r=0$，周向速度 $v_\theta=\dfrac{C}{r}$（C 为常数），试求相应的速度势函数和流函数。

解：根据极坐标 (r,θ) 速度势定义有

$$v_r=\frac{\partial\phi}{\partial r},\qquad v_\theta=\frac{1}{r}\frac{\partial\phi}{\partial\theta}$$

则有

$$\frac{\partial\phi}{\partial r}=0,\qquad \frac{\partial\phi}{\partial\theta}=rv_\theta=C$$

通过积分，得

$$\phi(r,\theta)=C\theta$$

根据极坐标中速度势函数和流函数的关系式（6.3.5），因

$$\frac{\partial\phi}{\partial r}=\frac{1}{r}\frac{\partial\psi}{\partial\theta}=0,\qquad \frac{1}{r}\frac{\partial\phi}{\partial\theta}=-\frac{\partial\psi}{\partial r}=\frac{C}{r}$$

故有

$$\frac{\mathrm{d}\psi}{\mathrm{d}r}=-\frac{C}{r}$$

积分后得

$$\psi(r,\theta)=-C\ln r$$

例 6.5 试分析流函数 $\psi(x,y)=Axy$（A 为常数）所代表的流动，并求相应的速度势函数 $\phi(x,y)$。

解：因 $\psi(x,y)$ –常数，是流线，故流线方程为双曲线：xy=常数。其速度场(u,v)可求得

$$u=\frac{\partial\psi}{\partial y}=Ax,\qquad v=-\frac{\partial\psi}{\partial x}=-Ay$$

故坐标原点(x=0, y=0)为驻点(u=0,v=0)，x 轴(y=0)和 y 轴(x=0)是零流线，可将它当作一固壁面。如将流线 x 轴当作固壁面，则该流函数便相当于面对平板的流动；如将流线 x 轴和 y 轴都当作固壁面，则该流函数便相当于绕直角平面的流动，它们都成为驻点流动，如图 6.20 所示。

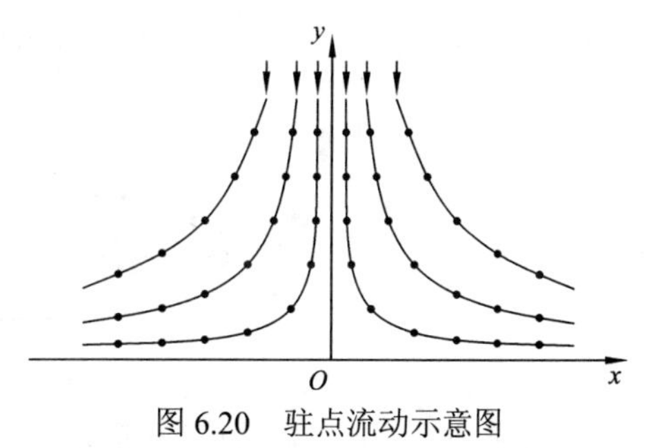

图 6.20　驻点流动示意图

根据速度势函数 $\phi(x,y)$ 和流函数 $\psi(x,y)$ 关系式（6.3.1），求相应的速度势函数，因

$$\frac{\partial\phi}{\partial x}=u=\frac{\partial\psi}{\partial y}=Ax,\qquad \frac{\partial\phi}{\partial y}=v=-\frac{\partial\psi}{\partial x}=-Ay$$

由

$$\mathrm{d}\phi=\frac{\partial\phi}{\partial x}\mathrm{d}x+\frac{\partial\phi}{\partial y}\mathrm{d}y=Ax\mathrm{d}x-Ay\mathrm{d}y$$

积分后得

$$\phi(x,y)=A(x^2-y^2)$$

例 6.6 半无穷长兰金根体（Rankine half-body），或称为兰金半体。试分析 x 轴向速度为 U 的均流与直角坐标(x,y)原点处二维线源（强度为 Q）这两个势流叠加的结果，它们是什么样的流型。

解：已知 x 轴向二维均流的流函数 $\psi_1 = Uy$，和在坐标原点的线源流函数 $\psi_2 = \dfrac{Q}{2\pi}\theta$ 叠加后写为极坐标 (r,θ) 形式的流函数 $\psi(r,\theta)$ 为

$$\psi = \psi_1 + \psi_2 = Ur\sin\theta + \frac{Q}{2\pi}\theta$$

其速度场 $\boldsymbol{q}\left(v_r, v_\theta\right)$，为

$$v_r = \frac{1}{r}\frac{\partial\psi}{\partial\theta} = \frac{1}{r}\left(Ur\cos\theta + \frac{Q}{2\pi}\right)$$

$$v_\theta = -\frac{\partial\psi}{\partial r} = -U\sin\theta$$

驻点($v_r = 0$，$v_\theta = 0$)的位置$\left(r_S, \theta_S\right)$；其中 $\theta_S = 0$，因 r_S 为负值，是不合理解，故合理的驻点位置解为 $\theta_S = \pi$，$r_S = \dfrac{Q}{2\pi U}$。通过驻点的流函数为

$$\psi = Ur_S\sin\pi + \frac{Q}{2\pi}\pi = \frac{Q}{2}$$

故所有驻点流函数方程为

$$\psi = Ur_S\sin\theta + \frac{Q}{2\pi}\theta = \frac{Q}{2}$$

或

$$Ur\sin\theta = \frac{Q}{2}\left(1 - \frac{\theta}{\pi}\right)$$

驻点流函数外形为半无穷长兰金体，如图 6.21 所示，令 $D=Q/U$，在 $x\to\infty$ 处，$\theta\to 0\left(r\sin\theta = y \to \dfrac{Q}{2U} = \dfrac{D}{2}\right)$ 和 $\theta\to 2\pi\left(r\sin\theta = y \to -\dfrac{Q}{2U} = -\dfrac{D}{2}\right)$，其中 D 为兰金半体的宽度。

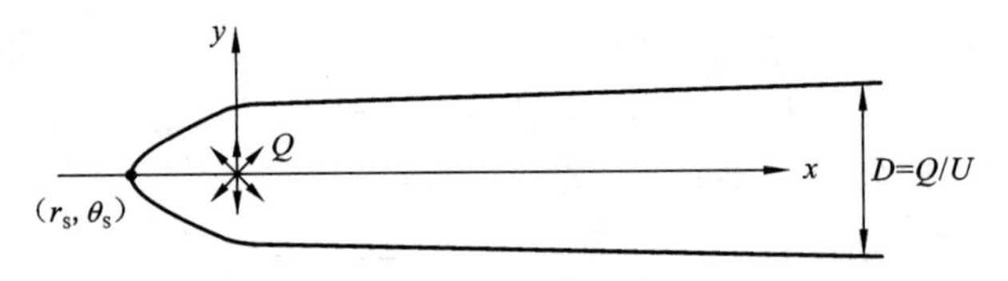

图 6.21　兰金半体示意图

例 6.7　试分析 x 轴向速度为 U 的二维均流与一对线源和线汇(流量均为 Q,线源在点$(-a,0)$处和线汇在$(a, 0)$处)，将它们叠加后是什么样的流型？

解：根据二维均流的速度势函数和流函数表达式（6.3.2），以及线源和线汇的速度势函数和流函数表达式（6.3.6），将它们叠加后的速度势函数 $\phi(x,y) = \phi(r,\theta)$ 和流函数 $\psi(x,y) = \psi(r,\theta)$ 可分别对照图 6.22 写出：

$$\phi = Ux + \frac{Q}{2\pi}\ln r_2 - \frac{Q}{2\pi}\ln r_1 = Ux + \frac{Q}{4\pi}\ln\frac{(x+a)^2 + y^2}{(x-a)^2 + y^2}$$

$$\psi = Uy + \frac{Q}{2\pi}\left(\theta_2 - \theta_1\right) = Uy + \frac{Q}{2\pi}\left(\tan^{-1}\frac{y}{x+a} - \tan^{-1}\frac{y}{x-a}\right)$$

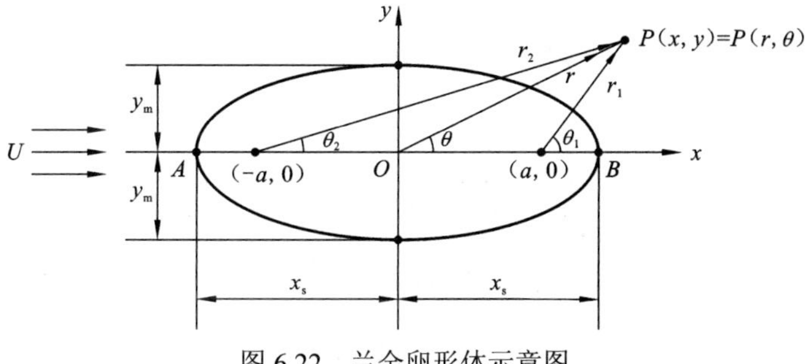

图 6.22　兰金卵形体示意图

故可求得合成的速度场 $\boldsymbol{q}(u,v)$ 为

$$u=\frac{\partial\phi}{\partial x}=\frac{\partial\psi}{\partial y}=U+\frac{Q}{2\pi}\left[\frac{x+a}{(x+a)^2+y^2}-\frac{x-a}{(x-a)^2+y^2}\right]$$

$$v=\frac{\partial\phi}{\partial y}=-\frac{\partial\psi}{\partial x}=\frac{Q}{2\pi}\left[\frac{y}{(x+a)^2+y^2}-\frac{y}{(x-a)^2+y^2}\right]$$

令 $u=0$，$v=0$，求驻点坐标(x_S, y_S)解得

$$x_S=\pm\left(\frac{Qa}{\pi U}+a^2\right)^{\frac{1}{2}}\quad 或\quad \frac{x_S}{a}=\pm\left(1+\frac{Q}{\pi Ua}\right)^{\frac{1}{2}},\quad y_S=0$$

即图 6.22 中点 A 和点 B。

通过驻点的零流线，令 $\psi=0$ 可得零流线方程为

$$Uy-\frac{Q}{2\pi}\tan^{-1}\left(\frac{2ay}{x^2+y^2-a^2}\right)=0$$

或

$$\tan\left(\frac{2\pi Uy}{Q}\right)=\frac{2ay}{x^2+y^2-a^2}$$

这个流线方程可通过迭代法求解。给定一个 x，用迭代法解出 y，其图形即为兰金卵形如图 6.22 所示，其流线图形上下对称，这样的外形常可近似地代表桥墩、水下支杆、飞艇外形。

例 6.8　给出极坐标 (r,θ) 中均流流速 U 绕圆柱体流动的流函数为 $\psi(r,\theta)=Ur\sin\theta\left(1-\frac{a^2}{r^2}\right)$，式中 a 为圆柱半径，坐标原点在圆柱中心，试求相应的速度势函数。

解：根据速度势函数和流函数关系式（6.3.5），有

$$\frac{\partial\phi}{\partial r}=\frac{1}{r}\frac{\partial\psi}{\partial\theta}=U\cos\theta\left(1-\frac{a^2}{r^2}\right)$$

将上式两端乘 dr 后积分（固定 θ 时积分）：

$$\phi=U\cos\theta\left(r+\frac{a^2}{r}\right)+f_1(\theta)=Ur\cos\theta\left(1+\frac{a^2}{r^2}\right)+f_1(\theta)$$

令远前方 $r\cos\theta=B$（一个确定的大数）处 $\phi=0$，则有 $f_1(\theta)=-UB$（为一确定的常数），则可将速度势函数写为

$$\phi(r,\theta)=Ur\cos\theta\left(1+\frac{a^2}{r^2}\right)$$

同样，也可根据关系式（6.3.5）有

$$\frac{\partial\phi}{\partial\theta}=-r\frac{\partial\psi}{\partial r}=Ur\sin\theta\left(1+\frac{a^2}{r^2}\right)$$

将以上等式两端乘 $\mathrm{d}\theta$ 在固定 r 下积分可得

$$\phi=Ur\cos\left(1+\frac{a^2}{r^2}\right)+f_2(r)$$

令远前方 $r\cos\theta=B$（一个确定的大数）处 $\phi=0$，则有 $f_2(r)=-UB$（为一确定常数），则可将速度势函数写为

$$\phi(r,\theta)=Ur\cos\theta\left(1+\frac{a^2}{r^2}\right)$$

所得结果一样。

讨 论 题

6.1 流函数的有关概念思考和讨论：

（1）流函数存在的条件是什么？在黏性流体中是否也存在流函数？

（2）如在二维流场中求得任意邻近两点的流函数值，则通过这两点的流体流量是否可以求得？这两点之间流体流动方向是否也可大致确定？

（3）为什么流函数是一常数的线是流线？

（4）试推导出极坐标 (r,θ) 中流函数 $\psi(r,\theta)$ 与速度分量 $\boldsymbol{q}(v_r,v_\theta)$ 之间的关系式。通过与直角坐标系 (x,y) 中流函数 $\psi(x,y)$ 与速度分量 (u,v) 之间的关系式比较，它们相互之间的关系是一致的。

6.2 速度势函数的有关概念的思考和讨论：

（1）速度势函数存在的条件是什么？它与流函数有什么关系？

（2）为什么二维势流中流场的等势线与流线具有正交性？

（3）势流中速度环量与速度势有何关系？如势流中速度环量不等于 0（如绕机翼剖面的势流），为何存在速度势的间断线？在速度势间断线上的速度势的值为何不同？

（4）流场中流函数和速度势函数的值，在具体计算中为何都可以在任意点处指定一个值？通常是怎么指定的？

6.3 伽利略相对性原理在势流理论中应用的有关讨论：

（1）简述伽利略相对性原理；

（2）试根据势流理论中在 x 轴向速度 U 均流绕固定圆柱体流动的速度势函数表达式（6.4.4），求相应的圆柱在静流体中做负 x 轴向等速 U 直线运动时的扰动速度势函数的表达式。

（3）试根据例 6.7 已求得的 x 轴向速度 U 的均流绕二维兰金卵形体的速度势函数表达式，写出相应的兰金卵形体在静流体中做负 x 轴向等速 U 直线运动时的扰动速度势函数表达式。

6.4 机翼升力理论有关讨论：

（1）在风洞中做二维机翼实验时，应怎样制作和安装机翼模型，使其能实现展弦比为∞的机翼绕流？

（2）试用机翼理论对螺旋桨、风扇、风帆、风筝的运行原理择一二进行分析。

习　题

6.1　给出不可压缩流体二维定常流动速度场$\boldsymbol{q}(u,v)$：$u=2y$，$v=4x$，试求其流函数，并证明该流场是存在速度势函数。

（参考答案：$\psi=-2x^2+y^2$；不存在速度势函数）

6.2　给出下列速度场$\boldsymbol{q}(u,v)$，如存在速度势函数和流函数将它们分别求出：

（1）$u=x^2y$，$v=-y^2x$；

（2）$u=x$，$v=-y$。

（参考答案：$\psi_1=\frac{1}{2}x^2y^2$；$\psi_2=xy$，$\phi_2=\frac{1}{2}\left(x^2-y^2\right)$）

6.3　对下列速度场$\boldsymbol{q}\left(v_r,v_\theta\right)$：①$v_r=\frac{C}{r}$，$v_\theta=0$；②$v_r=0$，$v_\theta=\frac{C}{r}$，其中$C$为常数，试求：

（1）$\nabla\times\boldsymbol{q}$和$\nabla\cdot\boldsymbol{q}$；

（2）速度势函数和流函数；

（3）绕坐标原点的任一圆周线上的速度环量。

6.4　试根据所给出的速度势函数，求出相应的流函数并作出其流线示意图：

（1）$\phi_1=xy$；

（2）$\phi_2=x^3-3xy^2$；

（3）$\phi_3=\frac{x}{x^2+y^2}$；

（4）$\phi_4=\frac{x^2-y^2}{\left(x^2+y^2\right)^2}$。

（参考答案：$\psi_1=\frac{\left(y^2-x^2\right)}{2}$；$\psi_2=3x^2y-y^3$；$\psi_3=-\frac{y}{x^2+y^2}$；$\psi_4=-\frac{2xy}{\left(x^2+y^2\right)^2}$）

6.5　已知二维剪切流的速度场$\boldsymbol{q}(u,v)$为$u=\frac{U_0y}{d}$，$v=0$，其中，U_0、d为常数，试求其流函数，并确定是否存在速度势函数。

（参考答案：$-\frac{U_0}{2d}y^2$）

6.6　如图6.23所示，一圆柱体表面有两个测压孔1和2，*O-O*为这两个测压孔的对称轴线，来流速度U与这个对称轴线的夹角为β，两测压孔与远前方来流之间的夹角分别为α_1和α_2，两测压孔之

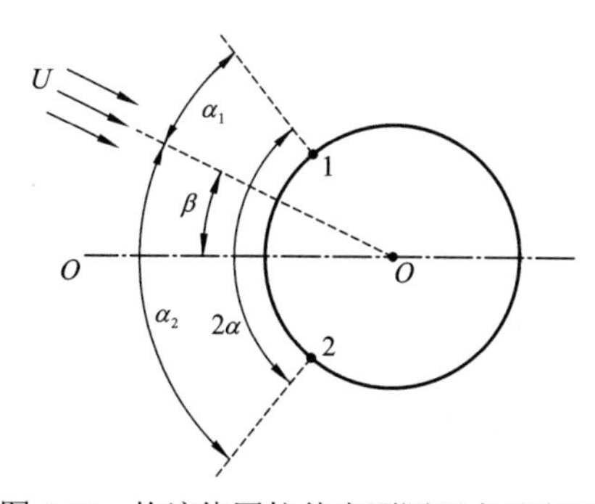

图6.23　均流绕圆柱体表面测压点示意图

间的夹角为 2α，试根据均流绕圆柱体流动的势流理论求解：

（1）压力差 $\Delta p = p_1 - p_2$ 与攻角 β 之间的关系式；

（2）对给定的 β，使 Δp 获得最大值，应取 2α 角多大？

（参考答案：$\Delta p = 2\rho U^2 \sin(2\alpha)\sin(2\beta)$，$2\alpha = \pi/2$）

6.7 如图 6.24 所示有一半径为 R 的半圆柱形的蒙古包，在来流速度（风速）U 的作用下，试按势流理论计算出使蒙古包向上离开地面的升力（单位长度）？假定蒙古包内空气压力为 p_{in}，为了消除这一升力，可在何处开一小窗（图 6.24 中 α 角处）就能达到这一目的？

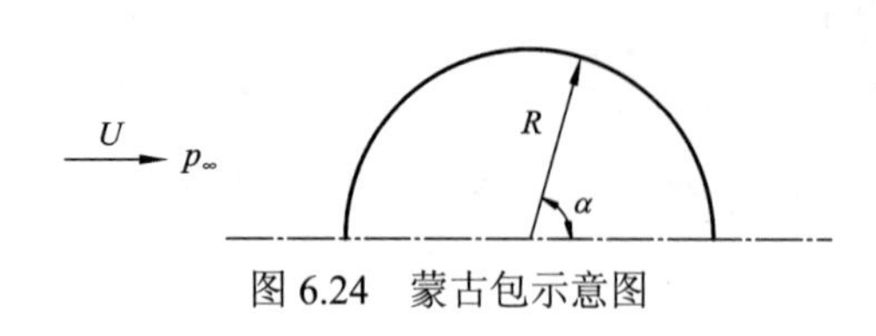

图 6.24　蒙古包示意图

（参考答案：$2R\left(p_{\text{in}} - p_{\infty}\right) + \dfrac{5}{3}\rho R U^2$，$54.76°$）

6.8 图 6.25 为一圆柱形气流方向探针示意图，它有三个径向测压孔，当两个边孔测得的压力相等时，中间孔便指向流动的方向（即可知来流方向），此时中间测压孔的压力为来流总压。现欲使两边测压孔测得的压力等于来流的静压力 p_∞，试求两边测压孔位置应离开中心孔若干角度？

（参考答案：$\theta=30°$）

6.9 图 6.26 为船上装有两个转柱帆的平面投影示意图，如已知转柱直径为 2.75 m，转柱高 15 m，圆柱转速为 750 rad/min，当船速为 4 km/h 时，试求风速为 30 km/h 从横向吹来时，该转柱帆所获得的的推力。

（参考答案：按势流理论计算结果推力为 T=287 kN）

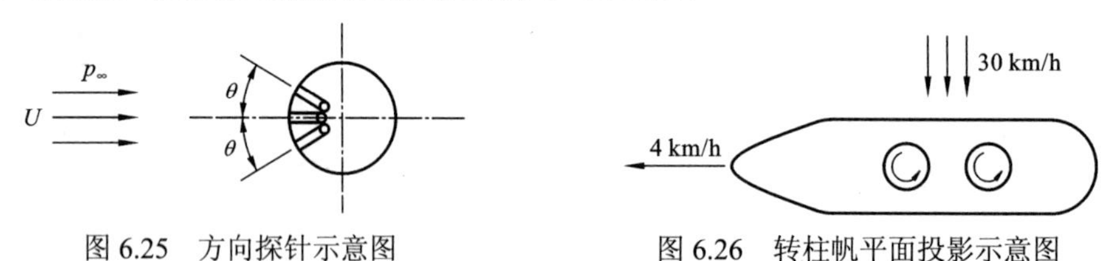

图 6.25　方向探针示意图

图 6.26　转柱帆平面投影示意图

第 7 章　黏性流体动力学

黏性流体动力学是实际流体考虑黏性效应的流体动力学，其中湍流则是突出的问题（实际工程中流动问题大多是湍流），即使最简单的直管内湍流场的速度分布和压力损失的计算，也还只能依赖于半理论半经验方法求解。虽然边界理论和物体在流体中减阻研究等，对黏性流体动力学的发展有重要贡献，而对于黏性流体动力学的学习，自始至终都要多关注湍流问题如何解决。本章仍限于讨论不可压缩流体的黏性流体动力学问题。

7.1　层流和湍流

7.1.1　雷诺实验

雷诺实验清楚地显示出管流中两种流动状态。图 7.1 为雷诺实验设备示意图。实验时，使水箱内水位保持恒定和平静，微开控制阀 K，玻璃管内水流中的着色液体呈现为一条笔直的色线，如图 7.2（a）所示。逐渐开大控制阀 K 后，管内色线开始波动，如图 7.2（b）所示。继续开大控制阀 K，到达某一“临界”值后，管内色线与周围水流混杂，色线被分散呈现紊乱的状态，如图 7.2（c）所示。

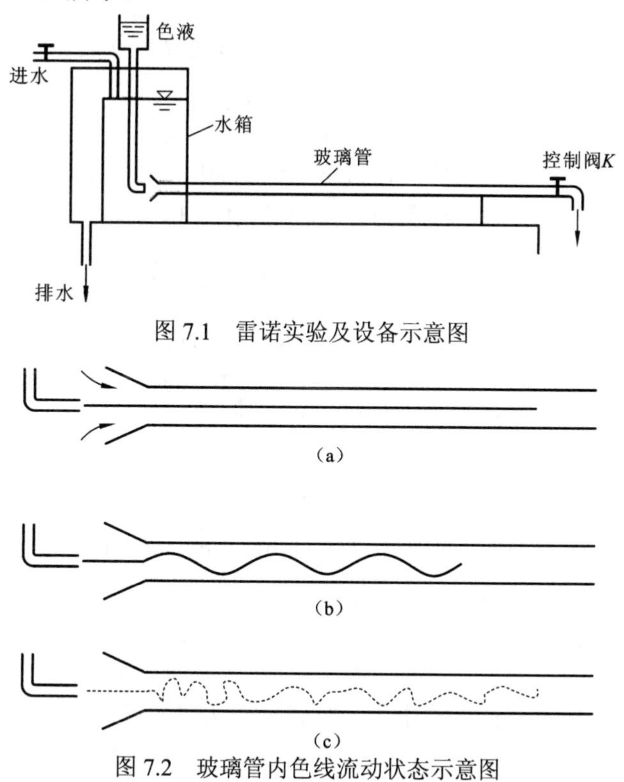

图 7.1　雷诺实验及设备示意图

图 7.2　玻璃管内色线流动状态示意图

图 7.2（a）是一种液流成层而流体质点互不混扰的流动，通常称为层流。图 7.2（c）则是一种在液流内流体质点相互有剧烈脉动的流动，通常称为湍流（或紊流）。介于层流和湍流之间，实际上尚存在一种如图 7.2（b）所示的流动，它既有层流流动的成分，又有脉动的存在，可称为变流或过渡区流态，但由于变流区并不稳定，它或向层流靠拢，或向湍流发展，所以在工程应用上只认为流动中存在层流和湍流这两种性质完全不同的流动状态。

根据雷诺实验的观察可知，层流流动在一定条件下可转化为湍流流动，对于已形成的湍流流动，在一定条件下又可恢复为层流流动，分析此种流动状态的转化和发展，可以认为这是“扰动的惯性作用”和“黏性的稳定作用”两种因素相互影响的结果。各种原因引起的扰动，均有使流体质点之间发生偏离和错乱的趋向，而流体质点之间的黏性，使这些扰动平息下来具有稳定作用。如黏性稳定作用占上风，平息了扰动，流动便保持为层流。而当扰动的惯性作用占上风，黏性稳定作用无法使扰动衰减，则流动便转变为湍流。如果黏性使流体有稳定作用称为稳定性，那么流动由层流转变为湍流时，就可称为丧失了稳定性。根据这样的观点，应用分析的方法研究湍流发生的理论称为层流稳定性理论。在层流稳定性理论方面，已经做了很多研究工作，但尚未获得可实际应用的结果；尚未能完善地说明湍流发生的起因；尚未真正解决湍流起因的“难题”。

根据雷诺实验，认为管内水流的流态和雷诺数（Re）有关。雷诺数定义见式（1.3.11），对管流特征长度 l 取管径 d，所以管流中雷诺数 Re 的定义为

$$Re=\frac{\rho vd}{\mu}=\frac{vd}{\nu} \tag{7.1.1}$$

雷诺实验可知，管内层流和湍流相互转化是在一定的雷诺数范围内完成的。当 Re 小于这一范围的低值时，无论外界的扰动情况如何，流动能保持为稳定的层流，则这一低值称为下临界值。而当 Re 大于这一范围的高值时，流动必将成为湍流，则这一高值就称为上临界值。根据雷诺本人当时的实验，对于圆管的下临界雷诺数 Re_{cr} 为 2 000，即

$$Re_{cr}=\left(\frac{ud}{\nu}\right)_{cr}=2\,000$$

但由于外界的扰动，管与进口情况、管壁粗糙度等因素不同，重复所做的雷诺实验，各家所得的下临界雷诺数不尽相同，一般为 1 800～2 400，即

$$Re_{cr}=\left(\frac{ud}{\nu}\right)_{cr}=\left(2.1\pm0.3\right)\times10^{3}$$

而上临界雷诺数范围则更大，如不尽量避免管流中一切扰动的影响，已有人测得 Re 达到 50 000 以上，还能保持层流状态。但考虑介于下临界和上临界之间的流态是不稳定的，因此在使用上以如下临界雷诺数作为判别流动状态的标准，即

$$Re\leqslant 2\,100，\text{层流}$$

$$Re>2\,100，\text{湍流}$$

最近的实验（Mullin，2006，见 IUTAM Symposium），Re>1 650 为湍流。

7.1.2 湍流主要特征

湍流作为一种流动状态，在试验中还是很容易辨认的。但什么是湍流，要给出一个严格的科学定义仍然众说不一，尚不统一。1937 年泰勒和卡门曾给出定义：湍流是在流体经固体

表面流动时，或同一种流体相互流动时，经常发生的一种不规则运动。这个定义说明了湍流发生的条件和湍流的主要特征。但究竟怎样的不规则性才是湍流运动呢？1959 年欣兹（Hinze）对卡门定义做了补充，认为湍流是这样一种不规则运动，其流动的各种特征量是时间和空间的随机变量……。但又有人认为湍流并不是完全随机的，它至少要受到质量守恒定律的制约，任一方向速度的变动都互有影响。现在暂不强调对湍流给出明确的定义，而是指出湍流的主要特征和湍流运动的内在结构。

湍流的主要特征是流动不规则的脉动性。如在 x 轴向管流中，发生湍流后用热线流速仪测量任一点处的流速，不仅 x 轴向流速不断随时间变化，并且同时又有 y 轴和 z 轴向随时间变动的速度分量。图 7.3 是湍流中一个速度分量的典型示意图，其中流体速度随时间不规则的跳动，称为速度的脉动。注意在湍流脉动的整个过程中，可以发现它们仍有一定的统计规律性。一种最简单的统计规律表示法，如管流中 x 轴向速度分量 u 可以分解为时间平均速度 $\overline{u}$ 和脉动速度 u' 两部分，即

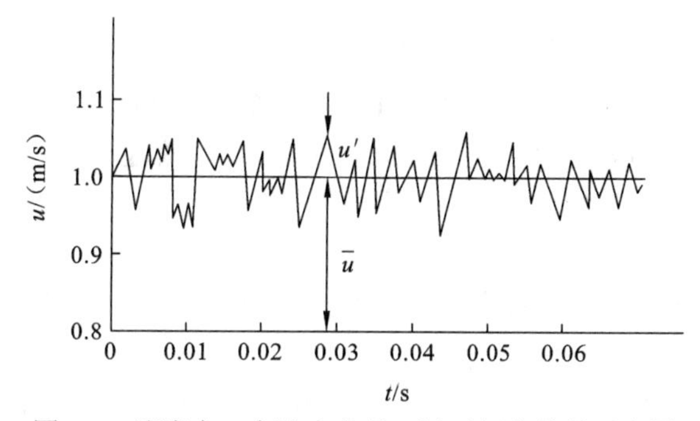

图 7.3　湍流中一个速度分量 u 随时间变化的示意图

$$u=\overline{u}+u' \tag{7.1.2}$$

其中时间平均速度 $\overline{u}$ 的定义为

$$\overline{u}=\frac{1}{T}\int_0^T u\mathrm{d}t \tag{7.1.3}$$

式中：T 应取足够大的时间使之能达到平均的目的，如在风洞中测量风速时取 T=1 s 就足够了，而在海洋中测量流速，为避免海洋波周期性干扰，通常 T 至少为 20 min。在 x 轴向管流中，另两个轴向时间平均速度 $\overline{v}$ 和 $\overline{w}$ 必都为 0。

根据时间平均速度的定义，三个方向脉动速度的时间平均值都应为 0，即

$$\begin{cases}\overline{u'}=0\\ \overline{v'}=0\\ \overline{w'}=0\end{cases} \tag{7.1.4}$$

但脉动速度的均方值 $\overline{u'}^2$、$\overline{v'}^2$、$\overline{w'}^2$ 和脉动速度相关值 $\overline{u'v'}$、$\overline{v'w'}$、$\overline{u'w'}$，一般不为 0。脉动速度均方值有脉动能量的含义，使湍流运动具有动量和能量及热量的扩散特性；脉动速度相关值又与紊动尺度有关，并有脉动切应力的含义（见 7.11 节讨论），使湍流运动具有比层流运动更大的能量耗散的特性。

湍流的强度常用湍流度 ε 来描述，它的定义是脉动速度均方根值与时均速度 $\overline{q}$ 的比值，即

$$\varepsilon = \frac{\sqrt{\frac{1}{3}\left(\overline{u'}^2 + \overline{v'}^2 + \overline{w'}^2\right)}}{\overline{q}} \tag{7.1.5}$$

式中：$\overline{q} = \sqrt{\overline{u}^2 + \overline{v}^2 + \overline{w}^2}$ 。

在风洞中，气流通过蜂窝器和阻尼网的作用，在试验段中气流可接近为理想化的各向同性的湍流，即

$$\overline{u'}^2 = \overline{v'}^2 = \overline{w'}^2 \tag{7.1.6}$$

所以风洞中湍流度常可简化为

$$\varepsilon = \frac{\sqrt{\overline{u'}^2}}{q_\infty} \tag{7.1.7}$$

式中：q_∞ 为风洞试验段中的来流速度。设计良好的风洞，其湍流度可低达 0.1%，一般风洞的湍流度为 0.3%～3.0%。

概括湍流的主要特征，即不规则的脉动性，这种脉动性是三维的，其脉动量在管轴线处大约有平均值的±10%，脉动频率通常为几百到几千个赫兹（Hz）。湍流中由于流体的脉动使它比层流有更大的扩散性和耗能性。湍流理论十分复杂，湍流还有其他一些特性（见 7.11 节），湍流理论离最终解决还相差甚远。

7.1.3 边界层中的层流和湍流

流经固壁面的流体（称绕流，对定常绕流，相当于物面在静止流体中运动时的流动），因流体黏性影响在物面附近的流动，以及物面后的“尾流”中的流场，与无黏性流动是完全不同的，图 7.4 中（a）和（b）分别为均流流经该平板时无黏性流和黏性流中的流场比较。物面附近存在黏性影响区。图 7.4（b）中虚线或 δ 为黏性影响区范围，称为边界层或边界层厚度。它们的性质，很早已受到人们注意。一个简单的试验，可清楚地看到黏性对物面附近流场影响的效应。如先在静水面撒下任何一种不易溶解于水的粉末，然后把一块平板垂直向插入水中。当平板缓慢地沿其纵向移动时便可看到：不仅靠近平板的粉末，并且离平板较远的粉末，都被平板引起运动。这说明平板附近确实存在受黏性影响的一个区域。如果大大增加平板的移动速度，乍一想，似乎在靠近平板和远离平板的粉末运动速度都会增大。其实不然，随着平板运动速度一起增大的只有那些直接贴近平板，以及在平板尾后方称为“尾流”（或“遗迹”）中的粉末，而离开平板较远的粉末运动速度反而变得更小，甚至可以被忽略。这说明物体表面附近受黏性影响的区域（即“边界层”）是与物面运动速度的大小成反比的。

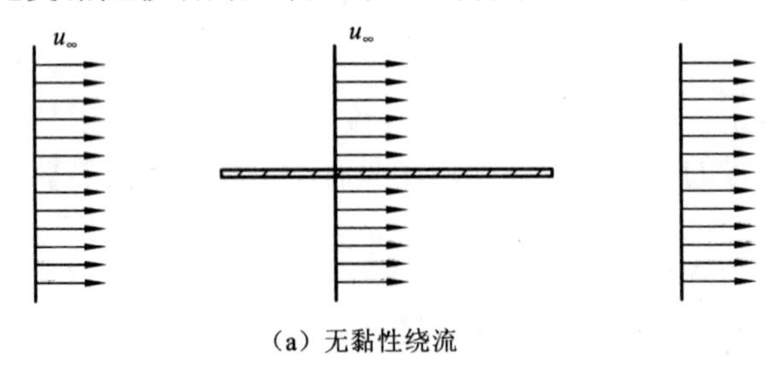

（a）无黏性绕流

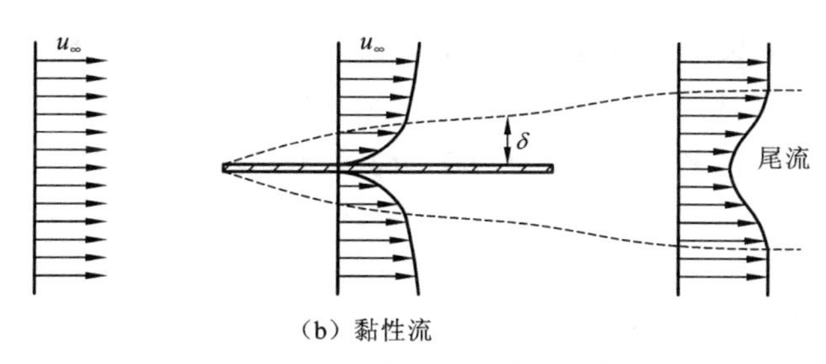

（b）黏性流

图 7.4　沿平板无黏性流和黏性流比较示意图

虽然人们早已认识到边界层的这些现象，但是根据流体运动方程式对这一现象进行理论分析，开始于普朗特在 1904 年所提出的一篇论文。他指出对于像水和空气那样黏性小的流体，黏性对流动的实际影响仅限于物体表面附近一个薄层以内。这一薄层就是“边界层”（或称为“附面层”）。在边界层以外，黏性影响可以完全忽略，应用无黏性流体分析其流动，就能获得足够好的精确解。此种将物面附近的流场分为两个截然不同的区域，受黏性影响的边界层和边界层以外无黏性的流动区，使边界层理论成功地解决许多问题，并成为现代流体力学发展的起源，7.7 节有进一步介绍。

严格地讲，在物面附近受黏性影响的范围会扩展到无限远的地方，但对于小黏性和大雷诺数的流动，其黏性影响几乎限于离物体表面很薄的一层以内，这一薄层的厚度被称为边界层厚度。通常定义的边界层厚度为 δ，是指离开物面这样的一个距离，在那里的速度已达到无黏性流动时的速度的 99%，并以此为分界，定义为边界层的边界，如图 7.4（b）中虚线所示。应该注意，边界层的边界线并不是流线，边界层的定义与流线的定义完全是两回事，流线一般要穿过边界层的边界线，由于进入边界层的流体受黏性影响，流速降低，故根据流体质量守恒定律，实际流线相对于无黏性时流线必发生向外排挤的现象，如图 7.5 中流线向平板外位移。

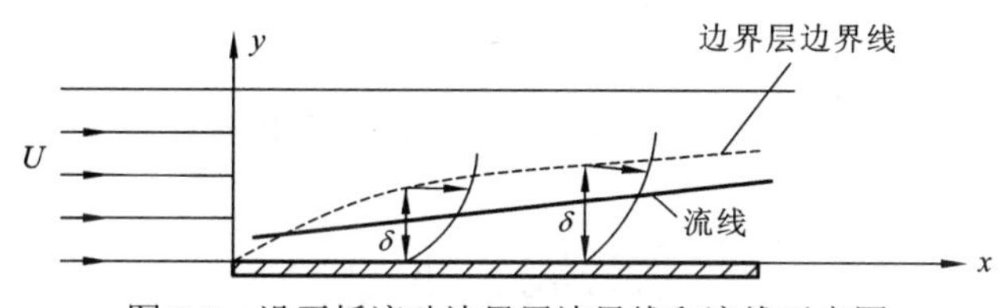

图 7.5　沿平板流动边界层边界线和流线示意图

图 7.4（b）和图 7.5 中对边界层的示意，为了清楚起见已做了极大的夸张，实际边界层厚度只有平板长度的百分之几到千分之几。例如，气流以 65 m/s 的速度沿平板流动时，在平板前缘处边界层厚度为 0，到离平板前缘 1m 处边界层厚度只有 2 mm（层流）或 20 mm（湍流），相当于平板长度的 2‰～2%。

边界层厚度表明黏性影响范围，所以流体自身的黏性大小与边界层厚度有直接的关系。显然，黏性大的流体其边界层厚度会相应地大些，反之，就会小些。

此外，由于黏性影响是从壁面开始逐渐向外扩展的，这种扩展要有一个时间过程，故在物面后部的流动，由于有更多时间进行黏性扩展，黏性影响的范围越到物面后部就会越大。而在物面前缘处的流体，因为其黏性影响，还来不及向外扩展，故在那里的边界层厚度为 0。边界层厚度 δ 随离开物面前缘的距离增大而增大，即形成图 7.4（b）和图 7.5 中虚线所示的分布。

同时，不难想象，如果来流速度 U 越大，流过同样长度的平板所需时间就越短，于是允许进行黏性扩展的时间也减少了，故边界层厚度也会相应变小。综合以上分析，边界层厚度与三个因素有关：流体黏性 ν、离物面前缘距离 x 及来流速度 U，即

$$\delta = f(\nu, x, U) \tag{7.1.8}$$

通过量纲分析可知：

$$\frac{\delta}{x} \sim \sqrt{\frac{\nu}{Ux}} \tag{7.1.9a}$$

或

$$\delta \sim \sqrt{\frac{\nu x}{U}} = \frac{x}{\sqrt{Re_x}} \tag{7.1.9b}$$

式中：$Re_x = \dfrac{Ux}{\nu}$ 为沿物面离前缘距离 x 处的雷诺数。由式（7.1.9）可知，Re_x 越大，则 δ 越小。即在高雷诺数流动中，边界层厚度是很小的。在边界层理论中（7.7 节）将推导精确计算公式。

在这里，要特别说明的是边界层内的流动也存在层流和湍流两种流动状态。边界层内流体质点成层地有规则地几乎平行于物面的流动，称为层流边界层。边界层内流体质点以不规则的脉动为主要特征的流动，则称为湍流边界层。通常在物面前缘附近的边界层总是为层流边界层状态，而在其下游随着雷诺数 Re_x 的增大可发展为湍流边界层。最初是通过测量边界层内的速度分布，发现边界层的转捩现象。如 Hansen 沿平板测得边界层厚度突然增大的结果，表明边界层内流动已从层流向湍流转变。对具有尖锐前缘的平板，在正常的气流中（湍流度 ε=0.5%），其临界雷诺数 $(Re_x)_{\rm cr}$ 的测量值为

$$(Re_x)_{\rm cr} = \left(\frac{Ux}{\nu}\right)_{\rm cr} = 3.5\times10^5 \sim 3.5\times10^6 \tag{7.1.10}$$

对边界层外的主流取不同的湍流度，一般有不同的临界雷诺数。

7.2 层流流动理论解

层流流动常可应用微元（或单元）分析法或直接应用黏性流体 N-S 方程求得精确解，以下举例说明。

7.2.1 等直径圆管中定常层流

圆管中定常层流流动的研究，最基本的问题是求出管道横截面上的速度分布和沿程能头（或压头）损失。

对于不可压缩流体在圆管内充分发展的定常层流运动，应用单元体分析法求解比较简便。所谓充分发展的管流，是指管内速度分布沿轴线不变的流动，即不考虑管子入口起始段内的流动。

如研究内半径为 R 水平放置的直圆管中的层流，如图 7.6 所示。取一个与圆管同轴，半

径为 r 和长度为 L 的圆柱形单元体进行分析。作用在该单元体在流动方向上的力：计圆柱体两端的压力 p_1 和 p_2，圆柱体表面上的流体黏性切应力 τ。这些力在管流方向上的投影为

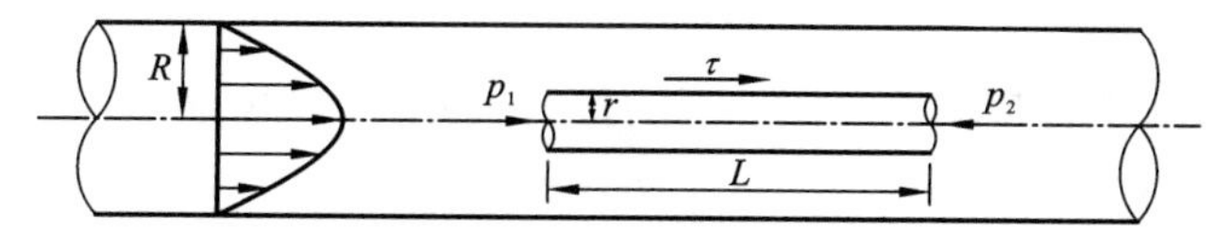

图 7.6　等直径圆管中定常层流单元体分析示意图

压力：

$$(p_1-p_2)\pi r^2$$

黏性力：

$$\tau\cdot 2\pi r\cdot L=\mu\frac{\mathrm{d}u}{\mathrm{d}r}\cdot 2\pi r\cdot L$$

式中：黏性力实际方向由速度梯度 $\frac{\mathrm{d}u}{\mathrm{d}r}$ 确定，对图示的管流因 $\frac{\mathrm{d}u}{\mathrm{d}r}<0$，故实际黏性力方向将与流动方向相反，与物理分析相一致。

对定常流动，直圆管中流体加速度为 0，作用在单元体上的力的平衡方程为

$$(p_1-p_2)\pi r^2+\mu\frac{\mathrm{d}u}{\mathrm{d}r}2\pi rL=0 \tag{7.2.1}$$

故

$$\frac{\mathrm{d}u}{\mathrm{d}r}=-\frac{p_1-p_2}{2\mu L}r$$

积分后得

$$u=-\frac{p_1-p_2}{4\mu L}r^2+C \tag{7.2.2}$$

式中：C 为积分常数，由管流边界条件确定。

因 $r=R$ 管壁面处 $u=0$，代入式（7.2.2）得 $C=\frac{p_1-p_2}{4\mu L}R^2$，故有直圆管内速度分布的二次抛物面关系式为

$$u=\frac{p_1-p_2}{4\mu L}\left(R^2-r^2\right) \tag{7.2.3}$$

最大速度 $u_{\max}$ 在轴心 $r=0$ 处为

$$u_{\max}=\frac{p_1-p_2}{4\mu L}R^2 \tag{7.2.4}$$

故式（7.2.3）可写为

$$u=u_{\max}\left[1-\left(\frac{r}{R}\right)^2\right] \tag{7.2.5}$$

计算管内通过的体积流量 Q 为

$$Q=\int_0^R u\cdot 2\pi r\mathrm{d}r=\frac{\pi(p_1-p_2)}{2\mu L}\int_0^R\left(R^2r-r^3\right)\mathrm{d}r=\frac{p_1-p_2}{8\mu L}\pi R^4 \tag{7.2.6}$$

即为著名的哈根-泊肃叶（Hagen-Poiseuille）定律，它表明圆管层流流量与管径的四次方呈比例，应用这个定理也是测定流体黏性系数的一个很好的方法。

根据流体连续性方程，管内平均速度 v 可求得

$$v=\frac{Q}{\pi R^2}=\frac{p_1-p_2}{8\mu L}R^2=\frac{1}{2}u_{\max} \tag{7.2.7}$$

它恰好为最大速度的一半。

对于管长 L 的管流能头损失 h_{f}，由总流的伯努利方程可知：

$$h_{\mathrm{f}}=\frac{p_1-p_2}{\rho g} \tag{7.2.8}$$

将式（7.2.7）代入式（7.2.8）有

$$h_{\mathrm{f}}=\frac{8\mu L}{\rho g R^2}v \tag{7.2.9}$$

由此可见，管流为层流时沿程摩擦能头损失与平均流速 v 成正比，把沿程能头损失写为达西-韦斯巴哈公式（4.6.28），即

$$h_{\mathrm{f}}=\lambda\frac{L}{d}\frac{v^2}{2g} \tag{7.2.10}$$

可得圆管层流沿程能头损失系数 λ 为

$$\lambda=\frac{64}{Re}\quad\left(Re=\frac{\rho vD}{\mu},\ D=2R\right) \tag{7.2.11}$$

与试验测得的结果完全一致。

需要指出，以上所得结果可应用于倾斜放置的直圆管内的层流中，即相当于未考虑重力效应的结果。如需考虑重力效应，因圆管流任一截面上的流体压力分布满足静水压力分布规律[式（2.2.5），$z+\frac{p}{\rho g}=$常数]，故只要将式（2.2.5）中 p_1 改写为 $p_1+\rho g z_1$，p_2 改写为 $p_2+\rho g z_2$，就是倾斜直圆管中考虑重力效应后的层流计算公式，其中 z_1 和 z_2 分别为所取截面 1 和截面 2（管长 L 的两端）位置头高度。

7.2.2 库埃特流

如图 7.7 所示，两平行平板之间充满流体，如下平板固定不动，上平板以速度 U 沿 x 轴向等速平移，由此引起两平板之间的层流流动称为库埃特流。平行板之间的库埃特流可直接应用 N-S 方程求得其流场的解。

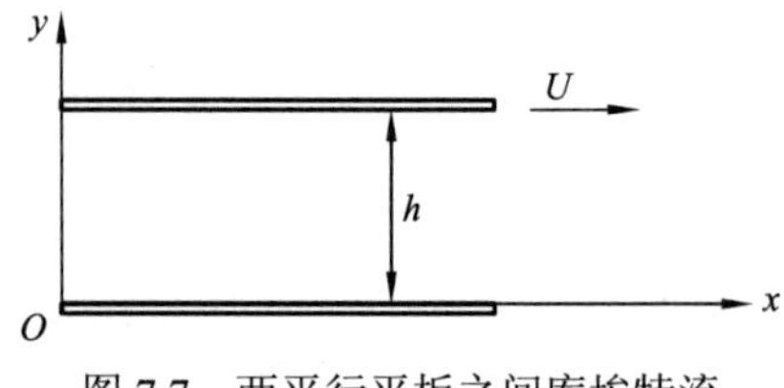

图 7.7　两平行平板之间库埃特流

设两平行平板为无限宽（z 轴向），两平行板之间的间距为 h，因库埃特流仅为 x 轴向，其速度场 $\boldsymbol{q}(u,v,w)$ 为

$$u=u(y),\quad v=0,\quad w=0 \tag{7.2.12}$$

待求的速度场为 $u(y)$ 分布。根据不可压缩流体连续性方程式（3.4.13）可知：

$$\frac{\partial u}{\partial x}=0 \tag{7.2.13}$$

将 N-S 方程（4.3.9）应用于库埃特流，先不考虑流体静压力（重力）的作用，令质量力为 0，则 N-S 方程可简化为

$$
\begin{cases}
-\dfrac{1}{\rho}\dfrac{\partial p}{\partial x}+\nu\dfrac{\partial^2 u}{\partial y^2}=0\\
-\dfrac{1}{\rho}\dfrac{\partial p}{\partial y}=0\\
-\dfrac{1}{\rho}\dfrac{\partial p}{\partial z}=0
\end{cases}
\tag{7.2.14}
$$

或

$$
\frac{\mathrm{d}p}{\mathrm{d}x}=\mu\frac{\mathrm{d}^2 u}{\mathrm{d}y^2}
\tag{7.2.15}
$$

引入求解的边界条件：$y=0$ 处 $u=0$，$y=h$ 处 $u=U$，对式（7.2.15）积分两次，得到速度分布方程为

$$
u=\frac{Uy}{h}-\frac{h^2}{2\mu}\frac{\mathrm{d}p}{\mathrm{d}x}\frac{y}{h}\left(1-\frac{y}{h}\right)
\tag{7.2.16}
$$

两平行平板之间的库埃特流 $\dfrac{\mathrm{d}p}{\mathrm{d}x}=0$，故库埃特流的解为

$$
u=\frac{Uy}{h}
\tag{7.2.17}
$$

其速度场为线性分布，在下平板上速度恒为 0，在上平板上速度恒为 U，不同 y 处速度由式（7.2.17）确定。

对具有压力梯度的库埃特流，在研究润滑流体力学理论中有重要意义。如上平板为水平面在固定的下平面（为倾斜平面）上滑动时，可使压力梯度 $\dfrac{\mathrm{d}p}{\mathrm{d}x}\neq 0$，也是斜楔产生支撑力的原因所在。

7.3 圆管内湍流场的时均速度分布

流体的湍流运动十分复杂，至今尚无完整的理论解析。而由于工程应用方面的需要，人们对管内湍流运动、边界层内湍流运动、物体尾流和自由射流中的湍流运动等，都已进行了大量实验研究，建立了以实验资料为依据的半经验理论，包括圆管内湍流场的时均速度分布，被广泛的应用。

对完全发展的管内湍流，设圆管半径 R（或边界层厚度 $\delta=R$），定义流场中任一点离管壁面的径向距离为 y（或 $y=R-r$，r 为任一点离管轴中心线的径向距离）。完全湍流时近管壁面的流动区称为内层区，其中影响时均速度分布的最重要的流动参数是流体的运动黏性系数 ν、流体密度 ρ 和流体在壁面剪切应力 τ_{w}，利用量纲分析定义特征速度为摩擦速度 u_* 和定义特征长度为黏性尺度 δ_ν：

$$
u_*=\sqrt{\frac{\tau_{\mathrm{w}}}{\rho}},\quad \delta_\nu=\frac{\nu}{u_*}
\tag{7.3.1}
$$

引入无量纲速度 u^+ 和无量纲离壁面距离 y^+ 的定义分别为

$$u^+ = \frac{u}{u_*}, \quad y^+ = \frac{y}{\delta_\nu} = \frac{u_* y}{\nu} \tag{7.3.2}$$

不同的 y^+有不同的速度分布，其中 u 在湍流区均指时均速度。对小的 y^+ （或小的$\frac{y}{R}$）称为管流（或边界层）的内层区，内层区中又包括近壁面的层流次层（sublayer）、过渡到湍流的过渡区（buffer layer）、部分与外区重叠的重叠区（overlap region）。如图 7.8 所示，内层区的尺度常用 y^+表示，外层区（或湍流核心区）从管轴中心线（r=0）直到与内层区部分重叠处。外层的尺度 y^+很大时，可引入离壁面无量纲距离 $\eta = \frac{y}{R}\left(或\eta = \frac{y}{\delta}\right)$表示。

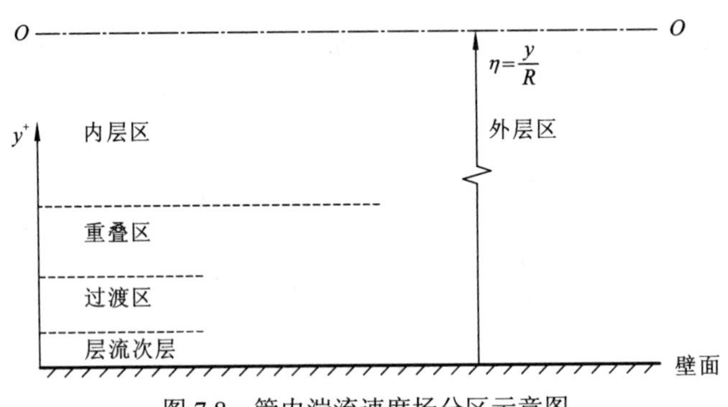

图 7.8　管内湍流速度场分区示意图

7.3.1　内层区

内层区中的速度分布 u 仅与 y,ρ,ν,τ_w 有关，管半径 R（或边界层厚度 δ）的影响可不考虑。以上 5 个变量$u = f\left(y,\rho,\nu,\tau_w\right)$，通过量纲分析，引入摩擦速度 $u_* = \sqrt{\frac{\tau_w}{\rho}}$ 和无量纲离壁面距离 y^+[式（7.3.2）]，可得无量纲$u^+ = \frac{u}{u_*}$和 $y^+ = \frac{yu_*}{\nu}$ 的壁面速度分布律：

$$u^+ = f_w\left(y^+\right) \tag{7.3.3}$$

式中：f_w 被期望是与外区流动无关的通用函数。

对非常接近壁面的黏性次层区，湍流流动受限制，壁面剪切应力完全由黏性引起，即

$$\tau_w = \mu \frac{\partial u}{\partial y} = 常数 \tag{7.3.4}$$

在黏性次层内可假设速度为线性分布，即$u = \frac{\tau_w}{\mu} y$，由于$\tau_w = \rho u_*^2$，黏性次层的壁面速度分布律式（7.3.3）可简化为

$$u^+ = y^+ \tag{7.3.5}$$

试验已证明：$y^+ < 5$，式（7.3.5）成立。$5 < y^+ < 30$ 为过渡区（层流次层到湍流发生的过渡区），流动发生巨变，尚无理论描述。

7.3.2 外层区

外层区中的速度分布 u 仅与 $y,\rho,\tau_{\mathrm{w}},\delta$（或 R）有关，流体运动黏性系数 ν 的影响可不予考虑。以上 5 个变量通过量纲分析，引入无量纲速度亏值 $\frac{u_{\mathrm{e}}-u}{u_*}$ 和无量纲离壁面距离 $\eta=\frac{y}{\delta}\left(或\frac{y}{R}\right)$，即

$$\frac{u_{\mathrm{e}}-u}{u_*}=u_{\mathrm{e}}^+-u^+,\quad \eta=\frac{y}{\delta}\quad\left(或\frac{y}{R}\right) \tag{7.3.6}$$

式中：u_{e} 为管轴中心线处最大速度。则可对外层区写出速度亏值分布律为

$$\frac{u_{\mathrm{e}}-u}{u_*}=f_{\mathrm{o}}(\eta)\quad 或\quad u_{\mathrm{e}}^+-u^+=f_{\mathrm{o}}(\eta) \tag{7.3.7}$$

式中：f_{o} 不像内层区中 f_{w} 被期望是一个通用函数，$f_{\mathrm{o}}(\eta)$ 对不同流动各不相同。外层区大约 $y^+>50$，试验也表明在外层区流体黏性已无直接影响，可以忽略。

7.3.3 重叠区的对数律

众多研究注意到，在边界层内层区和外层区之间的重叠区中，其速度分布为对数律时可与外层和内层都光滑过渡。根据外层区速度分布律式（7.3.7）和内层区速度分布律式（7.3.3），引入无量纲边界层厚度 δ^+（或 R^+），将无量纲离壁面距离 y^+改写为

$$y^+=\frac{yu_*}{\nu}=\frac{y}{\delta}\frac{\delta u_*}{\nu}=\eta\delta^+ \tag{7.3.8}$$

将式（7.3.7）和式（7.3.3）相加，得

$$u_{\mathrm{e}}^+\left(\delta^+\right)=f_{\mathrm{o}}(\eta)+f_{\mathrm{w}}\left(\eta\delta^+\right) \tag{7.3.9}$$

将式（7.3.9）对 δ^+求导，有

$$u_{\mathrm{e}}^{+\prime}=0+\eta f_{\mathrm{w}}'\left(\eta\delta^+\right) \tag{7.3.10}$$

再将式（7.3.10）对 η 求导，有

$$0=f_{\mathrm{w}}'\left(\eta\delta^+\right)+\eta\delta^+f_{\mathrm{w}}''\left(\eta\delta^+\right)=f_{\mathrm{w}}'\left(y^+\right)+y^+f_{\mathrm{w}}''\left(y^+\right)=\frac{\mathrm{d}}{\mathrm{d}y^+}\left(y^+\frac{\mathrm{d}f_{\mathrm{w}}}{\mathrm{d}y^+}\right) \tag{7.3.11}$$

由式（7.3.11）可得

$$y^+\frac{\mathrm{d}f_{\mathrm{w}}}{\mathrm{d}y^+}=常数 \tag{7.3.12}$$

通常将式（7.3.12）中常数写为 $\frac{1}{\kappa}$（κ 为卡门常数，近似为 $\kappa\approx0.41$），则式（7.3.12）又可得

$$\frac{\mathrm{d}f_{\mathrm{w}}}{\mathrm{d}y^+}=\frac{1}{\kappa y^+} \tag{7.3.13}$$

对式（7.3.13）积分，有

$$f_w = \frac{1}{\kappa}\ln y^+ + B \tag{7.3.14}$$

式中：B 为另一积分常数。

由式（7.3.3）已知 $f_w(y^+) = u^+$，故对重叠层有对数速度分布律为

$$u^+ = \frac{1}{\kappa}\ln y^+ + B \tag{7.3.15a}$$

或

$$u^+ = \frac{1}{\kappa}\ln Ey^+ \tag{7.3.15b}$$

试验给出典型的常数值：κ=0.41，B=5.0（E=7.76），在 $y^+ > 30$ 和 $\frac{y}{\delta} < 0.3$ 时，以上对数速度分布律与实测符合良好。将此对数律延伸到重叠区以外，也还有较好的近似。

在工程上，还近似地使用速度分布指数律[式（7.3.16）]，表示管内湍流和大气边界层中湍流的速度场为

$$\frac{u}{u_e} = \left(\frac{y}{\delta}\right)^n \tag{7.3.16}$$

式中：指数 n 由试验确定，在广泛雷诺数范围（$10^6<Re<10^7$），管内速度分布 n=1/7 指数速度分布律对大部分边界层 $(0.1 < \frac{y}{\delta} < 1)$ 有较好的近似。但在近壁面内层区指数速度分布律是不适用的，更不能用于求壁面切应力。

7.3.4 壁面粗糙度效应

尼古拉兹（Nikuradse）曾对不同管壁人工砂粒相对粗糙度 $\frac{k_s}{D} = \frac{1}{30} \sim \frac{1}{1\,000}$（$k_s$ 为砂粒直径，D 为管内径）的管流做过系统的试验。引入无量纲壁面粗糙度 $k_s^+ = \frac{k_s u_*}{\nu}$，研究获得一些重要的结论。

（1）$k_s^+ < 5$ 时，即砂粒粗糙凸出高度在壁面黏性次层（$y^+ < 5$）之内，粗糙度对速度分布无影响，被称为水力光滑管。

（2）$k_s^+ > 70$ 时，即砂粒粗糙凸出高度已越过了湍流的过渡区及内层和外层的重叠区，管内速度分布完全由粗糙度 k_s 确定，被称为完全粗糙管流动，其速度分布律为

$$u^+ = \frac{1}{\kappa}\ln\frac{y}{k_s} + B_k \tag{7.3.17}$$

式中：B_k 为一常数，对管流由试验数据给出为 B_k=8.5。

（3）$5 < k_s^+ < 70$ 时，为过渡区，管流速度分布参照式（7.3.15）可写为

$$u^+ = \frac{1}{\kappa}\ln y^+ + B_k\left(k_s^+\right) \tag{7.3.18}$$

式中：$B_k(k_s^+)$需由试验确定。

7.4 管流水头损失

管流水头损失包括沿程水头损失和局部水头损失。

7.4.1 沿程水头损失

管流沿程水头损失主要是由管壁面流体黏性阻力产生的，它与管流速度分布及管壁面粗糙度等因素有关。对于管内层流流动，很容易用理论方法求得管流沿程水头损失的计算公式，见式（7.2.9）～式（7.2.11）。而对管内湍流流动，由于湍流结构的复杂性，以及管道壁面粗糙度在定量上的困难，理论研究还不能获得满意的结果，工程上只能由一些半经验和半理论公式估算管内湍流流动时沿程水头损失。根据量纲分析，管流沿程水头损失 h_f 可写为达西-韦斯巴哈公式（4.6.28），即

$$h_{\mathrm{f}}=\lambda\left(Re,\frac{k_{\mathrm{s}}}{d}\right)\frac{L}{d}\frac{v^{2}}{2g} \tag{7.4.1}$$

式中：λ 为管流沿程水头损失系数，它与管流雷诺数 $Re=\dfrac{vd}{\nu}$ 和管壁面相对粗糙度 $\dfrac{k_s}{d}$ 有关，其中 k_s 为壁面平均粗糙凸出高度，d 为管径，v 为管流平均速度。沿程水头损失系数 λ 利用伯努利方程确定，即

$$\lambda\left(Re,\frac{k_{\mathrm{s}}}{d}\right)=h_{\mathrm{f}}\frac{d}{L}\frac{2g}{v^{2}}=\left[\left(z_{1}+\frac{p_{1}}{\rho g}\right)-\left(z_{2}+\frac{p_{2}}{\rho g}\right)\right]\frac{d}{L}\frac{2g}{v^{2}} \tag{7.4.2}$$

管长 L 两端为截面 1、截面 2，通过测量等式（7.4.2）右端诸物理量，计算确定 $\lambda\left(Re,\dfrac{k}{d}\right)$ 的值。

尼古拉兹曾用 6 种人工相对粗糙度 $\dfrac{k_s}{d}$ 做过系统的试验研究，他将砂粒黏附于管壁面，取砂粒直径为粗糙凸出高度 k_s，得出如图 7.9 所示的著名曲线，它反映了管流沿程阻力特性。

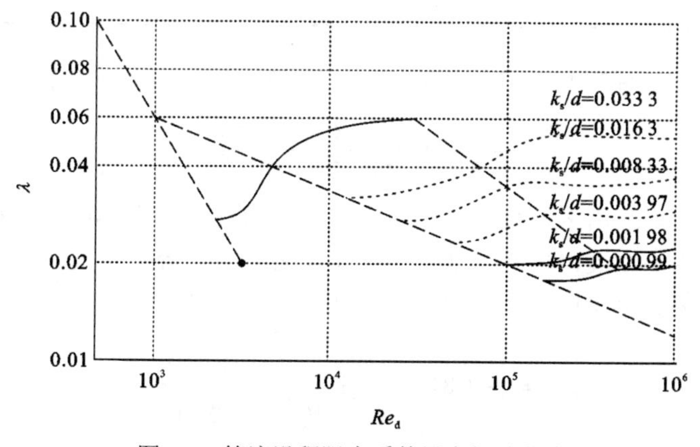

图 7.9 管流沿程阻力系数尼古拉兹曲线

（1）根据层流和湍流阻力有突变的现象，从阻力系数曲线上也可求得临界雷诺数

$Re_{cr}=2\,100$。

（2）层流时 $\lambda=\dfrac{64}{Re}$，理论与试验相符，层流沿程水头损失系数与管壁粗糙度无关。

（3）湍流阻力一般情况 $\lambda=\lambda\left(Re,\dfrac{k_s}{d}\right)$。但当 Re 增大湍流流动充分发展时，发现图 7.9 中有虚线右边的一个区域，其中沿程水头损失系数 λ 已与雷诺数 Re 无关，即 $\lambda=\lambda\left(\dfrac{k_s}{d}\right)$，称为完全粗糙区，或称与 Re 无关的自模区。因为该区域中管流水头损失 $h_f\sim v^2$，故可称为阻力平方区。

（4）注意到各种相对粗糙度管流水头损失系数的曲线，都是从对数坐标图中令一条直线上离开的，表明这条直线所代表的流动虽已处于湍流流态，但与管壁粗糙度无关，这可以通过层流低层淹没了粗糙度的影响加以解释，故被称为水力光滑管流动区。对水力光滑管流动区，$\lambda=\lambda(Re)$，有布拉休斯（Blasius）公式：

$$\lambda=\frac{0.316\,4}{Re^{0.25}},\quad Re<10^5 \tag{7.4.3}$$

式（7.4.3）对 $Re<10^5$ 成立，$h_f\sim v^{1.75}$。对 $3.1\times10^5\leqslant Re\leqslant1.8\times10^7$，现已有普林斯顿大学超管试验推荐公式可供参考：

$$\frac{1}{\sqrt{\lambda}}=1.930\log_2\left(Re\sqrt{\lambda}\right)-0.537 \tag{7.4.4}$$

尼古拉兹的管流试验是在人工均匀分布的粗糙度条件下做出的，对于实际商品管道的情况又是怎样的呢？穆迪（Moody）对各种商品管道做了广泛的试验，曾得出著名的穆迪曲线图（Moody diagram），以及一些商品管道壁面平均粗糙高度 k_s 的值，见表 7.1。

表 7.1　商品管道平均粗糙度 k_s

管壁材料	平均粗糙度 k_s/mm	管壁材料	平均粗糙度 k_s/mm
普通钢管	0.19	旧钢管	0.50～0.67
普通镀锌铁管	0.39	钢板焊接管	0.33
铸铁管	0.25～0.42	水泥管	0.30～3.00

穆迪曲线图与科尔布鲁克（Colebrook）公式相符，科尔布鲁克公式为

$$\frac{1}{\sqrt{\lambda}}=-2\log_2\left(\frac{k_s}{3.7d}+\frac{2.51}{Re\sqrt{\lambda}}\right) \tag{7.4.5}$$

在工程上曾被广泛应用穆迪图解科尔布鲁克公式求得各种工业用管沿程水头损失系数。现今，由于计算技术的发展，直接求解科尔布鲁克公式也很容易。况且，又有许多科尔布鲁克公式的显式近似公式可以选用，如 Haaland 提出的公式为

$$\lambda=\left\{-1.8\log_2\left[\left(\frac{k_s}{3.7d}\right)^{1.11}+\frac{6.9}{Re}\right]\right\}^{-2} \tag{7.4.6}$$

$$Re=4\,000\sim10^8$$

$$\frac{k_s}{d}=10^{-6}\sim0.05$$

故穆迪图已较少使用了。

注意，以上计算公式都是以圆形管道为基础导出的，对于非圆形管道，可定义“当量直径”加以应用。当量直径的定义为

$$D_{当量}=4\times\left(\frac{液体有效截面面积}{湿周长度}\right) \tag{7.4.7}$$

式中：流体有效截面面积与湿周长度的比值通常还可称为水力半径 R，故有 $D_{当量}=4R$。按以上定义可验证，对圆形管充满流体流动时，其当量直径即等于圆管直径，水力半径则为圆管直径的 1/4。

7.4.2　局部水头损失

当流体通过管路配件时，如水流通过管路中闸门、弯头、收缩管、扩张管、分支管道等管路配件，必有流动的能量损失。此种损失区别于沿管道全长分布的摩擦损失，主要是由于管道外形局部变化所引起，这部分能量损失通常发生在配件前后 6～10 倍管径的距离内，通常称为局部损失。产生此项损失的原因主要是由边界层分离形成漩涡等因素造成的，其局部水头损失 h_j 的计算公式可将式（7.4.1）改写为

$$h_j = K\frac{v^2}{2g} \tag{7.4.8}$$

式中：K 为局部水头损失系数，主要由管路配件的内在几何图形等因素有关，通常用试验方法确定。由于配件对管流的局部扰动，黏性相似自模雷诺数比沿程管流要小得多，如 $Re>10^5$，就可以认为管流局部水头损失系数与 Re 无关。下列一些试验或理论求得的数据可供查用，更详细的资料参考有关手册。

1. 管子进口

尖角进口取 K=0.5；圆滑进口取 K=0.2；非常圆滑时，取 K=0.04～0.06，如图 7.10 所示。

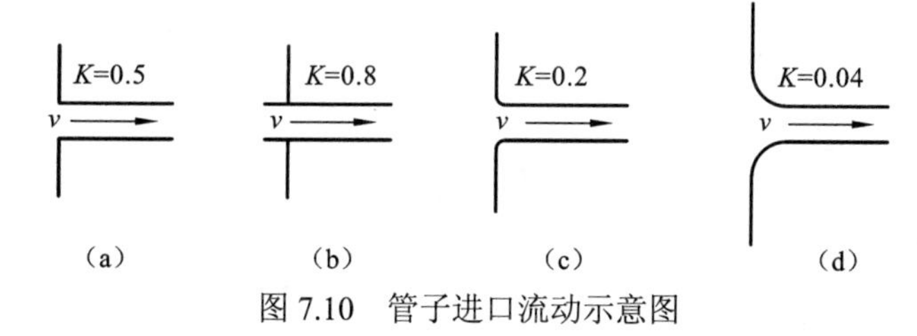

图 7.10　管子进口流动示意图

2. 管子出口

流入大容器的出口取 K=1.0，如图 7.11 所示。

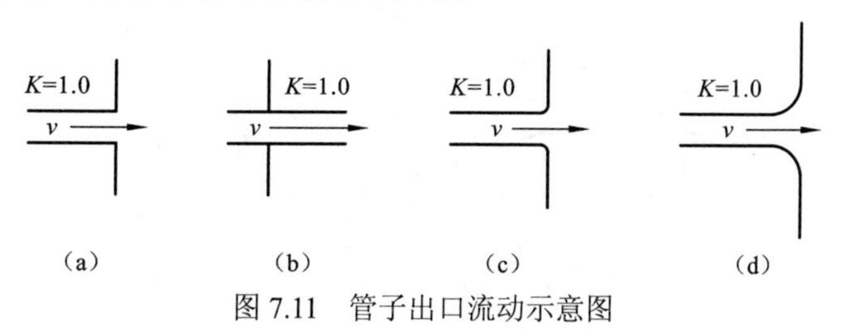

图 7.11　管子出口流动示意图

3. 阀门

阀门阀（gate valve）：全开时，取 K=0.15；打开 3/4 时，取 K=0.26；打开 1/2 时，取 K=2.1；打开 1/4 时，取 K=17。

球阀（ball valve）：全开时，取 K=0.05；打开 2/3 时，取 K=5.5；打开 1/3 时，取 K=200。

4. 弯管

标准 90° 弯管接头，法兰盘连接的取 K=0.3；螺纹连接的取 K=1.5。
标准 45° 弯管接头，螺纹连接的取 K=0.4。

5. 突然缩小管道

如图 7.12 所示，局部水头损失 $h_j = \dfrac{Kv_2^2}{2g}$，K 近似公式为

$$K = 0.5\left(1 - \frac{A_2}{A_1}\right) = 0.5\left[1 - \left(\frac{D_2}{D_1}\right)^2\right] \tag{7.4.9}$$

6. 突然扩大管道

如图 7.13 所示，局部水头损失为 $h_j = \dfrac{Kv_2^2}{2g}$，K 有理论公式为

$$K = \left(\frac{A_2}{A_1} - 1\right)^2 = \left[\left(\frac{D_2}{D_1}\right)^2 - 1\right]^2 \tag{7.4.10}$$

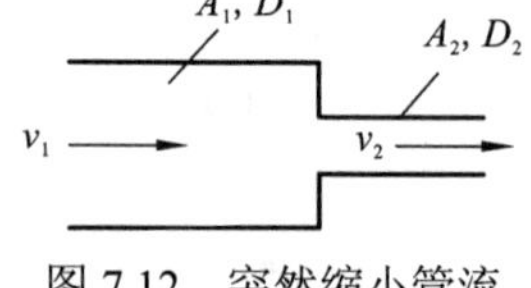

图 7.12　突然缩小管流

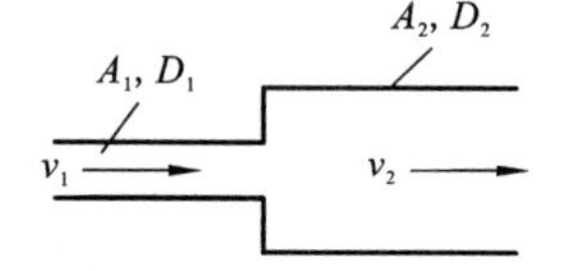

图 7.13　突然扩大管流

7. 逐渐扩大管道

如图 7.14 所示，局部水头损失为 $h_j = \dfrac{Kv_1^2}{2g}$，K 与扩散角 θ 有关，θ=7° 时损失最小，$\dfrac{D_2}{D_1} > 2.0$ 的扩散管道的 K 值见表 7.2。

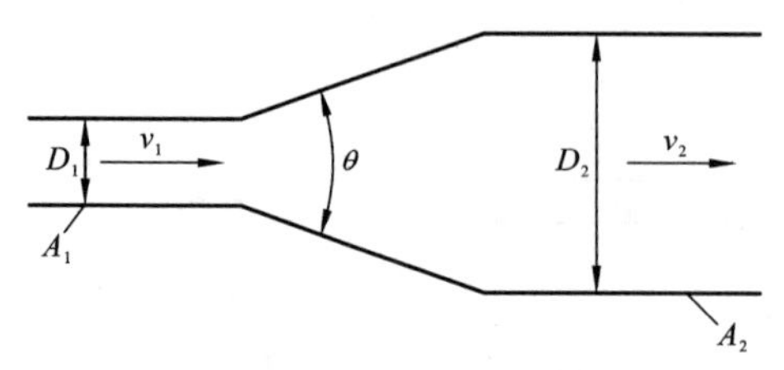

图 7.14　逐渐扩大管流示意图

表 7.2　$\dfrac{D_2}{D_1}>2.0$ 的扩散管道 K 值

θ/(°)	K	θ/(°)	K
10	0.08	40	0.59
15	0.16	50	0.67
20	0.31	60	0.72
30	0.48		

8. 分支管

分支管包括分流和汇流。对于三叉管，其流动有 6 种类型，如图 7.15 所示。考虑分支管中的压力损失，由伯努利方程或动量方程，有

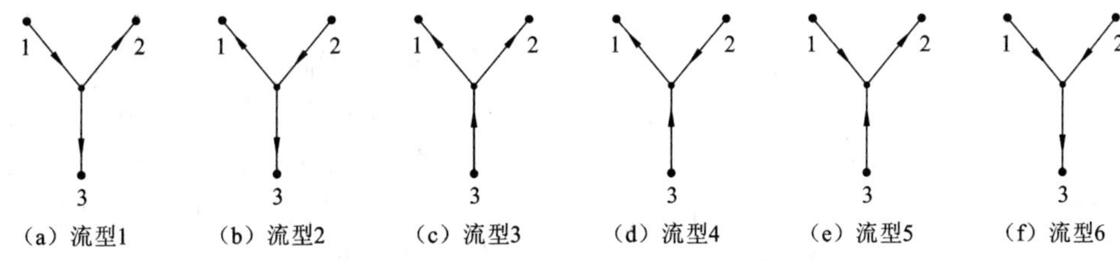

图 7.15　三叉管中 6 种不同流型示意图

流型 1：（1→2+3）

$$\begin{cases} p_1 - p_2 = C_1\rho v_2^2 - C_2\rho v_1^2 \\ p_1 - p_3 = C_3\rho v_3^2 - C_4\rho v_1^2 \end{cases} \tag{7.4.11}$$

流型 2：（2→1+3）

$$\begin{cases} p_2 - p_1 = C_5\rho v_1^2 - C_6\rho v_2^2 \\ p_2 - p_3 = C_7\rho v_3^2 - C_8\rho v_2^2 \end{cases} \tag{7.4.12}$$

流型 3：（3→1+2）

$$\begin{cases} p_3 - p_2 = C_9\rho v_2^2 - C_{10}\rho v_3^2 \\ p_3 - p_1 = C_{11}\rho v_1^2 - C_{12}\rho v_3^2 \end{cases} \tag{7.4.13}$$

流型 4：（2+3→1）

$$\begin{cases} p_2 - p_1 = C_{13}\rho v_1^2 - C_{14}\rho v_2^2 \\ p_2 - p_3 = 0 \end{cases} \tag{7.4.14}$$

流型 5：（1+3→2）

$$\begin{cases} p_1 - p_2 = C_{15}\rho v_2^2 - C_{16}\rho v_1^2 \\ p_1 - p_3 = 0 \end{cases} \tag{7.4.15}$$

流型 6：（1+2→3）

$$\begin{cases} p_1 - p_2 = 0 \\ p_1 - p_3 = C_{17}\rho v_3^2 - C_{18}\rho v_1^2 \end{cases} \tag{7.4.16}$$

式中：系数 C_1～C_{18} 由试验确定。

对于 T 形管[图 7.16（a）]，有以下测定值供参考：

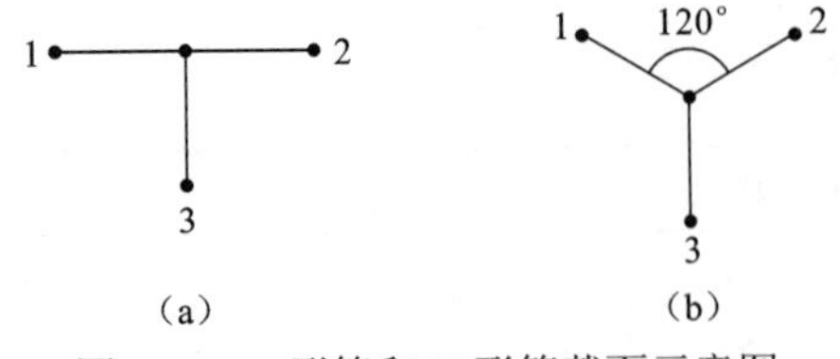

图 7.16　T 形管和 Y 形管截面示意图

$$C_1=0.44，C_2=0.44，C_3=0.63，C_4=0，C_5=0.44$$

$$C_6=0.44，C_7=0.63，C_8=0，C_9=0.77，C_{10}=0$$

$$C_{11}=0.77，C_{12}=0，C_{13}=0.76，C_{14}=0.76，C_{15}=0.76$$

$$C_{16}=0.76，C_{17}=0.67，C_{18}=0$$

对于 120° Y 型管[图 7.16（b）]，有以下测定值供参考：

$$C_1=0，C_2=0，C_3=0，C_4=0，C_5=0，C_6=0$$

$$C_7=0，C_8=0，C_9=0，C_{10}=0，C_{11}=0，C_{12}=0$$

$$C_{13}=0.47，C_{14}=0，C_{15}=0.47，C_{16}=0，C_{17}=0.47，C_{18}=0$$

7.5　管道水力计算概述

管路总能头损失认为是各组成部分水头损失的总和，称为管流水头损失的叠加原则。这个叠加原则是近似的，如管路中各配件相隔间距在 5 倍直径以上；对于弯头的相隔间距在 10 倍以上；对分叉管的上游相隔 15 倍直径和下游相隔 4 倍直径，则这个叠加原则不导致大的误差。

通常管路水力计算是在定常流动的条件下进行的。管路水力计算的主要目的是确定管流中水头损失，计算水力损失所需功率；确定所要求通过流量的管路直径，以及计算给定管路中通过的流量大小等问题。实际管路计算最基本的问题可归纳为三类。

7.5.1　管路总水头损失和耗能功率

这类问题是管路水力计算中最基本的问题，通常已知管路布置（管长 L、管径 d 等）和通过的流量等。根据水头损失叠加原则，可将管路总的水头损失 H 写为

$$H=\lambda\frac{L}{d}\frac{v^2}{2g}+\sum K\frac{v^2}{2g} \tag{7.5.1}$$

在进行管路水头损失计算时，有一种称为并联管路的计算应引起注意。如图 7.17 所示，流体进入并联管路 A 点后，便分两管流动，然后在 B 点处又汇合而流出，故通过并联管路的总流量 Q 必等于各分流量之和，即

$$Q=Q_1+Q_2 \tag{7.5.2}$$

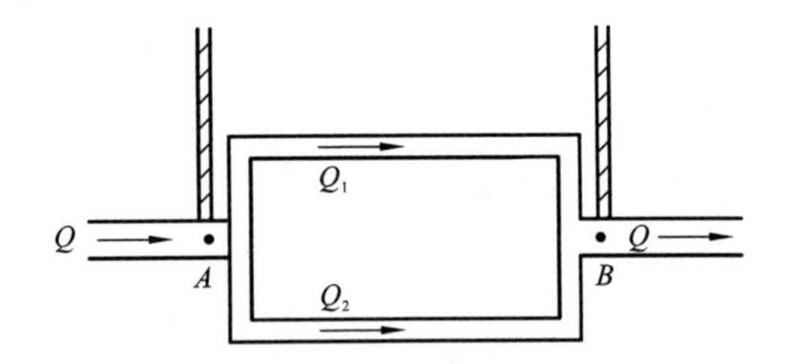

图 7.17　并联管路流动示意图

因为通过各分管的水头损失均等于分流点 A 处测压管水头与汇流点 B 处测压管水头的高差，故通过并联管路各分流的流动必有相同的水头损失，任何一条分流管的水头损失等于其他分流管的水头损失，不能错误地认为并联管路水头损失等于各分流管的水头损失的总和。由于分流点和汇流点处测压管水头同时只可能为一个值，故无论分流管在长度和管径上有十分显著的差别，它们总是必须自动地通过调节满足有相同的水头损失。此种自动调节是通过流量的分配来实现，即通过长而细的分流管的流量一定少些，而通过短而粗的分流管的流量一定多些，从而使它们满足在各分流管中有相同的水头损失。

由此，还可引出复杂管网水力计算的基本原则有：

（1）管网中任一结点处，流进和流出的总流量相等；

（2）管网中任一闭合回路的水头损失，其代数和为 0。

关于较复杂管网的水力计算，可详见本章例题。

因水头损失的物理意义表示单位重量流体的能量损失，如已知通过管路每秒流体重量 ρgQ，则该管路的水头损失功率 N 为

$$N = \rho gQ \cdot H \ (\mathrm{N \cdot m / s}) \tag{7.5.3}$$

7.5.2 管路直径的选择及水锤现象

通常，求（或选择）管路直径是在已知管路布置（管长分布）和管道各部分要求通过多少流量 Q 来决定的，7.5.3 节将详述。仅从满足需要通过的流量来说，选用任何直径的管道都是可以的，问题是如何选择最合理的管径。管径选得太大，管路成本及安装费就高。而管径选得太小，虽然可使管路成本大为降低，但由于管流水头损失急剧增大，使管流日常消耗增多，核算起来也可能不经济。并且在一定的供水能头条件下，选用过小管路直径，常会达不到所需要通过的流量。

所以管路的经济直径应该这样选择：使整个给水系统（包括管路、水泵、水塔等）的建造费、安装费和日常维持费用（包括能耗、折旧、修理、保养等）的总和为最小。

对于设计那些不必考虑管流水头损失大小的管道时，自然希望选用较小的管径。但小管径要达到通过一定的流量就具有较大的流速，过大的流速有时在使用上是不方便的。另外，过大的流速容易引起大幅度的速度突然变化，从而产生一种对管道有破坏作用的水锤（water hammer）或水击现象，故常有经验上的管流最大极限流速的限制，如对于管径为 50～100 mm 的一般输水管，允许极限流速为 1～2 m/s；对于一般的输气管，极限流速为 6～15 m/s。

以下简单地介绍水锤现象。当长管路中水流因闸门的迅速开关或抽水机突然启闭而骤然变化的时候，长管流中会有压力急剧升高和降低的交替现象。这种交替变化的压力，以冲击波的形式作用于管壁，使管路发生振动并发出冲击声，有时会使管路破裂和形变。管路中这种现象称为水锤或水击现象。解释水锤现象，必须考虑液体的可压缩性。

如图 7.18 所示，当管流中闸门突然关闭时，与闸门最接近的一层液体首先停止流动，由于液体的可压缩性，管流就像一根弹簧，依次停止流动。当管内水流突然停止流动时，其动能立即转化为压力势能，使这部分液体的压力骤然增高，即水击压力 $\Delta p = p - p_0$（p_0 为管流阀门关闭前管内水压力，p 为阀门关闭时管内水压力）。设阀门突然关闭后 dt 时间内，有一段长度为 dl 的管流停止了流动，并使压力增高为 Δp 。如原先管内水流速度为 v_0，则根据动量定理便有

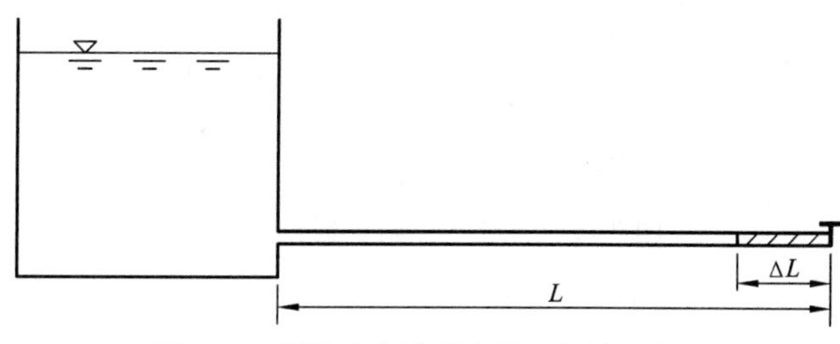

图 7.18　长管路中说明水锤现象的示意图

$$\rho v_0 \mathrm{d}l = \Delta p \mathrm{d}t \tag{7.5.4}$$

式（7.5.4）左右已消去管流横截面积。设

$$C = \frac{\mathrm{d}L}{\mathrm{d}t} \tag{7.5.5}$$

式中：C 为压力波在水管中的传播速度。

这样就得到水击作用时估算压力升高量 Δp 的公式为

$$\Delta p = \rho C v_0 \tag{7.5.6}$$

作为近似估算，取 C=1 400 m/s，ρ=1 000 kg/m^3，当管流速度突然变化 1.5 m/s，水击压力升降 $\Delta p = \rho C v_0 = 2.1\times10^6\ \mathrm{kg/m^3} = 2.1\ \mathrm{MPa}$，约为 21 个大气压。管路水锤压力常常很大，并伴随有压力升降锤击的破坏作用，水锤压力对管路的危害，有时需要在管路上装置空气室、安全阀等附加设备。

说明水锤现象，需要有可压缩流体中压力波在管道内传播遇到开口端和闭口端的反射特性的知识，第 9 章将更深入地介绍，本小节只做初步介绍。

设水锤波在管内来回传播一次所需时间 T_{r} 为

$$T_{\mathrm{r}} = \frac{2L}{C} \tag{7.5.7}$$

当 L 很大时，T_{r} 有限值。水锤波从阀门突然关闭开始，经 $T_{\mathrm{r}}/2$ 时间传播到管子进口端，管长为 L 的全部液体都停滞下来（v_0=0），管内压力都升高为 Δp 。而由于管子进口储液容器的压力为常数（远小于 Δp ），压力波将反射（产生负压力波或称为膨胀波）向管流出口端方向传播。同时管内出现负向流速（$-v_0$）。显然，在 t=T_{r} 时，全管内速度都为（$-v_0$），而到达出口端要求保持 v=0 的边界条件，故从 t=T_{r} 开始，在出口端关闭的阀门处将反射负压力波（即膨胀波）。在 $T_{\mathrm{r}} < t < 3T_{\mathrm{r}}/2$，出口端反射的负压力波向管子进口方向传播，此负压力波所及使管内流速恢复为 0。当 $t = 3T_{\mathrm{r}}/2$ 时，全管速度 v=0，同时压力为 $-\Delta p$，远小于 p_0，又由于储液容器内管路进口处压力恒定，故又将在管路进口端产生反射的压缩波。在 $3T_{\mathrm{r}}/2 < t < 2T_{\mathrm{r}}$，管路进口端反射的压缩波向出口端传播，反射压力波所到之处流速再次恢复为 v=v_0。在 $t = 2T_{\mathrm{r}}$ 时，反射压缩波到达出口端，出现上述水锤压力初始时相同的状态。由于出口端关闭的阀门使压缩波反射仍为压缩波，则全过程将重复发生周期性水击现象，其周期为 $2T_{\mathrm{r}}$。在管内接近阀门的一点处水击压力波如图 7.19 所示，图中实线为以上理论分析所做出的水锤时压力波示意图，图中一些点为实测结果示意图，初始阶段它们相符较好。

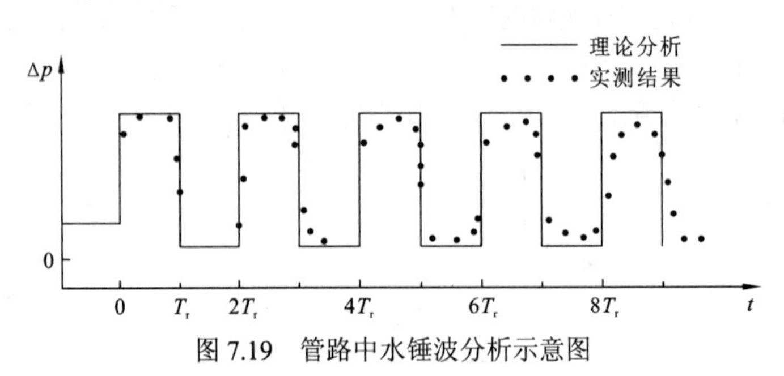

图 7.19　管路中水锤波分析示意图

7.5.3 通过管路的流量

此类问题常发生在一些短管路的计算中，如已知管路布置（管长、管径等）和作用水头 H（供给能耗的水头），试求通过管路流量 Q，利用式（7.5.1）有

$$v=\frac{1}{\sqrt{\lambda\frac{L}{d}+\sum K}}\sqrt{2gH} \tag{7.5.8}$$

故

$$Q=vA=\frac{A}{\sqrt{\lambda\frac{L}{d}+\sum K}}\sqrt{2gH}=\mu_{C}A\sqrt{2gH} \tag{7.5.9}$$

式中：A 为管道出口截面面积；μ_{C} 为流量系数。即

$$\mu_{C}=\frac{1}{\sqrt{\lambda\frac{L}{d}+\sum K}} \tag{7.5.10}$$

在应用式（7.5.9）计算管路通过流量时，因其中水头损失系数 λ 常与 Q 有关，Q 未知时，λ 一般不能确定，这类问题的求解只能通过逐次逼近法求解，即先假设 λ 与 Re 无关，按阻力平方区公式求出 λ，求得第一次近似的 Q，然后根据求得的 Q 计算 λ，再求出第二次近似的 Q 值，直到计算出的 Q 值前后相等，便是最后的结果。

7.6 管流减阻的湍流减阻效应

汤姆斯（Toms）在国际流变学会议上报告说，他从试验中发现在牛顿流体中加入少量的高分子聚合物（总重量的百万分之几）后，其管流的摩擦阻力可奇异地减小 80%，这引起了学术界的重视。随后被称为湍流减阻效应或汤姆斯效应（Toms effect）或汤姆斯现象（Toms phenomenon），至今以来，人们仍在继续不断地从理论、试验和数值计算等多方面开展研究，特别是通过 20 世纪 70 年代能源危机的促进，又有许多专利技术提出，并在输油管道等领域获得应用。

高分子聚合物是长链高分子的一些聚合物，典型的分子量为 $1\times10^{6}\sim1\times10^{7}$，更高的分子量的聚合物有更好的减阻性能，将少量高分子聚合物溶入牛顿液体中，该聚合物占牛顿液体重量的比例只需 10w ppm 量级（这里 ppm 指百万分之一，w 指重量），便可获得显著的减阻效果。假设在同一管路中输送相同流量的液体时，减阻技术处理前后管流所需的能头损失计为 Δp_{f}（未处理）和 Δp_{f}（已处理），该管路的减阻(%DR)效果定义为

$$\%\text{DR}=\frac{\Delta p_{f}(\text{未处理})-\Delta p_{f}(\text{已处理})}{\Delta p_{f}(\text{未处理})} \tag{7.6.1}$$

应用于油管减阻的典型聚合物为聚乙烯；应用于水管减阻的典型聚合物为聚丙烯胺。例如，某输油管日输油量为 8 260 kg/d，需用两台 17 atm 的油泵工作，通过高分子聚合物减阻技术处理后其输油量可增加到 10 500 kg/d，同时所需两台油条工作压力还可降为 15 atm。故在实际应用中高分子聚合物的减阻效果也十分明显，约可达 50%DR 减阻效果。

少量高分子聚合物的加入（其浓度典型为 50 mg/L）为何有明显减阻效果？过去以为其作用可能是通过管壁附近过渡区发生相互作用，抑制湍流发生或衰变引起的。但最近有试验表明，如将高分子聚合物添加剂从管轴中心处引入，同样仍有明显的减阻作用，故对高分子聚合物是否进入湍流生长区无关。那么加入少量高分子聚合物是如何修改湍流场产生大幅减阻效果的呢？有一种说法有些道理：加入少量高分子聚合物后的流体，并没有改变流体的剪切黏性，其剪切黏性系数几乎不变，所以减阻原因也不会因流体的剪切黏度减小产生。然而，已有测定在牛顿流体中加入少量高分子聚合物后其拉伸黏度（elongational viscosity）可增大几个数量级。流体拉伸黏度增大，对抑制湍流径向脉动和减小湍动能有重要关系，但还需进一步研究验证。

7.7　边界层理论

普朗特在引入边界层概念的同时，指出黏性流体基本方程（N-S 方程）在边界层内可以大大简化，获得著名的边界层方程，开创了近代流体-空气动力学的发展。冯·卡门从边界层壁面摩擦力与边界层内流体所遭受的动量损失有关的概念出发，又导出一个边界层动量积分方程，在工程上用它来计算壁面内摩擦力更为方便。现边界层理论的内容已十分丰富，只选择要学习的部分知识。

7.7.1　边界层方程

考虑不可压缩二维定常流动，不计重力[或将其中压力理解为水动压力，见式（4.4.15）]，则求解的 N-S 方程可写为

$$\begin{cases} u\dfrac{\partial u}{\partial x}+v\dfrac{\partial u}{\partial y}=-\dfrac{1}{\rho}\dfrac{\partial p}{\partial x}+\nu\left(\dfrac{\partial^2 u}{\partial x^2}+\dfrac{\partial^2 u}{\partial y^2}\right) \\ u\dfrac{\partial v}{\partial x}+v\dfrac{\partial v}{\partial y}=-\dfrac{1}{\rho}\dfrac{\partial p}{\partial y}+\nu\left(\dfrac{\partial^2 v}{\partial x^2}+\dfrac{\partial^2 v}{\partial y^2}\right) \\ \dfrac{\partial u}{\partial x}+\dfrac{\partial v}{\partial y}=0 \end{cases} \tag{7.7.1}$$

对于高雷诺数的流动，黏性影响仅限于物面附近的一个薄层 δ 内（即边界层内）。设绕流物体的特征尺度为 L，$L\gg\delta$。普朗特应用数量级比较的方法处理式（7.7.1），在边界层内忽略一些高阶小量，如边界层内 x 和 y 方向流动的长度尺度分别记为 L 和 δ，在边界层内 x 轴向速度 u 和 y 轴向流体速度 v 的速度尺度分别记为 U 和 V，则在连续性方程中 $\dfrac{\partial u}{\partial x}$ 的尺度可记为 $\dfrac{U}{L}$，$\dfrac{\partial v}{\partial y}$ 的尺度可记为 $\dfrac{V}{\delta}$。满足连续性方程时它们的数量级应相等，故可推出 V 的数量级为

$$V\sim U\frac{\delta}{L} \tag{7.7.2}$$

在边界层内 V 与 U 比较是一阶小量，故式（7.7.1）第二个方程中包含 v 的项与第一个方程相比较便可忽略不计。

类似地，分析式（7.7.1）第一个方程中各项的数量级，将它们写在方程下面的括号内为

$$
\begin{matrix}
u\dfrac{\partial u}{\partial x} & + & v\dfrac{\partial u}{\partial y} & = & -\dfrac{1}{\rho}\dfrac{\partial p}{\partial x} & + & v\left(\dfrac{\partial^2 u}{\partial x^2}+\dfrac{\partial^2 u}{\partial y^2}\right) \\
\downarrow & & \downarrow & & & & \swarrow \qquad \searrow \\
\left(\dfrac{U^2}{L}\right) & & \left(\dfrac{VU}{\delta}=\dfrac{U^2}{L}\right) & & & & \left(\dfrac{vU}{L^2}\right) \quad \left(\dfrac{vU}{\delta^2}\right)
\end{matrix} \tag{7.7.3}
$$

由此可见，方程中 $\dfrac{\partial^2 u}{\partial x^2}$ 的数量级 $\dfrac{U}{L^2}$ 与 $\dfrac{\partial^2 u}{\partial y^2}$ 的数量级 $\dfrac{U}{\delta^2}$ 相比较为高阶小量，故可忽略黏性项中 $v\dfrac{\partial^2 u}{\partial x^2}$ 一项的影响。又因边界层内黏性项与惯性项应具有同等重要的作用，它们的数量级大小应相当，即

$$
\frac{U^2}{L}\sim\frac{vU}{\delta^2} \tag{7.7.4}
$$

由此导出边界层厚度 δ 的数量级为

$$
\delta\sim\sqrt{\frac{vL}{U}}=L\sqrt{\frac{v}{UL}}=L\cdot Re_{\mathrm{L}}^{-\frac{1}{2}} \tag{7.7.5}
$$

与前面物理分析所得出的结果式（7.1.9）是一致的，故 Re_{L} 越大，则 δ 越小。

通过以上数量级比较忽略高阶小项后，得到普朗特边界层方程为

$$
\begin{cases}
u\dfrac{\partial u}{\partial x}+v\dfrac{\partial u}{\partial y}=-\dfrac{1}{\rho}\dfrac{\partial p}{\partial x}+v\dfrac{\partial^2 u}{\partial y^2} \\
\dfrac{\partial p}{\partial y}=0 \\
\dfrac{\partial u}{\partial x}+\dfrac{\partial v}{\partial y}=0
\end{cases} \tag{7.7.6}
$$

显然，它比 N-S 方程又有了很大的简化，其中压力 p 已不是未知函数，因 $\dfrac{\partial p}{\partial y}=0$，表明压力在边界层厚度内保持不变，故物面上压力变化 $\dfrac{\partial p}{\partial x}$ 与边界层边界上压力变化相同。边界层边界上的流动已属于无黏性的流动，故压力 p 可根据无黏性势流理论解得。

虽然如此，为了求解这个边界层方程，仍有困难，其精确解也仅有少数特例。其中最著名的是沿平板层流边界层由布拉休斯（Blasius）获得的解。

设平板无穷长，沿平板长度方向（x 轴向）来流速度 U，因边界层很薄，边界层外流速处处为 U，故沿边界层边界上有 $\dfrac{\mathrm{d}U}{\mathrm{d}x}=0$ 和 $\dfrac{\partial p}{\partial x}=0$，则求解的边界层方程为

$$
\begin{cases}
u\dfrac{\partial u}{\partial x}+v\dfrac{\partial u}{\partial y}=v\dfrac{\partial^2 u}{\partial y^2} \\
\dfrac{\partial u}{\partial x}+\dfrac{\partial v}{\partial y}=0
\end{cases} \tag{7.7.7}
$$

求解的边界条件为

y=0 处

$$u=v=0 \tag{7.7.8a}$$

$y=\infty$处

$$u=U \tag{7.7.8b}$$

布拉休斯证明沿平板层流边界层内速度分布存在相似解，无量纲速度图形 $\frac{u}{U}$ 与流动方向坐标 x 无关，即

$$\frac{u}{U}=f\left(\frac{y}{\delta}\right) \tag{7.7.9}$$

由此引入平面流动流函数可将边界层方程化为常微分方程，布拉休斯在其博士论文中解出：

$$\frac{\delta}{x}=\frac{5.0}{\sqrt{Re_x}} \tag{7.7.10}$$

平板阻力系数 C_{F} 为

$$C_{\mathrm{F}}=\frac{1.328}{\sqrt{Re_{\mathrm{L}}}} \tag{7.7.11}$$

当 $Re_{\mathrm{L}}=10^3\sim5\times10^5$，试验测得结果与式（7.7.11）的理论计算值比较，符合程度十分良好。

7.7.2 边界层动量积分方程

冯·卡门提出的边界层动量积分方程，用它来计算物面摩擦力更为方便。从实用出发，现在只讨论二维定常流沿平板流动时最简单的情况。

如图 7.20 所示，考虑单位宽平板固定不动，设来流速度为 U（均流），当液流通过平板时，由于速度分布的改变，从而发生流体动量的损失，则必有一摩擦力 $F(x)$作用于壁面上，其中的关系可用动量定理写出。取控制体如图 7.20 中虚线 $ABCD$（单位宽体积），进入控制体边界面 AB 的流体质量 $\int_0^\infty \rho U\mathrm{d}y$，从边界面 CD 流出的流体质量 $\int_0^\infty \rho u\mathrm{d}y$，因 $\int_0^\infty \rho U\mathrm{d}y>\int_0^\infty \rho u\mathrm{d}y$，故必有从边界面 BC 流出的流体质量为 $\int_0^\infty \rho(U-u)\mathrm{d}y$。通过该控制体单位时间内 x 轴向动量变化为

$$\int_0^\infty \rho U^2\mathrm{d}y+\int_0^\infty \rho(U-u)U\mathrm{d}y-\int_0^\infty \rho U^2\mathrm{d}y=-\int_0^\infty \rho u(U-u)\mathrm{d}y$$

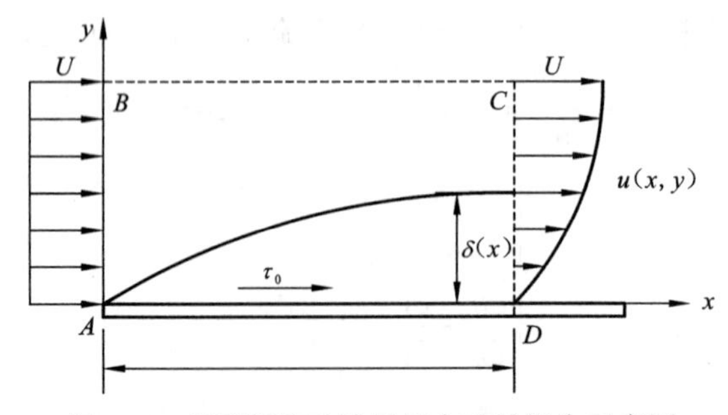

图 7.20　沿平板流动边界层内动量损失示意图

壁面摩擦力 $F(x)$对该控制体的作用力为$-F(x)$，x 轴向均流沿平壁面流过时在边界层内外均不发生压力变化，即该控制体边界面上的流体压力相等，压力合力为 0。则根据动量定理便有

$$-F(x) = -\int_0^{\infty} \rho u(U-u)\mathrm{d}y \tag{7.7.12}$$

式（7.7.12）积分限在理论上应从 0 到∞，但实际上只需从 0 到边界层厚度 δ 处就具有足够精确度，故式（7.7.12）可写为

$$F(x) = \int_0^{\delta} \rho u(U-u)\mathrm{d}y \tag{7.7.13}$$

平壁面上摩擦力 $F(x)$与壁面上黏性切应力 $\tau_0(x)$ 分布有下列关系：

$$F(x) = \int_0^{x} \tau_0 \mathrm{d}x \tag{7.7.14a}$$

或

$$\tau_0(x) = \frac{\mathrm{d}F(x)}{\mathrm{d}x} \tag{7.7.14b}$$

将式（7.7.13）代入式（7.7.14），即得沿平板的边界层动量积分方程为

$$\tau_0(x) = \rho \frac{\mathrm{d}}{\mathrm{d}x}\int_0^{\delta} u(U-u)\mathrm{d}y \tag{7.7.15}$$

其中积分式 $\rho\int_0^{\delta} u(U-u)\mathrm{d}y$ 表示边界层内因黏性产生的每秒动量减小量，令

$$\rho\int_0^{\delta} u(U-u)\mathrm{d}y = \rho U^2\theta$$

即

$$\theta = \int_0^{\delta} \frac{u}{U}\left(1-\frac{u}{U}\right)\mathrm{d}y \tag{7.7.16}$$

式中：θ 为边界层内动量损失厚度，表示 θ 厚度上以速度 U 通过的流体动量相等于该处边界层上动量损失量。引入边界层动量损失厚度 θ 后，平板边界层动量积分方程式（7.7.15）又可写为

$$\tau_0 = \rho U^2 \frac{\mathrm{d}\theta}{\mathrm{d}x} \tag{7.7.17}$$

以上导出的边界层动量积分方程对层流和湍流边界层都普遍适用。对层流边界层，τ_0 还可根据牛顿内摩擦力定理简单地确定，即

$$\tau_0(x) = \mu \left.\frac{\partial u}{\partial y}\right|_{y=0} \tag{7.7.18}$$

而在湍流边界层中的 $\tau_0(x)$，则需另外确定。一般来说，边界层动量积分方程有三个未知量，即 $u(x,y)$、$\delta(x)$ 和 $\tau_0(x)$，所以要确定它们还必须另外补充两个方程式。通常假设边界层内速度和引入壁面切应力与边界层厚度之间的关系，作为补充方程，以求解边界层有关问题。

例如，对二维平板层流边界层的计算，根据实践已证明，假设层流边界层内的速度分布为二次抛物线，即可与试验得出的速度分布曲线符合良好。令

$$u(x,y) = a(x)y + b(x)y^2 \tag{7.7.19}$$

式中：$a(x)$和 $b(x)$为系数，有边界条件确定。

y=0 处（壁面上）

$$u(x,y)=0 \tag{7.7.20a}$$

y=δ 处（边界层边界面上）

$$u(x,y)=U，\ \frac{\partial u}{\partial y}=0 \tag{7.7.20b}$$

因此，层流边界层的速度分布系数 $a(x)$和 $b(x)$为

$$a(x)=\frac{2U}{\delta}，\ b(x)=-\frac{U}{\delta^2} \tag{7.7.21}$$

故有层流边界层的速度分布为

$$u(x,y)=U\left(2\frac{y}{\delta}-\frac{y^2}{\delta^2}\right) \tag{7.7.22}$$

在层流边界层中，平壁面上切应力 τ_0 由牛顿内摩擦力定理得

$$\tau_0=\mu\left(\frac{\partial u}{\partial y}\right)_{y=0}=\mu U\left(\frac{2}{\delta}-\frac{2y}{\delta^2}\right)_{y=0}=\frac{2\mu}{\delta}U \tag{7.7.23}$$

将式（7.7.22）和式（7.7.23）作为两个补充方程，代入平板边界层动量积分公式（7.7.15），得

$$\frac{2\mu}{\delta}U=\rho\frac{\mathrm{d}}{\mathrm{d}x}\int_0^\delta U^2\left(\frac{2y}{\delta}-\frac{y^2}{\delta^2}\right)\left(1-\frac{2y}{\delta}+\frac{y^2}{\delta^2}\right)\mathrm{d}y$$

由此得出一个未知函数 δ 的微分方程：

$$\frac{\mu}{\delta}=\frac{1}{15}\rho U\frac{\mathrm{d}\delta}{\mathrm{d}x} \tag{7.7.24}$$

积分后得

$$\frac{1}{30}\rho U\delta^2=\mu x+C \tag{7.7.25}$$

因在 x=0 处，δ=0，所以可求得积分常数 C=0，因此：

$$\delta=\sqrt{\frac{30\mu x}{\rho U}}=5.48\sqrt{\frac{\nu x}{U}}=5.48xRe_x^{-\frac{1}{2}} \tag{7.7.26}$$

与层流边界层的精确解式（7.7.10）比较，只有系数上差别。

将式（7.7.26）代入式（7.7.23），就可求得沿平板的局部摩擦黏性切应力 τ_0 为

$$\tau_0=0.365\mu U\sqrt{\frac{U}{\nu x}} \tag{7.7.27}$$

式（7.7.27）说明随 x 的增大，沿平板后面单位面积上的摩擦力减小，其原因显然是边界层厚度增加，边界层内速度分布曲线的梯度减小的缘故。

长度为 L 和宽度为 b 的平板表面摩擦力 F（对平板的一个流面）为

$$F=b\int_0^L\tau_0\mathrm{d}x=0.365b\mu\sqrt{\frac{U}{\nu}}\int_0^L\frac{\mathrm{d}x}{\sqrt{x}}=0.73bU^{1.5}\sqrt{L\mu\rho}=0.73\rho bLU^2\left(\frac{UL}{\nu}\right)^{-\frac{1}{2}} \tag{7.7.28}$$

由此可见，在层流边界层中，进一步证实了表面摩擦力与流速 U 的 1.5 次方成正比的关系。分析式（7.7.28）还可知，相同的浸湿面积 Lb，如板长 L 越大，则其摩擦力越小，这正是 τ_0 沿平板长度方向减小的结果。故在相同浸湿面积的条件下，如将船舶设计成瘦长形，其摩擦

力是可以减小的。

平板的平均摩擦力系数 C_F（通常称为摩擦力系数）的定义为

$$C_F = \frac{F}{\frac{1}{2}\rho U^2 A} \tag{7.7.29}$$

式中：A 为浸湿面积，对平板 $A=bL$，将式（7.7.28）代入后则得

$$C_F = \frac{1.46}{Re_L^{\frac{1}{2}}} \tag{7.7.30}$$

它与平板层流边界层理论精确解式（7.7.11）比较，也只有系数上的差别，这是由速度分布的近似假设所引起的。

利用边界层动量积分方程的方法，还可应用于湍流边界层的计算，如沿平板表面湍流边界层速度分布取对数分布，桑海导出光滑平板湍流边界层摩擦力系数 C_F 的桑海公式（Schoenherr's formula）为

$$\frac{0.242}{\sqrt{C_F}} = \log_2\left(Re_L \cdot C_F\right) \tag{7.7.31}$$

式（7.7.31）曾被推荐可应用于船舶估算摩擦力（另加粗糙补贴 0.000 4），该公式是隐式计算稍不便，另外在实践中发现对小船模型有一些低估船体摩擦力。1957 年国际船模拖曳水池会议研究提出修改公式为

$$C_F = \frac{0.075}{\left(\log_2 Re_L - 2\right)^2} \tag{7.7.32}$$

式（7.7.31）和式（7.7.32）在 $Re_L>10^7$ 时具有相同的 C_F。

7.7.3 边界层排挤厚度

边界层内流线被向外排挤的厚度，可做如下估算。如图 7.21 所示，考虑任一边界层内流线，在无黏性流体中通过平板上方点 A 的流线为 AM'（平行于平壁面），而在黏性流体中由于边界层内速度降低，故实际流线必向外被排挤，通过点 A 的流线变为 AM。根据流体质量守恒定律，对不可压缩流体在实际流线 $M(x,y)$点处有

$$\int_0^y u\mathrm{d}y = U \cdot \overline{M_0M'} \tag{7.7.33}$$

因 $\overline{M_0M'} = \overline{OA} = y - \overline{MM'}$，其中 $\overline{MM'}$ 即为通过点 A 的流线在点 M 处的排挤量，代入式(7.7.33)，则有

$$\overline{MM'} \cdot U = \int_0^y \left(U-u\right)\mathrm{d}y \tag{7.7.34a}$$

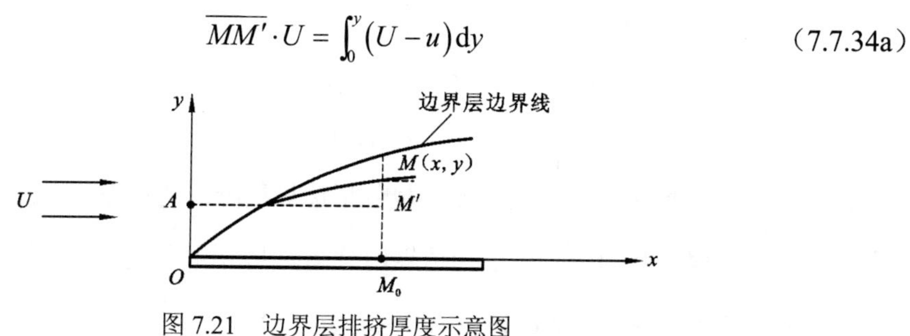

图 7.21　边界层排挤厚度示意图

或

$$\overline{MM'}=\int_0^y\left(1-\frac{u}{U}\right)\mathrm{d}y \tag{7.7.34b}$$

在平壁面表面 $y=0$，$u=0$，流线没有被排挤。离开壁面的距离越大，实际流线位置相对于无黏性流的流线位置的间距（即流线排挤量）越大。在边界层边界面上（$y=\delta$），流线排挤厚度达到最大值，这时的排挤厚度通常称为边界层的排挤厚度，以符号 δ^*表示，即

$$\delta^*=\int_0^\delta\left(1-\frac{u}{U}\right)\mathrm{d}y \tag{7.7.35}$$

也就是说，在实际流体中通过边界层边界上某一点的实际流线，与无黏性流动时的流线相比较，必向外推移了距离 δ^*。故在理论研究中，为了用无黏性流的计算求出与实际流体绕流时边界层边界上的速度分布（压力分布），需要将物体表面各点法向方向增加一个对应的排挤厚度 δ^*，使这个假想的物体表面相当于原物体在实际流体中的边界流线。

边界层厚度 δ，边界层排挤厚度 δ^*，以及边界层动量厚度 θ 是三个重要的物理量，在边界层理论中常要计算。

7.8 边界层分离

7.8.1 边界层分离概念

在沿曲壁面的流动中，常常能观察到流动脱离边界，发生倒流形成漩涡的现象，此种现象通常称为边界层的分离。例如，桥墩之后的水流，突然扩大和扩散管道中水（气）流、弯道中水（气）流、机翼背面上气流、建筑物前后的气流等，都会出现边界层分离的现象。如图 7.22 所示为几种有边界层分离的流动，流动分离形成涡旋需要消耗一些能量和增加流动阻力。

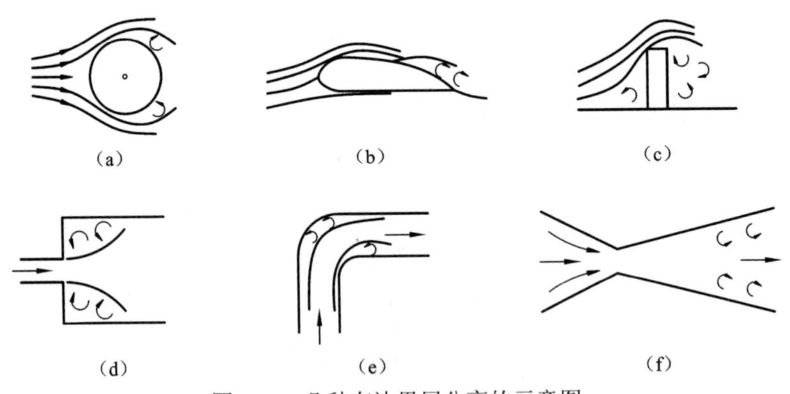

图 7.22　几种有边界层分离的示意图

普朗特（1904 年）提出边界层理论，也包括边界层分离的概念。什么原因使边界层分离？在大量经验和观察的基础上，认识到边界层分离总是发生在流体压力沿程递增（$\dfrac{\partial p}{\partial S}>0$，$S$ 为流动沿壁面的曲线坐标）的区域。而流体的黏性作用是产生边界层分离的根源，没有黏性

作用，则无论其流动是否在扩压区，都不会产生边界层分离。扩压作用则是产生边界层分离的必要条件，没有扩压作用，如黏性流体在收缩管段和沿平板壁面流动时，也不会产生边界层分离。

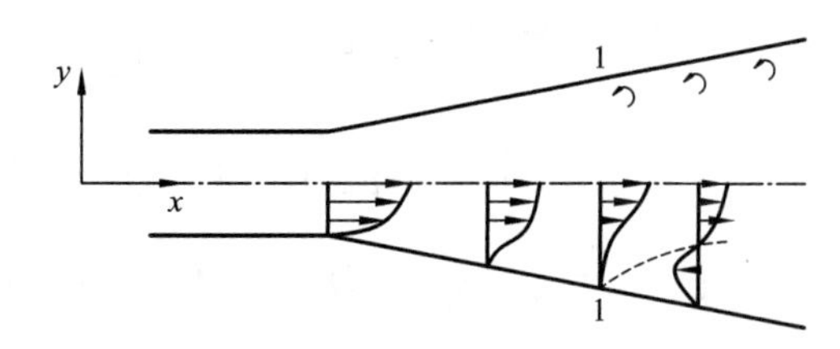

图 7.23　扩散管中说明边界层分离示意图

黏性或扩压这两种因素究竟如何使边界层产生分离？现以扩散管中不可压缩流体黏性流动为例具体说明边界层分离的现象。如图 7.23 所示，当流体进入扩散管段后，边界层边界（管轴心处）的流速逐渐降低，而压力逐渐增高。而在靠近壁面处的流体因黏性的影响速度比较小，又要求不断克服前进中的扩压作用，使流速进一步降低，而压力逐渐升高。靠近壁面的流体，因黏性的影响速度比较小，而要求不断克服前进中的扩压作用，使其流速进一步降低。如当流动到达断面 1 处时，邻近壁面的流体首先无能抵抗前进的扩压作用，在那里的流体质点开始停止前进，即紧接断面 1 处的流体质点的速度已降为 0，即径向（y 轴向）速度梯度为 0：

$$\frac{\partial u}{\partial y}=0 \tag{7.8.1}$$

相继地在虚线以下的流体，在逆向压力差的作用下，便产生回流。此反向回流与主流相遇后，相互结合而形成明显的涡旋区域，其结果是产生边界层分离现象。

对其他如图 7.22 所示的各种流动边界层分离现象，其原因分析完全相同。

虽然产生边界层分离的原因是黏性和扩压作用，但这并不是说凡是有扩压作用的黏性流动都会产生边界层分离。当扩压作用较小时，边界层内流体速度（动能）足以克服反压力所做的功时，流动仍然可呈现无分离的状态，如扩散管的扩散角为 7°～9° 及以下时，就属于这种情况（由试验确定）。

边界层分离点的位置主要与物面形状有关，对一定的流动边界，由于湍流边界层的速度分布比较均匀，在物面附近比之对应的层流边界层具有更大的流体动能，故能推迟流动的边界层分离发生。根据实验测定，如在绕圆柱体的流动中，层流边界层的分离点在离圆柱前缘 80° 的地方，而湍流边界层则可推后到离前缘 120° 处才开始分离。对于边界层处于何种流动状态，需由流动的 Re 大小确定，如绕圆柱体的流动，$Re=\frac{Ud}{\nu}<3\times10^5$ 为层流，$Re=\frac{Ud}{\nu}>3\times10^6$ 为湍流。

光滑曲面，流动中边界层分离点位置一般需通过试验或理论方法测定。而对于有尖角、折角之类的物体绕流（图 7.24），流动中边界层分离点位置通常都是在那些转折角点处。分离后流动呈现凌乱的旋涡，形成所谓“死水区”状态，如不计重力，“死水区”内压力可假设相等。实际上，“死水区”不会延伸到无穷远，而在物体后流体又很快重新汇合。

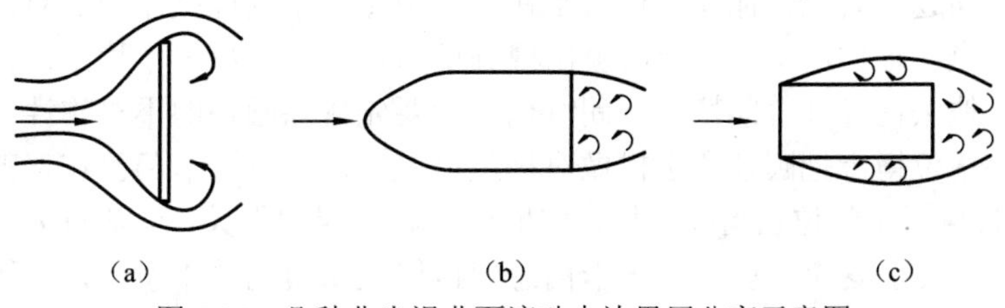

图 7.24　几种非光滑曲面流动中边界层分离示意图

7.8.2 圆柱体绕流和冯·卡门涡街

作为典型，圆柱体绕流时边界层分离现象具有代表性。设圆柱直径为 d，来流速度为 U_∞，定义 $Re_\mathrm{d}=\dfrac{U_\infty d}{\nu}$。试验表明，绕圆柱流动的临界 Re 为$(2\sim5)\times10^5$。当 $Re_\mathrm{d}<2\times10^5$ 时，绕圆柱体流动为层流边界层；当 $Re_\mathrm{d}>5\times10^5$ 时，绕圆柱体流动为湍流边界层。根据势流理论，圆柱绕流为势流流动时，物面上压力系数为［见式（6.4.11）］

$$C_\mathrm{p}=\frac{p-p_\infty}{\dfrac{1}{2}\rho U_\infty}=1-4\sin^2\theta$$

其分布曲线如图 7.25 所示实线。其中圆柱前驻点 O（θ=0）处$\left(C_\mathrm{p}\right)_O=1.0$；驻点 B（θ=180°）处$\left(C_\mathrm{p}\right)_B=1.0$；点 A（θ=90°）处压力系数最小$\left(C_\mathrm{p}\right)_A=-3.0$。所以绕圆柱体流动的边界层沿圆柱壁面从点 O 到点 A 为顺压流动，动点 A 到点 B 为逆压流动，边界层在逆压流动区将会产生边界层分离。经试验测定，对层流边界层的分离点约为 $\theta_S=90^\circ$；边界层分离发生后，沿圆柱表面压力分布曲线将改变为图中实测线所示。这时圆柱前后压力差作用下，其阻力系数 C_D 可达 C_D=1.2（其中摩擦阻力系数只占 0.01）。而对湍流边界层，边界层分离点则可推迟发生在 $\theta_S=120^\circ\sim140^\circ$ 处，分离区缩小，并在圆柱后面交替下泄的涡列也消失，阻力系数可降到 C_D=0.3～0.4。但随着 Re_d 继续增大，如 $Re_\mathrm{d}>6\times10^5$，圆柱阻力系数 C_D 又会继续增大到 C_D=0.6，圆柱体后交替下泄的涡列也恢复。

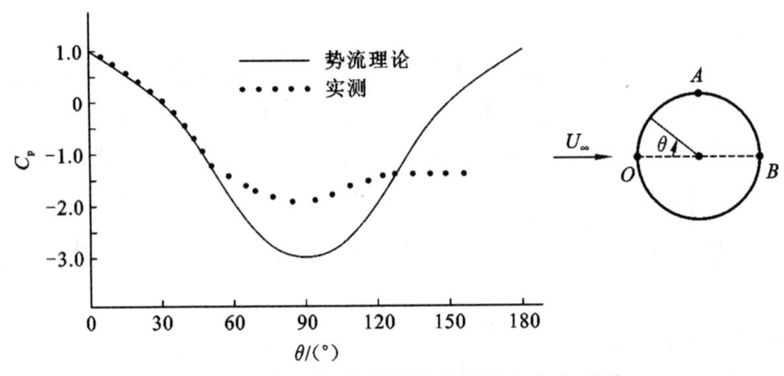

图 7.25 绕圆柱流动物面上的压力分布曲线

根据试验观察发现，圆柱体绕流边界层分离所下泄的涡迹，在圆柱体后形成两排涡列并不是左右对称的。在相当大的雷诺数范围内（$47<Re_\mathrm{d}<10^7$）呈现交叉分布，被称为“卡门涡街”。关于卡门涡街的发现，有一则趣闻轶事可供了解：1911 年，普朗特在德国哥廷根大学在做边界层分离问题的研究，他要一位博士在水槽中做一个圆柱绕流的试验，以验证边界层理论确定的分离点。这位博士做试验时就出现圆柱后边界层分离很不稳定，在左右两侧的分离涡也不对称，他去问导师普朗特，普朗特也认为要先排除圆柱的不对称性或水槽不对称性产生的结果，要这位博士把圆柱和水槽做对称后再试。那时冯·卡门已在普朗特那里做助教（1908 年后他获得博士学位后留校）与这位博士的研究课题无关，但他每天上班经过实验室总看到这个博士在修正这个试验，冯·卡门总问他修正试验的结果怎样，回答也总是还不理想。经过一段时间后，冯·卡门就在想是不是还有其他原因。他利用一个周末晚上对圆柱后

两排涡列作粗略的分析和计算：先假设两排涡列在圆柱后为对称分布，然后移动其中一个涡旋，它们相互影响使这个涡旋不能恢复到原先位置上。这就是说，圆柱后两排对称分布的涡列是不稳定的，现实中不会存在。而对于两排交叉分布的涡列，通过相同的计算，虽然也不稳定，但在两排涡列交叉分布的点涡间距 p 和两排涡列间距 w（图 7.26），它们的比值 $\frac{w}{p}$ 在一定条件下则可以稳定。所以圆柱绕流边界层分离所下泄的涡列，在现实中应该呈现非对称交叉分布的形态。

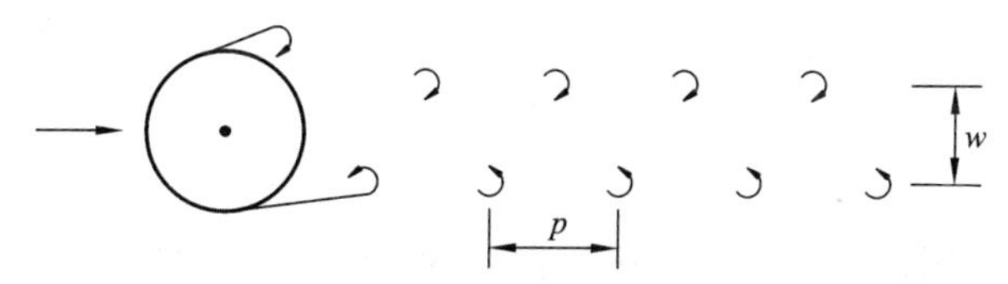

图 7.26 圆柱后两排涡列示意图

冯·卡门便带着这个问题在星期一上班时间去问普朗特，普朗特听后就说，这有些道理，并叫冯·卡门将它写出来，可将这篇文章投交学院去发表。冯·卡门写完这篇文章后，又觉得其中的计算不够严密，接着他又作出较精确的计算，得到交叉分布两列涡之间的间距 $\frac{w}{p}=0.281$ 时是稳定的结论，并被后来的试验证实。后人为纪念冯·卡门的这一发现，将这一发现称为“卡门涡街”。

分析实际黏性流体绕圆柱体流动，注意到分离涡从圆柱两侧交替下泄的卡门涡街，如图 7.27（a）所示，当一侧有分离涡（强度为 Γ）下泄时，圆柱体便出现不对称流型，根据边界层外流体势流理论，圆柱体将产生一反向速度环量叠加于来流以改变圆柱两侧流型不对称性。并产生图 7.27（a）所示的侧向升力 L。接着在另一侧就有分离涡下泄，如图 7.27（b）所示（涡强度为 Γ）。类似的分析可知，圆柱体将交替地受到方向相反的侧向力作用，从而可使柱体发生振动。如果分离涡下泄的频率与柱体结构物自振频率相同，将引起共振造成危害。例如，空中电话线和电缆线的鸣唱（singing），以及汽车天线在某一特定车速下的振动，都是由卡门涡街引起的。水中潜艇的潜望镜和海洋平台中缆绳受力分析也都要考虑卡门涡街的作用。

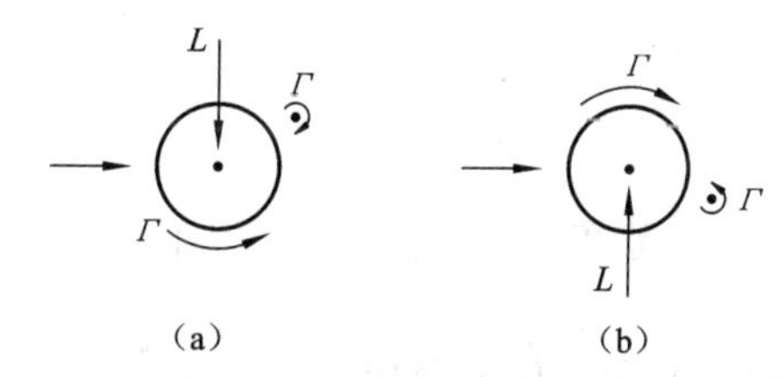

图 7.27 圆柱体后交替出现的分离涡现象示意图

对来流速度为 U 绕圆柱体（直径为 d）下泄的卡门涡街，其分离涡下泄效率为 f，根据试验可知，无量纲特征数 $St=\frac{fd}{U}$（称为施特鲁哈尔数，Strouhal number）在相当大的 Re_{d} 范围内（$Re_{\mathrm{d}}=10^2\sim10^5$），$St$ 几乎是常数（St=0.2～0.21），并有经验公式：

$$St=0.198\left(1-\frac{19.7}{Re_{\mathrm{d}}}\right),\quad 250<Re_{\mathrm{d}}<2\times10^5 \tag{7.8.2}$$

因此，在工程上还利用这一特性可将它用来研制流体的流量计，特别是可被应用于测定熔融金属的流量具有优越性。

这里还需要指出，卡门涡街现象不仅在圆柱体绕流后可以生成，对其他截面的柱体（如各种钝体）和结构物（如桥梁、建筑物）都可能出现。例如，在桥梁史上一次特大事故发生在 1940 年 1 月，美国塔科马（Tacoma）大桥（为一长 853.4 m 悬索桥）于建成 4 个月后在一次不大的风速（只 19 m/s）中被吹垮。其全过程恰被当时在那里的一支电影摄制团队拍下了影片。这个珍贵的资料让人们目睹了大桥被扭垮的惨烈情景。后来通过各方面专家论证，造成这一事故的罪魁祸首是卡门涡街的锁定（lock-in）作用，即大桥结构自振频率等于风吹大桥后分离涡下泄频率，从而产生最大振幅的振动。从此以后，大桥的设计都要做风振试验，以防止此类锁定作用的发生。从此高层建筑物在建造的时候必须对风，以及风对它的影响进行计算和设计，“卡门涡街”的原理已逐渐发展为一个建筑的行业标准。

7.8.3 球的空气动力学

各类球（足球、棒球、高尔夫球……）奇异的曲线运动可作为球的空气动力学问题的典型事例。如图 7.27 所示，球在空气中以速度 $\boldsymbol{u}$ 运动时，受空气阻力 $\boldsymbol{D}$（方向与 $\boldsymbol{u}$ 相反）和重力 $m\boldsymbol{g}$（m 为球的质量，$\boldsymbol{g}$ 为重力加速度矢量）外，如果球在运动过程中还具有旋转角速度 $\boldsymbol{\omega}$，则该球体还同时存在一种横向力或升力（通常称为马格努斯力）$\boldsymbol{F}_{\rm m}$ 作用，马格努斯力方向与 $\boldsymbol{u}$ 正交，如图 7.28 指向为 $\dfrac{\boldsymbol{\omega}\times\boldsymbol{u}}{|\boldsymbol{\omega}\times\boldsymbol{u}|}$。

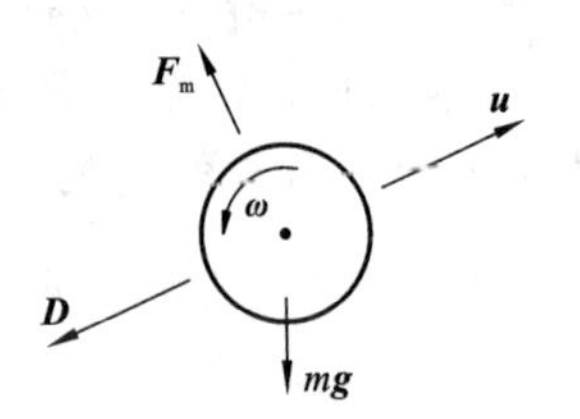

图 7.28　球在空气中运动时的受力示意图

球的空气阻力 $\boldsymbol{D}$，通常为

$$\boldsymbol{D}=C_{\rm D}\cdot\frac{1}{2}\rho A|\boldsymbol{u}|^2\frac{\boldsymbol{u}}{|\boldsymbol{u}|} \tag{7.8.3}$$

式中：A 为球在运动方向的横截面面积；$C_{\rm D}$ 为阻力系数，它与球体运动雷诺数 $Re=\dfrac{|\boldsymbol{u}|\times d}{\nu}$（$d$ 为球直径）和球体表面相对粗糙度 $\dfrac{k}{d}$ 有关，即 $C_{\rm D}=C_{\rm D}\left(Re,\dfrac{k}{d}\right)$，由试验数据确定。球的空气阻力包括表面摩擦力和边界层分离产生的压差阻力（即形状阻力）两部分组成，其中摩擦力只占很小一部分。各类球的雷诺数范围为 $Re=4\times10^4\sim2\times10^6$，对光滑球的阻力系数 $C_{\rm D}=C_{\rm D}(Re)$ 的试验曲线如图 7.29 中实线所示，可将它分为三个具有不同特性的区域：光滑

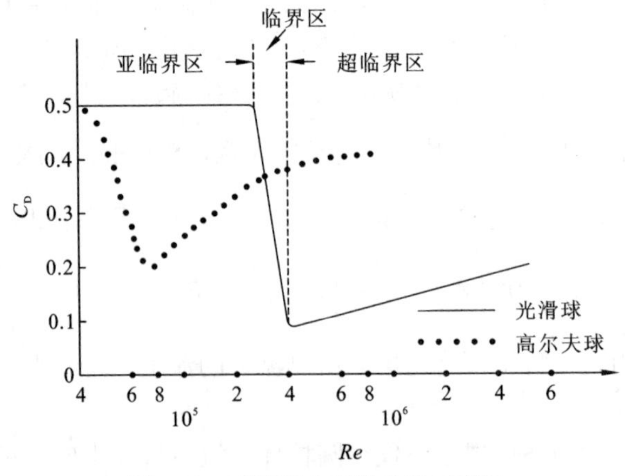

图 7.29　球的阻力系数曲线示意图

球的临界雷诺数 $Re_{crit}=(3\sim4)\times10^5$，即 $Re<3\times10^5$ 时为层流边界层流动，边界层分离点约 θ=90°（假设球的前驻点 θ=0°），分离区较大，阻力系数 C_D 几乎与 Re 无关，C_D 的近似值为 C_D=0.5，这一区域称为亚临界区；在 $3\times10^5<Re<4\times10^5$ 为光滑球的临界区，即层流边界层转变为湍流边界层，因湍流边界层使分离点后移到 θ=120°，使分离区突然缩小，球体阻力系数急剧下降到 C_D=0.07，被称为在临界区出现“阻力危机”现象（指阻力突降的一种现象）；此后，$Re>4\times10^5$，阻力系数 C_D 又会随 Re 增大而增大，这第三个区域称为超临界区。

对不同粗糙度的球，球的临界雷诺数将各不相同，增加粗糙度使球的临界雷诺数减小，如足球的临界雷诺数大约为 2.2×10^5，高尔夫球的临界雷诺数约为$(5\sim8)\times10^4$。足球在亚临界区时 C_D=0.50，在超临界区时 C_D=0.15，发生阻力危机时可降到 C_D=0.07。高尔夫球是表面粗糙最大的一种球，大多数高尔夫球表面有 300～400 个酒窝形（圆形或六角形等）微凹的表面所构成，图 7.29 中点线是高尔夫球的阻力系数曲线，通过与光滑球阻力系数曲线比较可知：因高尔夫球直径为 43 mm，典型的球速为 60 m/s，代表性的雷诺数 $Re=1.72\times10^5$，所以它可以比光滑球打得更远。

球的马格努斯力（图 7.28）为

$$\boldsymbol{F}_m=C_m\cdot\frac{1}{2}\rho A|\boldsymbol{u}|^2\frac{\boldsymbol{\omega}\times\boldsymbol{u}}{|\boldsymbol{\omega}\times\boldsymbol{u}|} \tag{7.8.4}$$

式中：C_m 为马格努斯力系数，主要与球的旋转参数 S 有关，由试验数据确定。球的表面粗糙度对马格努斯力的增大有一定影响，但影响不是很大。旋转参数 S 为

$$S=\frac{\omega\cdot d}{2|\boldsymbol{u}|} \tag{7.8.5}$$

旋转参数 S 为一无量纲数。体育运动中各种球类旋转参数的范围一般为 0.1～0.5，常可用近似关系 $C_m\approx S$ 对实际问题做分析，也有一些经验公式可以利用，如：

$$C_m=\begin{cases}0.5S, & S<0.1\\ 0.09+0.6S, & S>0.1\end{cases} \tag{7.8.6}$$

有了球体在空气阻力和马格努斯力的确定方法后，对球体在空气中的运动迹线（研究各种曲线球）就可以做出分析和计算。设球体的质量为 M，球心在空中坐标矢量以 $\boldsymbol{r}$ 表示，球的线速度 $\boldsymbol{u}=\frac{\mathrm{d}\boldsymbol{r}}{\mathrm{d}t}$。假设球的旋转角速度 $\boldsymbol{\omega}$ 在球体运动过程中近似地假设不变，则由牛顿第二定律可得球心运动迹线方程为

$$M\frac{\mathrm{d}^2\boldsymbol{r}}{\mathrm{d}t^2}=C_m\cdot\frac{1}{2}\rho A|\boldsymbol{u}|^2\frac{\boldsymbol{\omega}\times\boldsymbol{u}}{|\boldsymbol{\omega}\times\boldsymbol{u}|}-C_D\cdot\frac{1}{2}\rho A|\boldsymbol{u}|^2\frac{\boldsymbol{u}}{|\boldsymbol{u}|}+M\boldsymbol{g} \tag{7.8.7}$$

令

$$K_m=\frac{\rho A}{2M}C_m,\quad K_D=\frac{\rho A}{2M}C_D$$

则求解球体运动方程式（7.8.7）可简化为

$$\ddot{\boldsymbol{r}}=K_m|\boldsymbol{u}|^2\frac{\boldsymbol{\omega}\times\boldsymbol{u}}{|\boldsymbol{\omega}\times\boldsymbol{u}|}-K_D|\boldsymbol{u}|^2\frac{\boldsymbol{u}}{|\boldsymbol{u}|}+\boldsymbol{g} \tag{7.8.8}$$

式中：$\ddot{\boldsymbol{r}}=\frac{\mathrm{d}^2\boldsymbol{r}}{\mathrm{d}t^2}$ 为球心的加速度矢量。给出初始值$(\boldsymbol{r}_0,\boldsymbol{u}_0,\boldsymbol{\omega}_0)$，对每一时间步球的位置矢量和

速度矢量都可一步一步计算出来。将它应用于足球的“角球”和“任意球”破门。例如，对一个离球门为 18.28 m 任意球 1，如图 7.29 所示，人墙在球门前 9.15 m 处，任意球 1 要求越过人墙进入球门，是否能获得成功，就可通过计算求得。若取 $|\boldsymbol{u}_0| = 25\ \text{m/s}$，初始射角（离地面仰角）取 17°，球的倒旋角速度 $|\boldsymbol{\omega}_0| = 7\ \text{rev/s}$，在理论上就正好能使球越过人墙后破门。在图 7.30 中还示出一个角球，通过球的侧旋也有可能直接进球。2010 年，南非世界杯乌拉圭队踢出一个诡异的似 S 形任意球破门，见图 7.30 中任意球 2。该球踢出时，加纳队守门员判断是一个普通的“香蕉球”(图中虚线即为香蕉球迹线）做了准备，守门员立即向门框右侧移动，意想不到的是球在中途突然转向远处，并高速进入左侧门框，这是一个很少见到的 S 形任意球。什么原因使这个球中途突然偏离本该是“香蕉型路线”而转向远处成为似 S 形路线？这里可能是这个球的阻力危机在那里突然出现，球体阻力因急降而加速运动，球可能被甩向远处而出现这样的结果（尚需计算验证）。

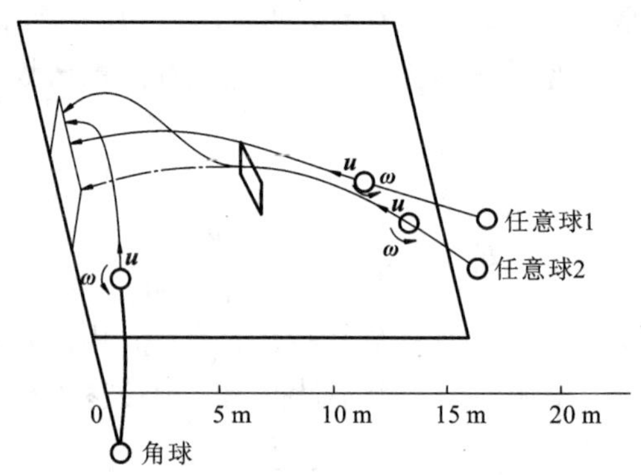

图 7.30　足球比赛中“角球”“任意球”示意图

7.8.4　机翼在大攻角时的失速

机翼失速（stall）这个名词来自飞机空气动力学，学习流体力学和空气动力学课程需要很好的了解。机翼的升力系数 C_L 和阻力系数 C_D 的特性，通常与来流攻角 α，来流雷诺数 Re，机翼展弦比 AR，翼剖面类型（包括拱度、厚度比等），以及机翼平面形状（包括是否后掠）等多种因素有关。其中以攻角 α 的影响最大，故常将升力系数 C_L 与攻角 α 的关系曲线称为升力曲线；将阻力系数 C_D 与攻角 α 的关系曲线称为阻力曲线。对于二维机翼（AR=∞），升力曲线的斜率大约为 2π，随攻角 α 增大升力系数 C_L 线性增加。而随着攻角逐渐增大，机翼背面边界层分离点也逐渐前移（边界层分离点前移，表示机翼翼背上的分离区扩大），但升力系数 C_L 仍会继续增大，直到某一攻角 $\alpha=\alpha_S$，边界层分离点迁移到达极点，再增大攻角升力系数 C_L 将会急剧下降（或开始缓慢下降后再急剧下降），同时阻力系数 C_D 急剧增大，此时飞机就产生失速现象。失速是指机翼边界层分离扩大到整个翼背面，再继续增大攻角，升力便急剧下降，阻力急剧增大。失速不是指飞机的机器发生故障，也不等于飞机停止运动。失速是机翼绕流边界层分离产生的，但不是机翼绕流发生边界层分离现象后就会出现失速。机翼失速表示升力系数 C_L 已达到最大值 $C_{L,\max}$，C_L 不能再增大而发生急剧下落的现象。

二维机翼（翼剖面）的失速角 α_S 大约为 15°。因增大雷诺数可推迟边界层分离，所以增大雷诺数也可推迟失速发生。机翼展弦比 AR 对失速角有较大影响；对小展弦比机翼，由于尾涡下泻使升力曲线斜率降低，不同展弦比 AR 的机翼最大升力系数 $C_{L,max}$ 近似相同，故小展弦比机翼可推迟失速发生，即有更大的失速角，如图 7.31（a）所示。

机翼平面形状对失速特性也有较大影响，如平直翼面失速常是突然发生的，后掠翼的失速则有一个过程，失速开始到强烈失速，失速角有一个范围，如图 7.31（b）所示。

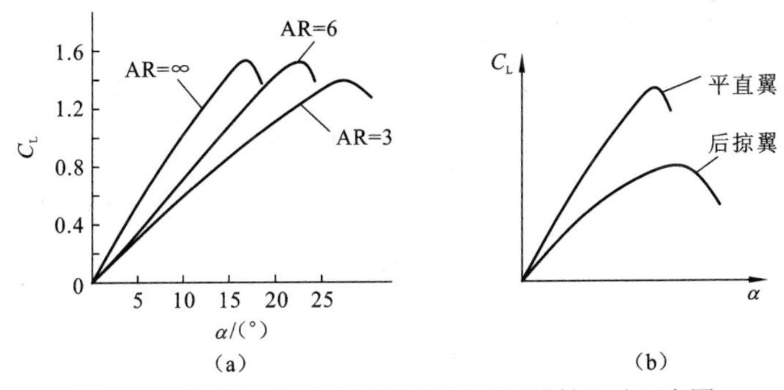

图 7.31　机翼展弦比和平面形状对失速特性影响示意图

通常，翼剖面的气动特性（如 C_L、C_D 等），在失速前（$\alpha<\alpha_S$）大多能在手册中找到，但某些工程问题的设计，如风透平设计还需要有过失速（post stall），即 $\alpha>\alpha_S$ 的翼剖面气动特性数据。风透平翼剖面常用翼型为 NACA 44XX（如 NACA 4415、NACA 4418 等），它们在过失速后的气动特性已有一些经验公式可参考：

$$C_{D,\max}=1.11+0.018\,\mathrm{AR}\,,\quad \alpha=90^\circ \tag{7.8.9a}$$

$$C_D=B_1\sin^2\alpha+B_2\cos\alpha\,,\quad \alpha=15^\circ\sim90^\circ \tag{7.8.9b}$$

式中：$B_1=C_{D,\max}$，$B_2=\dfrac{C_{DS}-C_{D,\max}\sin^2\alpha_S}{\cos\alpha_S}$，$\alpha_S$ 为失速角，$\alpha_S=15^\circ$。

$$C_L=A_1\sin2\alpha+A_2\frac{\cos^2\alpha}{\sin\alpha}\,,\quad \alpha=15^\circ\sim90^\circ \tag{7.8.9c}$$

式中：$A_1=\dfrac{B_1}{2}$，$A_2=\dfrac{\left(C_{LS}-C_{D,\max}\sin\alpha_S\cos\alpha_S\right)\sin\alpha_S}{\cos^2\alpha_S}$。

7.9　物体在流体中运动的阻力

物体在流体中做等速直线运动时的阻力，与均匀来流绕固定不动的物体流过时作用在物体上的力是相等的，可统一讨论。

在流体中运动物体的黏性阻力，分摩擦阻力和压差阻力两部分。摩擦阻力是由物体表面黏性力产生；压差阻力主要是由边界层分离产生的压力合力引起的，与物体形状关系密切，故压差阻力也称为形状阻力。

除流体黏性阻力外，物体在流体中运动的阻力还有波浪阻力、惯性阻力、诱导阻力等。波浪阻力是物体在液体的自由表面上运动产生自由表面变形而引起的阻力；惯性阻力是物体在流体中做加速运动产生的阻力；诱导阻力是三维机翼理论中由涡系产生的阻力；还有可压缩气体动力学中激波阻力等，都不属于本章讨论的范围。

根据量纲分析已知式（4.6.30），物体在流体中运动的阻力可写出通用公式为

$$R = C_D \cdot \frac{1}{2}\rho v^2 A \tag{7.9.1}$$

式中：阻力系数 C_D 由理论或试验方法确定。

7.9.1 流体摩擦阻力

流体摩擦阻力是物体表面与流体接触面积上产生的黏性摩擦阻力，二维平板的流体摩擦阻力已有边界层理论和试验所验证的公式计算确定。摩擦阻力 R_f 与来流速度 v 和平板长度 L 有关。取平板特性雷诺数 $Re = \frac{vL}{\nu}$，工程上该计算平板摩擦阻力系数 C_f 的公式，对层流边界层有

$$C_f = \frac{1.33}{\sqrt{Re}} \tag{7.9.2}$$

平板前端开始已为湍流的边界层：

$$C_f = \frac{0.074}{Re^{0.2}} \tag{7.9.3}$$

平板前部是层流边界层，平板后部为湍流边界层，假设临界雷诺数为 5×10^5，有

$$C_f = \frac{0.074}{Re^{0.2}} - \frac{1\,700}{Re} \tag{7.9.4}$$

对粗糙度表面充分发展的湍流，阻力系数 C_f 完全确定于平板的相对粗糙度 $\frac{k_s}{L}$，近似计算公式为

$$C_f = \left(1.89 + 1.62\log_2 \frac{L}{k_s}\right)^{-2.5} \tag{7.9.5}$$

对任意物体（如船体）的摩擦阻力，工程上也常用“等效平板”的公式估算，等效平板的长度应取物体的特征长度，等效平板的面积与实际物体湿面积相等做出估算。

根据测量，一些新船的船体表面其等效的砂粒粗糙平均凸出高度 k_s，平均为 k_s=0.3 mm，由于表面粗糙而引起的阻力比光滑表面增加 34%～35%。船体在水中又因海生物增生还会增加 50%阻力，这种特别有害的效应，也是由增加表面粗糙度而引起的。

由平板摩擦阻力试验得出，水力光滑面条件为

$$\frac{v k_s}{\nu} \leqslant 100 \tag{7.9.6}$$

呈现水力光滑面的流动，对减小摩擦阻力是有利的，令

$$\frac{v k_{sd}}{\nu} = 100 \tag{7.9.7}$$

式中：k_{sd} 为平板容许粗糙度，即 $k_s \leqslant k_{sd}$ 时为水力光滑面。容许的物面粗糙度与来流速度 v 和流体的运动黏性系数 ν 有关，如 v=10 m/s 的船体（船速约为 20 节），取水的 $\nu=10^{-6}$ m^2/s，则容许粗糙度 k_{sd}=0.02 mm，这对于实船来说是很难办到的。

7.9.2 潜没物体和钝体的阻力

潜没物体在流体中运动的阻力，特别是钝体在流体中的黏性阻力，除物体表面有摩擦阻

力外，还存在压差阻力，尤其是在物面上有边界层分离的情况时，压差阻力可成为物体运动阻力的主要组成部分。通常，各种钝体在流体中运动的阻力，将不分摩擦阻力和形状阻力，它们一起的总阻力 R 或总的阻力系数 C_D，可通过风洞试验进行测定。

作为典型的球体，在非常小的雷诺数 $\left(Re=\dfrac{vd}{\nu}<1\text{，其中}d\text{为球的直径}\right)$ 还有著名的斯托克斯定理公式，通过求解 N-S 方程得

$$R = 3\pi\mu vd \tag{7.9.8}$$

或

$$C_D = \frac{R}{\frac{1}{2}\rho v^2 \cdot \frac{1}{4}\pi d^2} = \frac{24}{Re} \tag{7.9.9}$$

对 $1<Re<1\,000$ 的球体，通过试验求得有阻力系数 C_D 的近似计算公式为

$$C_D = \frac{24}{Re}\left(1+0.15Re^{0.667}\right) \tag{7.9.10}$$

通过球体在流体中运动的风洞试验，还发现 $Re=10^3\sim2\times10^5$ 的阻力系数 C_D 存在第一个近似值 $C_D\approx0.44\sim0.50$（指 Re 变化不影响 C_D 大小）。并在 $Re=2\times10^5$ 时球体阻力系数 C_D 出现骤降现象（即阻力危机现象），这可通过湍流边界层形成获得解释。因 $Re=2\times10^5$，这个雷诺数正是球体层流边界层转变为湍流边界层的临界雷诺数。在 $Re>2\times10^5$ 后，即球体阻力系数通过骤降后又会出现第二个近似恒定值 $C_D=0.20$。

对于其他钝体的阻力系数 C_D 与雷诺数 Re 的关系也有类似现象，如二维圆柱体绕流，其阻力系数第一个近似恒定值 $C_D=1.2$（$Re=10^3\sim2\times10^5$）；第二个近似恒定值 $C_D=0.6$（$Re=5\times10^5\sim5\times10^6$）。二维圆柱体绕流的临界雷诺数 $Re=5\times10^5$。表 7.3 为几种物体阻力系数 C_D 近似值，仅供参考。

表 7.3　几种物体迎面阻力系数 C_D 近似值

物形	L/d	Re	C_D
圆盘（垂直于来流方向）		$>10^3$	1.12
矩形板	1	$>10^3$	1.16
	5		1.20
	20		1.50
	∞		2.00
圆柱	0	$>10^3$	1.12
	1		0.91
	2		0.85
	4		0.87
	7		0.79
半球		$>10^3$	1.33
			0.42

续表

物形	L/d	Re	C_D
圆柱	1	$10^3 \sim 10^5$	0.63
	5		0.74
	20		0.90
	∞		1.20
1920～1940 年代汽车			0.6～0.8
1940～1970 年代汽车			0.40～0.55
1970～1980 年代汽车			0.45
1980～2000 年代汽车			0.28

7.10 Gray悖论：物体在流体中的减阻

Gray 是英国生物学家，1936 年他在前进速度为 20 海里/时 的船上观察到印度洋中海豚跟随船舶运动的思考和分析：海豚长 1.8～2.1 m，他将海豚作为刚体计算其运动阻力，计算结果表示海豚所消耗的动力是它的肌肉所无法完成的。因此，Gray 便提出问题：海豚在水中运动必有减阻能力，可使它在低于层流边界层阻力下前进，这就是著名的 Gray 悖论（Gray Paradox）。注意到 Gray 悖论成立的条件是假设海豚的每单位质量肌肉产生的做功率应该与人或狗所测量获得每单位质量肌肉的做功率数据差不多。依据当时的条件，人们尚无法在水中测量海豚产生的推力和做功率的大小，而现代测量技术表明，海豚尾鳍在水中产生的推力和做功率可比 Gray 的假设大 10 倍以上。因此，Gray 悖论其实并不成立。虽然如此，但自 Gray 提出这一悖论以来，仍使许多爱好者对海豚减阻做出许多方面的深入探讨，从而也促进了水动力减阻研究和应用的发展，也多少与 Gray 悖论有关。

7.10.1 流线体减阻

海豚的外形为流线体，其细长比 FR（最大长度与最大宽度之比）的范围为 3.3～8.0。现代空气动力学理论研究表明：回转体最小阻力的细长比 FR 为 3～7，飞艇设计取 FR=4.5；近代潜艇设计也利用相似于海豚外形的纺锤形。海豚外形最大厚度的位置离前缘位于全长的 34%～45%处，相似于工程上层流翼型，这个位置可以利用有利的压力梯度（势流降压区）保持层流边界层而获得减阻效果。

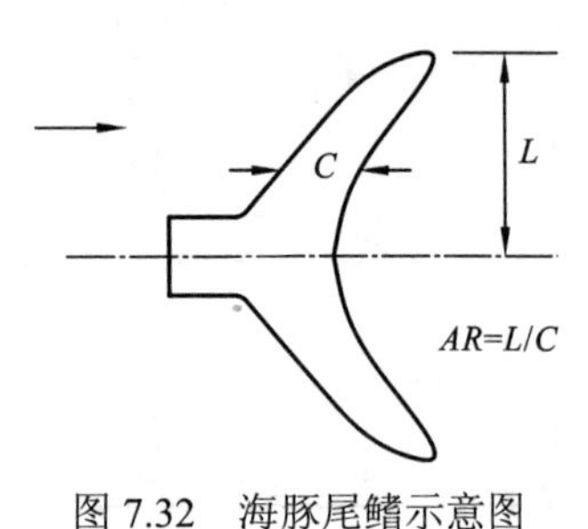

图 7.32 海豚尾鳍示意图

海豚的尾鳍展弦比 AR 较大，AR≈2.0～6.2，且为后掠或半月形，如图 7.32 所示，理论研究表明其诱导阻力还可比椭圆形翼面减小 8.8%。后掠翼在近水面时还可减小兴波阻力。

7.10.2 柔顺物面减阻

Kramer 研究海豚具有弹性的肌肤，提出一种人造的具有弹性的皮层，并进行水动力阻力试验，试验报告称可获得 59%的减阻效果，引起学术界的注意。其他研究者重复这种模拟海豚皮肤人造柔顺物面（compliant surface）的减阻试验却都没有成功。但一些理论研究者指出，柔顺物面具有延迟湍流边界层发生和遏制湍流边界层发展的作用，如利用柔软的硅酮类橡皮等柔性物面，在理论上是可获得 12%的减阻效果的。但一些研究者认为这种橡皮不能太柔软，增加硬度（利用较硬的天然橡胶）还可以进一步提高减阻效果。目前普遍认为水下物体利用柔顺物面减阻的方法仍然可行，这种技术由于具有军事价值而处于迅速发展阶段，各国都在开展这方面研究。

7.10.3 物面分泌滑液或涂料减阻

许多鱼类包括海豚，其表面会分泌出黏滑液体，鱼类分泌的黏液为多糖类高分子聚合物，这种多糖类高分子聚合物也可以从植物或海藻中提炼出来。已证明将多糖类高分子聚合物涂料涂在物面上具有减阻功效。这种涂料分亲水性涂料和疏水性涂料，亲水性涂料指涂料后的物面在水中会形成薄层水膜，使物面滑移时减阻；疏水性涂料指涂料后的物面使水滴与物面的接触角增大（如荷叶效应，水滴与荷叶液面接触角大于 150°），则可使物面凹入处存在空气，减少水流与物面接触面积而减阻，便有可能达到 15%～20%的减阻效果。目前，这些涂料有的已形成产品，如

Quick Craft（QC），为亲水性涂料；

Sea Slide（SS），为亲水性涂料；

Marine Skin 2（MS2），为疏水性涂料；

Marine Skin1（MS1），为疏水性涂料，可防止船体表面海洋生物生长。

以上仅为一些相关信息，实际应用效果如何尚不清楚。将 7.6 节介绍的汤姆斯效应应用于船体表面减阻，就不像管内减阻时所引射的聚合物可在管内循环使用或长距离内使用，但将它应用于船体表面就需要更多的聚合物溶液的供应，故不推荐使用。

7.10.4 物面微槽减阻

有相关研究表明海豚表面增温、鲨鱼表皮微凹可增加减阻效果。如海豚表面体温在巡游时一般会增加 9℃左右，有一定的减阻效果。但水温增加到 27 ℃时，水的黏度下降 10%，海豚在其物面边界层的加热效应所获得的减阻效果是不显著的。对鲨鱼表皮微凹开展的减阻研究，则获得了一些成果。例如，平板表面刻铸流动方向（纵向）V 形微槽、U 形微槽或叶片形微槽，如图 7.33 所示。若以边界层壁面律的无量纲长度自变量定义槽高 h^+和槽道间距 S^+，有

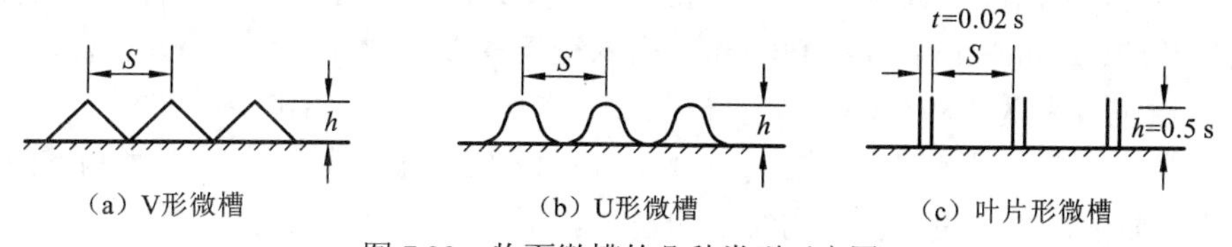

图 7.33 物面微槽的几种类型示意图

$$h^+ = \frac{hu_*}{\nu},\quad S^+ = \frac{Su_*}{\nu} \tag{7.10.1}$$

式中：u_*为壁面摩擦速度；ν为流体运动黏性系数。

试验表明：如取值 S^+=15～18，h^+=8～13，它们都有减阻效果，可使平板摩擦阻力降低5%～8%。并且，槽道对来流偏角的影响也不敏感，在偏角 15° 以内几乎不受影响，只有当偏角大于 30° 便没有减阻效果了，但仍不增加阻力。对于这种壁面纵向微槽减阻机理尚不清楚，可能是纵向微槽使近壁面的过渡区湍流猝发时横向脉动速度受阻挡而降低，纵向脉动速度无阻挡可增大，其结果使湍流雷诺应力降低以获得减阻效果。

为什么称微槽减阻是物面纵向微槽减阻呢，因为这种能使物面减阻的槽宽 S 和槽高 h 的尺度都是微小量。如在实验室中取长 L=1 m 的平板做试验，将平板表面刻铸或粘贴沟槽，使沟槽的无量纲宽度 $S^+ = \frac{Su_*}{\nu} = 18$，故有 $S = \frac{18\nu}{u_*}$。因 $u_* = \sqrt{\frac{\tau_0}{\rho}} = U\sqrt{\frac{C_f}{L}}$，$U$ 为试验中水的来流速度，则有

$$\frac{S}{L} - \frac{18\nu}{\sqrt{\frac{C_f}{2}}UL} = \sqrt{\frac{2}{C_f}}\frac{18}{Re_L}$$

其中 C_f 利用光滑平板湍流边界层的平均值代入，即令 $C_f = \frac{0.074}{Re_L^{0.2}}$，平板雷诺数为 $Re_L = \frac{UL}{\nu}$。当 $Re_L = 5\times10^6$（即 U=5 m/s）时，则可求得 $\frac{S}{L} = 8.75\times10^{-5}$，即 $S = 87.5\ \mu m$。由此可知，S 和 h 的尺度通常远小于 1 mm，故这种沟槽可称为微槽。

在实船的应用中，由于实船的雷诺数常为 10^9 以上，即使船长 L 的尺度也可高达数百米，通过以上类似的计算表明，微槽尺度还应小于实验室使用的微槽。这样小的物面微槽，特别是在水中的应用就会受到局限。不多的实际应用有：1984 年夏季奥运会中，美国划船队曾在船体上粘贴具有刻槽的薄膜片；1987 年美洲杯美国星条号 12 m 帆船比赛时，船员使用粘贴有 V 形槽（h=0.1 mm，S=0.11 mm）的膜片，通过减阻协助夺得美洲杯。这两个实例只说明此项技术在水中一次性使用或短期使用还是有一定减阻效果的。

7.10.5 微气泡和气膜减阻

由于降低船舶摩擦阻力有重大实际意义，许多国家都致力于减阻研究。例如，气泡减阻（bubble drag reduction，BDR），气膜或空气层减阻（air layer drag reduction，ALDR），人工空泡减阻（artificial cavitation drag reduction，ACDR）。

微气泡减阻是通过引射微小气泡到船体底面，由气泡的浮力将大量气泡分布在船体底面，使船体摩擦阻力降低。Madavan 等将多孔平板引入微气泡，测得可使平板摩擦阻力降低80%以上。其他研究者在循环水槽模型试验中也证实其减阻的有效性。如有一循环水槽试验段宽×高×长=100 mm×15 mm×300 mm，引入空气的多孔板孔径为 1 mm，流动方向孔距为 2.5 mm，展向孔距为 1.875 mm，多孔板共 277 个小孔，位于离试验段前端 1 028 mm 处，测得平壁面摩擦阻力有显著降低。微气泡直径为 0.4～2.2 mm，气泡大小不影响减阻的效果。

微气泡减阻的原理还没有公认的统一的说法。根据微气泡减阻时对物面附近边界层内微

气泡分布的摄像观察，微气泡都在层流底层之外与边界层内水体相混合，层流底层内仍然是水体，故减阻的原因可否认为主要是湍流雷诺应力的大幅降低产生的？使湍流雷诺应力降低的原因一方面是由边界层过渡区内大量微气泡与水流混合后，使混合后流体密度显著下降造成；另一方面可能由于边界层过渡区内有大量的微气泡存在，使猝发湍流通过微气泡的缓冲和耗散降低脉动速度（特别是降低横向脉动速度），从而使湍流雷诺应力降低。

然而，不幸的是气泡减阻的大比尺模型试验和实际船舶中的试验都没有出现显著的减阻效果。例如，日本 Kodama 研究团队 2002 年报道：对 50 m 长的平板在 400 m 长的船池中试验微气泡减阻，船速 7 m/s，平板单位展长喷射空气量为 0.3 m^2/s。试验结果表明，减阻只在平板的前几米有较大的减阻效果（不超过 40%）。日本进行的一些实船试验报告认为，使用微气泡减阻对实船总阻力仅有 0～5%的减阻效果。美国密歇根大学 Ceccio 团队在美国海军最大空泡水槽中的试验表明：试验平板长 10 m，来流速度 11.1 m/s，通过多孔板引入微气泡，单位展长上气流量 $Q_a < 0.05\ m^2/s$，能测得微气泡的减阻效果，但在喷气口下方 2 m 以下不再出现显著的减阻效果。什么因素影响大比尺试验实现气泡减阻的效果目前还不清楚。

气膜润滑减阻或空气层减阻是一种比微气泡减阻更有效的减阻方法，类似于机器中油膜润滑减阻，在船体底面形成气膜（不与水混合）而实现减阻。早在 19 世纪著名科学家弗劳德和拉瓦尔等就提出在船体底部充入气膜润滑减阻的设想，但之后的实践未获得成功，普遍认为这是气膜在湍流边界层中的不稳定性造成的。对这一设想的可实现性，在一段时间内曾被学术界否定，但事实并非如此。20 世纪 60 年代，苏联克雷洛夫船舶研究所根据水下导弹和鱼雷的超空泡发射减阻原理，利用空化器（即船体底部的一个台阶，如图 7.34 所示）人工充气后，使空气驻留在“空穴”内形成空气层减阻效果。70 年代在实船上试验也获得成功。80 年代又建造了数十艘这种气膜减阻的气泡船（air cavity ship，ACS），船体总阻力下降 40%。而充气所需的附加动力则不大于船舶主机动力的 3%。由于这些技术资料一直以来都未发表，这些结果长期以来人们都很少了解。分析船底水流通过台阶时流速最大，一定的台阶高度产生水流压力降低，有利于空气吸入、水流在台阶后的回流的出现，又有利于台阶后吸入的空气在船体底面驻留，形成气膜减阻条件。现今，另一种形成气膜减阻的方法已出现：美国密歇根大学 Ceccie 团队所做的平板阻力试验，平板长 10 m，离平板前缘约 1 m 处通过如图 7.35 所示的空气引射器，在来流速度为 6.7 m/s、8.9 m/s 和 11.1 m/s 时，喷气量 Q_a（单位展长出口体积流量）为 0.07～0.09 m^2/s，在平板全长 10 m 内都可出现稳定的气膜层，此时测得平板摩擦阻力减少 90%以上。是什么原因或什么条件使平板长距离内形成稳定的气膜层？观察图 7.35 中喷气出口气流方向与平板夹角为 5.7° 时，喷射气流有可能产生附壁效应（coanda effect），使其后随的气流附壁流动，形成 ALDR 气膜层。但在该实验中再增大水流速度 U>15.3 m/s，气膜则不再出现，以及喷气流量再增加也影响气膜层形成。所以要控制和确保气膜层有效形成，还需要继续深入研究哪些因素影响气膜层形成的稳定性。

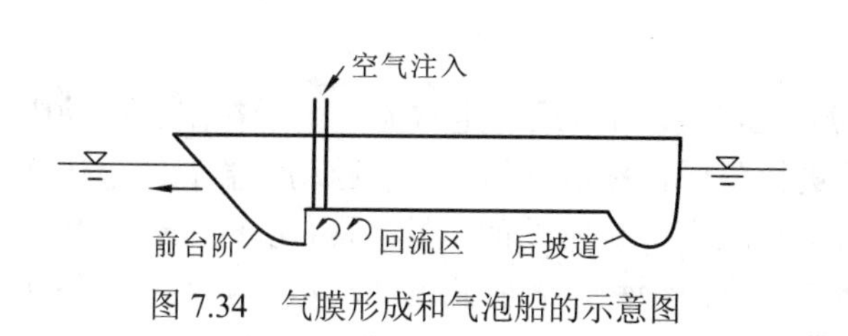

图 7.34　气膜形成和气泡船的示意图

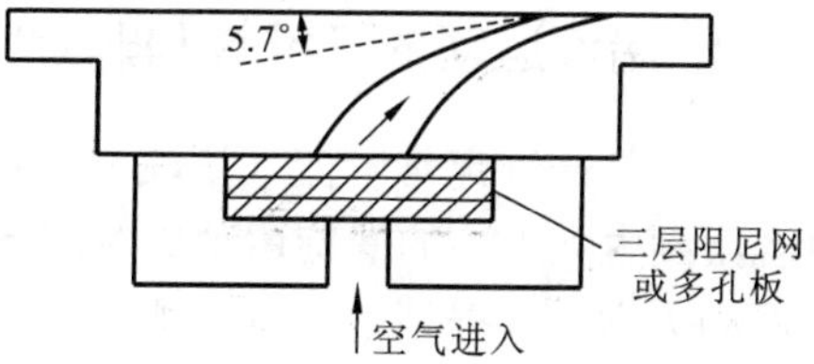

5.7°
三层阻尼网或多孔板
空气进入

图 7.35　空气引射器示意图

7.11 湍流理论概述

只要一门科学分支能提出大量问题，它就充满生命力，而问题的缺乏则预示着独立发展的衰亡和终止。

——德国数学家希尔伯特

湍流如何发生？湍流的本质是什么？如何求解湍流问题？一个多世纪以来，一些著名物理学家和力学家都投入对湍流问题的研究，从而对湍流问题的认识也不断深入，湍流理论被认为是经典物理学中最后一个未被解决的难题。

最早对湍流进行研究的是达·芬奇，他通过对水中湍流的观察创作的几幅画揭示了湍流是由流体的直线运动和一些大大小小的涡旋运动所组成。这几幅画对研究湍流问题的后人有重要的启示。之后，如 19 世纪 80 年代的雷诺，20 世纪 20 年代的普朗特、理查森（Richardon），20 世纪 30 年代的泰勒、冯·卡门等，20 世纪 40 年代的科尔莫戈罗夫（A. N. Kolmogorov），20 世纪 50 年代的巴切勒（Batchelor）等，他们对湍流的研究都有重大贡献。

目前，湍流问题研究仍在继续，湍流相关文献和专著都已多得不计其数，湍流入门也需要作为一门课程介绍。本节只对湍流问题做初步的介绍，介绍湍流特征、雷诺平均 N-S 方程近似求解法、湍流尺度和求解湍流问题的一些统计方法与量纲分析法等，引导有兴趣者进一步思考。

7.11.1 湍流特征

已经知道，湍流运动是在大雷诺数条件下从层流流态转化而来，其主要特征可以分为以下几方面。

1. 湍流运动不规则性

湍流运动具有明显的随机性和不可预测性，但仍然具有连续性，故仍可应用 N-S 方程研究湍流问题。但 N-S 方程是非线性偏微分方程，无通用方法可求出它的解析解。目前，主要是用统计方法分析湍流运动方程，对试验数据的处理也一样。例如，使用统计平均表示流态的统计特征，以及使用速度相关函数和能量谱表示湍流空间尺度、时间尺度和速度尺度等。

现代湍流试验研究发现，湍流中有一些拟序结构（coherent structures）。例如，在边界层内区湍流猝发时出现的马蹄形涡结构，以及在边界层外区的大尺度涡结构，它们对同一类流动具有普遍性和可重复性，但它们对湍流边界层的发展和所起作用仍不清楚（拟序结构仍需深入研究），在整体上尚没有改变湍流运动的不规则性和不可预测性。

2. 湍流运动的三维性和非定常性

即使是一维定常管流（层流），发生湍流后立即变为三维非定常流。由于在湍流运动中可观察到大大小小的涡旋运动，对湍流运动进行分析自然地可利用湍涡脉动和湍涡能量传递的涡动力学。根据精细的试验测量研究，湍流还具有非定常的间歇性（intermittency），其速度的时间或空间变换（差分）的波动，时而剧烈时而缓和，表明湍流运动不断被大涡和小涡穿越的特性（如大涡通过时变化缓和，小涡通过时变化剧烈）。若对剧烈波动的区域放大，又会发现在此区域还有间歇性，还有变化剧烈区和缓和区之分，即小涡中又会出现更小的涡，以此类推，一直到达最小尺度的涡，其间歇性强度随雷诺数增大。所以，湍流运动的三维性和非定常间歇性总是非均匀的各向异性的。

3. 湍流运动的扩散和能量耗散不同于层流运动

层流的扩散和耗散，主要是通过流体分子间的扩散和耗散产生的，而湍流的扩散和耗散远大于层流，湍流扩散和耗散主要通过流体微团之间动量和能量交换产生。流体分子运动是布朗运动（都是直线运动），可用分子物理学说明。而流体质点的湍流运动是一种既有直线运动又有形变运动和旋转运动的极复杂的运动。

4. 湍流运动具有多尺度特性

湍流尺度如湍涡长度尺度、湍涡脉动速度尺度和湍涡脉动时间尺度等，随流动雷诺数增大这些湍流尺度的范围（最大的和最小的）相差可达几个数量级，共存于同一湍流中，所以湍流具有多尺度特性，它们之间相互关联又是非线性的，对它们的描述和预测所需计算量必将十分巨大。

7.11.2 雷诺平均N-S方程求解法

利用雷诺平均 N-S 方程（Reynolds-averaged Navier-Stokes equations,RANS）求解湍流问题是一种比湍流边界层理论有更近似地求解湍流工程问题的方法，目前已在工程上被广泛应用，在以后选修课程中（如 CFD 课程等）会有详细的介绍。本节仅做初步讨论，考虑不可压缩流体和忽略体积力项的 N-S 方程。

$$\begin{cases}\dfrac{\partial u_i}{\partial x_i}=0, \quad i,j=1,2,3\\[2ex] \dfrac{\partial u_i}{\partial t}+\dfrac{\partial}{\partial x_j}\left(u_i u_j\right)=\dfrac{1}{\rho}\dfrac{\partial}{\partial x_j}\left(-p\delta_{ij}+\mu\dfrac{\partial u_i}{\partial x_j}\right)\end{cases} \tag{7.11.1}$$

对湍流速度分量 $u_i\ (i=1,2,3)$ 及压力 p 做雷诺分解，令

$$u_i=\overline{u}_i+u_i', \quad p=\overline{p}+p'$$

其中时间平均值 $\overline{f}\left(\overline{u}_i,\overline{p}\right)$ 的定义为

$$\overline{f}=\lim_{T\to\infty}\frac{1}{T}\int_0^T f(t)\mathrm{d}t$$

则湍流中 N-S 方程式（7.11.1）可改写为

$$\begin{cases}\dfrac{\partial}{\partial x_i}\left(\overline{u}_i+u_i'\right)=0\\[2ex] \dfrac{\partial}{\partial t}\left(\overline{u}_i+u_i'\right)+\dfrac{\partial}{\partial x_j}\left[\left(\overline{u}_i+u_i'\right)\left(\overline{u}_j+u_j'\right)\right]=\dfrac{1}{\rho}\dfrac{\partial}{\partial x_j}\left[-\left(\overline{p}+p'\right)\delta_{ij}+\mu\dfrac{\partial}{\partial x_j}\left(\overline{u}_i+u_i'\right)\right]\end{cases} \tag{7.11.2}$$

雷诺平均运算规则为

$$\overline{u_i+u_j}=\overline{u}_i+\overline{u}_j; \quad \overline{\frac{\partial u_i}{\partial x_i}}=\frac{\partial\overline{u}_i}{\partial x_i}; \quad \overline{\overline{u}}_i=\overline{u}_i, \quad \overline{\overline{u}_i u_j}=\overline{u_i u_j}$$

$$\overline{u_i'}=0\;;\quad \overline{(\overline{u}_i+u_i')(\overline{u}_j+u_j')}=\overline{u_i u_j}+\overline{u_i u_j'}+\overline{u_j u_i'}+\overline{u_i' u_j'}=\overline{u_i u_j}+\overline{u_i' u_j'}$$

则雷诺平均后的连续性方程为

$$\overline{\frac{\partial}{\partial x_i}(\overline{u}_i+u_i')}=\frac{\partial \overline{u}_i}{\partial x_i}=0$$

则 N-S 方程雷诺平均后为

$$\overline{\frac{\partial}{\partial t}(\overline{u}_i+u_i')}+\overline{\frac{\partial}{\partial x_j}\left[(\overline{u}_i+u_i')(\overline{u}_j+u_j')\right]}=\overline{\frac{1}{\rho}\frac{\partial}{\partial x_j}\left[-(\overline{p}+p')\delta_{ij}+\mu\frac{\partial}{\partial x_j}(\overline{u}_i+u_i')\right]}$$

得

$$\frac{\partial}{\partial t}(\overline{u}_i)+\frac{\partial}{\partial x_j}\left(\overline{u_i u_j}+\overline{u_i' u_j'}\right)=\frac{1}{\rho}\frac{\partial}{\partial x_j}\left[-\overline{p}\delta_{ij}+\mu\frac{\partial}{\partial x_j}(\overline{u}_i)\right]$$

或

$$\frac{\partial \overline{u}_i}{\partial t}+\frac{\partial}{\partial x_j}\left(\overline{u_i u_j}\right)=\frac{1}{\rho}\frac{\partial}{\partial u_j}\left(-\overline{p}\delta_{ij}+\mu\frac{\partial \overline{u}_i}{\partial x_j}-\rho\overline{u_i' u_j'}\right) \tag{7.11.3}$$

将式（7.11.3）与式（7.11.1）比较可知，雷诺平均后的 N-S 方程以时间平均值表示的式(7.11.3)，比式(7.11.1)在右端括号内应力项中除黏性应力项 $\mu\dfrac{\partial \overline{u}_i}{\partial x_j}$ 外，增加了一项 $-\rho\overline{u_i' u_j'}$，这项通常称为雷诺应力项，是由湍流脉动产生的。所以，湍流问题求解需要确定雷诺应力的大小。虽然还可导出求解雷诺应力的方程式，但导出的雷诺应力方程中，又会增加新的未知项。湍流的雷诺应力求解方程是不封闭的，因此工程中湍流问题的求解需要通过各种湍流模型的配合才能获得与试验相符的近似解。

为后面讨论需要，这里引出湍流动能平衡方程。定义单位质量流体湍流动能 k 为

$$k=\frac{1}{2}\overline{u_i' u_i'}=\frac{1}{2}\overline{u_1'^2+u_2'^2+u_3'^2}$$

将式（7.11.2）减去式（7.11.3），可得湍流脉动速度方程为

$$\frac{\partial}{\partial t}(u_i')+\frac{\partial}{\partial x_j}\left(\overline{u}_j u_i'+u_j'\overline{u}_i+u_i' u_j'-\overline{u_i' u_j'}\right)=\frac{1}{\rho}\frac{\partial}{\partial x_j}\left[-p'\delta_{ij}+\mu\frac{\partial}{\partial x_j}(u_i')\right]$$

或

$$\frac{\partial}{\partial t}(u_i')+\overline{u}_j\frac{\partial u_i'}{\partial x_j}+u_j'\frac{\partial \overline{u}_i}{\partial x_j}+\frac{\partial}{\partial x_j}\left(u_i' u_j'-\overline{u_i' u_j'}\right)=\frac{1}{\rho}\frac{\partial}{\partial x_j}\left[-p'\delta_{ij}+\mu\frac{\partial}{\partial x_j}(u_i')\right] \tag{7.11.4}$$

引入湍流脉动速度场形变率 e_{ij} 为

$$e_{ij}=\frac{1}{2}\left(\frac{\partial u_i'}{\partial x_j}+\frac{\partial u_j'}{\partial x_i}\right)$$

则式（7.11.4）可改写为

$$\frac{\partial u_i'}{\partial t}+\overline{u}_j\frac{\partial u_i'}{\partial x_j}=-u_j'\frac{\partial \overline{u}_i}{\partial x_j}-\frac{\partial}{\partial x_j}(u_i' u_j')+\frac{\partial}{\partial x_j}\left(\overline{u_i' u_j'}\right)-\frac{1}{\rho}\frac{\partial p'}{\partial x_j}+\frac{\partial}{\partial x_j}(2\nu e_{ij}) \tag{7.11.5}$$

将湍流脉动速度方程式（7.11.5）乘以 u_i'，对 i 求和，再做时间平均后，便可得湍流动能方程为

$$\frac{\partial}{\partial t}\left(\frac{u_i'^2}{2}\right)+\overline{u}_j\frac{\partial}{\partial x_j}\left(\frac{u_i^2}{2}\right)=\underbrace{-\overline{u_i'u_j'}\frac{\partial\overline{u}_i}{\partial x_j}}_{\text{I}}\underbrace{-\frac{\partial}{\partial x_j}\left[\frac{1}{2}\overline{u_i'u_i'u_j'}+\frac{1}{\rho}\overline{p'u_j'}-2\nu\overline{e_{ij}u_i'}\right]}_{\text{II}}\underbrace{-2\nu\overline{e_{ij}\frac{\partial u_i'}{\partial x_j}}}_{\text{III}} \quad (7.11.6)$$

式中左端为单位质量流体湍流动能变化率，右端 I 项为单位质量流体湍流动能产生率，II 项为相应的输运率，III 项为相应的耗散率。将湍流动能的耗散率记为 ε，令

$$\varepsilon=2\nu\overline{e_{ij}\frac{\partial u_i'}{\partial x_j}}=\nu\overline{\left(\frac{\partial u_i'}{\partial x_j}+\frac{\partial u_j'}{\partial x_i}\right)\frac{\partial u_i'}{\partial x_j}},\quad i,j=1,2,3 \quad (7.11.7)$$

对最简单的各向同性均匀的湍流，因均匀各向同性湍流 $u_i'=u_j'\ (i,j=1,2,3)$，并假设 $\frac{\partial\overline{u}_i}{\partial x_j}=0\ (j\neq i)$，则湍流动能方程可简化为

$$\frac{\partial}{\partial t}\left(\frac{u_i'^2}{2}\right)=-2\nu\left(\frac{\partial u_i'}{\partial x_j}\right)^2 \quad (7.11.8)$$

或

$$\frac{\partial k}{\partial t}=-\varepsilon$$

7.11.3 柯尔莫哥洛夫湍流理论和湍流尺度

柯尔莫哥洛夫于 1941 年根据理查森湍流能量传递的思想，提出不可压缩均匀各向同性湍流理论，是湍流理论的一大进展。柯尔莫哥洛夫湍流理论导出三种湍流尺度：积分尺度（大涡尺度）、柯尔莫哥洛夫微尺度（微涡尺度）和介于以上两种尺度之间的泰勒微尺度，以及相应的三种雷诺数。

在高雷诺数 $Re_{\mathrm{L}}=\frac{UL}{\nu}$ 中的完全湍流，可认为它是由各种大小湍涡组成，大涡中包含有小涡，小涡中还可包含更小的涡。湍流中的大涡都是不恒定的，它们通过分裂将能量传递给稍小的湍涡。相似的分裂过程和持续的能量传递，这就是所谓的柯尔莫哥洛夫湍流理论中能量传递的概念。湍流中此种能量传递过程直到最小涡尺度 η 为止。最后，流体分子黏性可完全地耗散其湍动能变为热能（内能），被耗散的内能其耗散率为 ε（单位时间和单位质量流体的湍能），ε 的量纲$[\varepsilon]=[m^2/s^3]$，由式（7.11.7）或式（7.11.8）可知，对各向同性均匀湍流，ε 是流体运动黏性系数 ν 乘以脉动速度梯度的平方。这里，湍流能量达到完全被耗散的最小涡尺度 η，被称为柯尔莫哥洛夫微尺度 η。与柯尔莫哥洛夫微尺度 η 相应的湍涡的速度尺度记为 u_η 和时间尺度记为 τ_η。流体黏性越大和耗散率越大，这些漩涡尺度可越大，假设这些漩涡尺度由 ν 和 ε 确定。根据量纲分析可得，令

$$[\eta]=[\nu]^a[\varepsilon]^b \quad (7.11.9)$$

因

$$[\eta]=[m],\quad [\nu]=\left[\frac{m^2}{s}\right],\quad [\varepsilon]=\left[\frac{m^2}{s^3}\right]$$

故

$$[m] = \left[\frac{m^2}{s}\right]^a \left[\frac{m^2}{s^3}\right]^b$$

有

$$\begin{cases} 2a + 2b = 1 \\ -a - 3b = 0 \end{cases}$$

解得 $a = \frac{3}{4}$， $b = -\frac{1}{4}$，故有

$$\eta = \left(\frac{\nu^3}{\varepsilon}\right)^{\frac{1}{4}} \tag{7.11.10}$$

类似地可求得

$$u_\eta = (\nu\varepsilon)^{\frac{1}{4}} \tag{7.11.11}$$

和

$$\tau_\eta = \left(\frac{\nu}{\varepsilon}\right)^{\frac{1}{2}} \tag{7.11.12}$$

并有柯尔莫哥洛夫微尺度涡的雷诺数 Re_η 为

$$Re_\eta = \frac{u_\eta \eta}{\nu} = \frac{(\nu\varepsilon)^{\frac{1}{4}} \left(\frac{\nu^3}{\varepsilon}\right)^{\frac{1}{4}}}{\nu} = 1 \tag{7.11.13}$$

对最大湍涡特征长度尺度（直径或长度）记为 l_0，在绕流问题中，它与绕流物体特征尺度 L 成比例，可以与 L 为同一数量级，即 $l_0=O(L)$①；最大湍涡的特征速度记为 u_0，通常用湍流脉动速度均方根（root mean square，RMS）表示，即 $u_0 = \left(\frac{2k}{3}\right)^{\frac{1}{2}}$，其中 k 为湍动能，$k = \frac{1}{2}\overline{u_i' u_i'} = \frac{1}{2}\left(\overline{u_1'^2} + \overline{u_2'^2} + \overline{u_3'^3}\right)$。$u_0$ 与来流速度 U 成比例，与 U 为同一数量级，即 $u_0 = O(U)$。最大湍涡特征时间尺度记为 τ_0，由量纲分析可知 $\tau_0 \propto \frac{L_0}{u_0} \propto \frac{l_0}{k^{\frac{1}{2}}}$ ②。这样湍流中最大涡长度尺度 l_0 的估算还可以用单位质量流体湍动能 k、单位流体质量和单位时间耗散率 ε 及大涡耗散的特征时间尺度 τ_0 之间的关系求得，如根据量纲分析可知：

$$\varepsilon \propto \frac{k}{\tau_0} = \frac{k^{\frac{3}{2}}}{l_0} \propto \frac{u_0^3}{l_0}$$

故

$$l_0 \propto \frac{k^{\frac{3}{2}}}{\varepsilon}, \quad \tau_0 \propto \frac{k}{\varepsilon} \tag{7.11.14}$$

---

① 数量级 $l_0=O(L)$ 通常表示 l_0 为 $0.3L$ ～ $3.0L$

② 符号 $a \propto b$ 表示 a 与 b 大小成比例，即 $a=Cb$，C 的数量级为 $O(1)$

其中比例常数的数量级为 1，故有近似关系式为

$$l_0 \approx \frac{k^{\frac{3}{2}}}{\varepsilon}$$ ①

这个长度尺度 l_0 在柯尔莫哥洛夫湍流理论中称为湍流积分尺度。同时，还有时间尺度 τ_0 和速度尺度 u_0 的近似关系为

$$u_0 \approx k^{\frac{1}{2}}, \quad \tau_0 \approx \frac{k}{\varepsilon} \tag{7.11.15}$$

相应的大涡雷诺数 Re_{l_0} 为

$$Re_{l_0} = \frac{u_0 l_0}{\nu} = \frac{k^{\frac{1}{2}} l_0}{\nu} = \frac{k^2}{\varepsilon\nu} \tag{7.11.16}$$

它与湍流特征雷诺数（或称湍流雷诺数）$Re_L = \dfrac{UL}{\nu}$ 的关系是 $Re_{l_0} \sim Re_L$，Re_L 可能大于 Re_{l_0} 有 1～10 倍大小。

湍流中最小涡微尺度（柯尔莫哥洛夫微尺度 η、u_η、τ_η）与最大涡尺度（积分尺度 l_0、u_0、τ_0）之间的关系可求得

$$\begin{cases} \dfrac{\eta}{l_0} = \dfrac{\left(\nu^3/\varepsilon\right)^{\frac{1}{4}}}{k^{\frac{3}{2}}/\varepsilon} = Re_{l_0}^{-\frac{3}{4}} \\ \dfrac{u_\eta}{u_0} = \dfrac{\left(\nu\varepsilon\right)^{\frac{1}{4}}}{k^{\frac{1}{2}}} = Re_{l_0}^{-\frac{1}{4}} \\ \dfrac{\tau_\eta}{\tau_0} = \dfrac{\left(\nu/\varepsilon\right)^{\frac{1}{2}}}{k/\varepsilon} = Re_{l_0}^{-\frac{1}{2}} \end{cases} \tag{7.11.17}$$

它们的比值随雷诺数增大而减小。

柯尔莫哥洛夫湍流理论中小尺度涡（涡大小尺度 $l \ll l_0$）假设满足各向同性条件，而大尺度涡仍是各向异性的，区分两者的涡尺度假设为 l_{EI}：大尺度各向异性湍涡的尺度 $l>l_{\mathrm{EI}}$，小尺度各向同性湍涡的尺度 $l<l_{\mathrm{EI}}$。在高雷诺数湍流中 l_{EI} 被估计为 $l_{\mathrm{EI}} \approx l_0/6$。湍流中大部分能量（约 80%）包含在 $l_{\mathrm{EI}}<l<l_0$ 湍涡尺度内，故称这一湍涡尺度区域为湍流能量包含区或大湍涡区范围。因柯尔莫哥洛夫微尺度 η 的湍涡表示湍涡中能量已在这一湍涡尺度中完成全部耗散（即转变为内能），假设湍流中湍动能实际黏性耗散主要开始于涡尺度为 l_{DI}，l_{DI} 被估计为 $l_{\mathrm{DI}}=60\eta$，大部分湍涡能量耗散（约 90%）发生在 $\eta<l\leqslant l_{\mathrm{DI}}$ 这一湍涡尺度范围内。因此，在这一尺度区域内的湍涡常称为湍流黏性耗散区。这样，湍涡能量传递过程从产生开始的能量包含区，到最后湍涡能量黏性耗散区，以及它们之间的中间区域（$l_{\mathrm{DI}}<l<l_{\mathrm{EI}}$），被划分为三个区域。如图 7.36 所示，中间区域湍涡大小尺度 l 的雷诺数相对于黏性耗散区很大时，黏性对湍涡影响可忽略不计。可假设其中的湍涡运动唯一地仅由耗散率 ε 确定，即在这个区域的湍涡已逐渐丧失涡的方向性而完全由惯性效应所支配，黏性效应可忽略，被称为惯性区。

① 近似关系式 $a \approx b$，通常表示 a 与 b 在数值上相差30%以内的等式

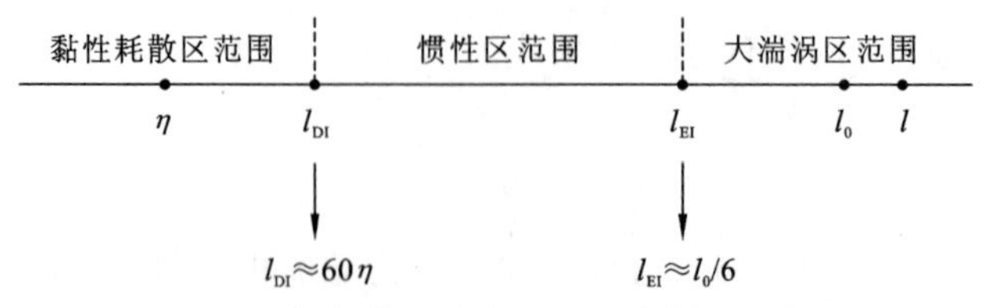

图 7.36　柯尔莫哥洛夫湍涡尺度划分示意图

根据湍动能耗散率关系式（7.11.7），对惯性区中各向同性湍流，令 $u_1'=u_2'=u_3'=u'$，有

$$\varepsilon=15\nu\overline{\left(\frac{\partial u'}{\partial x}\right)^2} \tag{7.11.18}$$

在惯性区，由泰勒引入的泰勒微尺度 λ（λ=x）的定义式为

$$\overline{\left(\frac{\partial u'}{\partial x}\right)^2}\equiv\frac{u'^2}{\lambda^2} \tag{7.11.19}$$

代入式（7.11.18）则有

$$\varepsilon=\frac{15\nu u'^2}{\lambda^2} \tag{7.11.20}$$

式中：u'为惯性区中湍流脉动特征速度，因为惯性区内湍流尚未耗散，故 u'仍可用湍动能 k 表示。对各向同性湍流的湍动能为

$$k=\frac{1}{2}\left(u_1^2+u_2^2+u_3^2\right)=\frac{3}{2}u'^2$$

故泰勒微尺度 λ 为

$$\lambda=\sqrt{\frac{10\nu k}{\varepsilon}} \tag{7.11.21}$$

泰勒雷诺数 $Re_\lambda=\dfrac{u'\lambda}{\nu}$ 可写为

$$Re_\lambda=\frac{u'\lambda}{\nu}=\frac{\sqrt{\frac{2}{3}k}\sqrt{\frac{10\nu k}{\varepsilon}}}{\nu}=\sqrt{\frac{20}{3}}\frac{k}{\sqrt{\varepsilon\nu}} \tag{7.11.22}$$

已知湍流大涡雷诺数 $Re_{l_0}=\dfrac{k^2}{\varepsilon\nu}$［式（7.11.16）］，所以 Re_λ 与 Re_{l_0} 的关系为

$$Re_\lambda=\sqrt{\frac{20}{3}Re_{l_0}} \tag{7.11.23}$$

Re_λ 比 Re_{l_0} 小，而比 Re_η=1 大得多。

对于湍涡中几种长度尺度也可总结如下：因有大涡长度尺度（积分尺度）$l_0\propto\dfrac{k^{\frac{3}{2}}}{\varepsilon}$（比例常数数量级为 1）；泰勒微尺度 $\lambda=\sqrt{\dfrac{10\nu k}{\varepsilon}}$ 和柯尔莫哥洛夫微尺度 $\eta=\left(\dfrac{\nu^3}{\varepsilon}\right)^{\frac{1}{4}}$，故这三种尺度关系为

$$
\begin{cases}
\dfrac{\lambda}{l_0} = \sqrt{10} Re_{l_0}^{-\frac{1}{2}} \\
\dfrac{\eta}{l_0} = Re_{l_0}^{-\frac{3}{4}} \\
\dfrac{\lambda}{\eta} = \sqrt{10} Re_{l_0}^{\frac{1}{4}}
\end{cases}
\tag{7.11.24}
$$

7.11.4 求解湍流问题的直接数值模拟方法

根据柯尔莫哥洛夫湍流理论，求解湍流问题需要模拟最小湍涡的尺度 η，它是一个很小的量，并随雷诺数增大而减小，因$\eta = l_0 Re_{l_0}^{-\frac{3}{4}}$，其中 l_0 为大涡尺度。如模拟实验室风洞或水槽中研究的湍流问题，设 l_0=1 000 mm，$Re_{l_0} = 10^5$（远小于实际工程中雷诺数），由式（7.11.24）估算最小湍涡尺度 $\eta \approx 0.18$ mm。由此可见，欲试验测量这样小尺度的湍涡是不大可能的，因此提出用 N-S 方程直接数值模拟（direct numerical simulation，DNS）的方法求解湍流问题，正在成为湍流研究的主要工具。

DNS 方法的计算区域应与物理区域一样大小，其最大湍涡可用湍流积分尺度 l_0 表示，或近似地用流动问题中的特征长度 L 表示。而计算的最小尺度应是湍涡的柯尔莫哥洛夫微尺度 η。为分析微涡的需要，数值计算的网格尺度 $\Delta < \eta$（最好在 η 内有三个计算网格），故在一个方向上设置网格总数 N 必须有 $N\eta > l_0$，因$\dfrac{l_0}{\eta} = Re_{l_0}^{\frac{3}{4}}$，故要求 $N > Re_{l_0}^{\frac{3}{4}}$。对各向同性湍流研究，三个方向总的计算网格数必须有 N^3，即

$$
N^3 > Re_{l_0}^{\frac{9}{4}}
\tag{7.11.25}
$$

如 $Re_{l_0} = 10^4$，则计算网格总数 $N^3 > 10^9$，即至少需有 10 亿个网格结点去做计算。此外，如要计算 N-S 方程里的时间步长 Δt，为了使该计算具有稳定性，该时间步长至少要求满足库朗条件，库朗数（Courant number）小于 1，即 $C = \dfrac{u_0 \Delta t}{\Delta} < 1$（这里 u_0 是湍涡特征速度，即脉动速度均方根 $u_0 \sim k^{\frac{1}{2}}$，$\Delta \sim \eta$），故

$$
\Delta t < \frac{\eta}{k^{\frac{1}{2}}} = \frac{l_0}{k^{\frac{1}{2}}} Re_{l_0}^{-\frac{3}{4}}
\tag{7.11.26}
$$

由此可知，所计算的时间步长 Δt 是一个很小的量。同时注意到在物理概念上数值计算的时间步长还应该小于最小尺度湍涡的时间尺度 τ_η，即 $\Delta t < \tau_\eta$，由式（7.11.17），因 $\dfrac{\tau_\eta}{\tau_0} = Re_{l_0}^{-\frac{1}{2}}$，其中 τ_0 为湍流的时间积分尺度：$\tau_0 \sim \dfrac{l_0}{u_0} = \dfrac{l_0}{k^{\frac{1}{2}}}$，故

$$
\Delta t < \frac{l_0}{k^{\frac{1}{2}}} Re_{l_0}^{-\frac{1}{2}}
\tag{7.11.27}
$$

通过与式（7.11.26）比较可知，满足库朗条件后，这个条件是自然能满足的。

由以上简短的分析，一个简单的湍流问题使用 DNS 方法就会需要有巨大的计算，如第一个完成 DNS 对矩形管道中湍流计算，计算的雷诺数 Re_l=2 000，计算网格点为 200 万个，在 Gray YMP 计算机上 CPU 计算时间为 6×10^5 h（约 7 年），即使改用现代计算机仍需计算一个多月。因此，目前应用 DNS 求解湍流问题，显然还没有达到实用地步，但共同的努力对 DNS 的发展趋势正在形成共识。

例　题

例 7.1　如有一内管径为 5.5 cm 和管长度为 150 m 在水平方向放置的铸铁管中，流过流量为 15 L/min 的煤油或苯，温度都为 10 ℃，试比较沿程压头损失。10 ℃时煤油的黏性系数 μ_k=0.002 5 N·S/m^2，密度 ρ_k=820 kg/m^3；10 ℃时苯的黏性系数 μ_b=0.000 8 N·S/m^2，密度 ρ_b=899 kg/m^3。

解:（1）计算煤油在管内流动的雷诺数 Re_k，管流平均速度 v 为

$$v=\frac{Q}{A}=\frac{15\times1\,000\times\dfrac{1}{60}}{\dfrac{\pi}{4}\times5.5^2}=10.5\ \text{cm/s}=0.105\ (\text{m/s})$$

故

$$Re_k=\frac{\rho vd}{\mu_k}=\frac{820\times0.105\times5.5\times0.01}{0.002\,5}=1\,894.2$$

因 Re_k<2 000，管流为层流流动，沿程水头损失系数 λ 为

$$\lambda=\frac{64}{Re_k}=\frac{64}{1\,894.2}=0.033\,8$$

故压力降 Δp_k 为

$$\Delta p_k=\lambda\frac{L}{d}\cdot\frac{1}{2}\rho v^2=0.033\,8\times\frac{150}{5.5}\times100\times\frac{1}{2}\times820\times0.105^2=416.7\ (\text{Pa})$$

（2）计算管内苯的流动，因流量和管径都与煤油流过时相同，故平均流速相同，v=0.105 m/s，管内雷诺数 Re_b 为

$$Re_b=\frac{\rho vd}{\mu_b}=\frac{899\times0.105\times5.5\times0.01}{0.000\,8}=6\,490$$

故管内苯的流动为湍流状态。铸铁管取内壁粗糙度 $k_s=0.25\ \text{mm}$，相对粗糙度为

$$\frac{k_s}{d}=\frac{0.25}{5.5\times10}=0.004\,55$$

根据 Re_b=6 490，$\dfrac{k_s}{d}=0.004\,55$，由式（7.4.5）或式（7.4.6）可求得 λ=0.04，故

$$\Delta p_b=\lambda\frac{L}{d}\cdot\frac{1}{2}\rho v^2=0.04\times\frac{150}{5.5}\times100\times\frac{1}{2}\times899\times0.105^2=540.6\ (\text{Pa})$$

通过比较可知，苯流的压头损失大于煤油的压头损失。虽然苯的黏性系数小于煤油的黏

性系数，但苯流动的压力降大于煤油流动的压力降，这是由于苯的流动为湍流状态，而煤油流动为层流状态。

例 7.2 油流过管长 L=120 cm、管径 d=100 mm 的铸铁管，设油的运动黏性系数 $\upsilon=10^{-5}\ \mathrm{m^2/s}$，如在允许油流的能头损失为 5 m 的条件下，试求油在管中做定常流动时的流量。

解： 对新铸铁管，取 k_s=0.25 mm，故 $\frac{k_s}{d}=0.0025$，由于流量 Q 未知，Re 不能确定，不能直接求得油头阻失系数 λ。采用试算法，令 λ=0.026（凭经验取值），则根据允许油头损失高度为 5 m 的条件成立：$h_f=\lambda\frac{L}{d}\frac{v^2}{2g}$，有

$$5=0.026\times\frac{120}{0.1}\times\frac{v^2}{2\times9.81}$$

解得相应的管内平均流速 v 为

$$v=1.773$$

计算管流雷诺数 Re，有

$$Re=\frac{vd}{\upsilon}=\frac{1.773\times0.10}{10^{-5}}=1.773\times10^4$$

由 Re 和 k_s/d 的值，用科尔布鲁克公式（7.4.5）求得 $\lambda=0.0316$。重复以上计算，有

$$5=0.0316\times\frac{120}{0.1}\times\frac{v^2}{2\times9.81}$$

解得

$$v=1.608$$

计算雷诺数 Re，有

$$Re=\frac{vd}{\upsilon}=\frac{1.608\times0.10}{10^{-5}}=1.608\times10^4$$

再由新计算出的 Re 和 $\frac{k_s}{d}$，用式（7.4.5）求得 $\lambda=0.032$。由于 λ 的相应改变量已很小，可忽略这一差别，便不再重复计算，因此最后结果为

$$Q=v\frac{1}{4}\pi d^2=1.608\times\frac{\pi}{4}\times0.10^2=0.01263\ (\mathrm{m^3/s})=12.63\ (\mathrm{L/s})$$

例 7.3 如图 7.37 所示容器 A 与容器 B 之间有一内径为 6 mm 的毛细管连接，两容器内水的重度 $\rho g=9781\ \mathrm{N/m^3}$，液体黏度为 0.008 kg/(m·s)，容器 A 液面上表压 $p_A=34.5\ \mathrm{kPa}$，容器 B 液面上为大气压力，试求连接的毛细管内流动方向和体积流量。

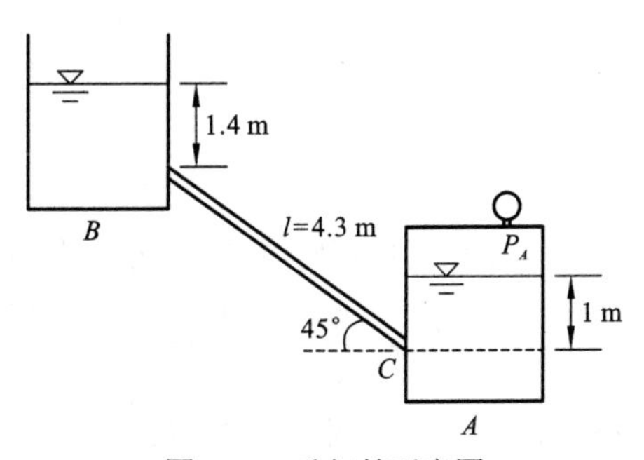

图 7.37　毛细管示意图

解： 为了确定毛细管内水流流动方向。先假设管内液体为静止状态，计算毛细管下端 C 处左右两边所受容器 B 和容器 A 的静水压力为

$$p_{右}=p_A+\rho g(1)=34.5\times10^3+997\times9.81\times1=34500+9781=44281\ (\mathrm{Pa})\ （表压）$$

$$p_{左}=\rho g(1.4+4.3\sin45^\circ)=9781\times(1.4+4.3\times0.707)=43429\ (\mathrm{Pa})\ （表压）$$

由此可知，毛细管内水流必从容器 A 流向容器 B。

假设毛细管内流态为层流状态，不计管子进口和出口局部水头损失；不计容器 A 和容器 B 内水面的上升或下降速度，对容器 A 和容器 B 列伯努利方程，有

$$\frac{p_A}{\rho g}+1=\left(1.4+4.3\sin 45^\circ\right)+\frac{64}{Re}\frac{4.3\times 1\,000}{6}\frac{v^2}{2g}$$

因 $Re=\dfrac{\rho vd}{\mu}$，已知 $p_A=34\,500\ \text{Pa}$，$\mu=0.000\,8\ \text{kg}/(\text{m}\cdot\text{s})$，$\rho g=9\,781\ \text{N}/\text{m}^3$，代入可解得毛细管内流速 v=0.278 m/s。

核算 Re，有

$$Re=\frac{9\,730\times 0.278\times 6}{9.81\times 0.000\,8\times 1\,000}=2\,078$$

为层流状态，故假设是正确的。

计算体积流量 Q 为

$$Q=\frac{1}{4}\pi d^2 v=\frac{\pi}{4}\times 0.006^2\times 0.278=7.86\times 10^{-6}\ (\text{m}^3/\text{s})=7.86\times 10^{-3}\ (\text{L/s})$$

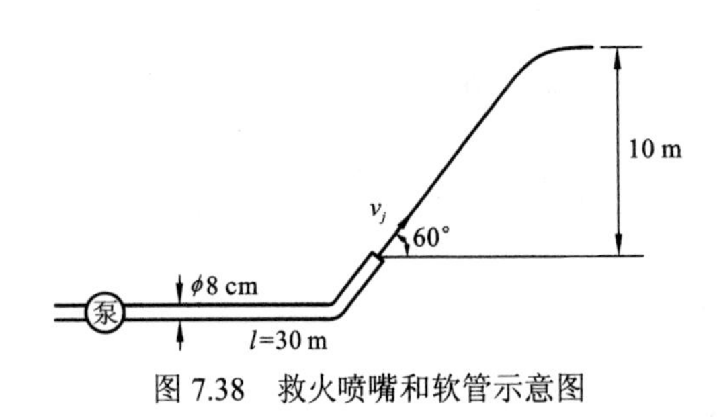

图 7.38　救火喷嘴和软管示意图

例 7.4　有一内直径为 8 cm 的救火软管，长为 30 cm，救火的喷嘴与地面呈 60° 喷射，欲获得 10 m 高的射程，如图 7.38 所示，试求水泵所需的压头。取软管等效粗糙度 k_s=0.8 mm，水的黏度 μ=10^{-3} N·s/m^2。

（1）假设喷嘴直径等于救火软管内直径；

（2）假设喷嘴直径为 2.5 cm。

解：两种情况都假设喷嘴出流速度为 v_j，喷射需到达高度离喷嘴为 10 m 处的垂向分速可为 0，如不计射流在空气中的阻力，喷射流在空中水平分速保持不变，即为 $v_j\cos 60^\circ=\dfrac{1}{2}v_j$。列喷射出口处和射程最高点处的伯努利方程：

$$\frac{p_\text{a}}{\rho g}+\frac{v_j^2}{2g}=10+\frac{p_\text{a}}{\rho g}+\frac{\left(v_j/2\right)^2}{2g}$$

解得

$$v_j=16.17\ \text{m/s}$$

（1）救火软管内流速 $v=v_j=16.17\ \text{m/s}$，为确定软管内水头损失，由

$$Re=\frac{\rho vd}{\mu}=\frac{1\,000\times 16.17\times 0.08}{10^{-3}}=1.294\times 10^6,\quad \frac{k_\text{s}}{d}=0.000\,8/0.08=0.01$$

用科尔布鲁克公式求得 $\lambda=0.038$，故软管内水头损失为

$$h_\text{f}=\lambda\frac{L}{d}\frac{v^2}{2g}=0.038\times\frac{30}{0.08}\times\frac{16.17^2}{2\times 9.81}=189.9\ (\text{m})$$

则水泵所需压头 h 为

$$h = h_{\mathrm{f}} + \frac{v_j^2}{2g} = 189.9 + \frac{16.17^2}{2 \times 9.81} = 203.2\ (\mathrm{m})$$

由此可见，为获得 10 m 射程高度的救火设备，需要有 203.2 m 压头的水泵是很不合理的。

（2）如将喷嘴出口缩小后，从 d=8 cm 改为 d=2.5 cm，软管内水流速度 v 将减小：

$$v = 16.17 \times \left(\frac{2.5}{8}\right)^2 = 1.58\ (\mathrm{m/s})$$

相应的雷诺数 Re 为

$$Re = \frac{1\,000 \times 1.58 \times 0.08}{10^{-3}} = 1.264 \times 10^5$$

根据 Re 和 $\frac{k_{\mathrm{s}}}{d} = 0.01$，用科尔布鲁克公式求得 $\lambda = 0.038$，软管的水头损失为

$$h_{\mathrm{f}} = 0.038 \times \frac{30}{0.08} \times \frac{1.58^2}{2 \times 9.81} = 1.81\ (\mathrm{m})$$

则水泵所需压头 h 为

$$h = h_{\mathrm{f}} + \frac{v_j^2}{2g} = 1.81 + \frac{16.17^2}{2 \times 9.81} = 15.13\ (\mathrm{m})$$

水泵压头比（1）显著减小，这个数值比较合理。当然，此时喷射流量也相应减小了。

例 7.5 如图 7.39 所示，水从大容器通过管路并有一水泵压入某设备，有关数据已在图中表示处，水泵提供给水流的能量为 20 kW，当输运的体积流量为 140 L/s 时，求进入该设备内的流体压力 p_{B}。

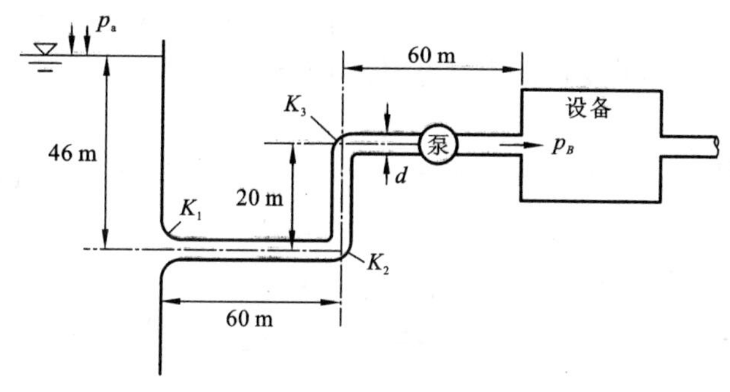

图 7.39

p_{a} 为大气压；d 为管径，d=200 mm（普通钢管）；局部水头损失系数 K_1=0.05，K_2=K_3=0.4

解：从大容器液面到设备进口处列伯努利方程，设其中水泵给予的能头为 H，管路沿程水头损失为 h_{f}，管路沿程局部水头损失为 h_j，管内水流平均速度为 v，故有

$$46 + H = \frac{p_B}{\rho g} + \frac{v^2}{2g} + 20 + h_{\mathrm{f}} + h_j$$

根据已知的体积流量 Q 求得 v 为

$$v = \frac{Q}{\frac{\pi}{4} d^2} = \frac{140 \times \frac{1}{1\,000}}{\frac{\pi}{4} \times 0.2^2} = 4.456\ (\mathrm{m/s})$$

根据水泵供给能量 N（功率），由式（7.5.3）可知 $N=\rho gQH$，可求得 H 为

$$H=\frac{N}{\rho gQ}=\frac{20\times 1\,000}{1\,000\times 9.81\times 0.14}=14.56\ (\mathrm{m})$$

为了确定 h_{f}，计算管流雷诺数 Re，给出水的运动黏性系数 $\nu=0.011\,41\times 10^{-4}\ \mathrm{m^2/s}$

$$Re=\frac{vd}{\nu}=\frac{4.456\times 0.2}{0.011\,41\times 10^{-4}}=7.81\times 10^{5}$$

取普通钢管 k_{s}=0.19 mm，则 $\dfrac{k_{\mathrm{s}}}{d}=\dfrac{0.19}{200}=0.000\,95$，由计算管流沿程水头损失系数 λ 的公式求得 $\lambda=0.02$，故

$$h_{\mathrm{f}}=\lambda\frac{L}{d}\frac{v^2}{2g}=0.02\times\frac{140}{0.20}\times\frac{4.456^2}{2\times 9.81}=14.16\ (\mathrm{m})$$

沿程管流局部水头损失 h_j 为

$$h_j=\left(\sum k_i\right)\frac{v^2}{2g}=\left(0.05+0.4+0.4\right)\frac{4.456^2}{2\times 9.81}=0.86\ (\mathrm{m})$$

从而可求得 p_B 为

$$\begin{aligned}p_B&=\rho g\left(46+H-\frac{v^2}{2g}-20-h_{\mathrm{f}}-h_j\right)\\&=1\,000\times 9.81\times\left(46+14.56-\frac{4.456^2}{2\times 9.81}-20-14.16-0.86\right)\\&=240.6\ (\mathrm{kPa})\text{（表压）}\end{aligned}$$

例 7.6 有两个水库相距 10 km，水位差 30 m，管系连通如图 7.40 所示。前 4 km 为单管，下降斜度为 8 m/km，后 6 km 为两根并联管，其下降斜度为 1 m/km。假设管径都相等，沿程水头损失系数 $\lambda=0.03$，如欲使管内流速不超过 1.5 m/s，则管径应取多大？

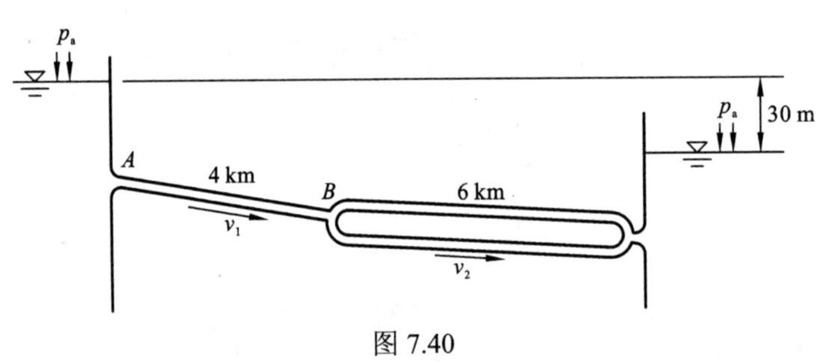

图 7.40

解：对两水库液面之间列伯努利方程有

$$30=h_{\mathrm{f}1}+h_{\mathrm{f}2}$$

式中：$h_{\mathrm{f}1}$ 为单管的水头损失；$h_{\mathrm{f}2}$ 为并联管的水头损失。因为是长管路，局部损失可忽略不计。由于管系的直径相等，故有

$$Q_1=2Q_2,\quad v_1=2v_2$$

因

$$h_{\mathrm{f}1}=\lambda\frac{L_1}{d}\frac{v_1^2}{2g},\quad h_{\mathrm{f}2}=\lambda\frac{L_2}{d}\frac{v_2^2}{2g}=\lambda\frac{L_2}{d}\frac{v_1^2}{8g}$$

故有

$$30=\frac{\lambda}{d}\frac{v_1^2}{2g}\left(L_1+\frac{L_2}{4}\right)$$

$$d=\frac{\lambda}{30}\frac{v_1^2}{2g}\left(L_1+\frac{L_2}{4}\right)=\frac{0.03}{30}\times\frac{1.5^2}{2\times 9.81}\left(4\,000+\frac{6\,000}{4}\right)=0.63\text{ m}=630\text{ (mm)}$$

与埋管的斜度无关。

例 7.7 如图 7.41 所示，A、B 两水箱的截面面积分别为 270 m^2 和 360 m^2，它们的水位差为 3 m，连接两水箱的管路是三根直径为 d，长度为 60 m 的平行并联管。如果加入水箱 A 的水流量为 18 m^3/min，为保持两水箱不变的水位差，试求连接的并联管路直径 d 应为多大。

估算时可取管流沿程水头损失系数 λ=0.03，管路进口局部水头损失系数 k_1=0.5，管路出口局部水头损失系数 k_2=1.0。

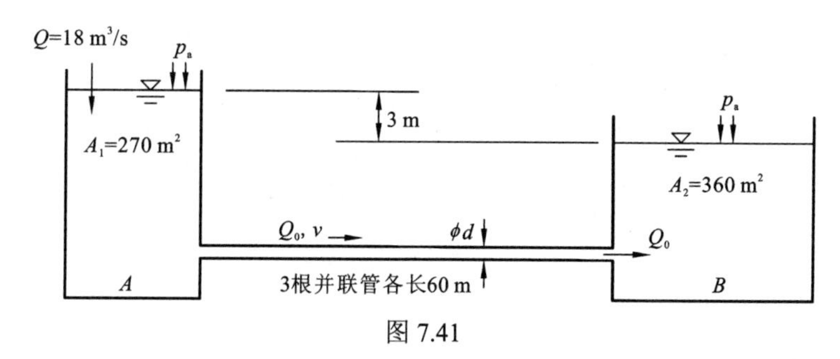

图 7.41

解：对两水箱液面之间列伯努利方程，有

$$3=h_f+h_j$$

式中：h_f 为并联管路沿程水头损失；h_j 为并联管路中局部水头损失。

$$h_f=\lambda\frac{L}{d}\frac{v^2}{2g}=0.03\times\frac{60}{d}\times\frac{v^2}{2g}$$

$$h_j=(k_1+k_2)\frac{v^2}{2g}=(0.5+1.0)\frac{v^2}{2g}$$

故

$$3=\frac{v^2}{2g}\left(\frac{0.03\times 60}{d}+\frac{3}{2}\right)\tag{1}$$

为使两水箱液面差保持恒定，要求两水箱水面上升速度相等，有

$$\frac{Q_i-Q_0}{A_1}=\frac{Q_0}{A_2}$$

或

$$Q_i=Q_0\left(\frac{A_1}{A_2}+1\right)$$

其中 $Q_0=3\times\frac{\pi}{4}d^2v$，故有

$$\frac{18}{60}=3\times\frac{\pi}{4}\times d^2v\left(\frac{270}{360}+1\right)=\frac{21\pi}{16}d^2v\tag{2}$$

联立式（1）和式（2）求解可得

$$\frac{3}{2}+\frac{1.8}{d}=3\times19.62\left(\frac{60}{18}\times\frac{21\pi}{16}d^2\right)^2$$

故

$$\frac{3}{2}+\frac{1.8}{d}=11\,120d^4$$

解得

$$d=0.179\ \text{m}=179\ (\text{mm})$$

例 7.8 有两水库的水位差恒为 60 m，如图 7.42 所示，有一根直径为 200 mm，长度为 4 km 的管子连接，如在离高水位水库 1.5 km 处，排放流量 Q=2.5 m^3/min，试求进入低水位水库的水流量 Q_2。估算时可忽略管流局部水头损失，并假设管流沿程水头损失系数 $\lambda=0.036$ 。

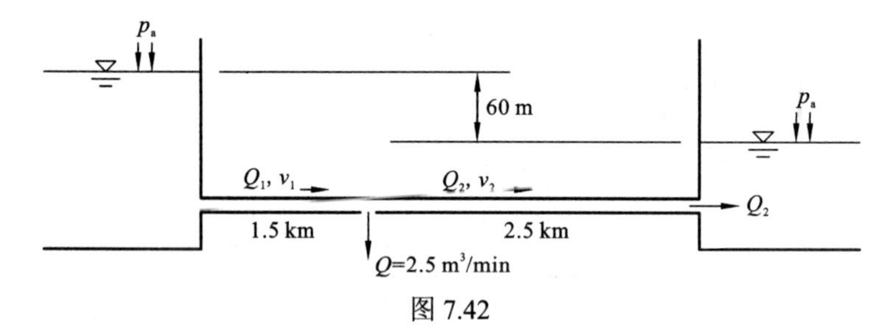

图 7.42

解：因 $Q_1-Q_2=Q$，故有

$$v_1-v_2=\frac{4Q}{\pi d^2}=\frac{4}{\pi}\times\frac{2.5}{60}\times\frac{1}{0.2^2}=1.326\ (\text{m/s}) \tag{1}$$

对两水库水面间列伯努利方程：

$$60=h_{f1}+h_{f2}=\lambda\frac{L_1}{d}\frac{v_1^2}{2g}+\lambda\frac{L_2}{d}\frac{v_2^2}{2g}=\frac{0.036\times1\,000}{0.2\times19.62}\left(1.5v_1^2+2.5v_2^2\right)$$

故有

$$3v_1^2+5v_2^2=13.07\ (\text{m}^2/\text{s}^2) \tag{2}$$

联立式（1）和式（2）可解得 $v_2=0.608\ \text{m/s}$ 。

故

$$Q_2=\frac{\pi}{4}\times0.2^2\times0.608=0.0191\ \text{m}^3/\text{s}=1.146\ (\text{m}^3/\text{min})$$

例 7.9 图 7.43 为三支管路，其中 L_i 为分支管的管长，d_i 为管内直径，$\frac{k_{si}}{d_i}$ 为管壁相对粗糙度，z_i 为容器内水面离地面的高度，p_i 为容器内水表面的绝对压力，已知：

（1）$L_1=200\ \text{m}$，$d_1=300\ \text{mm}$，$\frac{k_{s1}}{d_1}=0.002$，$z_1=700\ \text{m}$，$p_1=7.09\times10^5\ (\text{Pa})$；

（2）$L_2=300\ \text{m}$，$d_2=350\ \text{mm}$，$\frac{k_{s2}}{d_2}=0.000\,15$，$z_2=400\ \text{m}$，$p_2=2.03\times10^5\ (\text{Pa})$；

（3）$L_3=400\ \text{m}$，$d_3=400\ \text{mm}$，$\frac{k_{s3}}{d_3}=0.000\,1$，$z_3=100\ \text{m}$，$p_3=3.04\times10^5\ (\text{Pa})$；

取水的运动黏性系数 ν=0.113×10^{-5} m^2/s，试求各分支管通过的流量。

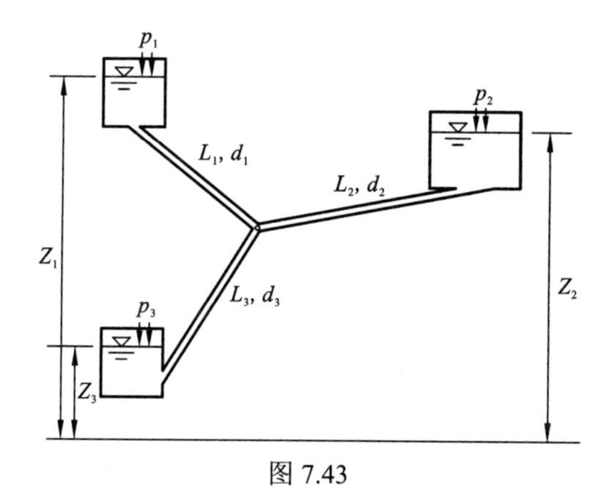

图 7.43

解：首先计算三个容器液面上总水头 H_i（i=1,2,3），有

$$H_1 = z_1 + \frac{p_1}{\rho g} = 700 + \frac{7.09\times10^5}{1\,000\times9.81} = 772.3\ (\text{m})$$

$$H_2 = z_2 + \frac{p_2}{\rho g} = 400 + \frac{2.03\times10^5}{1\,000\times9.81} = 420.7\ (\text{m})$$

$$H_3 = z_3 + \frac{p_3}{\rho g} = 100 + \frac{3.04\times10^5}{1\,000\times9.81} = 131.0\ (\text{m})$$

三支管分叉点 J 处的总水头 H_J 未知，应用试算法求解，如令 H_J=380 m，则有

$$772.3 - 380 = \lambda_1 \times \frac{200}{0.30} \times \frac{v_1^2}{2g}$$

$$420.7 - 380 = \lambda_2 \times \frac{300}{0.35} \times \frac{v_2^2}{2g}$$

$$380 - 131.0 = \lambda_3 \times \frac{400}{0.40} \times \frac{v_3^2}{2g}$$

在试算法中再假设各分支管中沿程水头损失系数 λ_i，如令 $\lambda_1 = 0.014$，$\lambda_2 = 0.013$，$\lambda_3 = 0.012$，则可解出各分支管中的流速和流量：

$$v_1 = 28.72\ \text{m/s},\quad Q_1 = \frac{\pi}{4}\times0.30^2\times28.72 = 2.03\ (\text{m}^3/\text{s})$$

$$v_2 = 8.465\ \text{m/s},\quad Q_2 = \frac{\pi}{4}\times0.35^2\times8.465 = 0.814\ (\text{m}^3/\text{s})$$

$$v_3 = 20.18\ \text{m/s},\quad Q_3 = \frac{\pi}{4}\times0.40^2\times20.18 = 2.536\ (\text{m}^3/\text{s})$$

因 $(Q_1 + Q_2) - Q_3 = 0.308\ \text{m}^3/\text{s}$，故 $Q_1 + Q_2 > Q_3$，需重新假设 H_J。先利用以上计算值求各分支管的雷诺数，然后计算器沿程水头损失 λ_i，有

$$Re_1 = \frac{v_1 d_1}{\nu} = \frac{28.72\times0.30}{0.113\times10^{-5}} = 7.625\times10^6$$

$$Re_2 = \frac{v_2 d_2}{\nu} = \frac{8.465\times0.35}{0.113\times10^{-5}} = 2.622\times10^6$$

$$Re_3 = \frac{v_3 d_3}{\nu} = \frac{20.18\times0.40}{0.113\times10^{-5}} = 7.143\times10^6$$

由相应的相对粗糙度$\frac{k_{si}}{d_i}$用公式可求得$\lambda_1 = 0.014$，$\lambda_2 = 0.0134$，$\lambda_3 = 0.012$。重新假设H_J=400 m，做以上类似的计算可求得

$$v_1 = 27.98 \text{ m/s}, \quad Q_1 = 1.977 \ (\text{m}^3/\text{s})$$

$$v_2 = 5.95 \text{ m/s}, \quad Q_2 = 0.5721 \ (\text{m}^3/\text{s})$$

$$v_3 = 20.97 \text{ m/s}, \quad Q_3 = 2.635 \ (\text{m}^3/\text{s})$$

现因$(Q_1 + Q_2) - Q_3 = -0.0859 \text{ m}^3/\text{s}$，故$Q_1 + Q_2 < Q_3$。根据前两次计算的值，应用插值法再假设$H_J$，令

$$H_J = 380 + \frac{0.308}{0.308 + 0.0859} \times (400 - 380) = 3.96 \ (\text{m})$$

再计算各支管流量，得

$$Q_1 = 1.988 \text{ m}^3/\text{s}, \quad Q_2 = 0.6249 \text{ m}^3/\text{s}, \quad Q_3 = 2.616 \ (\text{m}^3/\text{s})$$

现因$(Q_1 + Q_2) - Q_3 = -0.0031 \text{ m}^3/\text{s}$，已近似地满足流体连续性方程，则以上便是最后求得的结果。

例 7.10 有一内直径 d=0.5 mm 的毛细管流体黏度计，流体在管内流动为不可压缩完全发展的定常层流动，如测得管长 L=1 m 的两端水流压力降$\Delta p = p_1 - p_2 = 1.0 \text{ MPa}$，以及流量$Q$=880 mm³/s。试求该流体的黏度。

解：利用完全发展的管内定常层流运动公式（7.2.6），有

$$Q = \frac{p_1 - p_2}{8\mu L}\pi R^4 = \frac{\pi \cdot \Delta p \cdot d^4}{128\mu L}$$

故

$$\mu = \frac{\pi \cdot \Delta p \cdot d^4}{128 LQ} = \frac{\pi}{128} \times 1.0 \times 10^6 \times \left(0.5 \times 10^{-3}\right)^4 \times \left(880 \times 10^{-9}\right)^{-1} = 1.74 \times 10^{-3} \ (\text{N} \cdot \text{s/m}^2)$$

校核管内流动是否是层流，管流平均速度 v 和雷诺数 Re 为

$$v = \frac{Q}{A} = \frac{4Q}{\pi d^2} = \frac{4}{\pi} \times 880 \times 10^{-9} \times \left(0.5 \times 10^{-3}\right)^{-2} = 4.48 \ (\text{m/s})$$

$$Re = \frac{\rho v d}{\mu} = \frac{1000 \times 4.48 \times 0.5 \times 10^{-3}}{1.74 \times 10^{-3}} = 1287$$

Re 小于管流临界雷诺数，故按层流公式计算是正确的。

例 7.11 试用 7.2 节中研究库埃特流动相同的方法求两固定不动平行平板之间完全发展的定常层流运动。

解：设平行板之间的距离为 h，其中简化 N-S 方程仍为式（7.2.15），即

$$\frac{\mathrm{d}p}{\mathrm{d}x} = \mu \frac{\mathrm{d}^2 u}{\mathrm{d}y^2}$$

引入边界条件：y=0 处 u=0，以及 y=h 处 u=0。对上式积分两次，得速度分布方程为

$$u = \frac{h^2}{2\mu}\left(\frac{\mathrm{d}p}{\mathrm{d}x}\right)\left[\left(\frac{y}{h}\right)^2 - \frac{y}{h}\right]$$

单位宽度平行板之间通过的体积流量为

$$Q=\int_0^h u\mathrm{d}y=\frac{1}{2\mu}\left(\frac{\mathrm{d}p}{\mathrm{d}x}\right)\int_0^h\left(y^2-hy\right)\mathrm{d}y=-\frac{1}{12\mu}\left(\frac{\mathrm{d}p}{\mathrm{d}x}\right)h^3$$

因流动方向的流体压力是下降的，通常$\dfrac{\mathrm{d}p}{\mathrm{d}x}$为负数并且为常数，如长度为 L 的平行平板之间的流动，两段压力分别为p_1和p_2，则

$$\frac{\mathrm{d}p}{\mathrm{d}x}=\frac{p_2-p_1}{L}=-\frac{\Delta p}{L}$$

体积流量为

$$Q=\frac{h^3\cdot\Delta p}{12\mu L}$$

平行平板之间的平均流速为

$$v=\frac{Q}{A}=-\frac{h^2}{12\mu}\left(\frac{\mathrm{d}p}{\mathrm{d}x}\right)=\frac{h^2\cdot\Delta p}{12\mu}$$

最大流速在平行平板中心处，即在$y=\dfrac{h}{2}$处，有

$$u_{\max}=-\frac{1}{8\mu}\left(\frac{\mathrm{d}p}{\mathrm{d}x}\right)h^2=\frac{3}{2}v$$

与圆管内层流公式（7.2.7）中$u_{\max}=2v$有差别。

例 7.12 有一液压系统的控制阀，图 7.44 为直径 25 mm 的活塞，活塞长 15 mm，活塞与气缸之间的平均间隙为 0.005 mm，活塞两端油压分别为 20 MPa（表压）和 1 MPa（表压），已知油的密度为 920 kg/m^3，油的黏性系数$\mu=0.018$ kg/(m·s)，试求该柱形阀与气缸之间的泄油量。

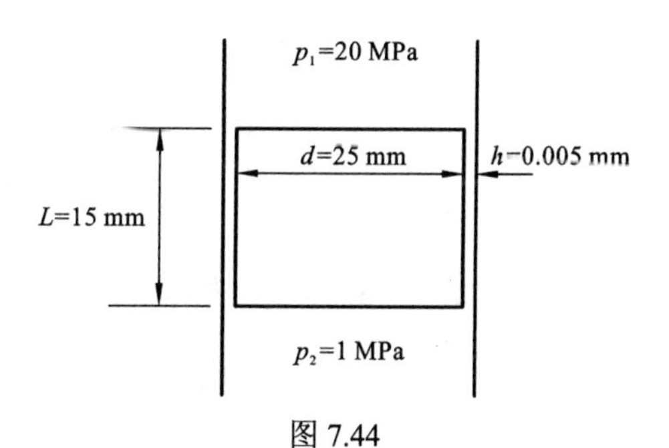

图 7.44

解：由于缝隙很小，其中流动相当于两平行板之间的流动，假设为层流，则可应用例 7.11 中所导出的公式计算单位宽度从缝隙泄漏的油的体积流量 q 为

$$q=\frac{\Delta p\cdot h^3}{12\mu L}$$

现平板宽度近似为πd（缝隙很小时成立），所以总的泄油流量 Q 为

$$Q=\frac{\pi dh^3\cdot\Delta p}{12\mu L}=\frac{\pi}{12}\times\frac{25}{15}\times\left(\frac{0.005}{1\,000}\right)^3\times\frac{(20-1)\times10^6}{0.018}=57.6\times10^{-9}\ \mathrm{m^3/s}=57.6\ (\mathrm{mm^3/s})$$

验证缝隙内流动是否为层流，则平均流速为

$$v=\frac{Q}{A}=\frac{Q}{\pi dh}=\frac{57.6}{\pi\times25\times0.005}=147\ (\mathrm{mm/s})=0.147\ (\mathrm{m/s})$$

间隙的水力直径 D，由式（7.4.6）为

$$D=\frac{4A}{\pi d}=\frac{4\pi dh}{\pi d}=4h$$

$$Re=\frac{\rho vD}{\mu}=\frac{920\times0.147\times4\times0.005\times10^{-3}}{0.018}=0.15$$

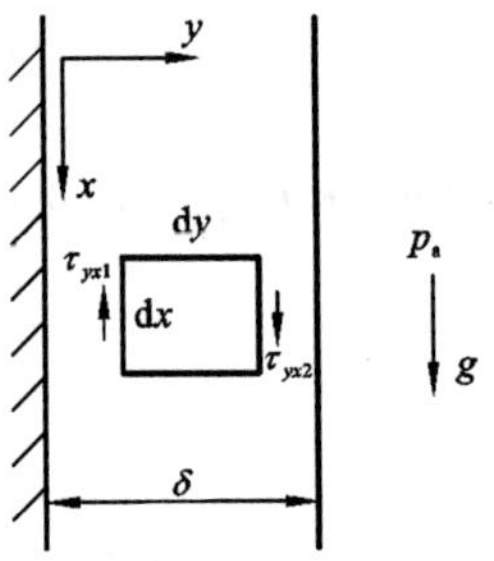

雷诺数远小于临界雷诺数，故假设为层流流动是正确的。

例 7.13　图 7.45 为垂直固壁面上流下的二维液膜，液膜厚度为 δ（常数），假设为完全发展的定常层流，液膜一边为恒定的大气压力。试求液膜流速分布的表达式。

图 7.45　夸大的液膜

解：对图示坐标系(x,y)，液膜的内速度分布为

$$\begin{cases} u(x.u)=u(y) \\ v(x,y)=0 \end{cases}$$

式中：$u(y)$ 为待求的未知速度分布。

应用 N-S 方程于液膜，因液膜一侧为恒定大气压力 p_a，液膜很薄时可令其内的流体压力 $p(x,y)$恒相等，$\dfrac{\partial p}{\partial x}=0$。图示 x 方向为重力方向，x 轴向流体的单位质量力为重力加速度 g，故有简化后的 N-S 方程为

$$\begin{cases} 0=g+\nu\dfrac{\partial^2 u}{\partial y^2} \\ 0=-\dfrac{1}{\rho}\dfrac{\partial p}{\partial y} \end{cases}$$

或

$$\frac{\mathrm{d}^2 u}{\mathrm{d}y^2}=-\frac{\rho g}{\mu}$$

积分两次，得

$$u=-\frac{\rho g}{\mu}\frac{y^2}{2}+C_1 y+C_2$$

式中：积分常数 C_1 和 C_2 由边界条件确定。在 $y=0$ 处 $u=0$，$y=\delta$ 处忽略空气阻力时可认为 $\dfrac{\mathrm{d}u}{\mathrm{d}y\big|_{y=\delta}}=0$，可求得

$$C_1=\frac{\rho g}{\mu}\delta,\quad C_2=0$$

故

$$u=-\frac{\rho g}{\mu}\frac{y^2}{2}+\frac{\rho g\delta}{\mu}y=\frac{\rho g}{\mu}\delta^2\left[\left(\frac{y}{\delta}\right)-\frac{1}{2}\left(\frac{y}{\delta}\right)^2\right]$$

即为求得的液膜内流速分布。

求解这类问题也可不应用 N-S 方程，直接在液膜内取微元体方法求解。如图 7.45 所示取液膜内微元体 $\mathrm{d}x\mathrm{d}y$：对 x 轴向受力分析，对于定常完全发展的层流，任一微元体侧面上切应力与其重力处于平衡状态，其中切应力 τ_{yx1} 和 τ_{yx2} 的指向按坐标方向的规定已在图中示出：τ_{yx1} 面上外法向为 y 轴负方向，故 τ_{xy1} 的指向为 x 轴负方向；τ_{yx2} 面上外法向为 y 轴向，故 τ_{yx2} 的指向为 x 轴向。τ_{yx1} 和 τ_{yx2} 的大小关系按泰勒级数展开式忽略高阶小项后为

$$\tau_{yx2}=\tau_{yx1}+\frac{\mathrm{d}\tau_{yx}}{\mathrm{d}y}\mathrm{d}y$$

该微元体在 x 轴向的力平衡方程为

$$\left(-\tau_{yx1}+\tau_{yx2}\right)\mathrm{d}x+\rho g\mathrm{d}x\mathrm{d}y=0$$

故

$$\frac{\mathrm{d}\tau_{yx}}{\mathrm{d}y}=\rho g$$

因 $\tau_{yx}=\mu\dfrac{\mathrm{d}\mu}{\mathrm{d}y}$，得速度分布 u 的微分方程为

$$\frac{\mathrm{d}^2u}{\mathrm{d}y^2}=-\frac{\rho g}{\mu}$$

与前面由 N-S 方程简化得到的结果一致，后面的解完全相同。

例 7.14　图 7.46 为一皮带运输装置示意图，装在船上可收集海面污染的油层。皮带以恒定速度 U 运转，假设皮带上被输运的油层为定常层流运动，油层厚度为 a，皮带与水平面的倾斜角为 θ，油的密度为 ρ，油的黏性系数为 μ，试求单位宽度皮带收集油的体积流量的计算公式。

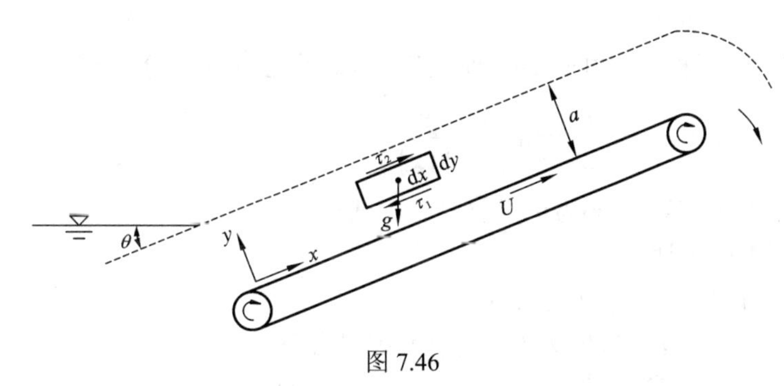

图 7.46

解：取坐标系(x,y)如图 7.46 所示，应用油层中取微元体 $\mathrm{d}x\mathrm{d}y$ 受力分析的方法求解。首先标出 x 轴向切应力 τ_1 和 τ_2 的数学上的指向（按坐标指向确定），而它们之间数量上的关系式为

$$\tau_2=\tau_1+\frac{\partial\tau}{\partial y}\mathrm{d}y$$

考虑微元体重力和黏性力作用，列 x 轴向平衡方程为

$$\left(\tau_2-\tau_1\right)\mathrm{d}x-\rho g\mathrm{d}x\mathrm{d}y\sin\theta=0$$

或

$$\frac{\mathrm{d}\tau}{\mathrm{d}y}=\rho g\sin\theta$$

因 $\tau=\mu\dfrac{\mathrm{d}u}{\mathrm{d}y}$，代入后得 $\dfrac{\mathrm{d}^2u}{\mathrm{d}y^2}=\dfrac{\rho g}{\mu}\sin\theta$

积分两次后得

$$u=\frac{\rho g}{\mu}\sin\theta\frac{y^2}{2}+C_1y+C_2$$

式中：积分常数 C_1 和 C_2 由边界条件确定。在 $y=0$，$u=U$；$y=a$ 处，$\dfrac{\mathrm{d}\mu}{\mathrm{d}y}=0$（油层液面上黏性切应力为 0，相当于忽略油膜表面上空气阻力），带入上式，可解得

$$C_1=-\frac{\rho g}{\mu}\sin\theta\cdot a\text{，}\quad C_2=U$$

故

$$u=U-\frac{\rho g\sin\theta}{\mu}\left(ay-\frac{y^2}{2}\right)$$

单位宽度皮带上集油的体积流量 q 为

$$q=\int_0^a u\mathrm{d}y=Ua-\frac{\rho g\sin\theta}{\mu}\frac{a^3}{3}$$

注意到调整 a 的值可求得可能的最大集油量，令 $\frac{\mathrm{d}q}{\mathrm{d}a}=0$，有

$$q_{\max}=\frac{2}{3}\left(\frac{\mu}{\rho g\sin\theta}\right)^{\frac{1}{2}}U^{\frac{3}{2}}$$

相应的 a 为 $a=\left(\frac{U\mu}{\rho g\sin\theta}\right)^{\frac{1}{2}}$。

例 7.15 假设沿平板（x 轴向）的二维层流，其边界层的速度分布 $u(x,y)$为正弦曲线分布：

$$\frac{u}{U}=\sin\left[\frac{\pi}{2},\frac{y}{\delta(x)}\right],\quad 0\leqslant y\leqslant\delta$$

其中 U 为沿平板来流速度，$\delta(x)$为边界层厚度。试求

（1）边界层厚度表达式；

（2）边界层排挤厚度 $\delta^*(x)$的公式；

（3）平板（长度为 L，宽度为 B）的总摩擦阻力公式。

解：（1）根据层流边界层理论，沿平板压力梯度 $\frac{\partial p}{\partial x}=0$，以及层流边界层中壁面切应力 τ_0 为

$$\tau_0=\mu\left.\frac{\mathrm{d}u}{\mathrm{d}y}\right|_{y=0}=\mu\frac{\pi U}{2\delta(x)}\cos\left[\frac{\pi}{2}\frac{y}{\delta(x)}\right]_{y=0}=\frac{\pi\mu U}{2\delta(x)}$$

应用平板边界层动量积分方程式（7.7.15），有

$$\frac{\pi\mu U}{2\delta}=\rho\frac{\mathrm{d}}{\mathrm{d}x}\int_0^\delta U^2\sin\left(\frac{\pi y}{2\delta}\right)\left[1-\sin\left(\frac{\pi y}{2\delta}\right)\right]\mathrm{d}y$$

在任一边界层厚度 $\delta(x)$处，令 $\alpha=\frac{\pi y}{2\delta}$，$y$=0 时 α=0; y=δ，$a=\frac{\pi}{2}$；$\mathrm{d}\alpha=\frac{\pi}{2\delta}\mathrm{d}y$，$\mathrm{d}y=\frac{2\delta}{\pi}\mathrm{d}\alpha$，代入上式积分后，得

$$\frac{\pi\mu U}{2\delta}=\rho U^2\frac{\mathrm{d}}{\mathrm{d}x}\int_0^{\frac{\pi}{2}}\left(\sin\alpha-\sin^2\alpha\right)\mathrm{d}\alpha\frac{2\alpha}{\pi}=\rho U^2\frac{2}{\pi}\frac{\mathrm{d}\delta}{\mathrm{d}x}\int_0^{\frac{\pi}{2}}\left(\sin\alpha-\sin^2\alpha\right)\mathrm{d}\alpha$$

$$=\rho U^2\frac{2}{\pi}\frac{\mathrm{d}\delta}{\mathrm{d}x}\left.\left(-\cos\alpha-\frac{1}{2}\alpha+\frac{1}{4}\sin 2\alpha\right)\right|_0^{\frac{\pi}{2}}=\frac{2}{\pi}\rho U^2\frac{\mathrm{d}\delta}{\mathrm{d}x}\left(1-\frac{\pi}{4}\right)=0.137\rho U^2\frac{\mathrm{d}\delta}{\mathrm{d}x}$$

故有

$$0.087\,2\frac{\rho U}{\mu}\delta \mathrm{d}\delta = \mathrm{d}x$$

积分得

$$0.087\,2\frac{\rho U}{\mu}\frac{\delta^2}{2}=x + C$$

在 $x = 0$ 处 $\delta = 0$，所以积分常数 C 可确定 C=0，则得

$$\delta = \sqrt{\frac{2}{0.087\,2}}\sqrt{\frac{x\mu}{\rho U}} = 4.79\sqrt{\frac{\mu x}{\rho U}} = 4.79 x Re_x^{-\frac{1}{2}}$$

式中：$Re_x = \dfrac{\rho U x}{\mu}$。即为边界层厚度表达式。

（2）由边界层排挤厚度定义式（7.7.35），有

$$\delta^* = \int_0^\delta \left(1 - \frac{u}{U}\right)\mathrm{d}y = \int_0^\delta \left(1 - \sin\frac{\pi y}{2\delta}\right)\mathrm{d}y = \delta - \frac{2\delta}{\pi}\int_0^{\frac{\pi}{2}} \sin\alpha \mathrm{d}\alpha = \delta - \frac{2\delta}{\pi} = \delta\left(1 - \frac{2}{\pi}\right)$$

已求得边界层厚度 $\delta = 4.79 x Re_x^{-\frac{1}{2}}$，故

$$\delta^* = \left(1 - \frac{2}{\pi}\right) \times 4.79 x Re_x^{-\frac{1}{2}} = 1.74 x Re_x^{-\frac{1}{2}}$$

（3）平板的一个面上总摩擦阻力 F 为

$$F = \int_0^L \tau_0 B \mathrm{d}x = \frac{\pi\mu U B}{2}\int_0^L \frac{\mathrm{d}x}{\delta} = \frac{\pi\mu U B}{2}\frac{1}{4.79}\sqrt{\frac{\rho U}{\mu}}\int_0^L \frac{\mathrm{d}x}{\sqrt{x}}$$

$$= \frac{\pi B}{4.79}\mu^{\frac{1}{2}} U^{\frac{3}{2}} \rho^{\frac{1}{2}} L^{\frac{1}{2}} = \frac{0.656 \rho U^2 B L}{\sqrt{Re_L}}$$

相应的阻力系数 C_D 为

$$C_\mathrm{D} = \frac{F}{\frac{1}{2}\rho U^2 B L} = \frac{1.312}{\sqrt{Re_L}}$$

例 7.16 有不可压缩流体以均匀流速 v 和压力 p_1 进入半径为 R 的圆管，在圆管内通过起始段成为完全发展的层流流动时，其压力变为 p_2，试证明在圆管内完全发展的层流其流体动量 M_0 为

$$M_0 = \frac{4}{3}\pi\rho v^2 R^2$$

其中：ρ 为流体密度。利用这个关系式再证明在层流起始段内管壁面黏性摩擦力 F 的公式为

$$F = \pi R^2\left(p_1 - p_2 - \rho\frac{v^2}{3}\right)$$

解：对完全发展的圆管内层流，其速度分布式（7.2.3）有

$$u = \frac{\Delta p}{4\mu L}\left(R^2 - r^2\right)$$

式中：Δp 为完全发展的圆管内层流管长 L 中压力降，可用式（7.2.9）确定，即

$$\frac{\Delta p}{L} = \frac{8\mu}{R^2}v$$

计算完全发展的层流管截面上流体总动量 M_0 为

$$M_0 = \rho \int_0^R 2\pi r \mathrm{d}r \cdot u^2 = \rho \frac{8\pi}{R^4} v^2 \int_0^R r\left(R^2 - r^2\right)^2 \mathrm{d}r = \frac{4}{3}\pi \rho v^2 R^2$$

在起始段内列动量方程，有

$$\frac{4}{3}\pi \rho v^2 R^2 - \pi R^2 \rho v^2 = \left(p_1 - p_2\right)\pi R^2 - F$$

故

$$F = \pi R^2 \left(p_1 - p_2 - \rho \frac{v^2}{3}\right)$$

例 7.17 假设管内湍流时在层流底层内速度分布近似为一直线，如定义层流底层的厚度为 δ'，它是层流底层内速度分布曲线与管内湍流时均速度 u 的对数分布曲线的交点离管壁面的距离，现给出管内湍流对数分布曲线为 $\frac{u}{u_*} = 5.75\lg\frac{yu_*}{v} + 5.5$，试求层流底层厚度的计算式。

解： 在层流底层，壁面切应力 $\tau_0 = \mu \frac{\mathrm{d}\mu}{\mathrm{d}y}$。因层流底层内速度分布近似为常数，其中 $\frac{\mathrm{d}\mu}{\mathrm{d}y} = \frac{u}{y}$，则有

$$u = \frac{\tau_0}{\mu} y = \frac{\tau_0 y}{\rho v} = \frac{y u_*^2}{v}$$

或

$$\frac{u}{u_*} = \frac{y u_*}{v}$$

在 $y = \delta'$ 处，$\frac{u}{u_*}$ 的值便等于湍流对数速度分布中的 $\frac{u}{u_*}$ 值，即

$$\frac{\delta' u_x}{v} = 5.75\lg\frac{\delta' u_*}{v} + 5.5$$

故

$$\delta' = 11.6\frac{v}{u_*}$$

即管内层流底层厚度 δ' 的计算式。

例 7.18 有一长 10 m 和宽 1 m 的矩形薄平板，在 15 ℃水中以 5 m/s 速度沿平板长度方向拖拽，假设平板表面等效粗糙度 k_s=0.25 cm，试求拖拽该平板所需动力。如将该平板表面光滑处理后，则拖拽所需的动力为多大？

解： 计算平板拖拽时雷诺数 Re，15 ℃水的黏性系数 $\mu = 0.001\,14\ \mathrm{N\cdot s/m^2}$，则

$$Re = \frac{\rho u L}{\mu} = \frac{1\,000 \times 5 \times 10}{0.00114} = 4.39 \times 10^7$$

按临界雷诺数 5×10^5 计算转捩点位置 x_{cr}，令 $\frac{\rho u x_{\mathrm{cr}}}{\mu} = 5\times10^5$，故

$$x_{\mathrm{cr}} = \frac{5\times10^5 \mu}{\rho u} = \frac{5\times10^5 \times 0.00114}{1\,000 \times 5} = 0.114\ (\mathrm{m})$$

因层流边界层只占平板全长的 1.14%，可近似地忽略这部分影响，认为整个平板为湍流边界层。

按水力光滑允许粗糙度条件式（7.9.6）$\frac{uk_s}{\nu} \leqslant 100$，有

$$k_s \leqslant \frac{100\nu}{u} = \frac{100\mu}{\rho u} = \frac{100 \times 0.00114}{1\,000 \times 5} = 0.000\,022\,8\ \text{m} = 0.002\,28\ \text{cm}$$

现 k_s=0.25 cm，需按粗糙平板公式（7.9.5）计算摩擦阻力系数 C_f 为

$$C_f = \left(1.89 + 1.62\log_2 \frac{L}{k_s}\right)^{-2.5} = \left(1.89 + 1.62\log_2 \frac{10 \times 100}{0.25}\right)^{-2.5} = 0.006\,03$$

总摩擦阻力 F 为

$$F = 2C_f \cdot \frac{1}{2}\rho u^2 A = 2 \times 0.006\,03 \times \frac{1}{2} \times 1\,000 \times 5^2 \times 10 \times 1 = 1\,507.5\ (\text{N})$$

拖拽平板所需动力 P 为

$$P = Fu = 1\,507.5 \times 5 = 7\,537.5\ \text{W} = 7.54\ (\text{kW})$$

如改为光滑平板，C_f 由式（7.9.3）确定：

$$C_f = \frac{0.074}{\left(4.39 \times 10^7\right)^{0.2}} = 0.002\,19$$

则

$$F = 2 \times 0.002\,19 \times \frac{1}{2} \times 1\,000 \times 5^2 \times 10 \times 1 = 547.5\ (\text{N})$$

拖拽光滑平板所需动力 P 为

$$P = Fu = 547.5 \times 5 = 2\,737.5\ \text{W} = 2.738\ (\text{kW})$$

例 7.19 试求直径分别为 10 cm、1 cm、1 mm、0.1 mm 和 0.01 mm 的钢球在 20 ℃的水中下沉的最终速度。已知钢的密度 $\rho_s = 7\,800\ \text{kg/m}^3$，水的密度 $\rho_w = 1\,000\ \text{kg/m}^3$，水的运动黏性系数 $\nu = 1.003 \times 10^{-6}\ \text{m}^2/\text{s}$。

解：钢球在水中下沉时作用在球上的力，有重力 W（向下）、浮力 F（向上）、水的阻力 D（向上）。下沉之初，球的重力大于水的浮力和阻力之和，球获得加速度下沉。随着球体下沉速度的增大，相应的水阻力增大，最终达到水阻力 $D=W-F$ 的平衡状态，即有球的最终下沉速度 v，它可从下列力的平衡方程中求得

$$C_D \cdot \frac{1}{2}\rho_w v^2 \left(\frac{1}{4}\pi d^2\right) = \left(\rho_s - \rho_w\right)\frac{\pi d^3}{6} g$$

式中：C_D 为球在水中阻力系数，故

$$v = \sqrt{\frac{4gd}{3C_D}\left(\frac{\rho_s}{\rho_w} - 1\right)} = 9.43\sqrt{\frac{d}{C_D}}$$

因 C_D 与雷诺数 Re_d 有关，求解需用试算法。

如 d=10 cm 时，假设球下沉为湍流边界层，则阻力系数 C_D=0.2（第二近似值），代入得

$$v = 9.43\sqrt{\frac{0.1}{0.2}} = 6.67\ (\text{m/s})$$

相应的雷诺数为

$$Re_d = \frac{vd}{\nu} = \frac{6.67 \times 0.1}{1.003 \times 10^{-6}} = 6.65 \times 10^5$$

圆球的临界雷诺数为 2×10^5，故前面假设该钢球下沉为湍流边界层是正确的，无须再做修改，最终下沉速度为 6.67 m/s。

当 d=1 cm 时，仍假设其下沉为湍流边界层，取 C_D=0.2，则

$$v = 9.43\sqrt{\frac{0.01}{0.2}} = 2.11\ \text{(m/s)}$$

相应雷诺数为

$$Re_d = \frac{2.11\times0.01}{1.003\times10^{-6}} = 2.1\times10^4$$

小于临界雷诺数，湍流边界层的假设不正确，修改假设球下沉为层流边界层，取 C_D=0.44（第一近似值），重新计算 v，有

$$v = 9.43\sqrt{\frac{0.01}{0.44}} = 1.42\ \text{(m/s)}$$

相应的雷诺数为

$$Re_d = \frac{1.42\times0.01}{1.003\times10^{-6}} = 1.42\times10^4$$

小于球的临界雷诺数，假设的层流边界层是正确的，故最终下沉速度为 1.42 m/s。

当 d=1 mm 时 ，假设其下沉为层流边界层，取 C_D=0.44，有

$$v = 9.43\sqrt{\frac{0.001}{0.44}} = 0.45\ \text{(m/s)}$$

相应的雷诺数为

$$Re_d = \frac{0.45\times0.001}{1.003\times10^{-6}} = 449$$

对于 $1<Re_d<1\,000$ 的球体，C_D 的值需由式（7.9.10）确定，则有

$$C_D = \frac{24}{Re_d}\left(1+0.15Re_d^{0.667}\right) = \frac{24}{449}\left(1+0.15\times449^{0.667}\right) = 0.525$$

重新计算 v，有

$$v = 9.43\sqrt{\frac{0.001}{0.525}} = 0.412\ \text{(m/s)}$$

相应的雷诺数为

$$Re_d = \frac{0.412\times0.001}{1.003\times10^{-6}} = 411$$

仍可利用式(7.9.10)确定 C_D=0.544；再重新计算得 v=0.404 m/s，Re_d=403，确定 C_D=0.548，v=0.403 m/s，Re_d=402，这时已可认为前后两次计算已相当接近，最终下沉速度确定为 0.403 m/s。

当 d=0.1 mm 时，按前面的计算方法，可先假定 C_D=1，则 v=0.094 3 m/s，相应的 Re_d=9.4，由式(7.9.10)计算 C_D=4.26，重新计算 v=0.046 m/s，相应的 Re_d=4.59，再求 C_D=7.40，v=0.035 m/s，Re_d=3.49，再求 C_D=9.25，v=0.031 m/s，Re_d=3.1。通过几次迭代计算后最终求得下沉速度 v=0.028 m/s，相应的 Re_d=2.8，C_D=11.2。

当 d=0.01mm=10^{-5}m，通过比较可知 $Re_d<1$，需应用式（7.9.9）计算 C_D，求得下沉最终速度 $v=3.7\times10^{-4}$ m/s，相应的 $Re_d=3.7\times10^{-3}$。

例 7.20 有一从大水库引出的长度 L=600 m 的输水管，管内径 D=1.2 m，水流量

Q=0.9 m^3/s。假设水管内压力波传播速度 c=1 000 m/s，试计算：

（1）输水管出口闸门瞬时关闭的水击压力；

（2）考虑闸门开始关闭到完全关闭的时间 T=4 s 这一因素时的水击压力。

（3）考虑闸门只突然关闭一部分，将输水管流量从 0.9 m^3/s 瞬时地减小到 0.3 m^3/s 时，闸门处的水击压力；

（4）考虑输水管出口处闸门在时间 T=1 s 之内使流量从 0.3 m^3/s 减小到 0，求离开输水管进口 100 m 处的管中水击压力。

解：（1）输水管内原流速为

$$v_0 = \frac{Q}{\frac{\pi}{4}D^2} = \frac{0.9}{\frac{\pi}{4}\times 1.2^2} = 0.8\ (\text{m/s})$$

瞬时水击压力升高值 Δp 由式（7.5.6）计算，得

$$\Delta p = \rho c v_0 = 1\,000\times 1\,000\times 0.8 = 8\times 10^5\ (\text{N/m}^2) = 0.8\ (\text{MPa})$$

（2）水击压力波在输水管内反回时间 $T_{\text{r}} = \frac{2L}{c} = \frac{2\times 600}{1\,000} = 1.2\ \text{s}$，小于闸门完全关闭的时间 T=4 s，称为间接水击，间接水击压力升高值近似计算为

$$\Delta p = \rho c v_0 \frac{T_{\text{r}}}{T} = 8\times 10^5 \times \frac{1.2}{4}\ (\text{N/m}^2) = 0.24\ (\text{MPa})$$

（3）瞬时流速变化 Δv 为

$$\Delta v = \frac{0.9-0.3}{\frac{1}{4}\pi(1.2)^2} = 0.53\ (\text{m/s})$$

仍可用式（7.5.6）作出压力升高值的计算：

$$\Delta p = \rho c \Delta v = 1\,000\times 1\,000\times 0.53 = 0.53\ (\text{MPa})$$

（4）闸门关闭时间 T=1s，小于最初压力波在输水管内反回时间 T_{r}=1.2 s，为直接水击，最大升压值 Δp 为

$$\Delta p = \rho c \Delta v = 1\,000\times 1\,000\times \frac{0.3}{\frac{\pi}{4}\times 1.2^2} = 0.265\times 10^6\ (\text{N/m}^2) = 0.265\ (\text{MPa})$$

因为闸门关闭时间不为 0，只有当闸门完全关闭时，闸门处升压才达到最高值，然后以压力波形式向输水管上游传播，故有一段从输水管进口算起长度为 x 的管道不能达到最高升压值，最高升压值的压力波与最初开始的压力波（已反射为膨胀波）相遇，便可求得以上 x，即

$$\frac{L+x}{c} = T + \frac{L-x}{c}$$

可解得 x=500 m。由此可知，离输水管进口 100 m 处显然不会到达最大水击压力升高值。因离输水管进口 500 m 处升压值可达 0.265 MPa，而进口处升压值为 0，故离进口 100 m 处水击升压值近似地按线性变化规律可计算为

$$\Delta p = 0.265\times\frac{100}{500} = 0.053\ (\text{MPa})$$

讨 论 题

7.1 根据哈根-泊肃叶（Hagen–Poiseuille）定律方程式（7.2.6），即$Q=\dfrac{\Delta p}{8\mu L}\pi R^4$，法国医生泊肃叶曾利用这个方程研究人体血液的黏度，试讨论为何及如何利用这个方程式可测得血液的黏度。

7.2 试讨论管流中沿程水头损失 h_f 与管流平均速度 v 的关系：为什么在层流时它们的关系是 $h_f\sim v$？湍流中它们的关系是 $h_f\sim v^{1.75\sim 2.0}$？

试讨论在管流流量 Q 一定时，管流沿程水头损失 h_f 与管径 d 的关系：为什么在层流时它们的关系是 $h_f\sim d^{-4}$，湍流中它们的关系是 $h_f\sim d^{-4.25\sim -5.0}$？

7.3 试讨论平壁面在静止流体中运动速度 v 与该平壁面将受到流体边界层摩擦阻力 F_D 的关系：为什么在层流边界层中它们的关系是 $F_D\sim v^{1.5}$，在湍流边界层中它们的关系是 $F_D\sim v^{1.8\sim 2.0}$？

7.4 试讨论均流沿平壁面边界层流动时平壁面受到流体的黏性切应力 τ_w，无论是层流边界层还是湍流边界层，为何 τ_w 在平壁面前缘处（x=0）最大，并随 x 增大（平壁面后方）而减小？试从物理概念和计算式加以分析和理解。

7.5 试讨论管流中沿程水头损失系数 λ 与管壁面摩擦速度 u_*为何有如下关系式成立？

$$\lambda=8\left(\frac{u_*}{v}\right)^2$$

其中：v 为管流平均速度。以及试讨论平壁面上流体边界层局部摩擦系数 C_f 与壁面摩擦速度 u_*又有如下关系成立？

$$u_*=\sqrt{\frac{C_f}{2}}U$$

其中：U 为沿平壁面来流速度。

7.6 试讨论管内湍流速度分布或平壁面湍流边界层内速度分布是怎样被分区研究的？内层区、外层区和重叠区速度分布各有什么特点？什么叫层流次层区？什么叫过渡区？什么叫无量纲壁面距离 y^+？

习 题

7.1 有一 290 柴油机的进气管内径 d=40 mm，气缸活塞的直径 D=90 mm，已知活塞平均速度为 7.3 m/s，进气温度 40 ℃，试求进气管内气流平均雷诺数。

（参考答案：8.8×10^4）

7.2 有一齿轮泵在大油池中吸取润滑油，如图 7.47 所示，其吸油量 Q=1.2 L/s，如已知油的恩格勒黏度为 20° E，油的密度为 900 kg/m^3，试计算确定：

（1）如已知油的汽化压力水头 h_v=3 m 水柱，吸油管长度 L=10 m，吸油管内径 d=40 mm，不计油泵工作时局部能头损失，试求油泵设置的位置其进油口离油池液面最大容许安装高度；

（2）如油泵供油能力增加一倍时，油泵的最大容许安装高度如何变化？

题中恩格勒黏度 E 与运动黏性系数 ν 的关系为

$$\nu = 0.073\,2E - \frac{0.0631}{E}$$

（参考答案：2.86 m；−2.8 m）

7.3 有一内直径 d=60 mm，长度 L=2 000 m 的输水管，全程共有 18 个弯头和 6 个闸阀，每个弯头局部阻力水头损失系数 k_b=0.5，每个闸阀局部阻力水头损失系数 k_v=0.05。水管为光滑钢管，为防锈涂柏油后，引起附加能头损失，使沿程水头损失系数比光滑管时增为 1.5 倍。设水的运动黏性系数 $\nu = 0.01\ \text{cm}^2/\text{s}$，管流平均流速 v=1.5 m/s，试求全管长因各种阻力所引起的压力降。

（参考答案：1 035 kPa）

7.4 用薄钢板精制成横截面为 400 mm×600 mm 的矩形风道，风道长度 L=10 m，通过空气流量 Q=5 000 m^3/h，试求全程气流的压力降。假定空气温度 20℃时运动黏性系数 $\nu = 15.1\times10^{-6}\ \text{m}^2/\text{s}$，密度 $\rho = 1.2\ \text{kg/m}^3$，按光滑管流道计算。

（参考答案：5.95 N/m^2）

7.5 如图 7.48 所示，有一自然通风的锅炉设备，其中需产生的烟气质量流量 $\dot{m} = 18\,000\ \text{kg/h}$，烟囱底部真空度为 20 mm 水柱（由烟道阻力产生），如烟囱内直径 d=1 m 时，试求烟囱所需高度 H。已知烟气密度 $\rho_1 = 0.6\ \text{kg/m}^3$，环境空气密度 $\rho_2 = 1.2\ \text{kg/m}^3$，烟道沿程压头损失系数 $\lambda = 0.03$。

（参考答案：40 m）

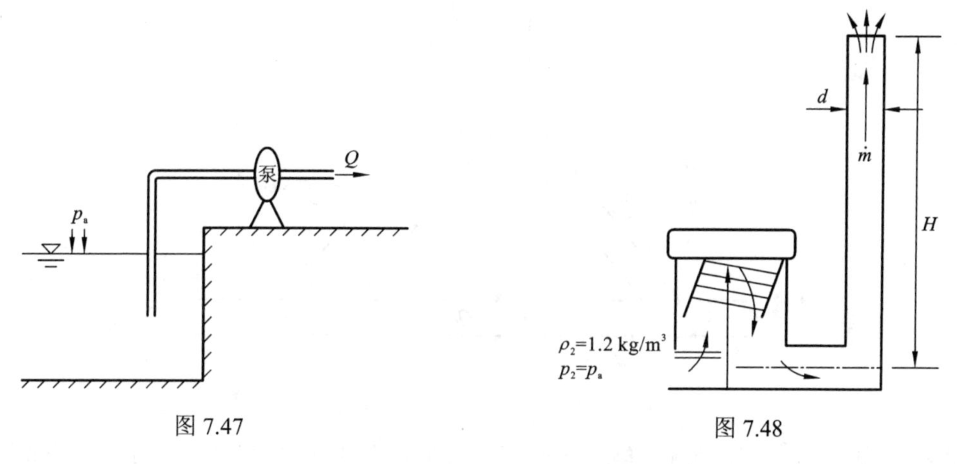

图 7.47　　图 7.48

7.6 有一离心水泵从储水池沿自流管经过中间水井取水，如图 7.49 所示自流管管长 L_1=20 m，管内直径 D_1=120 mm，水泵吸水管长 L_2=12 m，管内直径 D_2=150 mm。假定管路

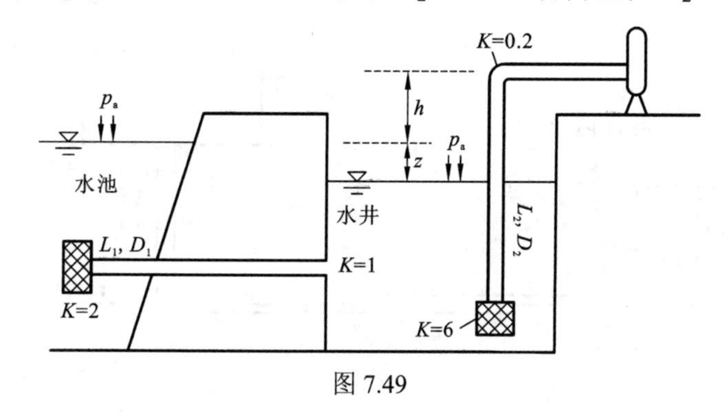

图 7.49

沿程阻力系数 $\lambda = 0.03$，需考虑的几个局部水头损失系数 k 已在图 7.49 中标出。水泵布置其吸水口离储水池液面高度 h=2 m，如要求水泵工作时在进口处真空度不得超过 6 m 水柱，试确定该水泵最大允许流量，并求相应的水池液面与水井液面的水位差 z。

（参考答案：38.5 L/s；1.7 m）

7.7 有一并联管路如图 7.50 所示，假定两并联管的直径、粗糙度和沿程水头损失系数都相等，但管长不同，若并联管路流进和流出的总流量 Q=100 L/s，试求并联管内流量 Q_1 和 Q_2 各为多少？

（参考答案：44.76 L/s，55.24 L/s）

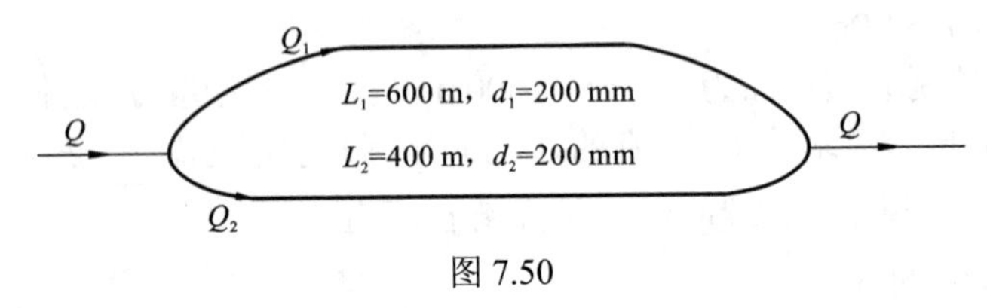

图 7.50

7.8 如图 7.51 所示，有一等边三角形管网，40 ℃的苯从上顶角流入，流量 Q_1=10 L/s，如从下边两顶角处流出的流量相等，即 Q_2=Q_3=5 L/s，试求每根管内流过流量 Q_{12}、Q_{13} 和 Q_{23}。已知苯的比重为 0.899，40 ℃苯的黏性系数 $\mu = 5 \times 10^{-4}\ \mathrm{N \cdot s/m^2}$，计算时可忽略局部能头损失，沿程能头损失可按光滑管公式计算。已知管网内径 d_{12}=7.5 cm，d_{13}=2.5 cm，d_{23}=5 cm。

（参考答案：9.15 L/s，0.85 L/s，4.15 L/s）

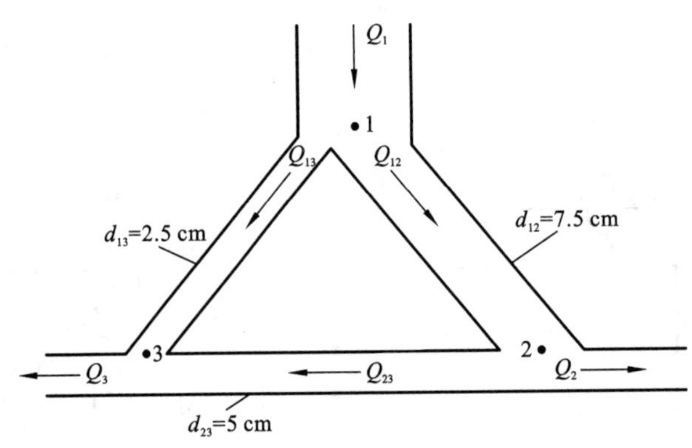

图 7.51

7.9 如图 7.52 所示的管路系统，水泵进水管全长 130 m，水泵出水管全长 190 m，水泵进出水管都是普通钢管，管内径都是 157 mm，水泵加入的动力为 57.1 kW，考虑储水容器中

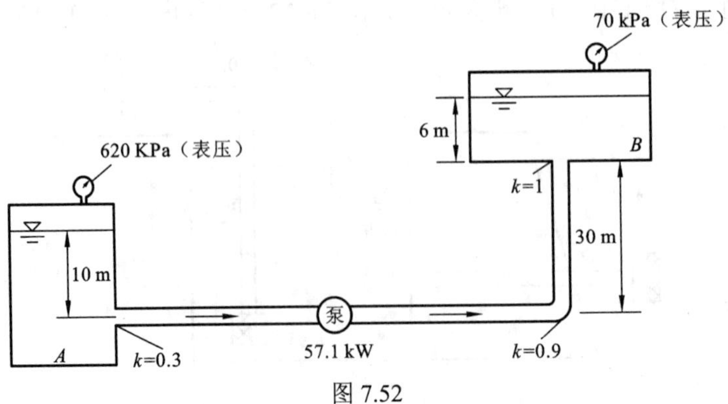

图 7.52

液面表压和液面下水深，管流中几处局部水头损失系数 k 也加以考虑，试求水从 A 到 B 的流量。已知水的运动黏性系数 $\nu = 0.113\times10^{-5}\ \mathrm{m^2/s}$ 。

（参考答案：113.6 L/s）

7.10 如图 7.53 所示管流系统，已知从容器 A 到容器 B 的流体流量 Q=170 L/s，其中水的运动黏性系数 $\nu = 0.113\times10^{-5}\ \mathrm{m^2/s}$ ，试求水平管段的直径 D_1，按普通钢管计算。

（参考答案：161.9 mm）

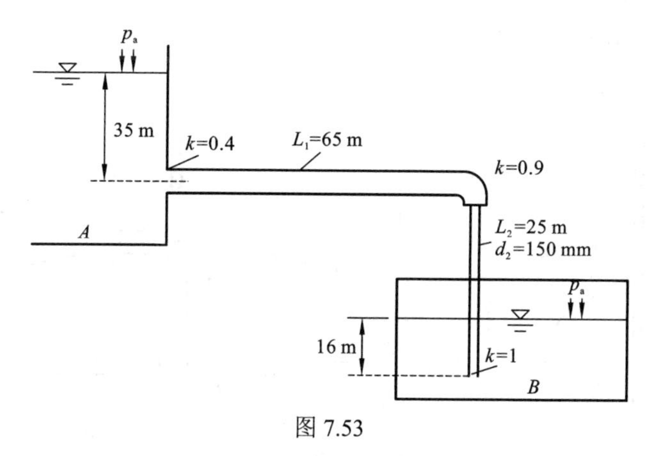

图 7.53

7.11 如图 7.54 所示，有一水泵将水从低水库打入高水库，抽水量为 30 L/s，设水泵产生的总水头 23 m，管路系统管段长度 L、管内直径 d、管壁粗糙度 k_s 为

L_0=400 m，d_0–200 mm，k_{s0}=0.55 mm；

L_1=600 m，d_1=75 mm，k_{s1}=0.22 mm；

L_2=750 m，d_2=100 mm，k_{s2}=0.5 mm；

L_3=1 000 m，d_3=150 mm，k_{s3}=1.0 mm；

试求各管路中通过流量和高水库中水位 H。

（参考答案：Q_1=4.61 L/s，Q_2=7.72 L/s，Q_3=17.67 L/s，H=9.4 m）

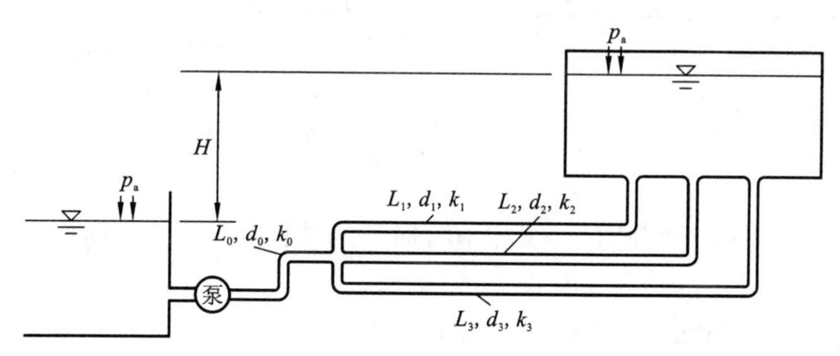

图 7.54

7.12 有一直径 d=10 mm 的孔口从水箱中的出流，它在水头 H=2 m 作用下流入大气中，如图 7.55 所示，测得其流量 Q=0.294 L/s，射流某断面中心坐标(x, y)位置为 x=3 m，y=1.2 m，坐标原点取在射流收缩断面中心处，试求该孔口流量系数、流速系数、收缩系数和孔口局部阻力系数。提示：自容器侧壁孔口的出流，其轨迹可按自由落体计算，即 $x=vt$，$y=\dfrac{1}{2}gt^2$，t 为液体从收缩断面 C-C 到(x,y)点的时间。

（参考答案：0.598，0.97，0.616，0.065）

7.13 图 7.56 为一引射泵示意图，它在容器 A 的水头作用下，可将 B 处的水引射到容器 C 处，已知 H_1=4 m，H_2=2 m，d_1=20 mm，d_2=40 mm，d_3=100 mm，试求该引射泵工作所必须有的水位高度差 h（指容器 A 中水位与容器 C 中水位之差），以及相应的喷嘴出流量 Q_1。计算时流动损失只考虑喷嘴出流后膨胀损失，按突然扩大公式计算，以及扩散段流动的能头损失假定为 $0.25\cdot\dfrac{(v_2-v_3)^2}{2g}$。

（参考答案：8.1 m，5.2 L/s）

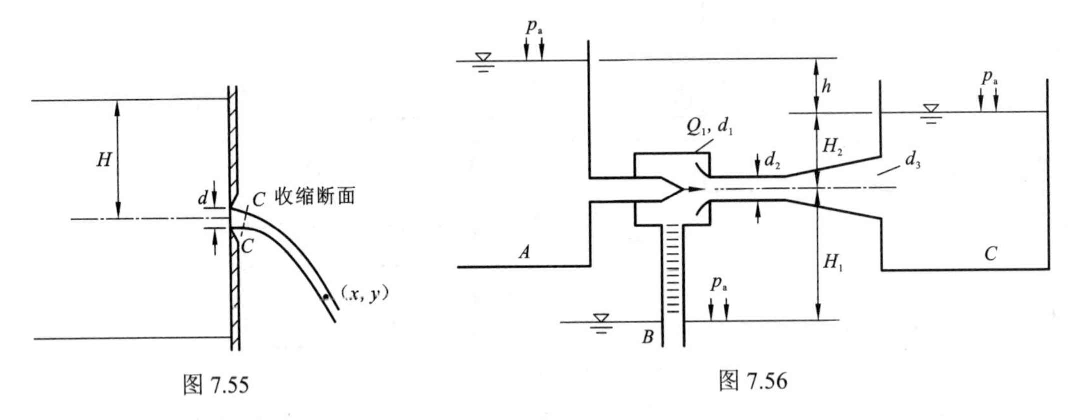

图 7.55

图 7.56

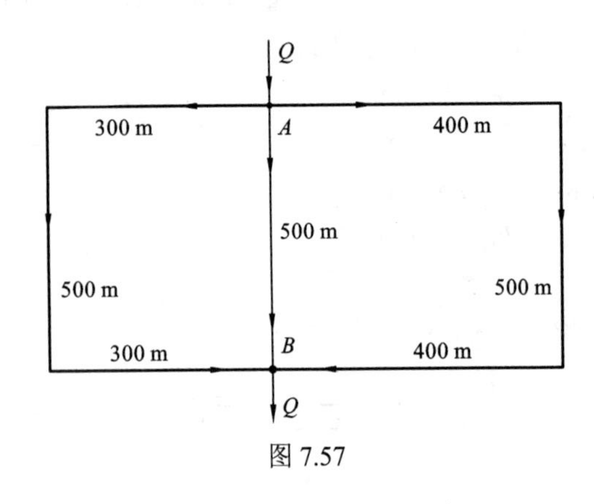

图 7.57

7.14 图 7.57 为一管网布置示意图，它们都用管径为 300 mm 的普通钢管组成，进出流量 Q=800 L/s，A 处离地面标高为 100 m，B 处离地面标高为 200 m，试求 A 处和 B 处水压力降，假设忽略其中局部水头损失，水温为 5 ℃。

（参考答案：1 280 kPa）

7.15 有一长 1 000 m 的输水管，管内水流速度为 2.5 m/s，试求：

（1）1s 内在出口处完全关闭闸阀，求水击升压值和最大水击压力在闸阀处的持续时间；

（2）闸阀完全关闭时间分别为 5 s 和 10 s 时，闸阀处水击压力升压值；

假设压力波在水管中的传播速度 c=1 460 m/s。

（参考答案：3.65 MPa，0.37 s；1.0 MPa，0.5 MPa）

7.16 20 ℃水以 1 m/s 速度流过光滑的等腰三角形平板，平板尺寸如图 7.58 所示，考虑三角形平板两面的摩擦阻力，试按层流边界层理论估算作用于该三角形板面上的流体阻力。

（参考答案：0.98 N）

7.17 如图 7.59 所示，一搅拌器有两个薄圆盘焊接在一根圆杆上，搅拌溶液的密度为 1 125 kg/m^3，黏度为 5 cP（厘泊），试求该搅拌器以 50 r/min 速度旋转所需动力。

（参考答案：1.88 kW）

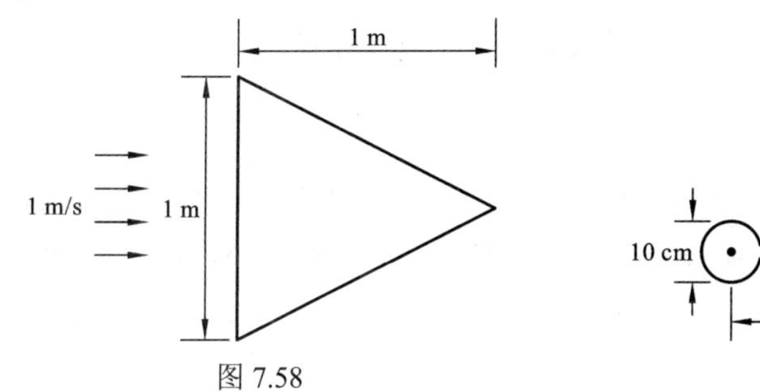

图 7.58

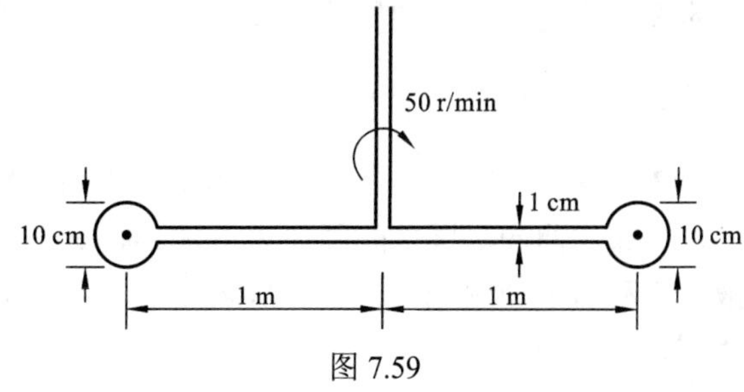

图 7.59

7.18 有一矩形平板长 3 m、宽 1 m，有 100 m/s 气流速度沿平板长度方向流过，如湍流边界层转捩点发生在离平板前缘 x=1.5 m 处，试计算该平板的一个面上的流体阻力。

（参考答案：13.5 N）

7.19 试应用动量定理和伯努利方程证明突然扩大管道局部水头损失系数 k 的公式（7.4.10）：$k=\left(\dfrac{A_2}{A_1}-1\right)^2$ 或 $h_{\mathrm{j}}=k\dfrac{v_2^2}{2g}=\left(\dfrac{A_2}{A_1}-1\right)^2\dfrac{v_2^2}{2g}$。

7.20 两无穷长平行平板之间不可压缩流体的流动，速度分布规律为

$$u=u_{\max}(Ay^2+By+C)$$

式中：$u_{\max}$ 为平行平板间隙中心处流速；A、B、C 为待定常数。平行板之间的间隙距离为 h，y 为离间隙中心线的坐标。试写出单位宽平板通过的流体体积流量计算式。

（参考答案：$\dfrac{2}{3}u_{\max}h$）

7.21 图 7.60 为库埃特黏度计示意图。两个同心圆筒之间置入试验的液体，其中内圆筒悬挂在一根纽条上，其扭矩 T 可从指针上读出。当外圆筒以恒定角速度 ω 旋转时，测得 T。假设其中的液体做定常层流运动（完全为圆周运动，与 z 无关）。两圆筒之间间隙很小，其中速度分布可近似认为线性分布。试导出液体黏性系数 μ 与扭矩 T、角速度 ω 及设备的几何参数 L、a、b 之间的表达式。

（参考答案：$\mu=\dfrac{T\left(b^2-a^2\right)}{4\pi\omega La^2b^2}$）

7.22 如图 7.61 所示，有一连续向上运动的皮带，以速度 v_0 向上运动时，可带动槽中液体，在皮带上方形成厚度为 h 的液层不断向上输运，液体密度为 ρ，液体黏性系数为 μ，被

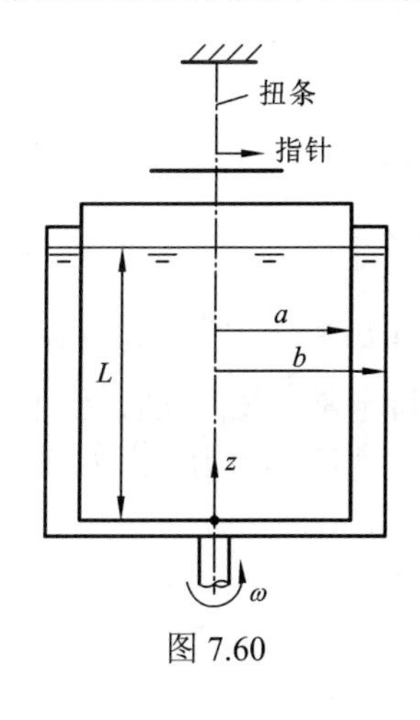

图 7.60

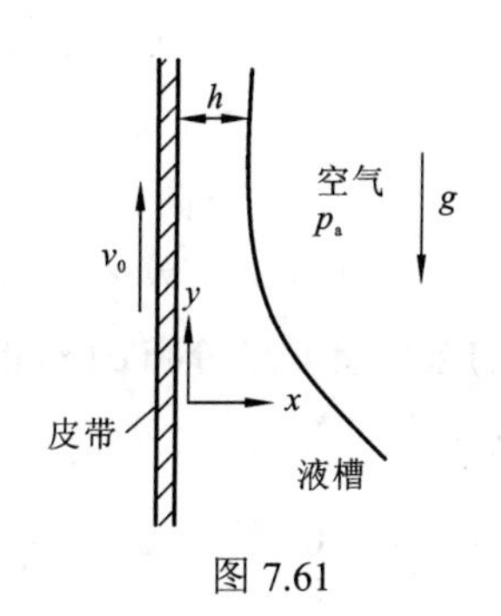

图 7.61

带动的液流为完全发展的层流，试求单位宽度皮带液体输运流量计算式。

（参考答案：$Q = v_0 h - \dfrac{\rho g h^3}{3\mu}$）

7.23 如图 7.62 所示，有一在固定外壳内旋转的圆柱，可将它当作泵浦使用，液体从 A 处进入，通过两同心圆柱间隙在 B 处流出，其中间隙 h 与转子直径比较很小，在环形间隙内的液体流动可近似地当作两平行板之间的层流流动，试证明液体从进口 A 到出口 B 的压力增量 Δp 为

$$\Delta p = \frac{12\mu}{h^3}\pi D_{平均}\left(\frac{\omega R h}{2} - Q\right)$$

式中：Q 为转子单位宽度通过的液体的流量；μ 为液体黏性系数；R 为转子的半径；ω 为转子旋转角速度；$D_{平均}$为环形间隙平均直径。

7.24 如图 7.63 所示，有一内半径为 a，外半径为 b 的同心圆筒，它们各以角速度 ω_a 和 ω_b 旋转，两圆筒之间充有流体，如 $a\omega_a > b\omega_b$，试求两圆筒间隙内速度分布式。

（参考答案：$\dfrac{(a\omega_a - b\omega_b)\ln\dfrac{a}{r}}{\ln\dfrac{a}{b}} + a\omega_a$）

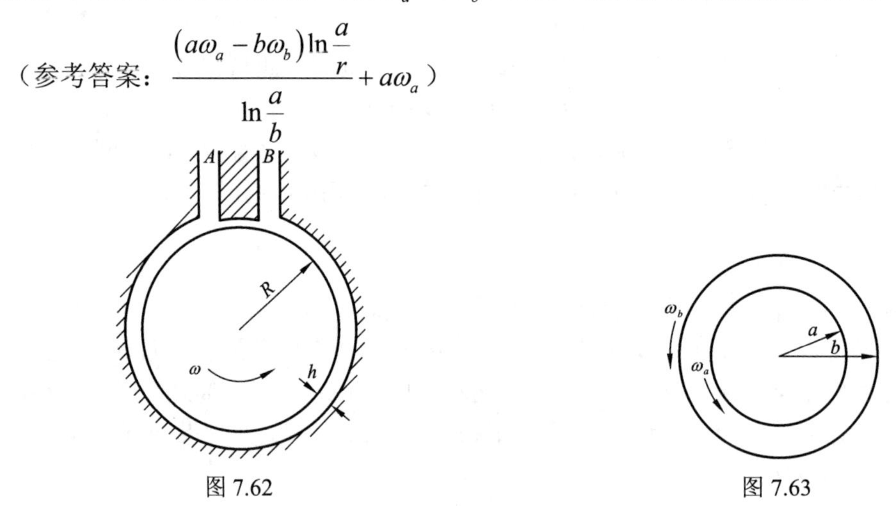

图 7.62

图 7.63

7.25 有一半径为 a 的长圆柱体，以角速度 ω 在无限的黏性流体空间中旋转，试证明由此诱导的速度场为

$$u = \frac{a^2\omega}{r}$$

式中：r 为圆柱中心轴线的径向坐标；u 为相应坐标点处周向速度。

7.26 假定平板层流边界层速度分布为三次抛物线方程：

$$\frac{u}{U} = C_0 + C_1\frac{y}{\delta} + C_2\left(\frac{y}{\delta}\right)^2 + C_3\left(\frac{y}{\delta}\right)^3$$

式中：U 为沿平板长度方向（x 轴向）来流（均流）速度；y 为离平板正交方向位置坐标；$\delta(x)$ 为边界层厚度。试利用边界条件和边界层理论求出其中的待定常数 C_0、C_1、C_2 和 C_3 后，再求出相应的边界层厚度分布 $\delta(x)$ 的计算式，以及平板局部黏性摩擦阻力系数和平板整个长度 L 上的阻力系数计算式。

（参考答案：0，$\dfrac{3}{2}$，0，$-\dfrac{1}{2}$；$\dfrac{4.64x}{\sqrt{Re_x}}$，$\dfrac{0.646\,5}{\sqrt{Re_x}}$，$\dfrac{1.29}{\sqrt{Re_L}}$）

7.27 试比较直径为 2.5 mm 的气泡在水中上升的最终速度，直径为 2.5 mm 的水滴在空气中下落的最终速度。假设空气为标准状态，水温和气温均为 15°。

（参考答案：0.218 m/s，55.3 m/s）

7.28 对沿平板流动给出湍流边界层速度分布律为

$$\frac{u}{U}=\left(\frac{y}{\delta}\right)^{\frac{1}{7}}$$

式中：U 为均匀来流速度；$\delta(x)$ 为边界层厚度；x 为沿平板壁面的坐标，前缘处 x=0；y 为边界层内离平板壁面的坐标，在平壁面上 y=0。试求证：

（1）相应的边界层排挤厚度 $\delta^{*}=\frac{\delta}{8}$，相应的边界层动量损失厚度 $\theta=\frac{7\delta}{72}$；

（2）如再给出沿平板流动湍流边界层内壁面切应力 τ_0 分布的经验公式为

$$\tau_0=0.022\,6\rho U^2\left(\frac{\nu}{U\delta}\right)^{\frac{1}{4}}$$

式中：ν 为流体的运动黏性系数。则可求得边界层厚度分布 $\delta(x)$、平板壁面局部摩擦阻力系数 C_{f}、平板全长 L 总的摩擦阻力系数 C_{F} 的计算式分别为

$$\delta=\frac{0.372x}{Re_x^{\frac{1}{5}}}，\quad C_{\mathrm{f}}=\frac{0.057\,9}{Re_x^{\frac{1}{5}}}，\quad C_{\mathrm{F}}=\frac{0.072}{Re_L^{\frac{1}{5}}}$$

第 8 章　液体喷射和雾化的理论基础

本章对船舶动力机械类专业学生非常重要。本章将讨论喷射和雾化的机理，简要分析与介绍开尔文-亥姆霍兹不稳定性理论和瑞利-泰勒不稳定性理论，进一步分析和讨论雾化滴径大小分布的表达和预测，以及介绍气液交界面上考虑表面张力的流体边界条件和有关表面张力公式的分析推导。以上都是进一步深入学习专业课程的必要基础。

8.1　液体喷射和雾化引论

什么是液体喷射（spray）？喷射是一种液体通过喷嘴的射流现象，它可以是密集流型的，但多数情况由于射流容易被分裂，液体在射流过程中会形成大大小小的液滴（雾化的液滴）的集合流型。所以，液体的射流和雾化常常是不能分离的。

喷射的作用通常可以归纳为四个方面：①通过喷射提供液体，如给植物供水、给物面涂涂料等；②通过喷射产生大量液滴，增加液体暴露面积，如雾化的柴油和汽油，使之易于汽化，可提高燃料的燃烧效率，如雾化的水滴，通过汽化可吸收更多热量，被应用于冷却及机舱中灭火装置等；③通过喷射可对物面产生冲击力，常用来清洗容器、清洗汽车、去除船体污垢等；④高速水射流冲击，还被应用于金属和陶瓷材料切割、水力采煤、矿井开掘和地下穿孔等。

液体喷射通常是通过喷嘴产生的，不同喷嘴的设计（或选择），可产生不同的喷射特性。

8.1.1　喷射图形或类型

图 8.1（a）为密集流型，是实心射流，射流未分裂或未雾化成液滴；图 8.1（b）为中空锥形，其截面为圆环形的流型；图 8.1（c）为完全锥形，其截面为圆形的流型；图 8.1（d）为扁平扇形，其截面为扁嘴形的流型。不同喷射流型各有不同的应用功能。如密集流型的喷射，它具有高冲击力，常用于清洗之类的应用。近代柴油机中燃料喷射为完全锥形的流型，而汽油机中汽油喷射常为中空锥形的流型。扁平扇形喷射则常在涂料和化工中应用。各种不同喷射流型的产生，可通过选择喷嘴和不同设计而获得。图 8.2 为中空锥形喷射的喷嘴示意

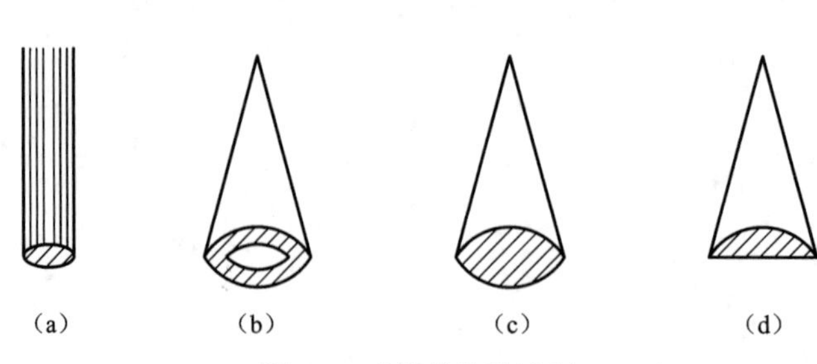

图 8.1　喷射的几种流型

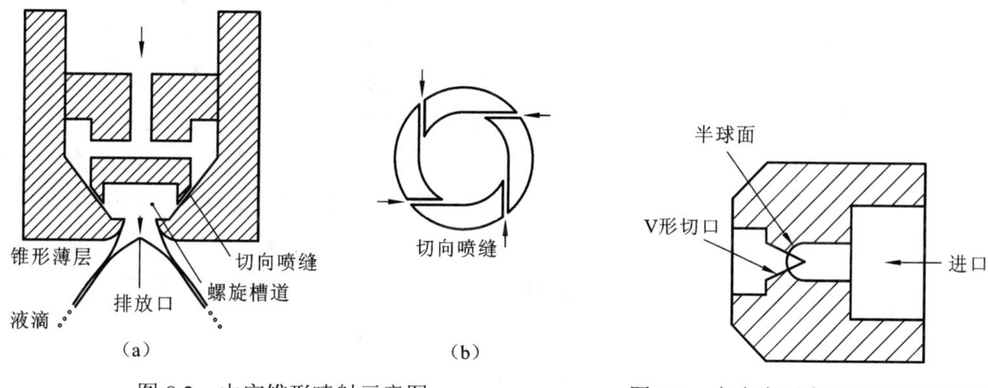

图 8.2　中空锥形喷射示意图　　　　图 8.3　产生扁平扇形喷射的示意图

图，详细说明可查有关产品说明书。如图 8.3 所示，进口通道末端半球面上做 V 形切口为射流的出口，可产生扁平扇形的喷射。

8.1.2　喷射流量

喷射流量 Q 以升/分（L/min）或升/秒（L/s）表示其大小，对给定的喷嘴（设计或选用的），流量 Q 的大小可根据伯努利方程估算，Q 与使用时喷射压力内外压差 Δp 的平方根成正比，即 $Q \sim \sqrt{\Delta p}$，故在不同喷射压力中喷射流量为

$$Q_2 = Q_1\sqrt{\frac{\Delta p_2}{\Delta p_1}} \tag{8.1.1}$$

式中：下标 1、下标 2 分别表示两种不同压力差状态下的喷射。例如，对灭火的晒水器，其喷嘴孔径大多取值 12.7 mm 或 13.5 mm，提供流量范围为 1.2～2.9 L/s。

8.1.3　喷射冲击力

喷射流冲击在物面上冲击力，它与喷射压力、喷射张开角、喷射雾化和喷射出口及物面之间的距离等多种因素有关。对应用于清洁与切割的喷射流，是特别需要关注喷射的冲击力对物面的剥蚀。近代柴油机喷嘴直径 200 μm 或更小，喷管长约 1 mm，喷射燃油的压力 200 MPa，喷射初始速度可达 500 m/s，因此也需要注意到燃油喷射与燃烧室形状相互作用而影响柴油机的热效率和使用寿命的问题。

喷射对物面冲击力，一般随物面离喷射出口的距离增大而降低，根据动量定理，喷射的迎面冲击力 $F_L \sim \rho Q\sqrt{\Delta p}$，即

$$F_L = CQ\sqrt{\Delta p} \tag{8.1.2}$$

式中：Q 为喷射流量；Δp 为喷嘴内外压力差；ρ 为液体密度；C 为常数，一般由试验测定。

8.1.4　喷射角和喷射覆盖范围

喷射角 θ 是指液体喷射离开喷嘴后，喷射液体（包括分裂和雾化的液滴）所张开的角度，

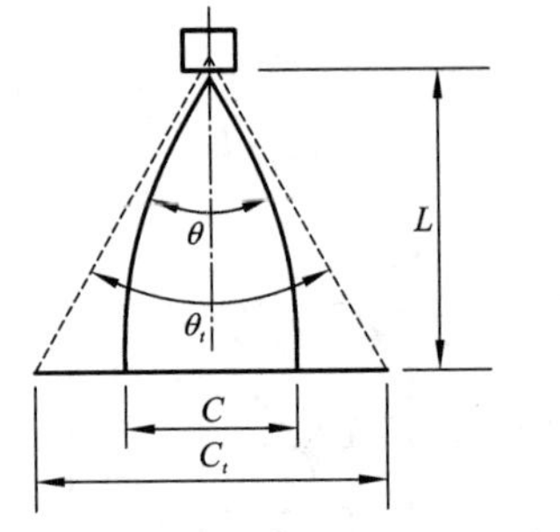

图 8.4　喷射角和喷射覆盖范围示意图

这是所选择或设计喷嘴的一个重要参数。如图 8.4 所示，理论喷射角 θ_t 是锥角，实际上由于喷射流体受外界气体阻力及自身重力作用下，实际喷射角 θ 随离喷口距离而变。喷射角主要由喷嘴的设计所确定，此外如液体黏性、流量、压力和表面张力等都会对喷射角大小有一定影响，如液体黏性增大，使喷射角减小；液体表面张力减小，使喷射角增大等。通常，理论喷射角只限于离喷口 300 mm 范围内有效。喷射在理论上的覆盖范围 C_t 为

$$C_t = 2L\tan\frac{\theta_t}{2} \tag{8.1.3}$$

式中：L 为喷口距离。

根据设计需要，喷射角可在较大范围内选用，如喷射角 $\theta<30°$，属于小喷射角；$30°<\theta<70°$，为中等大小喷射角；$\theta>70°$，为大喷射角。喷射图形为密集流型的喷射角都为小喷射角，柴油机燃油喷射角在 5°～30° 属于小喷射角；喷射图形为中空锥形的喷射角 θ，取决于喷嘴设计可在 30°～170° 变化；喷射图形为完全锥形的喷射角 θ，也取决于喷嘴设计可在 30°～170° 变化；对喷射图形为扁平扇形的喷射角 θ，也取决于喷嘴设计可在 15°～145° 变化。对于给定的喷嘴，其喷射角和喷射距离等特性参数，在工程上常用光学方法试验测定。

8.1.5　喷射流中液滴大小

喷射流中液滴大小分布的特性，在应用中是特别有意义的，它在内燃机中对喷油雾化燃烧性能的影响，以及对水流喷射灭火、利用喷射流冷却空调、通过喷射对物面涂料和农作物的喷晒效益等都有密切关系。

喷射流中液滴大小分布是不均匀的，考虑在一定时间内通过某喷射流横截面总数为 N 的液滴（N 值可能很大，对雾化喷嘴 N 可达百万计），它们的滴径 D 的分布，通常以某滴径的数量概率密度函数 $f(D)$ 表示。对雾化的液滴，$f_N(D)$ 定义为光滑的连续函数，它的量纲为（长度）$^{-1}$。如令 $D_{\min}$ 和 $D_{\max}$ 分别为液滴中最小和最大滴径，$f_N(D)$ 的定义为

$$f_N(D) = \lim_{\substack{\Delta D\to 0\\ N\to\infty}}\left[\frac{\text{滴径在}D-\dfrac{\Delta D}{2}\text{和}D+\dfrac{\Delta D}{2}\text{之间的液滴数量}}{\Delta D\cdot N}\right] \tag{8.1.4}$$

并有

$$\int_{D_{\min}}^{D_{\max}} f_N(D)\,\mathrm{d}D = 1 \tag{8.1.5}$$

类似地还可引入某滴径体积分布的概率密度函数 $f_V(D)$，$f_V(D)$ 定义为

$$f_V(D) = \lim_{\substack{\Delta D\to 0\\ V\to\infty}}\left[\frac{\text{滴径在}D-\dfrac{\Delta D}{2}\text{和}D+\dfrac{\Delta D}{2}\text{之间的液滴体积}}{\Delta D\cdot V}\right] \tag{8.1.6}$$

式中：V 为所有液滴 N 的总体积，并有

$$\int_{D_{\min}}^{D_{\max}} f_V(D)\mathrm{d}D = 1 \tag{8.1.7}$$

因$V = \dfrac{\pi}{6}\sum_{i=1}^{N_C} D_i^3 N_i$，其中 N_C 为将总数为 N 的液滴分成 N_C 类别的液滴数（$N_C<N$）。对于小的 ΔD（$\Delta D << D_i$），近似地有

$$\left\{\text{滴径在}D-\frac{\Delta D}{2}\text{和}D+\frac{\Delta D}{2}\text{之间的液滴体积}\right\}=\frac{\pi D^3}{6}\left\{\text{滴径在}D-\frac{\Delta D}{2}\text{和}D+\frac{\Delta D}{2}\text{之间的液滴数}\right\}$$

故有 $f_N(D)$ 与 $f_V(D)$ 之间的关系式为

$$f_V(D) = \frac{D^3 f_N(D)}{\int_{D_{\min}}^{D_{\max}} f_N(D) D^3 \mathrm{d}D} \tag{8.1.8}$$

在实际应用中，还可以对喷射流中连续分布的滴径再近似地做离散型分布处理，将总数为 N 的液滴分成 N_C 类别的液滴数（$N_C<N$），如$\left[D_i-\dfrac{\Delta D}{2}, D_i+\dfrac{\Delta D}{2}\right]$为 D_i 类型的滴径，即 D_i 为该类型液滴的平均直径，ΔD 为 D_i 类型滴径宽度范围。设 $\Delta D \ll D_i$，有

$$\sum_{i=1}^{N_C} N_i = N \tag{8.1.9}$$

类似地对液滴总体积也可写出相似的离散关系有

$$\sum_{i=1}^{N_C} V_i = V \tag{8.1.10}$$

因此，对某类型液滴数量 N_i 或体积 V_i，还可以用它们所占总液滴数的分数即概率 P_{N_i} 表示，或用它们所占总体积的分数即概率 P_{V_i} 表示它们的分布，即

$$P_{N_i} = \frac{N_i}{N}, \quad P_{V_i} = \frac{V_i}{V} \tag{8.1.11}$$

其中：P_{N_i} 与某滴径数量的概率密度分布 $f_N(D)$ 的关系为

$$P_{N_i} = \int_{D_i-\frac{\Delta D}{2}}^{D_i+\frac{\Delta D}{2}} f_N(D)\mathrm{d}\mathrm{D} \tag{8.1.12}$$

P_{V_i} 与某滴径体积的概率密度分布 $f_V(D)$ 为

$$P_{V_i} = \int_{D_i-\frac{\Delta D}{2}}^{D_i+\frac{\Delta D}{2}} f_V(D)\mathrm{d}D \tag{8.1.13}$$

注意到滴径大小分布的分析中，常使用各种平均直径 D_{pq} 的一般定义：

$$D_{pq} = \left[\frac{\int_0^{\infty} f_N(D) D^p \mathrm{d}D}{\int_0^{\infty} f_N(D) D^q \mathrm{d}D}\right]^{\frac{1}{p-q}} \tag{8.1.14a}$$

或

$$D_{pq} = \left[\frac{\sum_{i=1}^{\infty} N_i D_i^p}{\sum_{i=1}^{\infty} N_i D_i^q}\right]^{\frac{1}{p-q}} \tag{8.1.14b}$$

取 p=1，q=0，则 D_{10} 为滴数算数平均直径，其关系为

$$D_{10}=\frac{\sum_{i=1}^{N_C}N_iD_i}{N} \tag{8.1.15}$$

取 p=3，q=0，则 D_{30} 为液滴体积平均直径，其关系为

$$\frac{N\pi D_{30}^3}{6}=\sum_{i=1}^{N_C}\frac{N_i\pi D_i^3}{6} \tag{8.1.16}$$

取 p=3，q=2，则 D_{32} 在工程上被称为索特平均直径（Sauter median diameter，SMD），其计算关系式为

$$\frac{D_{32}}{6}=\frac{\sum_{i=1}^{N_C}\frac{N_i\pi D_i^3}{6}}{\sum_{i=1}^{N_C}N_i\pi D_i^2} \tag{8.1.17}$$

表示所通过的液滴总体积与液滴总表面积之比的 6 倍等于 D_{32}。

此外，除使用 D_{min} 和 D_{max} 直径记号之外，工程上还使用 $D_{V0.5}$、$D_{V0.1}$ 和 $D_{V0.9}$ 等液滴直径记号。$D_{V0.5}$ 为体积平均直径（volume median diameter，VMD），表示喷射的液滴中大于和小于该直径的液滴各占 50%总体积；$D_{V0.1}$ 表示喷射的所有液滴中小于和等于这个直径的液滴占所有总体积的 10%；$D_{V0.9}$ 表示喷射的所有液滴（当然也都是指一定时间内通过所指横截面上的液滴）中小于和等于这个直径的液滴占所有总体积的 90%。图 8.5 为实验测得雾化射流中典型的液滴大小分布示意图。图中横坐标 D_i 为滴径大小（单位为 μm），图中纵坐标 N_i 和 P_{Vi} 分别为液滴的数量（N_i）和体积百分数（P_{Vi}）。其中 $D_{V0.5}$、$D_{V0.1}$ 和 $D_{V0.9}$ 的值可从测量所得 N_i 分布曲线确定。各种不同的射流喷嘴有各种不同的孔口形状，可产生各种不同的喷射图形，如中空锥形、完全锥形、扁平扇形等，它们所形成的液滴大小分布各不相同。除喷嘴类型外，喷射压力、喷射流量、喷射的液体性质和喷射角大小等都有影响。在喷嘴的几种类型中，相对于中空锥形喷射和扁平扇形喷射，实心射流和完全锥形喷射具有更大的液滴。增加喷射压力可产生更小液滴，低压喷射则有更大的液滴；增大液体黏性和表面张力，将形成更大液滴，反之亦然；喷射角与形成的液滴大小呈相反效应，即增大喷射角可使滴径减小，而减小喷射角则使滴径增大。为使液滴细化，在工程上广泛使用一种利用压缩空气辅助的二流体喷嘴（图 8.6），可使喷射滴径大大减小。所有以上这些现象的原理都与喷射雾化机理有关。

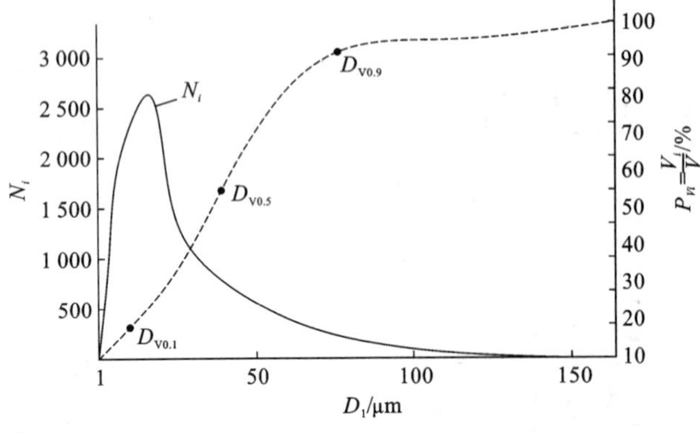

图 8.5　典型的滴径大小分布

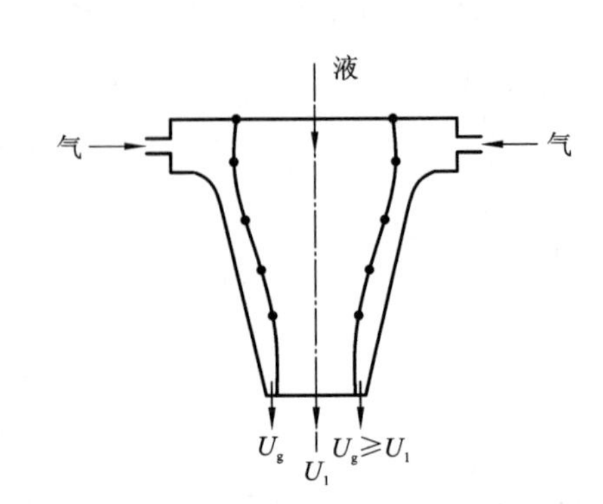

图 8.6　二流体喷嘴示意图

8.2 雾化形成过程及其机理概述

什么是雾化？喷射的液体射流被分裂为许多微小液滴的现象，其过程称为雾化。通常，雾化常包含在液体喷射的过程中，但喷射不一定全部形成雾化。液体喷射只在一定条件下才形成雾化。雾化过程是液体射流被分裂的过程，其分裂状态（regimes）被分为初始分裂（primary breakup）和二次分裂（secondary breakup）两类。第一类是喷射的初始分裂状态，它包括液体射流从喷嘴出口开始常具有一小段未被破碎分裂的液体射流核心和已被分裂为液块（liquid drop）或液体条带（liquid ligament）（大小尺度与喷口直径的量级相当）；以及还包括这些已被分裂的液块和条带在射流出口下游若干喷口直径范围内因向前运动，将被分裂为许多更小的液滴，组成射流初始分裂区。如图 8.7 所示，初始分裂区是燃料引射系统最重要的特征区，需要用试验方法或理论方法精确确定初始分裂区最终形成的液滴大小分布，它们是进一步在二次分裂区形成更小雾化液滴的计算基础。接着初始分裂区的下游，液滴继续被分裂并有更多的周围气体被吸入到喷射流中，形成张开的喷射角，开始是由稠密液滴组成的喷射流，变为较稀疏液滴组成的喷射流，这就是图 8.7 中的二次分裂区。

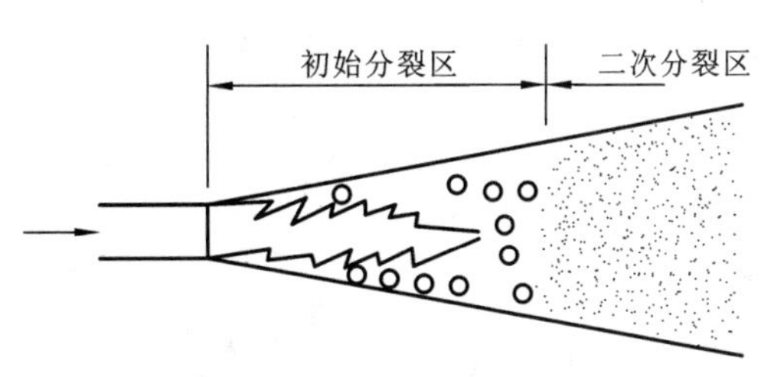

图 8.7　喷射分裂区示意图

液体喷射流中初始分裂的机理，主要是由射流与周围气体交界面存在速度剪切产生扰动的不稳定性（开尔文-亥姆霍兹不稳定性，简称 K-H 不稳定性）产生的，其原理将在 8.3 节中简要阐述，其中液体表面张力和液体黏性虽然对射流表面的扰动起稳定作用，但 K-H 不稳定性仍然必将导致射流的分裂。影响射流分裂的三个重要的无量纲数有韦伯数、雷诺数和奥内佐格（Ohnesorge）数。

韦伯数为

$$We_{\mathrm{g}}=\frac{\rho_{\mathrm{g}}u^2d}{\sigma},\quad We_{1}=\frac{\rho_{1}u^2d}{\sigma} \tag{8.2.1}$$

式中：下标 g 和下标 l 分别表示气体和液体（以下同）；ρ 为流体密度；u 为喷射流特征速度；d 为喷射流特征尺度（喷嘴出口直径）；σ 为液体表面张力系数。

韦伯数在物理意义上表示流体惯性力与表面张力之比，韦伯数可选择 We_{g} 或 We_{1}，多数情况取 We_{g}。

雷诺数为

$$Re=\frac{\rho_{1}ud}{\mu_{1}} \tag{8.2.2}$$

式中：μ_{1} 为液体黏性系数。

雷诺数在物理意义上表示液体惯性力与黏性力的比值。

奥内佐格数为

$$Oh=\frac{\sqrt{We_{1}}}{Re}=\frac{\mu_{1}}{\sqrt{\sigma d\rho_{1}}} \tag{8.2.3}$$

奥内佐格数的物理意义表示液体黏性力与表面张力的比值。

根据前后多人的试验研究表明，喷射流的初始分裂区是带有射流核心的分裂区，对不同 We_g、Re 或 Oh，它又可分为 5 种不同分裂状态，即滴落（liquid dripping）状态、瑞利（Rayleigh）状态、第一风诱导状态（first wind induced regime）、第二风诱导状态（secondary wind induced regime）和雾化（atomization）状态。图 8.8 为液体射流初始分裂的 5 种不同状态示意图。

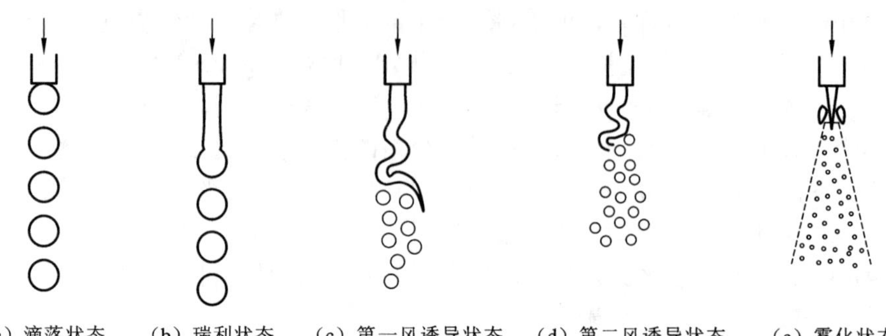

图 8.8　初始分裂的 5 种不同状态示意图

8.2.1　滴落状态

如图 8.8（a）所示，液体在重力作用下克服表面张力作用后，开始一滴一滴落下。设孔口直径为 D_0，液面滴落下直径为 d_p，由重力与表面张力平衡关系式，即 $\rho_l g\left(\frac{\pi}{6}\pi d_p^3\right)=\sigma\pi D_0$，故可求得

$$d_p=\left(\frac{6D_0\sigma}{\rho_l g}\right)^{\frac{1}{3}} \tag{8.2.4}$$

式中：ρ_l 为流体密度；g 为重力加速度。

8.2.2　瑞利状态

如图 8.8（b）所示，瑞利状态发生于低喷射速度（如 0～5 m/s）时，$We_l>8$，$We_g<0.4$，射流分裂的滴径 $d_p>D_0$，因瑞利的理论分析而命名。

8.2.3　第一风诱导状态

如图 8.8（c）所示，在喷射速度提高到 5～10 m/s 时出现，相应的韦伯数为 $0.4<We_g<13$，射流分裂后的滴径 $d_p\approx D_0$，它们因气动力的作用而命名为第一风诱导状态区。

8.2.4　第二风诱导状态

如图 8.8（d）所示，在射流速度提高到 10～18 m/s 时出现，相当于韦伯数为 $13<We_g<40.3$，射流分裂后的滴径 d_p 随射流速度提高而减小，$d_p<D_0$，它们的特性也因气动力的作用而命名

为第二风诱导状态区。

8.2.5 雾化状态

如图 8.8（e）所示，在射流速度提高到大于 18 m/s 时，或 We_g>40.3 后，射流离喷孔出口只有很短的一段未被分裂的射流核心外，整个喷射都被分裂雾化为更小液滴，其滴径将远小于喷空直径，即 $d_p \ll D_0$，并被命名为雾化状态。

对以上射流初始分裂去的分类，根据试验数据，引入 We_g、Re 和 Oh，可做出著名的奥内佐格图。图 8.9 为某一喷射的分裂区分类示意图，图中纵坐标为 Oh，横坐标为 Re，对它们都取对数坐标，使各类分类区的划分十分简明。

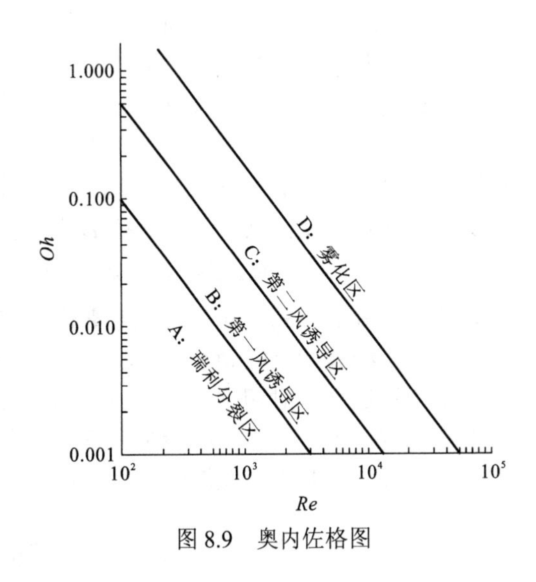

图 8.9 奥内佐格图

射流初始分裂是射流表面在内外扰动作用下，表面波动因 K-H 不稳定性而不断发展的结果。所谓内部扰动，如有喷管内产生的湍流和空泡流作用；所谓外部扰动，主要有射流周围环境气动力作用（包括增大环境气体密度引起气动力增大）。当射流表面波动的振幅不断增大到一定临界值后（存在临界韦伯数），就会被分裂破碎，形成射流的初始分裂。对柴油机的燃油喷射，其中喷嘴内产生的湍流和空泡是诱发初始分裂最重要的内在作用。喷嘴外射流周围气体动力剪切外部效应对促使射流表面分裂也起到重要作用。由于柴油机燃油喷射时压力高、速度大，喷管内空泡作用（空泡溃灭产生剧烈扰动）尤为重要。引入喷管内空泡数 K 的定义为

$$K = \frac{p_2 - p_v}{\frac{1}{2}\rho v_2^2} \quad 或 \quad K = \frac{p_2 - p_v}{p_1 - p_2} \tag{8.2.5}$$

式中：p_1 为喷射压力；p_2 为喷管出口背压；v_2 为喷管出口处射流速度；p_v 为液体汽化压力。

令 K_{incep} 为空泡初生时空泡数，表示空泡数 K 减小到 K_{incep} 时，喷管将出现空化泡，如 $K > K_{incep}$ 为无空泡流。令 K_{sup} 为超空泡数，表示空泡数 K 减小到 K_{sup} 时，喷管内壁全部被空化泡覆盖，喷管内超空泡流将使射流速度大大提高，对射流分裂起增加韦伯数作用。如 $K_{sup} < K < K_{incep}$ 为喷管内有空化泡，但不是超空泡流，称为局部空泡流。局部空泡末端由大量云状空化泡组成，它们很不稳定，周期性的空化泡溃灭，可发生很强的振荡，对射流分裂可起促进作用，但对喷管壁面也有剥蚀作用。如 $K < K_{sup}$，有试验表明在喷管中还出现翻腾射流（flipping jet）的现象，这是由于超空泡在喷管内壁四周不对称性，使喷管内射流形成附壁和脱壁交替翻腾的超空泡流，对射流的分裂更为加剧。对这种翻腾的超空泡流也存在一个临界空泡数 K_{fip}，如 $K \leqslant K_{fip}$ 为翻腾射流超空泡流。通常意义上超空泡喷射指 $K_{fip} < K < K_{sup}$。

以上几个空泡数的临界值与喷管的几何学及喷射液体性质有关，由试验确定。如水射流的喷管，典型的试验值为

$$K_{incep}=0.75\sim1.2, \quad K_{sup}=0.55\sim0.75, \quad K_{fip}<0.55$$

故对水射流喷射，$K>1.2$ 必为无空泡流；$0.75 \leqslant K \leqslant 1.2$ 必有空泡初生或局部空泡发生；$0.55<K<0.75$ 为超空泡射流；$K<0.55$ 为翻腾射流的超空泡流。

接着再概述喷射流中二次分裂的一些现象，它们十分重要但非常复杂。由于喷射流中经过初始分裂所形成的液块（球滴）和条带（ligament）或片段（sheet）都是不稳定的，它们在气流中随后的形变和再分裂的过程被称为二次分裂。如喷射在高温和环境气动力作用下，不断的二次分裂将是大量的，且分裂后的液滴变得很细小。二次分裂的分裂机理，除一部分与初始分裂的机理一样由 K-H 不稳定性和气动力作用而形成，主要部分则是由瑞利-泰勒不稳定性（Rayleigh-Taylor instability，简称 R-T 不稳定性）和气动力的作用确定。R-T 不稳定性是指液体与气体交界面上，如液体处于上方、气体处于下方，则它们是绝对不稳定的，这时液面通过扰动必被进一步分裂，其原理的解析在 8.4 节将有简要阐述。

对典型的球滴，在气体横流中不同韦伯数分离过程，已被试验观察到有 5 种不同形态，如图 8.10 所示。无论何种分裂形态，最终都形成大大小小雾化的液滴。通常韦伯数越大可产生更小的雾化液滴，其中不同滴径 D 数量分布的概率密度函数 $f_{\mathrm{N}}(D)$［见式（8.1.4）］，或不同滴径 D 体积分布的概率密度函数 $f_{\mathrm{V}}(D)$［见式（8.1.6）］，与实际工程应用有密切关系，是需要着重研究的问题。在喷射中对雾化液滴的滴径大小分布的预测，一般有 4 种方法。最广泛使用的是经验和试验确定的方法；第二种方法是滴径分布函数满足最大熵原理的方法求解，一般认为较适合于对初始分裂区做计算；第三种方法是利用雾化模型（atomization models）的方法求解，这是一种半经验半理论方法，在工程上广泛使用，专业课中会详细介绍有关内容；第四种方法是正在发展中通过直接求解 N-S 方程用计算流体力学方法做计算确定。

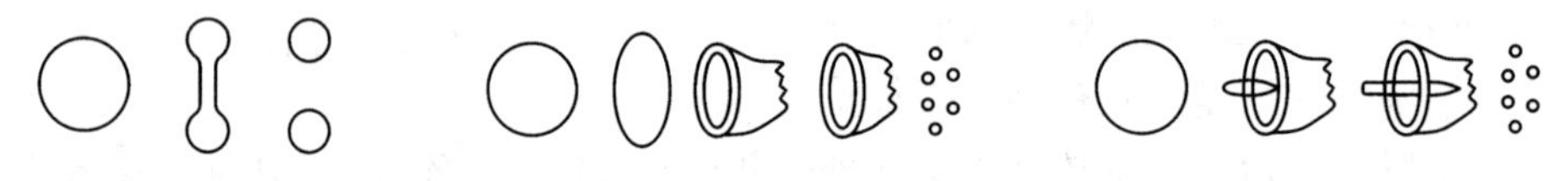

（a）振动分裂（$We_{\mathrm{g}} \leqslant 12$）　（b）袋形分裂（$12 \leqslant We_{\mathrm{g}} < 50$）　（c）伞形或花蕊形分裂（$50 \leqslant We_{\mathrm{g}} < 100$）

（d）剪切分裂（$110 \leqslant We_{\mathrm{g}} < 350$）　（e）爆发性分裂（$We_{\mathrm{g}} \geqslant 350$）

图 8.10　球滴在不同 We_{g} 的气流中产生不同分裂形态的示意图

8.3　开尔文-亥姆霍兹不稳定性

开尔文-亥姆霍兹不稳定性发生在两种互不混合的流体交界面上，如图 8.11 所示。上层流体（$z>0$）密度为 ρ_1、均匀速度 U_1（x 轴向）,下层流体（$z<0$）密度为 ρ_2、均匀速度 U_2（x 轴向），当切向速度（x 轴向）不连续时（$|U_2-U_1| \neq 0$），则交界面在任意小扰动波作用下其波面是不稳定的，波面的扰动将被不断增大导致交界面的分裂。例如，初始扰动相对于上层流体为凹面一侧，因流体速度减小（$u<U_1$），压力增大；而该凹面的另一侧相对于下层流体则为凸面，因流体速度增大（$u>U_2$），压力降低，它们的共同作用将使交界面扰动扩大。同理，初始扰动的波面相对于上层流体为凸面一侧，因流体速度增大（$u>U_1$）压力降低。而该凸面的另一侧相对于下层流为凹面一侧，又因流速减小（$u<U_2$）压力增大，它们的共同作用也将

使交界面的波动不断扩大，直到交界面发生分裂的现象，即为 K-H 不稳定性。为简化 K-H 不稳定性的分析，再做如下假设，对照图 8.11，有：

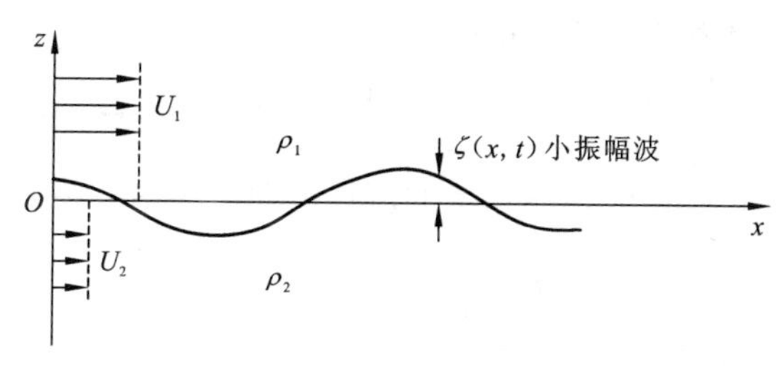

图 8.11　两种流体交界面上扰动波发展示意图

（1）假设为二维问题，$\dfrac{\partial}{\partial y}=0$，$x$ 轴向无边界，扰动可向 $z=\pm\infty$ 发展；

（2）流体密度为常数，但 $\rho_1\neq\rho_2$；

（3）不计流体黏性和重力，应用无黏无旋势流理论进行分析；

（4）仅考虑小扰动效应。

为研究不稳定性，对原流动加一个小扰动研究其扰动的发展，即在两层流体交界面上加入小扰动后，令上层流体速度势函数为 $\phi_1(x,z,t)$、下层流体速度势函数为 $\phi_2(x,z,t)$，有

$$\phi_1(x,z,t)=U_1x+\varphi_1(x,z,t),\quad \phi_2(x,z,t)=U_2x+\varphi_2(x,z,t) \tag{8.3.1}$$

式中：U_1x 和 U_2x 分别为上层和下层流体原流动的速度势；$\varphi_1(x,z,t)$ 和 $\varphi_2(x,z,t)$ 分别为交界面上加入初始扰动时对上层流体和下层流体产生的扰动速度势函数（$\varphi_1 \ll \phi_1$，$\varphi_2 \ll \phi_2$）。根据势流理论，速度势函数 $\phi_1(x,z,t)$ 和 $\phi_2(x,z,t)$，以及扰动速度势函数 $\varphi_1(x,z,t)$ 和 $\varphi_2(x,z,t)$ 都满足拉普拉斯方程，可通过拉普拉斯方程求解。由于交界面上小扰动，交界面发生垂向位移 $z=\zeta(x,t)$，见图 8.11，对简谐小扰动，可令

$$\zeta(x,t)=A\mathrm{e}^{\mathrm{i}kx+\omega t},\quad z=0 \tag{8.3.2}$$

式中：A 为扰动波面振幅有关的常数；k 为扰动波面的波数 $\left(k=\dfrac{2\pi}{\lambda},\ \lambda\text{为波长}\right)$；$\omega$ 为扰动波的角频率。

由式（8.3.2）可见，如求解得到 ω 为复数，但其实部 $\omega_{\mathrm{r}}\neq 0$（$\omega=\omega_{\mathrm{r}}+\mathrm{i}\omega_{\mathrm{i}}$），则扰动波面的振幅 $A\mathrm{e}^{\omega_{\mathrm{r}}t}$ 随时间 $t\to\infty$ 将会不断增大，便可获得 K-H 不稳定性的理论证明。

利用分离变量法求解扰动速度势函数 $\varphi_1(x,z,t)$ 和 $\varphi_2(x,z,t)$，对应于波面简谐小扰动式（8.3.2），令

$$\varphi_1=\bar{\varphi}_1\mathrm{e}^{-kz}\cdot\mathrm{e}^{\mathrm{i}kx+\omega t},\quad \varphi_2=\bar{\varphi}_2\mathrm{e}^{kz}\cdot\mathrm{e}^{\mathrm{i}kx+\omega t} \tag{8.3.3}$$

式中：$\bar{\varphi}_1$、$\bar{\varphi}_2$ 为待确定的扰动速度势函数的幅值。

为确定以上 A、$\bar{\varphi}_1$ 和 $\bar{\varphi}_2$ 的值，可通过对上述势流在交界面上满足运动学边界条件和动力学边界条件求解，设交界面的小振幅波面方程 $F(x,z,t)$ 为

$$z=\zeta(x,t) \tag{8.3.4a}$$

或

$$F(x,z,t)=z-\zeta(x,t)=0 \tag{8.3.4b}$$

式中：$F(x, z, t)=0$ 是波面方程，它需满足流体运动学和流体动力学边界条件。因为两种流体

交界面是流体物质面，对于光滑（非破碎、未分裂）的交界面，在交界面上的流体质点相对于交界面无法向速度，故交界面上流体质点在波动过程中所有时间都应保持在交界面上，其运动学边界条件对上层流体和下层流体都应满足：

$$\frac{\mathrm{D}F}{\mathrm{D}t}=\frac{\mathrm{D}}{\mathrm{D}t}\left[z-\zeta\left(x,t\right)\right]=\frac{\partial\phi}{\partial z}-\frac{\partial\zeta}{\partial t}-\frac{\partial\phi}{\partial x}\frac{\partial\zeta}{\partial x}=0 \tag{8.3.5}$$

忽略其中高阶小项后，上层流体需满足的流体运动学边界条件为

$$\frac{\partial\zeta}{\partial t}+U_1\frac{\partial\zeta}{\partial x}=\frac{\partial\phi_1}{\partial z}，\quad z=0 \tag{8.3.6}$$

下层流体需满足的流体运动学边界条件为

$$\frac{\partial\zeta}{\partial t}+U_2\frac{\partial\zeta}{\partial x}=\frac{\partial\phi_2}{\partial z}，\quad z=0 \tag{8.3.7}$$

交界面上两种势流速度势函数 $\phi_1\left(x,z,t\right)$（包括 $\varphi_1\left(x,z,t\right)$）和 $\phi_2\left(x,z,t\right)$（包括 $\varphi_2\left(x,z,t\right)$）还需满足流体动力学边界条件：

$$p_1=p_2，\quad z=\zeta\ （小扰动近似\ z=0） \tag{8.3.8}$$

不计重力项，势流理论中压力方程（伯努利-拉格朗日积分式）对上层流体和下层流体分别为

$$\frac{\partial\phi_1}{\partial t}+\frac{\left(\nabla\phi_1\right)^2}{2}+\frac{p_1}{\rho_1}=C_1\left(t\right)，\quad z=\zeta \tag{8.3.9}$$

及

$$\frac{\partial\phi_2}{\partial t}+\frac{\left(\nabla\phi_2\right)^2}{2}+\frac{p_2}{\rho_2}=C_2\left(t\right)，\quad z=\zeta \tag{8.3.10}$$

式中：$C_1(t)$和 $C_2(t)$为积分常数，与坐标点位置无关，对给定的时间 t 在整个流场中为常数。因此，流体动力学边界条件式（8.3.8）可写为

$$\rho_1\left[\frac{\partial\phi_1}{\partial t}+\frac{\left(\nabla\phi_1\right)^2}{2}-C_1\left(t\right)\right]=\rho_2\left[\frac{\partial\phi_2}{\partial t}+\frac{\left(\nabla\phi_2\right)^2}{2}-C_2\left(t\right)\right]，\quad z=\zeta \tag{8.3.11}$$

在远离交界面处，因

$$z\to\infty：\ \frac{\partial\phi_1}{\partial t}\to 0，\ \nabla\phi_1\to U_1\boldsymbol{i} \tag{8.3.12a}$$

$$z\to-\infty：\ \frac{\partial\phi_2}{\partial t}\to 0，\ \nabla\phi_2\to U_2\boldsymbol{i} \tag{8.3.12b}$$

将式（8.3.12）代入式（8.3.11）得

$$\rho_1\left(\frac{U_1^2}{2}-C_1\left(t\right)\right)=\rho_2\left(\frac{U_2^2}{2}-C_2\left(t\right)\right) \tag{8.3.13}$$

利用式（8.3.1）、式（8.3.11）和式（8.3.13），消去 $C_1(t)$和 $C_2(t)$，忽略其中高阶小项，可得交界面上流体动力学边界条件所需满足的方程式为

$$\rho_1\left(\frac{\partial\varphi_1}{\partial t}+U_1\frac{\partial\varphi_1}{\partial x}\right)=\rho_2\left(\frac{\partial\varphi_2}{\partial t}+U_2\frac{\partial\varphi_2}{\partial x}\right)，\quad z=0 \tag{8.3.14}$$

联立交界面波动需满足的流体运动学边界条件式（8.3.6）和式（8.3.7），以及交界面扰动发展需满足的流体动力学边界条件式(8.3.14)，其中 ζ 、φ_1 和 φ_2 再利用式(8.3.2)和式(8.3.3)

代入后，可求解 A、$\bar{\varphi}_1$ 和 $\bar{\varphi}_2$ 的三个齐次代数方程式为

$$\left(\omega+\mathrm{i}kU_1\right)A=-k\bar{\varphi}_1 \tag{8.3.15}$$

$$\left(\omega+\mathrm{i}kU_2\right)A=k\bar{\varphi}_2 \tag{8.3.16}$$

$$\rho_1\left(\omega+\mathrm{i}kU_1\right)\bar{\varphi}_1=\rho_2\left(\omega+\mathrm{i}kU_2\right)\bar{\varphi}_2 \tag{8.3.17}$$

写为矩阵形式，有

$$\begin{bmatrix}\omega+\mathrm{i}kU_1 & k & 0\\ \omega+\mathrm{i}kU_2 & 0 & -k\\ 0 & \rho_1\left(\omega+\mathrm{i}kU_1\right) & -\rho_2\left(\omega+\mathrm{i}kU_2\right)\end{bmatrix}\begin{Bmatrix}A\\ \bar{\varphi}_1\\ \bar{\varphi}_2\end{Bmatrix}=0 \tag{8.3.18}$$

为获得 A、$\bar{\varphi}_1$ 和 $\bar{\varphi}_2$ 正常解，式（8.3.18）中系数矩阵行列式应为零，即

$$\rho_1\left(\omega+\mathrm{i}kU_1\right)^2+\rho_2\left(\omega+\mathrm{i}kU_2\right)^2=0 \tag{8.3.19}$$

整理后得

$$\left(\rho_1+\rho_2\right)\omega^2+2\mathrm{i}k\left(\rho_1U_1+\rho_2\mathrm{U}_2\right)\omega-k^2\left(\rho_1U_1^2+\rho_2U_2^2\right)=0 \tag{8.3.20}$$

解得 ω 为

$$\omega=\frac{-\mathrm{i}k\left(\rho_1U_1+\rho_2U_2\right)\pm k\sqrt{-\left(\rho_1U_1+\rho_2U_2\right)^2+\left(\rho_1+\rho_2\right)\left(\rho_1U_1^2+\rho_2U_2^2\right)}}{\rho_1+\rho_2} \tag{8.3.21}$$

表明 ω 为复数，存在 ω 的实部（根号内为正）为不稳定性条件：

$$-\left(\rho_1U_1+\rho_2U_2\right)^2+\left(\rho_1+\rho_2\right)\left(\rho_1U_1^2+\rho_2U_2^2\right)>0 \tag{8.3.22}$$

即为

$$\left(U_1-U_2\right)^2>0 \tag{8.3.23}$$

或$|U_1-U_2|\neq 0$，故两层不同流体存在剪切流动时，K-H 不稳定性必将出现，这就是理论上的证明。

8.4 瑞利-泰勒不稳定性

瑞利-泰勒不稳定性（Rayleigh-Taylor instability，简称 R-T 不稳定性）由普拉陶（J. Plateau）提出，他首先从试验中测得下落水柱当其表面沿轴线方向扰动波的波长大于 3.13～3.18 倍水柱直径后，水柱不稳定而分裂成液滴，此后瑞利等人在理论上做出证明，其中重力效应、表面张力效应、黏性效应等对射流都不稳定，称为瑞利不稳定性，又称为普拉陶-瑞利不稳定性。后来，又由于泰勒的深刻理解和推广，特别是对重力效应（含加/减速度效应中的推广）所导致的不稳定性，有许多重要的实际应用，又被称为瑞利-泰勒不稳定性。

R-T 不稳定性包括分层流体中重力效应导致的不稳定性，表面张力效应导致的不稳定性，黏性效应导致的不稳定性等。现仅对重力效应和表面张力效应这两项的不稳定性的理论分析做介绍。

对分层流体考虑重力效应的不稳定性分析，分层流体如图 8.11 所示，不计两层流体之间的剪切速度作用，令 $U_1=U_2=0$。上层流体密度为 ρ_1，下层流体密度为 ρ_2，考虑重力效应，重力加速度 g 的方向为$-z$ 轴向，x 轴（$z=0$）为两层流体初始交界面。如 $\rho_2>\rho_1$，则可证明此类分层流体是不稳定的。

为研究其不稳定性，可修改8.3节中研究K-H不稳定性相同的方法获得，引入交界面上简谐小扰动垂向位移$\zeta(x,t)$表达式（8.3.2），求解的扰动速度势函数φ_1和φ_2仍为式（8.3.3）。为确定其中A、$\overline{\varphi}_1$和$\overline{\varphi}_2$的值，在交界面上需满足流体运动学和流体动力学边界条件求解：对流体运动学边界条件式（8.3.6）和式（8.3.7）可简化为

$$\frac{\partial\zeta}{\partial t}=\frac{\partial\varphi_1}{\partial z} \tag{8.4.1}$$

和

$$\frac{\partial\zeta}{\partial t}=\frac{\partial\varphi_2}{\partial z} \tag{8.4.2}$$

考虑重力效应后，流体的压力方程式（8.3.9）和式（8.3.10）可改写为

$$\frac{\partial\varphi_1}{\partial t}+\frac{(\nabla\varphi_1)^2}{2}+\frac{p_1}{\rho_1}+gz_1=C_1(t) \tag{8.4.3}$$

$$\frac{\partial\varphi_2}{\partial t}+\frac{(\nabla\varphi_2)^2}{2}+\frac{p_2}{\rho_2}+gz_2=C_2(t) \tag{8.4.4}$$

在交界面上流体动力学边界条件式（8.3.8）则应改写为

$$\rho_1\left[\frac{\partial\varphi_1}{\partial t}+\frac{(\nabla\varphi_1)^2}{2}+g\zeta-C_1\right]=\rho_2\left[\frac{\partial\varphi_2}{\partial t}+\frac{(\nabla\varphi_2)^2}{2}+g\zeta-C_2\right] \tag{8.4.5}$$

式中：$C_1(t)$和$C_2(t)$的值是与坐标无关的常数，令$C_1=C_2=0$，因此交界面上流体动力学边界条件需满足的边界条件式（8.3.14）应改写为

$$\rho_1\left(\frac{\partial\varphi_1}{\partial t}+g\zeta\right)=\rho_2\left(\frac{\partial\varphi_2}{\partial t}+g\zeta\right) \tag{8.4.6}$$

交界面波动需满足的流体动力学边界条件为式（8.4.1）、式（8.4.2），交界面波动发展需满足的流体动力学边界条件为式（8.4.6），其中φ_1、φ_2和ζ可利用式（8.3.2）和式（8.3.3）代入后，便可得求解$\overline{\varphi}_1$、$\overline{\varphi}_2$和A的三个齐次代数方程式：

$$\omega A=-k\overline{\varphi}_1 \tag{8.4.7}$$

$$\omega A=k\overline{\varphi}_2 \tag{8.4.8}$$

$$\rho_1\omega\overline{\varphi}_1+\rho_1 gA=\rho_2\omega\overline{\varphi}_2+\rho_2 gA \tag{8.4.9}$$

写为矩阵形式为

$$\begin{bmatrix}\omega & k & 0\\ \omega & 0 & -k\\ (\rho_1-\rho_2)g & \rho_1\omega & -\rho_2\omega\end{bmatrix}\begin{Bmatrix}A\\ \overline{\varphi}_1\\ \overline{\varphi}_2\end{Bmatrix}=0 \tag{8.4.10}$$

为获得正常解，以上系数矩阵行列式应为0，便可求得ω（扰动发展的角频率）和k（扰动波面的波数或波长）的关系式（通常称为色散关系式）为

$$\rho_1\omega^2 k-k^2(\rho_1-\rho_2)g+\rho_2\omega^2 k=0 \tag{8.4.11}$$

整理后解得ω为

$$\omega=\sqrt{kg}\left(\frac{\rho_1-\rho_2}{\rho_1+\rho_2}\right)^{\frac{1}{2}} \tag{8.4.12}$$

由此可知，如$\rho_1>\rho_2$，ω为实数并大于0（$\omega>0$），表明交界面上的小扰动波面必将随时

间发展，波面振幅随时间增大，即重力效应瑞利不稳定性的证明。

再对液体自由射流毛细表面张力波的不稳定性做简要理论分析，图 8.12（a）为一无扰动时柱形自由射流状态，射流圆截面半径为 R_0，射流速度为均速度 U，射流柱面主曲率半径 $R_1=R_0$，$R_2=\infty$，故表面张力 σ 引起射流柱形曲面内外压力差 $\Delta p=\sigma\left(\frac{1}{R_1}+\frac{1}{R_2}\right)^2$。假定射流外界相对压力为 0，则射流柱体的内表面上压力 $p_0=\frac{\sigma}{R_0}$。考虑射流柱体表面小扰动 $\zeta=\varepsilon\exp(\mathrm{i}kx+\omega t)$，如图 8.12（b）所示，相对于原柱形截面（图中虚线）$\varepsilon<<R_0$，其中 k 为 x 轴向扰动波的波数，相应的扰动波的波长 $\lambda=\frac{2\pi}{k}$；ω 为扰动波不稳定性生长率（如 ω 的实部不为 0）。不计流体黏性和重力效应，只考虑表面张力作用，分析圆柱形液体射流表面张力波的不稳定性。

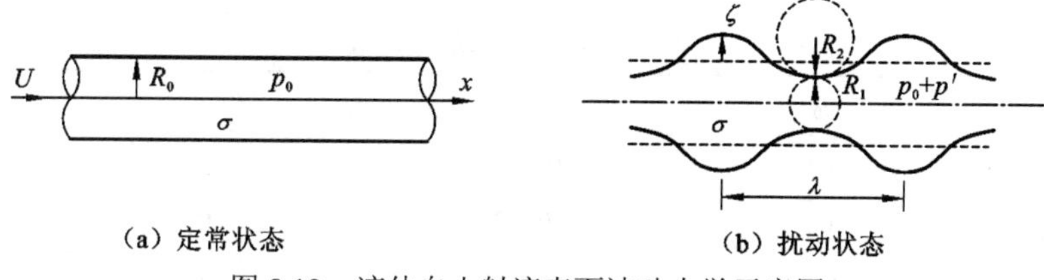

（a）定常状态　　（b）扰动状态

图 8.12　液体自由射流表面波动力学示意图

相对于均速度 U 运动的射流，通过伽利略变换，引入轴对称的惯性坐标系(x,r)，定常状态时射流内部速度场［图 8.12（a）］$\boldsymbol{q}(x,r)=\boldsymbol{q}(u,v)=0$（即轴向速度 $u=0$，径向速度 $v=0$），以及射流内部压力分布 $p(x,r)=p_0=\frac{\sigma}{R_0}$；而在小扰动状态时射流内部速度场［图 8.12（b）］记为 $\boldsymbol{q}(x,r,t)=\boldsymbol{q}(u',v')$，压力场记为 $p(x,r,t)=p_0+p'$，其中 u'、v'和 p'是液体射流表面小扰动引起的速度和压力，在无黏性和不计重力作用的条件下，它们的变化由柱坐标欧拉方程和不可压缩流体连续性方程所控制，即

$$\frac{\partial u'}{\partial t}+u'\frac{\partial u'}{\partial x}+v'\frac{\partial u'}{\partial r}=-\frac{1}{\rho}\frac{\partial p'}{\partial x} \tag{8.4.13}$$

$$\frac{\partial v'}{\partial t}+u'\frac{\partial v'}{\partial x}+v'\frac{\partial v'}{\partial r}=-\frac{1}{\rho}\frac{\partial p'}{\partial r} \tag{8.4.14}$$

$$\frac{1}{r}\frac{\partial(rv')}{\partial r}+\frac{\partial u'}{\partial x}=0 \tag{8.4.15}$$

令圆柱形液体射流小扰动后柱表面半径 R 的变化为

$$R=R_0+\varepsilon\exp(\mathrm{i}kx+\omega t) \tag{8.4.16}$$

在势流理论中，扰动速度(u',v')和扰动压力 p'的变化，写出表达式为

$$\begin{cases}u'=X(r)\exp(\mathrm{i}kx+\omega t)\\ v'=Y(r)\exp(\mathrm{i}kx+\omega t)\\ p'=P(r)\exp(\mathrm{i}kx+\omega t)\end{cases} \tag{8.4.17}$$

式中：$X(r)$、$Y(r)$和 $P(r)$为待定的扰动幅值，与式（8.4.16）中 ε 一样也是一阶小量值。将

式（8.4.17）代入式（8.4.13）～式（8.4.15），忽略 ε 高阶小量项后，求解 $X(r)$、$Y(r)$和 $P(r)$的方程式为

$$\omega X(r) = -\frac{\mathrm{i}k}{\rho}P(r) \tag{8.4.18}$$

$$\omega Y(r) = -\frac{1}{\rho}\frac{\mathrm{d}P(r)}{\mathrm{d}r} \tag{8.4.19}$$

$$\frac{\mathrm{d}Y(r)}{\mathrm{d}r} + \frac{Y(r)}{r} + \mathrm{i}kX(r) = 0 \tag{8.4.20}$$

利用式（8.4.18）～式（8.4.20）消去 $X(r)$和 $P(r)$，可求得 $Y(r)$的微分方程为

$$r^2\frac{\mathrm{d}^2Y(r)}{\mathrm{d}r^2} + r\frac{\mathrm{d}Y(r)}{\mathrm{d}r} - \left[1+(kr)^2\right]Y(r) = 0 \tag{8.4.21}$$

这是一个一阶变形的贝塞尔方程式（modified Bessel equation of order 1），它的解为第一类和第二类贝塞尔函数 $I_1(kr)$和 $K_1(kr)$。因 $r\to 0$ 时，$K_1(kr)\to\infty$（见表 8.1 变形贝塞尔函数表）。

表 8.1　变形贝塞尔函数表

x	I_0	I_1	K_0	K_1
0.00	1.000 00	0.000 00	∞	∞
0.10	1.002 50	0.050 06	2.427 07	9.853 84
0.20	1.010 03	0.100 50	1.752 70	4.775 97
0.30	1.022 63	0.151 69	1.372 46	3.055 99
0.40	1.040 40	0.204 03	1.114 53	2.184 35
0.50	1.063 48	0.257 89	0.924 42	1.656 44
0.60	1.092 05	0.313 70	0.777 52	1.302 83
0.70	1.126 30	0.371 88	0.660 52	1.050 28
0.80	1.166 51	0.432 86	0.565 35	0.861 78
0.90	1.212 99	0.497 13	0.486 73	0.716 53
1.00	1.266 07	0.565 16	0.421 02	0.601 91

故所求的 $Y(r)$的解为

$$Y(r) = CI_1(kr) \tag{8.4.22}$$

式中：C 为尚待确定的常数，可通过射流表面应满足流体运动学边界条件求得，使

$$\frac{\partial R}{\partial t} = v'|_{r=R_0} \tag{8.4.23}$$

利用式（8.4.16）、式（8.4.17）、式（8.4.22）和式（8.4.23）便可得

$$C = \frac{\varepsilon\omega}{I_1(kR_0)} \tag{8.4.24}$$

由式（8.4.22）和式（8.4.19）可求得 $P(r)$的解，利用贝塞尔函数恒等式 $I_0'(x) = I_1(x)$ 得

$$P(r) = -\frac{\rho\omega C}{k}I_0(kr) \tag{8.4.25}$$

液体自由射流在为未扰动前，射流柱体内表面压力 $p_0 = \dfrac{\sigma}{R_0}$，而在小扰动后柱体内表面压力 $p_0 + p'$，由表面张力计算公式可写为

$$p_0 + p' = \sigma\left(\frac{1}{R_1} + \frac{1}{R_2}\right) \tag{8.4.26}$$

式中：R_1 和 R_2 为射流波面最大和最小主曲率半径[图 8.12（b）]，由式（8.4.16）可知，其中 $\varepsilon << R_0$，忽略高阶小量项后可求得

$$\frac{1}{R_1} = \frac{1}{R_0 + \varepsilon\exp(\mathrm{i}kx + \omega t)} = \frac{1}{R_0} - \frac{\varepsilon}{R_0^2}\exp(\mathrm{i}kx + \omega t) \tag{8.4.27}$$

对曲率半径 R_2，可通过曲率半径计算公式 $R_2 = \left|\dfrac{\left(1 + R'^2\right)^{\frac{3}{2}}}{R''}\right|$ 确定，由式（8.4.16）知 $R = R_0 + \varepsilon\exp(\mathrm{i}kx + \omega t)$，因 $R' = \dfrac{\mathrm{d}R}{\mathrm{d}x} = \mathrm{i}k\varepsilon\exp(\mathrm{i}kx + \omega t)$，$R'' = \dfrac{\mathrm{d}^2R}{\mathrm{d}x^2} = -k^2\varepsilon\exp(\mathrm{i}kx + \omega t)$，故

$$\frac{1}{R_2} = \varepsilon k^2\exp(\mathrm{i}kx + \omega t) \tag{8.4.28}$$

将式（8.4.27）和式（8.4.28）代入式（8.4.26）得

$$p_0 + p' = \frac{\sigma}{R_0} - \frac{\varepsilon\sigma}{R_0^2}\left(1 - k^2R_0^2\right)\exp(\mathrm{i}kx + \omega t) \tag{8.4.29}$$

因 $p_0 = \dfrac{\sigma}{R_0}$，故有

$$p' = -\frac{\varepsilon\sigma}{R_0^2}\left(1 - k^2R_0^2\right)\exp(\mathrm{i}kx + \omega t) \tag{8.4.30}$$

由式（8.4.17）、式（8.4.24）、式（8.4.25）和式（8.4.30）可建立确定 ω 的计算公式（通常称为扰动波色散关系式）为

$$\omega^2 = \frac{\sigma}{\rho R_0^3}(kR_0)\frac{I_1(kR_0)}{I_0(kR_0)}\left(1 - k^2R_0^2\right) \tag{8.4.31}$$

引入无量纲 $\omega^* = \dfrac{\omega}{\sqrt{\sigma/\left(\rho R_0^3\right)}}$ 更有普遍意义，即

$$\omega^* = \frac{\omega}{\sqrt{\sigma/\left(\rho R_0^3\right)}} = \sqrt{(kR_0)\frac{I_1(kR_0)}{I_0(kR_0)}\left(1 - k^2R_0^2\right)} \tag{8.4.32}$$

利用变形贝塞尔函数表数据（表 8.1）可做出无量纲 ω^* 曲线，如图 8.13 所示，其中

$$kR_0 = 0，\quad \omega^* = 0$$

$$kR_0 = 0.1，\quad \omega^* = \sqrt{0.1\times\frac{0.050\,06}{1.002\,50}\times\left(1 - 0.1^2\right)} = 0.070\,3$$

$$kR_0 = 0.2，\quad \omega^* = \sqrt{0.2\times\frac{0.100\,50}{1.010\,03}\times\left(1 - 0.2^2\right)} = 0.138\,22$$

$$kR_0 = 0.3\,,\quad \omega^* = \sqrt{0.3\times\frac{0.151\,69}{1.022\,63}\times\left(1-0.3^2\right)} = 0.201\,24$$

$$kR_0 = 0.4\,,\quad \omega^* = \sqrt{0.4\times\frac{0.204\,03}{1.040\,40}\times\left(1-0.4^2\right)} = 0.256\,7$$

$$kR_0 = 0.5\,,\quad \omega^* = \sqrt{0.5\times\frac{0.257\,89}{1.063\,48}\times\left(1-0.5^2\right)} = 0.301\,6$$

$$kR_0 = 0.6\,,\quad \omega^* = \sqrt{0.6\times\frac{0.313\,70}{1.092\,05}\times\left(1-0.6^2\right)} = 0.332\,1$$

$$kR_0 = 0.7\,,\quad \omega^* = \sqrt{0.7\times\frac{0.371\,88}{1.126\,30}\times\left(1-0.7^2\right)} = 0.343\,3$$

$$kR_0 = 0.8\,,\quad \omega^* = \sqrt{0.8\times\frac{0.432\,86}{1.166\,51}\times\left(1-0.8^2\right)} = 0.326\,9$$

$$kR_0 = 0.9\,,\quad \omega^* = \sqrt{0.9\times\frac{0.497\,13}{1.212\,99}\times\left(1-0.9^2\right)} = 0.264\,7$$

$$kR_0 = 1.0\,,\quad \omega^* = 0$$

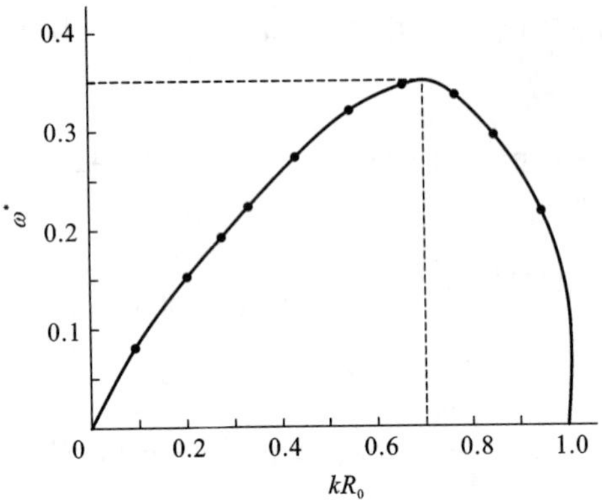

0.4
0.3
0.2
0.1
ω^*
0
0.2
0.4
0.6
0.8
1.0
kR_0

图 8.13　无量纲 ω^* 曲线

令 $\omega=\omega_r+i\omega_i$，其中 ω_r 为 ω 的实部，ω_i 为 ω 的虚部。ω_r 在物理意义上是扰动波振幅生长率，见式（8.4.16）；ω_i 在物理意义上是扰动波振动频率。如 $\omega_r>0$，振幅将随时间不断增大，证明射流是不稳定的。从式（8.4.31）可知，因 $I_1/I_0>0$，如 $kR_0<1$，则 ω 必为实数，所以对 $0<kR_0<1$ 的圆柱形射流是不稳定的条件。根据波数 k 的定义，$k=2\pi/\lambda$（λ 为圆柱形射流表面扰动波形的波长），这就是说扰动波的波长 $\lambda>2\pi R_0$ 时，射流将因不稳定而分裂成液滴（与普拉陶的试验符合良好）。

由于扰动生长率 ω（或 ω^*）的大小随 kR_0 而变，可对式（8.4.31）（或用图 8.13 图解）求 ω（或 ω^*）的最大值 ω_{max}，令 $\dfrac{d\omega}{d(kR_0)}=0$ 可精确计算出 $\omega_{max}=0.34\sqrt{\dfrac{\sigma}{\rho R_0^3}}$，相应的 $kR_0=0.697$（或用图 8.13 可解得近似解 $\omega_{max}\doteq 0.35\sqrt{\dfrac{\sigma}{\rho R_0^3}}$，相应的 $kR_0\doteq 0.7$），与最大扰动生长率相对应的扰动波的波长 λ_{max} 可求得 $\left(\text{令}\dfrac{2\pi}{\lambda_{max}}R_0=0.697\right)$

$$\lambda_{max}=\frac{2\pi R_0}{0.697}=9.015R_0 \tag{8.4.33}$$

以上瑞利理论还认为：射流扰动的最大生长率是引起射流分裂的最不稳定的波，因此射流分裂后形成的液滴大小可以用最大扰动生长率的波长 $\lambda_{max}=9.015R_0$ 来估算。假设扰动振幅达到射流半径 R_0 时，如图 8.14 所示，每次扰动波长将形成一个液滴，因此所形成的滴径 d，可以用扰动最大生长率波长 λ_{max} 范围内的流体体积来估算，令 $\dfrac{\pi d^3}{6}=\pi R_0^2\lambda_{max}$，故

$$d^3=6\lambda_{max}R_0^2\approx 54R_0^3 \tag{8.4.34a}$$

或

$$d=3.78R_0=1.89D \tag{8.4.34b}$$

式中：D 为射流横截面积的直径，通常假设为射流喷口的孔径。

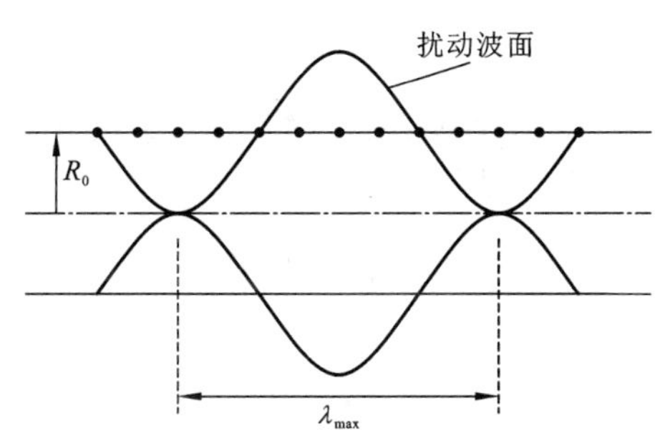

图 8.14　扰动振幅达到射流半径 R_0 时扰动波面示意图

以上瑞利的射流不稳定性分析忽略了射流周围气体产生的气动力作用。对于高速液体射流，射流受气动力作用的效应变得重要，韦伯等人以后的研究对考虑气动力和流体黏性力都已做出有射流不稳定性的线性解析解。

8.5　测定喷雾滴径分布的经验方法

在喷雾中对滴径分布的测定，如何表达滴径分布？通常有离散型和连续性两类表达其滴径的方法。离散型滴径分布是从小滴径到大滴径（也可从大到小）按一定规则选择多个代表性的滴径如 D_0、D_1、D_2、…、D_n 组成相应的滴径区间：$[D_0,D_1]$、$[D_1,D_2]$、…、$[D_{n-1},D_n]$，给出各区间滴径的数量 N_1、N_2、…、N_n 和相对数量（总滴数 N 的分数），即概率 P_{Ni}：P_{N1}、P_{N2}、…、P_{Nn}，或给出各区间液滴的体积 V_i：V_1、V_2、…、V_n（不计液体密度变化，液滴体积分布等同于液滴质量分布）和相对体积（液滴总体积 V 的分数），即概率 P_{Vi}：P_{V1}、P_{V2}、…、P_{Vn}，并有

$$\sum_{i=1}^{n} P_{Ni} = 1, \quad \sum_{i=1}^{n} P_{Vi} = 1 \tag{8.5.1}$$

有时，还可以用它们的累积值表示滴径分布，并称为累积分布。其累积的定义又可以分从小到大的累积，或从大到小的累积。如大于直径 d 的液滴累积的体积（或质量）分数记为 Y_d 和小于直径 d 的液滴累积的体积（或质量）分数记为 Y，它们之间的关系为

$$Y_d + Y = 1 \tag{8.5.2}$$

连续分布的滴径（数量或质量）需要确定滴径数量分布的概率密度函数 $f_N(D)$［见式（8.1.4）］，或滴径体积分布的概率密度函数 $f_V(D)$［见式（8.1.6）］。通常，表示喷雾中滴径分布可用 $f_V(D)$、$f_N(D)$、P_V 和 Y_d 任意一种分布方法表示。它们相互之间的关系为

$$\begin{cases} P_{Ni} = \int_{D_i - \frac{\Delta D}{2}}^{D_i + \frac{\Delta D}{2}} f_N(D)\mathrm{d}D, \ P_{Vi} = \int_{D_i - \frac{\Delta D}{2}}^{D_i + \frac{\Delta D}{2}} f_V(D)\,\mathrm{d}D \\ \int_0^\infty f_N(D)\mathrm{d}D = 1, \ \int_0^\infty f_V(D)\mathrm{d}D = 1 \\ \int_D^\infty f_V(D)\mathrm{d}D = Y_d, \ \int_0^D f_V(D)\mathrm{d}D = Y \end{cases} \tag{8.5.3}$$

在实际工程上广泛应用的经验方法中，着重介绍罗辛-拉姆勒（Rosin-Rommler）分布方程和拨山-栅泽（Nukiyama-Tanasawa）分布方程。

8.5.1 罗辛-拉姆勒分布方程

根据实验测得某雾化喷嘴的液滴累积体积分数 Y_d 或 Y 的数据，可使用罗辛-拉姆勒分布方程近似拟合。罗辛-拉姆勒分布方程为

$$Y_d = \exp\left[-\left(\frac{D}{a}\right)^b\right] \tag{8.5.4}$$

或

$$Y = 1-\exp\left[-\left(\frac{D}{a}\right)^b\right] \tag{8.5.5}$$

式中：a、b 为待定的分布参数，由实验测定的数据确定。例如，实验测得某雾化液滴的若干滴径 D 范围的体积分数（或质量分数）的分布见表 8.2。

表 8.2　实验测得某喷射流中液滴质量分数的分布

滴径 D 的范围/μm	滴径范围内液滴质量分数	滴径 D 的范围/μm	滴径范围内液滴质量分数
0～70	0.05	120～150	0.30
70～100	0.10	150～180	0.15
100～120	0.35	180～200	0.05

由表 8.2 数据即可写出滴径大于 D 的液滴累积质量分数 Y_d 的分布，见表 8.3。

表 8.3　滴径大于 D 的液滴累积质量分数 Y_d 的分布

D/μm	Y_d	D/μm	Y_d
70	0.95	150	0.20
100	0.85	180	0.05
120	0.50	200	0.00

根据表 8.3 做出 Y_d-D 的分布曲线，如图 8.15 所示，将此曲线以罗辛-拉姆勒分布方程拟合之。由式（8.5.4），如 $a=D$，则 $Y_d=e^{-1}=0.368$，由实验所得曲线图 8.15 查得相应的滴径 $D=131$ μm，此即分布参数 a，$a=131$ μm。

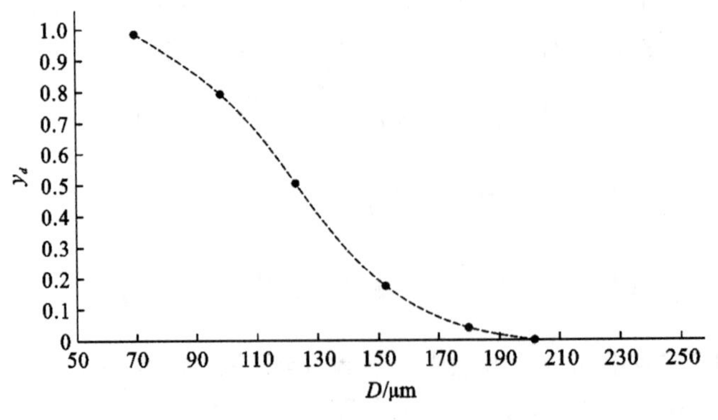

图 8.15　Y_d-D 分布曲线

为求得罗辛–拉姆勒分布方程中另一分布参数 b，由式（8.5.4）可知：

$$b=\frac{\ln\left(-\ln Y_d\right)}{\ln\left(D/a\right)} \tag{8.5.6}$$

取不同 D 的测定值 Y_d（表 8.3），由式（8.5.6）可得 b 为

D=70 μm，Y_d=0.95，则 b=4.63；

D=100 μm，Y_d=0.85，则 b=6.73；

D=120 μm，Y_d=0.50，则 b=4.188；

D=150 μm，Y_d=0.20，则 b=3.515；

D=180 μm，Y_d=0.05，则 b=3.453。

取 b 的平均值为 b 的近似值，则得

$$b=(4.63+6.73+4.188+3.515+3.453)/5=4.5$$

那么罗辛–拉姆勒分布方程中两个待定参数便已确定。

根据液滴的累积质量分数 Y_d 的罗辛–拉姆乐分布方程，再利用式（8.5.3）也可求得与其相应的不同滴径的质量分布的概率密度函数 $f_V(D)$为

$$f_V(D)=\frac{b}{a^b}D^{b-1}\exp\left[-\left(\frac{D}{a}\right)^b\right] \tag{8.5.7}$$

8.5.2 拨山–栅泽分布方程

对喷雾中各种不同滴径 D 的数量分布的概率密度函数 $f_N(D)$和它们的休积分布的概率密度函数 $f_V(D)$，另一种可以用来拟合实验数据的经验方法是拨山–栅泽分布方程，这一方程已被广泛使用。拨山–栅泽原始方程为

$$f_N\left(D\right)=K_D D^p\exp\left[-\left(\frac{D}{m}\right)^n\right] \tag{8.5.8}$$

式中：$f_N(D)$为不同滴径 D 区间$\left[D-\frac{\Delta D}{2},D+\frac{\Delta D}{2}\right]$的液滴数量分布的概率密度函数，根据其定义式表示滴径$D-\frac{\Delta D}{2}$和$D+\frac{\Delta D}{2}$之间液滴数量为总液滴数的分数为$f_N\left(D\right)\cdot\Delta D$，$f_N\left(D\right)$的量纲为[长度]$^{-1}$。方程式（8.5.8）中有 4 个待定参数，即 K_D 为待定常数，p、m、n 为待定分布参数。由于实验数据要同时拟合确定这 4 个待定参数是十分困难的，因此在实际应用中常使用修改的拨山–栅泽方程。利用概率密度函数 $f_N(D)$的归一化定义式（8.5.3）$\int_0^\infty f_N\left(D\right)\mathrm{d}D=1$，将式（8.5.8）代入

$$\int_0^\infty K_D D^p\exp\left[-\left(\frac{D}{m}\right)^n\right]\mathrm{d}D=1 \tag{8.5.9}$$

数学上伽马（Gamma）函数 $\Gamma(x)$表达式为

$$\Gamma(x)=\int_0^\infty y^{x-1}\exp\left(-y\right)\mathrm{d}y \tag{8.5.10}$$

令$y=\left(\frac{D}{m}\right)^n$，则$D=my^{\frac{1}{n}}$，$\mathrm{d}D=\frac{m}{n}y^{\frac{1-n}{n}}\mathrm{d}y$，式（8.5.9）可改写为

$$K_D\left(\frac{m}{n}\right)^{p+1}\int_0^{\infty} y^{\frac{p+1-n}{n}}\exp(-y)\mathrm{d}y=1 \tag{8.5.11}$$

将式（8.5.11）与式（8.5.10）比较，令

$$x-1=\frac{p+1-n}{n} \tag{8.5.12}$$

使

$$x=\frac{p+1}{n} \tag{8.5.13}$$

引入伽马函数$\Gamma(x)=\Gamma\left(\frac{p+1}{n}\right)$，式（8.5.11）可写为

$$K_D\left(\frac{m}{n}\right)^{p+1}\Gamma\left(\frac{p+1}{n}\right)=1 \tag{8.5.14}$$

故

$$K_D=\frac{n}{m^{p+1}\Gamma\left(\frac{p+1}{n}\right)} \tag{8.5.15}$$

将式（8.5.15）代入式（8.5.8），则拨山-栅泽方程可改写为

$$f_N(D)=\frac{nD^p}{m^{p+1}\Gamma\left(\frac{p+1}{n}\right)\exp\left[-\left(\frac{D}{m}\right)^n\right]} \tag{8.5.16}$$

这是一个有 3 个待定分布参数 m、n、p 的方程。实验数据要同时拟合确定这 3 个待定参数仍然很困难，但可近似取 $p=2$，则拨山-栅泽分布方程为

$$f_N(D)=\frac{nD^2}{m^3\Gamma\left(\frac{3}{n}\right)}\exp\left[-\left(\frac{D}{m}\right)^n\right] \tag{8.5.17}$$

式中：m、n 为待定分布参数，由实验数据拟合确定，其方法与上述罗辛-拉姆勒分布方程的求解类同。

以上引入取 $p=2$ 的假设，是拨山-栅泽等人的经验做法，没有理论依据。因此还有另一种求解法：引入索特平均直径（Sauter mean diameter，SMD）D_{32} 可消去其中一个分布参数，然后再求解。因

$$D_{32}=\frac{\int_0^{\infty}D^3 f_N(D)\mathrm{d}D}{\int_0^{\infty}D^2 f_N(D)\mathrm{d}D}\approx\frac{\sum_{i=1}^{\infty}P_{Vi}D_i^3}{\sum_{i=1}^{\infty}P_{Vi}D_i^2} \tag{8.5.18}$$

将式（8.5.16）代入式（8.5.18），积分后得

$$D_{32}=\frac{m\Gamma\left(\frac{p+4}{n}\right)}{\Gamma\left(\frac{p+3}{n}\right)} \tag{8.5.19}$$

故

$$m=\frac{\Gamma\left(\frac{p+3}{n}\right)}{\Gamma\left(\frac{p+4}{n}\right)}D_{32} \tag{8.5.20}$$

则可得拨山-栅泽方程修改为只有两个待定参数 n，p 的形式为

$$f_N\left(D\right)=\frac{n}{D_{32}\Gamma\left(\frac{p+1}{n}\right)}\left[\frac{\Gamma\left(\frac{p+4}{n}\right)}{\Gamma\left(\frac{p+3}{n}\right)}\right]^{p+1}\left(\frac{D}{D_{32}}\right)^{p}\exp\left\{-\left[\frac{\Gamma\left(\frac{p+4}{n}\right)}{\Gamma\left(\frac{p+3}{n}\right)}\right]^{n}\left(\frac{D}{D_{32}}\right)^{n}\right\} \tag{8.5.21}$$

根据 $f_N(D)$ 与 $f_V(D)$ 之间的关系，由式（8.1.8）可知：

$$f_V\left(D\right)=\frac{D^3 f_N\left(D\right)}{\int_0^{\infty}D^3 f_N\left(D\right)\mathrm{d}D} \tag{8.5.22}$$

将式（8.5.21）代入式（8.5.22），利用指数函数定积分表中公式：

$$\int_0^{\infty}x^c\mathrm{e}^{-ax^b}\mathrm{d}x=\frac{1}{b}a^{-\frac{c+1}{b}}\Gamma\left(\frac{c+1}{b}\right) \tag{8.5.23}$$

则可得 $f_V(D)$ 的两个参数 n，p 的拨山-栅泽方程为

$$f_V\left(D\right)=\frac{n}{D_{32}\Gamma\left(\frac{p+4}{n}\right)}\left[\frac{\Gamma\left(\frac{p+4}{n}\right)}{\Gamma\left(\frac{p+3}{n}\right)}\right]^{p+4}\exp\left\{-\left[\frac{\Gamma\left(\frac{p+4}{n}\right)}{\Gamma\left(\frac{p+3}{n}\right)}\right]^{n}\left(\frac{D}{D_{32}}\right)^{n}\right\} \tag{8.5.24}$$

如实验测得某喷射流中液滴径的体积分数 P_{Vi} 概率分布，则由式（8.5.3）可知：

$$P_{Vi}=\int_{D_i-\frac{\Delta D}{2}}^{D_i+\frac{\Delta D}{2}}f_V\left(D\right)\mathrm{d}D\approx f_{Vi}\left(D\right)\Delta D \tag{8.5.25}$$

根据实验测得一些滴径区间液滴的质量分数 P_{Vi} 的分布，则由式（8.5.25）可确定相应的滴径质量（或体积）分布的概率密度函数 $f_V(D_i)$，并作出它们的分布图以备用。还可根据式（8.5.18）求得该实验数据的 D_{32} 和相应的 $f_V(D_{32})$，由式（8.5.24）还有下列等式成立：

$$f_V\left(D_{32}\right)=\frac{n}{D_{32}\Gamma\left(\frac{p+4}{n}\right)}\left[\frac{\Gamma\left(\frac{p+4}{n}\right)}{\Gamma\left(\frac{p+3}{n}\right)}\right]^{p+4}\exp\left\{-\left[\frac{\Gamma\left(\frac{p+4}{n}\right)}{\Gamma\left(\frac{p+3}{n}\right)}\right]^{n}\right\} \tag{8.5.26}$$

则式（8.5.24）又可改写为

$$f_V\left(D\right)=f_V\left(D_{32}\right)\left(\frac{D}{D_{32}}\right)^{n} \tag{8.5.27}$$

式（8.5.26）和式（8.5.27）使它们与试验数据拟合，以确定分布参数 p 和 n，需要做数值求解获得。其中伽马函数值可查数学手册或表 8.4 中有 x 在 1～2 的伽马函数 $\Gamma(x)$的数值。

表 8.4 伽马函数 $\Gamma(x)=\int_0^\infty t^{x-1}e^{-t}dt$ 数值表

x	$\Gamma(x)$	x	$\Gamma(x)$	x	$\Gamma(x)$	x	$\Gamma(x)$
1.0	1.000 00	1.25	0.906 40	1.50	0.886 23	1.75	0.919 06
1.01	0.994 33	1.26	0.904 40	1.51	0.886 59	1.76	0.921 37
1.02	0.988 84	1.27	0.902 50	1.52	0.887 04	1.77	0.923 76
1.03	0.983 55	1.28	0.900 72	1.53	0.887 57	1.78	0.926 23
1.04	0.978 44	1.29	0.899 04	1.54	0.888 18	1.79	0.928 77
1.05	0.973 50	1.30	0.897 47	1.55	0.888 87	1.80	0.931 38
1.06	0.968 74	1.31	0.896 00	1.56	0.889 64	1.81	0.934 08
1.07	0.964 15	1.32	0.894 64	1.57	0.890 49	1.82	0.936 85
1.08	0.959 73	1.33	0.893 38	1.58	0.891 42	1.83	0.939 69
1.09	0.955 46	1.34	0.892 22	1.59	0.892 43	1.84	0.942 61
1.10	0.951 35	1.35	0.891 15	1.60	0.893 52	1.85	0.945 61
1.11	0.947 40	1.36	0.890 18	1.61	0.894 68	1.86	0.948 69
1.12	0.943 59	1.37	0.889 31	1.62	0.895 92	1.87	0.951 84
1.13	0.939 93	1.38	0.888 54	1.63	0.897 24	1.88	0.955 07
1.14	0.936 42	1.39	0.887 85	1.64	0.898 64	1.89	0.958 38
1.15	0.933 04	1.40	0.887 26	1.65	0.900 12	1.90	0.961 77
1.16	0.929 80	1.41	0.886 76	1.66	0.901 67	1.91	0.965 23
1.17	0.926 70	1.42	0.886 36	1.67	0.903 30	1.92	0.968 77
1.18	0.923 73	1.43	0.886 04	1.68	0.905 00	1.93	0.972 40
1.19	0.920 89	1.44	0.885 81	1.69	0.906 78	1.94	0.976 10
1.20	0.918 17	1.45	0.885 66	1.70	0.908 64	1.95	0.979 88
1.21	0.915 58	1.46	0.885 60	1.71	0.910 57	1.96	0.983 74
1.22	0.913 11	1.47	0.885 63	1.72	0.912 58	1.97	0.987 68
1.23	0.910 75	1.48	0.885 75	1.73	0.914 67	1.98	0.991 71
1.24	0.908 52	1.49	0.885 95	1.74	0.916 83	1.99	0.995 81
						2.00	1.000 00

8.6 利用最大熵原理预测喷射流中滴径大小分布和速度分布

8.6.1 最大熵原理简述

这里熵的概念是指统计热力学中的熵，也指信息理论中的香农（Shannon）熵。假定变量 x 的离散值$(x_1, x_2,\cdots, x_n)$，它们在某一过程中出现的概率分别为$(P_1, P_2,\cdots, P_n)$，香农的论文找到一个量 $S(P_1, P_2,\cdots, P_n)$，命名为熵，可度量这一概率分布不确定性的总和，S 的表达式为

$$S\left(P_1,P_2,\cdots,P_n\right)=-K\sum_{i=1}^{n}P_i\ln P_i \tag{8.6.1}$$

式中：K 为玻尔兹曼常数，其数值与最大熵原理应用无关。

在统计学中，熵是对各种试验结果其概率分布不确定程度的一种度量。概率分布的香农熵越大，表示试验的可能结果越不确定。最大熵原理是扬乃思（E Jaynes）在他的一篇论文 *Information theory and statistical mechanics* 中引入：最大熵原理的实质，是事件在满足已知的部分知识的前提下，关于未知的概率分布最合理的预测（推断），就是符合已知的一些条件后最不确定（最随机）的推断，即对未知的情况不做任何主观假设，则事件中概率分布（信息熵最大的概率分布）可使预测失误的风险最小，这就是所谓的最大熵原理。

由最大熵原理求“最可能”概率分布，可通过求解条件极值问题获得，通常使用拉格朗日乘子法确定。如欲求概率事件中 n 个元函数的熵 $S(P_1,P_2,\cdots,P_n)$，在 m 个（$m<n$）约束条件下的条件极值，其中有一个约束条件是所有概率事件都必须满足的归一性守则，可写为

$$P_1+P_2+\cdots+P_n=1 \tag{8.6.2a}$$

或

$$\varphi_0\left(P_1,P_2,\cdots,P_n\right)=1-\sum_{i=1}^{n}P_i=0 \tag{8.6.2b}$$

其他约束条件为

$$\begin{cases}\varphi_1\left(P_1,P_2,\cdots,P_n\right)=0\\ \varphi_2\left(P_1,P_2,\cdots,P_n\right)=0\\ \qquad\cdots\\ \varphi_{m-1}\left(P_1,P_2,\cdots,P_n\right)=0\end{cases} \tag{8.6.3}$$

使用任意拉格朗日乘数$1,\lambda_0,\lambda_1,\cdots,\lambda_{m-1}$，依次乘香农熵公式（8.6.1）中 S，和式（8.6.2）及式（8.6.3）中的$\varphi_0,\varphi_1,\cdots,\varphi_{m-1}$，将它们相加得拉格朗日函数$F(P_1,P_2,\cdots,P_n,\lambda_0,\lambda_1,\cdots,\lambda_{m-1})$

$$F\left(P_1,P_2,\cdots,P_n,\lambda_0,\lambda_1,\cdots,\lambda_{m-1}\right)=-K\sum_{i=1}^{n}P_i\ln P_i+\lambda_0\varphi_0+\lambda_1\varphi_1+\cdots+\lambda_{m-1}\varphi_{m-1} \tag{8.6.4}$$

然后，可写出以上函数 F 具有极值的必要条件

$$\begin{cases}\dfrac{\partial F}{\partial P_1}=-K\left(\ln P_1+1\right)-\lambda_0+\lambda_1\dfrac{\partial\varphi_1}{\partial P_1}+\cdots+\lambda_{m-1}\dfrac{\partial\varphi_{m-1}}{\partial P_1}=0\\ \dfrac{\partial F}{\partial P_2}=-K\left(\ln P_2+1\right)-\lambda_0+\lambda_1\dfrac{\partial\varphi_1}{\partial P_2}+\cdots+\lambda_{m-1}\dfrac{\partial\varphi_{m-1}}{\partial P_2}=0\\ \qquad\cdots\\ \dfrac{\partial F}{\partial P_n}=-K\left(\ln P_n+1\right)-\lambda_0+\lambda_1\dfrac{\partial\varphi_1}{\partial P_n}+\cdots+\lambda_{m-1}\dfrac{\partial\varphi_{m-1}}{\partial P_n}=0\end{cases} \tag{8.6.5}$$

式（8.6.5）连同 m 个约束方程式（8.6.2）和式（8.6.3），便可联立解出 $m+n$ 个未知量$P_1,P_2,\cdots,P_n;\lambda_0,\lambda_1,\cdots,\lambda_{m-1}$。

应用最大熵原理具体求解概率分布的过程，可举例说明，如一个班级学生的考试成绩有三个分数档次：80 分、90 分和 100 分，并告知平均成绩为 90 分，试讨论三个分数档的概率分布 P_1、P_2、P_3。

已知该问题中概率分布必须满足的两个必要条件（即约束条件），第一个约束条件为归

一性守则，式（8.6.2）可写为

$$P_1+P_2+P_3=1 \tag{8.6.6a}$$

或

$$\varphi_0\left(P_1,P_2,P_3\right)=1-\sum_{i=1}^{3}P_i=0 \tag{8.6.6b}$$

第二个约束条件是平均成绩为 90 分，即可写为

$$80P_1+90P_2+100P_3=90 \tag{8.6.7a}$$

或

$$\varphi_1(P_1,P_2,P_3)=90-\left(80P_1+90P_2+100P_3\right)=0 \tag{8.6.7b}$$

使用拉格朗日乘数法，按照式（8.6.4）构造拉格朗日函数 $F(P_1,P_2,P_3,\lambda_0,\lambda_1)$:

$$F\left(P_1,P_2,P_3,\lambda_0,\lambda_1\right)=-K\sum_{i=1}^{3}P_i\ln P_i+\lambda_0\left(1-\sum_{i=1}^{3}P_i\right)+\lambda_1\left[90-\left(80P_1+90P_2+100P_3\right)\right] \tag{8.6.8}$$

对式（8.6.8）求极值条件，令

$$\begin{cases}\dfrac{\partial F}{\partial P_1}=-K\left(\ln P_1+1\right)-\lambda_0-80\lambda_1=0\\ \dfrac{\partial F}{\partial P_2}=-K\left(\ln P_2+1\right)-\lambda_0-90\lambda_1=0\\ \dfrac{\partial F}{\partial P_3}=-K\left(\ln P_3+1\right)-\lambda_0-100\lambda_1=0\end{cases} \tag{8.6.9}$$

以极值条件 $\dfrac{\partial F}{\partial \lambda_0}=0$ 和 $\dfrac{\partial F}{\partial \lambda_1}=0$，即为式（8.6.6）和式（8.6.7）。

联立式（8.6.9）、式（8.6.6）和式（8.6.7），可解得概率分布 P_1、P_2 和 P_3 的值。对式（8.6.6）和式（8.6.7）消去 P_2，即可解得 $P_1=P_3$。再对式（8.6.9）消去 λ_0 和 λ_1，可解得 $P_1=P_2=P_3$，故本问题“最可能”的解为 $P_1=P_2=P_3=\dfrac{1}{3}$。

8.6.2 利用最大熵原理预测液体喷射流中滴径大小分布和速度分布的概率

对于喷油燃烧等问题的讨论和理解，在工程上需要详细地知道喷雾液滴的大小分布和速度分布的概率，除经验方法外，一种利用最大熵原理预测的方法，自 20 世纪 80 年代中后期已在逐渐流行，已被证实可获得一定的合理结果。

如考虑含总数 N_T 的雾化中的液滴，它们的直径 D 的范围$[D_{min},D_{max}]$，其中 D_{min} 和 D_{max} 分别为最小和最大滴径。为了能定量计算出不同滴径大小分布的概率，在这些总数为 N_T 的大量液滴中，又可将它们分为 n_C 种不同类型的液滴，每一类型的滴径以平均滴径 D_i 表示，包括一定范围$\left[D_i-\dfrac{\Delta D_i}{2},D_i+\dfrac{\Delta D_i}{2}\right]$内所有液滴。不同类型的液滴各有不同滴径大小 D_i 和不同液滴数量 N_i，其中 $\Delta D_i \ll D_i$（根据所要求的计算精度，取 ΔD_i 值是任意的，如令 $\Delta D_i=D_i-D_{i-1}$，也就是认为直径 D_{i-1} 和 D_i 之间的液滴划分为同一类型），则有不同类型液滴的数量 N_i 与总液滴数量 N_T 的关系为

$$\sum_{i=1}^{n_C} N_i = N_T \tag{8.6.10}$$

相似地，还可设每一类型液滴的体积为 V_i，则所有液滴的总体积 V_T 为

$$\sum_{i=1}^{n_C} V_i = V_T \tag{8.6.11}$$

又可设其中不同液滴类型的数量分数分布（number-fraction distribution）的概率 P_{Ni} 和体积分数分布（volume-fraction distribution）P_{Vi} 定义为

$$P_{Ni} = \frac{N_i}{N_T}, \quad P_{Vi} = \frac{V_i}{V_T} \tag{8.6.12}$$

对连续分布的状态，不同液滴大小的数量概率密度函数 $f_N(D)$ 和不同液滴大小的体积（或质量）的概率密度函数 $f_V(D)$（或 $f_M(D)$），它们与 P_{Ni} 和 P_{Vi} 之间的关系见式（8.5.3）。则可证明（见习题 8-3）：

$$f_V(D) = \left(\frac{D}{D_{30}}\right)^3 f_N(D) \tag{8.6.13}$$

式中：D_{30} 为所有液滴的体积（或质量）平均直径，即

$$N_T \frac{\pi D_{30}^3}{6} = \sum_{i=1}^{n_C} \frac{N_i \pi D_i^3}{6} \tag{8.6.14}$$

另外，喷射流中每一种不同类型的液滴都可具有不同速度，因此对所有类型液滴还需要用不同液滴大小和不同速度大小联合的概率分布描述，即以滴径 D_i（代表滴径大小）和速度 u_j（代表不同速度大小）的二维概率分布表示。为此引入液滴的二维概率 P_{ij}，表示液滴具有直径为 D_i 和速度为 u_j 的概率，其中 $i=1,2,3,\cdots,n_C$，$j=1,2,\cdots,n_v$，n_C 为液滴大小类型划分的数量，n_v 为液滴不同速度类别划分的数量（可将液滴速度 u_{j-1} 和 u_j 之间划分为相同速度的一个类别）。对于二维概率 P_{ij}，它们同样必须满足归一性守则，即

$$\sum_i \sum_j P_{ij} = 1 \tag{8.6.15}$$

最大熵原理和方法是统计推理（statistical inference）的一个工具，它可根据有限量的信息去确定事件发生最可能的概率分布。如确定上述雾化液滴大小和速度分布的概率 P_{ij}，需要满足的有限量信息是指除式（8.6.15）以外，同时还要求喷射流分裂雾化后液滴大小分布和速度分布在整体上满足质量守恒、动量守恒和能量守恒的普遍守则。求解方法是使概率分布 P_{ij} 满足香农熵（Shannon entropy）S 最大的条件，便是事件最可能发生的概率分布。香农熵 S 的表达式为

$$S = -K \sum_i \sum_j P_{ij} \ln P_{ij} \tag{8.6.16}$$

对所形成体积为 V_i 和速度 u_j 类型的液滴，其概率分布为 P_{ij}，可分别写出质量守恒、动量守恒和能量守恒方程。如给出某喷射流喷嘴出口质量流量为 $\dot{m}_0$，假设 $\dot{n}$ 为该喷射流在初次分裂阶段某截面处液滴数量产生率（可任取一值，如 $\dot{n}$=800 个/s 或更大或更小的数值，它们总可在某截面处出现），则可写出质量守恒方程为

$$\sum_i \sum_j P_{ij} V_i \rho_l \dot{n} = \dot{m}_0 + S_m \tag{8.6.17}$$

式中：ρ_l 为液体密度；$\dot{m}_0 = \rho_l \dot{n} V_m$，$V_m$ 为不同类型液滴的平均体积；S_m 为质量源项，它是喷

射流中液体蒸发等原因产生的，尚需由经验确定。

如给出某喷射流喷嘴出口动量通量 $\dot{J}_0$，则可写出相应的动量守恒方程为

$$\sum_i \sum_j P_{ij} V_i \rho_l \dot{n} u_j = \dot{J}_0 + S_{\text{mu}} \tag{8.6.18}$$

式中：$\dot{J}_0 = \rho_l V_{\text{m}} \dot{n} U_0$，$U_0$ 为喷嘴出口射流平均速度；S_{mu} 为动量损失源，需由经验确定。

如给出某喷射流喷嘴出口能量通量 $\dot{E}_0$，不计射流中温度变化引起内能变化；不计射流中密度变化引起的能量变化；而考虑射流中液滴形成增加液体表面积所需提供的能量，则可写出机械能量守恒方程为

$$\sum_i \sum_j P_{ij} \dot{n} \left(V_i \rho_l u_j^2 / 2 + \sigma A_i \right) = \dot{E}_0 + S_{\text{e}} \tag{8.6.19}$$

式中：$\dot{E}_0 = \rho_l V_{\text{m}} \dot{n} U_0^2 / 2$ 为喷嘴出口射流的动能通量；σA_i 为射流分裂形成 i 类型液滴表面积 A_i 所需提供的能量，σ 为液体表面张力；S_{e} 为射流能量耗散的源项，需由经验确定。

将式（8.6.17）除以 $\dot{m}=\rho_l \dot{n} V_{\text{m}}$，可改写为

$$\sum_i \sum_j P_{ij} \frac{V_i}{V_{\text{m}}} - 1 + \frac{S_{\text{m}}}{\dot{m}_0} \tag{8.6.20}$$

将式（8.6.18）除以 $\dot{J}_0 = \rho_l V_{\text{m}} \dot{n} U_0$，可改写为

$$\sum_i \sum_j P_{ij} \frac{V_i}{V_{\text{m}}} \frac{u_j}{U_0} = 1 + \frac{S_{\text{mu}}}{\dot{J}_0} \tag{8.6.21}$$

将式（8.6.19）除以 $\dot{E}_0 = \rho_l V_{\text{m}} \dot{n} U_0^2 / 2$，可改写为

$$\sum_i \sum_j P_{ij} \frac{V_i}{V_{\text{m}}} \frac{1}{H} \left[\left(\frac{u_j}{U_0} \right)^2 + B' k_i \right] = 1 + \frac{S_{\text{e}}}{\dot{E}_0} \tag{8.6.22}$$

式中：

$$k_i = \frac{A_i}{V_i}，\quad B' = \frac{2\sigma}{\rho U_0^2}，\quad H = \frac{\dot{E}_0}{\dot{m}_0 U_0^2} = \frac{\dot{E}_0 / \dot{m}_0}{\left(\dot{J}_0 / \dot{m}_0 \right)^2} \tag{8.6.23}$$

令无量纲

$$\overline{V}_i = \frac{V_i}{V_{\text{m}}}，\quad \overline{u}_j = \frac{u_j}{U_0}，\quad \overline{S}_{\text{m}} = \frac{S_{\text{m}}}{\dot{m}_0}，\quad \overline{S}_{\text{mu}} = \frac{S_{\text{mu}}}{\dot{J}_0}，\quad \overline{S}_{\text{e}} = \frac{S_{\text{e}}}{\dot{E}_0} \tag{8.6.24}$$

则可将式（8.6.20）～式（8.6.22）分别简写为

$$\sum_i \sum_j P_{ij} \overline{V}_i = 1 + \overline{S}_{\text{m}} \tag{8.6.25}$$

$$\sum_i \sum_j P_{ij} \overline{V}_i \overline{u}_j = 1 + \overline{S}_{\text{mu}} \tag{8.6.26}$$

$$\sum_i \sum_j P_{ij} \overline{V}_i \frac{1}{H} \left(\overline{u}_j^2 + B' k_i \right) = 1 + \overline{S}_{\text{e}} \tag{8.6.27}$$

使用拉格朗日乘数 1、λ_0、λ_1、λ_2 和 λ_3，依次乘以式（8.6.16）、式（8.6.17）、式（8.6.25）、式（8.6.26）和式（8.6.27）后相加，得拉格朗日函数 $F(P_{ij},\lambda_0,\lambda_1,\lambda_2,\lambda_3)$:

$$F\left(P_{ij},\lambda_0,\lambda_1,\lambda_2,\lambda_3\right)=-K\sum_i\sum_j P_{ij}\ln P_{ij}+\lambda_0\left(1-\sum_i\sum_j P_{ij}\right)$$
$$+\lambda_1\left(1+\bar{S}_{\mathrm{m}}-\sum_i\sum_j P_{ij}\bar{V}_i\right)+\lambda_2\left(1+\bar{S}_{\mathrm{mu}}-\sum_i\sum_j P_{ij}\bar{V}_i\bar{u}_j\right) \tag{8.6.28}$$
$$+\lambda_3\left[1+\bar{S}_{\mathrm{e}}-\sum_i\sum_j P_{ij}\bar{V}_i\left(\frac{\bar{u}_j^2}{H}+\frac{B'k_i}{H}\right)\right]$$

然后根据最大熵原理，求最可能的概率分布 P_{ij}。对本问题便可通过求解式（8.6.28）的条件极值获得，如令 $\dfrac{\partial F}{\partial P_{ij}}=0$ 可解得

$$P_{ij}=\exp\left[-\lambda_0-\lambda\bar{V}_i-\lambda_2\bar{V}_i\bar{u}_j-\lambda_3\left(\frac{\bar{V}_i\bar{u}_j^2}{H}+\frac{B'k_i\bar{V}_i}{H}\right)\right],\quad i=1,2,\cdots,n_{\mathrm{C}},\quad j=1,2,\cdots,n_{\mathrm{v}} \tag{8.6.29}$$

再令 $\dfrac{\partial F}{\partial \lambda_0}=\dfrac{\partial F}{\partial \lambda_1}=\dfrac{\partial F}{\partial \lambda_2}=\dfrac{\partial F}{\partial \lambda_3}=0$，就是式（8.6.15）、式（8.6.25）～式（8.6.27）。求解的未知量为 P_{ij}、λ_0、λ_1、λ_2 和 λ_3，联立以上方程可解出。这是一个非线性方程组，可使用牛顿-拉弗森（Newton-Raphson）迭代解法。假定初值 λ_0、λ_1、λ_2 和 λ_3 用牛顿-拉弗森方法确定新的 λ_0、λ_1、λ_2 和 λ_3，通过迭代获得收敛解。

以上求解的 P_{ij} 是指液滴体积在 $\bar{V}_{i-1}$ 和 $\bar{V}_i$ 之间及速度在 $\bar{U}_{j-1}$ 和 $\bar{U}_j$ 之间的概率，对连续分布的概率密度函数 $f\left(\bar{D},\bar{U}\right)$，简写为 f。f 与 P_{ij} 之间的关系写为积分形式为

$$\int f\mathrm{d}\bar{D}\mathrm{d}\bar{u}=\int P_{ij}\mathrm{d}\bar{V}\mathrm{d}\bar{u} \tag{8.6.30}$$

因液滴的平均体积 V_{m} 与体积平均直径 D_{30} 的关系为

$$V_{\mathrm{m}}=\frac{\pi}{6}D_{30}^3 \tag{8.6.31}$$

令

$$\bar{V}_i=\frac{V_i}{V_{\mathrm{m}}}=\left(\frac{D_i}{D_{30}}\right)^3=\bar{D}^3,\quad \bar{u}_j=\frac{u_j}{u_0}=\bar{u} \tag{8.6.32}$$

将式（8.6.32）代入式（8.6.29）得

$$P_{ij}=\exp\left[-\lambda_0-\lambda_1\bar{D}^3-\lambda_2\bar{D}^3\bar{U}-\lambda_3\left(\frac{\bar{D}^3\bar{U}^2}{H}+\frac{B\bar{D}^2}{H}\right)\right] \tag{8.6.33}$$

式中：

$$B=\frac{12}{We},\quad We=\frac{\rho_1 U_0^2 D_{30}}{\sigma} \tag{8.6.34}$$

将式（8.6.32）和式（8.6.33）代入式（8.6.30），通过等式左右两端比较，可写出概率密度函数 f 的表达式为

$$f=3\bar{D}^2\exp\left[-\lambda_0-\lambda_1\bar{D}^3-\lambda_2\bar{D}^3\bar{u}-\lambda_3\left(\frac{\bar{D}^3\bar{u}^2}{H}+\frac{B\bar{D}^2}{H}\right)\right] \tag{8.6.35}$$

求解式（8.6.25）～式（8.6.27）和式（8.6.15），可分别改写为

$$\int_{\bar{D}_{\text{mix}}}^{\bar{D}_{\text{max}}}\int_{\bar{u}_{\text{mix}}}^{\bar{u}_{\text{max}}} f\bar{D}^3\mathrm{d}\bar{u}\mathrm{d}\bar{D} = 1+\bar{S}_{\text{m}} \tag{8.6.36}$$

$$\int_{\bar{D}_{\text{mix}}}^{\bar{D}_{\text{max}}}\int_{\bar{u}_{\text{mix}}}^{\bar{u}_{\text{max}}} f\bar{D}^3 V\mathrm{d}\bar{u}\mathrm{d}\bar{D} = 1+\bar{S}_{\text{mu}} \tag{8.6.37}$$

$$\int_{\bar{D}_{\text{mix}}}^{\bar{D}_{\text{max}}}\int_{\bar{u}_{\text{mix}}}^{\bar{u}_{\text{max}}} f\left(\frac{\bar{D}^3\bar{u}^2}{H}+\frac{B\bar{D}^2}{H}\right)\mathrm{d}\bar{u}\mathrm{d}\bar{D} = 1+\bar{S}_{\text{e}} \tag{8.6.38}$$

$$\int_{\bar{D}_{\text{mix}}}^{\bar{D}_{\text{max}}}\int_{\bar{u}_{\text{mix}}}^{\bar{u}_{\text{max}}} f\mathrm{d}\bar{u}\mathrm{d}\bar{D} = 1 \tag{8.6.39}$$

8.7 两种不同流体交界面上表面张力的几个公式

8.7.1 杨-拉普拉斯公式

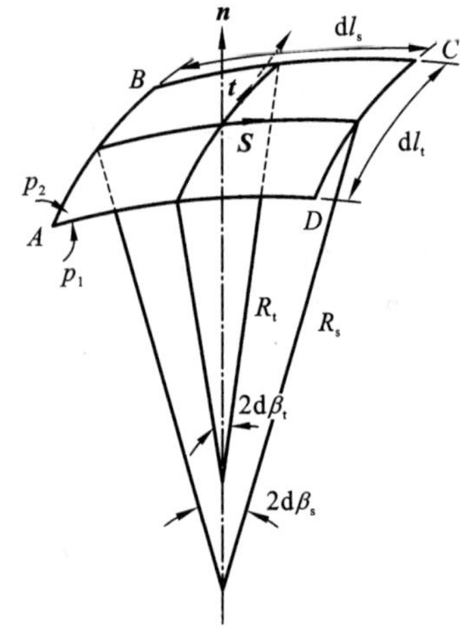

图 8.16 任意三维微曲面（气液交界面）示意图

如图 8.16 所示，取任意三维微曲面 $ABCD$，如所取微曲面为气液交界面，设微曲面的法向单位矢量为 $\boldsymbol{n}$，正交的切向单位矢量$(\boldsymbol{s},\boldsymbol{t})$，$\boldsymbol{s}$ 向微曲面的主曲率半径为 R_s，$\boldsymbol{t}$ 向微曲面的主曲率半径为 R_t，微曲面的面积为 $\mathrm{d}l_s\mathrm{d}l_t$，$\mathrm{d}l_s$ 和 $\mathrm{d}l_t$ 分别为该微曲面沿 $\boldsymbol{s}$ 方向和 $\boldsymbol{t}$ 方向的边长。

考虑该微曲面边界表面张力引起曲面内外压力差；设曲面内的压力为 p_1 和曲面外的压力为 p_2，令 $\Delta p = p_1 - p_2$，考虑该微曲面边界线上的表面张力在 $\boldsymbol{n}$ 向的投影，对微曲面上的受力，写出 $\boldsymbol{n}$ 向法向力的平衡方程为

$$\begin{aligned}(p_1-p_2)\mathrm{d}l_t\mathrm{d}l_s &= \Delta p\mathrm{d}l_t\mathrm{d}l_s\\ &= 2\sigma\mathrm{d}l_t\sin(\mathrm{d}\beta_s)+2\sigma\mathrm{d}l_s\sin(\mathrm{d}\beta_t)\end{aligned} \tag{8.7.1}$$

式中：σ 为微曲面边界线 AB 和 CD 及边界线 BC 和 AD 上的表面张力，如图 8.16 所示；$\mathrm{d}\beta_s$ 和 $\mathrm{d}\beta_t$ 分别为该微曲面沿 $\boldsymbol{s}$ 向左右和沿 $\boldsymbol{t}$ 向前后张开角。对非常小的微曲面有

$$\sin(\mathrm{d}\beta_t)\doteq\mathrm{d}\beta_t,\quad \sin(\mathrm{d}\beta_s)\doteq\mathrm{d}\beta_s,\quad \mathrm{d}l_t = 2R_t\mathrm{d}\beta_t,\quad \mathrm{d}l_s = 2R_s\mathrm{d}\beta_s$$

代入式（8.7.1），得

$$\Delta p = \sigma\left(\frac{1}{R_s}+\frac{1}{R_t}\right) \tag{8.7.2}$$

此即杨-拉普拉斯（Young-Laplace）公式，又称杨-拉普拉斯方程。对球形曲面，因 $R_s = R_t = R$，则杨-拉普拉斯公式退化为

$$\Delta p = \frac{2\sigma}{R} \tag{8.7.3}$$

对二维柱形曲面，其中 R_s 或 R_t 中有一个方向的曲率半径为无穷大，另一个方向曲率半径记为 R，则杨-拉普拉斯公式退化为

$$\Delta p = \frac{\sigma}{R} \tag{8.7.4}$$

曲面的曲率 k 定义为

$$k = \frac{1}{R_s} + \frac{1}{R_t} \tag{8.7.5}$$

则杨-拉普拉斯公式可写为

$$\Delta p = \sigma k \tag{8.7.6}$$

8.7.2 两种不同流体交界面上沿切割线的表面张力的线积分转化为面积分后的一个公式

考虑气液交界面上切割周线 C，如图 8.17 所示，由封闭周线 C 所包围的气液交界面为 A，沿切割周线 C 每一点的 $\boldsymbol{n}$ 为曲面 A 的法向单位矢量，$\boldsymbol{l}$ 为沿周线 C 的切线向单位矢量，$\boldsymbol{m}$ 为沿周线 C 与曲面 A 相切的单位矢量。沿周线 C 的表面张力 $\int_C \sigma \mathbf{m} \mathrm{d}l$，其中 σ 为交界面上液体表面张力系数，将它转化为面积分后的一个公式为

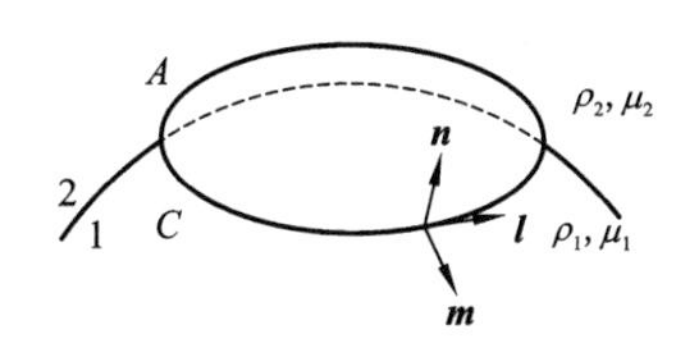

图 8.17 气液交界面上切割线 C 示意图

$$\int_C \sigma \boldsymbol{m} \mathrm{d}l = \int_A \left[\nabla\sigma - \sigma\boldsymbol{n}\left(\nabla\boldsymbol{n}\right)\right]\mathrm{d}A \tag{8.7.7}$$

这个公式有重要应用，证明如下：设 $\boldsymbol{F}$ 为气液交界面 A 上任意矢量，利用数学中斯托克斯定理：

$$\int_C \boldsymbol{F} \mathrm{d}\boldsymbol{l} = \int_A \nabla \times \boldsymbol{F} \mathrm{d}\boldsymbol{A} \tag{8.7.8a}$$

或

$$\int_C \boldsymbol{F}\boldsymbol{l} \mathrm{d}l = \int_A \nabla \times \boldsymbol{F} \cdot \boldsymbol{n} \mathrm{d}A \tag{8.7.8b}$$

可令 $\boldsymbol{F} = \sigma\boldsymbol{n}\times\boldsymbol{b}$，其中 $\boldsymbol{b}$ 为任意常数矢量，则由式（8.7.8b）可写出

$$\int_C (\sigma\boldsymbol{n}\times\boldsymbol{b})\boldsymbol{l}\mathrm{d}l = \int_A \nabla\times\left(\sigma\boldsymbol{n}\times\boldsymbol{b}\right)\boldsymbol{n}\mathrm{d}A \tag{8.7.9}$$

利用矢量恒等式的以下公式：

$$\left(\sigma\boldsymbol{n}\times\boldsymbol{b}\right)\boldsymbol{l} = \boldsymbol{b}\left(\boldsymbol{l}\times\sigma\boldsymbol{n}\right)$$

$$\nabla\times(\sigma\boldsymbol{n}\times\boldsymbol{b}) = \sigma\boldsymbol{n}(\nabla\cdot\boldsymbol{b}) - \boldsymbol{b}(\nabla\cdot\sigma\cdot\boldsymbol{n}) + \left(\boldsymbol{b}\cdot\nabla\right)\left(\sigma\cdot\boldsymbol{n}\right) - \left(\sigma\cdot\boldsymbol{n}\cdot\nabla\right)\boldsymbol{b}$$

则可将式（8.7.9）改写为

$$\boldsymbol{b}\cdot\int_C (\boldsymbol{l}\times\sigma\boldsymbol{n})\mathrm{d}l = -\boldsymbol{b}\int_A \left[\boldsymbol{n}\nabla\left(\sigma\cdot\boldsymbol{n}\right) - \nabla\left(\sigma\cdot\boldsymbol{n}\right)\boldsymbol{n}\right]\mathrm{d}A \tag{8.7.10}$$

因 $\boldsymbol{b}$ 为任意常数矢量，并注意到 $\boldsymbol{l}\times\boldsymbol{n} = \boldsymbol{m}$，故式（8.7.10）又可改写为

$$\begin{aligned}\int_C \sigma\boldsymbol{m}\mathrm{d}l &= \int_A [-\boldsymbol{n}\nabla\left(\sigma\cdot\boldsymbol{n}\right) + \nabla\left(\sigma\cdot\boldsymbol{n}\right)\boldsymbol{n}]\mathrm{d}A \\ &= \int_A [-\boldsymbol{n}\nabla\sigma\boldsymbol{n} - \sigma\boldsymbol{n}\left(\nabla\boldsymbol{n}\right) + \nabla\sigma + \sigma\left(\nabla\boldsymbol{n}\right)\boldsymbol{n}]\mathrm{d}A\end{aligned} \tag{8.7.11}$$

注意到式（8.7.11）右端符号 ∇ 都是在交界面 A 上取梯度或取散度，由于 $\nabla\sigma$ 必与交界面 A 相切，故 $\nabla\sigma\cdot\boldsymbol{n} = 0$，以及 $\left(\nabla\boldsymbol{n}\right)\boldsymbol{n} = \frac{1}{2}\nabla\left(\boldsymbol{n}\cdot\boldsymbol{n}\right) = \frac{1}{2}\nabla\left(1\right) = 0$，所以由式（8.7.11）可得

$$\int_C \sigma\boldsymbol{m}\mathrm{d}l = \int_A \left[\nabla\sigma - \sigma\boldsymbol{n}\left(\nabla\cdot\boldsymbol{n}\right)\right]\mathrm{d}A \tag{8.7.12}$$

即证明公式（8.7.7）成立，式中右端第一项为作用于交界面切线方向的表面张力，右端第二项为法线方向表面张力。如交界面 A 上表面张力系数 σ 为常数，则上述公式可简写为

$$\int_C \sigma \boldsymbol{m} \mathrm{d}l = -\int_A \sigma \boldsymbol{n}(\nabla \cdot \boldsymbol{n}) \mathrm{d}A \tag{8.7.13}$$

8.7.3 曲率的散度公式

根据杨-拉普拉斯公式（8.7.6），气液交界面上由表面张力引起曲面内外压力差与交界面的曲率 k 有关，曲率 k 的散度公式为

$$k = \nabla \boldsymbol{n} \tag{8.7.14}$$

常被用来对曲率 k 计算。在这里对曲率的散度公式做出证明。

仍考虑如图 8.17 所示的气液交界面 A 和切割线 C，沿曲线 C 每单位长度在 $\boldsymbol{m}$ 方向受表面张力为 σ，设作用于曲面 A 上法线方向 $\boldsymbol{n}$ 的净作用力 $\boldsymbol{f}$，由式（8.7.12）可知：

$$\boldsymbol{f} = \int_A (p_1 - p_2) \boldsymbol{n} \mathrm{d}A - \int_A \sigma(\nabla \cdot \boldsymbol{n}) \mathrm{d}A \tag{8.7.15}$$

式中：$\int_A (p_1 - p_2) \boldsymbol{n} \mathrm{d}A$ 由交界面 A 上内外压力差产生；$\int_A \sigma(\nabla \cdot \boldsymbol{n}) \mathrm{d}A$ 由表面张力产生。因交界面为零体积，可忽略体积力的作用，令 $\boldsymbol{f}$=0，所以力的平衡方程为

$$\int_A (p_1 - p_2) \boldsymbol{n} \mathrm{d}A = \int_A \sigma(\nabla \cdot \boldsymbol{n}) \boldsymbol{n} \mathrm{d}A \tag{8.7.16a}$$

或

$$\int_A [(p_1 - p_2) - \sigma(\nabla \cdot \boldsymbol{n})] \boldsymbol{n} \mathrm{d}A = 0 \tag{8.7.16b}$$

所以

$$\Delta p = p_1 - p_2 = \sigma(\nabla \cdot \boldsymbol{n}) \tag{8.7.17}$$

由杨-拉普拉斯公式（8.7.6）可知：

$$\Delta p = p_1 - p_2 = \sigma k = \sigma(\nabla \cdot \boldsymbol{n}) \tag{8.7.18}$$

故有曲率的散度公式 $k = \nabla \cdot \boldsymbol{n}$ 成立。

8.8 两种不同流体交界面上流体边界条件

两种不同流体交界面上流体边界条件，包括流体运动学边界条件和流体动力学边界条件。流体动力学边界条件，又可分为交界面上法向应力边界条件和切向应力边界条件，它们都是进一步应用计算流体力学方法求解喷射雾化问题必须知道的，现分别讨论。

8.8.1 两种不同流体交界面上流体运动学边界条件

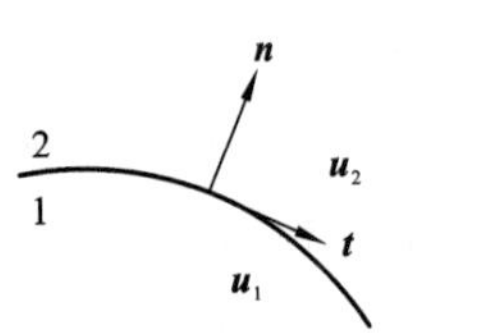

图 8.18 两种不同流体交界面上法向和切向单位矢量示意图

如图 8.18 所示，两种流体 1 和 2，其交界面上法向单位矢量为 $\boldsymbol{n}$，切线单位矢量为 $\boldsymbol{t}$。流体运动学边界条件要求其速度场在流体相 1 和流体相 2 在交界面处的速度是连续的，其速度的切向分量相似于在刚性物面边界上需满足无滑移的边界条件，即

$$\boldsymbol{u}_1\boldsymbol{t}=\boldsymbol{u}_2\boldsymbol{t} \tag{8.8.1}$$

式（8.8.1）即为两种不同流体交界面上切向速度必须满足的边界条件。

同时，其速度的法向分量，由于交界面不产生也不吸收流体质量，所以他们也必须满足法向速度分量相等的流体运动学边界条件，即

$$\boldsymbol{u}_1\boldsymbol{n}=\boldsymbol{u}_2\boldsymbol{n} \tag{8.8.2}$$

8.8.2 两种不同流体交界面上法向和切向的流体应力边界条件

如图 8.17 所示，两种不同流体交界面为 A 及其被切割的周线为 C，上层流体 2 的密度为 ρ_2，流体动力黏度为 μ_2，流体速度场为 $\boldsymbol{u}_2$；下层流体 1 的密度为 ρ_1，流体动力黏度为 μ_1，流体速度场为 $\boldsymbol{u}_1$。考虑该交界面被切割部分的力的平衡关系：由于交界面的厚度趋近于零，交界面上流体的体积力与切割周线 C 上的表面张力 $\int_C \sigma\boldsymbol{m}\mathrm{d}l$ 相比，可忽略不计。令 $\boldsymbol{n}$ 为交界面 A 指向上层流体 2 的单位法向矢量，而指向下层流体 1 的单位法向矢量记为 $\hat{\boldsymbol{n}}$，$\hat{\boldsymbol{n}}=-\boldsymbol{n}$，以及 $\boldsymbol{l}$ 为周线 C 上单位切向矢量，$\boldsymbol{m}$ 为周线 C 与交界面相切的单位矢量。

根据上层流体 2 对交界面 A 作用的流体应力张量 $\underline{\underline{T_2}}$ （或$(\sigma_2)_{ij}$）可写为

$$\underline{\underline{T_2}}=\left(\sigma_2\right)_{ij}=-p_2\delta_{ij}+\left(\tau_2\right)_{ij}，\quad i,j=1,2,3 \tag{8.8.3}$$

式中：$\left(\sigma_2\right)_{ij}$ 为正应力项；$-p_2\delta_{ij}$ 为黏性切应力项，其中 δ_{ij} 为克罗内克符号（Kronecker symbol）；$i,j=1,2,3$ 分别指向 x,y,z 轴向。

与应力张量 $\underline{\underline{T_2}}$ 相当的应力矢量 $\boldsymbol{t}_2(\boldsymbol{n})$或$(t_2)_j$ 可写为

$$\boldsymbol{t}_2\left(\boldsymbol{n}\right)=\left(\boldsymbol{t}_2\right)_j=\hat{\boldsymbol{n}}\underline{\underline{T_2}}=-n\underline{\underline{T_2}}=n_i\left(\sigma_2\right)_{ij}，\quad i,j=1,2,3 \tag{8.8.4}$$

式中：j 为自由下标；i 为重复下标，意为求和约定。

应力矢量 $\boldsymbol{t}_2(\boldsymbol{n})$或$(t_2)_j$ 写为矩阵形式有

$$\begin{bmatrix}(t_2)_1\\(t_2)_2\\(t_2)_3\end{bmatrix}=\left[n_1,n_2,n_3\right]\begin{bmatrix}\sigma_{11}&\sigma_{12}&\sigma_{13}\\\sigma_{21}&\sigma_{22}&\sigma_{23}\\\sigma_{31}&\sigma_{32}&\sigma_{33}\end{bmatrix}=\begin{bmatrix}\sigma_{11}n_1&\sigma_{12}n_2&\sigma_{13}n_3\\\sigma_{21}n_1&\sigma_{22}n_2&\sigma_{23}n_3\\\sigma_{31}n_1&\sigma_{32}n_2&\sigma_{33}n_3\end{bmatrix} \tag{8.8.5}$$

类似的下层流体 1 对交界面 A 作用的流体应力张量 $\underline{\underline{T_1}}$ （或$(\sigma_1)_{ij}$）可写为

$$\underline{\underline{T_1}}=\left(\sigma_1\right)_{ij}=-p_1\delta_{ij}+\left(\tau_1\right)_{ij}，\quad i,j=1,2,3 \tag{8.8.6}$$

则与应力张量 $\underline{\underline{T_1}}$ 相当的应力矢量 $\boldsymbol{t}_1(\boldsymbol{n})$或$(t_1)_j$ 可写为

$$\boldsymbol{t}_1\left(\hat{\boldsymbol{n}}\right)=\left(\boldsymbol{t}_1\right)_j=\boldsymbol{n}\underline{\underline{T_1}}=-n_i\left(\sigma_1\right)_{ij}，\quad i,j=1,2,3 \tag{8.8.7}$$

以上被切割的交界面 A 上力的平衡方程为

$$\int_A\left[\boldsymbol{t}_2\left(\boldsymbol{n}\right)+\boldsymbol{t}_1\left(\hat{\boldsymbol{n}}\right)\right]\mathrm{d}A+\int_C\sigma\boldsymbol{m}\mathrm{d}l=0 \tag{8.8.8}$$

式中：$\int_A\boldsymbol{t}_2\left(\boldsymbol{n}\right)\mathrm{d}A$ 为上层流体 2 对交界面 A 作用的水动力（包括压力和黏性力）；$\int_A\boldsymbol{t}_1\left(\hat{\boldsymbol{n}}\right)\mathrm{d}A$ 为下层流体 1 对交界面 A 作用的水动力（包括压力和黏性力）；$\int_C\sigma\boldsymbol{m}\mathrm{d}l$ 为作用于切割周线 C 上表面张力。

将式（8.8.4）、式（8.8.7）和式（8.7.7）代入式（8.8.8），则交界面 A 上力的平衡方程变为

$$\int_A \left(\boldsymbol{n}\cdot \underline{\underline{T_2}} - \boldsymbol{n}\cdot \underline{\underline{T_1}}\right)\mathrm{d}A = \int_A \left[\sigma \boldsymbol{n}(\nabla\cdot\boldsymbol{n}) - \nabla\sigma\right]\mathrm{d}A \tag{8.8.9}$$

或写为应力平衡方程：

$$\boldsymbol{n}\cdot \underline{\underline{T_2}} - \boldsymbol{n}\cdot \underline{\underline{T_1}} = \sigma \boldsymbol{n}(\nabla\cdot\boldsymbol{n}) - \nabla\sigma \tag{8.8.10}$$

式中：$\boldsymbol{n}\cdot \underline{\underline{T_2}}$ 为上层流体 2 对交界面 A 作用的水动应力矢量；$-\boldsymbol{n}\cdot \underline{\underline{T_1}}$ 为下层流体 1 对交界面 A 作用的水动应力矢量；$\sigma \boldsymbol{n}(\nabla\cdot\boldsymbol{n})$ 为由切割周线 C 上表面张力产生的应力项；$-\nabla\sigma$ 为由表面张力梯度产生的应力项。

还可将式（8.8.10）分解为与交界面法向和切向的应力平衡方程。如对式（8.8.10）点乘 $\boldsymbol{n}$，即得交界面上法向应力平衡方程为

$$\boldsymbol{n}\cdot \underline{\underline{T_2}}\cdot\boldsymbol{n} - \boldsymbol{n}\cdot \underline{\underline{T_1}}\cdot\boldsymbol{n} = \sigma(\nabla\cdot\boldsymbol{n}) \tag{8.8.11}$$

表明对非零曲率（$k\neq 0$）的交界面（$\nabla\cdot\boldsymbol{n} = k \neq 0$），存在法向应力间断的式（8.8.11）的边界条件。

对式（8.8.10）点乘 $\boldsymbol{l}$，即得交界面上切向应力平衡方程，存在切向应力间断的边界条件为

$$\boldsymbol{n}\cdot \underline{\underline{T_2}}\cdot\boldsymbol{l} - \boldsymbol{n}\cdot \underline{\underline{T_1}}\cdot\boldsymbol{l} = \nabla\sigma\cdot\boldsymbol{l} \tag{8.8.12}$$

表明水动力还可通过非零的 $\nabla\sigma$ 产生。

例　　题

例 8.1　对某一喷雾器测得球形液滴的滴径 D_i 和数量 N_i 分布为

D_i/μm	N_i	D_i/μm	N_i	D_i/μm	N_i
10	20	40	62	70	5
20	50	50	33		
30	73	60	18		

试求：

（1）该雾化液滴的数量平均直径 D_{10}；

（2）该雾化液滴的质量平均直径 D_{30}；

（3）该雾化液滴的数量概率密度函数 $f_N(D)$；

（4）该雾化液滴的质量（体积）概率密度函数 $f_V(D)$。

解：(1) 总液滴数 N=20+50+73+62+33+18+5=261。根据所测数据有 7 种不同类型的液滴，可求得其中各类型液滴的数量概率分布 P_{Ni} 分别为

$$P_{N1}=N_1/N=20/261=0.077\,63；\quad P_{N2}=N_2/N=50/261=0.191\,6；$$

$$P_{N3}=N_3/N=73/261=0.279\,7；\quad P_{N4}=N_4/N=62/261=0.237\,6；$$

$$P_{N5}=N_5/N=33/261=0.126\,4；\quad P_{N6}=N_6/N=18/261=0.068\,97；$$

$$P_{N7}=N_7/N=5/261=0.019\,16$$

则数量平均直径 D_{10} 由式（8.1.15）可求得

$$D_{10}=\sum_{i=1}^{7}\frac{N_iD_i}{N}=\frac{1}{261}\left(20\times10+50\times20+73\times30+62\times40+33\times50+18\times60+5\times70\right)=34.3\ (\mu\text{m})$$

（2）质量平均直径 D_{30} 由式（8.1.16）可知

$$D_{30}^3=\sum_{i=1}^{7}\left(\frac{N_i}{N}\right)D_i^3=\left(\frac{20}{261}\right)\times10^3+\left(\frac{50}{261}\right)\times20^3+\left(\frac{73}{261}\right)\times30^3+\left(\frac{62}{261}\right)\times40^3$$
$$+\left(\frac{33}{261}\right)\times50^3+\left(\frac{18}{261}\right)\times60^3+\left(\frac{5}{261}\right)\times70^3=61\,636$$

故 D_{30}=39.5 (μm)。

（3）数量概率密度函数 $f_N(D)$ 由定义式（8.5.3）可知：

$$f_N(D)=P_{Ni}/\Delta D_i$$

已知所测数据 $\Delta D_i=10\ \mu\text{m}$，$i$=1,2,⋯,7，故可计算出

$$f_N(D_1)=0.076\,63/10=0.007\,663；\ f_N(D_2)=0.191\,6/10=0.019\,16；$$
$$f_N(D_3)=0.279\,7/10=0.027\,97；\ f_N(D_4)=0.237\,6/10=0.023\,76；$$
$$f_N(D_5)=0.126\,4/10=0.012\,64；\ f_N(D_6)=0.068\,97/10=0.006\,897$$
$$f_N(D_7)=0.019\,16/10=0.001\,916$$

量纲都为 μm^{-1}，以上结果的正确或近似程度还可用式（8.1.5）加以检验。

（4）质量概率密度函数 $f_V(D)$ 由式（8.6.13）可知：

$$f_V(D_i)=\left(\frac{D_i}{D_{30}}\right)^3 f_N(D_i)$$

故有

$$f_V(D_1)=\left(\frac{10}{39.5}\right)^3\times0.007\,663=0.000\,124\,3；\ f_V(D_2)=\left(\frac{20}{39.5}\right)^3\times0.019\,16=0.002\,497；$$
$$f_V(D_3)=\left(\frac{30}{39.5}\right)^3\times0.027\,97=0.012\,25；\ f_V(D_4)=\left(\frac{40}{39.5}\right)^3\times0.023\,76=0.024\,67；$$
$$f_V(D_5)=\left(\frac{50}{39.5}\right)^3\times0.012\,64=0.025\,64；\ f_V(D_6)=\left(\frac{60}{39.5}\right)^3\times0.006\,897=0.024\,17；$$
$$f_V(D_7)=\left(\frac{70}{39.5}\right)^3\times0.001\,916=0.010\,66$$

量纲都为 μm^{-1}，以上结果的正确性或近似程度也可用式（8.1.7）加以检验。

例 8.2 测定喷雾滴径大小分布的罗辛−拉姆勒分布方程式(8.5.5)，即 $Y=1-\exp\left[-\left(\frac{D}{a}\right)^b\right]$，式中 Y 为小于滴径 D 的液滴累积质量（或体积）分数，a 和 b 为待定的分布参数。如何从实验数据确定分布参数 a 和 b？除正文中已有示例之外，试求：

（1）如引入质量（体积）平均直径 D_{30}，试导出有下列关系成立：

$$a=\frac{D_{30}}{0.693^{\frac{1}{b}}} \tag{1}$$

（2）利用罗辛−拉姆勒分布方程，试导出液滴质量（或体积）分布的概率密度函数 $f_V(D)$

有如下关系：

$$f_V(D)=\frac{b}{a}\left(\frac{D}{a}\right)^{b-1}\exp\left[-\left(\frac{D}{a}\right)^{b}\right] \tag{2}$$

（3）再引入伽马函数定义式（8.5.10），试证明还有下列关系成立：

$$\int_0^{\infty} Df_V(D)\mathrm{d}D=a\Gamma\left(\frac{1}{b}+1\right) \tag{3}$$

并说明式（3）左端积分在物理意义上为所有液滴的质量（或体积）平均直径 D_{30}，则式（3）又可写为

$$D_{30}=a\Gamma\left(\frac{1}{b}+1\right) \tag{4}$$

从而又可利用式（1）和式（4）求解罗辛-拉姆勒分布方程中分布参数 a 和 b。

解：（1）因 $D=D_{30}$ 处 $Y=0.5$，故由式（8.5.5）可写出下列等式成立：

$$0.5=\exp\left[-\left(\frac{D_{30}}{a}\right)^{b}\right] \tag{5}$$

对式（5）左右两端取对数后，有

$$\ln 0.5=-0.693=-\left(\frac{D_{30}}{a}\right)^{b}$$

故有

$$\frac{D_{30}}{a}=0.693^{\frac{1}{b}},\quad a=\frac{D_{30}}{0.693^{\frac{1}{b}}}$$

（2）根据定义式（8.5.3）有

$$\int_0^{D} f_V(D)\mathrm{d}D=Y$$

所以 $f_V(D)=\dfrac{\mathrm{d}Y}{\mathrm{d}D}$，故得

$$f_V(D)=\frac{b}{a}\left(\frac{D}{a}\right)^{b-1}\exp\left[-\left(\frac{D}{a}\right)^{b}\right]$$

（3）利用式（2）中所求得的 $f_V(D)$ 关系式，则有

$$\int_0^{\infty} Df_V(D)\mathrm{d}D=\int_0^{\infty} bD\left(\frac{D}{a}\right)^{b-1}\exp\left[-\left(\frac{D}{a}\right)^{b}\right]\mathrm{d}\left(\frac{D}{a}\right)=\int_0^{\infty} a\left(\frac{D}{a}\right)\exp\left[-\left(\frac{D}{a}\right)^{b}\right]\mathrm{d}\left(\frac{D}{a}\right)^{b} \tag{6}$$

将式(6)与伽马函数定义式(8.5.10)比较，因 $\Gamma(x)=\int_0^{\infty} y^{x-1}\mathrm{e}^{-y}\mathrm{d}y$。令 $y=\left(\dfrac{D}{a}\right)^{b}$，$x-1=\dfrac{1}{b}$，有 $x=\dfrac{1}{b}+1$，则可将式（6）写为

$$\int_0^{\infty} Df_V(D)\mathrm{d}D=a\Gamma\left(\frac{1}{b}+1\right) \tag{7}$$

故有式（3）和式（4）成立。现在，如将式（4）和式（1）联立消去 a 和 D_{30}，还可得出确定分布参数 b 的关系为

$$0.693^{\frac{1}{b}} = \Gamma\left(\frac{1}{b}+1\right)$$

例 8.3 试用流体力学中的理论分析说明“肥皂动力船”驱动的工作原理。

解： 肥皂动力船是一种玩具船模，也是物理学中说明表面张力梯度驱动船舶的示演模型。肥皂动力船可用硬纸板或木板制作，如图 8.19 所示共平面图形，如取船长为 2.5 cm 或更大，船后方开一槽道或三角形切口，将它放在水中浮在水面上，如在切口槽道中注入肥皂液或嵌入肥皂块，就可看到这个船模自动地向前运动。其原理在物理学和化学上是由于皂液的作用使船后水线面处水的表面张力减小，而船的前方水线面处的水未受皂液的影响，使作用于船体前方的表面张力大于后方的表面张力，便有驱使船体向前运动的力产生，这是物理概念上对肥皂动力船原理的揭示。在流体力学中，可利用水的自由表面（两种不同流体交界面）上切向应力平衡方程式（8.8.12）作出分析；忽略上层流体（空气）的作用力，将切向应力平衡方程式写为

$$\boldsymbol{n}\cdot\underline{\underline{T_1}}\cdot\boldsymbol{l} = -\nabla\sigma\boldsymbol{l} \tag{1}$$

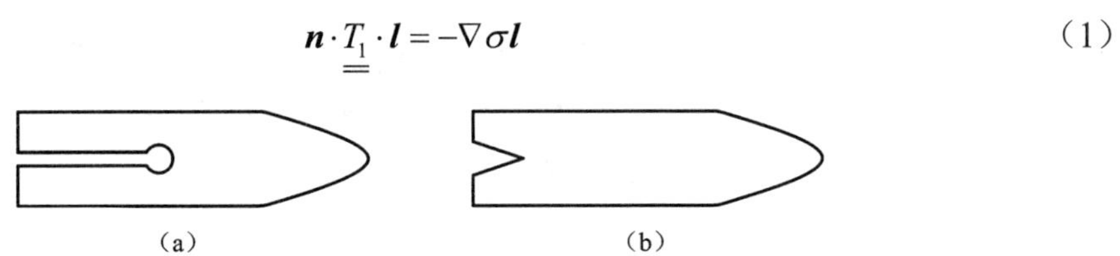

图 8.19 肥皂动力船平面图

式中：$\boldsymbol{n}\cdot\underline{\underline{T_1}}\cdot\boldsymbol{l}$ 为下层流体（水）对自由表面作用的在切线方向 $\boldsymbol{l}$ 水动应力矢量，它的反向即为作用于船体上水动力矢量，其中 $\boldsymbol{l}$ 是自由表面包括与船体接触的周线 C 上切线向单位矢量。式（1）表明切向作用于浮体上水动应力是由表面张力梯度（$\nabla\sigma$）产生的，肥皂动力船因皂液使浮体水线前后出现不同的表面张力，船体前方（设为 x 轴向）水的表面张力大于后方水的表面张力，则有 $\nabla\sigma>0$，从而使肥皂船获得向前（x 轴向）的推进力。

此外，还可以从肥皂动力船的船体与自由表面接触的周线上表面张力的合力来直接分析肥皂动力船产生推进力的原因：假定船体与自由表面接触周线 C 是在一个水平面上，周线 C 单位长度的表面张力记为 σ（通常 σ 是常数，对肥皂动力船有 $\sigma=\sigma(l)$），则作用于船体上总的表示张力的合力 $\boldsymbol{F}_C=\int_C \sigma\boldsymbol{m}\mathrm{d}l$，其中 $\boldsymbol{m}$ 为周线 C 的法向，并与自由表面相切的单位矢量，$\mathrm{d}l$ 为沿周线 C 的增量。令周线 C（肥皂动力船的水线）以下船体湿面为 A，除水线 C 上受流体表面张力的作用，湿面 A 的其他地方表面张力都为零，故表面张力的合力 $\boldsymbol{F}_C$ 也可写为面积分形式 $\boldsymbol{F}_C=\int_C \sigma\boldsymbol{m}\mathrm{d}l=\int_A \boldsymbol{n}\sigma\mathrm{d}A$，其中 $\boldsymbol{n}$ 为湿面 A 的法向单位矢量。再应用梯度形式高斯定理（见附录 2），则有 $\boldsymbol{F}_C=\int_C \nabla\sigma\mathrm{d}\tau$，其中 τ 也只需考虑对表面张力有影响部分的液体体积。所以当 σ 为常数，因 $\Delta\sigma=0$，有 $\boldsymbol{F}_C=0$；如 $\sigma=\sigma(l)$，因 $\nabla\sigma\neq0$，将使肥皂动力船产生向前推进力。

讨 论 题

8.1 液体喷射和雾化是通过喷嘴产生的，试一般地讨论下一对喷嘴的设计或选择应注意哪几个方面的问题。

8.2 试根据诸定义公式推导出$f_V(D)$与$f_N(D)$之间的关系式（8.1.8）。

8.3 在液体的喷射流中，有 4 个重要的无量纲数：韦伯数 *We*、雷诺数 *Re*、奥内佐格数 *Oh* 和空泡数 *K*，它们对液体的喷射和雾化各起什么作用？

8.4 什么是 K-H 不稳定性？什么是 R-T 不稳定性？为什么液体射流的初次分裂的机理主要是由K-H不稳定性引起的？又为什么液体射流的二次分裂的机理主要是由R-T不稳定性引起的？再归纳简述射流不稳定性理论分析是如何通过对初始小扰动的波面求解其色散关系获得的？

8.5 简述最大熵原理预测液体射流雾化中滴径大小分布和速度分布的求解方法。并讨论为什么最大熵方法目前只限于做射流初次分裂区的雾化预测，而未做全过程的雾化预测。

习　题

8.1 根据表 8.2 实验测得的某一喷射流中各滴径范围内质量分数分布的数据，试求：

（1）液滴大小分布的质量（或体积）的概率密度函数$f_V(D_i)$；

（2）滴径分布的算术平均直径D_{10}；

（3）滴径的体积平均直径D_{30}；

（4）索特平均直径D_{32}；

（5）$D_{v0.1}$和$D_{v0.9}$的大小。

（参考答案：（1）0.000 714 3，0.003 333，0.017 5，0.01，0.005，0.002 5；（2）107.8 μm；（3）120 μm；（4）108.8 μm；（5）85 μm，170 μm）

8.2 考虑某雾化液滴其数量高概率分布函数$f_N(D)$如图 8.20 所示，其中 b 为小于 1 的常数，试求：

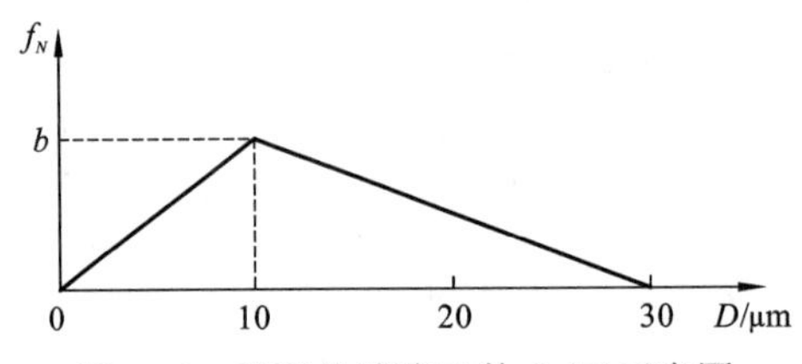

图 8.20　某雾化液滴函数$f_N(D)$示意图

（1）b 的值；

（2）该雾化液滴分布的索特平均直径D_{32}；

（3）体积平均直径D_{30}；

（参考答案：（1）1/15；（2）18.46 μm；（3）15.87 μm）

8.3 试证明液滴中各种不同直径的液滴数量概率密度分布函数 $f_N(D)$和体积（或质量）概率分布函数$f_V(D)$之间有如下关系成立：

$$f_V(D)=\left(\frac{D}{D_{30}}\right)^3 f_N(D)$$

式中：D_{30}为所有液滴的体积（或质量）平均直径。

8.4 测得的某雾化器喷射的滴径小于D_i类型的液滴累积质量分数 Y 的数据如下：

D_i/ μm	Y	D_i/μm	Y	D_i/μm	Y
50	0.94	25.4	0.60	12.7	0.14
40	0.90	20	0.42	10	0.07
32	0.76	16	0.26	8	0.03

试求：

（1）该雾化液滴的质量分布概率密度函数 $f_V(D_i)$；

（2）索特平均直径 D_{32}；

（3）质量平均直径 D_{30}；

（4）该雾化液滴的数量分布概率密度函数 $f_N(D_i)$。

8.5 测得某雾化液滴中滴径类型为 D_i 的液滴数量为 N_i，给出如下数据：

D_i/μm	N_i	D_i/μm	N_i	D_i/μm	N_i
1.75	0	5.75	1 396	17.7	93
2.21	3 797	7.02	850	22.3	18
2.78	3 119	8.58	523	28.1	2
3.51	2 522	11.15	297		
4.42	1 878	14.0	179		

试求：

（1）液滴数量平均直径 D_{10}:

（2）液滴质量平均直径 D_{30}；

（3）索特平均直径 D_{32}；

（4）$f_N(D_i)$和 $f_V(D_i)$。

第 9 章　一维可压缩流动

对一类高速气流或具有很大温度梯度的流动，必须考虑流体压缩性效应。由于可压缩效应必伴随有流体密度和温度的变化，因此研究可压缩流体流动，应同时研究有关热力学问题。最初，冯・卡门建议对可压缩流体动力学称为空气热力学（aero-thermodynamics），但现今一些学者都习惯于称为气体动力学。

气体动力学是研究可压缩流体动力学的一门科学，也直接称为可压缩流体动力学。通常气体动力学仍假定气体是一种连续介质，只有稀薄气体例外。基本问题是研究气流状态参数（压力 p、速度 q、密度 ρ、温度 T）分布规律。

一维可压缩流动是气体动力学的重要部分，应用它可解决喷管、扩压器、容器中进排气流量、内燃机管道中压力波传播计算、斯特林发动机引射管设计等实际问题，是本课程重点学习的内容。

一维可压缩流动是求解气体动力学问题的一种最简单的近似解法，在工程上有广泛应用。气体动力学一维处理法的基本假设是忽略与管流轴线相垂直方向上各分速度，即认为流速是一维的，并在管截面上速度分布是均匀的，压力也相等。一维处理法仍可以比较简单地将流体黏性、热传导等效应都考虑进去，对非定常流动的计算也比较简便。

本章因限于教学学时，将不涉及更多的气体动力学问题的讨论。

9.1　气体流动热力学基本知识

经典热力学所考虑的是平衡状态下气体参数变化热力关系，气体运动后，仍应用经典热力学关系，称为经典热力学的延伸，或称为流动热力学。

假设经典热力学的概念和关系式可以引申应用于做宏观运动的气流中，其主要根据为：它获得气体分子运动论的支持，只要气体密观运动速度不太高（如马赫数 $Ma<5$），瞬时局部热力学状态变化，认为可立即达到热平衡状态。气体运动状态变化所需时间一般远小于其松弛时间（relaxation time）（松弛时间值指扰动量重新达到平衡所需时间），故经典热力学关系便可足够近似地应用于运动气流中。按以上假设得出的结果与实验结果未发现有矛盾。就现有水平来说，便认为所做的假设是合理的。

9.1.1　气体状态方程

气体热力学变量（状态参数）一般有 6 个：压力 p（常值绝对压力），温度 T（常值绝对温度），密度 ρ 或比容 ν（$\nu=1/\rho$），比内能 e（单位质量气体内能），比焓 $h=e+p\nu$（简称焓），比熵 s（单位质量气体的熵，简称熵）。它们都是坐标和时间函数。对于完全气体存在气体状态方程：

$$p\nu = Rt$$

或

$$p = \rho RT = \rho\left(\frac{R_0}{m_0}\right)T \tag{9.1.1}$$

式中：R 为气体常数；R_0 为通用气体常数；m_0 为气体介质分子量。

对于空气，有

$$R=287.1\ \mathrm{m^2/(s^2\cdot K)}=0.287\ 1\ \mathrm{kJ/(kg\cdot K)}$$
$$R_0=8\ 314.3\ \mathrm{J/(kg\cdot mol\cdot K)}$$

9.1.2 完全气体

完全气体是一种理想化的气体模型，其定义为：满足状态方程式（9.1.1），以及比内能 e 只依赖于绝对温度 T，即 $e=e(T)$，并有 $e=C_vT$，其中 C_v 为定容比热容。完全气体不同于流体力学中的理想流体，理想流体是指无黏性又无热传导的流体。实际有黏性和热传导的气体可以是完全气体。

引入定容比热容 C_v、定压比热容 C_p 和热容比 γ 的定义为

$$\begin{cases} C_v = \dfrac{\partial e}{\partial T} \\ C_p = \dfrac{\partial h}{\partial T} \\ \gamma = \dfrac{C_p}{C_v} \end{cases} \tag{9.1.2}$$

对于完全气体，可以导出：

$$C_v = \frac{R}{\gamma - 1}, \quad C_p = \frac{\gamma R}{\gamma - 1} \tag{9.1.3}$$

空气是完全气体，空气的热容比 $\gamma=1.4$。

9.1.3 热力学第一定律

热力学第一定律说明能量守恒的关系：对于一个系统（它由同一些流体质点组成的物质系）来说，如图 9.1（a）所示，外界加入该系统的热量 $\delta Q(J)$，应等于该系统对外界做功 $\delta W(J)$，加系统总能量增量 $\mathrm{d}E$（内能），热力学第一定律可表示为

$$\delta Q = \mathrm{d}E + \delta W \tag{9.1.4}$$

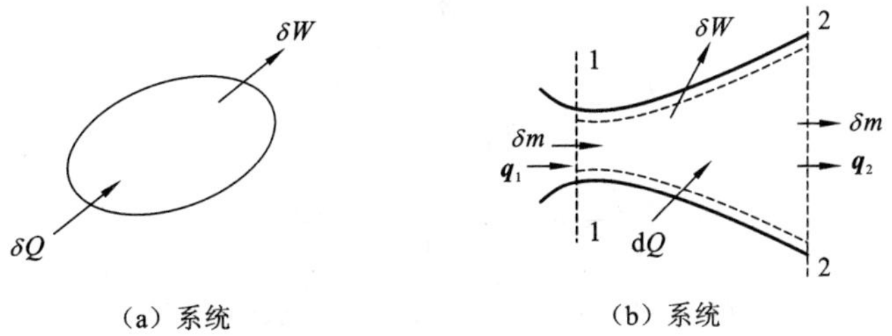

（a）系统　　（b）系统

图 9.1　系统和控制体示意图

其中 δQ 在流动问题中通常是由热传导和流体黏性耗散产生的。对燃烧过程，有时也只要将它当做是一种外热源就可以。对于无黏性无热传导即无化学反应的过程，δQ=0，则称为绝热过程。

习惯上把系统对外做功 δW 作为正功。如系统内气体压力为 p，系统对外做功是通过系统的体积增量 dV 完成的，即 $\delta W=p\mathrm{d}V$，则式（9.1.4）可改写为

$$\delta Q=\mathrm{d}E+p\mathrm{d}V \tag{9.1.5}$$

某系统内的流体质量为 δm，则对单位质量流体，式（9.1.5）又可写为比能形式：

$$\frac{\delta Q}{\delta m}=\mathrm{d}e+p\mathrm{d}\left(\frac{1}{\rho}\right)=\mathrm{d}e+p\mathrm{d}v \tag{9.1.6}$$

在气体动力学中，应将热力学第一定律再写为对控制体的形式，如图 9.1（b）所示，对定常流动，控制体（图中虚线的固定区域）中的能量不随时间而变，自截面 1 进入的气体能量，由内能 δme_1 和动能 $\frac{1}{2}\delta mq_1^2$ 两部分组成（其中 q_1 为截面 1 处气流速度，气流中位能变化可忽略），故进入控制体截面 1 的总能量为 $\delta m\left(e_1+\frac{1}{2}q_1^2\right)$，其中 δm 为单位时间内通过截面 1 的气体质量。自截面 2 流出的气体质量也为 δm，故从控制体截面 2 流出总能量为 $\delta m\left(e_2+\frac{1}{2}q_2^2\right)$，$q_2$ 为截面 2 处气流速度。

考虑到进入控制体截面 1（截面面积 A_1）上气体压力 p_1 的做功率 $p_1A_1q_1$，因 $\delta m=\rho_1A_1q_1$，故 $p_1A_1q_1=\delta mp_1/\rho_1=\delta mp_1v_1$。类似地有在控制体截面 2（截面面积 A_2）上气体压力 p_2 对外做功率为 $p_2A_2q_2$，因 $\delta m=\rho_2A_2q_2$，故 $p_2A_2q_2=\delta mp_2v_2$。此外，再计入单位时间内加入该控制体单位质量气体中的热量 δQ 和对外做功 δW，则对于定常流动控制体中的热力学第一定律可写为

$$\delta Q+p_1v_1+e_1+\frac{q_1^2}{2}=\delta W+p_2v_2+e_2+\frac{q_2^2}{2} \tag{9.1.7}$$

对于定常绝热（δQ=0）管内流动（δW=0），式（9.1.7）可简化为

$$e_1+p_1v_1+\frac{q_1^2}{2}=e_2+p_2v_2+\frac{q_2^2}{2} \tag{9.1.8a}$$

或

$$h_1+\frac{q_1^2}{2}=h_2+\frac{q_2^2}{2}=常数 \tag{9.1.8b}$$

常称为定常一维流动能量方程，其中常数值可由速度 q=0 时给出的焓 h_0 的条件确定，h_0 称为滞止焓。这样常用的能量方程式又可写为下列几种形式：

$$h_0=h+\frac{q^2}{2} \tag{9.1.9a}$$

$$C_\mathrm{p}T_0=C_\mathrm{p}T+\frac{q^2}{2} \tag{9.1.9b}$$

$$\frac{\gamma}{\gamma-1}RT_0=\frac{\gamma}{\gamma-1}RT+\frac{q^2}{2} \tag{9.1.9c}$$

式中：T_0 为绝热过程中速度 q=0 处的温度，称为滞止温度或总温。

9.1.4 热力学第二定律：熵方程

热力学第二定律是一条经验定律，热力系统从一个平衡态到另一平衡态的过程中其熵永不减少，即熵增原理。对某一系统，熵 S 的定义为

$$\mathrm{d}S = \frac{\delta Q / \delta m}{T_{\mathrm{c}}} \tag{9.1.10}$$

式中：分子是给予该系统单位质量气体的热；分母为该系统的温度。热是指系统接收的热量，如系统为绝热可逆过程 $\delta Q=0$，则 $\mathrm{d}S=0$，熵不变。如系统为绝热而有摩擦损耗的不可逆过程，因 $\delta Q>0$，则 $\mathrm{d}S>0$，即熵增原理。热力学第二定律的解析式为

$$\mathrm{d}S \geqslant \frac{\delta Q / \delta m}{T} \tag{9.1.11}$$

它指出系统热力过程的方向。对绝热可逆过程是等熵过程，S=常数。

热力系统的非等熵方程可通过熵的定义式（9.1.10）和热力学第一定律式（9.1.6）导出，利用气体状态方程式（9.1.1）可得

$$\begin{aligned}\mathrm{d}S &= \frac{\delta Q / \delta m}{T} = \frac{\mathrm{d}e + p\mathrm{d}v}{T} = C_{\mathrm{v}}\frac{\mathrm{d}T}{T} + R\frac{\mathrm{d}v}{v} = C_{\mathrm{v}}\left(\frac{\mathrm{d}p}{p} + \frac{\mathrm{d}v}{v}\right) + R\frac{\mathrm{d}v}{v} \\ &= C_{\mathrm{v}}\frac{\mathrm{d}p}{p} + \left(C_{\mathrm{v}} + R\right)\frac{\mathrm{d}v}{v} = C_{\mathrm{v}}\frac{\mathrm{d}p}{p} + C_{\mathrm{p}}\frac{\mathrm{d}v}{v}\end{aligned}$$

积分后得

$$S_2 - S_1 = C_{\mathrm{v}}\ln\frac{p_2}{p_1} + C_{\mathrm{p}}\ln\frac{v_2}{v_1} = C_{\mathrm{v}}\ln\frac{p_2}{p_1} + C_{\mathrm{p}}\ln\frac{\rho_1}{\rho_2}$$

或

$$\frac{S_2 - S_1}{C_{\mathrm{v}}} = \ln\frac{p_2}{p_1} + \gamma\ln\frac{\rho_1}{\rho_2} = \ln\left(\frac{p_2}{p_1}\right)\left(\frac{\rho_1}{\rho_2}\right)^{\gamma}$$

故有

$$\frac{p_2}{p_1} = \left(\frac{\rho_2}{\rho_1}\right)^{\gamma}\mathrm{e}^{\frac{S_2 - S_1}{C_{\mathrm{v}}}} \tag{9.1.12}$$

这就是热力过程非等熵方程。对等熵过程（$S_2=S_1$），即得众所周知的等熵方程为

$$\frac{p}{\rho^{\gamma}} = 常数 \tag{9.1.13}$$

对非等熵过程，熵是系统状态（p,ρ,T）的函数，即 $S=S(p,\rho)$，或 $S=S(p,T)$，或 $S=S(T,\rho)$，单比熵的单位为 J/(kg·K)。

以上熵方程都是对热力过程中的系统而言的，如将流体微团看为一个系统，则熵方程可应用于流体微团的迹线上。如为等熵过程，则在迹线上有式（9.1.13）成立，即

$$\frac{\mathrm{D}}{\mathrm{D}t}\left(\frac{p}{\rho^{\gamma}}\right) = 0 \tag{9.1.14}$$

对定常气流，流体迹线与流线重合，则熵方程同样可应用于流线上。

9.2 声速 • 马赫数

在可压缩流体中，任何扰动（压力、密度或温度的扰动）以有限速度传播。对于小扰动在介质中传播的速度，即压力小扰动在介质中传播速度（压力波传播速度），常称为声速。声速在研究可压缩流动问题时具有重要意义。推导声速（下扰动传播速度）计算式的最简单方法，只需考察一维扰动传播情况。

如管道内压力波由活塞从静止状态开始以恒定微小速度 δq 的运动所产生，管内气体未受扰动的状态以（p,ρ）及 q=0 表示，受扰动后的状态为(p+dp,ρ+dρ)及 q=δq，如图 9.2（a）所示。设压力波传播速度为 a，如活塞扰动后以恒定速度 δq 移动，则压力波传播速度将以恒定速度 a 在管内传播。图 9.2（b）中有活塞曲线和压力波传播曲线，图中 x 为沿管道的位置坐标，t 为时间。

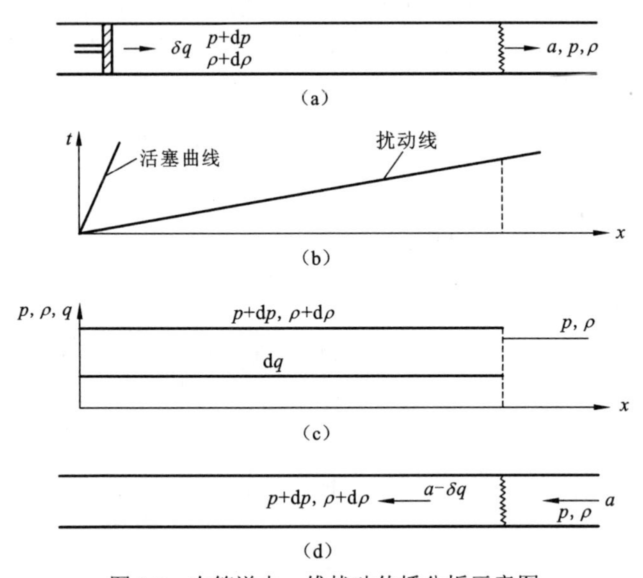

图 9.2 在管道中一维扰动传播分析示意图

压力扰动随时间传播的扰动线 C，以后还称之为特征线，以及对应的有任一瞬时管内的压力、密度和流速分布，如图 9.2（c）所示。

为了确定声速 a，将压力波运动转化为定常流，即可将整个流场叠加一个与波面传播速度相等而方向相反的流场，使波面驻定不动，右边以速度 a 的气体流来，通过波面速度变为 $a-\delta q$，同时压力由 p 变为 p+dp，密度由 ρ 变为 ρ+dρ，如图 9.2（d）所示。然后对它应用定常流动连续性方程为

$$\rho a=\left(\rho+\mathrm{d}\rho\right)\left(a-\delta q\right) \tag{9.2.1}$$

对于小扰动，dρ、δq 都是一阶小量，忽略式（9.2.1）中高阶小量，则有

$$\frac{\mathrm{d}\rho}{\rho}=\frac{\delta q}{a} \tag{9.2.2}$$

再对以上驻定波面前后应用动量定理：

$$p-\left(p+\mathrm{d}p\right)=\rho a\left[\left(a-\delta q\right)-a\right]$$

得

$$\mathrm{d}p = \rho a \delta q \tag{9.2.3}$$

由式（9.2.2）和式（9.2.3）消去 δq，解得

$$a^2 = \frac{\mathrm{d}p}{\mathrm{d}\rho} \tag{9.2.4}$$

这就是计算声速的表达式。但为了确定声速 a 值，还必须知道小扰动前后气体状态变化属于何种过程，为等温过程还是等熵过程。在历史上曾有过争议，以后的实验证明小扰动传播过程是一种绝热等熵过程，即声速计算公式为

$$a^2 = \left(\frac{\partial p}{\partial \rho}\right)_s \tag{9.2.5}$$

表示需要按等熵过程求 $\frac{\mathrm{d}p}{\mathrm{d}\rho}$。已知等熵方程为

$$\frac{p}{\rho^\gamma} = K\left(\text{常数}\right)$$

故

$$\frac{\mathrm{d}p}{\mathrm{d}\rho} = \gamma \frac{p}{\rho} \tag{9.2.6}$$

对完全气体，声速 a 为

$$a = \sqrt{\gamma \frac{p}{\rho}} = \sqrt{\gamma RT} = \sqrt{\gamma \frac{R_0}{m_0} T} \tag{9.2.7}$$

对空气，$\gamma=1.4$，R–287.1 $\mathrm{m^2/(s^2 \cdot K)}$，常用近似计算公式为

$$a \approx 20\sqrt{T} \quad (\mathrm{m/s}) \tag{9.2.8}$$

对同一种流体介质，温度 T 越高，声速越大，它们在数值上相差可以很大，如空气在 15 ℃时，T=273.15+15=288.15 K，a=339.5 m/s；150 ℃时，a=411.4 m/s。

对于不同的流体介质，由于其分子量不同，由式（9.2.7）可见，分子量越大的介质，声速越小，反之亦然。如氟利昂（CCl_2F_2）制冷气体，其分子量 m_0=121，声速 a≈91.5 m/s。而对于氩气，其分子量最小，声速 a≈1 220 m/s。

对于不可压缩流体，因压力 p 增大时，密度不变，$\frac{\mathrm{d}p}{\mathrm{d}\rho} = \infty$，故声速为无穷大。实际流体均可压缩，对于液体可引入体积弹性模量 E_V 表示 $\frac{\mathrm{d}p}{\mathrm{d}\rho}$，由式（1.2.1）知 $E_V = \rho \frac{\partial p}{\partial \rho}$，故

$$a = \sqrt{\frac{E_V}{\rho}} \tag{9.2.9}$$

水的体积弹性模量 $E_V=2.1\times10^9\ \mathrm{N/m^2}$，故水中声速 a=1 450 m/s。

因为小扰动是以声速 a 相对于气体传播的，故在流速为 q 的气流中，顺着气流方向的小扰动传播速度将为 $a+q$；逆着气流方向的小扰动传播速度将为 $a-q$。由此可知，当 $q>a$ 时（超声速气流中），小扰动便不可能向上游传播，从而也不可能影响上游流区的流动特性。所以，超声速气流与亚声速气流在物理上就有本质区别：在亚声速气流中，由于其流速 $q<a$，任何扰动既可传向下游，又能传向上游，影响整个流区；而在超声速气流中，由于其流速 $q>a$，任何扰动的影响区域就受到限制。作为流动分类，定义无量纲马赫数 Ma 为

$$Ma = \frac{q}{a} \tag{9.2.10}$$

它是流场中某一点上流体速度 q 与同一点处当地气流中声速 a 的比值。在整个流场中，Ma 可能处处不同。

$Ma>1$ 时，为超声速流，超声速流一般 $1.2 \leqslant Ma \leqslant 5$ 非常大的 Ma，如 $Ma>5$，由于产生高温电离作用，区别于一般超声速流，而称为超高声速流。

$Ma<1$ 时，为亚声速可压缩流。一般亚声速可压缩流 $0.3 \leqslant Ma \leqslant 0.8$ 非常小的 Ma，气流中密度变化很小，如 $Ma<0.3$ 时，常可忽略气流压缩性影响，而当作亚声速不可压缩流动。

$Ma=1$ 时，为声速流。对于 Ma 接近于 1 的来流绕物流过时，流场中可能同时存在亚声速流区和超声速流区，而称为跨声速流动。

Ma 是流体压缩性相似准则，在物理意义上表明气流密度变化的程度。Ma 越大，说明气流速度较大或声速较小。气流速度大，流场中压力变化可能就大，导致密度变化大。声速小，小扰动传播速度慢，表明气体易压缩，故在同样压力变化量作用下，气体密度变化就较大。所以 Ma 大，说明气流密度变化大。反之，Ma 小，气流密度变化小。这也说明 Ma 可作为气流可压缩性衡量的指标。

引入完全气体声速表达式（9.2.7）和 Ma 的定义式（9.2.10），一维流动能量方程式（9.1.9c）有如下常用形式：

$$\frac{a^2}{\gamma-1} + \frac{q^2}{2} = \frac{a_0^2}{\gamma-1} \tag{9.2.11}$$

$$\frac{T_0}{T} = 1 + \frac{\gamma-1}{2} Ma^2 \tag{9.2.12}$$

式中：$a_0 = \sqrt{\gamma R T_0}$，称为滞止声速。

9.3 一维气流基本方程

气体动力学问题的一维处理方法是一种最简单的近似解法。这种解法对研究截面变化较小的管流问题是非常适用的，即使对变截面的管道，也仍能获得一些有用的结果，故气体动力学的一维处理方法在工程中有广泛的应用。

一维处理法的基本假设是忽略与管流轴线相垂直方向上各分速度，即认为流动是一维的。在管截面上速度分布均匀，压力也相等，一维处理方法可以较简单地把黏性、热传导等效应都考虑进去，对非定常流的计算也比较简便。

9.3.1 连续性方程

对于一维管流，考虑管截面面积 A 在管流方向有变化时的流体连续性方程，在第 3 章例 3.9 中已推导出：

$$A\frac{\partial \rho}{\partial t} + \frac{\partial}{\partial x}(\rho q A) = 0 \tag{9.3.1}$$

对于定常流动，$\frac{\partial \rho}{\partial t}=0$，则连续性方程为质量流量 $\dot{m}=\rho q A$ 守恒的关系，即

$$\dot{m}=\rho q A=\text{常数} \tag{9.3.2}$$

9.3.2 动量方程

一般形式的动量方程，即 N-S 方程式（4.3.8），如忽略体积力和黏性效应，无黏性一维流动欧拉方程式可简化为

$$\frac{\partial q}{\partial t}+q\frac{\partial q}{\partial x}+\frac{1}{\rho}\frac{\partial p}{\partial x}=0 \tag{9.3.3}$$

考虑黏性的一维定常管流，管壁面黏性摩擦力 τ_{w} 可写为

$$\tau_{\mathrm{w}}=f\cdot\frac{1}{2}\rho q^2 \tag{9.3.4}$$

式中：f 为摩擦系数。

对于管流中的微元体 $A\mathrm{d}x$，其单位质量气流的黏性切向力为

$$-\frac{\tau_{\mathrm{w}}\mathrm{d}x\cdot\chi}{\rho A\mathrm{d}x}=-\frac{f\cdot\frac{1}{2}\rho q^2\mathrm{d}x\cdot\chi}{\rho A\mathrm{d}x}=-\frac{4f}{D}\cdot\frac{1}{2}\rho q^2 \tag{9.3.5}$$

式中：χ 为管截面湿周长度；$D=\frac{4A}{\chi}$ 为水力直径。

将这一黏性力项引入式（9.3.3）中，则有一维定常黏性流动量方程为

$$\rho q\frac{\mathrm{d}q}{\mathrm{d}x}+\frac{\mathrm{d}p}{\mathrm{d}x}+\frac{4f}{D}\left(\frac{1}{2}\rho q^2\right)=0 \tag{9.3.6}$$

9.3.3 能量方程

对一维定常绝热流，由式（9.1.9）知：

$$h_0=h+\frac{q^2}{2}=\text{常数} \tag{9.3.7}$$

或写为式（9.2.12）形式，有

$$\frac{T_0}{T}=1+\frac{\gamma-1}{2}Ma^2 \tag{9.3.8}$$

式（9.3.7）和式（9.3.8）可称为一维定常绝热气流的能量方程。

9.3.4 等熵方程

对等熵流动，由式（9.1.13）可知有下列等熵方程成立：

$$\frac{p_0}{p}=\left(\frac{\rho_0}{\rho}\right)^{\gamma}=\left(\frac{T_0}{T}\right)^{\frac{\gamma}{\gamma-1}} \tag{9.3.9}$$

或
$$\frac{p_0}{p}=\left(1+\frac{\gamma-1}{2}Ma^2\right)^{\frac{\gamma}{\gamma-1}} \tag{9.3.10}$$

$$\frac{\rho_0}{\rho}=\left(1+\frac{\gamma-1}{2}Ma\right)^{\frac{\gamma}{\gamma-1}} \tag{9.3.11}$$

常定义 Ma=1 时的气流参数为临界状态参数，分别记为 p^*、T^*、ρ^*、a^*等，则临界压力 p^*与滞止压力 p_0 的等熵关系为

$$p^*=\left(\frac{2}{\gamma+1}\right)^{\frac{\gamma}{\gamma-1}}p_0 \quad (\gamma=1.4\text{ 时，}p^*=0.528\,3p_0) \tag{9.3.12}$$

临界密度 ρ^*与滞止密度 ρ_0 的等熵关系为

$$\rho^*=\left(\frac{2}{\gamma+1}\right)^{\frac{\gamma}{\gamma-1}}\rho_0 \quad (\gamma=1.4\text{ 时，}\rho^*=0.6339\rho_0) \tag{9.3.13}$$

临界温度 T^*与滞止温度 T_0 的绝热关系为

$$T^*=\left(\frac{2}{\gamma+1}\right)T_0 \quad (\gamma=1.4\text{ 时，}T^*=0.833\,3T_0) \tag{9.3.14}$$

临界声速 a^*和滞止声速 a_0 的绝热关系为

$$a^*=\left(\frac{2}{\gamma+1}\right)^{\frac{1}{2}}a_0 \quad (\gamma=1.4\text{ 时，}a^*=0.913a_0) \tag{9.3.15}$$

9.4　一维定常等熵流动

一维定常等熵流动的基本问题可归纳为两个，一是研究流动参数（p、q、ρ、T）的变化规律，二是计算确定气流的质量流量。一维定常等熵流动对求解喷管和扩压器内流动，以及发动机排气流量等问题，具有实际意义。

为了方便分析，再列出一维定常等熵流动的基本方程。

质量守恒连续性方程，由式（9.3.2）应满足方程：

$$\dot{m}=\rho gA=\text{常数} \tag{9.4.1}$$

动量守恒气流运动微分方程，由式（9.3.6）应满足方程：

$$q\mathrm{d}q+\frac{\mathrm{d}p}{\rho}=0 \tag{9.4.2}$$

能量守恒的能量方程，由式（9.3.8）和式（9.2.11）应满足方程：

$$\begin{cases}\dfrac{T_0}{T}=1+\dfrac{\gamma-1}{2}Ma^2\\[2mm]\dfrac{\gamma RT}{\gamma-1}+\dfrac{q^2}{2}=\text{常数}\end{cases} \tag{9.4.3}$$

等熵方程：

$$
\begin{cases}
\dfrac{p}{\rho r} = 常数 \\
\dfrac{p_0}{p} = \left(1 + \dfrac{\gamma - 1}{2} Ma^2\right)^{\frac{\gamma}{\gamma-1}} \\
\dfrac{\rho_0}{\rho} = \left(1 + \dfrac{\gamma - 1}{2} Ma^2\right)^{\frac{1}{\gamma-1}}
\end{cases}
\tag{9.4.4}
$$

根据一维等熵气流运动微分方程式（9.4.2）可知，气流速度的变化 $\mathrm{d}q$ 与压力的变化 $\mathrm{d}p$ 之间的关系正好相反，即气流通过变截面管道时，如果速度增大，压力将减小；如果速度减小，则压力将增大。

气流密度与压力绝对值的关系由等熵方程式（9.4.4）可知，它们之间变化关系是正向的，即压力绝对值增大时，密度增大；压力绝对值减小时，密度减小。

由能量方程式（9.4.3）可知，气流速度与温度变化成反比，即速度增大时，气温下降；速度减小时，则温度升高。

由以上定性分析可知，研究变截面管道中气流参数变化规律时，最基本的是要确定管流截面面积变化与流速变化的关系。速度变化知道了，那么相应的压力变化、密度变化、温度变化就不难按上述方法确定。

对于可压缩气流，因流动过程同时引起气流密度变化，故管流截面面积与流速之间的关系，便不能从连续性方程中直接得出显而易见的关系了。现在，应将连续性方程式（9.4.1）写为微分形式，即

$$
\frac{\mathrm{d}\rho}{\rho} + \frac{\mathrm{d}A}{A} + \frac{\mathrm{d}q}{q} = 0 \tag{9.4.5}
$$

为了消去其中的密度项，引入等熵气流的运动微分方程式（9.4.2），并注意到等熵气流中声速表达式可写为

$$
a^2 = \frac{\mathrm{d}p}{\mathrm{d}\rho} \tag{9.4.6}
$$

代入式（9.4.5），消去 ρ 和 $\dfrac{\mathrm{d}p}{\mathrm{d}\rho}$，得

$$
\frac{\mathrm{d}A}{A} = -\frac{\mathrm{d}q}{q}\left(1 - \frac{q^2}{a^2}\right) = -\frac{\mathrm{d}q}{q}\left(1 - Ma^2\right) \tag{9.4.7}
$$

故可作出以下讨论。

1. 0.3≤*Ma*≤0.8（亚声速流）

如 0.3≤Ma≤0.8，则由式（9.4.7）可知，$\mathrm{d}q$ 与 $\mathrm{d}A$ 有相反的符号，表示截面面积变化 $\mathrm{d}A$ 与流速的变化 $\mathrm{d}q$ 的关系是反向的。截面面积扩大（$\mathrm{d}A>0$），则流速减小（$\mathrm{d}q<0$）；如截面面积收缩（$\mathrm{d}A<0$），则流速增大（$\mathrm{d}q>0$），这与不可压缩流体变化规律在性质上完全相同。如图 9.3 所示，表示了亚声速气流中扩压器和亚声速气流中喷管内气流参数变化的定性关系。

2. 1.2≤*Ma*≤5（超声速流）

如 1.2≤Ma≤5，则由式（9.4.7）可知，$\mathrm{d}q$ 与 $\mathrm{d}A$ 有相同符号，与亚声流正好相反。故当

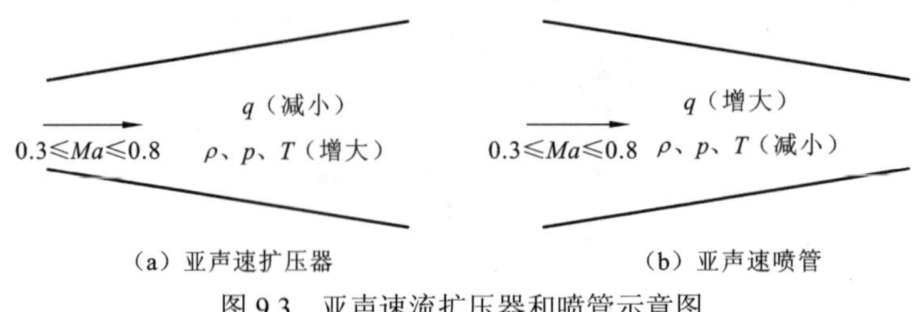

图 9.3　亚声速流扩压器和喷管示意图

流道截面面积扩大时（dA>0），流速增大（dq>0）；当流道截面面积缩小时（dA<0），流速减小（dq<0）。这说明在超声流中要增加其流速时，必须增大管流截面面积才有可能；在超声流中要减小其流速时，则必须收缩管流截面面积才有可能。这种似乎违反常识的现象（人们通常只有亚声流中截面面积与流速呈反比关系的感性认知）怎样理解呢？虽然，气流中流速变化所引起压力、密度及温度的变化，无论是超声流还是亚声流，其定性关系是一致的。如速度增大，密度都减小的。但超声流中，其密度减小比流速的增大要多，以致 ρq 的乘积在 q 增大时反而是减小的，由式（9.4.2）推导出

$$\frac{\mathrm{d}\rho}{\rho}=-q\frac{\mathrm{d}q}{a^2}=-Ma^2\frac{\mathrm{d}q}{q} \tag{9.4.8}$$

也就是说，当 1.2≤Ma≤5 时，密度的变化 $\dfrac{\mathrm{d}\rho}{\rho}$ 比流速的变化 $\dfrac{\mathrm{d}q}{q}$，要大 $-Ma^2$ 倍。故为了满足流动的连续性方程（9.4.7），扩大气流截面面积（dA>0），只能使流速增大（dq>0）；同样，缩小超声流的流道截面面积（dA<0），只能使流速降低（dq<0），才能满足连续流动的条件。

图 9.4 为超声速喷管和超声速扩压器中流动参数变化定性关系。

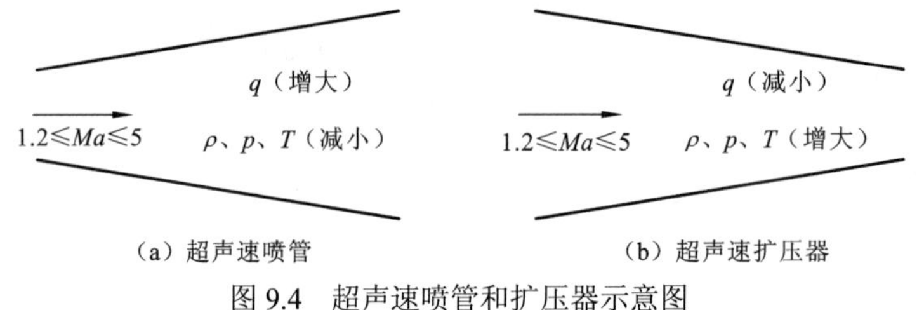

图 9.4　超声速喷管和扩压器示意图

3. *Ma*=1（声速流）

若 Ma=1，由式（9.4.7）可知，dA=0，在数学上表示截面面积 A 的极值条件。通常 Ma=1 声速流（临界流态）状态，只可能发生在管道的最小截面上。事实上，在管道最大截面处虽然 dA=0，但是不可能达到 Ma=1 的临界流态。如图 9.5 所示，在最大管流截面前的气流无论是亚声速还是超声速，如为亚声速通过扩张管，速度将不断降低；如为超声流通过扩张管，速度将不断增大，故到达最大截面处永远不可能获得 Ma=1 的临界流态。通常，只有在管流最小截面处有可能出现声速流状态。如图 9.6 所示，亚声流通过收缩管段时，其流速将不断增大，超声流通过收缩管段时，其流速将不断减小，故在最小管截面处可能发生 Ma=1 的气流状态。也就是说，在变截面管流中，如果发生有声速流的临界流态，那只可能出现在最小截面上。反之，这个结论不成立。但在最小截面上 dA=0，如 $Ma\neq 1$，由式（9.4.7）做分析可知，为 dq=0（速度极值条件）。故在管流最小截面上，如为亚声流，其速度必为最大；如

为超声流，其速度必为最小。

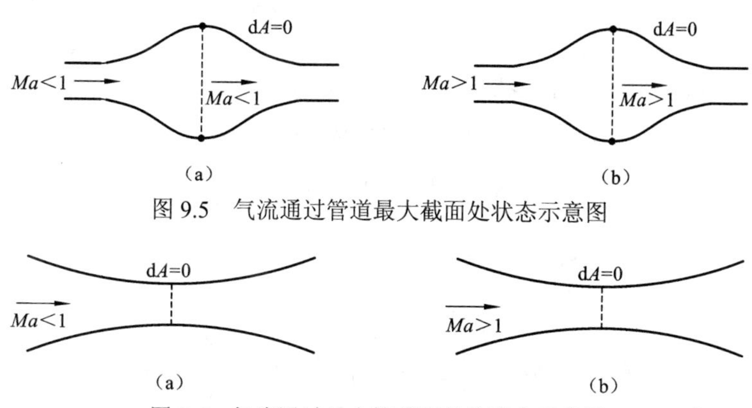

图 9.5　气流通过管道最大截面处状态示意图

图 9.6　气流通过最小管截面处的流态示意图

在内燃机设计中，常会遇到气体外射流动的问题，如气缸进气和排气，以及增压器中喷管出流等，需要计算通过的气体质量流量。无论具体问题的管道为何种形式，有时可简化为收缩喷管中流动。如图 9.7 所示，若将背压 p_B 看为气缸内吸气过程中压力，p_0 看为气缸外空气压力，这就成为简化的进气喷射问题。设喷管最小截面面积为 A^*，对于亚声速的加速流动，最小截面上气流最大速度只能是相应的声速值，而不可能是超过声速值，对应于声速状态的气流参数为临界状态参数，记为 p^*、ρ^*、T^*、a^*等。一般地，降低喷管背压，可以增大喷射流动的质量流量 m，但这是当背压 $p_B=p^*$时，喷管最小截面上流速达到了声速，则 m 达到了最大值 m^*，如继续降低背压，使 $p_B<p^*$，喷管进气质量流量 m 将始终保持为最大流量 m^*不再改变。此种与背压无关，颇为奇异的等熵流动中流量“堵塞”现象，应该怎样理解呢？这正是由于喷管最小截面上达到临界声速后，外界压力的变化（如再降低压力是通过小扰动压力波形式传入喷管内部，影响喷射流动的），便不可能逆流传入喷管内部，从而改变进气流量。此时，喷管出流截面上的压力 p^*可以不等于 p_B，即 $p^*>p_B$，于是气流流出后还将在外界继续膨胀。

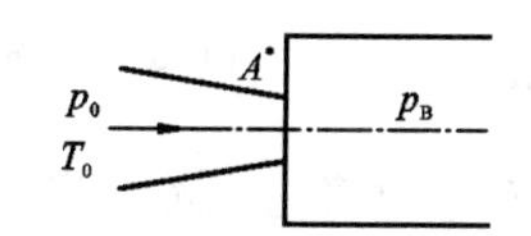

图 9.7　收缩喷管进气示意图

一维定常等熵流气体质量流量 $\dot{m}$ 的计算公式为

$$\dot{m}=\rho qA=\frac{p}{RT}Ma\sqrt{\gamma RT}\cdot A=\sqrt{\frac{\gamma}{R}}Ma\frac{p}{\sqrt{T}}\cdot A=\sqrt{\frac{\gamma}{R}}\frac{p}{\sqrt{T_0}}Ma\sqrt{1+\frac{\gamma-1}{2}Ma^2}\cdot A \tag{9.4.9}$$

或

$$\frac{\dot{m}\sqrt{\gamma RT_0}}{Ap_0}=\frac{\dot{m}a_0}{Ap_0}=\gamma Ma\left(1+\frac{\gamma-1}{2}Ma^2\right)^{-\frac{\gamma+1}{2(\gamma-1)}} \tag{9.4.10}$$

为了便于计算，对不同 Ma 的这个无量纲质量流量函数 $\dfrac{ma_0}{Ap_0}$ 的数值，已列入在等熵气流气动函数表（附录 5）中，以备查用。

喷管最大质量流量发生在 A^*处 $Ma=1$ 时，由式（9.4.10），使 $A=A^*$和 $Ma=1$，故有喷管最大无量纲质量流量函数 $\left(\dfrac{\dot{m}a_0}{A^*p_0}\right)_{\max}$ 为

$$\left(\frac{\dot{m}a_0}{A^* p_0}\right)_{\max} = \gamma\left(1+\frac{\gamma-1}{2}\right)^{-\frac{\gamma+1}{2(\gamma-1)}} = 0.8102, \qquad \gamma = 1.4 \tag{9.4.11}$$

对任何截面管流，出现临界流状态时，根据质量流量守恒关系：

$$\dot{m} = \rho g A = \rho^* a^* A^* \tag{9.4.12}$$

可导出 $\frac{A}{A^*}$ 与 Ma 有如下关系，对等熵流动的计算十分有用：

$$\begin{aligned}\frac{A}{A^*} &= \frac{\rho^* a^*}{\rho q} = \frac{\rho_0}{\rho}\frac{\rho^*}{\rho_0}\frac{a^*}{a_0}\frac{a}{q}\frac{a_0}{a} \\ &= \left(1+\frac{\gamma-1}{2}Ma^2\right)^{\frac{1}{\gamma-1}}\left(\frac{2}{\gamma+1}\right)^{\frac{1}{\gamma-1}}\left(\frac{2}{\gamma+1}\right)^{\frac{1}{2}}\frac{1}{Ma}\left(1+\frac{\gamma-1}{2}Ma^2\right)^{-\frac{1}{2}} \\ &= \frac{1}{Ma}\left[\frac{2}{\gamma+1}\left(1+\frac{\gamma-1}{2}Ma^2\right)\right]^{\frac{\gamma+1}{2(\gamma-1)}}\end{aligned} \tag{9.4.13}$$

为了便于计算，将 $\frac{A}{A^*}$ 与 Ma 的关系在附录 5 中列出，可以查用。必须注意，对任一 A 值 $\left(\frac{A}{A^*}>1\right)$，由式（9.4.13）解得有两个 Ma，一个是亚声速（$Ma<1$），另一个为超声速（$Ma>1$）。附录 5 中已将它们都列出，使用时应根据问题给出的条件选取。附录 5 中还包含能量方程式（9.4.3）和等熵方程式（9.4.4）的数值计算关系，可以查用。

9.5 正激波理论

9.5.1 激波的概念

激波是气体动力学中特有的现象，超声流气流受压缩时，如在超声速运动物体前，超声流的扩压管中都会产生激波，激波前后的气动参数（压力、密度、温度和速度）存在强大的（或有限的）差值。这些激波相对于物面的位置可以是不变的，故称为驻定激波。另外，强的压缩扰动在气体中形成的激波，称为运动激波。如炸弹爆炸，首先冲来一波（激波），随后听到声音，这说明此强大的压缩波比声波传播得更快，即冲波（或激波）。在原子弹爆炸的影片里，可以看到冲击波摧毁建筑物的情景，说明激波前后气动参数与声波完全不同，存在强大的差值。运动激波也可以在管道中因活塞突然运动，由于强的压缩扰动而产生。

激波一般只能通过光学仪器观察到，根据实际测量表明，激波的厚度是非常小的（约 2.5×10^{-5} cm），故在理论上研究激波时可将激波看为一个数学上的间断面。虽然激波面的形状可以多种多样，对于超声流在扩压管中形成激波的分析需要，本章仅限讨论正激波的相关理论。正激波是指激波面形状垂直于气流方向，气流经过激波后不改变流向。

以活塞在管道中突然运动产生强扰动压缩波为例，说明激波形成的概念。如图 9.8 所示，在 $t=t_0$ 时刻，活塞在静止气体中以速度 q_0 突然运动，由于这个运动传递给活塞前面的气体不是一瞬间发生的，其扰动影响是有限和不均匀的，图 9.8 中所示的扰动曲线其纵坐标分别表示受扰动的物理量（如速度、压力、密度或温度），横坐标表示受扰动的区域。因为是压缩扰动，扰动量Δp、$\Delta\rho$、ΔT都是正值，经过此初始扰动后，活塞就以速度q_0向前移动。分析此有限扰动的传播速度u，一般可写为

$$u=q+a \tag{9.5.1}$$

式中：q为扰动波后气体伴随速度；a为当地声速。因为当地声速与温度成正比，故在活塞附近处压力波传播速度u必大于离活塞较远处的值。如在活塞A处，$u_{\mathrm{A}}=q_0+a$，在扰动曲线末端D处，$u_D=a$（为静止气体中声速）。由于$u_A>u_D$，故经历一段时间，在$t=t_1$时，原先的有限扰动曲线I就变为较陡的曲线II（图9.8）。随着时间的推移，扰动传播继续从后面赶上前面，并叠加在一起。到$t=t_2$时，终于将有限扰动波完全叠加成一个集中的波，并以速度θ继续向前传播（图9.8），这个集中的扰动波形成气动参数的有限间断，即运动正激波。运动正激波传播速度$\theta>a_0$和正激波后气体伴随速度q，它们与激波强度有关（9.5.2小节）。这里指出，如果使以上管道中活塞移动速度$q_0=q$，则这个管道中形成的运动正激波，将会以恒定的状态继续向前传播下去。

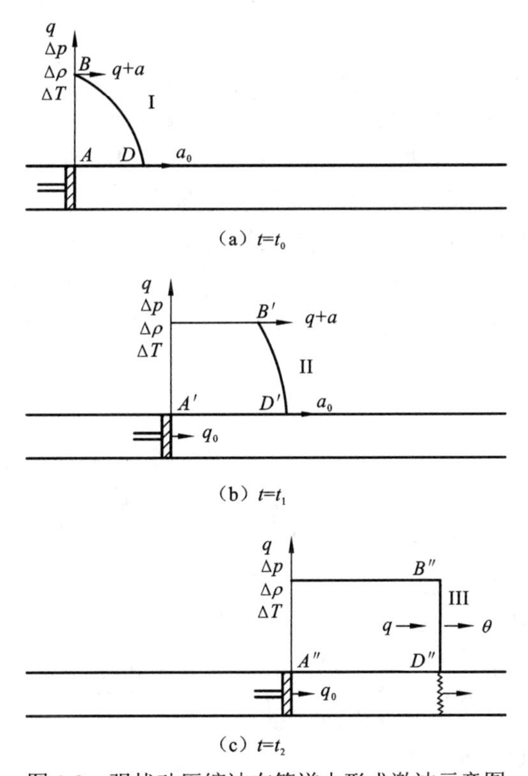

图9.8　强扰动压缩波在管道中形成激波示意图

超声流受压缩时，为什么会形成驻定激波？可以形象地理解为由于扰动的信号不能在超声流中上传而引起的，气流都“盲目”地堆积于扰动源的前方，形成激波突跃面。

9.5.2　正激波理论

现仅以直管中因活塞突然运动产生的正激波为例，来分析和说明正激波相关理论。如图9.9（a）所示，设激波前静止的气体参数为p_1、ρ_1和T_1，激波后的气流参数为p_2、ρ_2和

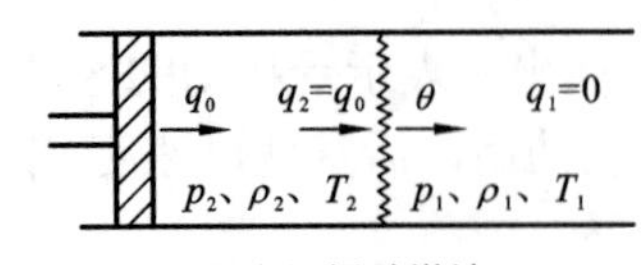

（a）运动激波

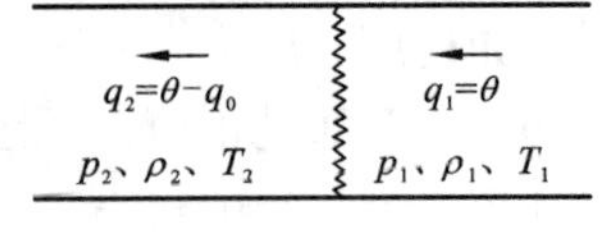

（b）驻定激波

图 9.9　运动激波和驻定激波前后气动参数示意图

T_2和激波的运动速度θ，以及激波后的伴随速度 q（令 $q=q_0$，活塞移动速度，激波运动恒定）。运动激波后的伴随速度 q_0 的存在，可简单地用质量守恒定律说明。

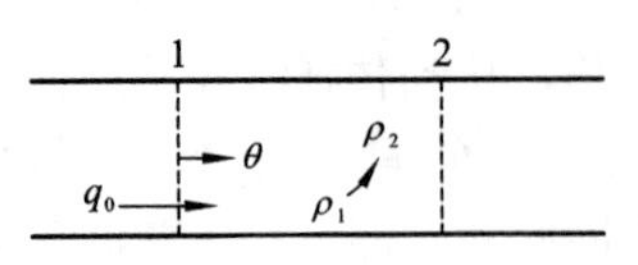

图 9.10　运动激波向前推进时伴随速度 q_0 产生示意图

如图 9.10 所示，设单位时间内运动激波从 1 到 2，由于激波通过时气体密度立即从 ρ_1 增大到 ρ_2，故需有气体质量增量$(\rho_2-\rho_1)A\theta$，其中 A 为激波截面面积，θ为激波运动速度，故跟随激波必有伴随速度 q_0，使$\rho_2 q_0 A=(\rho_2-\rho_1)A\theta$，故有

$$q_0=\left(1-\frac{\rho_1}{\rho_2}\right)\theta \tag{9.5.2}$$

为求解激波前后气动参数之间的关系，将图 9.9（a）中运动激波转换为图 9.9（b）中的驻定激波更方便。为此只要将整个流场[图 9.9（a）]叠加一个速度为θ而方向与激波运动方向相反的均匀流场就可以，则运动激波转换后称为驻定激波[图 9.9（b）]，相当于取动坐标在运动激波面上观察的结果[即为图 9.9（b）的驻定激波]。

设注定激波前来流速度θ=q_1，驻定激波后的气流速度$\theta-q_0=q_2$[图 9.9.（b）]，驻定激波前后气流参数之间的关系可以应用气流连续性方程、动量方程及能量方程联立求解。因为激波所发生的气流压缩过程非常快，可以认为是绝热过程。如图 9.9（b）所示的流动，分别写出三个方程为

$$\rho_1 q_1=\rho_2 q_2 \tag{9.5.3}$$

$$\rho_1 q_1(q_2-q_1)=p_1-p_2 \tag{9.5.4}$$

$$\frac{\gamma}{\gamma-1}\frac{p_1}{\rho_1}+\frac{q_1^2}{2}=\frac{\gamma}{\gamma-1}\frac{p_2}{\rho_2}+\frac{q_2^2}{2} \tag{9.5.5}$$

引入 $Ma_1^2=\dfrac{q_1^2}{a_1^2}=\dfrac{q_1^2}{\gamma p_1/\rho_1}$，将式（9.5.4）改写为

$$\frac{q_2}{q_1}=1-\frac{p_1}{\rho_1 q_1^2}\left(\frac{p_2}{p_1}-1\right)=1-\frac{1}{\gamma Ma_1^2}\left(\frac{p_2}{p_1}-1\right) \tag{9.5.6}$$

由式（9.5.3）和式（9.5.5）可知：

$$1+\frac{\gamma-1}{2}Ma_1^2=\frac{p_2}{p_1}\frac{q_2}{q_1}+\frac{\gamma-1}{2}Ma_1^2\left(\frac{q_2}{q_1}\right)^2 \tag{9.5.7}$$

将式（9.5.7）代入式（9.5.6），得

$$\left(\frac{p_2}{p_1}\right)^2-\frac{2}{\gamma+1}\left(1+\gamma Ma_1^2\right)\frac{p_2}{p_1}-\frac{2}{\gamma+1}\left(\frac{\gamma-1}{2}-\gamma Ma_1^2\right)=0 \tag{9.5.8}$$

由此可解得激波前后压力升高比 p_2/p_1 为

$$\frac{p_2}{p_1}=\frac{2\gamma}{\gamma+1}Ma_1^2-\frac{\gamma-1}{\gamma+1} \tag{9.5.9}$$

其他流动参数的变化相应地有

$$\frac{q_1}{q_2}=\frac{\rho_2}{\rho_1}=\frac{\gamma+1}{2}\frac{Ma_1^2}{1+\frac{\gamma-1}{2}Ma_1^2} \tag{9.5.10}$$

$$\frac{T_2}{T_1}=\frac{p_2}{p_1}\frac{\rho_1}{\rho_2}=\frac{2(\gamma-1)}{(\gamma+1)^2}\frac{1}{Ma_1^2}\left(1+\frac{\gamma-1}{2}Ma_1^2\right)\left(\frac{2\gamma}{\gamma-1}Ma_1^2-1\right) \tag{9.5.11}$$

消去式（9.5.9）和式（9.5.10）的 Ma_1，可得正激波中著名的兰金-于戈尼奥（Rankine-Hugoniot）方程：

$$\frac{\rho_2}{\rho_1}=\frac{v_1}{v_2}=\frac{1+\frac{\gamma+1}{\gamma-1}\frac{p_2}{p_1}}{\frac{\gamma+1}{\gamma-1}+\frac{p_2}{p_1}} \tag{9.5.12}$$

$$\frac{p_2}{p_1}=\frac{\frac{\gamma+1}{\gamma-1}-\frac{\rho_1}{\rho_2}}{\frac{\gamma+1}{\gamma-1}\frac{\rho_1}{\rho_2}-1}=\frac{\frac{\gamma+1}{\gamma-1}-\frac{v_2}{v_1}}{\frac{\gamma+1}{\gamma-1}\frac{v_2}{v_1}-1} \tag{9.5.13}$$

应用连续性方程式(9.5.3)和动量方程式(9.5.4)，又可求得正激波前后压力差 $p_2-p_1=[p]$ 和正激波前后气流速度差 $q_2-q_1=[q]$ 的无量纲关系式为

$$\frac{[p]}{\rho_1 a_1^2}=-Ma_1\frac{[q]}{a_1} \tag{9.5.14}$$

通常定义激波强度为 $\frac{p_2-p_1}{p_1}=\frac{[p]}{p_1}$，可将式（9.5.9）改写为

$$\frac{[p]}{p_1}=\frac{p_2-p_1}{p_1}=\frac{2\gamma}{\gamma+1}\left(Ma_1^2-1\right) \tag{9.5.15}$$

由式（9.5.14）可知，激波前后气流速度差$[q]$与 Ma_1 的关系为

$$\frac{[q]}{a_1}=-\frac{2}{\gamma+1}\left(Ma_1-\frac{1}{Ma_1}\right) \tag{9.5.16}$$

正激波前后气流马赫数之间的关系可导出为

$$Ma_2^2=\frac{Ma_1^2+\frac{2}{\gamma-1}}{\frac{2\gamma}{\gamma-1}Ma_1^2-1} \tag{9.5.17}$$

通过数值计算表明：正激波后的气流速度必为亚声速流，即 $Ma_1>1$ 时，$Ma_2<1$，并随 Ma_1 增大，Ma_2 减小。如 $\gamma=1.4$，$Ma_1=2$ 时，$Ma_2=0.577$；$Ma_1=\infty$时，$Ma=0.378$。

以上所得正激波前后流场参数的一些关系式，为实际计算方便，有正激波气动函数表可查用，见附录 6，$\gamma=1.4$ 时正激波气动函数表。

分析以上激波关系式可知，对驻定激波来说，来流 Ma_1 越大，发生的激波强度也越大。

注意到当 $Ma_1\to\infty$ 时，气流通过激波后压力比 p_2/p_1 无限增大[式(9.5.9)]，但气流密度 ρ_2/ρ_1 的升高是有限的[式（9.5.12）]，即

$$\lim_{Ma_1\to\infty}\frac{\rho_2}{\rho_1}=\frac{\gamma+1}{\gamma-1} \tag{9.5.18}$$

气体是空气时（γ=1.4），密度升高的倍数最大值约为 6。这说明激波的压缩过程与等熵过程有极大的区别，激波过程是非等熵的。根据热力学第二定律，则经过激波后的气流，其熵必增加，激波过程是一种不可逆的绝热过程，气流通过激波时，必有部分机械能不可逆地变为热能，即存在激波损失。

激波损失大小可通过激波前后熵的增值或滞止压力变化（减小）表示，由非等熵方程式（9.1.12）可知，通过激波后的熵增值为

$$\Delta S=S_2-S_1=C_v\ln\frac{T_2}{T_1}-R\ln\frac{\rho_2}{\rho_1} \tag{9.5.19a}$$

或

$$\Delta S=S_2-S_1=C_p\ln\frac{T_2}{T_1}-R\ln\frac{p_2}{p_1} \tag{9.5.19b}$$

假定激波为绝热过程，激波前后气流的滞止温度相同，$T_{o1}=T_{o2}$。将式应用于激波前后气流中滞止状态，因 $S_{o1}=S_1$ 和 $S_{o2}=S_2$，所以激波熵增值又可写为

$$\Delta S=-R\ln\frac{p_{o2}}{p_{o1}} \tag{9.5.20}$$

或激波前后气流滞止压力（总压力）变化为

$$\frac{p_{o2}}{p_{o1}}=\exp\left(-\frac{\Delta S}{R}\right) \tag{9.5.21}$$

因 $\Delta S>0$（熵增），$\frac{p_{o2}}{p_{o1}}<1$，激波前后气流总压力必减小。

再注意到运动激波的情况，见图 9.9，激波运动速度 $\theta=q_1=a_1Ma_1$，通过相互转换，利用式（9.5.9），可将 θ 用激波压强比 $\frac{p_2}{p_1}$ 表示，即有

$$\theta=a_1\sqrt{\frac{\gamma-1}{2\gamma}+\frac{\gamma+1}{2\gamma}\frac{p_2}{p_1}} \tag{9.5.22}$$

由此可见，激波强度 $\left(\frac{p_2}{p_1}\right)$ 越大，运动激波的速度 θ 也越大，随着激波强度的减弱，取极限值 $p_2=p_1$ 时，由式（9.5.22）可知 $\theta=a_1$，所以声波（速度 a_1）实际上就是极小强度的激波。

对于等速运动激波，还可推导出运动激波后的气体伴随速度 q_0 的计算式，将式（9.5.22）和式（9.5.13）代入式（9.5.2），便有计算正激波后气体伴随速度 q_0 的计算：

$$q_0=\sqrt{\frac{2}{\gamma}}a_1\frac{\frac{p_2}{p_1}-1}{\sqrt{(\gamma-1)+(\gamma+1)\frac{p_2}{p_1}}} \tag{9.5.23}$$

由此可见，激波的伴随速度 q_0 随激波强度 p_2/p_1 增大而增大。计算表明：如 $p_2/p_1=11$ 时，激波运动速度 θ 为声速 a_1 的 3 倍稍多，而此时伴随的气流速度 q_0 达到 2 倍声速以上。而在声

波（为激波的极限，$p_2/p_1 \to 1$）情况，气体的伴随速度 $q_0 \approx 0$ 是微不足道的。这一结论在讨论声波时已经指出。

注意到驻定正激波中在激波后的气流速度 q_2 为亚声流（$q_2<a_2$），因 $q_2=\theta-q_0, \theta=q_0+q_2$。如管内运动激波是由活塞在管内强扰动产生的，若激波产生后活塞不再运动，则活塞面处引起的稀疏波的传播速度为 $q_0+a_2>\theta(=q_0+q_2)$，故必将追上激波的波面，削弱激波强度，逐渐使激波消失。

9.6　缩放管中气体流动

缩放管（converging diverging nozzle），在亚声流中相当于文丘里管，在超声流中称为拉瓦尔喷管。完整地掌握缩放管中气流计算（包括有激波的情况），才能指导拉瓦尔喷管和超声速风洞设计，它们在涡轮机、压气机、超声速风洞设备的设计时是必需的。

如图 9.11 所示，讨论缩放管内气体流动，设缩放管排气背压 p_B 可以调节，令喷管出口截面上气流压力为 p_e（它在超声速气流中 p_e 不等于 p_B），设喷管进口气流的滞止压力为 p_0。当 p_B 比 p_0 稍小时（状态 1）。气流特性与文丘里管相同，在最小截面 A^*喉口之前气流膨胀加速，喉口 A^*之后气流扩压，出口处气流压力 p_e 等于背压 p_B，管内气流可按等熵流公式计算，图 9.11 中有状态 1 的压力分布曲线。

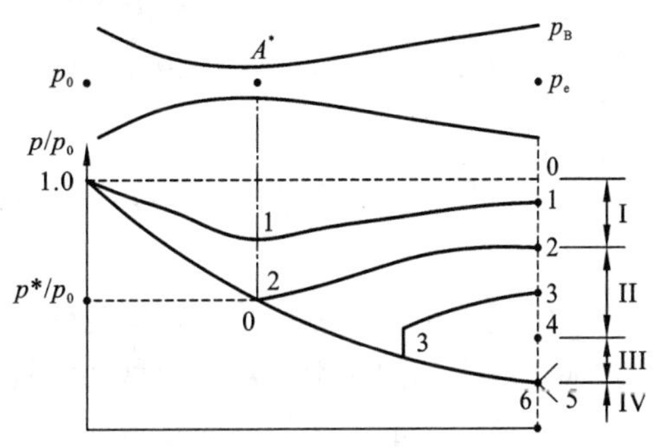

图 9.11　缩放管内气体流动工况

降低背压 p_B，使喷管喉口处气流达到临界状态，则喉部之后的气流就可能出现两种等熵流动的工况，即图中状态 2 和状态 6 的压力分布曲线。如 $p_B=p_{e2}$ 为临界状态 2；如 $p_B=p_{e6}$ 为超临界状态 6。p_{e2} 和 p_{e6} 的值，对给定的喷管可应用等熵流公式计算确定。如喷管喉口截面面积为 A^*，喷管出口截面面积为 A_e，使 $\dfrac{A}{A^*}=\dfrac{A_e}{A^*}$，由式（9.4.13）或等熵流气动函数表，见附录 5，可求得两个相应的马赫数 Ma，其中亚声速的即为喷管出口马赫数 Ma_2，超声速的即为喷管出口马赫数 Ma_6。然后根据 Ma_2 和 Ma_6 再由等熵流气动函数表便可求得相应的 p_{e2} 和 p_{e6}。

如 $p_{e2}>p_B>p_{e6}$ 状态，则该喷管喉口之后将由一部分是超声流，超声流受压缩（$p_B>p_{e6}$）会出现激波，此激波在喷管内是正激波（由试验证实），因正激波后的气流速度从超声速降为亚声速，在扩张管内亚声速气流按等熵流动再减速到出口处使 $p_{e3}=p_B$，即图中压力 3 的压力分布曲线。

如 $p_B<p_{e3}$ 状态，喷管内正激波位置下移，如到达 $p_B=p_{e4}$ 时，正激波恰好在喷管出口截面上，此时该喷管的扩张管段内处处为超声流，与状态 6 的流动完全相同，区别仅在喷管之外。状态 4 发生时，气流在喷管外的压力 p_{e4} 由正激波公式可以确定。如已知正激波前的气流压力为 p_{e6}，相应的马赫数为 Ma_6，由正激波气动函数表，使 $\dfrac{p_2}{p_1}=\dfrac{p_{e4}}{p_{e6}}$，即求出 p_{e4}。

如 $p_{e4}>p_B>p_{e6}$ 状态，喷管内扩张管段中必为超声速等熵气流，喷管出口处气流压力为 p_{e6}，喷管外超声速气流因 $p_B>p_{e6}$ 受压缩，将在喷管外射流中形成复杂的斜激波。

如 $p_B<p_{e6}$ 状态，则喷管内扩张管段中仍为超声速等熵流，出口处气流压力仍为 p_{e6}，而管外超声流因 $p_B<p_{e6}$ 受膨胀，将在喷管外射流中形成图中虚线所示的膨胀波系，这里不讨论对喷管外射后复杂的激波和膨胀波系的工况。

总结以上缩放管内气流的 4 种工况。

工况 I：全部为亚声流，判别条件为 $p_B\geqslant p_{e2}$，典型的压力分布曲线为图 9.11 中状态 1 和状态 2。

工况 II：管内有正激波，判别条件为 $p_{e2}>p_B>p_{e4}$，典型的压力分布曲线为图 9.11 中状态 3 和状态 4。

工况 III：管外有激波，管内为超声速等熵流动，判别条件为 $p_{e4}>p_B>p_{e6}$，典型的压力分布曲线为图 9.11 中状态 5。

工况 IV：管外为膨胀波，管内为超声速等熵流动，判别条件为 $p_B<p_{e6}$。

在工况 II～工况 IV 中，喷管喉口都已堵塞（达到临界状态），通过缩放喷管的气体质量流量均与背压力 p_B 无关，都为最大流量。仅在工况 I 中，背压 p_B 可影响气体质量流量。

9.7 范　诺　流

在一维流动中，使流动状态发生变化最常见的因素是：①截面面积变化；②壁面摩擦作用；③加热或冷却的作用。对于变截面的管流，以缩放管为代表在 9.6 节中已进行过讨论，对壁面有摩擦作用的绝热等截面管流（即范诺流动）为例，本节做介绍。对于有加热和冷却作用的管流，将在 9.8 节中以等截面管中不计摩擦作用仅考虑有热交换的流动（即瑞利流动）为例，进行分析讨论。

9.7.1　范诺流的概念

对于有摩擦的绝热流在其流动过程中必有熵增，在热力学中绝热非等熵过程的焓熵曲线（h-s 曲线）称为范诺曲线（图 9.12），在范诺曲线上其气流状态变化总是向右移动的（即朝向熵增方向移动）。可以证明，范诺曲线上最大熵（dS=0）处 Ma=1。

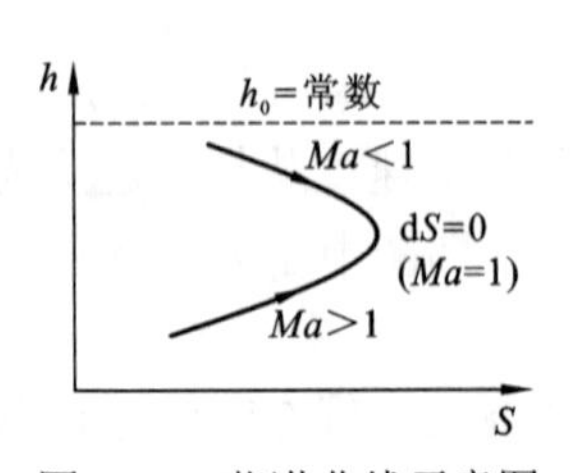

图 9.12　范诺曲线示意图

范诺流的假定有：

（1）完全气体，C_p 和 C_v 为常数；

（2）管流截面面积不变；

（3）一维定常有摩擦的绝热流动；

（4）不计与外界的热交换、功交换和体力作用等。

故在范诺流中可将气体连续性方程写为

$$G=\frac{\dot{m}}{A}=\rho g=\text{常数} \tag{9.7.1}$$

范诺流中气流能量方程可写为

$$h_0=h+\frac{q^2}{2}=\text{常数} \tag{9.7.2}$$

联立式（9.7.1）、式（9.7.2），有

$$\begin{cases} h = h_0 - \dfrac{G^2}{2\rho^2} \\ \mathrm{d}h = \dfrac{G^2 \mathrm{d}\rho}{\rho^3} \end{cases} \tag{9.7.3}$$

分析范诺流中熵增 $\mathrm{d}S = \dfrac{\mathrm{d}Q}{T}$，其中 $\mathrm{d}Q$ 为摩擦提供热量，可使气流内能增加 $\mathrm{d}e$，做功 $p\mathrm{d}v$，故有

$$T\mathrm{d}S = \mathrm{d}Q = \mathrm{d}e + p\mathrm{d}v = \mathrm{d}e + p\mathrm{d}\left(\frac{1}{\rho}\right) \tag{9.7.4}$$

引入比焓 h 的定义为 $h = e + pv$，因此有 $\mathrm{d}e = \mathrm{d}h - p\mathrm{d}\left(\dfrac{1}{\rho}\right) - \dfrac{1}{\rho}\mathrm{d}p$，再将式（9.7.3）代入式（9.7.4）得

$$T\mathrm{d}S = \mathrm{d}h - \frac{\mathrm{d}p}{\rho} = G^2\frac{\mathrm{d}\rho}{\rho^3} - \frac{\mathrm{d}p}{\rho} \tag{9.7.5}$$

故在 $\mathrm{d}S=0$ 处有

$$\left(\frac{\mathrm{d}p}{\mathrm{d}\rho}\right)_S = \frac{G^2}{\rho^2} = q^2 \tag{9.7.6}$$

因 $\left(\dfrac{\mathrm{d}p}{\mathrm{d}\rho}\right)_S = a^2$，故 $\mathrm{d}S=0$ 处 $q=a$，即 $Ma=1$，证明了范诺曲线上最大熵处 $Ma=1$。

如图 9.12 所示，分析范诺曲线上半分支，在按熵增方向右移过程中因比焓 h 下降，式（9.7.2）可知其流速 q 必增大，直到 $Ma=1$ 的最大熵值点，故范诺曲线上半分支代表亚声速（$Ma<1$）范诺流，其摩擦效应使亚声速沿管长不断加速，其极限为加速到 $Ma=1$。分析范诺曲线的下半分支，在向右移动的过程中因比焓 h 上升，流速 q 必下降，一直下降到 $Ma=1$ 时的最大熵值点，故范诺曲线下半分支代表超声速（$Ma>1$）范诺流，其摩擦效应使超声速流沿管长不断减速，极限为减速到 $Ma=1$。

为了确定范诺流中参数变化的数值关系，还需要建立范诺关系式。

9.7.2 范诺关系式

1. 温度变化关系式

范诺流是绝热流动，流动过程中滞止温度 T_0 不变，由能量方程式（9.4.3）可知，$T_0 = T\left(1 + \dfrac{\gamma-1}{2}Ma^2\right) =$ 常数。令 T_1 和 Ma_1 为范诺流中给定的温度和相应的马赫数，则必有下列关系式成立：

$$\frac{T}{T_1} = \frac{1 + \dfrac{\gamma-1}{2}Ma_1^2}{1 + \dfrac{\gamma-1}{2}Ma^2} \tag{9.7.7}$$

如给定的 T_1 和 Ma_1 为临界状态，即 $T_1=T^*, Ma_1=1$，则式（9.7.7）可写为

$$\frac{T}{T_1}=\frac{(\gamma+1)/2}{1+\frac{\gamma-1}{2}Ma^2} \tag{9.7.8}$$

2. 压力变化关系式

由范诺流需满足的气体连续性方程式（9.7.1），引入完全气体状态方程和马赫数 $Ma=q/a$，a 为声速，有 $a=\sqrt{\gamma RT}$，故有

$$G=\rho g=\frac{p}{RT}Ma\cdot a=\frac{p}{RT}Ma\sqrt{\gamma RT}=\text{常数} \tag{9.7.9a}$$

或

$$\frac{pMa}{\sqrt{T}}=\text{常数} \tag{9.7.9b}$$

令 p_1、Ma_1 为范诺流中给定的压力和相应的马赫数，则必有下列关系式成立：

$$\frac{p}{p_1}=\frac{Ma_1}{Ma}=\sqrt{\frac{T}{T_1}}=\frac{Ma_1}{Ma}\left(\frac{1+\frac{\gamma-1}{2}Ma_1^2}{1+\frac{\gamma-1}{2}Ma^2}\right)^{\frac{1}{2}} \tag{9.7.10}$$

如给定的 p_1 和 Ma_1 为临界状态，即 $p_1=p^*$，$Ma_1=1$，则式（9.7.10）可写为

$$\frac{p}{p^*}=\frac{1}{Ma}\left(\frac{\frac{\gamma+1}{2}}{1+\frac{\gamma-1}{2}Ma_1^2}\right)^{\frac{1}{2}} \tag{9.7.11}$$

3. 密度变化关系式

利用完全气体状态方程，对范诺流有

$$\frac{\rho}{\rho_1}=\frac{p}{p_1}\frac{T}{T_1}=\frac{Ma_1}{Ma}\left(\frac{1+\frac{\gamma-1}{2}Ma^2}{1+\frac{\gamma-1}{2}Ma_1^2}\right)^{\frac{1}{2}} \tag{9.7.12}$$

$$\frac{\rho}{\rho^*}=\frac{1}{Ma}\left(\frac{1+\frac{\gamma-1}{2}Ma^2}{\frac{\gamma+1}{2}}\right)^{\frac{1}{2}} \tag{9.7.13}$$

4. 滞止压力变化关系式

范诺流是绝热非等熵流动，其滞止压力 p_0 因摩擦效应不断降低，滞止压力变化的关系式可通过（比）熵的变化求得，由式（9.7.5）得

$$\frac{\mathrm{d}S}{R}=\frac{\mathrm{d}h}{RT}=-\frac{\mathrm{d}p}{p} \tag{9.7.14}$$

因 $\mathrm{d}h = C_p \mathrm{d}T = \dfrac{\gamma R}{\gamma - 1}\mathrm{d}T$，故

$$\frac{\mathrm{d}S}{R} = \frac{\gamma}{\gamma - 1}\frac{\mathrm{d}T}{T} - \frac{\mathrm{d}p}{p} \tag{9.7.15}$$

将式（9.7.7）和式（9.7.9）写为微分形式有

$$\frac{\mathrm{d}T}{T} = -\frac{\mathrm{d}\left(1 + \dfrac{\gamma - 1}{2}Ma^2\right)}{1 + \dfrac{\gamma - 1}{2}Ma^2}, \quad \frac{\mathrm{d}p}{p} = \frac{1}{2}\frac{\mathrm{d}T}{T} - \frac{\mathrm{d}Ma}{Ma} \tag{9.7.16}$$

注意前述中已令 p_1、ρ_1、T_1、S_1 为范诺流中某处给定的压力、密度、温度和熵，根据非等熵方程式（9.7.12），在范诺流中任一下游处状态参数 p、ρ、T、S 有下列关系式成立：

$$\frac{p}{p_1} = \left(\frac{\rho}{\rho_1}\right)^{\gamma} \mathrm{e}^{\frac{\Delta S}{C_v}}$$

式中：$\Delta S = S - S_1$。将范诺关系式（9.7.10）和式（9.7.12）代入得

$$\mathrm{e}^{\frac{\Delta S}{C_v}} = \left(\frac{p}{p_1}\right)\left(\frac{\rho}{\rho_1}\right)^{-\gamma} = \left(\frac{Ma}{Ma_1}\right)^{\gamma - 1}\left(\frac{1 + \dfrac{\gamma - 1}{2}Ma^2}{1 + \dfrac{\gamma - 1}{2}Ma_1^2}\right)^{-\frac{\gamma + 1}{2}} \tag{9.7.17}$$

$$\frac{\Delta S}{R} = \frac{S - S_1}{R} = -\ln\left[\frac{Ma_1}{Ma}\left(\frac{1 + \dfrac{\gamma - 1}{2}Ma^2}{1 + \dfrac{\gamma - 1}{2}Ma_1^2}\right)^{\frac{\gamma + 1}{2(\gamma - 1)}}\right] \tag{9.7.18}$$

如给出的 S_1 和 Ma_1 为临界状态，即 $S_1=S^*$，$Ma_1=1$，则又有

$$\frac{S^* - S}{R} = \ln\left[\frac{1}{Ma}\left(\frac{1 + \dfrac{\gamma - 1}{2}Ma^2}{\dfrac{\gamma + 1}{2}}\right)^{\frac{\gamma + 1}{2(\gamma - 1)}}\right] \tag{9.7.19}$$

因在范诺流中任一处状态参数 p 和 T，相应的滞止压力 p_0 和滞止温度 T_0，则有

$$\frac{p_0}{p} = \left(\frac{T_0}{T}\right)^{\frac{\gamma}{\gamma - 1}} \tag{9.7.20}$$

对式（9.7.20）取微分，可得范诺流中滞止压力变化关系式，范诺流中 T_0 为常数，故有

$$\frac{\mathrm{d}p_0}{p_0} - \frac{\mathrm{d}p}{p} = \frac{\gamma}{\gamma - 1}\left(\frac{\mathrm{d}T_0}{T} - \frac{\mathrm{d}T}{T}\right) = -\frac{\gamma}{\gamma - 1}\frac{\mathrm{d}T}{T} \tag{9.7.21}$$

引入式（9.7.15）后，可得滞止压力变化与熵变化之间的关系式为

$$\frac{\mathrm{d}p_0}{p_0} = -\left(\frac{\gamma}{\gamma - 1}\frac{\mathrm{d}T}{T} - \frac{\mathrm{d}p}{p}\right) = -\frac{\mathrm{d}S}{R} \tag{9.7.22}$$

积分后得

$$\frac{p_0}{p_{01}} = \exp\left(-\frac{S - S_1}{R}\right) \tag{9.7.23}$$

利用式（9.7.19），又有下列关系式成立：

$$\frac{p_0}{p_0^*}=\exp\left(\frac{S^*-S}{R}\right)=\frac{1}{Ma}\left(\frac{1+\dfrac{\gamma-1}{2}Ma^2}{\dfrac{\gamma+1}{2}}\right)^{\frac{\gamma+1}{2(\gamma-1)}} \tag{9.7.24}$$

为计算方便，以上一些范诺关系式如式（9.7.8）、式（9.7.11）、式（9.7.24）等已制成范诺函数表以查用，如附录 7 为完全气体（γ=1.4）范诺流动函数表。

9.7.3 摩擦（黏性）堵塞效应

范诺流中摩擦作用已证明可使管内亚声流加速，使管内超声流减速。由此可知，管内亚声流不能因摩擦作用加速到成为超声速，管内超声流只能通过正激波变为亚声流，也不能仅有摩擦作用而减为亚声流。故黏性摩擦效应使管内气流的流态（速度、流量等）有一些限制，其中之一是管流出口截面处最大流速达到 Ma=1（管内为亚声流）。对应于管流进口处马赫数 Ma_1，因摩擦效应使气流速度连续变化（增大）到出口处达到 Ma=1 的管长，通常称为最大管长 $L_{\max}$。对于亚声速进流，Ma_1<1，如实际管长 L_1<$L_{\max}$，则出口处气流 Ma≤1，如实际管长 L_2>$L_{\max}$，由于摩擦效应只能使 Ma=1，这时管内气流将被迫减小进口处气流的马赫数 Ma_1（即减小流量），从而增大最大管长 $L_{\max}$，使出口处调整为 Ma=1，所以当 L_2>$L_{\max}$ 时，黏性作用起到了摩擦堵塞效应，以上几种情况管内气流马赫数变化曲线如图 9.13 所示。

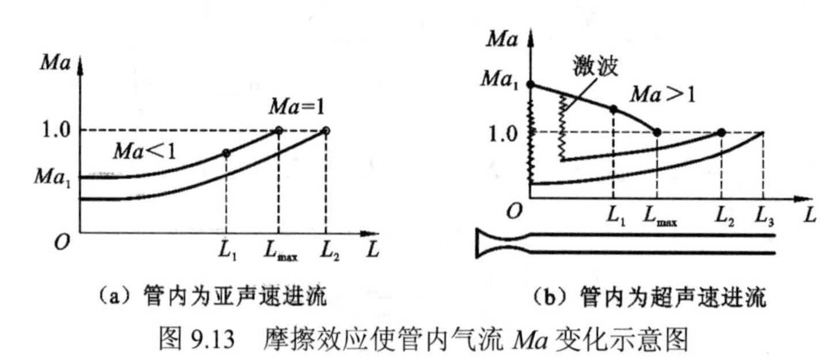

图 9.13　摩擦效应使管内气流 Ma 变化示意图

对管内为超声速进流 Ma_1>1，如实际管长 L_1≤$L_{\max}$，则出口处 Ma≥1。如实际管长 L_2>$L_{\max}$，管内将发生激波[图 9.13（b）]，激波位置随管长 L_2 增大向上游移动。如图中 L=L_3，激波可达到管子入口处，再增加管长，激波向喷管内移动，直到喉口处消失。在这之前，喉口处均为临界状态，通过流量不变。如果再继续增加管长，则摩擦效应使流量降低。

现在再来确定范诺流中最大管长 $L_{\max}$ 的计算公式，将一维定常有黏性流动量方程式(9.3.6)写为

$$\mathrm{d}p+\rho q\mathrm{d}q+4f\frac{\mathrm{d}x}{D}\cdot\frac{1}{2}\rho q^2=0 \tag{9.7.25}$$

将式（9.7.25）各项除以 p 后引入 $Ma=q/a=\dfrac{q}{\sqrt{\gamma RT}}$，可改写为

$$\frac{\mathrm{d}p}{p}+\frac{\gamma}{2}\mathrm{d}Ma^2+\frac{\gamma}{2}Ma^2\frac{\mathrm{d}T}{T}+\frac{\gamma}{2}Ma^2\left(4f\frac{\mathrm{d}x}{D}\right)=0 \tag{9.7.26}$$

再将范诺关系式（9.7.16）中$\frac{dT}{T}$、$\frac{dp}{p}$与 Ma 的关系代入，经整理积分后可得

$$\int_0^{L_{max}} 4f\frac{dx}{D}=\int_{Ma_1}^{1}\frac{\left(1-Ma^2\right)dMa^2}{\gamma Ma^4\left(1+\frac{\gamma-1}{2}Ma^2\right)} \tag{9.7.27}$$

得

$$4\bar{f}\frac{L_{max}}{D}=\frac{1-Ma_1^2}{\gamma Ma_1^2}+\frac{\gamma+1}{2\gamma}\ln\frac{(\gamma+1)Ma_1^2}{2\left(1+\frac{\gamma-1}{2}Ma_1^2\right)} \tag{9.7.28}$$

式中：$\bar{f}$ 为管中平均摩擦阻力系数[可参考管流沿程水头损失系数 λ 计算公式（7.4.5）确定，λ 与 f 的关系为 $4f=\lambda$]。若取 $\bar{f}=0.0025$，利用式（9.7.28）对不同 Ma_1 做数值计算可求得最大管长与管径比值见表 9.1。

表 9.1　最大管长与管径比值

Ma_1	L_{max}/D	Ma_1	L_{max}/D	Ma_1	L_{max}/D	Ma_1	L_{max}/D
0	∞	0.50	110	1.50	14	∞	82
0.10	6 692	0.75	12	2.00	31		
0.25	850	1	0	3.00	52		

由此可见，管流的摩擦效应是非常严重的。对于式（9.7.28），附录 7 列出它们的数值关系可查用。

9.8　瑞　利　流

9.8.1　瑞利流的概念

对于有加热或冷却，即具有热交换的气流，其流动过程必有熵增（加热）或熵减（冷却），在热力学中非绝热（滞止温度有变化）的焓熵曲线（h-s 曲线）称为瑞利（Rayleigh）曲线，如图 9.14 所示。在等截面管道中仅有热交换的瑞利流，如为加热，其气流状态变化在瑞利曲线上总是向右移动的（即朝向熵增方向移动）；如为冷却，其气流状态变化在瑞利曲面上总是向左移动（即朝向熵减方向移动）。可以证明瑞利曲线最大熵（dS=0）处 Ma=1，以及最大焓（dh=0）处 $Ma=\frac{1}{\sqrt{\gamma}}$（完全气体 Ma=0.845）。

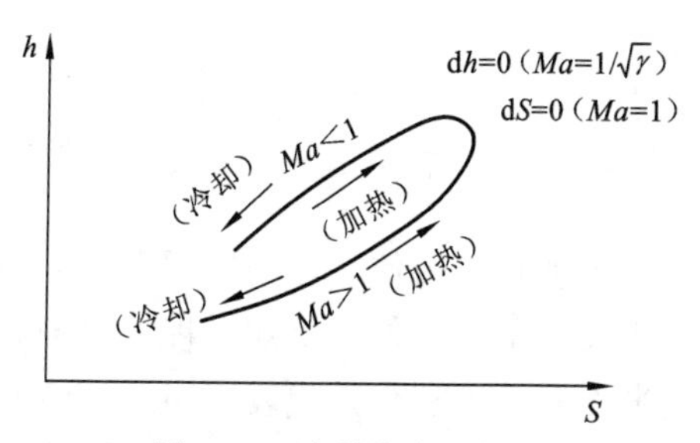

图 9.14　瑞利曲线示意图

瑞利流的基本假定有：

（1）完全气体，C_v 和 C_p 为常数；

（2）管流截面面积不变；

（3）一维定常无黏性仅有热交换流动；

（4）忽略体力作用。

故在瑞利流中气体质量守恒连续性方程与范诺流相同，写为

$$G=\frac{\dot{m}}{A}=\rho g=\text{常数} \tag{9.8.1}$$

动量方程的微分形式可写为

$$\mathrm{d}p+\rho g\mathrm{d}q=0 \tag{9.8.2}$$

将以上两式结合，则由 $\mathrm{d}p+G\mathrm{d}q=0$，积分后得 $p+Gg=p+\rho g^2=\text{常数}$，则有

$$p+\frac{G^2}{\rho}=B=\text{常数} \tag{9.8.3}$$

对式（9.8.3）微分后得

$$\mathrm{d}p-G^2\frac{\mathrm{d}\rho}{\rho^2}=0 \tag{9.8.4}$$

故有

$$\frac{\mathrm{d}p}{\mathrm{d}\rho}=\frac{G^2}{\rho^2}=q^2 \tag{9.8.5}$$

故在最大熵（dS=0）处，$\left(\frac{\mathrm{d}p}{\mathrm{d}\rho}\right)_S=a^2$，便证明了在该处速度 $q=a$，即 $Ma=1$。还可将式（9.8.5）改写为

$$\frac{\mathrm{d}p}{\mathrm{d}\left(\frac{1}{\rho}\right)}=\frac{\mathrm{d}p}{\mathrm{d}v}=-G^2=-\rho^2g^2=-\rho^2a^2Ma^2 \tag{9.8.6}$$

对完全气体的瑞利流，利用 $pv=RT$（或 $p=\rho RT=\rho a^2/\gamma$，其中声速 $a=\sqrt{\gamma RT}$），其微分形式为 $v\mathrm{d}p+p\mathrm{d}v=R\mathrm{d}T$，故在最大焓（d$h$=0）处（或 d$T$=0 处）有

$$\left(\frac{\mathrm{d}p}{\mathrm{d}v}\right)_h=-\frac{p}{v}=-\rho p=-\rho\left(\rho\frac{a^2}{\gamma}\right)=-\rho^2a^2/\gamma \tag{9.8.7}$$

令式（9.8.6）与式（9.8.7）相等，即得在最大焓处的条件为

$$\rho^2a^2Ma^2=\rho^2a^2/\gamma$$

故有

$$Ma=\frac{1}{\sqrt{\gamma}} \tag{9.8.8}$$

这就证明了瑞利曲线上最大焓（dh=0）处 $Ma=\frac{1}{\sqrt{\gamma}}<1$（亚声速状态）。

因为加热总是使气体的熵增大，冷却则总是使气体的熵减小，如图 9.14 所示瑞利曲线上用箭头表示出了加热和冷却过程中气流状态变化的方向。如以最大熵值为分界点，瑞利曲线的上半支和下半支分别代表亚声速管流和超声速管流两种流动。

由此可见，对亚声速瑞利流，加热则加速（极限值为 Ma=1），冷却则减速。对超声速瑞利流，加热则减速，冷却则加速，故单纯加热不能使亚声速管流变为超声速管流，而加热和冷却的组合可以使亚声速管流变为超声速管流，相当于缩放管的组合可以产生超声速气流。

9.8.2 瑞利关系式

为了确定瑞利流中参数变化的数值关系，也需要建立瑞利关系式，即瑞利流中任一管流截面处气流马赫数 Ma 对应的状态参数（p、ρ、T、q 等），它们与该瑞利流的滞止参数（p_0、T_0 等）和临界状态参数（p^*、T^*、ρ^*、q^*、T_0^*、p_0^*等）之间的关系式。

根据以上已建立的一些基本方程式，如质量守恒连续性方程式（9.8.1），可写为

$$\rho q = \rho^* q^* \tag{9.8.9}$$

动量方程式（9.8.3）可改写为

$$p + \frac{G^2}{\rho} = p + \rho q^2 = p\left(1 + \gamma Ma^2\right) = \text{常数} \tag{9.8.10}$$

其中已利用完全气体状态方程式 $p=\rho RT$。对能量方程，因有热交换，滞止温度 T_0 和滞止压力 p_0 是变化的，但在当地仍可利用能量方程式：

$$\frac{T_0}{T} = 1 + \frac{\gamma - 1}{2} Ma^2 \tag{9.8.11}$$

和等熵方程：

$$\frac{p_0}{p} = \left(1 + \frac{\gamma - 1}{2} Ma^2\right)^{\frac{\gamma}{\gamma - 1}}$$

范诺流中建立的式（9.7.9）对瑞利流也同样适用。

这样便可导出瑞利流的关系式。压力变化为

$$\frac{p}{p^*} = \frac{1 + \gamma}{1 + \gamma Ma^2} \tag{9.8.12}$$

温度变化为

$$\frac{T}{T^*} = \left[\frac{\left(1 + \gamma\right) Ma}{1 + \gamma Ma^2}\right]^2 \tag{9.8.13}$$

密度和速度变化为

$$\frac{q}{q^*} = \frac{\rho^*}{\rho} = \frac{\left(1 + \gamma\right) Ma^2}{1 + \gamma Ma^2} \tag{9.8.14}$$

滞止温度变化为

$$\frac{T_0}{T_0^*} = \frac{T_0}{T}\frac{T^*}{T_0^*}\frac{T}{T^*} = \frac{Ma^2\left(1 + \gamma\right)\left[2 + \left(\gamma - 1\right) Ma^2\right]}{\left(1 + \gamma Ma^2\right)^2} \tag{9.8.15}$$

滞止压力变化为

$$\frac{p_0}{p_0^*} = \frac{p_0}{p}\frac{p^*}{p_0^*}\frac{p}{p^*} = \frac{1 + \gamma}{1 + \gamma Ma^2}\left[\frac{2 + \left(\gamma - 1\right) Ma^2}{\gamma + 1}\right]^{\frac{\gamma}{\gamma - 1}} \tag{9.8.16}$$

为计算方便，以上瑞利流关系式已制成瑞利函数表，见附录 8，可以查用。因为瑞利流中的加热效应使管流马赫数变化向 $Ma=1$ 方向靠近，无论是亚声速流（$Ma<1$）还是超声速流（$Ma>1$），加热作用必使气流的滞止温度 T_0 增大。并且对亚声速流来说，加热效应可使 Ma 增大；对于超声速流来说，加热效应可使 Ma 减小。而无论是亚声速流还是超声速流，冷

却作用必使滞止温度 T_0 减小。对于亚声速流来说，冷却作用使 Ma 减小；对于超声速流来说，冷却作用使 Ma 增大。因此有热交换时瑞利流中状态参数变化的定性关系可以从瑞利函数表或以上瑞利关系式中总结出表 9.2 所示的结果。

表 9.2　热变换式瑞利流中状态参数变化定性关系

参数	加热		冷却	
	$Ma<1$	$Ma>1$	$Ma<1$	$Ma>1$
T_0	↑	↑	↓	↓
Ma	↑	↓	↓	↑
T	↑（$Ma<1/\sqrt{\gamma}$） ↓（$Ma>1/\sqrt{\gamma}$）	↑	↓（$Ma<1/\sqrt{\gamma}$） ↑（$Ma>1/\sqrt{\gamma}$）	↓
p	↓	↑	↑	↓
p_0	↓	↓	↑	↑
q	↑	↓	↓	↑

注：↑表示增大，↓表示减小。

表 9.2 为各种情况下瑞利流中状态参数变化的定性关系。注意到其中临界状态参数与 Ma 的变化无直接关系，故可总结出表 9.2 中的定性结论。

9.8.3　热的堵塞效应

根据前面的分析已知，加热效应使管流马赫数变化向 $Ma=1$ 靠近，其极限是出口处达到 $Ma=1$。如亚声速管流加热，在给定的进口状态为 Ma_1（$Ma_1<1$）时，便存在一个相应于使出口处 $Ma=1$ 的加热量，即所谓最大加热量 Q_{max}。如加热量大于该最大值（$Q<Q_{max}$），则管内气流将发生热堵塞，其堵塞效应是使进口处降低马赫数为 Ma_2（$Ma_2<Ma_1$），才能增大使出口处达到 $Ma=1$ 的加热量，其热堵塞效应是使进口处马赫数 Ma_1 降低到与所给加热量相适应的数值。

对于超声速管流的加热，也存在一个相应使出口处马赫数变为 $Ma=1$ 的最大加热量。若实际加热量大于其最大加热量，则将通过供气喷管内产生激波的形式，使管流变为亚声速才能使热量加入。

9.9　一维非定常流等截面管道中压力波和特征线求解方法

管道中流体压力波（气体压力波常称为气波）在工程上有广泛的应用，如内燃机进排气管中利用气体压力波可获得增压的技术就是其中之一。任何流体机械的启动过程，气波机、脉冲喷射发动机、激波管技术等都需要研究气波的作用。气波在管道中传播的表达和计算最合理的方法是特征线求解法。

9.9.1 特征线概念

考虑某一弱扰动（气波）在流速为 q 的气流中的传播，设气体中当地声速为 a，则弱扰动在顺气流和逆气流方向传播速度分别为 $q+a$ 和 $q-a$，将扰动（气波）传播方程为

$$\frac{\mathrm{d}x}{\mathrm{d}t}=q\pm a \tag{9.9.1}$$

式中：$\frac{\mathrm{d}x}{\mathrm{d}t}$ 为气波在 x 轴向（或管轴向）传播速度。对式（9.9.1）在 x-t 平面（t 为时间坐标）上作图，如图 9.15 所示。这两条线就是弱扰动传播曲线或称特征线，即扰动的初值沿此线传播。两条特征线分别称右行特征线为 I 族或 λ 族特征线，左行特征线称为 II 族或 β 族特征线。在管道中的 a 和 q 一般是 (x,t) 的函数，故特征线一般为曲线，并且不能预先作出（因 a 和 q 可能是待求的未知量）。对于声学情况 $a=a_0$ 为常数，$q=0$，则两族特征线 $\frac{\mathrm{d}x}{\mathrm{d}t}=\pm a_0$ 为直线。

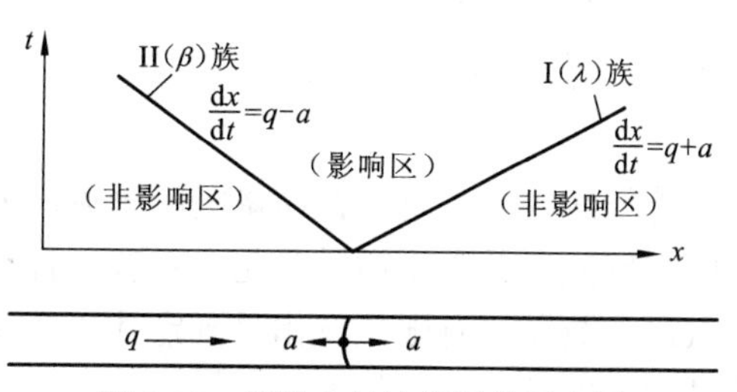

图 9.15　管道中气波特征线示意图

再列举两个例子说明特征线图的构作。如图 9.16（a）所示为活塞在管道内加速向左抽出的情况，已知活塞运动曲线 $x=x(t)$ 及活塞移动后管内气体状态（如当地声速 a 的变化等）。这是一种有限振幅的管内膨胀扰动，活塞运动产生的第一个膨胀波以未扰动时声速 a_0 向右传播，其特征线方程为 $\left(\frac{\mathrm{d}x}{\mathrm{d}t}\right)_1=a_0$，活塞运动后，气体在活塞面上以相同于活塞速度 $q=\frac{\mathrm{d}X(t)}{\mathrm{d}t}$ 向左运动。因此活塞曲线上不同点都可相继做出特征线如 $\left(\frac{\mathrm{d}X}{\mathrm{d}t}\right)_5=-q+a$。因为活塞向左抽出，管内气体膨胀局部声速 a 相继减小，而气体速度 q 的绝对值又不断增大，故活塞曲线上相继点的 $-q+a$ 是减小的。所以特征线的斜率 $\frac{\mathrm{d}t}{\mathrm{d}x}$ 相继增大，形成图 9.16（a）所示的一组发散的特征线，它们是一族右行膨胀波。

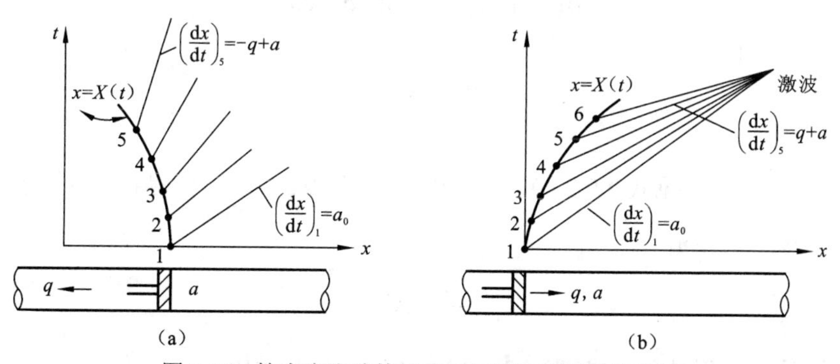

图 9.16　管内膨胀波特征线和压缩波特征线示意图

图 9.16（b）为活塞在管道内加速压缩的情况，若已知活塞曲线及活塞移动时管内气体状态的变化，则同上面的例子一样，就能做出特征线图。通过活塞曲线不同点的特征线为

$\frac{\mathrm{d}x}{\mathrm{d}t}=q+a$。因活塞压缩管道内的气体，管内声速 a 是相继增大的，管道内气流速度 q 也是相继增加的。所以特征线的斜率 $\frac{\mathrm{d}t}{\mathrm{d}x}$ 将相继减小，形成图示的一组收敛的特征线。它们是一族右行压缩波，并在特征线的相交点处形成管内激波（压力突跃现象）。

实际发动机进排气管中的气波，有左行和右行的膨胀波及压缩波，故存在 4 种简单波，并常出现几种简单波组合的情况，如波的反射和相交等，另外再做讨论。

9.9.2 特征线关系式

特征线的一边是受扰动影响的气流，另一边是未受扰动影响的气流。对于弱扰动，特征线两侧气流参数发生微量变化；对有限扰动，通过特征线（代表有限数目的弱扰动的集合）时气流参数发生有限量变化，确定其中变化的关系，乃是使用特征线方法求解一维非定常气体动力学问题的基本依据。

如有一右行特征线（表示右行压力波）传播到达气流中某处，设气流受扰动发生速度变化为 $\mathrm{d}q$，密度变化为 $\mathrm{d}\rho$，压力变化为 $\mathrm{d}p$。右行特征线方程为 $\frac{\mathrm{d}x}{\mathrm{d}t}=q+a$，其中 a 为当地声速。图 9.17（a）为该压力波在直管中传播的示意图，为了确定压力波前后气流参数变化的关系，通过运动转换（取动坐标考察）。把流场转化为定常流动，如图 9.17（b）所示，压力波已驻定，原压力波前方的流速变为 $q_1=q-(q+a)=-a$，原压力波后方的流速变为 $q_2=(q+\mathrm{d}q)-(q+a)=-a+\mathrm{d}q$。

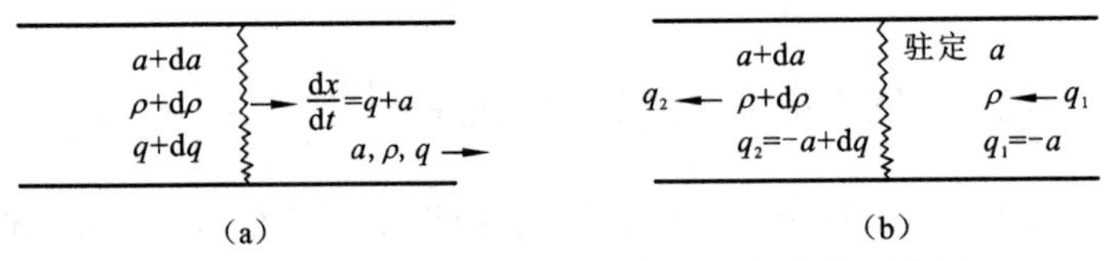

图 9.17 管内右行压力波前后气流参数变化示意图

对波面前后写出定常管流质量守恒连续方程为

$$\rho(-a)=(\rho+\mathrm{d}\rho)(-a+\mathrm{d}q) \tag{9.9.2}$$

忽略二阶小量，便有

$$\frac{\mathrm{d}\rho}{\rho}=\frac{\mathrm{d}q}{a} \tag{9.9.3}$$

对等熵流 $\frac{\mathrm{d}p}{\mathrm{d}\rho}=a^2$，见式（9.2.4），将它引入式（9.9.3）中，便得到右行波前后气流压力和速度微分变化关系式为

$$\frac{\mathrm{d}p}{\rho}=a\mathrm{d}q \tag{9.9.4}$$

注意，无论 q 是正是负，式（9.9.3）和式（9.9.4）都适用。

由式（9.9.4）可知，对右行压缩波 $\mathrm{d}p>0$，则有 $\mathrm{d}q>0$，表示右行压缩波有正向（波行方向）气体伴随速度。而对右行膨胀波 $\mathrm{d}p<0$，则有 $\mathrm{d}q<0$，表示右行膨胀波有反向（波行反向）的气体伴随速度。

对于等截面管道中等熵流，因

$$\frac{p}{p_0}=\left(\frac{\rho}{\rho_0}\right)^{\gamma}=\left(\frac{T}{T_0}\right)^{\frac{\gamma}{\gamma-1}}=\left(\frac{a}{a_0}\right)^{\frac{2\gamma}{\gamma-1}} \tag{9.9.5}$$

写出其中的微分关系之一，有

$$\frac{\mathrm{d}\rho}{\rho}=\frac{2}{\gamma-1}\frac{\mathrm{d}a}{a} \tag{9.9.6}$$

将它代入式（9.9.3），便得到通过右行波特征线关系式：

$$\mathrm{d}q=\frac{2}{\gamma-1}\mathrm{d}a \tag{9.9.7}$$

引入无量纲声速 A 和无量纲气流速度 U，定义

$$A=\frac{a}{a_0},\quad U=\frac{q}{q_0} \tag{9.9.8}$$

式中：a_0 为指定参考声速。

对式（9.9.7）积分，可得右行波前后无量纲气动参数关系式为

$$A-\frac{\gamma-1}{2}U=\beta=常数 \tag{9.9.9}$$

这个关系式在右行特征线前后成立，相当于在左行特征线上有状态变化时（如通过右行特征线）有以上特征关系式成立，即在左行特征线上β为常数。

类似地，通过左行波$\left(\frac{\mathrm{d}x}{\mathrm{d}t}=q-a\right)$时，即左行波前后，在等截面管道中可求得如下关系式：

$$A+\frac{\gamma-1}{2}U=\lambda=常数 \tag{9.9.10}$$

这个关系式在右行特征线上成立。

通常以上特征关系式中 λ 和β称为黎曼变量，由式（9.9.9）和式（9.9.10）解出：

$$\begin{cases}A=\dfrac{\lambda+\beta}{2}\\[2ex] U=\dfrac{\lambda-\beta}{\gamma-1}\end{cases} \tag{9.9.11}$$

故特征线上常数 λ 和β（即黎曼变量），可作为流动变量或代替无量纲声速 A 和无量纲流速 U，引入黎曼变量，将便于特征线法的求解。

9.9.3 波的反射

为了研究管道中气流的波动问题，波在固壁端和开口端的反射特性是必须了解的。

1. 气波在固壁上的反射

根据气流在固壁上速度恒等于零的边界条件，可确定反射波的性质。如图 9.18 所示，设有右行波 1 到达管端 O'点后，受到管端（固

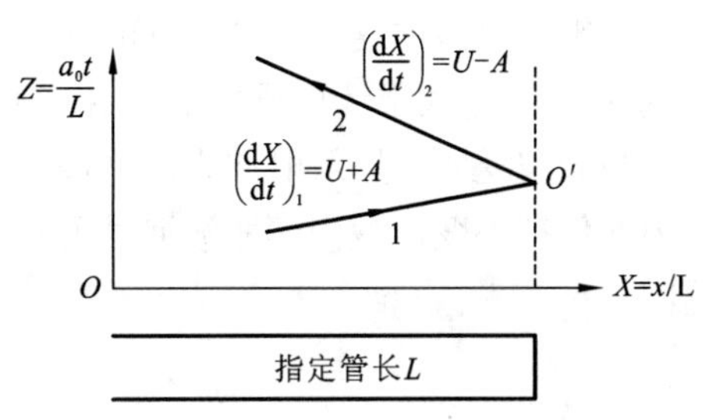

图 9.18　管内气波在固壁端反射示意图

壁）的阻碍发生扰动，必产生一个反射的左行波 2，因固壁面处 $U_0=0$，假定 O'点处气体局部无量纲声速为 A_0，由特征关系式（9.9.9）和式（9.9.10）可求得

$$\begin{cases}\lambda_0 = A_0 \\ \beta_0 = A_0\end{cases} \tag{9.9.12}$$

式中：λ_0 为右行入射波无量纲特征线上黎曼变量；β_0 为左行反射波无量纲特征线上黎曼变量。由 $\lambda_0=\beta_0$，说明反射波的黎曼变量与入射波的黎曼变量恒相等。如 λ_0 增大，β_0 也增大；λ_0 减小，则β_0 也减小，两者保持相等的关系，故表明反射波与入射波有相同的强度和相同的性质（指压缩波或膨胀波）。

固壁反射波的这一性质，还可以从流体质点运动迹线的物理概念上加以说明，如入射波为压缩波，则有右行方向的气体伴随速度，它到达管端固壁面处应满足流速为零的边界条件，故反射波必须也是压缩波才能使流体质点同时获得在左行波方向的气体伴随速度，与入射波效应相互抵消，以获得在固壁端上流体质点速度为零的条件。如入射波为膨胀波，也可类似地说明在固壁面上反射波也必为膨胀波。

2. 气波在开口端的反射

管内气波到达管子开口端时，受到管外恒定环境压力的压制，将产生一个新的气波向着两个方向传播，即一方面随着管口出流一起向外传出，同时在另一方向又返回进入管内，对于亚声速管中气流，此反射波可进入管内，这个从出口端返回进入管内的气波，通常称为气波在开口端的反射波。

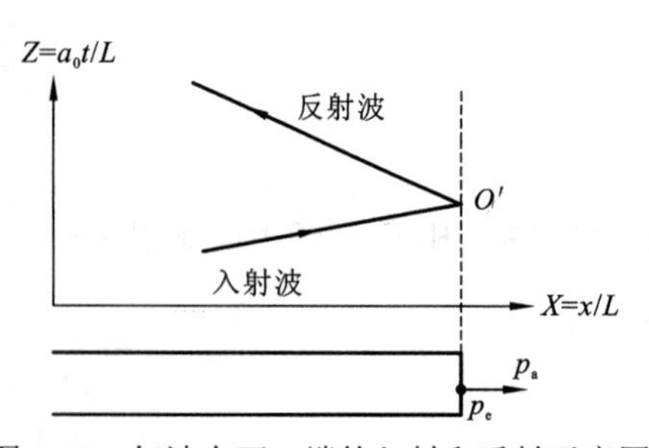

图 9.19　气波在开口端的入射和反射示意图

如开口端处入射波为右行波，如图 9.19 所示，在入射波特征线上的特征关系式为

$$A_0 + \frac{\gamma-1}{2}U_0 = \lambda_0 \tag{9.9.13}$$

开口端反射波特征线上的特征关系式为

$$A_0 - \frac{\gamma-1}{2}U_0 = \beta_0 \tag{9.9.14}$$

将式（9.9.13）和式（9.9.14）结合，得

$$\lambda_0 + \beta_0 = 2A_0 \tag{9.9.15}$$

当管子开口端外为恒定环境压力和温度时，无量纲声速 A_0 为一常数，则由式（9.9.15）可知，λ_0 增大时，β_0 必将减小；λ_0 减小时，β_0 则增大。这说明入射波和反射波的性质是相反的，即入射波为压缩波时，开口端的反射波为膨胀波，如入射波为膨胀波，则开口端的反射波为压缩波。

开口端反射波的这一性质，也可以从物理概念上加以说明，如入射压缩波到达开口端处，出流气体压力 p_e 大于环境压力 p_a。由于环境压力恒定，气流压力 p_e 应立即回降到 p_a，故需产生一膨胀波返回。如入射波为膨胀波时，使开口端出流气体压力 p_e 小于环境压力 p_a，而环境压力应保持不变，故由膨胀波到达开口端时气流压力 p_e，应立即回升到 p_a，即产生一压缩波返回。

9.9.4 特征线方法

利用特征线关系式和边界上气波反射的性质，求解一维非定常流动问题的方法，就是特征线方法，具体算例见例 9.14。这里指出特征线方法在数学上的基本概念是沿特征线能将双曲线型偏微分方程变为常微分方程求解的一种方法。

等截面管道中不计黏性、不计传热的一维非定常均熵流动的基本方程如下。

连续性方程：

$$\frac{\partial \rho}{\partial t}+q\frac{\partial \rho}{\partial x}+\rho\frac{\partial q}{\partial x}=0 \tag{9.9.16}$$

动量微分方程：

$$\frac{\partial q}{\partial t}+q\frac{\partial q}{\partial x}+\frac{1}{\rho}\frac{\partial p}{\partial x}=0 \tag{9.9.17}$$

均熵方程：

$$\frac{p}{\rho^{\gamma}}=\text{常数} \tag{9.9.18}$$

它们在数学上是双曲线型偏微分方程，可证明存在两族特征线。其中求解方程的变量为 p、q、ρ，原则上还可选用任意三个独立变量作为一维非定常流动问题的变量，如采用 q、a、S 这三个独立变量求解也是可以的。对于均熵流，S 为常数，则可简化为两个变量，为此先来导出以 a 和 q 表示的求解方程式，因

$$\frac{p}{p_{\mathrm{A}}}=\left(\frac{\rho}{\rho_{\mathrm{A}}}\right)^{\gamma}=\left(\frac{T}{T_{\mathrm{A}}}\right)^{\frac{\gamma}{\gamma-1}}=\left(\frac{a}{a_{\mathrm{A}}}\right)^{\frac{2\gamma}{\gamma-1}} \tag{9.9.19}$$

式中：下标 A 指相对应变量的参考值。故有 $\dfrac{\rho^{\gamma}}{a^{\frac{2\gamma}{\gamma-1}}}=\text{常数}$，即

$$\rho=Ca^{\frac{2}{\gamma-1}} \tag{9.9.20}$$

式中：C 为任意常数。所以

$$\begin{cases}\dfrac{\partial p}{\partial t}=C\dfrac{2}{\gamma-1}a^{\frac{2}{\gamma-1}-1}\dfrac{\partial a}{\partial t}\\[2ex]\dfrac{\partial \rho}{\partial x}=C\dfrac{2}{\gamma-1}a^{\frac{2}{\gamma-1}-1}\dfrac{\partial a}{\partial x}\\[2ex]\dfrac{\partial p}{\partial x}=\dfrac{\partial p}{\partial \rho}\dfrac{\partial p}{\partial x}=a^{2}\dfrac{\partial \rho}{\partial x}=C\dfrac{2}{\gamma-1}a^{\frac{2}{\gamma-1}+1}\dfrac{\partial a}{\partial x}\end{cases} \tag{9.9.21}$$

将式（9.9.21）代入式（9.9.16）和式（9.9.17），得

$$\frac{\partial a}{\partial t}+q\frac{\partial a}{\partial x}+\frac{\gamma-1}{2}a\frac{\partial q}{\partial x}=0 \tag{9.9.22}$$

$$a\frac{\partial a}{\partial x}+\frac{\gamma-1}{2}\left(q\frac{\partial q}{\partial x}+\frac{\partial q}{\partial t}\right)=0 \tag{9.9.23}$$

将式（9.9.22）加或减式（9.9.23），得

$$\left[\frac{\partial a}{\partial t}+(q\pm a)\frac{\partial a}{\partial x}\right]\pm\frac{\gamma-1}{2}\left[\frac{\partial q}{\partial t}+(q\pm a)\frac{\partial q}{\partial x}\right]=0 \tag{9.9.24}$$

对任意函数 $f(x,t)$，其全微分可写为偏微分之和，即

$$\frac{\mathrm{d}f}{\mathrm{d}t}=\frac{\partial f}{\partial t}+\frac{\partial f}{\partial x}\frac{\mathrm{d}x}{\mathrm{d}t} \tag{9.9.25}$$

故函数 f 对时间变化率取决于方向 $\frac{\mathrm{d}x}{\mathrm{d}t}$，沿此方向线式（9.9.25）右端偏微分关系式可写为左端的全微分形式，对于式（9.9.24）令

$$\frac{\mathrm{d}x}{\mathrm{d}t}=q\pm a \tag{9.9.26}$$

将式（9.9.24）与式（9.9.25）比较可知，沿着方向线式（9.9.26），则式（9.9.24）可化为常微分方程，有

$$\frac{\mathrm{d}a}{\mathrm{d}t}\pm\frac{\gamma-1}{2}\frac{\mathrm{d}q}{\mathrm{d}t}=0 \tag{9.9.27}$$

因式（9.9.26）表示的方向线即为特征线。将式（9.9.27）积分得

$$a\pm\frac{\gamma-1}{2}q=\text{常数} \tag{9.9.28}$$

这就是特征关系式，与前面得到的特征关系式是一致的。

在数学上式（9.9.26）为方向条件，即特征线方程，物理上为扰动线方程。式（9.9.28）在数学上称为相容性条件，即特征线上关系式（即问题的解）。

9.10 斯特林发动机引射器设计①

斯特林发动机具有低噪声和低振动的运行特性，不仅对民用水下作业有其优越性，对军事潜艇则更加重要。水下斯特林发动机的燃烧系统可以与空气无关（无需空气），燃烧后的热气是通过一组以燃料（如液氧）为主流的引射器被引射回燃烧室循环燃烧。被引射的热气和引射的氧气要求有一定比例才能获得良好的发动机效率。因此，引射器的设计是水下斯特林发动机研制的一个重要组成部分。

引射器（管）可分为超声速引射器和亚声速引射器。对于超声速引射器管，引射流在混合管内将发生激波与边界层相互作用的复杂流动，超声速引射器的混合能量损失远大于亚声速引射器，本节仅考虑亚声速引射器设计。

图9.20为一水下斯特林发动机氧引射系统示意图。引射流体主流为氧（O_2），被引射气体副流为燃烧后的热气。设计该引射系统时，通常已知的参数有：主流氧的比热比 γ_p 及其分子量 M_{wp}，副流热气的比热比 γ_s 及其分子量 M_{ws}，主流氧的滞止温度 T_{0p}，副流热气的滞止温度 T_{0s} 及其滞止压力 p_{0s1}；根据

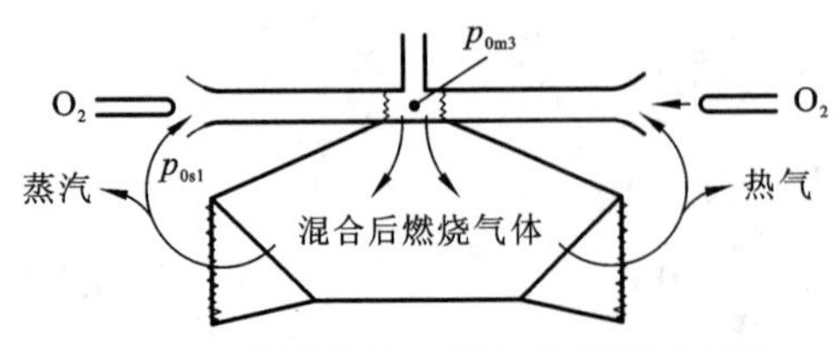

图 9.20 斯特林发动机引射系统示意图

① 本节源于作者20世纪90年代撰写的一篇未发表的论文，现收集在这里，它是“一维可压缩流动”实际应用的一个好实例，可指导引射器设计和预测其性能。

设计需要引射器混合气体中热气含量 w_s 和氧气含量 w_p 的比值 w_s/w_p 有一定要求，也是给定的。同时还能给出混合气总质量流量 $\dot{m}$ 及引射器的背压即配机燃烧压力 p_{0m3}。

需要计算确定的参数有：混合气的比热比 γ_m、分子量 M_{wm} 和滞止温度 T_{0m}，主流必需的滞止压力 p_{0p1}，引射器管截面面积 A，其中氧喷管出口面积 A_p 和热气进口所占面积 A_s（假设 $A=A_p+A_s$），主流和副流进口处马赫数 Ma_{p1} 和 Ma_{s1}，混合后气流出口处马赫数 Ma_{m3}，以及主流和副流在进口处静压 p_{p1} 和 p_{s1} 等都是待计算预测确定的。

从设计的角度，最主要的是在满足以上给定条件下确定引射系统中引射器管尺寸、氧喷管尺寸及所需氧源总压等设计参数。而为了确定这几个设计参数，由于其他参数的相关性，以上所有待定参数也都必须同时求出。

做一维定常流动分析时，假设在引射器管进口处主流和副流的速度和压力都各自为均匀分布，在引射器出口处也假设为完全混合的均匀流。将几个守恒方程应用于引射器进口和出口两截面间的控制体，考虑混合气的质量组成、内能组成和总焓组成，混合气体的分子量 M_{wm}、比热比 γ_m 和滞止温度 T_{0m}，这三个参数可直接计算求得

$$M_{wm}=\frac{1+\dfrac{w_p}{w_s}}{1+\dfrac{w_p}{w_s}\dfrac{M_{ws}}{M_{wp}}}M_{ws} \tag{9.10.1}$$

$$\gamma_m=\frac{\gamma_s\left(1+\dfrac{w_p}{w_s}\dfrac{\gamma_p}{\gamma_s}\dfrac{\gamma_s-1}{\gamma_p-1}\dfrac{M_{ws}}{M_{wp}}\right)}{1+\dfrac{w_p}{w_s}\dfrac{\gamma_s-1}{\gamma_p-1}\dfrac{M_{ws}}{M_{wp}}} \tag{9.10.2}$$

$$T_{0m}=\frac{T_{0s}+T_{0p}\dfrac{w_p}{w_s}\dfrac{M_{ws}}{M_{wp}}\dfrac{\gamma_p}{\gamma_s}\dfrac{\gamma_s-1}{\gamma_p-1}}{1+\dfrac{w_p}{w_s}\dfrac{\gamma_p}{\gamma_s}\dfrac{\gamma_s-1}{\gamma_p-1}\dfrac{M_{ws}}{M_{wp}}} \tag{9.10.3}$$

对于亚声速引射器，$p_{s1}=p_{p1}$，由引射器进口和出口处等熵流公式有

$$\frac{p_{p1}}{p_{0p1}}=\left(1+\frac{\gamma_p-1}{2}Ma_{p1}^2\right)^{-\frac{\gamma_p}{\gamma_p-1}} \tag{9.10.4}$$

$$\frac{p_{s1}}{p_{0s1}}=\left(1+\frac{\gamma_s-1}{2}Ma_{s1}^2\right)^{-\frac{\gamma_s}{\gamma_s-1}} \tag{9.10.5}$$

$$\frac{p_{m3}}{p_{0m3}}=\left(1+\frac{\gamma_m-1}{2}Ma_{m3}^2\right)^{-\frac{\gamma_m}{\gamma_m-1}} \tag{9.10.6}$$

根据热气和氧气质量流量计算公式，它们的比值应等于混合气体中热气含量 w_s 与氧气含量 w_p 的比值，可写出应满足的方程式为

$$\frac{w_s}{w_p}\left(1-\frac{A_s}{A}\right)Ma_{p1}\left[\gamma_p\left(1+\frac{\gamma_p-1}{2}Ma_{p1}^2\right)\right]^{\frac{1}{2}}\frac{p_{p1}}{p_{0s1}}=\frac{p_{s1}}{p_{0s1}}\frac{A_s}{A}\left(\frac{M_{ws}}{M_{wp}}\frac{T_{0p}}{T_{0s}}\right)^{\frac{1}{2}}Ma_{s1}\left[\gamma_s\left(1+\frac{\gamma_s-1}{2}Ma_{s1}^2\right)\right]^{\frac{1}{2}} \tag{9.10.7}$$

假设等截面引射器内为无黏性流动，由气流动量方程可导出：

$$\frac{p_{\mathrm{m3I}}}{p_{\mathrm{p1}}}=\frac{\left(1+\gamma_{\mathrm{s}}Ma_{\mathrm{s1}}^{2}\right)+\dfrac{A_{\mathrm{p}}}{A_{\mathrm{s}}}\left(1+\gamma_{\mathrm{p}}Ma_{\mathrm{p1}}^{2}\right)}{\left(1+\gamma_{\mathrm{m}}Ma_{\mathrm{m3I}}^{2}\right)\left(1+\dfrac{A_{\mathrm{p}}}{A_{\mathrm{s}}}\right)} \tag{9.10.8}$$

式中：p_{m3I} 和 Ma_{m3I} 为无黏流混合后的混合气体出口的静压和马赫数。若考虑黏性效应，可引入引射器压力恢复系数 RE 对 p_{m3I} 加以修正，使实际混合后静压为 p_{m3} 为

$$p_{\mathrm{m3}}=\mathrm{RE}\cdot p_{\mathrm{m3I}} \tag{9.10.9}$$

其中，RE 由经验（或试验）确定，设计时为已知。超声速引射器 RE 试验值为 0.75～0.85，亚声速引射器 RE 试验值为 0.95～0.995。引入 RE 后，式（9.10.8）可改写为

$$\frac{p_{\mathrm{m3}}}{p_{\mathrm{p1}}}=\left(1+\gamma_{\mathrm{m}}Ma_{\mathrm{m3I}}^{2}\right)=\mathrm{RE}\cdot\frac{p_{\mathrm{p1}}}{p_{\mathrm{0s1}}}\left[\frac{A_{\mathrm{s}}}{A}\left(1+\gamma_{\mathrm{s}}Ma_{\mathrm{s1}}^{2}\right)+\left(1-\frac{A_{\mathrm{s}}}{A}\right)\left(1+\gamma_{\mathrm{p}}Ma_{\mathrm{p1}}^{2}\right)\right] \tag{9.10.10}$$

再引入能量守恒方程式，并与无黏性流动量方程式结合，可导出：

$$Ma_{\mathrm{m3I}}^{2}=\frac{\gamma_{\mathrm{m}}\left(1-2B^{2}\right)\pm\left(\gamma_{\mathrm{m}}-2B^{2}\gamma_{\mathrm{m}}^{2}-2B^{2}\gamma_{\mathrm{m}}\right)^{\frac{1}{2}}}{2B^{2}\gamma_{\mathrm{m}}^{2}-\gamma_{\mathrm{m}}^{2}+\gamma_{\mathrm{m}}} \tag{9.10.11}$$

式中：Ma_{m3I} 有两个解，按物理情况判断，取+号为超声速流，取−号为亚声速流，其中 B 为

$$B=\frac{\left(1+\dfrac{w_{\mathrm{p}}}{w_{\mathrm{s}}}\right)\left(\dfrac{M_{\mathrm{ws}}}{M_{\mathrm{wm}}}\dfrac{T_{\mathrm{0m}}}{T_{\mathrm{0s}}}\right)^{\frac{1}{2}}Ma_{\mathrm{s1}}\left[\gamma_{\mathrm{s}}\left(1+\dfrac{\gamma_{\mathrm{s}}-1}{2}Ma_{\mathrm{s1}}^{2}\right)\right]^{\frac{1}{2}}}{1+\gamma_{\mathrm{s}}Ma_{\mathrm{s1}}^{2}+\left(1+\gamma_{\mathrm{p}}Ma_{\mathrm{p1}}^{2}\right)\dfrac{A_{\mathrm{p}}}{A_{\mathrm{s}}}} \tag{9.10.12}$$

根据引射器混合前后质量流量计算公式，还可写为质量守恒形式，有

$$\begin{aligned}\frac{p_{\mathrm{p1}}}{p_{\mathrm{0s1}}}&\left(1-\frac{A_{\mathrm{s}}}{A}\right)\left(\frac{M_{\mathrm{wp}}}{M_{\mathrm{wm}}}\frac{T_{\mathrm{0m}}}{T_{\mathrm{0p}}}\right)^{\frac{1}{2}}Ma_{\mathrm{p}}\left[\gamma_{\mathrm{p}}\left(1+\frac{\gamma_{\mathrm{p}}-1}{2}Ma_{\mathrm{p1}}^{2}\right)\right]^{\frac{1}{2}}+\frac{p_{\mathrm{s1}}}{p_{\mathrm{0s1}}}\frac{A_{\mathrm{s}}}{A}\left(\frac{M_{\mathrm{ws}}}{M_{\mathrm{wm}}}\frac{T_{\mathrm{0m}}}{T_{\mathrm{0s}}}\right)^{\frac{1}{2}}Ma_{\mathrm{s1}}\left[\gamma_{\mathrm{s}}\left(1+\frac{\gamma_{\mathrm{s}}-1}{2}Ma_{\mathrm{s1}}^{2}\right)\right]^{\frac{1}{2}}\\&=\frac{p_{\mathrm{m3}}}{p_{\mathrm{0s1}}}Ma_{\mathrm{m3}}\left[\gamma_{\mathrm{m}}\left(1+\frac{\gamma_{\mathrm{m}}-1}{2}Ma_{\mathrm{m3}}^{2}\right)\right]^{\frac{1}{2}}\end{aligned} \tag{9.10.13}$$

$$\dot{m}=p_{\mathrm{m3}}Ma_{\mathrm{m3}}A\left[\frac{\gamma_{\mathrm{m}}}{R}\frac{M_{\mathrm{wm}}}{T_{\mathrm{0m}}}\left(1+\frac{\gamma_{\mathrm{m}}-1}{2}Ma_{\mathrm{m3}}^{2}\right)\right]^{\frac{1}{2}} \tag{9.10.14}$$

式中：R 为通用气体常数。根据质量流量守恒关系，还可导出 Ma_{m3} 和 Ma_{m3I} 之间的关系为

$$Ma_{\mathrm{m3}}=\left\{\frac{-1+\left[1+2\left(\gamma_{\mathrm{m}}-1\right)\left(\dfrac{Ma_{\mathrm{m3I}}}{\mathrm{RE}}\right)^{2}\left(1+\dfrac{\gamma_{\mathrm{m}}-1}{2}Ma_{\mathrm{m3I}}^{2}\right)\right]^{\frac{1}{2}}}{\gamma_{\mathrm{m}}-1}\right\} \tag{9.10.15}$$

对亚声速引射器设计的问题，待计算确定的量共有 10 个：$p_{\mathrm{p1}}/p_{\mathrm{0s1}}(=p_{\mathrm{s1}}/p_{\mathrm{0s1}})$、$p_{\mathrm{0p1}}$、$p_{\mathrm{m3}}$、$A$、$A_{\mathrm{s}}/A$、$Ma_{\mathrm{p1}}$、$Ma_{\mathrm{s1}}$、$Ma_{\mathrm{m3}}$、$Ma_{\mathrm{m3I}}$、$B$。利用以上所建立的 10 个方程式可解出。注意到其中 p_{0p1} 只在式（9.10.4）中出现；其中 A 只在式（9.10.13）中单独出现；p_{m3} 可通过式（9.10.6）用 Ma_{m3} 代替。p_{0m1}、A 和 p_{m3} 三个变量与其他方程式都无直接关联，故只需联立求解的方程

式有 7 个，这 7 个方程式就是式（9.10.5）、式（9.10.7）、式（9.10.8）、式（9.10.11）、式（9.10.12）、式（9.10.13）和式（9.10.15）。由于这 7 个方程式的高度非线性，需要有特殊的非线性方程组求解方法才能解出。这 7 个方程式的雅可比矩阵奇异或接近奇异时，常用的求解非线性方程组的牛顿-拉佛森（Newton-Raphson）算法（简称 N-R 算法）已不能求解，采用 Levenbery-Marquardt 算法（简称为 L-M 算法）求解这组非线性方程，可顺利地获得解答。

如将以上求解的 7 个方程式写为

$$\boldsymbol{F}_j\left(x_1,x_2,\cdots,x_7\right)=0\,,\quad j=1,2,\cdots,7 \tag{9.10.16}$$

对 7 个未知量 x_i（$i=1,2,\cdots,7$）给出初始近似值 x_i^k, $k=0,1,\cdots$，表示逐次迭代近似解。N-R 算法对近似解的修正矢量 Δx_i^k，是通过下列方程组求得的，即

$$\left(\frac{\partial \boldsymbol{F}_j}{\partial x_i}\right)_{x_i=x_i^k}\cdot\Delta x_i^k=-\boldsymbol{F}_j\left(x_i^k\right),\quad j=1,2,\cdots,7 \tag{9.10.17}$$

通过求解以上线性方程组，得 Δx_i^k 后，则修改后的近似解为

$$x_i^{k+1}=x_i^k+\lambda^k\cdot\Delta x_i^k \tag{9.10.18}$$

式中：λ^k 可通过下式求得

$$\lambda^k=\min\left|0.99x_i/\Delta x_i\right| \tag{9.10.19}$$

当求解修正矢量 Δx_i^k 的雅可比矩阵对某些元素近于奇异时，则计算出的修改量很大，会使修改后的解比初值更偏离精确解，从而不再能达到正确的收敛解。此时，便应使用 L-M 算法。L-M 算法近似解的修改矢量求解方程组为

$$\left[\mu^k\boldsymbol{I}+\left(\frac{\partial \boldsymbol{F}_j}{\partial x_i}\right)_{x_i=x_i^k}^{\mathrm{T}}\left(\frac{\partial \boldsymbol{F}_j}{\partial x_i}\right)_{x_i=x_i^k}\right]\Delta x_i^k=-\left(\frac{\partial \boldsymbol{F}_j}{\partial x_i}\right)_{x_i=x_i^k}\boldsymbol{F}\left(x_j^k\right) \tag{9.10.20}$$

式中：$\left(\frac{\partial \boldsymbol{F}_j}{\partial x_i}\right)$ 为 $x_i=x^k$ 处雅可比矩阵；$\boldsymbol{I}$ 为单位矩阵；μ^k 为非零参数，$\mu^k=0$ 时，L-M 算法退化为 N-R 算法，$\mu^k=\infty$ 时，则修正矢量变得无限小，L-M 算法常取 $\mu^k=\left(\frac{\partial \boldsymbol{F}_j}{\partial x_i}\right)$，雅可比矩阵元素最大绝对值即

$$\mu^k=\max\left|\left(\frac{\partial \boldsymbol{F}_j}{\partial x_i}\right)\right| \tag{9.10.21}$$

L-M 算法是通过式（9.10.21）求出 μ^k 后，从式（9.10.20）解得修正矢量 Δx_i^k。又由式（9.10.19）计算 λ^k，再由式（9.10.18）求出修正后的近似解。将修正后的近似解代入式（9.10.16）求余量，如不满足精度要求，继续进行修改，直至达到满足精度要求的解。整个计算过程的框图和有关技术如图 9.21 所示。

现举一算例结果供参考。已知 $\gamma_{\mathrm{s}}=1.3$，$\gamma_{\mathrm{p}}=1.395$，$T_{0\mathrm{s}}=1123.5\,\mathrm{K}$，$T_{0\mathrm{p}}=273.15\,\mathrm{K}$，$M_{\mathrm{ws}}=32.0$，$M_{\mathrm{wp}}=32.0$，$p_{0\mathrm{m}3}$=200 kN/m^2（abs），$p_{0\mathrm{s}1}$=198.5 kN/m^2（abs），$\frac{w_{\mathrm{s}}}{w_{\mathrm{p}}}=4.0$，$\dot{m}=0.080\,28\,\mathrm{kg/s}$。利用以上公式所编制的计算程序，便可求得该引射器设计参数如下。

引射器管内径为 46.248 mm；氧喷嘴出口内径为 6.838 5 mm；所需氧源总压 $p_{0\mathrm{p}1}$=232.45 kN/m^2（abs）。其他计算值：$Ma_{\mathrm{p}1}=0.488\,7$，$Ma_{\mathrm{s}1}=0.093\,7$，$Ma_{\mathrm{m}3}=0.105\,8$，

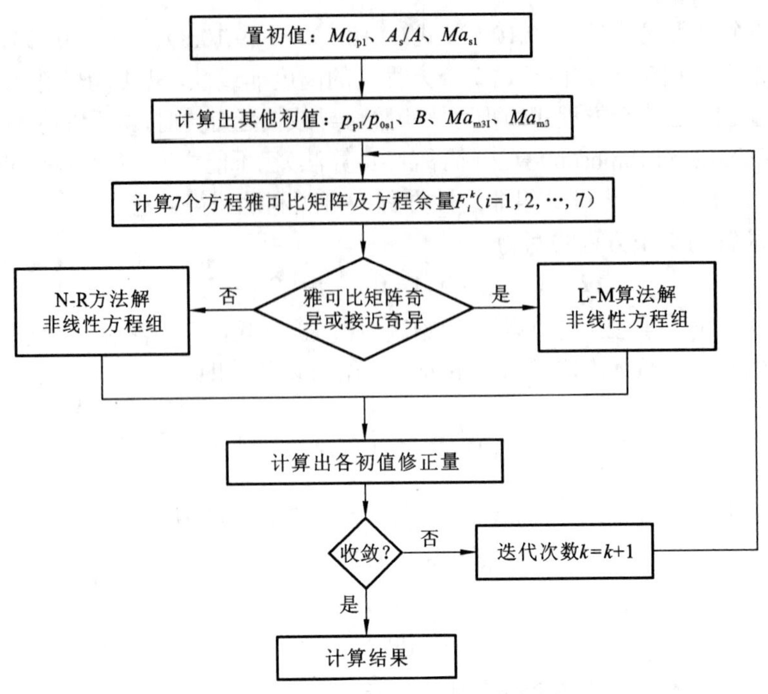

图 9.21　引射管设计计算程序框图

$p_{p1}=p_{s1}=197.536\ \text{kN/m}^2$（abs），$p_{m3}=198.514\ \text{kN/m}^2$（abs）。

该算例解算迭代次数为 177 次，计算精度是所求解的 7 个方程式误差平方之和为 6.25×10^{-8}。

本节是引用斯特林发动机中亚声速引射器的一维流设计和计算方法的介绍。虽然，一维流设计不能确定引射器所必需的长度，但它是基本的和总体的。而为确定两种气体在管内混合发展过程，确保从引射器出流的混合气体已达到均匀混合状态，对引射器所必需的管长，则需要对其混合过程作共轴受限轴对称射流的模拟计算，工程上或可用经验方法确定。

例　　题

例 9.1　试设计一个空气扩压器，使进口处马赫数 Ma_1=0.8，出口处马赫数 Ma_2=0.2，求该扩压器进口和出口面积比 A_2/A_1 应为多大。

解：引入相应的临界面积 A^*，对等熵流 $A_1^*=A_2^*=A^*$，则由式（9.4.13）或等熵流气动函数表查得

$$Ma_1=0.8,\quad \frac{A_1}{A^*}=1.0382;$$

$$Ma_2=0.2,\quad \frac{A_2}{A^*}=2.9635;$$

故

$$\frac{A_2}{A_1}=\frac{2.9635}{1.0382}=2.854$$

例 9.2　试说明应用毕托管测量亚声流速度的原理及计算公式，并与不可压缩流体测速公式进行比较。

解：图 9.22 为一普通毕托管示意图，测量气流速度时应根据测得的总压 p_0（滞止压力）和静压 p，求来流速度 q。

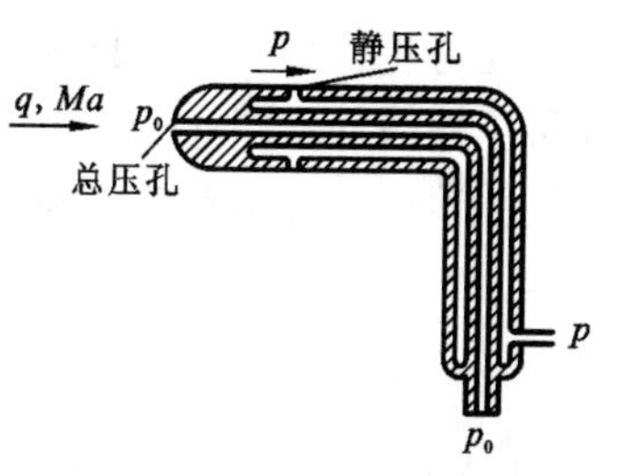

图 9.22 普通毕托管示意图

在亚声流中，风速管前端速度停滞过程的损失是很小的，常可应用等熵流公式（9.4.4）或等熵流气动函数表进行计算。如

$$\frac{p_0}{p}=\left(1+\frac{\gamma-1}{2}Ma^2\right)^{\frac{\gamma}{\gamma-1}}$$

根据毕托管测得的 p_0 和 p 立即可得来流马赫数 Ma。气流速度 q 与马赫数 Ma 的关系为

$$q=Ma\cdot a=Ma\sqrt{\gamma RT}$$

式中：a 为声速；气流中温度 T 不等于滞止温度，需再用能量方程式（9.4.3）或等熵流气动函数表求 T，即

$$\frac{T_0}{T}=1+\frac{\gamma-1}{2}Ma^2$$

其中气流滞止温度 T_0 是应该给出的，则由 Ma 和 T_0 可得出 T，从而便可确定气流速度 q。

对不可压缩流体密度 $\rho=\rho_0=$ 常数，毕托管测量流速可直接应用伯努利方程确定，即

$$p+\frac{1}{2}\rho q^2=p_0$$

或

$$p_0-p=\frac{1}{2}\rho q^2$$

为了比较，将可压缩流公式（9.4.4）用二项定理展开有

$$\begin{aligned}\frac{p_0}{p}&=\left(1+\frac{\gamma-1}{2}Ma^2\right)^{\frac{\gamma}{\gamma-1}}=1+\frac{1}{2}\gamma Ma^2+\frac{1}{8}\gamma Ma^4+\frac{\gamma(2-\gamma)}{48}Ma^8+\cdots\\&=1+\frac{\gamma}{2}Ma^2\left(1+\frac{Ma}{4}+\frac{2-\gamma}{24}Ma^4+\cdots\right)\\&=1+\frac{1}{2}\rho q^2\frac{1}{p}\left(1+\frac{Ma^2}{4}+\frac{2-\gamma}{24}Ma^4+\cdots\right)\end{aligned}$$

故

$$p_0-p=\frac{1}{2}\rho q^2\left(1+\frac{Ma^2}{4}+\frac{2-\gamma}{24}Ma^4+\cdots\right)$$

通过比较可知，如将可压缩流不计其压缩性效应，计算 p_0-p 所引起的误差 ε 为

$$\varepsilon=\frac{1}{4}Ma^2+\frac{2-\gamma}{24}Ma^4+\cdots$$

引起误差大小与 Ma 有关，空气 γ=1.4，Ma 与 ε 的关系见表 9.3。

表 9.3 *Ma* 与 ε 关系

Ma	ε/%	*Ma*	ε/%	*Ma*	ε/%
0.1	0.25	0.5	6.20	0.9	21.90
0.2	1.00	0.6	9.00	1.0	27.50
0.3	2.25	0.7	12.80		
0.4	4.00	0.8	17.30		

由此可见，如 Ma<0.2～0.3，压力误差小于 1.00%～2.25%。这就是说，对于低速气流忽略其可压缩效应，引起的误差较小，故常可当做不可压缩流处理。

类似地可计算出忽略气流的可压缩性引起的密度误差，因

$$\frac{\rho_0}{\rho}=\left(1+\frac{\gamma-1}{2}Ma^2\right)^{\frac{1}{\gamma-1}}=1+\frac{1}{2}Ma^2+\cdots$$

故有 $\varepsilon=\frac{1}{2}Ma^2+\cdots$ 比压力误差大一倍。

例 9.3 试设计一个拉法尔喷管，要求通过空气的质量流量 m=1 kg/s，出口处马赫数 Ma=3.0。已知进口滞止压力 p_0=0.882 5×10^5 N/m^2，滞止温度 T_0=25 ℃。试求：

（1）喷管喉口截面面积；

（2）喷管出口截面面积；

（3）喷管出口气流速度、压力、温度和密度。

解：（1）要求喉口必为临界截面面积 A^*，由质量流量计算公式 $m=\rho^* a^* A^*$ 可知，A^*只与 m、p_0、T_0 有关，与出口状态无关。利用等熵流气动函数表，在 Ma=1 喉口处有

$$\frac{ma_0}{A^* p_0}=0.810\,2$$

故

$$A^*=\frac{ma_0}{0.810\,2p_0}=\frac{m\sqrt{\gamma RT_0}}{0.810\,2p_0}=\frac{1\times\sqrt{1.4\times287\times(273+25)}}{0.810\,2\times0.882\,5\times10^5}=0.004\,84\ (\mathrm{m^2})=48.4\ (\mathrm{cm^2})$$

（2）喷管出口截面面积 A 与出流马赫数 Ma 有关，由等熵流气动函数表，即

$$Ma=3.0,\quad A/A^*=4.235$$

故

$$A=4.235\times48.4=205\ (\mathrm{cm^2})$$

（3）出口气流状态由 Ma=3.0 时等熵流气动函数表确定：Ma=3.0 时，p/p_0=0.027 2，T/T_0=0.357。

故

$$p=0.027\,2\times0.882\,5\times10^5=0.24\times10^4\ (\mathrm{N/m^2})$$
$$T=0.357\times(273+25)=106.39\ \mathrm{K}=-166.6\ (℃)$$

由状态方程确定气流密度，有

$$\rho=\frac{p}{RT}=\frac{0.24\times10^4}{287\times106.39}=0.078\,6\ (\mathrm{kg/m^3})$$

由连续性方程确定气流速度 q 为

$$q=\frac{m}{\rho A}=\frac{1}{0.078\,6\times0.020\,5}=620.6\ (\mathrm{m/s})$$

例 9.4 如图 9.23 所示有一射流推进器的喷管，已知进气口截面面积 A_1 和喷管出口截面面积 A_2 之比为 A_1/A_2=1.5，热气进入喷管的平均速度 q_1=130 m/s，气流静压 p_1=2 atm（abs，当地大气压），气流温度 t_1=767 ℃。已知喷管出口截面处气流静压 p_2=1 atm（abs，当地大气压），气流温度 t_2=567 ℃。试求出口处气流速度 q_2 和相应的马赫数 Ma_2。

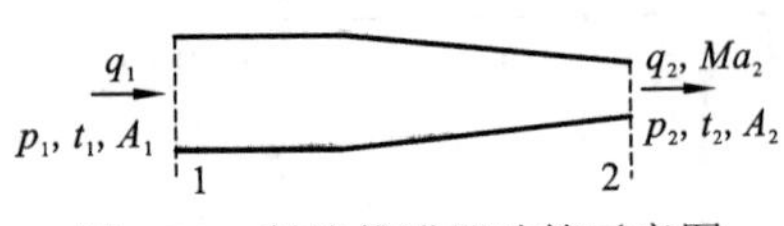

图 9.23 射流推进器喷管示意图

解：根据定常气流质量守恒连续性方程

$$\rho_1 q_1 A_1 = \rho_2 q_2 A_2$$

故有

$$q_2 = q_1 \frac{\rho_1}{\rho_2}\frac{A_1}{A_2}$$

假定为完全气体等熵流动，气体常数 R=287 J/(kg·K)，比热比 γ=1.4。由气体状态方程：

$$\rho_1 = \frac{p_1}{RT_1},\quad \rho_2 = \frac{p_2}{RT_2}$$

因 p_1=2 atm=2×101 325=202 650 (Pa)，$T_1=273+t_1$=1 040 (K)，故

$$\rho_1 = \frac{202\,650}{287\times 1\,040} = 0.679\ (\mathrm{kg/m^3})$$

因 p_2=1 atm=101 325 (Pa)，$T_2=273+t_2$=840 (K)，故

$$\rho_2 = \frac{101\,325}{287\times 840} = 0.420\ (\mathrm{kg/m^3})$$

得

$$q_2 = q_1 \frac{\rho_1}{\rho_2}\frac{A_1}{A_2} = 130\times\frac{0.679}{0.420}\times 1.5 = 315\ (\mathrm{m/s})$$

喷管出口截面气流中声速 $a_2 = \sqrt{\gamma R T_2} = \sqrt{1.4\times 287\times 840} = 581\ (\mathrm{m/s})$，故

$$Ma_2 = q_2 / a_2 = 0.542$$

例 9.5 在空气流中有一物体，气流在无穷远处为均匀流状态，其压力、密度、速度和马赫数分别以 p_∞、ρ_∞、q_∞和 Ma_∞表示，试求：

（1）如 $Ma_\infty<1$，试证明在物面上出现临界速度处压力系数 C_p^*的计算公式为

$$C_p^* = \left[\left(\frac{2}{\gamma+1}\right)^{\frac{\gamma}{\gamma-1}}\left(1+\frac{\gamma-1}{2}Ma_\infty^2\right)^{\frac{\gamma}{\gamma-1}} - 1\right]\Big/\left(\frac{\gamma}{2}Ma_\infty^2\right)$$

（2）如物体为一毕托管（测总压 p_0 和静压 p_∞），试写出亚声流（$Ma_\infty<1$）中计算流速 q_∞ 的公式。

（3）如物体为一飞机，已知 q_∞=238 m/s，气温 t_∞=16 ℃，试求机翼上最大压力系数（假设无超声速流区）。

解：（1）由压力系数定义可写出：

$$C_p = \frac{p-p_\infty}{\frac{1}{2}\rho_\infty q_\infty^2} = \frac{p/p_\infty - 1}{\frac{1}{2}\gamma Ma_\infty^2}$$

故临界速度其压力系数 C_p^*可写为

$$C_p^* = \frac{p^*/p_\infty - 1}{\frac{1}{2}\gamma Ma_\infty^2} = \frac{(p^*/p_0)(p_0/p_\infty) - 1}{\frac{1}{2}\gamma Ma_\infty^*}$$

由式（9.3.12）可知，$\frac{p_0}{p^*} = \left(\frac{\gamma+1}{2}\right)^{\frac{\gamma}{\gamma-1}}$；由式（9.3.10）知，$\frac{p_0}{p_\infty} = \left(1+\frac{\gamma-1}{2}Ma_\infty^2\right)^{\frac{\gamma}{\gamma-1}}$，故

$$C_{\mathrm{p}}^{*}=\left[\left(\frac{2}{\gamma+1}\right)^{\frac{\gamma}{\gamma-1}}\left(1+\frac{\gamma-1}{2}Ma_{\infty}^{2}\right)^{\frac{\gamma}{\gamma-1}}-1\right]\Big/\left(\frac{1}{2}\gamma Ma_{\infty}^{2}\right)$$

（2）对亚声流，由能量方程式（9.4.3）知，$\dfrac{\gamma RT_0}{\gamma-1}=\dfrac{\gamma RT_{\infty}}{\gamma-1}+\dfrac{q_{\infty}^2}{2}$，故

$$q_{\infty}=\left[\left(\frac{2}{\gamma-1}\right)\gamma RT_0\left(1-\frac{T_{\infty}}{T_0}\right)\right]^{\frac{1}{2}}=a_0\left\{\frac{2}{\gamma-1}\left[1-\left(\frac{p_{\infty}}{p_0}\right)^{\frac{\gamma-1}{\gamma}}\right]\right\}^{\frac{1}{2}}$$

故在亚声流中用毕托管测流速 q_{∞}，除需测得 p_{∞}和 p_0 外，还应给出 T_0 或气流的滞止声速 a_0。

（3）根据气温 t_{∞}=16 ℃，声速 $a_{\infty}=\sqrt{\gamma RT_{\infty}}=340\ \mathrm{m/s}$，故 $Ma_{\infty}=q_{\infty}/a_{\infty}=238/340=0.7$ 。

最大压力系数在 $p=p_0$ 处，利用等熵流气动函数表，对应 Ma_{∞}=0.7 的 p/p_{∞}=1.387 1，则可得

$$C_{\mathrm{p0}}=\frac{p_0-p_{\infty}}{\frac{1}{2}\rho_{\infty}q_{\infty}^2}=\frac{p_0/p_{\infty}-1}{\frac{1}{2}\gamma Ma_{\infty}^2}=\frac{1.387\,1-1}{0.7\times0.7^2}=1.129$$

最小压力系数在 $p=p^*$处，有

$$C_{\mathrm{p}*}=\frac{p^*/p_{\infty}-1}{\frac{1}{2}\gamma Ma_{\infty}^2}=\frac{\left(p^*/p_0\right)\left(p_0/p_{\infty}\right)-1}{\frac{1}{2}\gamma Ma_{\infty}^2}=\frac{0.528\,3\times1.387\,1-1}{0.7\times0.49}=-0.779$$

例 9.6 如图 9.24 所示，有一缩放喷管由两段组成，在喉部用法兰联结，喉部和出口截面面积分别为 10 cm^2 和 14.95 cm^2，空气来自一个大容器（p_0=10×10^5 N/m^2，t_0=17 ℃），通过喷管排入大气（p_a=1×10^5 N/m^2），试证明出口处气流压力 p_2 将大于大气压 p_a，并求出 p_2 的值；空气出流引起作用于喷管喉部联结法兰上的力有多大。

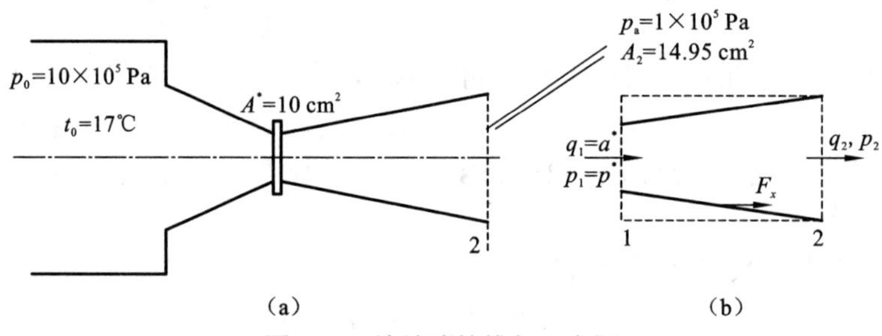

图 9.24 缩放喷管排气示意图

计算时可利用如下函数表：$y=\left(1-x^{\frac{2}{7}}\right)^{\frac{1}{2}}\cdot x^{\frac{5}{7}}$

表 9.4 x 与 y 函数关系

x	y
0.158	0.171 34
0.160	0.172 44
0.162	0.173 52
0.164	0.174 60

解：根据所给条件可以推测该喷管喉口处已达临界状态，临界参数（临界温度 T^*、临界声速 a^*、临界压力 p^*、临界密度 ρ^*等）可求得如下结果。

由式（9.3.14）知，$\dfrac{T_0}{T^*}=\dfrac{\gamma+1}{2}=1.2$，故

$$T^*=\frac{273+17}{1.2}=241.7\ \text{K}，\quad a^*=\sqrt{\gamma RT^*}=\sqrt{1.4\times287\times241.7}=311.6\ (\text{m/s})$$

由式（9.3.12）可知，$\dfrac{p_0}{p^*}=\left(\dfrac{\gamma+1}{2}\right)^{\frac{\gamma}{\gamma-1}}=1.2^{3.5}=1.893$，故

$$p^*=10\times10^5/1.893=5.283\times10^5\ (\text{N/m}^2)$$

由状态方程得

$$\rho^*=\frac{p^*}{RT^*}=\frac{5.283\times10^5}{287\times241.7}=7.615\ (\text{kg/m}^2)$$

假设喷管内流动为等熵流动，令出口处气流压力为 p_2，则由能量方程得 q_2 和 p_2 之间的关系式为

$$\frac{\gamma}{\gamma-1}\frac{p_0}{\rho_0}=\frac{q_2^2}{2}+\frac{\gamma}{\gamma-1}\frac{p_2}{\rho_2}$$

故

$$q_2^2=\frac{2\gamma}{\gamma-1}\frac{p_0}{\rho_0}\left(1-\frac{p_2}{p_0}\frac{\rho_0}{\rho_2}\right)=7RT_0\left[1-\left(\frac{p_2}{p_0}\right)^{\frac{2}{7}}\right]$$

解得

$$q_2=\sqrt{7\times287\times290}\left[1-\left(\frac{p_2}{p_0}\right)^{\frac{2}{7}}\right]^{\frac{1}{2}}$$

再由质量守恒连续性方程得

$$\dot{m}=\rho_2q_2A_2=\rho^*a^*A^*=7.615\times311.6\times0.001=2.373\ (\text{kg/s})$$

因

$$\rho_2=\rho_0\left(\frac{p_2}{p_0}\right)^{\frac{1}{\gamma}}=\rho_0\left(\frac{p_2}{p_0}\right)^{\frac{5}{7}}，\quad \rho_0=\frac{p_0}{RT_0}=\frac{10\times10^5}{287\times290}=12.01\ (\text{kg/m}^3)$$

故

$$q_2=\frac{\dot{m}}{\rho_2A_2}=\frac{2.373}{12.01\times\left(\dfrac{p_2}{p_0}\right)^{\frac{5}{7}}\times0.001\,495}$$

联立以上两式，得

$$0.173\,4=\left[1-\left(\frac{p_2}{p_0}\right)^{\frac{1}{2}}\right]\left(\frac{p_2}{p_0}\right)^{\frac{5}{7}}$$

设 $x=p_2/p_0$，$y=0.173\,4$，由已给出函数表插值求得 $x=p_2/p_0=0.160\,5$，故 $p_2=1.605\times10^5\ \text{N/m}^2$，

表明 $p_2>p_a$，这在超声速气体出流中是可能的。

出口截面上气流密度 ρ_2 和气流速度 q_2 可求得

$$\rho_2=\rho_0\left(\frac{p_2}{p_0}\right)^{\frac{5}{7}}=12.01\times0.160\,5^{\frac{5}{7}}=3.251\,(\mathrm{kg/m^3})$$

$$q_2=\frac{\dot{m}}{\rho_2A_2}=\frac{2.373}{3.251\times0.001\,495}=488\,(\mathrm{m/s})$$

出口截面气流声速 a_2 可求得

$$a_2=\sqrt{\gamma\frac{p_2}{\rho_2}}=\sqrt{\frac{1.4\times1.605\times10^5}{3.251}}=262.9\,(\mathrm{m/s})$$

出口气流马赫数 Ma_2 为

$$Ma_2=q_2/a_2=488/262.9=1.856\quad（超声速）$$

为求喷管法兰盘上推力，取图 9.24 所示虚线控制体，设喷管作用可控制体上的力 F_x（为喷管对气流的作用力）。进入该控制体气流动量为 $\dot{m}a^*$，从控制体流出的气体动量为 $\dot{m}q_2$。作用于控制体上的力还有 $p_a\left(A_2-A^*\right)+p^*A^*-p_2A_2$，由动量定理写出等式为

$$\dot{m}\left(q_2-a^*\right)=p_a\left(A_2-A^*\right)+p^*A^*-p_2A_2+F_x$$

故

$$2.373\times\left(488-311.7\right)=10^5\times10^{-4}\times\left[\left(14.95-10\right)+5.283\times10-1.605\times14.95\right]+F_x$$

解得

$$F_x=80.5\ (\mathrm{N})$$

式中：F_x 为喷管作用于气流的力，故气流作用于喷管上的推力为−80.5 N（为气流反向）。

例 9.7 如图 9.25 所示，有一缩放管，进口与一大容器连接，气源滞止压力 p_0=140 kN/m^2，已知气源的气体比热比 γ=1.4。该缩放管喉口截面面积 A^*为出口截面面积 A_e 的一半，即 $A^*=\frac{1}{2}A_e$。气体排入另一大容器中，保持背压 p_B 不变，p_B=100 kN/m^2。试证明该缩放管工作时管内必将有一道正激波存在，并求出激波位置和激波后的总压。

(a)

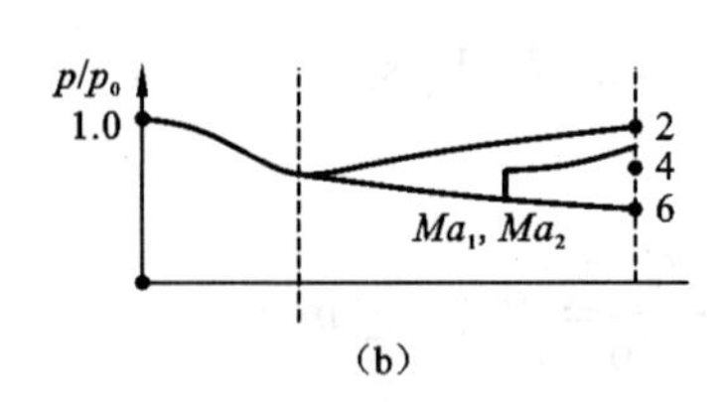

(b)

图 9.25　缩放管工作示意图

解：根据所给定的数据，先假设该喷管工作时其喉口处已达到临界状态，则由 A/A^*=2，从等熵流公式或等熵流气动函数表，可求得亚声速出流和超声速出流的马赫数和气流静压为

$$Ma=0.3,\ p_e/p_0=0.937\qquad（当\ p_e=p_2\ 时）$$
$$Ma=2.2,\ p_e/p_0=0.093\,8\quad（当\ p_e=p_0\ 时）$$

故

$$p_2=0.937\times140=131\,\mathrm{kN/m^2}>p_B$$
$$p_6=0.093\,8\times140=13.13\,(\mathrm{kN/m^2})<p_B$$

因喷管外背压 p_B=100 kN/m^2，介于 p_2 和 p_6 之间，故假定喉口达临界状态是正确的，并

在喷管内已有激波。

如激波发生在喷管出口截面处，根据 Ma_6=2.2，由正激波公式或正激波气动函数表可求出激波后气流静压 p_4，即 p_4/p_6=5.43，故

$$p_4 = 5.43\times 13.13 = 71.3\,(\text{kN/m}^2)$$

因喷管背压 $p_B>p_4$，说明激波不能在喷管出口截面，而是在喷管之内。

为了确定激波在喷管内位置和激波后气流总压 p_{oe}，因激波后为亚声流，使出口处气流静压 $p_e=p_B$=100 kN/m^2，计算气体质量流量函数为

$$\frac{\dot{m}a_0}{A_e p_{oe}} = \frac{\dot{m}a_0}{A^* p_0}\frac{A^*}{A_e}\frac{p_0}{p_B}\frac{p_B}{p_{oe}} = 0.810\,2\times\frac{1}{2}\times 1.4\times\frac{p_B}{p_{oe}} = 0.567\,1\frac{p_B}{p_{oe}}$$

利用等熵流气动函数表使

$$\left(\frac{\dot{m}a_0}{A_e p_{oe}}\right)\Bigg/\left(\frac{p_B}{p_{oe}}\right)=0.567\,1$$

用试凑法查得：Ma_e=0.4，p_B/p_{oe}=0.895 6，故

$$p_{oe} = 100/0.895\,6 = 111.6\,(\text{kN/m}^2)$$

根据正激波前后总压比 $p_{oe}/p_0 = 111.6/140 = 0.797\,5$，由正激波气动函数表查出正激波前后马赫数分别为 Ma_1=1.84，Ma_2=0.608。再由等熵流气动函数表找出 Ma_1=1.84 处截面面积 A（即正激波在管内位置 A/A^*=1.484）。

例 9.8 假设图 9.26 所示的空气流为绝热无黏流动，给定出口截面面积 A_4 处气流状态：气流温度 T_4=16 ℃，气流静压 p_4=1.013 7×10^5 N/m^2，气流总压 p_{o4}=1.5×10^5 N/m^2。其中风管截面面积 A_2=1 685 mm^2，第一喉口截面面积 A_1=500 mm^2 处为声速流，有一道正激波发生在 A_5=1 235.3 mm^2 处；如第二喉口 A_3 处马赫数 Ma_3≤0.9，试计算最小的第二喉口截面面积 A_3 应为多大，并作出沿管长马赫数 Ma 变化的曲线。再求出通过该管道的空气质量流量及储气箱内气源总压 p_0、总温（滞止温度）T_0 和风管 A_2 截面处的流速。该管流系统进口和出口的气流总压和总温的变化又为多少？

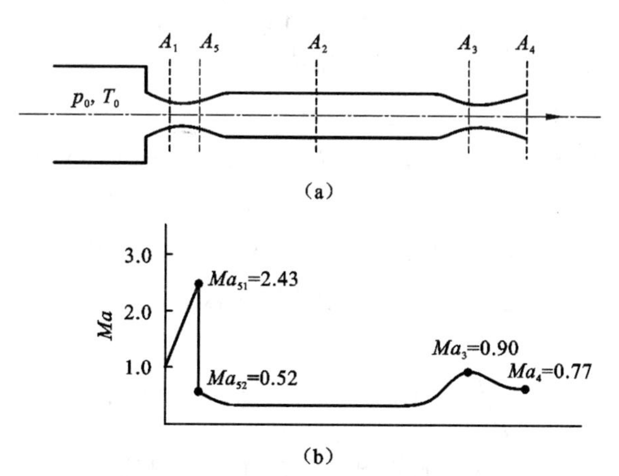

图 9.26 有两个喉口的气流管道示意图

解：出口截面 A_4 处已知 p_{o4}/p_4=1.5/1.013 7=1.48，由等熵流气动函数表可查得 Ma_4=0.77，A_4/A_4^*=1.051 9。其中 A_4^* 为正激波后等熵流的临界截面面积，区别于正激波前的临界截面面积 $A_4^*=A_1$（第一喉口截面面积），$A_4^*\neq A_1\neq A_3$。

已知正激波位置，由 $A_5/A_4^*=1\ 235.3/500=2.470\ 6$，从正激波气动函数表查得正激波前后气流马赫数 $Ma_{51}=2.43$，$Ma_{52}=0.52$。

在正激波后，对应于 $Ma_{52}=0.52$ 的等熵流临界截面积 A_4^*，由等熵流气动函数表可查得：$A_5/A_4^*=1.303\ 4$。

对应于第二喉口处，使 $Ma_3=0.9$ 的等熵流中临界截面面积为 A_4^*，由等熵流气动函数表又可查得：$A_3/A_4^*=1.008\ 9$，故

$$A_3/A_5=1.008\ 9/1.303\ 4=0.774,\quad A_3=0.774\times 1\ 235.3=956.2\ (\text{mm}^2)$$

$$A_4/A_5=1.051\ 9/1.303\ 4=0.807$$

故

$$A_4=0.807\times 1\ 235.3=996.9\ (\text{mm}^2)$$

已知 A_2，则有

$$\frac{A_2}{A_4^*}=\frac{A_2}{A_4}\frac{A_4}{A_4^*}=\frac{1\ 685}{996.9}\times 1.051\ 9=1.778$$

再由等熵流气动函数表查得 $Ma_2=0.35$。以上结果，管流中马赫数曲线便可做出，如图 9.26 所示。

质量流量 $\dot{m}$ 可在出口截面上确定，因

$$a_4=\sqrt{\gamma RT_4}=\sqrt{1.4\times 287\times (271+16)}=340\ (\text{m/s})$$

$$q_4=Ma_4 a_4=0.77\times 340=261.8\ (\text{m/s})$$

$$\rho_4=\frac{p_4}{RT_4}=\frac{1.013\ 7\times 10^5}{287.1\times (273+16)}=1.221\ 7\ (\text{kg/m}^3)$$

故

$$\dot{m}=\rho_4 q_4 A_4=1.221\ 7\times 261.8\times 996.9\times 10^{-6}=0.318\ 8\ (\text{kg/s})$$

根据已知的 $Ma_4=0.77$，$T_4=289$ K，从等熵流气动函数表求出滞止温度 T_{04}，表中查出 $T_{04}/T_4=1.118\ 6$，故

$$T_{04}=1.118\times 289=323.3\ (\text{K})$$

由管流内为绝热的假定，故总温（滞止温度）不变，有 $T_0=T_{04}=T_{02}$。再由 A_2 处已知的 $Ma_2=0.35$，从等熵流气动函数可查得 $T_{02}/T_2=1.0245$，故

$$T_2=323.3/1.024\ 5=315.6\ \text{K},\quad a_2=\sqrt{\gamma RT_2}=\sqrt{1.4\times 287.1\times 315.6}=355.3\ (\text{m/s})$$

$$q_2=Ma_2 a_2=0.35\times 355.3=124.3\ (\text{m/s})$$

总压变化主要由正激波产生，根据 $Ma_{51}=2.43$，从正激波气动函数表可查得：$p_{02}/p_{01}=0.527\ 6$。正激波前总压 p_{01} 与储气箱内总压 p_0 相等，激波后的总压 p_{02} 与出流总压 p_{04} 相同，故总压变化可求得

$$\frac{p_0-p_{04}}{p_0}=1-\frac{p_{04}}{p_0}=1-0.527\ 6=47.24\%$$

例 9.9 有一完全气体的范诺管流如图 9.27 所示。管内径 $d=2.5$ cm，如在离管子出口截面 2 处 11.452 m 的截面 1 处的气流参数为：静压 $p_1=2\times 10^5\ \text{N/m}^2$，气温 $T_1=27$ ℃，马赫数 $Ma_1=0.25$，设管壁摩擦系数 $f=0.004$，试求质量流量，以及出口截面 2 处的气流静压 p_2、气温 T_2，气流速度 q_2 和总压变化 $p_{01}-p_{02}$。如不改变管子出流环境压力及气流的滞止温度，改变 Ma_1，求该管道发生摩擦堵塞的质量流量相应的 Ma_1 和总压变化。

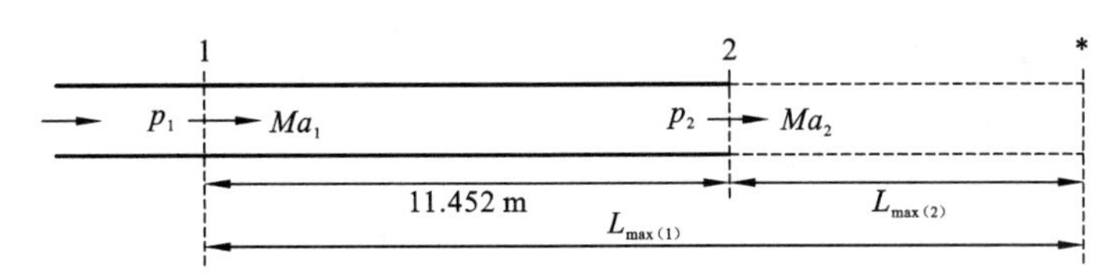

图 9.27　绝热有摩擦的管流示意图

解：在管截面 1 处已知气流声速 $a_1=\sqrt{\gamma RT_1}=\sqrt{1.4\times287\times(273+27)}=347.2\ (\mathrm{m/s})$，气流速度 $q_1=Ma_1a_1=0.25\times347.2=86.8\ (\mathrm{m/s})$，气流密度 $\rho_1=\dfrac{p_1}{RT_1}=\dfrac{2\times10^5}{287\times300}=2.323\ (\mathrm{kg/m^3})$，所以管内质量流量 $\dot{m}$ 可求得

$$\dot{m}=\rho_1q_1A_1=2.323\times86.8\times\pi\times0.025^2/4=0.0987\ (\mathrm{kg/s})$$

根据 Ma_1=0.25，由范诺流动函数表可查得

$$\frac{p_1}{p^*}=4.3546\ ,\quad \frac{T_1}{T^*}=1.1852\ ,\quad \frac{4fL_{\max(1)}}{D}=8.4834$$

式中：$L_{\max(1)}$为最大管长，见图 9.27 所示，从截面 1 开始计算的实际管长 L=11.452 m，因

$$\frac{4fL}{D}=\frac{4\times0.004\times11.452}{0.025}=7.329$$

令

$$\frac{4fL_{\max(2)}}{D}=8.4834-7.329=1.1544$$

式中：$L_{\max(2)}$为最大管长，见图 9.27，根据 $4fL_{\max(2)}/D$=1.1544，由范诺流动函数表可查得

$$Ma_2=0.49\ ,\quad \frac{p_2}{p^*}=2.1838\ ,\quad \frac{T_2}{T^*}=1.1450$$

则可求得

$$T_2=\frac{T_2}{T^*}\frac{T^*}{T_1}T_1=\frac{1.1450}{1.1852}\times300=289.8\ (\mathrm{K})$$

$$p_2=\frac{p_2}{p^*}\frac{p^*}{p_1}p_1=\frac{2.1838}{4.3546}\times2\times10^5=1.003\times10^5\ (\mathrm{N/m^2})$$

由此可知

$$a_2=\sqrt{\gamma RT_2}=\sqrt{1.4\times287\times289.8}=341.2\ (\mathrm{m/s})$$

$$q_2=Ma_2a_2=0.49\times341.2=167.2\ (\mathrm{m/s})$$

根据已知的 Ma_1=0.25，Ma_2=0.49，再由等熵流动气动函数表查出总压和总温为

$$Ma_1=0.25\text{ 处，}\quad \frac{p_{01}}{p_1}=1.0444\ ,\quad \frac{T_{01}}{T_1}=1.0125$$

$$Ma_2=0.49\text{ 处，}\quad \frac{p_{02}}{p_2}=1.1784$$

故

$$p_{01}-p_{02}=(1.0444\times2-1.1784\times1.003)\times10^5=0.9068\times10^5\ (\mathrm{N/m^2})$$

$$T_{01}=1.0125T_1=1.0125\times300=303.75\ (\mathrm{K})$$

如令 $p_2-p^*=1.003\times10^5\ \mathrm{N/m^2}$（使出流达到 Ma=1），题中已假定气流总温不变（绝热流

动)，故 $T_{01}=T_0^*$，在 $Ma=1$ 处有

$$\frac{T_0^*}{T^*}=1+\frac{\gamma-1}{2}\times 1^2=1.2$$

故

$$T^*=303.75/1.2=253.1\,\text{K}\,,\quad a^*=\sqrt{\gamma RT^*}=\sqrt{1.4\times 287\times 253.1}=319\,(\text{m/s})$$

$$\rho^*=\frac{p^*}{RT^*}=\frac{1.003\times 10^5}{287\times 253.1}=1.380\,7\,(\text{kg/m}^3)$$

则相应的质量流量为

$$\dot{m}=\rho^* a^* A^*=1.380\,7\times 319\times \pi\times 0.025^2/4=0.216\,2\,(\text{kg/s})$$

改变 Ma_1，使出口为临界状态，由 $4fL_{\max}/D=4fL/D=7.329\,4$，再从范诺流动函数表可查得：$Ma_1=0.265$，$p_{01}/p_0^*=2.278\,6$，故

$$p_{01}-p_0^*=p_{01}\times(1-1/2.278\,6)=1.044\,4\times 2\times 10^5\times(1-0.438\,9)=1.172\,0\times 10^5\,(\text{N/m}^2)$$

例 9.10 有一内径 $d=0.030$ m，长度 $L=1.5$ m，管壁面粗糙度 $k=3\times 10^{-5}$ m 的排气管，它与一收缩喷管出口相连接，已知进入喷管气源的滞止压力 $p_0=7.0\times 10^5\,\text{N/m}^2$，气源的滞止温度 $T_0=300$ K，排气管外环境压力 $p_B=1.013\,5\,\text{N/m}^2$，试求通过该排气管绝热排气的最大质量流量。

解：见排气管示意图 9.28，取排气管近期截面为 1，排气管出流截面为 2，线考虑不计排气管的摩擦效应，按等熵流确定排气的质量流量 $\dot{m}_i$（其中下标 i 指等熵流的状态），通过对 p_0 和 p_B 所给出的数据比较可假定排气管出流必为临界状态，$\dot{m}_i=\rho_{2i}^* a_{2i}^* A$（$A$ 为排气管截面面积），因临界状态参数（ρ_i^*、T^* 等），由等熵关系式为

$$\frac{T^*}{T_0}=0.833\,3\,,\quad \frac{\rho_i^*}{\rho_0}=0.6339\,4$$

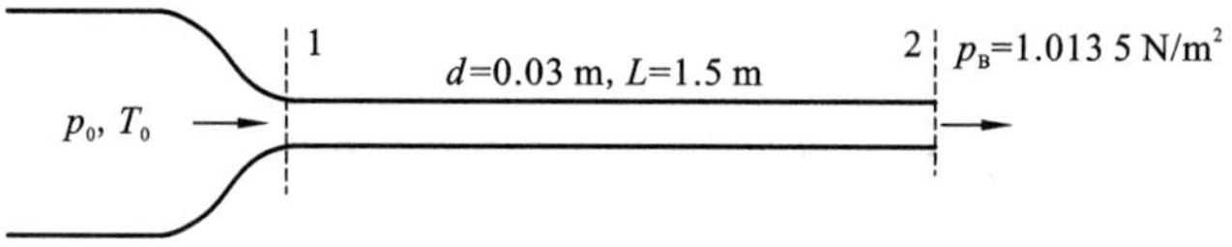

1　d=0.03 m, L=1.5 m　2　p_B=1.013 5 N/m²

p_0, T_0

图 9.28　排气管示意图

已知 $\rho_0=\dfrac{p_0}{RT_0}=\dfrac{7.0\times 10^5}{287\times 300}=8.127\,2\,\text{kg/m}^3$，$T^*=0.833\,3\times 300=250\,(\text{K})$，$\rho_i^*=0.663\,94\times 8.127\,2=5.152\,2\,(\text{kg/m}^3)$

临界声速 $a_i^*=\sqrt{\gamma RT^*}=\sqrt{1.4\times 281\times 250}=317\,(\text{m/s})$，故

$$\dot{m}_i=\rho_i^* a_i^* A=5.152\,2\times 317\times \pi\times 0.015^2=1.154\,5\,(\text{kg/s})$$

考虑排气管黏性摩擦效应，摩擦堵塞将使排气流量减小，排气质量流量则应按范诺流动作出计算。范诺流动中气流摩擦系数 $f(Re,k/d)$ 是雷诺常数 Re 和管壁面相对粗糙度 k/d 的函数。排气管中进口雷诺数 Re_1 与出口雷诺数 Re_2 并不相等，f 值只能由不可压缩管流中穆迪曲线图（科尔布鲁克公式）确定，使 $\bar{f}=\dfrac{1}{2}(f_1+f_2)$。现近似地令 $\bar{f}=f_2$，即由出口雷诺数 Re_2 和管壁相对粗糙度 $k/d=0.001$ 求解。

排气管在考虑摩擦效应后的出流状态未计算之前，Re_2 并不知道，一般需用试算法求解，先假设出流处于临界状态，利用绝热等熵流的临界状态参数，令 $\rho_2^*=\rho_i^*$，$a_2^*=a_i^*$，再取空气

在 T^*=250 K 时黏性系数 $\mu^* = 16.232\times10^{-6}\ \mathrm{N\cdot s/m^2}$，则

$$Re_2 = \frac{\rho^* a^* d}{\mu^*} = \frac{5.1522\times317\times0.03}{16.232\times10^{-6}} = 3.019\times10^6$$

由穆迪曲线图或科尔布鲁克公式得 $f_2 = \frac{1}{4}\lambda = 0.00495$。

根据排气出口为临界状态的假设，使范诺流的最大管长 $L_{\max}$=1.5，则

$$\frac{4\bar{f}L_{\max}}{D} = \frac{4\times0.00495\times1.5}{0.03} = 0.99$$

由范诺流动气动函数表查得 Ma_1=0.51，T_1/T_2^*=1.14，p_1/p_2^*=2.095。再由等熵流动气动函数表求得 Ma_1=0.51，T_1/T_0=0.950，p_1/p_0=0.837，故

$$T_1 = 0.950\times300 = 285\ \mathrm{K},\quad p_1 = 0.837\times7.0\times10^5 = 5.86\times10^5\ (\mathrm{N/m^2})$$

$$\rho_1 = \frac{p_1}{RT_1} = \frac{5.86\times10^5}{287.1\times285} = 7.16\ (\mathrm{kg/m^3}),\quad T_2^* = \frac{T_1}{1.14} = \frac{285}{1.14} = 250\ (\mathrm{K})$$

$$p_2^* = \frac{p_1}{2.095} = \frac{5.86\times10^5}{2.095} = 2.8\times10^5\ (\mathrm{N/m^2})$$

因 $p_2^* > p_{\mathrm{B}}$，故假设的出流为临界状态是合理的，则又可得

$$\rho_2^* = \frac{p_2^*}{RT_2^*} = \frac{2.8\times10^5}{287.1\times250} = 3.9\ (\mathrm{kg/m^3}),\quad a_2^* = \sqrt{\gamma RT_2^*} = \sqrt{1.4\times287.1\times250} = 317\ (\mathrm{m/s})$$

现求得 $\rho_2^* \neq \rho_i^*$，严格地说，应重新计算 Re_2，重复计算方法相同（略），排气质量流量 $\dot{m}$ 为

$$\dot{m} = \rho_2^* a_2^* A = 3.9\times317\times\pi\times0.015^2 = 0.8739\ (\mathrm{kg/s})$$

摩擦效应使最大质量流量减少 1.154 5−0.873 9=0.280 6 (kg/s)，减少 24.3%。

例 9.11 有一空气的气源已知总压 p_0=200 kPa，和总温（滞止温度）T_0=500 K，空气进入内径 D=3 cm 的管道向外排气，管道长 L 如图 9.29 所示，现给出管道进口截面 1 处气流速度 q_1=100 m/s，管流平均摩擦系数 $\bar{f} = 0.005$，试求：

（1）满足所给条件的最大管长 $L_{\max}$；

（2）如管长 L=15 m，求该排气管出流截面 2 处的质量流量 $\dot{m}_2$；

（3）如管长 L=30 m，求该排气管通过的空气质量流量 $\dot{m}$。

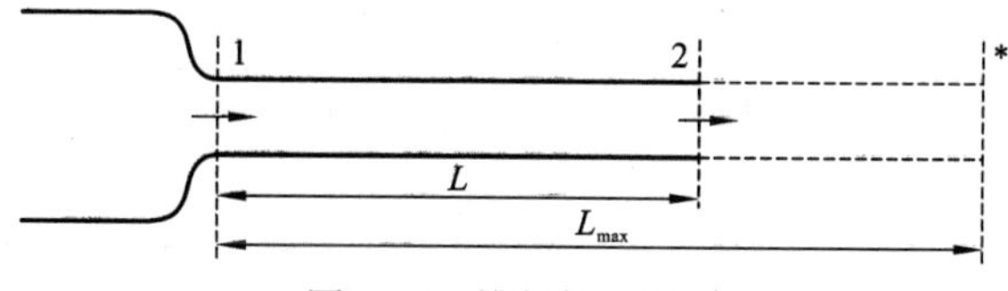

图 9.29 排气管示意图

解：（1）气源到排气管进口截面 1 处的能量方程为

$$C_{\mathrm{p}}T_0 = C_{\mathrm{p}}T_1 + \frac{1}{2}q_1^2$$

故

$$T_1 = T_0 - \frac{q_1^2}{2C_{\mathrm{p}}}$$

式中：等压比热$C_p=\dfrac{\gamma R}{\gamma-1}=\dfrac{1.4\times 287.1}{0.4}=1005\ \text{J}/(\text{kg}\cdot\text{K})$；$T_1=500-\dfrac{100^2}{2\times 1005}=495\ (\text{K})$。

截面 1 处气流声速$a_1=\sqrt{\gamma RT_1}=\sqrt{1.4\times 287.1\times 495}=446\ \text{m/s}$，求得截面 1 处气流马赫数$Ma_1=q_1/a_1=100/446=0.224$。

利用范诺流动气动函数表，由$Ma=Ma_1=0.225$可查得最大管长L_{max}的函数$4\bar{f}L_{max}/D=11$，则得$L_{max}=11\times 0.03/(4\times 0.005)=16.5$ m。

（2）如管长$L=15$ m，由于$L<L_{max}$，故排气管不发生摩擦堵塞，排气质量流量$\dot{m}_2$可按进口条件计算，即$\dot{m}_2=\dot{m}_1=\dot{m}$，根据等熵气流气动函数表，由$Ma=Ma_1=0.224$可查得：$p_1/p_0=0.9653$，$p_1=0.9653\times 200=193.06$ kPa，故

$$\dot{m}=\rho_1 q_1 A=\frac{p_1}{RT_1}q_1 A=\frac{193060}{287.1\times 495}\times 100\times \pi\times 0.03^2/4=0.096\ (\text{kg/s})$$

（3）如管长$L=30$ m，由于$L>L_{max}$，排气管将发生摩擦堵塞，使$L_{max}=L=30$ m。由$4\bar{f}L_{max}/D=4\times 0.005\times 30/0.03=20$，通过范诺流动气动函数表查得排气管进口处相应的马赫数$Ma_1=0.174$（为摩擦堵塞后的值）。然后再利用等熵流气动函数表由$Ma=Ma_1$查得：$p_1/p_0=0.9794$，$T_1/T_0=0.994$，故$T_1=500\times 0.994=497$ K，$p_1=200\times 0.9794=195.88$ kPa。排气管进口处声速$a_1=\sqrt{\gamma RT_1}=447\ \text{m/s}$，$q_1=Ma_1 a_1=0.174\times 447=77.8\ \text{m/s}$。排气管通过的空气质量流量$\dot{m}=\dfrac{p_1}{RT_1}q_1 A=\dfrac{195880}{287.1\times 497}\times 77.8\times \pi\times 0.03^2/4=0.0755\ \text{kg/s}$［与（2）比较减小 22%］。

例 9.12　有一等截面管内瑞利流，欲使进口处超声流$Ma_1=2.0$，$T_1=333$ K，$p_1=135$ kPa（abs），在出口处减速到$Ma_2=1.2$，试求应加入的热量，并求出在出口处相应的气流状态参数T_2、p_2、q_2、ρ_2和熵增ΔS。

解：在进口处气流声速$a_1=\sqrt{\gamma RT_1}=\sqrt{1.4\times 287.1\times 333}=366\ \text{m/s}$，故可先求得进口处气流速度$q_1=Ma_1 a_1=2.0\times 366=732$ m/s。

由$Ma=Ma_1=2.0$，$Ma=Ma_2=1.2$，通过瑞利流动气动函数表可查得

表 9.5　参数表

Ma	T_0/T_0^*	p_0/p_0^*	T/T_0^*	p/p^*	q/q^*
2.0	0.793 4	1.503	0.528 9	0.363 6	1.455
1.2	0.978 7	1.019	0.911 9	0.795 8	1.146

故有

$$T_2/T_1=0.9119/0.5289=1.72,\quad T_2=1.72\times 333=573\ (\text{K})$$
$$p_2/p_1=0.7958/0.3636=2.19,\quad p_2=2.19\times 135=296\ (\text{kPa})(\text{abs})$$
$$q_2/q_1=1.146/1.455=0.788,\quad q_2=0.788\times 732=577\ (\text{m/s})$$
$$\rho_2=p_2/RT_2=296\times 10^3/(287.1\times 573)=1.8\ (\text{kg/m}^3)$$
$$\rho_2/\rho_1=(p_2/p_1)/(T_2/T_1)=2.19/1.72=1.273$$

由能量方程计算加入的热量$Q=C_p(T_{02}-T_{01})$，其中滞止温度T_{01}和T_{02}由当地等熵气动函数表确定，如

$$Ma_1=2.0,\quad T_1/T_{01}=0.5556$$
$$Ma_2=1.2,\quad T_2/T_{02}=0.7764$$

解得：T_{01}=599 K，T_{02}=738 K，故

$$Q=\frac{\gamma R}{\gamma-1}\left(T_{02}-T_{01}\right)=\frac{1.4\times 287.1}{1.4-1.0}(738-599)=140\ (\mathrm{kJ/kg})$$

熵增 $\Delta S=S_2-S_1$，由非等熵方程式（9.1.12）可计算求得

$$\Delta S=C_{\mathrm{v}}\left(\ln\frac{p_2}{p_1}-\gamma\ln\frac{\rho_2}{\rho_1}\right)=\frac{287.1}{1.4-1.0}\left(\ln 2.19-1.4\ln 1.273\right)=0.32\ [\mathrm{kJ/(kg\cdot K)}]$$

例 9.13 对等截面面积管道中具有摩擦的等温流动，试证管流马赫数 $Ma(x)$变化的关系式为

$$\frac{1}{2}\frac{\mathrm{d}Ma^2}{Ma^2}=\frac{2\gamma Ma^2}{1-\gamma Ma^2}\frac{f\mathrm{d}x}{D}$$

式中：D 为管内径；f 为气体摩擦阻力系数；x 为管内气体流动方向坐标；γ 为气体比热比。假设气体为完全气体。

解：引入微分形式的一维定常流连续性方程式（9.4.5）和动量方程式（9.3.6），有

$$\frac{\mathrm{d}\rho}{\rho}+\frac{\mathrm{d}q}{q}=0 \tag{1}$$

$$\mathrm{d}p+\rho q\mathrm{d}q+\frac{4f}{D}\mathrm{d}x\cdot\frac{1}{2}\rho q^2=0 \tag{2}$$

将式（2）每项除以 p，将它改为如下形式，对各项化为与 Ma 的关系，有

$$\frac{\mathrm{d}p}{p}+\frac{\rho q\mathrm{d}q}{p}+\frac{2\rho q^2}{p}\frac{f\mathrm{d}x}{D}=0 \tag{3}$$

因

$$\frac{\rho q\mathrm{d}q}{p}=\frac{q\mathrm{d}q}{RT}=\frac{a^2}{RT}Ma\mathrm{d}Ma=\gamma Ma\mathrm{d}Ma$$

和

$$\frac{\rho q^2}{p}=\frac{a^2Ma^2}{RT}=\gamma Ma^2$$

引入等温气流状态方程 p/ρ=常数，由此可知

$$\frac{\mathrm{d}p}{p}=\frac{\mathrm{d}\rho}{\rho}=-\frac{\mathrm{d}q}{q}=-\frac{1}{2}\frac{\mathrm{d}Ma^2}{Ma^2}$$

则可将（3）写为

$$-\frac{1}{2}\frac{\mathrm{d}Ma^2}{Ma^2}=-\gamma Ma\mathrm{d}Ma-2\gamma Ma^2\frac{f\mathrm{d}x}{D}=-\frac{\gamma}{2}\mathrm{d}Ma^2-2\gamma Ma^2\frac{f\mathrm{d}x}{D}$$

故

$$\frac{1}{2}\frac{\mathrm{d}Ma^2}{Ma^2}=\frac{2\gamma Ma^2}{1-\gamma Ma^2}\frac{f\mathrm{d}x}{D}$$

即得到证明。所得结果表明：因 $\mathrm{d}x>0$，故管内流动方向 Ma 的变化（正负）与 $Ma>1/\sqrt{\gamma}$ 或 $Ma<1/\sqrt{\gamma}$ 有关。$Ma<1/\sqrt{\gamma}$ 时，等温流中沿管流方向 Ma 是增大的，但 $Ma>1/\sqrt{\gamma}$，则等温流中沿管流方向的 Ma 是减小的，在性质上与瑞利流动相同。

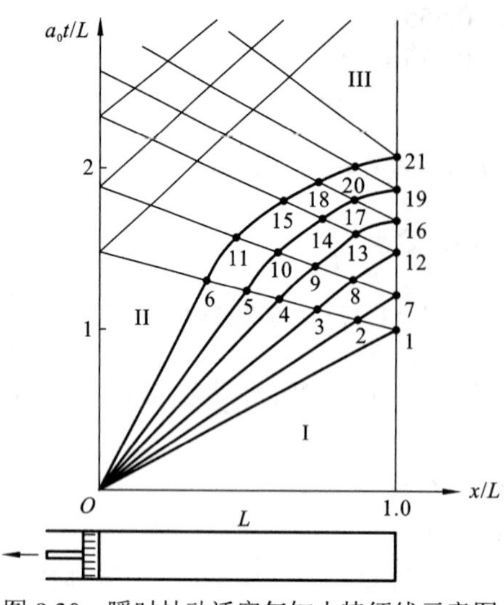

图 9.30　瞬时抽动活塞气缸内特征线示意图

例 9.14　如图 9.30 所示，设气缸一段封闭，另一端有一可动的活塞。起初，气缸内气体和活塞都为静止状态，气缸长为 L。若瞬时抽动活塞，并立即达到 1/2 滞止声速 a_0 的运动时，试求气缸内各点处气体状态随时间的变化。

解：瞬时抽动活塞，活塞一端将发生一共心膨胀波，其收尾特征线方程为 $\dfrac{\mathrm{d}x}{\mathrm{d}t}=q+a$，这是右特征线方程，其中 q 为缸内气流速度，a 为缸内气体当地声速。令无量纲气缸内坐标 $X=x/L$，无量纲时间 $Z=a_0t/L$，无量纲气流速度 $U=q/a_0$，无量纲气体声速 $A=a/a_0$，则无量纲特征线方程可写为

$$\frac{\mathrm{d}X}{\mathrm{d}Z}=U+A$$

共心膨胀波首条特征线 01 右侧气体未受扰动，故 U=0；共心膨胀波尾条特征线 06 左侧气流速度为所给出的活塞抽动速度，即 U=−1/2，即可做出共心膨胀波首条和尾条特征线方程可写为

$$\left(\frac{\mathrm{d}X}{\mathrm{d}Z}\right)_{01}=A_0=1\text{，}\quad\left(\frac{\mathrm{d}X}{\mathrm{d}Z}\right)_{06}=-\frac{1}{2}+A$$

为使计算有足够的精度，可在共心膨胀波首尾特征线之间再加若干条特征线，如再加 4 条特征线，使每条特征线分别增加相同的无量纲速度。如特征线 01 处 U=0，特征线 06 处 U=−0.5，特征线 02 处 U=−0.1，特征线 03 处 U=−0.2，特征线 04 处 U=−0.3，特征线 05 处 U=−0.4。

从活塞端发生的共心膨胀波到达气缸端，气缸端为固壁面其反射波仍为膨胀波，反射波特征线如图 9.30 所示。

对点 1，已知 U_1=0，A=1，根据右行或左行特征线上，故有

$$\lambda_1=A_1+\frac{\gamma-1}{2}U_1=1\text{，}\quad\beta_1=A_1-\frac{\gamma-1}{2}U_1=1$$

对点 2，已知 U_2=−0.1，$\beta_2=\beta_1$=1，在左行特征线上，故有

$$A_2-\frac{\gamma-1}{2}U_2=\beta_2$$

故 $A_2=1+0.2\times(-0.1)=0.98$。

无量纲特征线方程 $\left(\dfrac{\mathrm{d}X}{\mathrm{d}Z}\right)_{12}=U_2-A_2=-0.1-0.98=-1.08$，按该方程可确定点 2 的位置，通过点 2 的右行特征线上的关系式，可求得

$$\lambda_2=A_2+\frac{\gamma-1}{2}U_2=0.98+0.2\times(-0.1)=0.96$$

对点 3，已知 U_3=−0.2，$\beta_3=\beta_2$=1，利用左行特征线上的关系式，故有

$$A_3=\beta_3+\frac{\gamma-1}{2}U_3=1+0.2\times(-0.2)=0.96$$

利用右行特征线上的关系式，有

$$\lambda_3 = A_3 + \frac{\gamma - 1}{2} U_3 = 0.96 + 0.2 \times (-0.2) = 0.92$$

其他各点状态量均可按类似方法求出，如点 6，已知 U_6=−0.5，β_6=β_1=1，则有

$$A_6 = \beta_6 + \frac{\gamma - 1}{2} U_6 = 0.90\text{，}\quad \lambda_6 = A_6 + \frac{\gamma - 1}{2} U_6 = 0.80$$

对点 7，已知 U_7=0，λ_7=λ_2=0.96，则有

$$A_7 = \lambda_7 - \frac{\gamma - 1}{2} U_7 = 0.96\text{，}\quad \beta_7 = A_7 - \frac{\gamma - 1}{2} U_7 = 0.96$$

所有特征线相交点处，只要已知(U,A,λ,β)这 4 个量中的两个，便可利用特征线关系式求出另两个量。现将计算结果列于表 9.6。

表 9.6　(U, A, λ, β)计算结果

计算点	U	A	λ	β	$U+A$	$U-A$
1	$\underline{0}$	$\underline{1.00}$	1.00	1.00	1.00	−1.00
2	$\underline{-0.1}$	0.98	0.96	$\underline{1.00}$	0.88	−1.08
3	$\underline{-0.2}$	0.96	0.92	$\underline{1.00}$	0.76	−1.16
4	$\underline{-0.3}$	0.94	0.88	$\underline{1.00}$	0.64	−1.24
5	$\underline{-0.4}$	0.92	0.84	$\underline{1.00}$	0.52	−1.32
6	$\underline{-0.5}$	0.90	0.80	$\underline{1.00}$	0.40	−1.40
7	$\underline{0}$	0.96	$\underline{0.96}$	0.96	0.96	−0.96
8	−0.1	0.94	$\underline{0.92}$	$\underline{0.96}$	0.84	−1.04
9	−0.2	0.92	$\underline{0.88}$	$\underline{0.96}$	0.72	−1.12
10	−0.3	0.90	$\underline{0.84}$	$\underline{0.96}$	0.66	−1.20
11	−0.4	0.88	$\underline{0.80}$	$\underline{0.96}$	0.48	−1.28
12	$\underline{0}$	0.92	$\underline{0.92}$	0.92	0.92	−0.92
13	−0.1	0.90	$\underline{0.88}$	$\underline{0.92}$	0.80	−1.00
14	−0.2	0.88	$\underline{0.84}$	$\underline{0.92}$	0.68	−1.08
15	−0.3	0.86	$\underline{0.80}$	$\underline{0.92}$	0.56	−1.16
16	$\underline{0}$	0.88	$\underline{0.88}$	0.88	0.88	−0.88
17	−0.1	0.86	$\underline{0.84}$	$\underline{0.88}$	0.76	−0.96
18	−0.2	0.84	$\underline{0.80}$	$\underline{0.88}$	0.64	−1.04
19	$\underline{0}$	0.84	$\underline{0.84}$	0.84	0.84	−0.84
20	−0.1	0.82	$\underline{0.80}$	$\underline{0.84}$	0.72	−0.92
21	$\underline{0}$	0.80	$\underline{0.80}$	0.80	0.80	-0.80

注：有下划线数字为计算该点时的已知量。

根据这一计算各点状态结果，就能详细地做出特征线图。例如，点 1 和点 2 之间的左行特征线方程，可认为是直线，取两点的平均斜率，则特征线方程为

$$\left(\frac{\mathrm{d}X}{\mathrm{d}Z}\right)_{12} = \frac{1}{2}\left[(U-A)_1 + (U-A)_2\right] = \frac{1}{2}(-1.0 - 1.08) = -1.04$$

其他各点之间的特征线做图也相同。

注意到图 9.30 中 I、II、III 三个区域，其中再没有特征线通过，它们都居于静态均匀区，状态参数分别与点 1、点 6 和点 21 相同。

讨　论　题

9.1　试综述求解可压缩流体流动问题和不可压缩流体流动问题的差异，做出论述后再说明：

（1）何种情况下可不计它们的差异；

（2）求解可压缩流动问题与求解不可压缩流动问题比较，需要增加的两个基本方程是什么？

9.2　超声速气流由哪些主要特点？做出概述后再说明：

（1）有什么方法可获得管内超声流？

（2）管内超声流向外喷射时，对外界环境压力 p_B 大小与管内气流有何影响？

9.3　什么是管流等熵堵塞、管流摩擦堵塞和管流热堵塞？说明它们各自的概念后再指出：

（1）什么情况下发生管流中等熵堵塞？

（2）什么情况下发生管流中摩擦堵塞？

（3）什么情况下发生管流热堵塞？

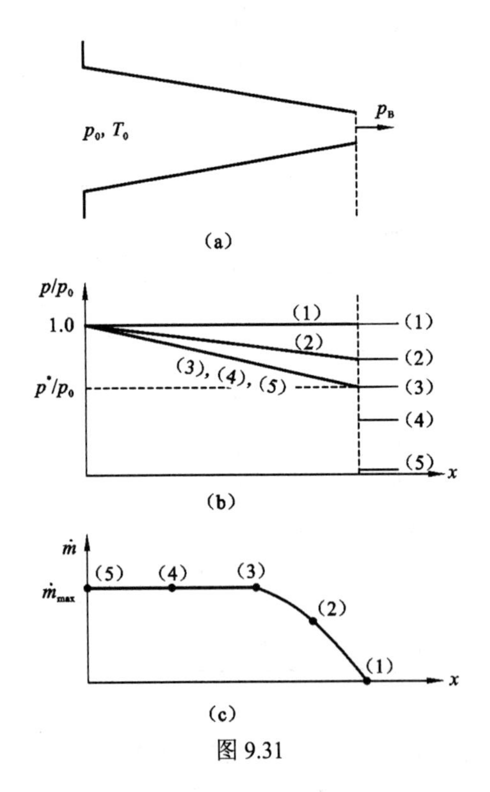

图 9.31

9.4　试讨论管流中滞止参数（p_0、T_0、ρ_0、a_0 等）和临界参数（p^*、T^*、ρ^*、a^*等），它们在等熵流、范诺流，以及通过激波时发生怎样的变化（指没有变化或变大、变小的定性关系）？

9.5　试按等熵流动理论讨论环境背压 p_B 对收缩喷管内气流压力分布 $p(x)$的影响；设喷管进口气源滞止压力为 p_0 和滞止温度为 T_0，临界压力 $p^*=\left(\dfrac{2}{\gamma+1}\right)^{\frac{\gamma}{\gamma-1}}p_0$，分别作出不同背压时喷管内外气流压力分布曲线 $p(x)$示意图和该喷管质量流量 $\dot{m}$ 示意图，当

（1）$p_B=p_0$ 时；（2）$p_0>p_B>p^*$时；（3）$p_B=p^*$时；（4）$p_B<p^*$时；（5）$p_B=0$ 时。

（参考示意图见图 9.31）

9.6　如何理解管道内压力波在闭口端和开口端的反射属性。

9.7　试阐述管内气体压力波的特征线和特征关系式的概念。

习　　题

9.1　有一缩放喷管，已知喉口面积 A_t=20 cm^2，要求出口气流马赫数 Ma_e=2.0，给出进入

缩放喷管的气源总压 p_0=1.0 MPa，气源滞止温度 T_0=800 K，假设为一维定常等熵流动，气体比热比 γ=1.4，试求该缩放喷管工作时

（1）喉口处气流状态；

（2）喷管出口截面面积 A_e 应为多大才能获得 Ma_e=2.0 的超声流，并求出相应的气流状态；

（3）通过喷管的质量流量。

（参考答案：（1）Ma_t=1，p^*=0.528 3 MPa，T^*=666.6 K，ρ^*=2.761 kg/m³，q^*=517.5 m/s；（2）Ma_e=2.0，p_e=0.127 8 MPa，T_e=444.5 K，ρ_e=1.002 kg/m³，A_e=33.75 cm²，q_e=845.1 m/s；（3）$\dot{m}$=2.86 kg/s）

9.2 有一截面面积为 A 的管路，假设空气在内做一维定常等熵流动，在管内某点处测得气流速度 q=150 m/s，气流静压 p=70 kN/m²，气流静温 T=4 ℃，试求：

（1）为使该管流出口处获得临界状态的流动，该管流出口截面面积 A_e（$A_e<A$）应缩小的面积比（即$(A-A_e)/A$），并求该截面处气流滞止压力、滞止温度、静压、静温、速度和马赫数；

（2）如给出该管流出口截面面积缩小的面积百分比为 15%，计算（1）中各量。

（参考答案：（1）31%，80.5 kN/m²，288 K，42.5 kN/m²，240 K，311 m/s，1；（2）80.5 kN/m²，288 K，64.6 kN/m²，271 K，187 m/s，0.566）

9.3 有一超声速喷管，其出口截面面积为喉口截面面积的 2.5 倍，对喷管出口外环境背压为 p_B，进入喷管的气源总压为 p_0。试按一维定常等熵流动（比热比 γ=1.4）计算，求下列条件时该喷管喉口和出口截面上的气流马赫数。

（1）p_B/p_0=0.06；（2）p_B/p_0=0.972 5。

（参考答案：（1）1，2.443；（2）0.602，0.2）

9.4 试证明一维定常等熵流中气体质量流量 $\dot{m}$ 的计算公式，还可写为下列形式：

（1）$\dfrac{\dot{m}\sqrt{T_0}}{Ap_0}=\sqrt{\dfrac{2\gamma}{R(\gamma-1)}\left[\left(\dfrac{p}{p_0}\right)^{\frac{2}{\gamma}}-\left(\dfrac{p}{p_0}\right)^{\frac{\gamma+1}{\gamma}}\right]}$；（2）$\dfrac{\dot{m}\sqrt{T_0}}{Ap_0}=\left(\dfrac{\gamma}{R}\right)^{\frac{1}{2}}\dfrac{Ma}{\left(1+\dfrac{\gamma-1}{2}Ma^2\right)^{\frac{\gamma+1}{2(\gamma-1)}}}$；

（3）$\dfrac{\dot{m}_{\max}\sqrt{T_0}}{Ap_0}=\left(\dfrac{\gamma}{R}\right)^{\frac{1}{2}}\left(\dfrac{2}{\gamma+1}\right)^{\frac{\gamma+1}{2(\gamma-1)}}$。

9.5 有一等截面面积管道中空气流，其平均流速为 60 m/s，气流静压为 10^5 Pa，气流静温为 300 K，当管端气阀突然关闭时，在管内将形成一个正激波向气流上游传播，如图 9.32 所示，试求该运动激波速度 θ 和激波后的压力 p_2。

（参考答案：θ=325.2 m/s，p_2=1.271×10^5 Pa。提示：转化为定常流，取动坐标系与激波一起运动，然后用定常流的正激波理论或正激波气动函数表求解）

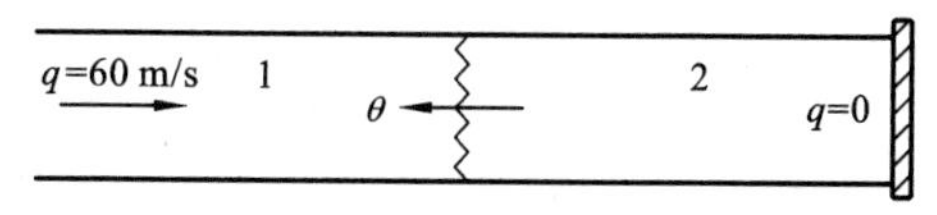

图 9.32 管流突然关闭时的示意图

9.6 已知某种气体（比热比 γ=1.3，气体常数 R=0.469 kJ/(kg·K)）给出正激波前的气流马赫数 Ma_1=2.5，气流静压 p_1=2×10^5 Pa，气流静温 T_1=275 K，试求正激波后马赫数、气流静压、静温和气流速度。

（参考答案：Ma_2=0.492 8，p_2=1.387×10^5 Pa，T_2=514 K，q_2=275.9 m/s）

9.7 已知完全发展不可压缩圆管层流流动的壁面摩擦阻力系数 f 的计算公式为 $f=\left(\frac{4\pi\mu}{\dot{m}}\right)D$，式中 μ 为流体黏度，$\dot{m}$ 为流体质量流量，D 为圆管直径。在壁厚为 6mm 的压力容器内，气源总压 p_0=500 kN/m^2，滞止温度 T_0=300 K 的空气，通过压力容器壁面上一个小孔（长度等于壁面厚度）向外界大气泄漏的气体质量流量 $\dot{m}=2\times10^{-6}$ kg/s，试求该漏洞（小孔）的直径 D。假设流动是从入口开始考虑摩擦后的加速的绝热流动，并在小孔出口处已发生摩擦堵塞。给出气体黏度 μ=3×10^{-6} kg/(m·s)。

（参考答案：0.065 mm）

9.8 如图 9.33 所示管内气流（范诺流动），试求：

（1）假设摩擦阻力系数 $\bar{f}=0.005$，求最大质量流量；

（2）背压 p_B 在什么范围内可达最大质量流量？

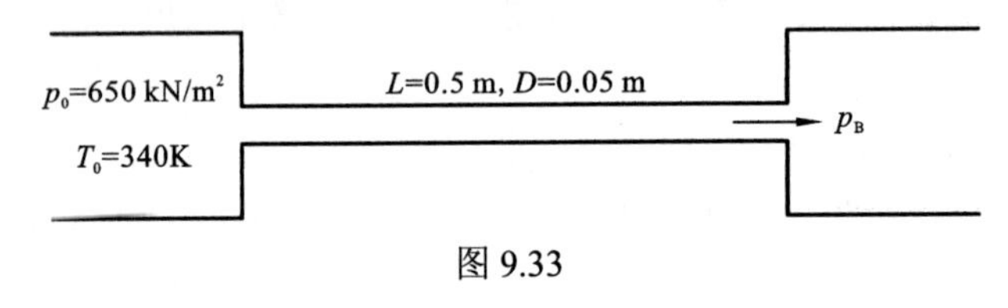

图 9.33

（参考答案：（1）2.56 kg/s；（2）p_B≤315 kN/m^2）

9.9 如有比热比 γ=2.0 的完全气体，流过一根由电加热的等截面面积管道，当管流进口处气流进入的马赫数 Ma_1=0.7 时，按瑞利流动计算，在输入电热量达到最大允许值时，求气流动能增量与输入电热量的比值。

（参考答案：7:3）

9.10 管内空气滞止压力 p_0=2 atm(abs)，滞止温度 T_0=290 K，突然在管口一端喷出，气流压力骤降为环境压力 p_b=1 atm(abs)，试求瞬时喷射速度。提示：按特征线前后的特征关系式求解。

（参考答案：161 m/s）

参 考 文 献

巴斯宁耶夫, 1992. 地下流体力学. 北京: 石油工业出版社.

道格拉斯, 1992. 流体力学. 北京: 高等教育出版社.

刘应中, 2001. 高等流体力学. 上海: 上海交通大学出版社.

马乾初, 1984. 海洋波群的分析与计算. 武汉理工大学学报(交通科学工程版)（1）：4-15.

马乾初, 1997. 流体力学. 大连: 大连海运学院出版社.

盛振邦, 1961. 流体力学. 北京: 北京科学教育出版社.

辛一心, 1959. 流体力学. 上海：上海科学技术出版社.

许维德, 1979. 流体力学. 北京: 国防工业出版社.

附录 1　单位和量纲

根据国务院 1984 年 2 月 27 日公布的《国务院关于在我国统一实行法定计量单位的命令》，本书采用国际单位制（SI）计量法。国际单位制中有 7 个基本单位，其中与流体力学有关的主要有 4 个，即长度单位米（m）、质量单位千克（kg）、时间单位秒（s）和温度单位开尔文（K）。根据引入的基本量度单位，便可导出其他物理量的单位。为便于推导出其他物理量的单位，引入量纲的概念。所谓量纲就是以基本量表示推导出量的一般表达式，如长度、质量和时间这三个基本量分别以 L、M 和 T 表示，则速度 V 的量纲为$[V]=LT^{-1}$，力 F 的量纲为$[F]=MLT^{-2}$ 等。其中方括号表示方括号内物理量的量纲。在流体力学中一些常用物理量的量纲分别如下。

长度　$[L]=L$

速度　$[V]=LT^{-1}$

重力加速度　$[g]=LT^{-2}$

密度　$[\rho]=ML^{-3}$

压力　$[p]=ML^{-1}T^{-2}$

动力黏性系数　$[\mu]=ML^{-1}T^{-1}$

运动黏性系数　$[\nu]=L^{2}T^{-1}$

表面张力系数　$[\sigma]=MT^{-2}$

力　$[F]=MLT^{-2}$

能量　$[E]=ML^{2}T^{-2}$

功率　$[P]=ML^{2}L^{-3}$

在实际应用中，还常见有其他单位制表示法，换算关系如下。

（1）长度的其他单位：

$$1\ \text{km}=1\ 000\ \text{m}$$
$$1\ \text{cm}=10^{-2}\ \text{m}$$
$$1\ \text{mm}=10^{-3}\ \text{m}$$
$$1\ \mu\text{m}=10^{-6}\ \text{m}$$
$$1\ \text{in}=2.54\times10^{-2}\ \text{m}$$
$$1\ \text{n mile}=1\ 852\ \text{m}$$

（2）体积的其他单位：

$$1\ \text{L}=10^{-3}\ \text{m}^3=10^3\ \text{cm}^3$$
$$1\ \text{gal US}=3.785\ \text{L}$$
$$1\ \text{gal UK}=4.546\ \text{L}$$

（3）速度的其他单位：

$$1\ \text{km/h}=0.277\ 8\ \text{m/s}$$
$$1\ \text{knot}=0.514\ 5\ \text{m/s}$$
$$1\ \text{m/s}=1.942\ \text{knot}=3.6\ \text{km/h}$$

（4）力的其他单位：物理单位制（CGS）力的基本单位为达因（dyn）

$$1\ \text{dyn}=1\ \text{g}\cdot\text{cm/s}$$

$$1\ \text{N}=10^5\ \text{dyn}$$

SI 单位中力的基本单位为牛顿（N）：1 N=1 kg·m/s^2。

（5）压力的其他单位：

1 atm（标准大气压）=1.013 25 × 10^5 N/m^2=760 mmHg（毫米汞柱）=10.33 m 水柱=101 kPa=0.1 MPa；1 bar（巴）=10^5 N/m^2；1 N=10^5 dyn。

（6）黏性系数：SI 单位为 N·s/m^2=Pa·s，物理单位为泊（P）。

$$1\ \text{P}=1\ \text{dyn·s/cm}^2=0.1\ \text{N·s/m}^2$$

$$1\ \text{N·s/m}^2=10\ \text{P}$$

（7）能量和功率的其他单位：

$$1\ \text{J}=1\ \text{N·m}=10^{-3}\ \text{kJ}$$

$$1\ \text{W}=1\ \text{J/s}$$

1 HP（马力）=745.7 W

1 kW=1.341 HP

附录 2　常用矢量运算公式及标记法

1. 矢量代数

矢量点乘：$\boldsymbol{a}\cdot\boldsymbol{b}=|\boldsymbol{a}|\cdot|\boldsymbol{b}|\cos\theta=\left(a_x b_x, a_y b_y, a_z b_z\right)$为标量。

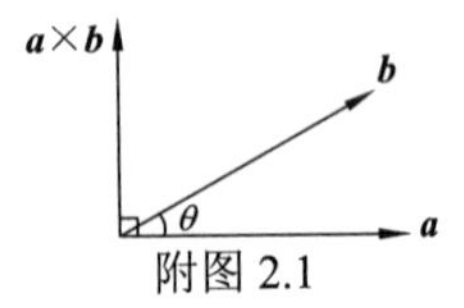

附图 2.1

矢量叉乘：$\boldsymbol{a}\times\boldsymbol{b}=|\boldsymbol{a}|\cdot|\boldsymbol{b}|\sin\theta$为矢量，右手法则确定矢量方向，见附图 2.1。

$$\boldsymbol{a}\times\boldsymbol{b}=\begin{vmatrix}\boldsymbol{e}_x & \boldsymbol{e}_y & \boldsymbol{e}_z\\ \boldsymbol{a}_x & \boldsymbol{a}_y & \boldsymbol{a}_z\\ \boldsymbol{b}_x & \boldsymbol{b}_y & \boldsymbol{b}_z\end{vmatrix}=\left(a_y b_z-a_z b_y, a_z b_x-a_x b_z, a_x b_y-a_y b_x\right)$$

标量三重积：

$$\boldsymbol{a}\cdot\boldsymbol{b}\times\boldsymbol{c}=\boldsymbol{a}\times\boldsymbol{b}\cdot\boldsymbol{c}=\boldsymbol{b}\cdot\boldsymbol{c}\times\boldsymbol{a}=\boldsymbol{c}\cdot\boldsymbol{a}\times\boldsymbol{b}$$
$$\boldsymbol{a}\cdot\boldsymbol{b}\times\boldsymbol{c}=-\boldsymbol{b}\cdot\boldsymbol{a}\times\boldsymbol{c}$$

矢量三重积：

$$\boldsymbol{a}\times(\boldsymbol{b}\times\boldsymbol{c})=(\boldsymbol{a}\cdot\boldsymbol{c})\boldsymbol{b}-(\boldsymbol{a}\cdot\boldsymbol{b})\boldsymbol{c}$$
$$(\boldsymbol{a}\times\boldsymbol{b})\times\boldsymbol{c}=(\boldsymbol{a}\cdot\boldsymbol{c})\boldsymbol{b}-(\boldsymbol{b}\cdot\boldsymbol{c})\boldsymbol{a}$$

2. 矢量微积分

标量梯度运算：

$$\mathrm{grad}f=\nabla f=\left(\frac{\partial f}{\partial x},\frac{\partial f}{\partial y},\frac{\partial f}{\partial z}\right)$$

矢量散度运算：

$$\mathrm{div}\boldsymbol{A}=\nabla\cdot\boldsymbol{A}=\frac{\partial A_x}{\partial x}+\frac{\partial A_y}{\partial y}+\frac{\partial A_z}{\partial z}$$

矢量旋度运算：

$$\mathrm{curl}\boldsymbol{A}=\nabla\cdot\boldsymbol{A}=\begin{vmatrix}\boldsymbol{e}_x & \boldsymbol{e}_y & \boldsymbol{e}_z\\ \dfrac{\partial}{\partial x} & \dfrac{\partial}{\partial y} & \dfrac{\partial}{\partial z}\\ A_x & A_y & A_z\end{vmatrix}=\left(\frac{\partial A_z}{\partial y}-\frac{\partial A_y}{\partial z},\frac{\partial A_x}{\partial z}-\frac{\partial A_z}{\partial x},\frac{\partial A_y}{\partial x}-\frac{\partial A_x}{\partial y}\right)$$

标量拉普拉斯运算：

$$\nabla^2\phi=\frac{\partial^2\phi}{\partial x^2}+\frac{\partial^2\phi}{\partial y^2}+\frac{\partial^2\phi}{\partial z^2}$$

梯度形式高斯定理：

$$\int_\tau \nabla\phi\,\mathrm{d}\tau=\int_A \boldsymbol{n}\phi\,\mathrm{d}A$$

式中：$\boldsymbol{n}$为表面积A上外法线单位矢量；τ为表面积A所包围的体积。

散度形式高斯定理：

$$\int_{\tau} \nabla \boldsymbol{F} \mathrm{d}\tau = \int_{A} \boldsymbol{nF} \mathrm{d}A$$

旋度形式高斯定理：

$$\int_{\tau} (\nabla \times \boldsymbol{F}) \mathrm{d}\tau = \int_{A} (\boldsymbol{n} \times \boldsymbol{F}) \mathrm{d}A$$

斯托克斯定理：

$$\int_{l} \boldsymbol{F} \mathrm{d}\boldsymbol{l} = \int_{A} (\nabla \times \boldsymbol{F}) \boldsymbol{n} \mathrm{d}A$$

左端为线积分，右端为面积分。

3. 几个重要的矢量恒等式

$$\nabla \cdot (\nabla \phi) = \nabla^2 \phi$$
$$\nabla \times \nabla \phi = 0$$
$$\nabla \cdot \nabla \boldsymbol{A} = 0$$
$$\nabla \cdot (\phi \boldsymbol{A}) = \phi \nabla \cdot \boldsymbol{A} + \boldsymbol{A} \cdot \nabla \phi$$
$$\nabla \cdot (\boldsymbol{A} \cdot \boldsymbol{B}) = \boldsymbol{A} \times (\nabla \times \boldsymbol{B}) + \boldsymbol{B} \times (\nabla \times \boldsymbol{A}) + (\boldsymbol{A} \cdot \nabla) \boldsymbol{B} + (\boldsymbol{B} \cdot \nabla) \boldsymbol{A}$$
$$\nabla \cdot (\boldsymbol{A} \times \boldsymbol{B}) = \boldsymbol{B} \cdot (\nabla \times \boldsymbol{A}) - \boldsymbol{A} \cdot (\nabla \times \boldsymbol{B})$$
$$\nabla \times (\nabla \times \boldsymbol{A}) = \nabla (\nabla \cdot \boldsymbol{A}) - (\nabla^2 \boldsymbol{A})$$
$$\nabla \times (\phi \boldsymbol{A}) = \phi \nabla \times \boldsymbol{A} + \nabla \phi \times \boldsymbol{A}$$
$$\nabla \times (\boldsymbol{A} \times \boldsymbol{B}) = (\nabla \cdot \boldsymbol{B}) \boldsymbol{A} - (\nabla \cdot \boldsymbol{A}) \boldsymbol{B} + (\boldsymbol{B} \cdot \nabla) \boldsymbol{A} - (\boldsymbol{A} \cdot \nabla) \boldsymbol{B}$$

4. 柱坐标(R,φ,z)中的梯度、散度、旋度和拉普拉斯（附图 2.2）

$$\nabla f = \frac{\partial f}{\partial R} \boldsymbol{e}_R + \frac{1}{R} \frac{\partial f}{\partial \varphi} \boldsymbol{e}_\varphi + \frac{\partial f}{\partial z} \boldsymbol{e}_z$$

$$\nabla \cdot \boldsymbol{F} = \frac{1}{R} \frac{\partial}{\partial R} (R F_R) + \frac{1}{R} \frac{\partial F_\varphi}{\partial \varphi} + \frac{\partial F_z}{\partial z}$$

$$\nabla \times \boldsymbol{F} = \left(\frac{1}{R} \frac{\partial F_z}{\partial \varphi} - \frac{\partial F_\varphi}{\partial z} \right) \boldsymbol{e}_R + \left(\frac{\partial F_R}{\partial z} - \frac{\partial F_z}{\partial R} \right) \boldsymbol{e}_\varphi + \left(\frac{\partial F_\varphi}{\partial R} + \frac{F_\varphi}{R} - \frac{1}{R} \frac{F_\varphi}{\partial \varphi} \right) \boldsymbol{e}_z$$

$$\nabla^2 f = \frac{1}{R} \frac{\partial}{\partial R} \left(R \frac{\partial f}{\partial R} \right) + \frac{1}{R^2} \frac{\partial^2 f}{\partial \varphi^2} + \frac{\partial^2 f}{\partial z^2}$$

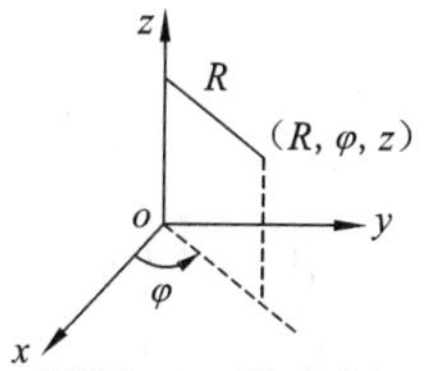

附图 2.2　柱坐标

5. 球坐标(r,θ,φ)中的梯度、散度、旋度和拉普拉斯（附图 2.3）

$$\nabla f = \frac{\partial f}{\partial r} \boldsymbol{e}_r + \frac{1}{r} \frac{\partial f}{\partial \theta} \boldsymbol{e}_\theta + \frac{1}{r \sin\theta} \frac{\partial f}{\partial \varphi} \boldsymbol{e}_\varphi$$

$$\nabla \cdot \boldsymbol{F} = \frac{1}{r^2} \frac{\partial}{\partial r} (r^2 F_r) + \frac{1}{r \sin\theta} \frac{\partial}{\partial \theta} (\sin\theta F_\theta) + \frac{1}{r \sin\theta} \frac{\partial F_\varphi}{\partial \varphi}$$

$$\nabla \times \boldsymbol{F} = \left[\frac{1}{r \sin\theta} \frac{\partial}{\partial \theta} (\sin\theta F_\varphi) - \frac{1}{r \sin\theta} \frac{\partial F_\theta}{\partial \varphi} \right] \boldsymbol{e}_r + \left[\frac{1}{r \sin\theta} \frac{\partial F_r}{\partial \varphi} - \frac{1}{r} \frac{\partial}{\partial r} (r F_\varphi) \right] \boldsymbol{e}_\theta + \left[\frac{1}{r} \frac{\partial}{\partial r} (r F_\theta) - \frac{1}{r} \frac{\partial F_r}{\partial \theta} \right] \boldsymbol{e}_\varphi$$

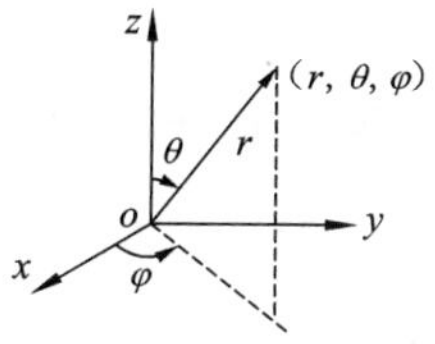

附图 2.3　球坐标

$$\nabla^2 f = \frac{1}{r^2}\frac{\partial}{\partial r}\left(r^2 \frac{\partial f}{\partial r}\right) + \frac{1}{r^2 \sin\theta}\frac{\partial}{\partial\theta}\left(\sin\theta \frac{\partial f}{\partial\theta}\right) + \frac{1}{r^2 \sin^2\theta}\frac{\partial^2 f}{\partial\varphi^2}$$

6. 笛卡儿张量

在笛卡儿坐标系（x,y,z）或（x_1,x_2,x_3），三个坐标系 x_i（i=1,2,3）和具有三个速度分量 u_i（i=1,2,3）的量是一个矢量，也称为一阶张量。具有 3^n 个分量的量，称为 n 阶张量：标量只有一个变量（n=0，3^0=1），也称为零阶张量。n=2 为二阶张量，具有 3^2=9 个独立分量，如应力 σ_{ij} 和形变率 D_{ij}（i,j=1,2,3）是常遇到的二阶张量。

两个矢量 a_i 和 b_i，它们的点乘可写为

$$\boldsymbol{a} \cdot \boldsymbol{b} = a_i \cdot b_i = a_1 b_1 + a_2 b_2 + a_3 b_3 = a_i b_i$$

$a_i b_i$ 遵循爱因斯坦求和约定：

$$a_i b_i = a_j b_j = a_1 b_1 + a_2 b_2 + a_3 b_3 \text{，} \quad a_{ij} b_j = a_{ip} b_p$$

克罗内克符号：

$$\delta_{ij} = \begin{cases} 0, & i \neq j \\ 1, & i = j \end{cases} \text{，} \quad \delta_{ij}(i, j = 1,2,3)$$

表示有 9 个分量为二阶张量。

$$\delta_{ii}(i = 1,2,3) = \delta_{11} + \delta_{22} + \delta_{33} = 3$$

$$\delta_{ij} u_j \ (i, j = 1,2,3) = \delta_{i1} u_1 + \delta_{i2} u_2 + \delta_{i3} u_3 = u_i$$

σ_{ij}（i,j=1,2,3）表示有 9 个应力分量：σ_{11}、σ_{12}、σ_{13}、σ_{21}、σ_{22}、σ_{23}、σ_{31}、σ_{32}、σ_{33}，为二阶张量（并矢）的 9 个分量。

轮换张量 ε_{ijk} (i,j,k=1,2,3)，亦称三阶 Levi-Civita 张量：

$$\varepsilon_{ijk} = \begin{cases} 1, & i,j,k\text{顺序排列}: \varepsilon_{123}, \varepsilon_{231}, \varepsilon_{312} \\ -1, & i,j,k\text{非顺序排列}: \varepsilon_{321}, \varepsilon_{213}, \varepsilon_{132} \\ 0, & \text{其他} \end{cases}$$

一点处应力在三维空间有 9 个分量为二阶张量，记为 $\underline{\underline{\sigma}}$ 或 $\sigma_{ij}(i, j = 1,2,3)$。应力张量 $\underline{\underline{\sigma}}$ 与面积矢量 $\boldsymbol{A}$=$\boldsymbol{n}A$（$\boldsymbol{n}$ 为面积 A 上单位法向矢量）的乘积为力矢量 $\boldsymbol{F}$，即 $\boldsymbol{F} = \underline{\underline{\sigma}} \cdot \boldsymbol{A} = \underline{\underline{\sigma}} \cdot \boldsymbol{n}A$，力矢量 $\boldsymbol{F}$ 由如下矩阵乘法确定：

$$\boldsymbol{F} = \begin{pmatrix} F_x \\ F_y \\ F_z \end{pmatrix} = \begin{bmatrix} \sigma_{xx} & \sigma_{xy} & \sigma_{xz} \\ \sigma_{yx} & \sigma_{yy} & \sigma_{yz} \\ \sigma_{zx} & \sigma_{zy} & \sigma_{zz} \end{bmatrix} \begin{bmatrix} n_x \\ n_y \\ n_z \end{bmatrix} A$$

附录 3　标准大气压力下水的物理性质表

温度/℃	密度/(kg/m^3)	动力黏度 /[$\times 10^3$kg/(m·s)]	运动黏度 /($\times 10^{-6}$m^3/s)	表面张力 /(N/m)	弹性模量 /($\times 10^9$N/m^2)	汽化压力 /(kN/m^2)
0	999.8	1.781	1.785	0.076 5	1.98	0.61
5	1 000.0	1.518	1.519	0.074 9	2.05	0.87
10	999.7	1.307	1.306	0.074 2	2.10	1.23
15	999.1	1.139	1.139	0.073 5	2.15	1.70
20	998.2	1.002	1.003	0.072 8	2.17	2.34
25	997.0	0.890	0.893	0.072 0	2.22	3.17
30	995.7	0.798	0.800	0.071 2	2.25	4.24
40	992.2	0.653	0.658	0.069 6	2.28	7.38
50	988.0	0.547	0.553	0.067 9	2.29	12.33
60	983.2	0.466	0.474	0.066 2	2.28	19.92
70	977.8	0.404	0.413	0.064 4	2.25	31.16
80	971.8	0.354	0.364	0.062 6	2.20	47.34
90	965.3	0.315	0.326	0.060 8	2.14	70.10
100	958.4	0.282	0.294	0.058 9	2.07	101.33

附录 4　龙卷风分级（F_0～F_6）

龙卷风级别	中心旋转风速/(m/s)	危害程度
F_0	18～32.4	较轻。对烟囱、树枝、浅根树木可能被拔起
F_1	73～112	中等危害。掀起屋顶，推倒活动房子
F_2	113～157	重大危害。撕开框架结构房顶，推翻汽车和火车车厢，拔起大树
F_3	158～206	严重危害
F_4	207～260	猛烈危害
F_5	261～318	极端危害。高强度建筑被掠走，重型汽车和锅炉被抛离地面
F_6	319～379	极端危害

实际多数龙卷风在 F_2 级以下，从经济上考虑，地面结构物设计常以抗 F_2 级龙卷风为目标。一些特殊重要的建筑物设计需要按抗 F_3 或更高标准进行设计。

附录 5　一维定常等熵流动气动函数表（γ=1.4）

Ma	T/T_0	p/p_0	ρ/ρ_0	A/A^*	$\dot{m}a_0/(Ap_0)$
0	1.000	1.000	1.000	∞	0
0.02	1.000	1.000	1.000	28.942	0.028 0
0.04	1.000	0.999	0.999	14.481	0.055 9
0.06	0.999	0.997	0.998	9.666	0.083 8
0.08	0.999	0.996	0.997	7.262	0.166 0
1.00	0.998	0.993	0.995	5.822	0.139 2
0.12	0.997	0.990	0.993	4.864	0.166 6
0.14	0.996	0.986	0.990	4.132	0.193 7
0.16	0.995	0.982	0.987	3.673	0.220 6
0.18	0.994	0.978	0.984	3.278	0.247 2
0.20	0.992	0.972	0.980	2.964	0.273 4
0.22	0.990	0.967	0.977	2.708	0.299 2
0.24	0.989	0.961	0.972	2.496	0.324 7
0.26	0.987	0.954	0.967	2.317	0.349 6
0.28	0.985	0.947	0.961	2.116	0.374 1
0.30	0.982	0.939	0.956	2.035	0.398 1
0.32	0.980	0.932	0.951	1.922	0.421 6
0.34	0.977	0.923	0.945	1.823	0.444 5
0.36	0.975	0.914	0.937	1.736	0.466 8
0.38	0.972	0.905	0.931	1.659	0.488 4
0.40	0.969	0.896	0.925	1.590	0.509 5
0.42	0.966	0.886	0.917	1.529	0.529 9
0.44	0.963	0.876	0.910	1.474	0.549 6
0.46	0.959	0.865	0.902	1.425	0.568 7
0.48	0.956	0.854	0.893	1.380	0.587 0
0.50	0.952	0.843	0.886	1.340	0.604 7
0.52	0.949	0.832	0.877	1.303	0.621 6
0.54	0.945	0.820	0.868	1.270	0.637 8
0.56	0.941	0.808	0.859	1.240	0.653 2

续表

Ma	T/T_0	p/p_0	ρ/ρ_0	A/A^*	$\dot{m}a_0/(Ap_0)$
0.58	0.937	0.796	0.850	1.213	0.667 9
0.60	0.933	0.784	0.840	1.188	0.681 9
0.62	0.929	0.772	0.831	1.166	0.695 1
0.64	0.924	0.759	0.821	1.145	0.707 5
0.66	0.920	0.747	0.812	1.127	0.719 2
0.68	0.915	0.734	0.802	1.110	0.730 1
0.70	0.911	0.721	0.791	1.094	0.740 3
0.72	0.906	0.708	0.782	1.081	0.749 8
0.74	0.901	0.695	0.771	1.068	0.758 5
0.76	0.896	0.682	0.761	1.057	0.766 5
0.78	0.892	0.669	0.750	1.047	0.773 8
0.80	0.887	0.656	0.740	1.038	0.780 4
0.82	0.881	0.643	0.730	1.030	0.786 2
0.84	0.876	0.630	0.719	1.024	0.791 4
0.86	0.871	0.617	0.708	1.018	0.796 0
0.88	0.866	0.604	0.697	1.013	0.799 8
0.90	0.861	0.591	0.686	1.009	0.803 1
0.92	0.855	0.578	0.676	1.006	0.805 7
0.94	0.850	0.566	0.666	1.003	0.807 7
0.96	0.844	0.553	0.655	1.001	0.809 1
0.98	0.839	0.541	0.645	1.000	0.809 9
1.00	0.833	0.528	0.634	1.000	0.810 2
1.02	0.828	0.516	0.623	1.000	0.809 9
1.04	0.822	0.504	0.613	1.001	0.809 1
1.06	0.817	0.492	0.602	1.003	0.807 8
1.08	0.811	0.480	0.592	1.005	0.806 1
1.10	0.805	0.468	0.581	1.008	0.803 8
1.12	0.799	0.457	0.572	1.011	0.801 1
1.14	0.794	0.445	0.561	1.015	0.798 0
1.16	0.788	0.434	0.551	1.020	0.794 5
1.18	0.782	0.423	0.541	1.025	0.790 5
1.20	0.776	0.412	0.531	1.030	0.786 3
1.22	0.771	0.402	0.521	1.037	0.781 6
1.24	0.765	0.391	0.511	1.043	0.776 6
1.26	0.759	0.381	0.502	1.050	0.771 3

续表

Ma	T/T_0	p/p_0	ρ/ρ_0	A/A^*	$\dot{m}a_0/(Ap_0)$
1.28	0.753	0.371	0.493	1.058	0.765 7
1.30	0.747	0.361	0.483	1.066	0.759 8
1.32	0.742	0.351	0.473	1.075	0.753 6
1.34	0.736	0.342	0.465	1.084	0.747 2
1.36	0.730	0.332	0.455	1.094	0.740 6
1.38	0.724	0.323	0.446	1.104	0.733 7
1.40	0.718	0.314	0.437	1.115	0.726 7
1.42	0.713	0.305	0.428	1.126	0.719 4
1.44	0.707	0.297	0.420	1.138	0.712 0
1.46	0.701	0.289	0.412	1.150	0.704 4
1.48	0.695	0.280	0.403	1.163	0.696 7
1.50	0.690	0.272	0.394	1.176	0.688 8
1.52	0.684	0.265	0.387	1.190	0.680 9
1.54	0.678	0.257	0.379	1.204	0.672 8
1.56	0.673	0.250	0.371	1.219	0.664 6
1.58	0.667	0.242	0.363	1.234	0.656 4
1.60	0.661	0.235	0.356	1.250	0.648 0
1.62	0.656	0.228	0.348	1.267	0.639 6
1.64	0.650	0.222	0.342	1.284	0.631 2
1.66	0.645	0.215	0.333	1.301	0.622 7
1.68	0.639	0.209	0.327	1.319	0.614 2
1.70	0.634	0.203	0.320	1.338	0.605 7
1.72	0.628	0.197	0.314	1.357	0.597 2
1.74	0.623	0.191	0.307	1.376	0.588 6
1.76	0.617	0.185	0.300	1.397	0.580 1
1.78	0.612	0.179	0.293	1.418	0.571 5
1.80	0.607	0.174	0.287	1.439	0.563 0
1.82	0.602	0.169	0.281	1.461	0.554 5
1.84	0.596	0.164	0.275	1.484	0.546 1
1.86	0.591	0.159	0.269	1.507	0.537 7
1.88	0.586	0.154	0.263	1.531	0.529 6
1.90	0.581	0.149	0.257	1.555	0.520 9
1.92	0.576	0.145	0.252	1.580	0.512 6
1.94	0.571	0.140	0.245	1.606	0.504 4
1.96	0.566	0.136	0.240	1.633	0.496 3

续表

Ma	T/T_0	p/p_0	ρ/ρ_0	A/A^*	$\dot{m}a_0/(Ap_0)$
1.98	0.561	0.132	0.235	1.660	0.488 1
2.00	0.556	0.127 8	0.236	1.687	0.480 1
2.02	0.551	0.123 9	0.225	1.716	0.472 1
2.04	0.546	0.120 1	0.220	1.745	0.464 3
2.06	0.541	0.116 4	0.215	1.775	0.456 4
2.08	0.536	0.112 8	0.210	1.806	0.448 7
2.10	0.531	0.109 4	0.206	1.837	0.441 1
2.12	0.527	0.106 0	0.201	1.869	0.433 5
2.14	0.522	0.102 7	0.197	1.902	0.426 0
2.16	0.517	0.099 6	0.193	1.935	0.418 6
2.18	0.513	0.096 5	0.188	1.970	0.411 3
2.20	0.508	0.093 5	0.184	2.005	0.404 1
2.22	0.504	0.090 6	0.180	2.041	0.397 0
2.24	0.499	0.087 8	0.176	2.078	0.389 9
2.26	0.495	0.085 1	0.172	2.115	0.383 0
2.28	0.490	0.082 5	0.168	2.154	0.376 2
2.30	0.486	0.080 0	0.165	2.195	0.369 4
2.32	0.482	0.077 5	0.161	2.233	0.362 8
2.34	0.477	0.075 1	0.157	2.274	0.356 2
2.36	0.473	0.072 8	0.154	2.316	0.349 6
2.38	0.469	0.070 6	0.151	2.359	0.343 4
2.40	0.465	0.068 4	0.147	2.403	0.337 1
2.42	0.461	0.066 3	0.144	2.448	0.331 0
2.44	0.456	0.064 3	0.141	2.494	0.324 9
2.46	0.452	0.062 3	0.338	2.540	0.321 9
2.48	0.448	0.060 4	0.335	2.588	0.313 1
2.50	0.444	0.058 5	0.132	2.637	0.307 3
2.60	0.425	0.050 1	0.118	2.896	0.279 8
2.70	0.407	0.043 0	0.106	3.183	0.254 5
2.80	0.389	0.036 8	0.095	3.500	0.231 3
2.90	0.373	0.031 7	0.085	3.850	0.210 5
3.00	0.357	0.027 2	0.076	4.235	0.191 3
3.10	0.342	0.023 4	0.068	4.657	0.174 0
3.20	0.328	0.020 2	0.062	5.121	0.158 2
3.30	0.315	0.017 5	0.056	5.629	0.143 9

续表

Ma	T/T_0	p/p_0	ρ/ρ_0	A/A^*	$\dot{m}a_0/(Ap_0)$
3.40	0.302	0.015 1	0.050	6.184	0.131 0
3.50`	0.290	0.013 1	0.045	6.790	0.119 3
3.60	0.278	0.011 4	0.041	7.450	0.108 7
3.70	0.268	0.009 9	0.037	8.169	0.099 2
3.80	0.257	0.008 6	0.034	8.951	0.090 5
3.90	0.247	0.007 5	0.030	9.799	0.082 7

附录 6　正激波气动函数表（γ=1.4）

Ma_1	Ma_2	p_2/p_1	T_2/T_1	p_{o2}/p_{o1}	$\lvert [q]/a_1 \rvert$
1.00	1.000 0	1.000	1.000	1.000	0.000
1.02	0.980 5	1.047	1.013	1.000	0.033
1.04	0.962 0	1.095	1.026	1.000	0.065
1.06	0.944 4	1.144	1.039	1.000	0.087
1.08	0.927 7	1.194	1.052	0.999	0.128
1.10	0.911 8	1.245	1.065	0.999	0.159
1.12	0.896 6	1.297	1.078	0.998	0.189
1.14	0.882 0	1.350	1.090	0.997	0.219
1.16	0.868 2	1.403	1.103	0.996	0.248
1.18	0.854 9	1.458	1.115	0.995	0.277
1.20	0.842 2	1.513	1.128	0.993	0.306
1.22	0.830 0	1.570	1.141	0.991	0.334
1.24	0.818 3	1.627	1.153	0.988	0.361
1.26	0.807 1	1.686	1.166	0.986	0.389
1.28	0.796 3	1.745	1.178	0.983	0.416
1.30	0.786 0	1.805	1.191	0.979	0.442
1.32	0.776 0	1.866	1.204	0.976	0.469
1.34	0.766 4	1.928	1.216	0.972	0.495
1.36	0.757 2	1.991	1.229	0.968	0.521
1.38	0.748 3	2.055	1.242	0.963	0.546
1.40	0.739 7	2.120	1.255	0.958	0.571
1.42	0.731 4	2.186	1.268	0.953	0.596
1.44	0.723 5	2.253	1.281	0.948	0.621
1.46	0.715 7	2.320	1.294	0.942	0.646
1.48	0.708 3	2.389	1.307	0.936	0.670
1.50	0.701 1	2.458	1.320	0.930	0.694
1.52	0.694 1	2.529	1.334	0.923	0.718
1.54	0.687 4	2.600	1.347	0.917	0.742
1.56	0.680 9	2.673	1.361	0.910	0.766
1.58	0.674 6	2.746	1.374	0.903	0.789

续表

Ma_1	Ma_2	p_2/p_1	T_2/T_1	p_{o2}/p_{o1}	$\lvert[q]/a_1\rvert$
1.60	0.668 4	2.820	1.388	0.895	0.813
1.62	0.662 5	2.895	1.402	0.888	0.836
1.64	0.656 8	2.971	1.416	0.880	0.859
1.66	0.651 2	3.048	1.430	0.872	0.881
1.68	0.645 8	3.126	1.444	0.864	0.904
1.70	0.640 5	3.205	1.458	0.856	0.926
1.72	0.635 5	3.285	1.473	0.847	0.949
1.74	0.630 5	3.366	1.487	0.839	0.971
1.76	0.625 7	3.447	1.502	0.830	0.993
1.78	0.621 0	3.530	1.517	0.822	1.015
1.80	0.616 5	3.613	1.532	0.813	1.037
1.82	0.612 1	3.698	1.547	0.804	1.059
1.84	0.607 8	3.783	1.562	0.795	1.080
1.86	0.603 6	3.870	1.577	0.786	1.102
1.88	0.599 6	3.957	1.592	0.777	1.123
1.90	0.595 6	4.045	1.608	0.767	1.145
1.92	0.591 8	4.134	1.624	0.758	1.166
1.94	0.588 0	4.224	1.639	0.749	1.187
1.96	0.584 4	4.315	1.655	0.740	1.208
1.98	0.580 8	4.407	1.671	0.730	1.229
2.00	0.577 4	4.500	1.688	0.721	1.250
2.02	0.574 0	4.594	1.704	0.712	1.271
2.04	0.570 7	4.689	1.720	0.702	1.292
2.06	0.567 5	4.784	1.737	0.693	1.312
2.08	0.564 3	4.881	1.754	0.684	1.333
2.10	0.561 3	4.978	1.770	0.674	1.353
2.12	0.558 3	5.077	1.787	0.665	1.374
2.14	0.555 4	5.176	1.805	0.656	1.394
2.16	0.552 5	5.277	1.822	0.646	1.414
2.18	0.549 8	5.378	1.839	0.637	1.434
2.20	0.547 1	5.480	1.857	0.628	1.455
2.22	0.544 4	5.583	1.875	0.619	1.475
2.24	0.541 8	5.687	1.892	0.610	1.495
2.26	0.539 3	5.792	1.910	0.601	1.515
2.28	0.536 8	5.898	1.929	0.592	1.535

续表

Ma_1	Ma_2	p_2/p_1	T_2/T_1	p_{o2}/p_{o1}	$\|[q]/a_1\|$
2.30	0.534 4	6.005	1.947	0.583	1.554
2.32	0.532 1	6.113	1.965	0.575	1.574
2.34	0.529 7	6.222	1.984	0.566	1.594
2.36	0.527 5	6.331	2.002	0.557	1.614
2.38	0.525 3	6.442	2.021	0.549	1.633
2.40	0.523 1	6.553	2.040	0.540	1.653
2.42	0.521 0	6.666	2.059	0.532	1.672
2.44	0.518 9	6.779	2.079	0.523	1.692
2.46	0.516 9	6.894	2.098	0.515	1.711
2.48	0.514 9	7.009	2.118	0.507	1.731
2.50	0.513 0	7.125	2.137	0.499	1.750
2.60	0.503 9	7.720	2.238	0.460	1.769
2.70	0.495 6	8.338	2.343	0.424	1.789
2.80	0.488 2	8.980	2.451	0.389	1.808
2.90	0.481 4	9.645	2.563	0.359	1.827
3.00	0.475 2	10.333	2.679	0.328	2.222
3.10	0.469 5	11.045	2.799	0.301	2.315
3.20	0.464 3	11.780	2.922	0.276	2.406
3.30	0.459 6	12.538	3.049	0.253	2.497
3.40	0.455 2	13.320	3.180	0.232	2.588
3.50	0.451 2	14.125	3.315	0.213	2.679
3.60	0.447 4	14.953	3.454	0.195	2.769
3.70	0.443 9	15.805	3.596	0.179	2.858
3.80	0.440 7	16.680	3.743	0.164	2.947
3.90	0.437 7	17.578	3.893	0.151	3.036
4.00	0.435 0	18.50	4.05	0.139	3.125
4.50	0.423 6	23.46	4.88	0.092	3.565
5.00	0.415 2	29.00	5.80	0.062	4.000
5.50	0.409 0	35.12	6.82	0.042	4.432
6.00	0.404 2	41.83	7.94	0.030	4.861
7.00	0.397 4	57.00	10.47	0.015	5.714
8.00	0.392 9	74.50	13.39	0.008	6.563
9.00	0.389 8	94.33	16.69	0.005	7.407
9.50	0.388 6	105.13	18.49	0.004	7.829
∞	0.378 0	∞	∞	0	∞

附录 7　范诺流函数表（γ=1.4）

Ma	T/T^*	p/p^*	p/p_0^*	$4\bar{f}L_{max}/D$
0	1.200	∞	∞	∞
0.02	1.200	54.770	28.942	1778.451
0.04	1.200	27.382	14.481	440.352
0.06	1.199	18.251	9.666	193.031
0.08	1.198	13.684	7.262	106.718
0.10	1.198	10.944	5.822	66.922
0.12	1.197	9.166	4.864	45.408
0.14	1.195	7.809	4.182	32.511
0.16	1.194	6.809	3.673	24.198
0.18	1.192	6.066	3.278	18.543
0.20	1.190	5.455	2.964	14.533
0.22	1.188	4.955	2.708	11.596
0.24	1.186	4.538	2.496	9.386
0.26	1.184	4.185	2.317	7.688
0.28	1.181	3.882	2.166	6.357
0.30	1.179	3.619	2.035	5.299
0.32	1.176	3.389	1.922	4.447
0.34	1.173	3.185	1.823	3.752
0.36	1.170	3.004	1.736	3.180
0.38	1.166	2.842	1.659	2.705
0.40	1.163	2.696	1.590	2.308
0.42	1.159	2.563	1.529	1.974
0.44	1.155	2.443	1.474	1.692
0.46	1.151	2.333	1.425	1.451
0.48	1.147	2.231	1.380	1.245
0.50	1.143	2.138	1.340	1.069
0.52	1.138	2.052	1.303	0.917
0.54	1.134	1.972	1.270	0.787
0.56	1.129	1.898	1.240	0.674
0.58	1.124	1.828	1.213	0.576

续表

Ma	T/T^*	p/p^*	p/p_0^*	$4\bar{f}L_{max}/D$
0.60	1.119	1.763	1.188	0.491
0.62	1.114	1.703	1.166	0.417
0.64	1.109	1.646	1.145	0.353
0.66	1.104	1.592	1.127	0.298
0.68	1.098	1.541	1.110	0.250
0.70	1.093	1.493	1.094	0.208
0.72	1.087	1.448	1.081	0.172
0.74	1.082	1.405	1.068	0.141
0.76	1.076	1.365	1.057	0.114
0.78	1.070	1.326	1.047	0.092
0.80	1.064	1.289	1.038	0.072
0.82	1.058	1.254	1.030	0.056
0.84	1.052	1.221	1.024	0.042
0.86	1.045	1.189	1.018	0.031
0.88	1.039	1.158	1.013	0.022
0.90	1.033	1.129	1.009	0.015
0.92	1.026	1.101	1.006	0.009
0.94	1.020	1.074	1.003	0.005
0.96	1.013	1.049	1.001	0.002
0.98	1.007	1.024	1.000	0
1.0	1.000	1.000	1.000	0
1.02	0.993	0.977	1.000	0
1.04	0.987	0.955	1.001	0.002
1.06	0.980	0.934	1.003	0.004
1.08	0.973	0.913	1.005	0.007
1.10	0.966	0.894	1.008	0.010
1.12	0.959	0.875	1.011	0.014
1.14	0.952	0.856	1.015	0.018
1.16	0.946	0.838	1.020	0.023
1.18	0.939	0.821	1.025	0.028
1.20	0.932	0.804	1.030	0.034
1.22	0.925	0.788	1.037	0.039
1.24	0.918	0.773	1.043	0.045
1.26	0.911	0.757	1.050	0.052
1.28	0.904	0.743	1.058	0.058

续表

Ma	T/T^*	p/p^*	p/p_0^*	$4\bar{f}L_{max}/D$
1.30	0.897	0.728	1.066	0.065
1.32	0.890	0.715	1.075	0.072
1.34	0.883	0.701	1.084	0.079
1.36	0.876	0.688	1.094	0.086
1.38	0.869	0.676	1.104	0.093
1.40	0.862	0.663	1.115	0.100
1.42	0.855	0.651	1.126	0.107
1.44	0.848	0.640	1.138	0.114
1.46	0.841	0.628	1.150	0.121
1.48	0.834	0.617	1.163	0.129
1.50	0.828	0.606	1.176	0.136
1.52	0.821	0.596	1.190	0.143
1.54	0.814	0.586	1.204	0.151
1.56	0.807	0.576	1.219	0.158
1.58	0.800	0.566	1.234	0.165
1.60	0.794	0.557	1.250	0.172
1.62	0.787	0.548	1.267	0.180
1.64	0.780	0.539	1.284	0.187
1.66	0.774	0.530	1.301	0.194
1.68	0.767	0.521	1.319	0.201
1.70	0.760	0.513	1.338	0.208
1.72	0.754	0.505	1.357	0.215
1.74	0.747	0.497	1.376	0.222
1.76	0.741	0.489	1.397	0.228
1.78	0.735	0.481	1.418	0.235
1.80	0.728	0.474	1.439	0.242
1.82	0.722	0.467	1.461	0.249
1.84	0.716	0.460	1.484	0.255
1.86	0.709	0.453	1.507	0.262
1.88	0.703	0.446	1.531	0.268
1.90	0.697	0.439	1.555	0.274
1.92	0.691	0.433	1.580	0.281
1.94	0.685	0.427	1.606	0.287
1.96	0.679	0.420	1.633	0.293
1.98	0.673	0.414	1.660	0.299

续表

Ma	T/T^*	p/p^*	p/p_0^*	$4\bar{f}L_{max}/D$
2.00	0.667	0.408	1.688	0.305
2.02	0.661	0.402	1.716	0.311
2.04	0.655	0.397	1.745	0.317
2.06	0.649	0.391	1.775	0.323
2.08	0.643	0.386	1.806	0.328
2.10	0.638	0.380	1.837	0.334
2.12	0.632	0.375	1.869	0.339
2.14	0.626	0.370	1.902	0.345
2.16	0.621	0.365	1.935	0.350
2.18	0.615	0.360	1.970	0.356
2.20	0.610	0.355	2.005	0.361
2.22	0.604	0.350	2.041	0.366
2.24	0.590	0.345	2.078	0.371
2.26	0.594	0.341	2.115	0.376
2.28	0.588	0.336	2.154	0.381
2.30	0.583	0.332	2.193	0.386
2.32	0.578	0.328	2.233	0.391
2.34	0.573	0.323	2.274	0.396
2.36	0.568	0.319	2.316	0.401
2.38	0.563	0.315	2.359	0.405
2.40	0.558	0.311	2.403	0.410
2.42	0.553	0.307	2.448	0.414
2.44	0.548	0.303	2.494	0.419
2.46	0.543	0.300	2.540	0.423
2.48	0.538	0.296	2.588	0.428
2.50	0.533	0.292	2.637	0.432
2.60	0.510	0.275	2.896	0.453
2.70	0.488	0.259	3.183	0.472
2.80	0.467	0.244	3.500	0.490
2.90	0.447	0.231	3.850	0.507
3.00	0.429	0.218	4.235	0.522
3.10	0.411	0.207	4.657	0.537
3.20	0.394	0.196	5.121	0.550
3.30	0.378	0.186	5.629	0.563
3.40	0.362	0.177	6.184	0.575

续表

Ma	T/T^*	p/p^*	p/p_0^*	$4\bar{f}L_{max}/D$
3.50	0.348	0.169	6.790	0.586
3.60	0.334	0.161	7.450	0.597
3.70	0.321	0.153	8.169	0.607
3.80	0.309	0.146	8.951	0.616
3.90	0.297	0.140	9.799	0.625
4.00	0.286	0.134	10.7	0.633
4.50	0.238	0.108	16.6	0.668
5.00	0.200	0.089	25.0	0.694
5.50	0.170	0.075	36.9	0.714
6.00	0.146	0.064	53.2	0.730
6.50	0.127	0.055	75.1	0.743
7.00	0.111	0.048	104.1	0.753
7.50	0.098	0.042	141.1	0.761
8.00	0.087	0.037	190.1	0.768
8.50	0.078	0.033	251.1	0.774
9.00	0.070	0.029	327.2	0.779
9.50	0.063	0.026	421.1	0.783
∞	0	0	∞	0.822

附录 8　瑞利流函数表（γ=1.4）

Ma	T/T_0^*	T/T^*	p/p^*	p/p_0^*	q/q^*
0	0	0	2.400	1.268	0
0.02	0.001 9	0.002 3	2.399	1.268	0.001 0
0.04	0.007 6	0.009 2	2.359	1.266	0.003 8
0.06	0.017 1	0.020 5	2.388	1.265	0.008 6
0.08	0.030 2	0.036 2	2.379	1.262	0.015 2
0.10	0.046 8	0.056 0	2.367	1.259	0.023 7
0.12	0.066 6	0.079 7	2.358	1.255	0.033 9
0.14	0.089 5	0.106 9	2.336	1.251	0.045 8
0.16	0.115 1	0.137 4	2.317	1.246	0.059 3
0.18	0.143 2	0.170 8	2.296	1.241	0.074 4
0.20	0.173 6	0.206 6	2.273	1.235	0.090 9
0.22	0.205 7	0.244 5	2.248	1.228	0.108 8
0.24	0.239 5	0.284 1	2.221	1.221	0.127 9
0.26	0.274 5	0.325 0	2.193	1.214	0.148 2
0.28	0.310 4	0.366 7	2.163	1.206	0.169 6
0.30	0.346 9	0.408 9	2.141	1.199	0.191 8
0.32	0.383 7	0.451 2	2.099	1.190	0.214 9
0.34	0.420 6	0.493 3	2.066	1.182	0.238 8
0.36	0.457 2	0.534 8	2.031	1.174	0.263 3
0.38	0.493 5	0.575 5	1.996	1.165	0.288 3
0.40	0.529 0	0.615 1	1.961	1.157	0.313 7
0.42	0.563 8	0.653 5	1.925	1.148	0.339 5
0.44	0.597 5	0.690 3	1.888	1.139	0.365 6
0.46	0.630 1	0.725 4	1.852	1.131	0.391 8
0.48	0.661 4	0.758 7	1.815	1.122	0.418 1
0.50	0.691 4	0.790 1	1.778	1.114	0.444 4
0.52	0.719 9	0.819 6	1.741	1.106	0.470 8
0.54	0.747 0	0.846 9	1.704	1.098	0.497 0
0.56	0.772 5	0.872 3	1.668	1.090	0.523 0
0.58	0.796 5	0.895 5	1.632	1.083	0.548 9

续表

Ma	T/T_0^*	T/T^*	p/p^*	p/p_0^*	q/q^*
0.60	0.818 9	0.916 7	1.596	1.075	0.574 5
0.62	0.839 8	0.935 8	1.560	1.068	0.599 8
0.64	0.859 2	0.953 0	1.525	1.061	0.624 8
0.66	0.877 1	0.968 2	1.491	1.055	0.649 4
0.68	0.893 5	0.981 4	1.457	1.049	0.673 7
0.70	0.908 5	0.992 9	1.423	1.043	0.697 5
0.72	0.922 1	1.002 6	1.391	1.038	0.720 9
0.74	0.934 4	1.010 6	1.359	1.033	0.743 9
0.76	0.945 5	1.017 1	1.327	1.028	0.776 5
0.78	0.955 3	1.022 0	1.296	1.023	0.788 5
0.80	0.963 9	1.025 5	1.266	1.019	0.810 1
0.82	0.971 5	1.027 6	1.236	1.016	0.831 3
0.84	0.978 1	1.028 5	1.207	1.012	0.851 9
0.86	0.983 6	1.028 3	1.179	1.010	0.872 1
0.88	0.988 3	1.026 9	1.152	1.007	0.891 8
0.90	0.992 1	1.024 5	1.125	1.005	0.911 0
0.92	0.995 1	1.021 2	1.098	1.003	0.929 7
0.94	0.997 3	1.017 0	1.073	1.002	0.948 0
0.96	0.998 8	1.012 0	1.048	1.001	0.965 8
0.98	0.999 7	1.006 4	1.024	1.000	0.983 1
1.00	1.000	1.000	1.000	1.000	1.000
1.02	1.000	0.993	0.977	1.000	1.016
1.04	0.999	0.983	0.955	1.001	1.032
1.06	0.998	0.978	0.933	1.002	1.048
1.08	0.996	0.969	0.912	1.003	1.063
1.10	0.994	0.960	0.891	1.005	1.078
1.12	0.991	0.951	0.871	1.007	1.092
1.14	0.989	0.942	0.851	1.010	1.106
1.16	0.986	0.932	0.832	1.012	1.120
1.18	0.982	0.922	0.814	1.016	1.133
1.20	0.979	0.912	0.796	1.019	1.146
1.22	0.975	0.902	0.778	1.023	1.158
1.24	0.971	0.891	0.761	1.028	1.171
1.26	0.967	0.881	0.745	1.033	1.182
1.28	0.962	0.870	0.729	1.038	1.194

续表

Ma	T/T_0^*	T/T^*	p/p^*	p/p_0^*	q/q^*
1.30	0.958	0.859	0.713	1.044	1.205
1.32	0.953	0.848	0.698	1.050	1.216
1.34	0.949	0.838	0.683	1.056	1.226
1.36	0.944	0.827	0.669	1.063	1.237
1.38	0.939	0.816	0.655	1.070	1.247
1.40	0.934	0.805	0.641	1.078	1.256
1.42	0.929	0.795	0.628	1.086	1.266
1.44	0.924	0.784	0.615	1.094	1.275
1.46	0.919	0.773	0.602	1.103	1.284
1.48	0.914	0.763	0.590	1.112	1.293
1.50	0.909	0.753	0.578	1.122	1.301
1.52	0.904	0.742	0.567	1.132	1.309
1.54	0.899	0.733	0.556	1.142	1.317
1.56	0.894	0.722	0.545	1.153	1.325
1.58	0.889	0.712	0.534	1.164	1.333
1.60	0.884	0.702	0.524	1.176	1.340
1.62	0.879	0.692	0.513	1.188	1.348
1.64	0.874	0.682	0.504	1.200	1.355
1.66	0.869	0.673	0.494	1.213	1.361
1.68	0.865	0.663	0.485	1.226	1.368
1.70	0.860	0.654	0.476	1.240	1.375
1.72	0.855	0.645	0.467	1.254	1.381
1.74	0.850	0.635	0.458	1.269	1.387
1.76	0.846	0.626	0.450	1.284	1.393
1.78	0.841	0.618	0.442	1.300	1.399
1.80	0.836	0.609	0.434	1.316	1.405
1.82	0.832	0.600	0.426	1.332	1.410
1.84	0.827	0.592	0.418	1.349	1.416
1.86	0.823	0.584	0.411	1.367	1.421
1.88	0.818	0.575	0.403	1.385	1.426
1.90	0.814	0.567	0.396	1.403	1.431
1.92	0.810	0.559	0.390	1.422	1.436
1.94	0.806	0.552	0.383	1.442	1.441
1.96	0.802	0.544	0.376	1.462	1.446
1.98	0.797	0.536	0.370	1.482	1.450

续表

Ma	T/T_0^*	T/T^*	p/p^*	p/p_0^*	q/q^*
2.00	0.793	0.529	0.364	1.503	1.455
2.02	0.789	0.522	0.358	1.525	1.459
2.04	0.785	0.514	0.352	1.547	1.463
2.06	0.782	0.507	0.346	1.569	1.467
2.08	0.778	0.500	0.340	1.592	1.471
2.10	0.774	0.494	0.335	1.616	1.475
2.12	0.770	0.487	0.329	1.640	1.479
2.14	0.767	0.480	0.324	1.665	1.483
2.16	0.763	0.474	0.319	1.691	1.487
2.18	0.760	0.467	0.314	1.717	1.490
2.20	0.756	0.461	0.309	1.743	1.494
2.22	0.753	0.455	0.304	1.771	1.497
2.24	0.749	0.449	0.299	1.799	1.501
2.26	0.746	0.443	0.294	1.827	1.504
2.28	0.743	0.437	0.290	1.856	1.507
2.30	0.740	0.431	0.286	1.886	1.510
2.32	0.736	0.426	0.281	1.916	1.513
2.34	0.733	0.420	0.277	1.948	1.516
2.36	0.730	0.415	0.273	1.979	1.519
2.38	0.727	0.409	0.269	2.012	1.522
2.40	0.724	0.404	0.265	2.045	1.525
2.42	0.721	0.399	0.261	2.079	1.528
2.44	0.718	0.394	0.257	2.114	1.531
2.46	0.716	0.388	0.253	2.149	1.533
2.48	0.713	0.384	0.250	2.185	1.536
2.50	0.710	0.379	0.246	2.222	1.538
2.60	0.697	0.356	0.239	2.418	1.550
2.70	0.685	0.334	0.214	2.634	1.561
2.80	0.674	0.315	0.200	2.873	1.571
2.90	0.664	0.297	0.188	3.136	1.580
3.00	0.654	0.280	0.176	3.424	1.588
3.10	0.645	0.265	0.166	3.741	1.596
3.20	0.637	0.251	0.156	4.087	1.603
3.30	0.629	0.238	0.148	4.465	1.609
3.40	0.622	0.225	0.140	4.878	1.615

续表

Ma	T/T_0^*	T/T^*	p/p^*	p/p_0^*	q/q^*
3.50	0.616	0.214	0.132	5.328	1.620
3.60	0.610	0.204	0.125	5.817	1.625
3.70	0.604	0.194	0.119	6.349	1.629
3.80	0.599	0.185	0.113	6.926	1.633
3.90	0.594	0.176	0.108	7.550	1.637
4.00	0.589	0.168 3	0.102 6	8.23	1.641
4.50	0.570	0.135 4	0.081 8	12.50	1.656
5.00	0.556	0.111 1	0.066 7	18.63	1.667
5.50	0.545	0.092 7	0.055 4	27.21	1.675
6.00	0.536	0.078 5	0.046 7	38.95	1.681
6.50	0.530	0.067 3	0.039 9	54.68	1.686
7.00	0.524	0.058 3	0.034 5	75.41	1.690
7.50	0.520	0.050 9	0.030 1	102.29	1.693
8.00	0.516	0.044 9	0.026 5	136.62	1.695
8.50	0.513	0.039 9	0.023 5	179.92	1.698
9.00	0.511	0.035 6	0.021 0	233.88	1.699
9.50	0.509	0.032 1	0.018 8	300.41	1.701
∞	0.490	0	0	∞	1.714